철근콘크리트 및 강구조

토목기사·산업기사 시리즈 04

머리말

　이 책은 토목과 관련된 각종 자격시험 및 취업 그리고 진학을 준비하는 수험생을 위하여 마련되었다.

　시대의 변천과 더불어 각종 시험의 유형도 변화한 만큼 이러한 변화에 적절하게 대처할 수 있도록 보다 근본적인 이해 및 응용 능력의 배양에 초점을 맞추어 단답형 암기보다는 논리적 이해를 높이기 위한 방식으로 구성하였다. 따라서, 독자들 역시 문제의 해답에만 지나치게 집착하지 말고 출제자가 요구하는 의도와 해답을 찾아가는 과정을 보다 심도 있게 살펴봄으로써 동일개념의 유사한 응용문제에 대비할 수 있는 능력을 길러야 할 것이다.

　또한 각종 시험의 출제 경향을 알고 싶어 하는 독자, 단기간에 전반적인 내용을 학습하고 싶어 하는 독자, 시험을 대비하여 최종 마무리를 하고 싶어 하는 독자 등등, 독자들이 각자의 목적에 따라 쉽게 이해할 수 있도록 각 단원의 앞부분에는 기본적인 개념을 간추려 두었으며 뒷부분에는 각 단원의 예상기출문제를 가급적 중복을 피하여 상세한 해설과 함께 다시 한번 정리할 수 있도록 하였다.

　이러한 노력에도 불구하고 여전히 미흡한 부분이 없지 않다. 이에 대해서는 지속적인 수정과 개선을 통하여 보완할 것을 약속드리며, 이 책을 만나는 모든 독자들이 소기의 목적을 달성할 수 있기를 기원한다.

　끝으로 책을 기술하면서 참고한 많은 문헌과 그 저자들에게 지면으로나마 감사드리고, 출간을 위해 애써주신 예문사에 진심으로 감사드린다.

저 자

토목기사/토목산업기사 검정현황

✚ 개요

토목 자격시험은 도로, 철도, 교량, 터널, 공항, 항만, 댐, 하천, 해안, 플랜트 등의 구조물을 건설하는 일로서, 종합적인 국토개발과 국토건설사업의 조사, 계획, 설계 및 시공 등의 업무를 수행하는 데 필요한 전문적인 지식과 기술을 겸비한 인력을 양성하기 위하여 자격제도를 제정하고 있다.

(1) 토목기사 : 1974년 토목기사1급으로 신설되어 1999년 3월 토목기사로 개정
(2) 토목산업기사 : 1974년 토목기사2급으로 신설되어 1999년 3월 토목산업기사로 개정

✚ 수행직무

(1) 토목시설을 포함하는 도로, 철도, 교량, 항만, 상하수도, 통신선로 등의 건설, 개량, 유지, 보수 등 토목사업에 대한 조사, 연구, 계획, 설계, 시공, 기술지도 또는 토목 관계법규의 정리 및 운용 등의 업무 수행
(2) 종합적인 국토계획, 지방계획, 도시계획 등을 세우고 토지, 항만, 천연자원의 이용, 공공시설의 규모와 배치의 조절 등을 위한 종합적인 개발계획을 연구, 수립하는 업무 수행

✚ 취득방법

(1) 시행처 : 한국산업인력공단
(2) 관련학과 : 대학 및 전문대학에 개설되어 있는 토목공학, 농업토목, 해양토목 관련학과
(3) 시험과목
   ① 기사 필기 : 객관식 4지 택일형 과목당 20문항(과목당 30분)
      1. 응용역학
      2. 측량학
      3. 수리수문학
      4. 철근콘크리트 및 강구조
      5. 토질 및 기초
      6. 상하수도공학
   ② 실기 : 토목설계 및 시공실무
      기사 : 필답형(3시간)
      산업기사 : 작업형(3시간)

✚ 진로 및 전망

건설회사와 토목설계 용역업체 등 일반 기업체의 설계나 시공·감리분야, 한국도로공사, 수자원공사, 토지개발공사, 주택공사 등 정부투자기관 및 국토교통부, 지방지체단체의 토목과로 진출할 수 있다. 최근 고속철도, 국제공학, 지하철 건설, 고속도로 건설 등 사회간접시설의 기반확충과 국가기반 산업으로서의 건설 및 도시설계와 관련된 각종 산업에 관한 투자가 지속적으로 증가하고 있는 추세로 이들에 대한 인력수요는 증가할 것이다.

종목별 검정현황(토목기사)

연도	응시	합격	합격률(%)
2024	1,1821	3,753	31.7%
2023	11,762	3,477	29.6%
2022	10,774	2,963	27.5%
2021	11,523	3,220	27.9%
2020	9,940	3,555	35.8%
2019	10,304	3,424	33.2%
2018	10,118	3,073	30.4%
2017	10,385	3,125	30.1%
2016	10,722	3,005	28%
2015	11,579	2,756	23.8%
2014	11,583	2,939	25.4%
2013	13,045	3,532	27.1%
2012	14,240	2,682	18.8%
2011	15,366	3,303	21.5%
2010	17,062	3,849	22.6%
2009	15,187	4,184	27.5%
2008	15,674	3,793	24.2%
2007	15,281	4,496	29.4%
2006	16,039	5,470	34.1%
2005	14,724	4,879	33.1%
1978~2004	278,222	86,826	31.7%
소 계	535,351	158,304	29.6%

종목별 검정현황(토목산업기사)

연도	응시	합격	합격률(%)
2024	1,485	342	23%
2023	1,565	305	19.5%
2022	1,333	277	20.8
2021	1,362	263	19.3
2020	1,015	245	24.1%
2019	1,460	293	20.1%
2018	1,362	254	18.6%
2017	1,619	336	20.8%
2016	1,580	346	21.9%
2015	1,691	311	18.4%
2014	1,918	344	17.9%
2013	2,088	371	17.8%
2012	2,187	276	12.6%
2011	2,595	388	15%
2010	2,832	367	13%
2009	2,852	324	11.4%
2008	2,911	366	12.6%
2007	3,406	464	15.6%
2006	4,267	750	17.6%
2005	4,129	655	15.9%
1977~2004	174,711	26,774	15.8%
소 계	218,368	34,051	15.6%

출제기준

+ 적용기간 : 2026.1.1~2027.12.31

(기사)

시험과목	주요항목	세부항목	세세항목
철근콘크리트 및 강구조	철근콘크리트 및 강구조	1. 철근콘크리트	1. 설계일반 2. 설계하중 및 하중조합 3. 휨과 압축 4. 전단과 비틀림 5. 철근의 정착과 이음 6. 슬래브, 벽체, 기초, 옹벽, 라멘, 아치 등의 구조물 설계
		2. 프리스트레스트 콘크리트	1. 기본개념 및 재료 2. 도입과 손실 3. 휨부재 설계 4. 전단 설계 5. 슬래브 설계
		3. 강구조	1. 기본개념 2. 인장 및 압축부재 3. 휨부재 4. 접합 및 연결

+ 적용기간 : 2025.1.1~2027.12.31

(산업기사)

시험과목	주요항목	세부항목	세세항목
구조설계	철근 콘크리트 및 강구조	1. 철근콘크리트	1. 설계일반 2. 설계하중 및 하중조합 3. 휨과 압축 4. 전단 5. 철근의 정착과 이음 6. 슬래브, 벽체, 기초, 옹벽 등의 구조물 설계
		2. 프리스트레스트 콘크리트	1. 기본개념 및 재료 2. 도입과 손실
		3. 강구조	1. 기본개념 2. 인장 및 압축부재 3. 휨부재 4. 접합 및 연결

출제 빈도표

+ **토목기사/산업기사**

구분		토목기사	토목산업기사	평균
철근콘크리트 및 강구조	1장 철근콘크리트 개론	4.64%	5.0%	5.0%
	2장 설계방법	3.45%	10.0%	6.7%
	3장 보의 휨해석과 설계	22.38%	16.7%	20.6%
	4장 보의 전단과 비틀림	13.93%	15.0%	14.2%
	5장 철근의 정착과 이음	6.19%	6.7%	7.5%
	6장 사용성	6.31%	10.0%	7.5%
	7장 기둥	5.60%	6.7%	5.0%
	8장 슬래브	5.12%	3.3%	3.3%
	9장 확대기초	1.19%	1.7%	0.8%
	10장 옹벽	3.93%	6.7%	5.0%
	11장 프리스트레스트 콘크리트	15.71%	10.0%	12.3%
	12장 강구조 및 교량	11.55%	8.3%	11.5%
합계		100%	100%	100%

※ 토목산업기사는 2020년 4회 시험부터, 토목기사는 2022년 3회 시험부터 CBT로 변경되어 각 2020년, 2022년까지 반영된 통계자료입니다.

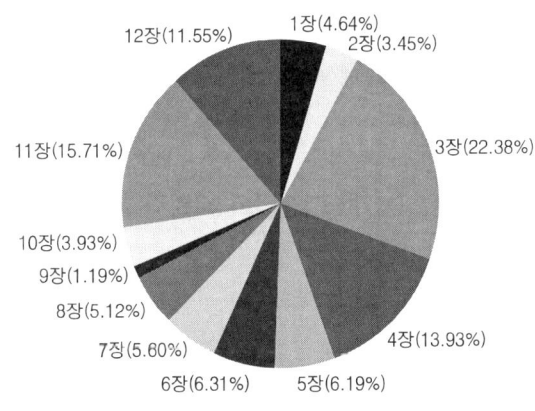

[토목기사 출제빈도]

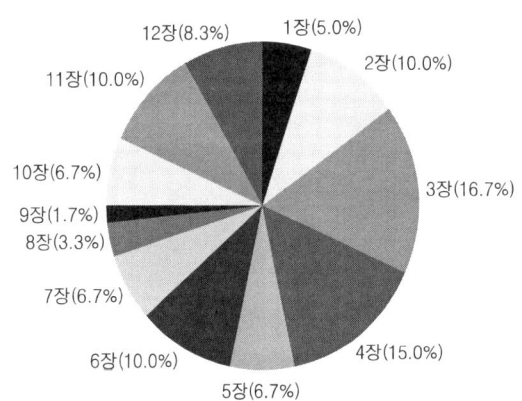

[토목산업기사 출제빈도]

목 차

Chapter 01 철근콘크리트 개론
01 철근콘크리트의 기본개념 ·················· 2
02 콘크리트 ·················· 4
03 철근 ·················· 16
ITEM POOL 예상문제 및 기출문제 ·················· 20

Chapter 02 설계방법
01 구조물 설계의 기본개념 ·················· 26
02 강도설계법 ·················· 26
03 허용응력설계법 ·················· 30
ITEM POOL 예상문제 및 기출문제 ·················· 32

Chapter 03 보의 휨해석과 설계
01 강도설계법의 기본개념 ·················· 36
02 단철근 직사각형 단면보 ·················· 39
03 복철근 직사각형 단면보 ·················· 49
04 T형 단면보 ·················· 55
05 허용응력설계법(별도설계법, 대체설계법) · 59
ITEM POOL 예상문제 및 기출문제 ·················· 63

Chapter 04 보의 전단과 비틀림
01 전단응력 ·················· 84
02 사인장응력과 균열 ·················· 86
03 전단철근의 종류 ·················· 89
04 전단해석과 설계 ·················· 90
05 특수한 경우의 전단설계 ·················· 95
ITEM POOL 예상문제 및 기출문제 ·················· 102

Chapter 05 철근의 정착과 이음

- 01 철근의 구조세목 ········· 116
- 02 부착과 정착 ········· 118
- 03 철근의 정착 ········· 119
- 04 철근의 이음 ········· 124
- ITEM POOL 예상문제 및 기출문제 ········· 126

Chapter 06 사용성

- 01 서론 ········· 132
- 02 처짐 ········· 132
- 03 균열 ········· 136
- 04 피로 ········· 139
- ITEM POOL 예상문제 및 기출문제 ········· 141

Chapter 07 기둥

- 01 서론 ········· 146
- 02 기둥의 구조세목 ········· 148
- 03 설계의 기본개념 ········· 151
- 04 단주 ········· 152
- 05 장주 ········· 157
- ITEM POOL 예상문제 및 기출문제 ········· 159

Chapter 08 슬래브

- 01 서론 ········· 166
- 02 1방향 슬래브 ········· 168
- 03 2방향 슬래브 ········· 170
- ITEM POOL 예상문제 및 기출문제 ········· 175

Chapter 09 확대기초

- 01 서론 ········· 180
- 02 독립 확대기초 ········· 181
- 03 확대기초의 구조세목 ········· 185
- ITEM POOL 예상문제 및 기출문제 ········· 186

Chapter 10 옹벽

- 01 서론 ········· 190
- 02 옹벽의 설계 ········· 191
- 03 옹벽의 구조세목 ········· 194
- ITEM POOL 예상문제 및 기출문제 ········· 196

Chapter 11 프리스트레스트 콘크리트(PSC)

- 01 서론 ········· 200
- 02 재료 ········· 202
- 03 프리스트레스트 콘크리트의 기본개념 ········· 207
- 04 프리스트레싱 방법 및 정착공법 ········· 213
- 05 프리스트레스의 도입과 손실 ········· 217
- 06 프리스트레스트 콘크리트 보의 해석과 설계 ········· 220
- ITEM POOL 예상문제 및 기출문제 ········· 225

Chapter 12 강구조 및 교량

- 01 서론 ········· 238
- 02 리벳이음 ········· 239
- 03 고장력 볼트이음 ········· 245
- 04 용접이음 ········· 246
- 05 교량 ········· 250
- ITEM POOL 예상문제 및 기출문제 ········· 255

목 차

부록 과년도 출제문제 및 해설

2016년 3월 [기 사] ················ 263	2020년 6월 [기 사] ················ 369
[산업기사] ················ 268	[산업기사] ················ 374
5월 [기 사] ················ 272	8월 [기 사] ················ 379
[산업기사] ················ 277	[산업기사] ················ 384
10월 [기 사] ················ 281	9월 [기 사] ················ 388
[산업기사] ················ 286	
	2021년 3월 [기 사] ················ 393
2017년 3월 [기 사] ················ 290	5월 [기 사] ················ 398
[산업기사] ················ 295	8월 [기 사] ················ 403
5월 [기 사] ················ 299	
[산업기사] ················ 304	2022년 3월 [기 사] ················ 408
9월 [기 사] ················ 308	4월 [기 사] ················ 413
[산업기사] ················ 313	
	2023년 CBT 기출복원문제 1회 ········ 418
2018년 3월 [기 사] ················ 317	CBT 기출복원문제 2회 ········ 423
[산업기사] ················ 323	CBT 기출복원문제 3회 ········ 427
4월 [기 사] ················ 327	
[산업기사] ················ 332	2024년 CBT 기출복원문제 1회 ········ 433
8월 [기 사] ················ 336	CBT 기출복원문제 2회 ········ 438
9월 [산업기사] ················ 340	CBT 기출복원문제 3회 ········ 443
2019년 3월 [기 사] ················ 344	2025년 CBT 기출복원문제 1회 ········ 449
[산업기사] ················ 348	CBT 기출복원문제 2회 ········ 454
4월 [기 사] ················ 352	CBT 기출복원문제 3회 ········ 460
[산업기사] ················ 357	
8월 [기 사] ················ 361	
9월 [산업기사] ················ 365	

■ 토목기사는 2022년 3회 시험, 토목산업기사는 2020년 4회 시험부터 CBT(Computer-Based Test)로 전면 시행되었습니다.

철근콘크리트 개론

Chapter **01**

Contents

Section 01 철근콘크리트의 기본개념
Section 02 콘크리트
Section 03 철근

ITEM POOL 예상문제 및 기출문제

01 철근콘크리트의 기본개념

1. 철근콘크리트의 정의

(1) 콘크리트
압축강도에 비하여 인장강도가 매우 낮은 재료이다.
① 인장강도/압축강도 = 1/9 ~ 1/13
② 휨인장강도/압축강도 = 1/5 ~ 1/7

(2) 철근
인장강도와 압축강도가 거의 같고, 또한 그 강도가 매우 큰 재료이다.

(3) 철근콘크리트
① 콘크리트와 철근, 이들 두 재료의 역학적 성질을 잘 반영하여 보와 같이 압축과 인장을 동시에 받는 부재를 콘크리트로 만들 경우 인장 측에 철근을 보강 배치한 합성재료이다.
② 콘크리트와 철근, 이들 성질이 서로 다른 두 재료가 완전한 부착에 의하여 외력에 일체 거동을 하도록 하여 압축은 콘크리트가 받고 인장은 철근이 받도록 구성한 합리적이면서 효율적인 합성재료이다.

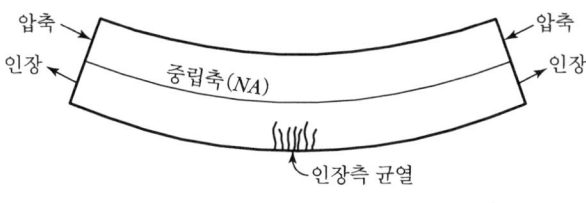

(a) 콘크리트 보

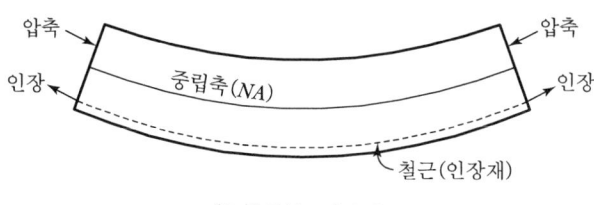

(b) 철근콘크리트 보

[그림 1-1] 콘크리트 보와 철근콘크리트 보

▶ **콘크리트의 구성재료**
① 시멘트풀 = 시멘트 + 물
② 모르터 = 시멘트풀 + 잔골재
③ 콘크리트 = 모르터 + 굵은골재
위의 ①, ②, ③에 추가적으로 혼화재료를 더 넣을 수 있다.

2. 철근콘크리트의 성립 이유

① 콘크리트와 철근 사이의 부착강도가 크다.
(이러한 부착력이 두 재료 사이의 활동을 방지하여 일체거동을 하도록 한다.)
② 콘크리트 속에 묻힌 철근은 부식되지 않는다.
(이것은 콘크리트의 불투수성 때문이다.)
③ 콘크리트와 철근의 열팽창계수는 거의 같다.
(대기온도의 변화로 인하여 발생되는 두 재료 사이의 응력은 무시할 수 있다.)

▶ **콘크리트와 철근의 열팽창계수**
① 콘크리트의 열팽창계수
$\alpha_c = (1.0 \sim 1.3) \times 10^{-5} (/℃)$
② 철근의 열팽창계수
$\alpha_s = 1.2 \times 10^{-5} (/℃)$

3. 철근콘크리트의 장점과 단점

(1) 철근콘크리트의 장점

① 구조물을 경제적으로 만들 수 있다.
② 구조물의 형상과 치수에 제약을 받지 않고 시공할 수 있다.
③ 구조물을 일체적으로 만들 수 있으므로 강성이 큰 구조를 얻을 수 있다.
④ 내구성이 좋다.
⑤ 내화성이 좋다.
⑥ 진동이 적고 소음이 덜 난다.

▶ **강성(Stiffness)과 연성(Flexibility)**
① 강성 : 단위 변위를 유발시키는 데 필요한 힘
② 연성 : 단위 힘당 발생되는 변위

(2) 철근콘크리트의 단점

① 중량이 비교적 크다.
② 콘크리트에 균열이 발생한다.
③ 부분적인 파손이 일어나기 쉽다.
④ 검사하기가 어렵다.
⑤ 개조, 보강, 그리고 해체하기가 어렵다.
⑥ 시공이 조잡해지기 쉽다.

02 콘크리트

1. 콘크리트의 구성재료

(1) 시멘트

1) 시멘트는 골재를 고형물질로 결합시킬 수 있는 응집성과 점착성을 가진 재료이다.
2) 철근콘크리트에 사용되는 시멘트는 수경성 시멘트이다.
3) 보통 포틀랜드 시멘트(Ordinary Portland Cement)
   ① 가장 보편적으로 사용되는 시멘트이다.
   ② 콘크리트 타설 후 14일 정도 경과되면 거푸집을 제거할 수 있는 강도에 도달하고, 재령 28일에 설계강도에 도달하는 시멘트이다.
4) 조강 포틀랜드 시멘트(High Early Strength Portland Cement)
   ① 급속한 공사를 할 경우에 사용되는 시멘트이다.
   ② 재령 1~3일에 보통 포틀랜드 시멘트의 재령 28일 강도에 도달하는 시멘트이다.

> ▶ 수경성 시멘트
> 물을 만나면 수화작용을 일으켜서 응결, 경화하는 시멘트

(2) 물

① 철근콘크리트에 사용되는 물은 사람이 마실 수 있을 정도로 깨끗한 것으로서 콘크리트와 철근에 유해한 영향을 미치는 기름, 산, 염류, 그리고 유기물 등을 함유해서는 안 된다.
② 콘크리트 배합에 필요한 최소의 물-시멘트 비(Water-Cement Ratio)는 35~40% 정도이다.
   ㉠ 시멘트의 수화작용을 위해서 필요한 물의 양 : 25%
   ㉡ 물의 유동성을 위해서 필요한 물의 양 : 10~15%

> ▶ 물-시멘트 비
> $W/C비 = \dfrac{물의\ 질량}{시멘트의\ 질량} \times 100\%$

(3) 잔골재

① 모래, 부순모래 등과 같은 골재를 잔골재라고 한다.
② No.4체(체눈의 크기 5mm)를 거의 통과하고(질량의 85% 이상 통과) No.200체(체눈의 크기 0.08mm)에 거의 남는(질량의 85% 이상 남음) 골재를 잔골재로 정의한다.

(4) 굵은골재

1) 자갈, 부순자갈 등과 같은 골재를 굵은골재라고 한다.
2) No.4체에 거의 남는 골재를 굵은골재로 정의한다.
3) 굵은골재 최대 치수
   ① 질량비로 90% 이상 통과하는 체 중에서 최소 치수의 체의 눈의 호칭치수로 나타낸 것을 굵은골재 최대 치수라고 한다.
   ② 굵은골재 최대 치수는 다음 값 이하라야 한다.
      ㉠ 일반적인 경우 25mm, 단면이 큰 경우 40mm
      ㉡ 거푸집 양 측면 사이의 최소거리의 1/5(부재 최소 치수의 1/5)
      ㉢ 슬래브 두께의 1/3
      ㉣ 철근 수평 순간격의 3/4

(5) 혼화재료

① 콘크리트의 성질을 개선할 목적으로 시멘트, 물, 골재 이외에 추가적으로 더 넣는 재료를 혼화재료라 한다.
② 사용량이 비교적 적어서 그 자체의 부피를 배합설계에서 무시할 수 있는 혼화재료를 혼화제라 한다.
③ 사용량이 비교적 많아서 그 자체의 부피를 배합설계에 고려해야 하는 혼화재료를 혼화재라 한다.

▶ **혼화제의 종류**
AE제, 감수제, AE감수제, 유동화제, 촉진제, 지연제, 급결제, 방수제, 기포제, 방청제 등

▶ **혼화재의 종류**
플라이 애쉬, 실리카퓸, 폴리머 등

2. 콘크리트의 강도

(1) 콘크리트의 압축강도

1) 콘크리트의 압축강도 시험

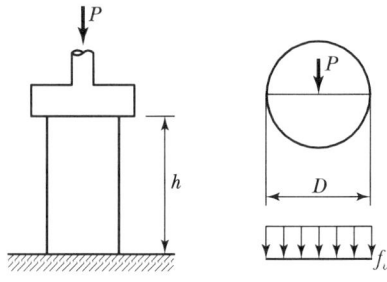

[그림 1-2] 콘크리트의 압축강도 시험

- f_c
  콘크리트의 압축강도

- f_{28}
  콘크리트의 재령28일 압축강도

- f_{ck}
  콘크리트의 설계기준강도

- **공시체 형상에 따른 콘크리트 압축강도**
  정육면체 공시체의 강도가 원주형 공시체의 강도보다 크다.

- **공시체 치수에 따른 콘크리트 압축강도**
  공시체의 치수가 작을수록 강도가 크다.

① 시험방법
  KS F 2405(콘크리트의 압축강도 시험방법)에 따라 시험
② 시편치수
  $\phi 150 \times 300\text{mm}$ 원주형 공시체($D=150\text{mm}$, $h=300\text{mm}$)
③ 시험강도

$$f_c = \frac{P}{A} = \frac{4P}{\pi D^2} \quad \cdots\cdots (1.1)$$

2) 콘크리트의 압축강도
  ① 일반적으로 콘크리트 구조물의 설계에 있어서 콘크리트의 압축강도는 재령 28일의 압축강도를 기준으로 한다.

$$f_c = f_{28} = f_{ck}$$

  ② 콘크리트의 재령 28일 압축강도와 물-시멘트 비의 관계

$$f_{28} = -21 + 21.5 \frac{C}{W} (\text{MPa}) \quad \cdots\cdots (1.2)$$

3) 공시체의 형상과 치수에 따른 콘크리트의 압축강도
  ① 100×200mm 원주형 공시체의 압축강도는 150×300mm 원주형 공시체의 압축강도의 1.03배이다(강도보정계수=0.97).
  ② 200×200×200mm 정육면체 공시체의 압축강도는 150×300mm 원주형 공시체의 압축강도의 1.2배이다(강도보정계수=0.83).
  ③ 150×150×150mm 정육면체 공시체의 압축강도는 150×300mm 원주형 공시체의 압축강도의 1.25배이다(강도보정계수=0.80).

(2) 콘크리트의 쪼갬인장강도

1) 콘크리트의 쪼갬인장강도 시험

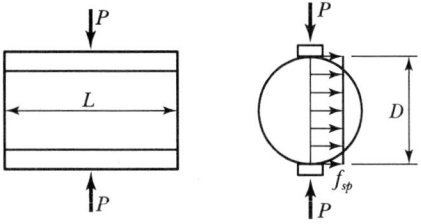

[그림 1-3] 콘크리트의 쪼갬인장강도 시험

① 시험방법
  KS F 2423(쪼갬인장강도 시험방법)에 따라 시험

② 시편치수

$\phi 150 \times 300\text{mm}(D=150\text{mm},\ L=300\text{mm})$

③ 시험강도

$$f_{sp} = \frac{2P}{\pi DL} \quad \cdots\cdots\cdots\cdots\cdots\cdots\cdots\cdots\cdots\cdots (1.3)$$

▶ f_{sp}
콘크리트의 쪼갬인장강도

2) 콘크리트의 쪼갬인장강도

① 보통 콘크리트의 쪼갬인장강도

$$f_{sp} = (0.5 \sim 0.66)\sqrt{f_c}$$

② 콘크리트의 설계기준강도와 쪼갬인장강도의 관계

$$f_{sp} = 0.56\lambda\sqrt{f_{ck}}\ (\text{MPa}) \quad \cdots\cdots\cdots\cdots\cdots (1.4)$$

(3) 콘크리트의 휨인장강도

1) 콘크리트의 휨인장강도 시험

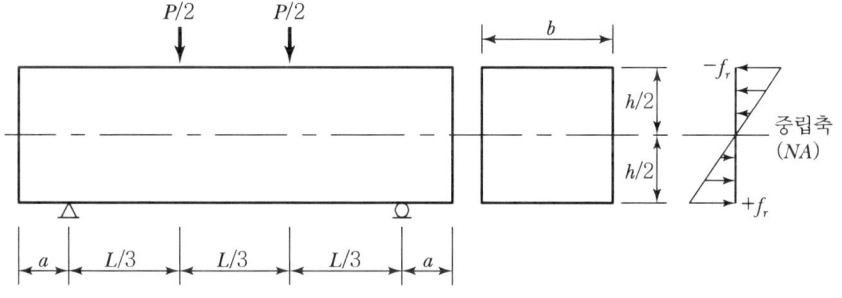

[그림 1-4] 콘크리트의 휨인장강도 시험

① 시험방법

KS F 2408(삼등분점 재하 시험방법)에 따라 시험

② 시편치수

$150 \times 150 \times 530\text{mm}(b=150\text{mm},\ h=150\text{mm},\ L=450\text{mm},\ a=40\text{mm})$

③ 시험강도

$$f_r = \frac{PL}{bh^2} \quad \cdots\cdots\cdots\cdots\cdots\cdots\cdots\cdots\cdots\cdots (1.5)$$

▶ f_r
콘크리트의 휨인장강도
(파괴계수)

2) 콘크리트의 휨인장강도
① 보통 콘크리트의 휨인장강도

$$f_r = (0.66 \sim 1.0)\sqrt{f_c}$$

② 콘크리트의 설계기준강도와 휨인장강도의 관계

$$f_r = 0.63\lambda\sqrt{f_{ck}}\,(\text{MPa}) \quad\cdots\cdots (1.6)$$

(4) 콘크리트의 전단강도

1) 콘크리트의 전단강도 시험

콘크리트의 전단강도는 다른 강도와 분리하여 시험하기 어렵다.

2) 콘크리트의 전단강도
① 보통 콘크리트의 전단강도

$$v_c = (0.35 \sim 0.80)f_c$$

② 콘크리트의 설계기준강도와 공칭전단강도의 관계

$$v_c = \frac{1}{6}\lambda\sqrt{f_{ck}}\,(\text{MPa}) \quad\cdots\cdots (1.7)$$

(5) 콘크리트의 피로강도

1) 콘크리트는 피로한도를 갖지 않기 때문에 100만 회의 반복하중에 대하여 견딜 수 있는 최대 강도를 콘크리트의 피로강도로 한다.
2) 콘크리트의 피로강도
① 콘크리트의 압축에 대한 피로강도=정적강도의 50~55%
② 콘크리트의 휨에 대한 피로강도=정적 강도의 30~60%

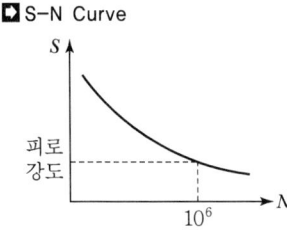
S-N Curve

3. 콘크리트의 설계기준강도와 배합강도

(1) 콘크리트의 설계기준강도

① 콘크리트의 설계기준강도는 콘크리트 구조물의 설계에 있어서 기준으로 하는 압축강도를 말한다.
② 일반적으로 보통의 콘크리트 구조물의 설계는 재령 28일의 압축강도를 기준으로 한다.

(2) 콘크리트의 배합강도

① 콘크리트의 배합강도는 콘크리트의 배합을 정할 경우에 목표로 하는 압축강도를 말한다.

② 콘크리트의 설계기준강도를 확보하기 위해서 미리 콘크리트의 압축강도의 변동을 고려하여 적절한 수준으로 콘크리트의 설계기준강도를 웃도는 강도를 얻도록 배합을 할 때 목표로 정한 압축강도를 말한다.

(3) 콘크리트의 설계기준강도와 배합강도의 관계

1) 30회 이상의 시험기록이 있는 경우

① $f_{ck} \leq 35\text{MPa}$인 경우

콘크리트의 배합강도는 다음의 두 식에 의한 값 중에서 큰 값으로 한다.

㉠ $f_{cr} = f_{ck} + 1.34s \, (\text{MPa})$ ·· (1.8)

㉡ $f_{cr} = (f_{ck} - 3.5) + 2.33s \, (\text{MPa})$ ························· (1.9)

② $f_{ck} > 35\text{MPa}$인 경우

콘크리트의 배합강도는 다음의 두 식에 의한 값 중에서 큰 값으로 한다.

㉠ $f_{cr} = f_{ck} + 1.34s \, (\text{MPa})$

㉡ $f_{cr} = 0.9f_{ck} + 2.33s \, (\text{MPa})$ ······························· (1.10)

2) 15회 이상 29회 이하의 시험기록이 있는 경우

15회 이상 29회 이하의 시험기록으로 계산한 표준편차에 [표 1-1]의 보정계수를 곱한 값을 표준편차로 하여 콘크리트의 배합강도를 계산해도 좋다.

[표 1-1] 시험횟수가 15회 이상 29회 이하인 경우 표준편차의 보정계수

시험횟수	보정계수
15	1.16
20	1.08
25	1.03
30 이상	1.00

[주] 표에 명시되어 있지 않은 시험횟수에 대해서는 직선보간법에 의한다.

3) 시험횟수가 14회 이하이거나 시험기록이 없는 경우

콘크리트 압축강도의 표준편차를 계산하기 위한 현장강도 기록이 없거나 시험횟수가 14회 이하인 경우는 [표 1-2]에 의하여 배합강도를 결정하여야 한다.

▶ 콘크리트의 배합강도(f_{cr})

f_{cr}

▶ 압축강도의 표준편차(s)

$$s = \sqrt{\frac{\sum_{i=1}^{n}(x_i - \overline{x})^2}{n-1}}$$

▶ 압축강도의 평균($\overline{x}$)

$$\overline{x} = \frac{\sum_{i=1}^{n} x_i}{n}$$

▶ 시편 개개의 압축강도

$x_i \, (i = 1, 2, 3 \cdots n)$

▶ 압축강도의 시험횟수

n

[표 1-2] 시험횟수가 14회 이하이거나 시험기록이 없는 경우의 배합강도

설계기준강도, f_{ck}(MPa)	배합강도, f_{cr}(MPa)
21 미만	$f_{ck}+7$
21 이상 35 이하	$f_{ck}+8.5$
35 초과	$1.1f_{ck}+5$

4. 콘크리트의 강도에 영향을 주는 요인

(1) 시멘트와 물
① 시멘트량이 증가할수록 콘크리트의 강도는 증가한다.
② 물-시멘트 비가 낮을수록 콘크리트의 강도는 증가한다.

(2) 골재
① 골재의 입도가 좋을수록 콘크리트의 강도는 증가한다.
② 골재의 표면이 거칠수록 콘크리트의 강도는 증가한다.

(3) 재령
① 재령이 클수록 콘크리트의 강도는 증가한다.
② 재령에 따른 콘크리트의 강도
  ㉠ 콘크리트 타설 후 1주일 경과 : $0.7f_{ck}$
  ㉡ 콘크리트 타설 후 2주일 경과 : $(0.85 \sim 0.90)f_{ck}$

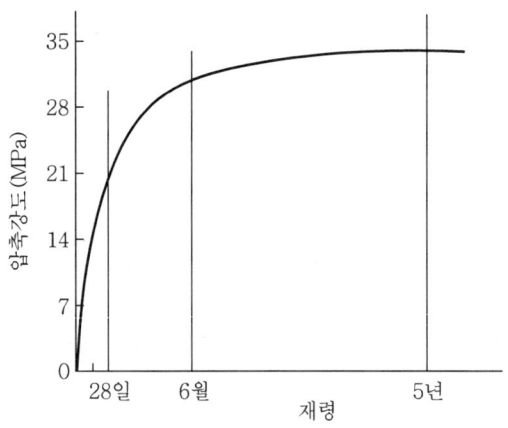

[그림 1-5] 재령에 따른 콘크리트의 압축강도

(4) 하중재하 기간

하중재하 기간이 길수록 콘크리트의 강도는 감소하게 되는데 이러한 현상의 주된 요인은 콘크리트의 크리프 때문이다.

(5) 양생조건

① 콘크리트의 최종적인 강도는 초기재령에서 양생조건에 크게 영향을 받는다.
② 양생조건에 따른 콘크리트의 강도
  ㉠ 조기건조 : 30% 이상의 강도 감소
  ㉡ 동결 : 50% 정도의 강도 감소

(6) 기타

콘크리트의 운반, 타설, 다짐 등의 방법에 의해서 콘크리트의 강도는 영향을 받는다.

5. 콘크리트의 응력 - 변형률 곡선과 탄성상수

(1) 콘크리트의 응력 – 변형률 곡선의 특성

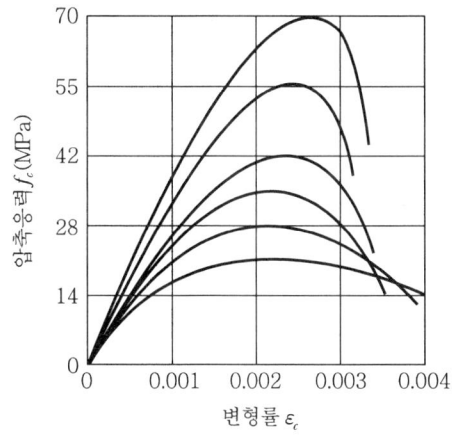

[그림 1-6] 콘크리트의 응력-변형률 곡선

① 고강도 콘크리트는 취성이 크고, 저강도 콘크리트는 취성이 작다.
② 최대 응력 근처의 변형률은 0.002~0.003의 범위에 존재한다.
③ 파괴 시의 변형률은 0.003~0.004의 범위에 존재한다.

④ 콘크리트의 강도에 관계없이 콘크리트 압축강도의 30~50% 정도의 낮은 응력 범위에서 콘크리트의 응력-변형률 곡선은 거의 직선으로 거동한다.

(2) 콘크리트의 탄성계수

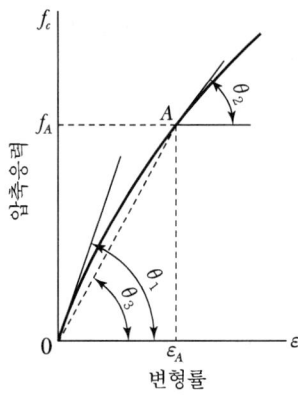

[그림 1-7] 콘크리트의 탄성계수

1) 탄성계수의 종류

① 초기접선 탄성계수 : $E_{ci} = \left(\dfrac{df_c}{d\varepsilon}\right)_{\varepsilon=0} = \tan\theta_1$

② 접선 탄성계수 : $E_{ct} = \left(\dfrac{df_c}{d\varepsilon}\right)_{\varepsilon=\varepsilon_A} = \tan\theta_2$

③ 할선 탄성계수 : $E_c = \dfrac{f_A}{\varepsilon_A} = \tan\theta_3$

> ▶ 할선 탄성계수
> 1. 콘크리트 압축강도의 30~50% 정도의 압축응력에 해당하는 A점과 원점 O를 연결하는 직선의 기울기를 의미한다.
> 2. 일반적으로 콘크리트의 탄성계수는 할선 탄성계수를 의미한다.

2) 콘크리트 구조 설계기준에 따른 콘크리트의 탄성계수

① $1,450 \text{kg/m}^3 \leq m_c \leq 2,500 \text{kg/m}^3$인 경우

$$E_c = 0.077 m_c^{1.5} \sqrt[3]{f_{cm}} \,(\text{MPa}) \quad \cdots\cdots (1.11)$$

$$f_{cm} = f_{ck} + \Delta f \,(\text{MPa}) \quad \cdots\cdots (1.12)$$

여기서, m_c : 콘크리트의 단위질량
f_{cm} : 콘크리트의 평균 압축강도
f_{ck} : 콘크리트의 설계기준 압축강도

Δf값 ┌ ① $f_{ck} \leq 40\text{MPa} \rightarrow \Delta f = 4\text{MPa}$
　　　├ ② $f_{ck} \geq 60\text{MPa} \rightarrow \Delta f = 6\text{MPa}$
　　　└ ③ $40\text{MPa} < f_{ck} < 60\text{MPa} \rightarrow \Delta f = 0.1 f_{ck}$

② $m_c = 2,300 \text{kg/m}^3$ 보통 골재를 사용한 콘크리트의 경우

$$E_c = 8,500 \sqrt[3]{f_{cm}} \text{ (MPa)} \quad \cdots\cdots\cdots\cdots\cdots\cdots (1.13)$$

③ 콘크리트의 크리프변형을 계산할 경우 사용하는 초기접선 탄성계수

$$E_{ci} = 10,000 \sqrt[3]{f_{cm}} \quad \cdots\cdots\cdots\cdots\cdots\cdots\cdots\cdots (1.14)$$

(3) 콘크리트의 전단 탄성계수

$$G_c = \frac{E_c}{2(1+\nu_c)} \quad \cdots\cdots\cdots\cdots\cdots\cdots\cdots\cdots\cdots (1.15)$$

(4) 콘크리트의 포아송비

콘크리트의 포아송비는 $0.7f_{ck}$ 이하의 응력에서 $\nu_c = 0.15 \sim 0.20$의 범위에 있으며, 일반적으로 $\nu_c = 0.18$로 한다.

6. 콘크리트의 크리프

(1) 크리프의 정의

일정한 응력이 콘크리트에 장시간 계속하여 작용할 때 시간의 경과와 더불어 변형이 계속 진행되는 현상을 크리프라 하고, 크리프로 인한 변형률을 크리프변형률이라 한다.

(2) 크리프변형의 진행

1) 하중재하 기간이 경과함에 따라 크리프변형의 진행은 감소한다.

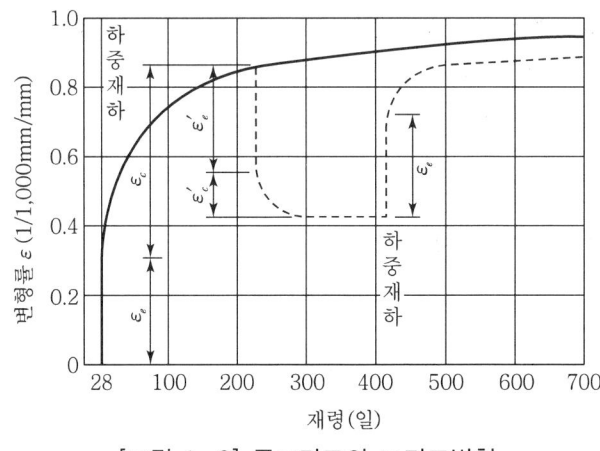

[그림 1-8] 콘크리트의 크리프변형

2) 하중재하 후 시간 경과에 따른 크리프변형의 진행
① 하중재하 후 28일 경과 : 총 크리프변형의 1/2 정도 진행
② 하중재하 후 3~4개월 경과 : 총 크리프변형의 3/4 정도 진행
③ 하중재하 후 2~5년 경과 : 크리프변형 완료

(3) Davis Glanville의 법칙

1) 정의

크리프변형률은 탄성변형률에 비례한다.

$$\varepsilon_c = c_u \cdot \varepsilon_e \quad \cdots\cdots\cdots (1.16)$$

여기서, ε_c : 크리프변형률
ε_e : 탄성변형률
c_u : 크리프계수

> ▶ 탄성변형률
> 하중이 실리자마자 발생하는 변형률로서 즉시변형률이라고도 한다.
> $\varepsilon_e = \dfrac{f_c}{E_c}$

2) 크리프계수
① 옥내구조물 : $c_u = 3.0$
② 옥외구조물 : $c_u = 2.0$
③ 수중콘크리트 : $c_u \leq 1.0$

3) Davis Glanville의 법칙은 콘크리트에 작용하는 응력이 원주형 공시체 강도의 50% 이하인 경우에 성립한다.

> ▶ Davis Glanville의 법칙
> Davis Glanville의 법칙은 $f_c \leq \dfrac{1}{2} f_{ck}$ 인 경우에 성립한다.

(4) 크리프에 영향을 주는 요인
① 콘크리트의 W/C비가 작을수록 크리프변형은 감소한다.
② 콘크리트의 강도가 클수록 크리프변형은 감소한다.
③ 하중재하시 콘크리트의 재령이 클수록 크리프변형은 감소한다.
④ 콘크리트가 배치될 주위의 온도가 낮고, 습도가 높을수록 크리프변형은 감소한다.

7. 콘크리트의 건조수축

(1) 건조수축의 정의

콘크리트가 대기 중에 방치될 때 콘크리트 속에 있던 자유수가 증발하면서 콘크리트가 수축되는 현상을 건조수축이라고 한다.

> ▶ 자유수
> 콘크리트를 배합할 때 유동성을 확보하기 위해서 시멘트의 수화작용에 필요한 물보다 더 많은 물을 사용하게 되는데 이때 수화작용에 사용되고 남은 물을 자유수라 한다.

(2) 건조수축에 영향을 주는 요인

① 단위수량 및 단위시멘트량이 적을수록 건조수축량은 감소한다.
② 부재의 단면치수 및 굵은골재 최대 치수가 클수록 건조수축량은 감소한다.
③ 콘크리트 타설시 다지기를 잘하면 건조수축량은 감소한다.
④ 습윤양생시키면 건조수축량은 감소한다.

(3) 기타 사항

① 건조수축의 진행속도는 초기에 빠르게 진행되지만 시간이 경과함에 따라 그 진행속도가 점차 감소한다.
② 보통 콘크리트의 최종 건조수축량은 일반적으로 0.0002~0.0007의 범위에 있다.
③ 부정정구조물 설계시 고려되는 건조수축 변형률은 일반적으로 [표 1-3]의 값을 표준으로 한다.

[표 1-3] 콘크리트 구조물의 건조수축변형률

구조물의 종류		건조수축변형률
라멘		0.00015
아치	철근량 0.5% 이상	0.00015
	철근량 0.1~0.5%	0.00020

8. 콘크리트의 온도변화

① 콘크리트는 온도가 올라가면 팽창하고, 온도가 내려가면 수축한다.
② 일반적으로 온도변화에 의한 영향은 부정정 구조물의 설계에 있어서 고려되지만, 정정구조물에 대해서는 그 영향을 무시해도 좋다.
③ 콘크리트 구조물의 설계에서 온도의 승강을 보통의 경우는 20℃, 부재의 단면치수가 70cm 이상인 경우는 15℃를 표준으로 한다.
④ 콘크리트 구조물의 설계에서 온도변화의 영향을 고려할 경우에는 콘크리트 및 철근의 열팽창 계수를 $\alpha = 1.0 \times 10^{-5}(/℃)$로 본다.

03 철근

1. 철근의 종류

(1) 이형철근과 원형철근

1) 이형철근

콘크리트와 철근의 부착력을 높이기 위해서 철근의 표면에 리브(rib)와 마디 등의 돌기를 만들어 준 철근으로서 주로 주철근으로 사용된다.

2) 원형철근

철근의 표면에 리브(rib)와 마디 등의 돌기가 없는 철근으로서 보조철근, 나선철근, 띠철근 등으로 사용된다.

3) 철근의 종류와 항복점 및 인장강도는 KS D3504에서 [표 1-4]와 같이 규정하고 있다.

[표 1-4] 철근의 종류와 항복점 및 인장강도

종류	기호	용도	항복점 또는 0.2% 항복강도(MPa)	인장강도(MPa)
원형철근	SR240		240 이상	380 이상
	SR300		300 이상	440 이상
이형철근	SD300	일반용	300 이상	440 이상
	SD350		350 이상	490 이상
	SD400		400 이상	560 이상
	SD500		500 이상	620 이상
	SD400W	용접용	400 이상	560 이상
	SD500W		500 이상	620 이상

(2) 용도에 따른 철근의 분류

1) 주철근 : 설계하중에 대한 계산에 의하여 그 단면적이 정해지는 철근

① 정철근 : 보 또는 슬래브에서 정(+)모멘트에 의한 휨인장력에 저항하도록 부재의 하단에 배치된 철근

② 부철근 : 보 또는 슬래브에서 부(-)모멘트에 의한 휨인장력에 저항하도록 부재의 상단에 배치된 철근

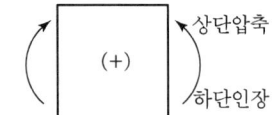

■ 정(+)모멘트

③ 전단철근 : 전단력에 저항하도록 부재의 복부에 배치된 철근(사인장철근 또는 복부철근 이라고도 함)
  ㉠ 스터럽 : 정철근 또는 부철근을 둘러싸고 이에 직각 또는 45° 이상의 경사로 배치된 철근
  ㉡ 굽힘철근 : 휨모멘트에 대하여 필요없는 부분의 휨인장철근을 30° 이상의 경사로 구부려 올리거나 또는 구부려 내린 복부철근(절곡철근이라고도 함)
④ 옵셋굽힘철근 : 기둥의 연결부에서 단면치수가 변하는 경우에 배치되는 구부린 주철근

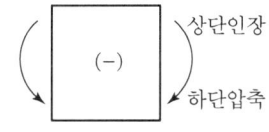
▶ 부(+)모멘트
상단인장
하단압축

2) 보조철근 : 설계하중에 대한 계산에 의하여 그 단면적이 정해지지 않는 철근
  ① 조립용 철근 : 철근을 조립할 경우에 철근의 위치를 확보하기 위해서 사용되는 철근
  ② 가외철근 : 콘크리트의 건조수축 또는 온도변화 등의 원인에 의해서 콘크리트에 발생하는 인장력에 대비하여 추가로 더 넣어주는 철근
  ③ 표피철근 : 보의 전체높이(h)가 900mm를 초과하는 경우에 보의 복부 양 측면에 부재 축방향으로 배치되는 철근
  ④ 띠철근 : 축방향철근의 위치를 확보하기 위해서 정해진 간격마다 축방향철근을 횡방향으로 결속하는 철근
  ⑤ 나선철근 : 축방향철근을 정해진 간격으로 나선형으로 둘러싼 철근
  ⑥ 배력철근 : 콘크리트의 균열폭과 수축 등을 제어하기 위해서 정철근 또는 부철근에 직각에 가까운 방향으로 배치된 철근

▶ 배력철근의 기능
① 응력을 고루 분산시켜 콘크리트의 균열폭을 최소화
② 건조수축 또는 온도변화에 따른 콘크리트의 수축 억제
③ 주철근의 위치확보

2. 철근의 응력 - 변형률 곡선과 탄성상수

(1) 철근의 응력-변형률 곡선

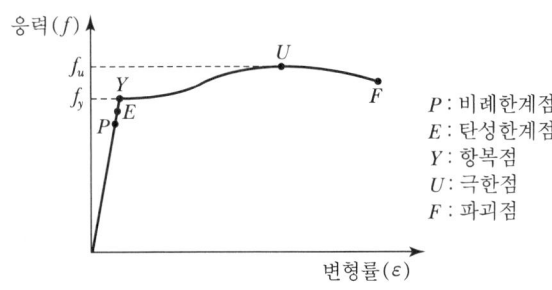

P : 비례한계점
E : 탄성한계점
Y : 항복점
U : 극한점
F : 파괴점

[그림 1-9] 철근의 응력-변형률 곡선

(2) 철근의 탄성계수

1) 일반적인 철근의 탄성계수

$$E_S = (2.0 \sim 2.1) \times 10^5 \text{MPa}$$

2) 콘크리트 설계기준에 따른 철근의 탄성계수

$$E_S = 2.0 \times 10^5 \text{MPa}$$

(3) 철근의 설계강도

① 철근, 철선 및 용접철망의 응력-변형률 곡선에서 항복점이 뚜렷하게 나타나는 경우에는 항복점에서의 응력을 설계기준 항복강도(f_y)로 결정하고, 항복점이 뚜렷하게 나타나지 않는 경우에는 0.002의 변형률에서 강재의 탄성계수와 같은 기울기로 직선을 그은 후 응력-변형률 곡선과 만나는 점의 응력을 항복강도(f_y)로 결정한다.
② 휨철근의 설계기준 항복강도(f_y)는 600MPa을 초과하지 않아야 한다.
③ 전단철근의 설계기준 항복강도(f_y)는 500MPa을 초과하여 취할 수 없다. 다만, 용접이형철망을 사용할 경우는 600MPa을 초과하여 취할 수 없다.

3. 철근의 간격

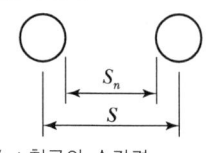

■ 철근의 간격

S_n : 철근의 순간격
S : 철근의 중심간격

(1) 보에서 휨철근의 순간격

1) 수평 순간격
① 25mm 이상
② 철근의 공칭지름 이상
③ 굵은골재 최대 치수의 4/3배 이상

2) 연직 순간격
① 25mm 이상
② 상하철근은 동일 연직면 내에 배치되어야 함

(2) 기둥에서 축방향철근의 순간격

① 40mm 이상
② 철근 공칭지름의 3/2배 이상
③ 굵은골재 최대 치수의 4/3배 이상

(3) 벽체 또는 슬래브에서 휨철근의 중심간격

1) 최대 휨모멘트가 일어나는 단면에서 휨철근의 중심간격
   ① 벽체 또는 슬래브두께의 2배 이하
   ② 300mm 이하

2) 그 밖의 단면에서 휨철근의 중심간격
   ① 벽체 또는 슬래브두께의 3배 이하
   ② 450mm 이하

4. 철근의 피복두께

(1) 철근 피복두께의 정의

최외단에 배근된 주철근 또는 보조철근의 표면으로부터 콘크리트의 표면까지의 최단거리를 철근의 피복두께라 한다.

(2) 철근의 최소 피복두께를 두는 이유

① 철근의 부식방지
② 단열작용으로 철근 보호
③ 철근과 콘크리트 사이의 부착력 확보

(3) 철근의 최소 피복두께는 콘크리트구조 설계기준(KDS 14 20 50(4.3))에서 [표 1-5]에 제시된 값 이상으로 하도록 규정하고 있다.

[표 1-5] 철근의 최소 피복두께(프리스트레스하지 않는 부재의 현장치기콘크리트)

환경 조건과 부재의 종류		최소 피복두께(mm)
수중에서 치는 콘크리트		100
흙에 접하여 콘크리트를 친 후 영구히 흙에 묻혀 있는 콘크리트		75
흙에 접하거나 옥외의 공기에 직접 노출되는 콘크리트	D19 이상의 철근	50
	D16 이하의 철근, 지름 16mm 이하의 철선	40
옥외의 공기나 흙에 직접 접하지 않는 콘크리트	슬래브, 벽체, 장선	D35 초과하는 철근	40
		D35 이하의 철근	20
	보, 기둥(콘크리트의 설계기준 압축강도 f_{ck}가 40MPa 이상인 경우 규정된 값에서 10mm 저감시킬 수 있다.)	40
	쉘, 절판	20

Item pool
예상문제 및 기출문제

01. 철근콘크리트가 성립되는 조건으로 옳지 않은 것은?
   ㉮ 철근과 콘크리트와의 부착력이 크다.
   ㉯ 철근과 콘크리트의 열팽창계수가 거의 같다.
   ㉰ 철근과 콘크리트의 탄성계수가 거의 같다.
   ㉱ 철근은 콘크리트 속에서 녹이 슬지 않는다.

■해설 철근콘크리트의 성립 요건
① 콘크리트와 철근 사이의 부착강도가 크다.
② 콘크리트와 철근의 열팽창계수가 거의 같다.
$\begin{bmatrix} \alpha_c = (1.0 \sim 1.3) \times 10^{-5} (/℃) \\ \alpha_s = 1.2 \times 10^{-5} (/℃) \end{bmatrix}$
③ 콘크리트 속에 묻힌 철근은 부식되지 않는다.

02. 아래 그림과 같은 보통 중량 콘크리트 직사각형 단면의 보에서 균열모멘트(M_{cr})는?(단, f_{ck} = 24MPa이다.)
   ㉮ 46.7kN·m
   ㉯ 52.3kN·m
   ㉰ 56.4kN·m
   ㉱ 62.1kN·m

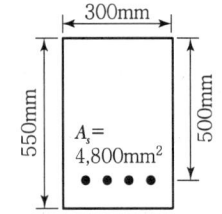

■해설 $\lambda = 1$ (보통 중량의 콘크리트인 경우)
$f_r = 0.63\lambda\sqrt{f_{ck}} = 0.63 \times 1 \times \sqrt{24} = 3.09\text{MPa}$
$Z = \frac{bh^2}{6} = \frac{300 \times 550^2}{6} = 15.125 \times 10^6 \text{mm}^3$
$M_{cr} = f_r \cdot Z = 3.09 \times (15.125 \times 10^6)$
$= 46.7 \times 10^6 \text{N} \cdot \text{mm} = 46.7 \text{kN} \cdot \text{m}$

03. 단면이 300mm×300mm인 철근콘크리트보의 인장부에 균열이 발생할 때의 모멘트(M_{cr})가 13.9kN·m이다. 이 콘크리트의 설계기준강도 f_{ck}는 약 얼마인가?
   ㉮ 18MPa   ㉯ 21MPa
   ㉰ 24MPa   ㉱ 27MPa

■해설 $f_r = \frac{M_{cr}}{Z}$
$0.63\lambda\sqrt{f_{ck}} = \frac{6M_{cr}}{bh^2}$
$f_{ck} = \left[\frac{6M_{cr}}{0.63\lambda bh^2}\right]^2 = \left[\frac{6 \times (13.9 \times 10^6)}{0.63 \times 1 \times 300 \times 300^2}\right]^2$
$= 24\text{N/mm}^2 = 24\text{MPa}$

04. 콘크리트의 설계기준압축강도(f_{ck})가 50MPa인 경우 콘크리트 탄성계수 및 크리프 계산에 적용되는 콘크리트의 평균압축강도(f_{cm})는?
   ㉮ 54MPa   ㉯ 55MPa
   ㉰ 56MPa   ㉱ 57MPa

■해설 1. Δf값
   • $f_{ck} \leq 40\text{MPa}$, $\Delta f = 4\text{MPa}$
   • $f_{ck} \geq 60\text{MPa}$, $\Delta f = 6\text{MPa}$
   • $40\text{MPa} < f_{ck} < 60\text{MPa}$, $\Delta f = 0.1f_{ck}$
2. f_{cm}값
   $f_{cm} = f_{ck} + \Delta f$
   따라서, $f_{ck} = 50\text{MPa}$인 경우 f_{cm}값은 다음과 같다.
   $\Delta f = 0.1f_{ck} = 0.1 \times 50 = 5\text{MPa}$
   $f_{cm} = f_{ck} + \Delta f = 50 + 5 = 55\text{MPa}$

05. 콘크리트의 크리프에 대한 설명으로 틀린 것은?
   ㉮ 일정한 응력이 장시간 계속하여 작용하고 있을 때 변형이 계속 진행되는 현상을 말한다.
   ㉯ 물-시멘트 비가 큰 콘크리트는 물-시멘트비가 작은 콘크리트보다 크리프가 크게 일어난다.
   ㉰ 고강도 콘크리트는 저강도 콘크리트보다 크리프가 크게 일어난다.
   ㉱ 콘크리트가 놓이는 주위의 온도가 높을수록 크리프변형은 크게 일어난다.

|해답| 1. ㉰ 2. ㉮ 3. ㉰ 4. ㉯ 5. ㉰

■해설 콘크리트의 크리프에 영향을 주는 요인
① w/c가 작은 콘크리트일수록 크리프변형은 감소한다.
② 하중 재하시 콘크리트의 재령이 클수록 크리프변형은 감소한다.
③ 고강도 콘크리트일수록 크리프변형은 감소한다.
④ 콘크리트가 놓인 주위의 온도가 낮을수록, 습도가 높을수록 크리프변형은 감소한다.

06. 단면이 400mm×500mm인 직사각형이고, 길이가 6m인 철근콘크리트 부재가 있다. 철근은 단면도심에 대하여 대칭으로 배치하였으며, 단면적은 $A_s = 2,000mm^2$이다. 콘크리트의 건조수축으로 인한 콘크리트의 수축응력은?(단, 콘크리트의 건조 수축률은 0.00015이고, 콘크리트 및 철근의 탄성계수는 각각 $E_c = 2.85 \times 10^4$MPa, $E_s = 2.0 \times 10^5$MPa이며, 이 부재의 변형은 구속되어 있지 않다.)

㉮ 0.14MPa
㉯ 0.28MPa
㉰ 14MPa
㉱ 28MPa

■해설
$$n = \frac{E_s}{E_c} = \frac{2.0 \times 10^5}{2.85 \times 10^4} = 7$$
$$f_c = \frac{\varepsilon_{sh} \cdot E_s}{\left(\frac{A_c}{A_s}\right) + n} = \frac{0.00015 \times (2.0 \times 10^5)}{\left(\frac{400 \times 500}{2,000}\right) + 7}$$
$$= 0.28 \text{MPa}(인장)$$

■참고
$$f_s = f_c \left(\frac{A_c}{A_s}\right) = 0.28 \times \left(\frac{400 \times 500}{2,000}\right)$$
$$= 28 \text{MPa}(압축)$$

07. 철근콘크리트 기둥의 연결부에 단면치수가 변하는 경우 옵셋 굽힘철근을 배근하여야 하는데 이 옵셋 굽힘철근 사용에 대한 다음 설명 중 틀린 것은?

㉮ 옵셋 굽힘철근의 굽힘부에서 기울기는 1/6을 초과하지 않아야 한다.
㉯ 옵셋 굽힘철근의 굽힘부를 벗어난 상·하부 철근은 기둥 축에 평행하여야 한다.
㉰ 옵셋 굽힘철근의 굽힘부에는 띠철근 등으로 수평시지를 하여야 하는데 이때 수평지지는 굽힘부에서 계산된 수평분력의 2.0배를 지지할 수 있도록 설계되어야 한다.
㉱ 기둥연결부에서 상·하부의 기둥면이 75mm이상 차이가 나는 경우는 축방향 철근을 구부려서 옵셋 굽힘철근으로 사용하여서는 안 된다.

■해설 옵셋 굽힘철근의 굽힘부에는 띠철근, 나선철근 또는 바닥구조에 의해 수평지지가 이루어져야 한다. 이때 수평지지는 굽힘부에서 계산된 수평분력의 1.5배를 지지하도록 설계되어야 한다.

08. 다음 중 표피철근(Skin Reinforcement)에 대한 설명 중 맞는 것은?

㉮ 전체 깊이가 900mm를 초과하는 휨부재 복부의 양 측면에 부재 축방향으로 배치하는 철근
㉯ 기둥연결부에서 단면치수가 변하는 경우에 배치되는 구부린 주철근
㉰ 건조수축 또는 온도변화에 의하여 콘크리트에 발생되는 균열을 방지하기 위한 목적으로 배치되는 철근
㉱ 비틀림 응력이 크게 일어나는 부재에서 이에 저항하도록 배치되는 철근

■해설 보의 전체높이(h)가 900mm를 초과하는 경우에 보의 복부 양 측면에 부재 축방향으로 배치하는 철근을 표피철근이라 한다.

09. 철근콘크리트 구조물 설계시 철근 간격에 대한 설명 중 옳지 않은 것은?(단, 굵은 골재의 최대 치수에 관련된 규정은 만족하는 것으로 가정한다.)

㉮ 동일 평면에서 평행한 철근 사이의 수평 순간격은 25mm 이상, 또한 철근의 공칭지름 이상으로 하여야 한다.
㉯ 나선철근과 띠철근이 배근된 압축부재에서 축방향 철근의 순간격은 40mm 이상, 또한 철근 공칭지름의 1.5배 이상으로 하여야 한다.
㉰ 상단과 하단에 2단 이상으로 배치된 경우 상하철근은 동일 연직면 내에 배치되어야 하고, 이때 상하철근의 순간격은 40mm 이상으로 하여야 한다.
㉱ 벽체 또는 슬래브에서 휨 주철근의 간격은 벽체나 슬래브 두께의 3배 이하로 하여야 하고, 또한 450mm 이하로 하여야 한다.

|해답| 6. ㉯ 7. ㉰ 8. ㉮ 9. ㉰

■해설 상단과 하단에 2단 이상으로 배치된 경우 상하철근은 동일 연직면 내에 배치되어야 하고, 이때 상하철근의 순간격은 25mm 이상으로 하여야 한다.

10. 철근콘크리트 보에 배치되는 철근의 순간격에 대한 설명으로 틀린 것은?

㉮ 동일 평면에서 평행한 철근 사이의 수평 순간격은 25mm 이상이어야 한다.
㉯ 상단과 하단에 2단 이상으로 배치된 경우 상하철근의 순간격은 25mm 이상으로 하여야 한다.
㉰ 철근의 순간격에 대한 규정은 서로 접촉된 겹침이음 철근과 인접된 이음철근 또는 연속철근 사이의 순간격에도 적용하여야 한다.
㉱ 벽체 또는 슬래브에서 휨 주철근의 간격은 벽체나 슬래브 두께의 2배 이하로 하여야 한다.

■해설 벽체 또는 슬래브에서 휨 주철근의 중심간격은 위험단면을 제외한 단면에서는 벽체 또는 슬래브 두께의 3배 이하이어야 하고, 또한 450mm 이하로 하여야 한다.

11. 다음 중 철근의 피복두께를 필요로 하는 이유로 옳지 않은 것은?

㉮ 철근이 산화되지 않도록 한다.
㉯ 화재에 의한 직접적인 피해를 받지 않도록 한다.
㉰ 부착응력을 확보한다.
㉱ 인장강도를 보강한다.

■해설 피복두께를 두는 이유
• 철근의 부식 방지
• 단열작용으로 철근 보호
• 철근과 콘크리트 사이의 부착력 확보

12. 철근콘크리트 부재의 최소 피복두께에 관한 설명 중 틀린 것은?

㉮ 흙에 접하거나 옥외의 공기에 직접 노출되는 현장치기 콘크리트로 D19 이상의 철근을 사용하는 경우 최소 피복두께는 50mm이다.
㉯ 옥외의 공기나 흙에 직접 접하지 않는 현장치기 콘크리트로 슬래브에 D35 이하의 철근을 사용하는 경우 최소 피복두께는 40mm이다.
㉰ 흙에 접하거나 옥외의 공기에 직접 노출되는 프리캐스트 콘크리트로 벽체에 D35 이하의 철근을 사용하는 경우 최소 피복두께는 20mm이다.
㉱ 흙에 접하거나 옥외의 공기에 직접 노출되는 프리스트레스트 콘크리트로 벽체인 경우 최소 피복두께는 30mm이다.

■해설 옥외의 공기나 흙에 직접 접하지 않는 현장치기 콘크리트로 슬래브에 D35 이하의 철근을 사용하는 경우 최소 피복두께는 20mm이다.

13. 철근콘크리트 부재의 피복두께에 관한 설명으로 틀린 것은?

㉮ 최소 피복두께를 제한하는 이유는 철근의 부식 방지, 부착력의 증대, 내화성을 갖도록 하기 위해서이다.
㉯ 현장치기 콘크리트로서, 흙에 접하거나 옥외의 공기에 직접 노출되는 콘크리트의 최소 피복 두께는 D19 이상의 철근의 경우 40mm이다.
㉰ 현장치기 콘크리트로서, 흙에 접하여 콘크리트를 친 후 영구히 흙에 묻혀 있는 콘크리트의 최소 피복두께는 75mm이다.
㉱ 콘크리트 표면과 그와 가장 가까이 배치된 철근 표면 사이의 콘크리트 두께를 피복두께라 한다.

■해설 현장치기 콘크리트로서 흙에 접하거나 공기에 직접 노출되는 콘크리트의 최소 피복두께는 D19 이상의 철근의 경우 50mm이다.

14. 프리스트레스트 콘크리트의 경우 흙에 접하여 콘크리트를 친 후 영구히 흙에 묻혀 있는 콘크리트의 최소 피복두께는?

㉮ 40mm ㉯ 60mm
㉰ 75mm ㉱ 100mm

■해설 프리스트레스트 콘크리트의 경우 흙에 접하여 콘크리트를 친 후 영구히 흙에 묻혀 있는 콘크리트의 최소 피복두께는 75mm이다.

15. 철근콘크리트 부재의 최소 피복두께에 관한 설명 중 틀린 것은?

㉮ 흙에 접하거나 옥외의 공기에 직접 노출되는 현장치기 콘크리트로 D16 이하의 철근을 사용 하는 경우 최소 피복두께는 40mm이다.

㉯ 옥외의 공기나 흙에 직접 접하지 않는 현장치기 콘크리트로 슬래브에 D35 이하의 철근을 사용하는 경우 최소 피복두께는 20mm이다.

㉰ 흙에 접하거나 옥외의 공기에 직접 노출되는 프리캐스트 콘크리트로 벽체에 D35 이하의 철근을 사용하는 경우 최소 피복두께는 40mm이다.

㉱ 흙에 접하거나 옥외의 공기에 직접 노출되는 프리스트레스트 콘크리트로 벽체인 경우 최소 피복두께는 30mm이다.

■해설 흙에 접하거나 옥외의 공기에 직접 노출되는 프리캐스트 콘크리트로 벽체에 D35 이하의 철근을 사용하는 경우 최소 피복두께는 20mm이다.

|해답| 15. ㉰

Chapter 02

설계방법

Contents

Section 01 구조물 설계의 기본개념
Section 02 강도설계법
Section 03 허용응력설계법

ITEM POOL 예상문제 및 기출문제

Section 01 구조물 설계의 기본개념

1. 안전성

① 구조물은 사용기간 동안 작용할 모든 하중에 대하여 파괴 또는 다른 결함 없이 충분히 저항할 수 있도록 안전성이 확보되어야 한다.
② 구조물의 안전성 확보에 대한 검토는 강도, 좌굴 등에 대해서 이루어진다.
③ 강도설계법은 구조물의 안전성 확보에 중점을 둔 설계방법이다.

2. 사용성

① 구조물은 사용기간 동안 사용자로 하여금 구조물에 대한 불안감, 불신감, 그리고 불편함을 느끼지 않도록 사용성이 확보되어야 한다.
② 구조물의 사용성 확보에 대한 검토는 처짐, 균열, 진동 등에 대해서 이루어진다.
③ 허용응력설계법은 구조물의 사용성 확보에 중점을 둔 설계방법이다.

Section 02 강도설계법

1. 기본개념

① 강도설계법은 부재의 파괴상태 또는 파괴에 가까운 상태에 기초한 설계방법이다.
② 강도설계법은 부재의 공칭강도(S_n)에 강도감소계수(ϕ)를 곱한 설계강도(S_d)가 사용하중(L_i)에 하중계수(r_i)를 곱한 계수하중 (또는 소요강도, U)보다 작지 않도록 설계하는 방법이다.

$$\sum r_i L_i = U \leq S_d = \phi S_n \quad \cdots \cdots (2.1)$$

2. 강도감소계수

(1) 강도감소계수를 사용하는 이유

① 부재의 공칭강도와 실제강도의 차이
② 부재의 제작 또는 시공에 있어서 설계도와의 차이
③ 부재강도의 추정과 해석에 관련된 불확실성

(2) 콘크리트 설계기준에 제시된 강도감소계수

[표 2-1] 강도감소계수 ϕ의 값

부재, 단면 또는 하중(단면력)의 종류		ϕ
인장지배단면		0.85
압축지배 단면	나선철근부재	0.70
	그 이외의 부재	0.65
	공칭강도에서 최외단 인장철근의 순인장변형률 ε_t가 압축지배와 인장지배 단면 사이에 있을 경우	ε_t가 압축지배 변형률 한계에서 인장지배 변형률 한계로 증가함에 따라 ϕ값을 압축지배단면에 대한 값에서 0.85까지 증가시킨다.
전단력과 비틀림모멘트		0.75
콘크리트의 지압력 (포스트텐션 정착부나 스트럿-타이 모델은 제외)		0.65
포스트텐션 정착구역		0.85
스트럿-타이 모델	타이	0.85
	스트럿, 절점부 및 지압부	0.75
긴장재 묻힘길이가 정착길이보다 작은 프리텐션부재의 휨단면	부재의 단부에서 전달길이 단부까지	0.75
	전달길이 단부에서 정착길이 단부 사이	0.75에서 0.85까지 선형적으로 증가시킨다.
무근콘크리트의 휨모멘트, 압축력, 전단력, 지압력		0.55

3. 하중계수

(1) 하중계수를 사용하는 이유

① 하중의 공칭값과 실제하중 사이의 불가피한 차이
② 하중을 작용외력으로 변환시키는 해석상의 불확실성

③ 환경작용 등의 변동

(2) 콘크리트 설계기준에 제시된 하중계수 및 하중조합

[표 2-2] 하중계수 및 하중조합

하중조건	하중계수 및 하중조합	
고정하중 D, 액체하중 F, 연직토압 H_v	$U = 1.4(D+F)$	(a)
온도 등의 영향 T, 적설하중 S, 강우하중 R, 풍하중 W	$U = 1.2(D+F+T) + 1.6(L + \alpha_H H_v + H_h) + 0.5$ $(L_r$ 또는 S 또는 $R)$	(b)
	$U = 1.2D + 1.6(L_r$ 또는 S 또는 $R) + (1.0L$ 또는 $0.65W)$	(c)
	$U = 1.2D + 1.3W + 1.0L + 0.5(L_r$ 또는 S 또는 $R)$	(d)
	$U = 1.2(D+F+T) + 1.6(L + \alpha_H H_v) + 0.8H_h$ $+ 0.5 + 0.5(L_r$ 또는 S 또는 $R)$	(e)
	$U = 0.9(D+H_v) + 1.3W + (1.6H_h + 0.8H_v)$	(f)
지진하중 E	$U = 1.2(D+H_v) + 1.0E + 1.0L + 0.2S + (1.0H_h$ 또는 $0.5H_h)$	(g)
	$U = 0.9(D+H_v) + 1.0E + (1.0H_h$ 또는 $0.5H_h)$	(h)

여기서, U : 소요강도

D : 고정하중(사하중) 또는 이에 의해 일어나는 단면력

F : 유체의 중량 및 압력 또는 이에 의해 일어나는 단면력

T : 온도, 크리프, 건조수축 및 부등침하의 영향 등에 의해 일어나는 단면력

L : 활하중 또는 이에 의해 일어나는 단면력

H_v : 흙, 지하수 또는 기타 재료의 자중에 의한 연직방향 하중 또는 이에 의해 일어나는 단면력

H_h : 흙, 지하수 또는 기타 재료의 횡압력에 의한 수평방향 하중 또는 이에 의해 일어나는 단면력

L_r : 지붕 활하중 또는 이에 의해 일어나는 단면력

S : 적설하중 또는 이에 의해 일어나는 단면력

R : 강우하중 또는 이에 의해 일어나는 단면력

W : 풍하중 또는 이에 의해 일어나는 단면력

E : 지진하중 또는 이에 의해 일어나는 단면력

a_H : 토피의 두께 h에 따른 연직방향 하중 H_v에 대한 보정계수

$h \leq 2mm$에 대하여 $\alpha_H = 1.0$

$h > 2mm$에 대하여 $\alpha_H = 1.05 - 0.025h > 0.875$

한편 설계기준에서는 [표 2-2]의 하중조합을 적용함에 있어서 고려해야 할 사항들을 아래와 같이 알려주고 있다.

① 차고, 공공의 집회장소 및 L이 5.0kN/m² 이상인 모든 장소 이외에는 [표 2-2]의 식(c), 식(d) 및 식(g)에서 활하중 L에 대한 하중계수를 0.5로 감소시킬 수 있다.

② 구조물에 충격의 영향이 가해지는 경우에는 활하중 L을 충격효과 I가 포함된 $(L+I)$로 대체해야 한다.

③ 부등침하, 크리프, 건조수축, 팽창 콘크리트의 팽창량 및 온도변화는 사용구조물의 실제적 상황을 고려하여 계산하여야 한다.

④ 포스트텐션 정착부의 설계에 있어서는 최대 프리스트레싱 강재 긴장력에 하중계수 1.2를 적용해야 한다.

4. 강도설계법의 장점과 단점

(1) 강도설계법의 장점

① 파괴에 대한 안전확보가 확실하다.
② 하중계수를 사용하여 하중의 특성을 설계에 반영할 수 있다.

(2) 강도설계법의 단점

① 서로 다른 재료의 특성을 설계에 합리적으로 반영하기 어렵다.
② 사용성 확보를 위해서 별도의 검토가 필요하다.

03 허용응력설계법

1. 기본개념

① 허용응력설계법은 철근콘크리트를 탄성체로 간주하여 선형탄성이론에 기초한 설계방법이다.

② 허용응력설계법은 선형탄성이론에 의해 구한 콘크리트의 응력(f_c)과 철근의 응력(f_s)이 각각 콘크리트의 설계기준강도(f_{ck})를 콘크리트응력의 안전율(γ_c)로 나눈 콘크리트의 허용응력(f_{ca})과 철근의 항복응력(f_y)을 철근응력의 안전율(γ_c)로 나눈 철근의 허용응력(f_{sa})을 넘지 않도록 설계하는 방법이다.

$$f_c \leq f_{ca} = \frac{f_{ck}}{\gamma_c} \quad \cdots\cdots (2.2\text{ⓐ})$$

$$f_s \leq f_{sa} = \frac{f_y}{\gamma_s} \quad \cdots\cdots (2.2\text{ⓑ})$$

2. 콘크리트와 철근의 허용응력

(1) 콘크리트의 허용응력

[표 2-3] 콘크리트의 허용응력

응력	부재 또는 조건		허용응력(MPa)
휨압축	휨부재		$0.40 f_{ck}$
전단	보, 1방향 슬래브 및 확대기초	콘크리트가 부담하는 전단응력	$0.08\sqrt{f_{ck}}$
		콘크리트와 전단철근이 부담하는 전단응력	$v_{ca} + 0.32\sqrt{f_{ck}}$
	2방향 슬래브 및 확대기초	콘크리트가 부담하는 전단응력	$0.08\left(1+\dfrac{2}{\beta_c}\right)\sqrt{f_{ck}} \leq 0.16\sqrt{f_{ck}}$
지압	전 단면에 재하될 경우		$0.25 f_{ck}$
	부분적으로 재하될 경우		$0.25 f_{ck}\sqrt{\dfrac{A_2}{A_1}}\left(\sqrt{\dfrac{A_2}{A_1}} \leq 2\right)$
휨인장	무근의 확대기초 및 벽체		$0.13\sqrt{f_{ck}}$

(2) 철근의 허용응력

[표 2-4] 철근의 허용응력

철근의 종류 또는 조건	허용응력(MPa)
SD300(f_y=300MPa)	150
SD350(f_y=350MPa)	175
SD400(f_y=400MPa)	180
경간 4m 미만의 1방향 슬래브에 배근된 지름 10mm 이하의 휨철근	$0.5f_y \leq 200$

3. 허용응력설계법의 장점과 단점

(1) 허용응력설계법의 장점

① 설계계산이 간편하다.
② 설계방법에 대한 친밀성이 있다.

(2) 허용응력설계법의 단점

① 부재의 강도를 알기 어렵다.
② 파괴에 대한 두 재료의 안전도를 일정하게 하기가 어렵다.
③ 성질이 다른 하중들의 영향을 설계에 반영할 수 없다.

Item pool 예상문제 및 기출문제

01. 강도설계법에서 강도감소계수(ϕ)를 규정하는 목적이 아닌 것은?
   ㉮ 재료 강도와 치수가 변동할 수 있으므로 부재의 강도 저하 확률에 대비한 여유를 반영하기 위해
   ㉯ 부정확한 설계방정식에 대비한 여유를 반영하기 위해
   ㉰ 구조물에서 차지하는 부재의 중요도 등을 반영하기 위해
   ㉱ 하중의 변경, 구조해석할 때의 가정 및 계산의 단순화로 인해 야기될지 모르는 초과하중에 대비한 여유를 반영하기 위해

   ■해설 하중의 변경, 구조해석시 초과하중에 대비하기 위하여 고려되는 것은 하중계수이다.

02. 강도설계법에서 강도감소계수를 사용하는 이유에 대한 설명으로 틀린 것은?
   ㉮ 재료의 공칭강도와 실제강도와의 차이를 고려하기 위해
   ㉯ 부재를 제작 또는 시공할 때 설계도와의 차이를 고려하기 위해
   ㉰ 하중의 공칭값과 실제하중 사이의 불가피한 차이를 고려하기 위해
   ㉱ 부재 강도의 추정과 해석에 관련된 불확실성을 고려하기 위해

   ■해설 하중의 공칭값과 실제하중 사이의 불가피한 차이를 고려하기 위하여 사용하는 것은 하중계수이다.

03. 강도감소계수 ϕ를 규정하는 목적으로 적당하지 않은 것은?
   ㉮ 재료 강도와 치수가 변동할 수 있으므로 부재의 강도 저하 확률에 대비한 여유
   ㉯ 구조물에서 차지하는 부재의 중요도를 반영
   ㉰ 계산의 단순화로 인해 야기될지 모르는 초과하중의 영향에 대비한 여유
   ㉱ 부정확한 설계방정식에 대비한 여유

   ■해설 초과하중의 영향에 대비하여 고려되는 것은 하중계수이다.

04. 콘크리트 구조물의 강도설계법에서 사용되는 강도감소계수에 대한 다음 설명 중 잘못된 것은?
   ㉮ 인장지배단면의 강도감소계수는 보통 철근콘크리트 부재와 프리스트레스트 콘크리트 부재의 구분 없이 모두 0.85이다.
   ㉯ 압축지배단면의 강도감소계수는 띠철근으로 보강된 철근콘크리트 부재에서는 0.75이지만 그 밖의 경우에는 0.7이다.
   ㉰ 전단력에 대한 강도감소계수는 0.75이다.
   ㉱ 무근콘크리트의 휨모멘트, 압축력, 전단력, 지압력에 대한 강도감소계수는 0.55이다.

   ■해설 압축지배단면의 강도감소계수는 나선철근으로 보강된 철근콘크리트 부재의 경우는 0.70이지만 그 외의 경우는 0.65이다.

05. 철근콘크리트 강도설계에 있어서 안전을 위한 강도감소계수 ϕ의 규정값으로 틀린 것은?
   ㉮ 인장지배단면 : 0.85
   ㉯ 전단력과 비틀림모멘트 : 0.75
   ㉰ 콘크리트의 지압력 : 0.65
   ㉱ 압축지배단면 중 나선철근으로 보강된 부재 : 0.80

   ■해설 압축지배단면의 강도감소계수
   • 나선철근으로 보강된 부재 : $\phi = 0.70$
   • 그 이외의 부재 : $\phi = 0.65$

|해답| 1. ㉱ 2. ㉰ 3. ㉰ 4. ㉯ 5. ㉱

06. 강도 설계에 있어서 안전율을 위한 강도 감소계수 ϕ의 값으로 틀린 것은?

㉮ 인장지배 단면 : 0.85
㉯ 전단 : 0.75
㉰ 비틀림모멘트 : 0.75
㉱ 나선철근으로 보강된 압축지배 단면 : 0.65

■해설 나선철근으로 보강된 압축지배 단면 부재의 강도 감소계수(ϕ)는 0.70이다.

07. 콘크리트 구조 설계기준(2007)에서 규정한 강도 감소계수(ϕ)를 잘못 기술한 것은?

㉮ 무근콘크리트의 휨모멘트 : $\phi = 0.55$
㉯ 전단력과 비틀림모멘트 : $\phi = 0.70$
㉰ 콘크리트의 지압력(포스트텐션 정착부나 스트럿 – 타이 모델은 제외) : $\phi = 0.65$
㉱ 인장지배단면 : $\phi = 0.85$

■해설 전단력과 비틀림모멘트에 대한 강도 감소계수(ϕ)는 $\phi = 0.75$이다.

08. 강도설계법에서 구조의 안전을 확보하기 위해 사용되는 강도감소계수 ϕ에 대한 설명으로 틀린 것은?

㉮ 인장지배단면 $\phi = 0.85$
㉯ 압축지배단면에서 띠철근콘크리트 부재 $\phi = 0.65$
㉰ 전단과 비틀림모멘트 $\phi = 0.70$
㉱ 콘크리트의 지압력(포스트텐션 정착부나 스트럿 – 타이 모델은 제외) $\phi = 0.65$

■해설 전단과 비틀림모멘트에 대한 강도감소계수 $\phi = 0.75$이다.

09. 구조물의 부재, 부재 간의 연결부 및 각 부재 단면의 휨모멘트, 축력, 전단력, 비틀림모멘트에 대한 설계강도는 공칭강도에 강도감소계수 ϕ를 곱한 값으로 한다. 포스트텐션 정착구역에시의 강도감소계수는?

㉮ 0.65 ㉯ 0.7
㉰ 0.75 ㉱ 0.85

■해설 포스트텐션 정착구역에서의 강도감소계수는 0.85이다.

10. 부재의 설계시 적용되는 강도감소계수(ϕ)에 대한 설명 중 옳지 않은 것은?

㉮ 압축지배단면에서 나선철근으로 보강된 철근 콘크리트부재의 강도감소계수는 0.70이다.
㉯ 인장지배 단면에서의 강도감소계수는 0.85이다.
㉰ 공칭강도에 최외단 인장철근의 순인장 변형율(ε_t)이 압축지배와 인장지배단면 사이일경우에는, ε_t가 압축지배변형율 한계에서 인장지배변형율 한계로 증가함에 따라 ϕ값을 압축지배단면에 대한 값에서 0.85까지 증가시킨다.
㉱ 포스트텐션 정착구역에서 강도감소계수는 0.80이다.

■해설 포스트텐션 정착구역에서 강도감소계수는 0.85이다.

11. 구조물을 해석하여 설계하고자 할 때 계수고정하중은 항상 작용하고 있으므로 모든 경간에 재하시키면 되지만, 계수활하중은 그렇지 않을 수도 있다. 계수활하중을 배치하는 방법 중에서 적절하지 않은 방법은?

㉮ 해당 바닥판에만 재하된 것으로 보아 해석한다.
㉯ 고정하중과 활하중의 하중조합은 모든 경간에 재하된 계수고정하중과 두 인접 경간에 만재된 계수활하중의 조합하중으로 해석한다.
㉰ 고정하중과 활하중의 하중조합은 모든 경간에 재하된 계수고정하중과 한 경간씩 건너서 만재된 계수활하중과의 조합하중으로 해석한다.
㉱ 고정하중과 활하중의 하중조합은 모든 경간에 재하된 계수고정하중과 모든 경간에 만재된 계수활하중의 조합하중으로 해석한다.

■해설 고정하중과 활하중의 하중조합은 모든 경간에 재하된 계수고정하중과 두 인접 경간에 만재된 계수활하중의 조합하중으로 해석하거나, 또는 한 경간씩 건너서 만재된 계수활하중과의 조합하중으로 해석한다.

|해답| 6. ㉱ 7. ㉯ 8. ㉰ 9. ㉱ 10. ㉱ 11. ㉱

12. 철근콘크리트 구조물을 설계할 때는 하중계수와 하중조합 등을 충분히 고려하여 구조물에 작용하는 최대 소요강도(U)에 만족하도록 안전하게 설계해야 한다. 그 이유로 적합치 않은 것은?

㉮ 예상하지 못한 초과하중에 대비하기 위해
㉯ 구조물 설계시에 사용하는 가정과 실제와의 차이에 대비하려고
㉰ 재료의 강도나 시공시의 오차 등에 따른 위험에 대비하려고
㉱ 고정이나 활하중과 같은 주요하중의 변화에 대비하기 위해

■해설 재료의 강도나 시공시의 오차 등에 따른 위험에 대비하여 고려되어 지는 것은 강도감소계수이다.

13. 계수하중 U를 구하기 위해 사용하중에 곱해주는 하중계수가 잘못 기술된 것은?(단, D : 사하중, L : 활하중, W : 풍하중, E : 지진하중, S : 적설하중)

㉮ $U = 1.2D + 1.6L$
㉯ $U = 0.9D + 1.3W$
㉰ $U = 1.2D + 1.0W + 1.0L + 0.5S$
㉱ $U = 1.2D + 1.0E + 1.0L + 0.2S$

■해설 고정하중(D), 풍하중(W), 활하중(L) 그리고 적설하중(S)이 작용하는 경우
$U = 1.2D + 1.3W + 1.0L + 0.5S$

14. 지간(L)이 6m인 단철근 직사각형 단순보에 고정하중(자중포함)이 15.5kN/m, 활하중이 35kN/m가 작용할 경우 최대 모멘트가 발생하는 단면의 계수 모멘트(M_u)는 얼마인가?(단, 하중조합을 고려할 것)

㉮ 227.3kN·m   ㉯ 300.6kN·m
㉰ 335.7kN·m   ㉱ 373.2kN·m

■해설 $W_u = 1.2W_D \times 1.6W_L$
$= 1.2 \times 15.5 + 1.6 \times 35 = 74.6 \text{kN/m}$
$M_u = \dfrac{W_u \cdot l^2}{8} = \dfrac{74.6 \times 6^2}{8} = 335.7 \text{kN·m}$

15. 고정하중 50kN/m, 활하중 100kN/m를 지지해야 할 지간 8m의 단순보에서 계수모멘트 M_u는?

㉮ 1,630kN·m   ㉯ 1,760kN·m
㉰ 1,870kN·m   ㉱ 1,960kN·m

■해설 $W_u = 1.2W_D \times 1.6W_L$
$= 1.2 \times 50 + 1.6 \times 100 = 220 \text{kN/m}$
$M_u = \dfrac{W_u \cdot l^2}{8} = \dfrac{220 \times 8^2}{8} = 1760 \text{kN·m}$

16. 사용 고정하중(D)과 활하중(L)을 작용시켜서 단면에서 구한 휨모멘트는 각각 $M_D = 30 \text{kN·m}$, $M_L = 3 \text{kN·m}$이었다. 주어진 단면에 대해서 현행 콘크리트 구조설계기준에 따라 최대 소요강도를 구하면?

㉮ 30kN·m   ㉯ 40.8kN·m
㉰ 42kN·m   ㉱ 48.2kN·m

■해설 $M_{u1} = 1.2M_D + 1.6M_L$
$= 1.2 \times 30 + 1.6 \times 3 = 40.8 \text{kN·m}$
$M_{u2} = 1.4M_D = 1.4 \times 30 = 42 \text{kN·m}$
$M_u = [M_{u1}, M_{u2}]_{\max}$
$= [40.8 \text{kN·m}, 42 \text{kN·m}]_{\max} = 42 \text{kN·m}$

17. 폭(b) = 600mm, 전체 높이(h) = 1,000mm인 직사각형 단면을 가지는 철근콘크리트 부재에 자중만 작용한다면 계수휨모멘트 M_u는?(단, 지간 6.8m인 단순보이고, 철근콘크리트의 단위무게는 25kN/m³을 적용한다.)

㉮ 104.1kN·m   ㉯ 121.4kN·m
㉰ 142.8kN·m   ㉱ 158.5kN·m

■해설 $W_D = \gamma A = \gamma(bh) = 25 \times (0.6 \times 1) = 15 \text{kN/m}$
$W_{u1} = 1.2W_D + 1.6W_L = 1.2 \times 15 + 1.6 \times 0 = 18 \text{kN/m}$
$W_{u2} = 1.4W_D = 1.4 \times 15 = 21 \text{kN/m}$
$W_u = [W_{u1}, W_{u2}]_{\max}$
$= [18 \text{kN/m}, 21 \text{kN/m}]_{\max} = 21 \text{kN·m}$
$M_u = \dfrac{W_u l^2}{8} = \dfrac{21 \times 6.8^2}{8} = 121.38 \text{kN·m}$

|해답| 12. ㉰   13. ㉯   14. ㉰   15. ㉯   16. ㉰   17. ㉯

보의 휨해석과 설계

Chapter 03

Contents

Section 01 강도설계법의 기본개념
Section 02 단철근 직사각형 단면보
Section 03 복철근 직사각형 단면도
Section 04 T형 단면보
Section 05 허용응력설계법(별도설계법, 대체설계법)

ITEM POOL 예상문제 및 기출문제

강도설계법의 기본개념

1. 설계 기본원칙

$$M_u \leq M_d = \phi M_n \quad \cdots\cdots\cdots\cdots (3.1)$$

여기서, M_u : 계수휨하중
 M_d : 설계휨강도
 M_n : 공칭휨강도
 ϕ : 강도감소계수

2. 설계 가정

1) 휨모멘트와 축력을 받는 부재의 강도설계는 다음 2)부터 7)까지에 규정된 가정에 따라야 하며, 힘의 평형조건과 변형률 적합조건을 만족시켜야 한다.
2) 철근과 콘크리트의 변형률은 중립축부터 거리에 비례하는 것으로 가정할 수 있다. 그러나 깊은보는 비선형 변형률 분포를 고려하여야 한다. 깊은보의 설계에서 비선형 변형률 분포를 고려하는 대신 스트럿-타이 모델을 적용할 수도 있다.
3) 휨모멘트 또는 휨모멘트와 축력을 동시에 받는 부재의 콘크리트 압축연단의 극한변형률(ε_{cu})은 콘크리트의 설계기준압축강도가 40MPa 이하인 경우에는 0.0033으로 가정하며, 40MPa을 초과할 경우에는 매 10MPa의 강도 증가에 대하여 0.0001씩 감소시킨다. 콘크리트의 설계기준압축강도가 90MPa을 초과하는 경우에는 성능실험을 통한 조사연구에 의하여 콘크리트 압축연단의 극한변형률을 선정하고 근거를 명시하여야 한다.
4) 철근의 응력이 설계기준항복강도 f_y 이하일 때 철근의 응력은 그 변형률에 E_s를 곱한 값으로 하고, 철근의 변형률이 f_y에 대응하는 변형률보다 큰 경우 철근의 응력은 변형률에 관계없이 f_y로 하여야 한다.
5) 콘크리트의 인장강도는 철근콘크리트 부재 단면의 축강도와 휨강도 계산에서 무시할 수 있다.
6) 콘크리트 압축응력의 분포와 콘크리트변형률 사이의 관계는 직사각형, 사다리꼴, 포물선형 또는 강도의 예측에서 광범위한 실험의 결과와 실질적으로 일치하는 어떤 형상으로도 가정할 수 있다.

7) 상기 6)의 규정은 다음에 정의되는 포물선 – 직선 형상의 응력 – 변형률 관계로 나타낼 수 있다.

① 원점에서 최대 응력에 처음 도달할 때까지의 상승 곡선부는 식 (3.2)에 의해 계산하고, 이후 극한변형률 ε_{cu}까지는 식 (3.3)에 의해 계산한다.

$$f_c = 0.85 f_{ck} \left[1 - \left(1 - \frac{\varepsilon_c}{\varepsilon_{co}} \right)^n \right] \quad \cdots\cdots\cdots\cdots (3.2)$$

$$f_c = 0.85 f_{ck} \quad \cdots\cdots\cdots\cdots\cdots\cdots\cdots\cdots\cdots\cdots\cdots (3.3)$$

여기서, n은 상승 곡선부의 형상을 나타내는 지수, ε_c는 콘크리트의 압축변형률, ε_{co}는 최대 응력에 처음 도달할 때의 변형률이다.

② 콘크리트 압축강도가 40MPa 이하인 경우 n, ε_{co}, ε_{cu}는 각각 2.0, 0.002, 0.0033으로 한다. 콘크리트 압축강도가 40MPa을 초과하는 경우, n은 식 (3.4)에 따라 결정하며 매 10MPa의 강도 증가에 대하여 식 (3.5)와 같이 ε_{co}의 값을 0.0001씩 증가시키고 식 (3.6)과 같이 ε_{cu}의 값을 0.0001씩 감소시킨다.

$$n = 1.2 + 1.5 \left(\frac{100 - f_{ck}}{60} \right)^4 \leq 2.0 \quad \cdots\cdots\cdots\cdots (3.4)$$

$$\varepsilon_{co} = 0.002 + \left(\frac{f_{ck} - 40}{100,000} \right) \geq 0.002 \quad \cdots\cdots\cdots\cdots (3.5)$$

$$\varepsilon_{cu} = 0.0033 - \left(\frac{f_{ck} - 40}{100,000} \right) \leq 0.0033 \quad \cdots\cdots\cdots\cdots (3.6)$$

단, 콘크리트의 압축강도가 90MPa을 초과하는 경우에는 성능실험을 통한 조사연구에 의하여 이 값들을 선정하고 근거를 명시하여야 한다.

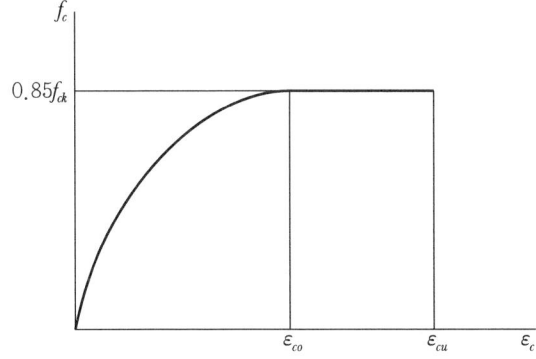

[그림 3-1] 포물선-사각형 응력-변형률 곡선

③ 포물선-직선 형상의 응력-변형률 관계에 의하여 콘크리트에 작용하는 압축응력의 평균값은 $\alpha(0.85f_{ck})$로, 압축연단으로부터 합력의 작용위치는 중립축 깊이 c에 대한 β의 비율로 나타내며, 응력분포의 각 변수 및 계수는 [표 3-1]의 값을 적용한다.

[표 3-1] 응력분포의 변수 및 계수 값

f_{ck}(MPa)	≤40	50	60	70	80	90
n	2.0	1.92	1.50	1.29	1.22	1.20
ε_{co}	0.002	0.0021	0.0022	0.0023	0.0024	0.0025
ε_{cu}	0.0033	0.0032	0.0031	0.003	0.0029	0.0028
α	0.80	0.78	0.72	0.67	0.63	0.59
β	0.40	0.40	0.38	0.37	0.36	0.35

α, β의 값들은 부재단면의 압축영역이 사각형인 경우에 적용하는 값이며, 원형 또는 삼각형 단면 등과 같이 사각형이 아닌 단면에는 적용되지 않는다.

8) 상기 6)의 규정은 상기 7)에 규정된 포물선-직선 형상의 응력-변형률 관계 대신 다음에 정의되는 등가 직사각형 압축응력블록으로 나타낼 수 있다.

① 단면의 가장자리와 최대 압축변형률이 일어나는 연단부터 $a = \beta_1 c$ 거리에 있고 중립축과 평행한 직선에 의해 이루어지는 등가 압축영역에 $\eta(0.85f_{ck})$인 콘크리트 응력이 등분포하는 것으로 가정한다.
② 최대 변형률이 발생하는 압축연단에서 중립축까지 거리 c는 중립축에 대해 직각방향으로 측정한 것으로 한다.
③ 계수 η와 β_1은 [표 3-2]의 값을 적용한다.

[표 3-2] 등가직사각형 응력분포 변수 값

f_{ck}(MPa)	≤40	50	60	70	80	90
ε_{cu}	0.0033	0.0032	0.0031	0.003	0.0029	0.0028
η	1.00	0.97	0.95	0.91	0.87	0.84
β_1	0.80	0.80	0.76	0.74	0.72	0.70

또한, 등가 직사각형 응력블록계수 η와 β_1은 다음과 같이 나타낼 수 있다.

$$\eta = \frac{\alpha}{2\beta}, \ \beta_1 = 2\beta$$

단철근 직사각형 단면보

1. 균형보

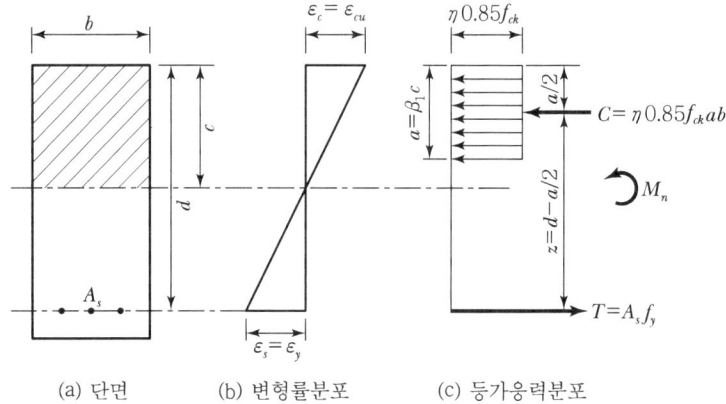

[그림 3-2] 균형보

(1) 균형보의 정의

콘크리트 압축측 연단의 변형률(ε_c)이 극한변형률(ε_{cu})에 도달함과 동시에 인장철근이 항복하여 그 변형률(ε_s)이 항복변형률(ε_y)에 도달하는 상태를 균형상태라 하고, 이러한 보를 균형보라 한다.

■ 균형상태
$$\begin{bmatrix} \varepsilon_c = \varepsilon_{cu} \\ \varepsilon_s = \varepsilon_y \end{bmatrix}$$

(2) 균형상태의 중립축위치(c_b)와 균형철근비(ρ_b)

1) 인장철근의 변형률(ε_s)과 철근비(ρ)의 관계

① [그림 3-2]의 (b)변형률분포에서 비례식을 사용하면 중립축위치(c)를 다음과 같이 구할 수 있다.

$$\frac{c}{d} = \frac{\varepsilon_c}{\varepsilon_c + \varepsilon_s}$$

$$c = \frac{\varepsilon_c}{\varepsilon_c + \varepsilon_s} d \quad \cdots\cdots\cdots\cdots\cdots\cdots\cdots\cdots\cdots (3.7)$$

② [그림 3-2]의 등가응력분포에서 평형방정식을 사용하면 중립축위치(c)를 다음과 같이 구할 수 있다.

$$C = T$$
$$\eta\, 0.85 f_{ck}(\beta_1 c)b = A_s f_y$$
$$c = \frac{A_s f_y}{\eta\, 0.85 \beta_1 f_{ck} b} \quad\cdots\cdots\cdots\cdots\cdots\cdots\cdots\cdots\cdots\cdots (3.8)$$

③ 인장철근의 변형률(ε_s)과 철근비(ρ)의 관계는 중립축 위치를 나타내는 두 식(3.7)과 (3.8)로부터 다음과 같이 나타낼 수 있다.

$$c = \frac{\varepsilon_c}{\varepsilon_c + \varepsilon_s}d = \frac{A_s f_y}{\eta\, 0.85 \beta_1 f_{ck} b}$$

$$\frac{A_s}{bd} = \eta\, 0.85 \beta_1 \frac{f_{ck}}{f_y}\frac{\varepsilon_c}{\varepsilon_c + \varepsilon_s}$$

위 식에서 $\rho = \dfrac{A_s}{bd}$라 두고 다시 쓰면 다음과 같다.

$$\rho = \eta\, 0.85 \beta_1 \frac{f_{ck}}{f_y}\frac{\varepsilon_c}{\varepsilon_c + \varepsilon_s} \quad\cdots\cdots\cdots\cdots\cdots\cdots\cdots (3.9)$$

2) 균형상태의 중립축위치(c_b)

균형상태의 중립축위치(c_b)는 중립축위치(c)를 나타내는 식 (3.7)에 $\varepsilon_c = \varepsilon_{cu}$, $\varepsilon_s = \varepsilon_y$를 대입함으로써 구할 수 있다.

$$c_b = \frac{\varepsilon_{cu}}{\varepsilon_{cu} + \varepsilon_y}d \quad\cdots\cdots\cdots\cdots\cdots\cdots\cdots\cdots\cdots\cdots (3.10)$$

또한, $f_{ck} \leq 40\text{MPa}$인 경우 균형상태의 중립축의 위치(c_b)는 식 (3.10)에 $\varepsilon_{cu} = 0.0033$을 대입하여 다음과 같이 나타낼 수 있다.

$$c_b = \frac{\varepsilon_{cu}}{\varepsilon_{cu} + \varepsilon_y}d = \frac{0.0033}{0.0033 + \varepsilon_y}d$$

$$= \frac{0.0033}{0.0033 + \dfrac{f_y}{(2 \times 10^5)}}d$$

$$c_b = \frac{660}{660 + f_y}d \quad\cdots\cdots\cdots\cdots\cdots\cdots\cdots\cdots\cdots\cdots (3.11)$$

3) 균형철근비(ρ_b)

균형철근비(ρ_b)는 인장철근의 변형률(ε_s)과 철근비(ρ)의 관계를 나타내는 식(3.9)에 $\varepsilon_c = \varepsilon_{cu}$, $\varepsilon_s = \varepsilon_y$를 대입함으로써 구할 수 있다.

$$\rho_b = \eta\, 0.85 \beta_1 \frac{f_{ck}}{f_y}\frac{\varepsilon_{cu}}{\varepsilon_{cu} + \varepsilon_y} \quad\cdots\cdots\cdots\cdots\cdots (3.12)$$

$f_{ck} \leq 40\text{MPa}$인 경우 균형철근비(ρ_b)는 식 (3.12)에 $\varepsilon_{cu} = 0.0033$, $\eta = 1$, $\beta_1 = 0.8$을 대입하여 다음과 같이 표현할 수 있다.

$$\rho_b = \eta\, 0.85\beta_1 \frac{f_{ck}}{f_y} \frac{\varepsilon_{cu}}{\varepsilon_{cu} + \varepsilon_y}$$

$$= 1 \times 0.85 \times 0.8 \times \frac{f_{ck}}{f_y} \frac{0.0033}{0.0033 + \varepsilon_y}$$

$$\rho_b = 0.68 \frac{f_{ck}}{f_y} \frac{660}{660 + f_y} \quad \cdots\cdots (3.13)$$

2. 보의 휨파괴 유형

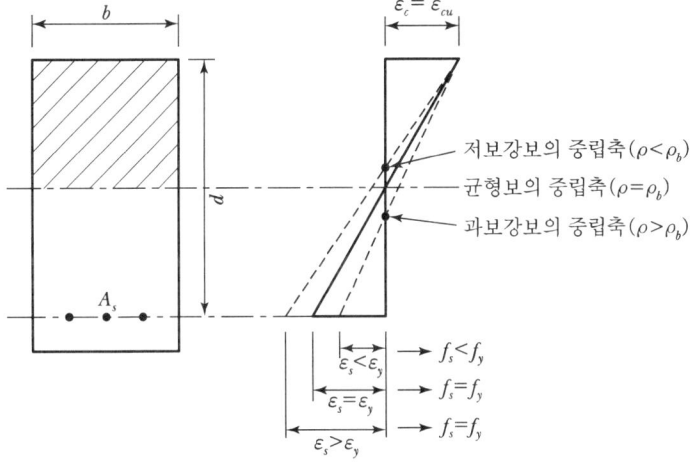

[그림 3-3] 철근비에 따른 중립축의 위치

🔾 철근비에 따른 파괴유형
① $\rho < \rho_b$ 연성파괴
② $\rho > \rho_b$ 취성파괴

(1) 연성파괴

① 연성파괴는 균형철근비보다 적은 철근비를 사용한 저보강보의 파괴 유형이다.
② 연성파괴는 콘크리트 압축측 연단의 변형률이 ε_{cu}에 도달하기 전에 인장철근이 먼저 항복하여 일어난다.
③ 연성파괴는 철근이 먼저 항복하여 일어남으로 파괴가 점진적으로 진행되며 중립축의 위치가 압축측으로 이동한다.
④ 연성파괴는 철근콘크리트 보의 바람직한 파괴유형이다.

(2) 취성파괴

① 취성파괴는 균형철근비보다 많은 철근비를 사용한 과보강보의 파괴 유형이다.
② 취성파괴는 인장철근이 항복하기 전에 콘크리트 압축측 연단의 변형률이 ε_{cu}에 먼저 도달하여 일어난다.
③ 취성파괴는 콘크리트의 파쇄에 의하여 일어남으로 파괴가 갑작스럽게 진행되며 중립축의 위치가 인장측으로 이동한다.
④ 취성파괴는 인장철근량이 너무 적어도 일어난다.

3. 최소 허용인장변형률에 해당하는 철근비와 최소 철근비

▶ 최소 허용인장변형률에 대한 규정
$\varepsilon_t \geq \varepsilon_{t,\min} \rightarrow (\rho \leq \rho_{\max})$

(1) 최소 허용인장변형률($\varepsilon_{t,\min}$)

1) 최소 허용인장변형률에 대한 규정을 두는 이유

철근콘크리트 휨부재의 연성파괴를 확보하기 위한 것으로 프리스트레스를 가하지 않은 휨부재 즉, 철근콘크리트 휨부재와 $0.10 f_{ck} A_g$보다 작은 계수축하중을 받는 철근콘크리트 휨부재의 최외단에 배치된 인장철근의 순인장변형률(ε_t)은 최소 허용인장변형률($\varepsilon_{t,\min}$) 이상이라야 한다.

2) 최소 허용인장변형률($\varepsilon_{t,\min}$)의 값

① $f_y \leq 400\mathrm{MPa}$인 철근의 경우, $\varepsilon_{t,\min} = 0.004$
② $f_y > 400\mathrm{MPa}$인 철근의 경우, $\varepsilon_{t,\min} = 2.0\varepsilon_y$

(2) 최소 허용인장변형률에 해당하는 철근비($\rho_{\max}$, 인장철근비의 상한)

1) 인장철근비의 상한($\rho_{\max}$)

인장철근비의 상한($\rho_{\max}$)은 인장철근의 변형률(ε_s)과 철근비(ρ)의 관계를 나타내는 식 (3.9)에 $\varepsilon_c = \varepsilon_{cu}$, $\varepsilon_s = \varepsilon_{t,\min}$을 대입함으로써 구할 수 있다.

$$\rho_{\max} = \eta\, 0.85\beta_1 \frac{f_{ck}}{f_y} \frac{\varepsilon_{cu}}{\varepsilon_{cu} + \varepsilon_{t,\min}} \quad \cdots\cdots (3.14)$$

$f_{ck} \leq 40\mathrm{MPa}$인 경우 인장철근비의 상한($\rho_{\max}$)은 식 (3.14)에 $\varepsilon_{cu} = 0.0033$, $\eta = 1$, $\beta_1 = 0.8$을 대입하여 다음과 같이 나타낼 수 있다.

$$\rho_{\max} = 0.68 \frac{f_{ck}}{f_y} \frac{0.0033}{0.0033 + \varepsilon_{t,\min}} \quad \cdots\cdots\cdots\cdots\cdots\cdots (3.15)$$

2) 인장철근비의 상한($\rho_{\max}$)과 균형철근비(ρ_b)의 관계

   인장철근비의 상한($\rho_{\max}$)과 균형철근비(ρ_b)의 관계는 식 (3.12)와 (3.14)로부터 다음과 같이 나타낼 수 있다.

$$\rho_{\max} = \frac{\varepsilon_{cu} + \varepsilon_y}{\varepsilon_{cu} + \varepsilon_{t,\min}} \rho_b \quad \cdots\cdots\cdots\cdots\cdots\cdots (3.16)$$

   $f_{ck} \leq 40\text{MPa}$인 경우 식 (3.16)은 다음과 같이 나타낼 수 있다.

$$\rho_{\max} = \frac{0.0033 + \varepsilon_y}{0.0033 + \varepsilon_{t,\min}} \rho_b \quad \cdots\cdots\cdots\cdots\cdots\cdots (3.17)$$

(3) 휨부재의 최소 철근량($A_{s,\min}$)

1) 최소 철근비에 대한 규정을 두는 이유

   인장철근을 너무 적게 배치하면 인장균열의 발생과 동시에 콘크리트가 갑작스럽게 파괴되는 취성파괴가 일어나게 된다. 이러한 파괴를 피하고 연성파괴를 확보하기 위해선 인장철근량이 최소 철근량($A_{s,\min}$) 이상이라야 한다.

2) 최소 철근비에 대한 규정

   ① 해석에 의하여 인장철근 보강이 요구되는 휨부재의 모든 단면에 대하여 ②와 ③에 규정된 경우를 제외하고는 설계휨강도가 식 (3.18)의 조건을 만족하도록 인장철근을 배치하여야 한다.

$$\phi M_n \geq 1.2 M_{cr} \quad \cdots\cdots\cdots\cdots\cdots\cdots (3.18)$$

   여기서, M_{cr}은 휨부재의 균열 휨모멘트이다.

   ② 부재의 모든 단면에서 해석에 의해 필요한 철근량보다 1/3 이상 인장철근이 더 배치되어 식 (3.19)의 조건을 만족하는 경우는 상기 ①의 규정을 적용하지 않을 수 있다.

$$\phi M_n \geq \frac{4}{3} M_u \quad \cdots\cdots\cdots\cdots\cdots\cdots (3.19)$$

▶ 예제

$f_{ck} \leq 40$MPa인 경우 $f_y = 400$MPa인 철근의 $\dfrac{\rho_{\max}}{\rho_b}$는 얼마인가?

| 해설 |

- $\varepsilon_{cu} = 0.0033$
  ($f_{ck} \leq 40$MPa인 경우)
- $\varepsilon_{t,\min} = 0.004$
  ($f_y \leq 400$MPa인 경우)
- $\varepsilon_y = \dfrac{f_y}{E_s} = \dfrac{400}{2 \times 10^5} = 0.002$
- $\dfrac{\rho_{\max}}{\rho_b} = \dfrac{0.0033 + 0.002}{0.0033 + 0.004}$

  $= \dfrac{53}{73} = 0.726$

▶ 최소 철근비에 대한 규정

$A_s \geq A_{s,\min} \rightarrow (\rho \geq \rho_{\min})$

③ 두께가 균일한 구조용 슬래브와 기초판에 대하여 경간방향으로 보강되는 휨철근의 단면적은 수축·온도철근량(KDS 14 20 50 (4.6)) 이상이어야 한다.

4. 지배단면의 구분과 강도감소계수(ϕ)

(1) 최외단 인장철근의 순인장변형률(ε_t)

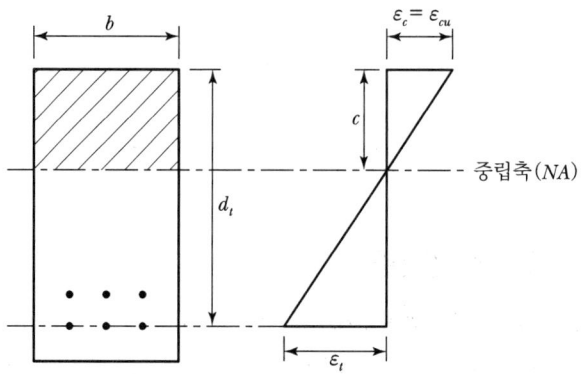

[그림 3-4] 최외단 인장철근의 순인장변형률

1) 최외단 인장철근의 순인장변형률은 최외단 인장철근의 인장변형률에서 크리프, 건조수축, 온도변화, 그리고 프리스트레스 등에 의한 변형률을 제외한 변형률을 의미한다.
2) 최외단 인장철근의 순인장변형률의 크기에 따라 철근콘크리트 부재의 단면을 압축지배단면, 인장지배단면, 그리고 변화구간단면으로 구분하고, 지배단면에 따라 강도감소계수(ϕ)를 각각 달리 적용한다.
3) [그림 3-4]의 변형률분포에서 비례식을 사용하면 최외단 인장철근의 순인장변형률(ε_t)을 다음과 같이 구할 수 있다.

$$\varepsilon_t = \frac{d_t - c}{c}\varepsilon_c \quad \cdots\cdots (3.20ⓐ)$$

$$\varepsilon_t = \frac{\beta_1 d_t - a}{a}\varepsilon_c \quad \cdots\cdots (3.20ⓑ)$$

여기서, d_t : 콘크리트의 압축측 연단에서 최외단 인장철근의 도심까지 거리
a : 등가직사각형 응력분포의 깊이($=\beta_1 c$)

(2) 지배단면의 구분

1) 압축지배단면

① 콘크리트 압축측 연단의 변형률(ε_c)이 극한변형률(ε_{cu})에 도달할 때, 최외단 인장철근의 순인장변형률(ε_t)이 압축지배 한계변형률인 인장철근의 항복변형률(ε_y) 이하인 단면을 압축지배단면이라 한다.

② 압축지배단면의 판별식

$\varepsilon_c = \varepsilon_{cu}$ 일 때, 다음 판별식을 만족하는 단면이 압축지배단면이다.

$$\varepsilon_t \leq \varepsilon_y \quad \cdots\cdots\cdots\cdots\cdots\cdots\cdots\cdots\cdots\cdots\cdots\cdots (3.21)$$

2) 인장지배단면

① 콘크리트 압축측 연단의 변형률(ε_c)이 극한변형률(ε_{cu})에 도달할 때, 최외단 인장철근의 순인장변형률(ε_t)이 인장지배 한계변형률($\varepsilon_{t,l}$) 이상인 단면을 인장지배단면이라 한다.

② 인장지배 한계변형률($\varepsilon_{t,l}$)의 값

㉠ $f_y \leq 400\text{MPa}$인 철근의 경우, $\varepsilon_{t,l} = 0.005$

㉡ $f_y > 400\text{MPa}$인 철근의 경우, $\varepsilon_{t,l} = 2.5\varepsilon_y$

③ 인장지배단면의 판별식

$\varepsilon_c = \varepsilon_{cu}$ 일 때 다음 판별식을 만족하는 단면이 인장지배단면이다.

$$\varepsilon_t \geq \varepsilon_{t,l} \quad \cdots\cdots\cdots\cdots\cdots\cdots\cdots\cdots\cdots\cdots\cdots\cdots (3.22)$$

3) 변화구간단면

① 콘크리트 압축측 연단의 변형률(ε_c)이 극한변형률(ε_{cu})에 도달할 때, 최외단 인장철근의 순인장변형률(ε_t)이 인장철근의 항복변형률(ε_y)과 인장지배 한계변형률($\varepsilon_{t,l}$) 사이에 있는 단면을 변화구간단면이라 한다.

② 변화구간단면의 판별식

$\varepsilon_c = \varepsilon_{cu}$ 일 때, 다음 판별식을 만족하는 단면이 변화구간단면이다.

$$\varepsilon_y < \varepsilon_t < \varepsilon_{t,l} \quad \cdots\cdots\cdots\cdots\cdots\cdots\cdots\cdots\cdots\cdots\cdots (3.23)$$

4) 최외단 인장철근의 순인장변형률에 따른 지배단면의 구분

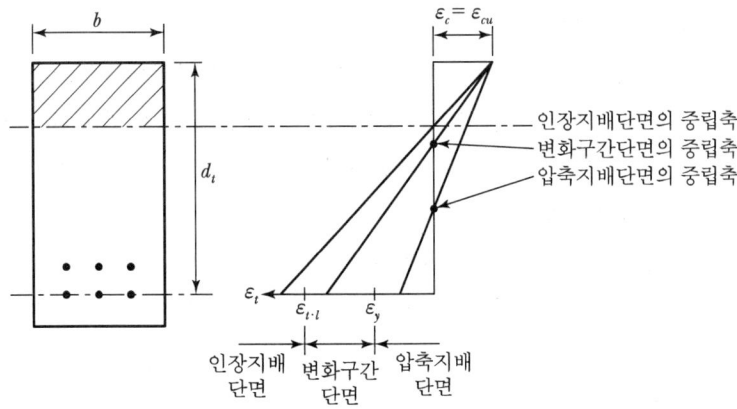

[그림 3-5] 최외단 인장철근의 순인장변형률에 따른 지배단면의 구분

(3) 지배단면에 따른 강도감소계수(ϕ)

1) 압축지배단면에 대한 강도감소계수

$$\phi = \phi_c$$

여기서, ϕ_c의 값
① 나선철근으로 보강된 부재의 경우, $\phi_c = 0.70$
② 그 외의 기타 부재의 경우, $\phi_c = 0.65$

2) 인장지배단면에 대한 강도감소계수

$$\phi = 0.85$$

3) 변화구간단면에 대한 강도감소계수

$$\phi = 0.85 - \frac{\varepsilon_{t,l} - \varepsilon_t}{\varepsilon_{t,l} - \varepsilon_y}(0.85 - \phi_c) \quad \cdots\cdots\cdots\cdots\cdots\cdots (3.24)$$

5. 설계휨강도(M_d)

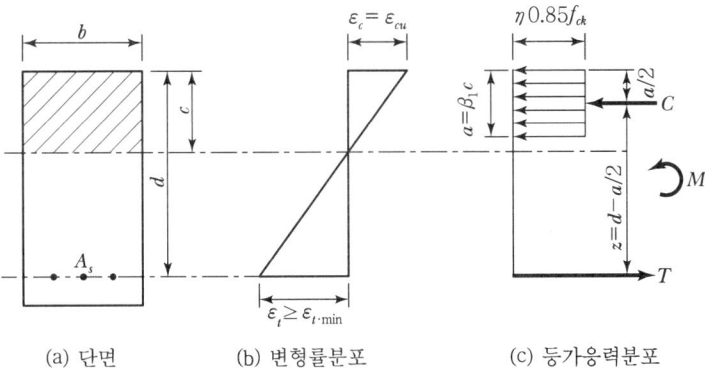

[그림 3-6] 단철근 직사각형 단면보

(1) 등가직사각형 응력의 깊이(a)와 중립축의 위치(c)

1) 등가직사각형 응력의 깊이(a)

[그림 3-6]의 (c)등가응력분포에서 평형방정식을 사용하면 등가직사각형 응력의 깊이(a)를 다음과 같이 구할 수 있다.

$$C = T$$

$$\eta\, 0.85 f_{ck} ab = A_s f_y$$

$$a = \frac{A_s f_y}{\eta\, 0.85 f_{ck} b} \quad \cdots\cdots\cdots\cdots\cdots\cdots (3.25)$$

2) 중립축의 위치(c)

$$c = \frac{a}{\beta_1} \quad \cdots\cdots\cdots\cdots\cdots\cdots (3.26)$$

(2) 공칭휨강도(M_n)와 설계휨강도(M_d)

1) 공칭휨강도(M_n)

[그림 3-6]의 (c)등가응력분포로부터 단철근 직사각형 단면보의 공칭휨강도(M_n)를 다음과 같이 구할 수 있다.

$$M_n = T \cdot Z = A_s f_y \left(d - \frac{a}{2} \right) \quad \cdots\cdots\cdots\cdots (3.27)$$

또한, $A_s = \rho bd$라 두고, 식 (3.27)을 다시 쓰면 다음과 같다.

$$M_n = \rho f_y bd^2 \left(1 - 0.59 \frac{\rho}{\eta} \frac{f_y}{f_{ck}} \right) \quad \cdots\cdots\cdots\cdots (3.28)$$

2) 설계휨강도(M_d)

$$M_d = \phi M_n = \phi A_s f_y \left(d - \frac{a}{2}\right) \quad\cdots\cdots\cdots\cdots\cdots\cdots (3.29)$$

또는

$$M_d = \phi M_n = \phi \rho f_y b d^2 \left(1 - 0.59 \frac{\rho}{\eta} \frac{f_y}{f_{ck}}\right) \quad\cdots\cdots\cdots\cdots (3.30)$$

6. 단면설계

(1) 계수휨하중(M_u) 그리고 콘크리트 및 철근 두 재료에 대한 재료의 역학적 성질은 알고 있는 것으로 간주하고, 여기서는 콘크리트의 단면치수(단면의 폭 b, 유효깊이 d)와 인장철근량(A_s)을 선정하는 것에 대하여 다룬다.

(2) **단면설계절차**

1) 단계1 : 계수휨하중(M_u) 결정
2) 단계2 : 최소 철근비($\rho_{\min}$)와 인장지배 한계변형률($\varepsilon_{t,l}$)에 상응하는 철근비($\rho_{t,l}$) 결정
   ($\rho_{t,l}$를 결정하는 이유는 $\phi = 0.85$를 사용하기 위해서이다.)
3) 단계3 : 철근비(ρ) 가정
   ($\rho_{\min} \le \rho \le \rho_{t,l}$ 관계가 성립되도록 ρ를 가정한다.)
4) 단계4 : 설계휨강도(M_d) 결정(M_d는 미지수 b와 d를 포함한다.)
5) 단계5 : 콘크리트단면(b, d) 선정
   ㉠ $M_d \ge M_u$ 관계가 성립되도록 b, d를 선정한다.
   ㉡ 이때, $d ≒ 2b$로 가정한다.
6) 단계6 : 인장철근량(A_s) 선정($A_s = \rho b d$)
7) 단계7 : 검토
   ㉠ 선정된 b, d, A_s로부터 $\rho_{\min} \le \rho \le \rho_{t,l}$ 및 $M_d \ge M_u$ 관계의 성립 여부를 검토한다.
   ㉡ 만약, $\rho_{\min} \le \rho \le \rho_{t,l}$ 및 $M_d \ge M_u$ 관계가 성립되지 않으면 단계3에서 ρ를 재가정한 후, 단계3~단계7의 과정을 반복하거나 단계5에서 선정된 콘크리트단면 b, d를 증가시켜 재검토한다.)

복철근 직사각형 단면보

1. 복철근 직사각형 단면보를 사용하는 경우

(1) 크리프, 건조수축 등으로 인하여 발생되는 장기처짐을 최소화하기 위한 경우
(2) 파괴 시 압축응력의 깊이를 감소시켜 연성을 증대시키기 위한 경우
(3) 철근의 조립을 쉽게 하기 위한 경우
(4) 정(+), 부(−) 모멘트를 번갈아 받는 경우
(5) 보의 단면높이가 제한되어 단철근 직사각형 단면보의 설계휨강도가 계수 휨하중보다 작은 경우

2. 휨해석

(1) 압축철근이 항복할 경우

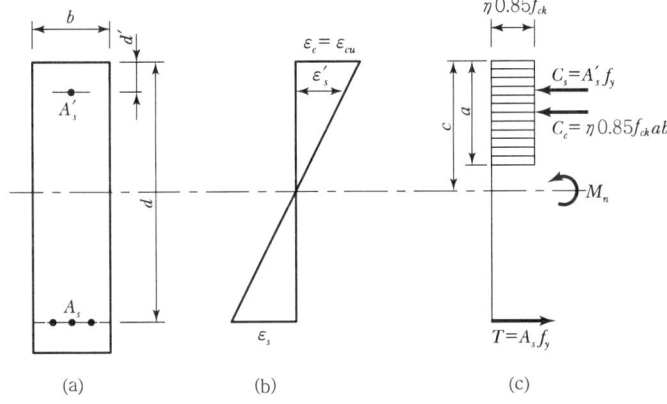

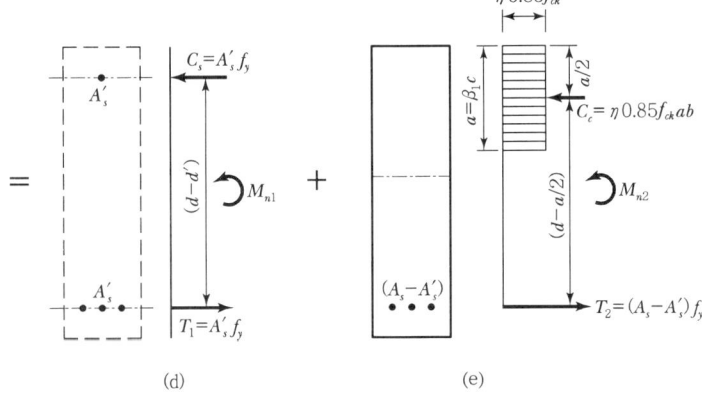

[그림 3-7] 복철근 직사각형 단면보

▶ 직사각형 단면보에 있어서 단철근보와 복철근보의 비교

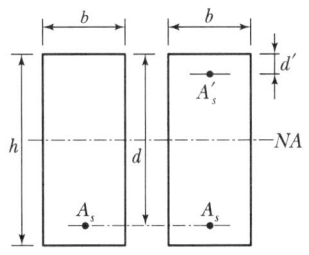

① 단철근보 : 인장철근만 배근된 보
② 복철근보 : 인장철근뿐만 아니라 압축철근도 배근된 보

1) 균형철근비($\overline{\rho_b}$), 인장철근비의 상한($\overline{\rho_{\max}}$), 그리고 인장철근비의 하한($\overline{\rho_{\min}}$)

① 균형철근비($\overline{\rho_b}$)

[그림 3-7]의 (c)에서 평형방정식을 사용하면 균형철근비($\overline{\rho_b}$)를 다음과 같이 구할 수 있다.

$$T = C_c + C_s$$
$$A_s f_y = \eta\, 0.85 f_{ck} (\beta_1 c) b + A_s' f_y$$

위 식에서 $\overline{\rho_b} = \dfrac{A_s}{bd}$, $\rho' = \dfrac{A_s'}{bd}$라 두고 다시 쓰면 다음과 같다.

$$(\overline{\rho_b} bd) f_y = \eta\, 0.85 f_{ck} \beta_1 cb + (\rho' bd) f_y$$

$$\overline{\rho_b} = \eta\, 0.85 \beta_1 \dfrac{f_{ck}}{f_y} \dfrac{c}{d} + \rho' \quad\cdots\cdots\cdots (3.31)$$

균형상태가 되면 식 (3.31)에서 우변 제1항의 c는 균형상태의 중립축위치를 나타내는 식 (3.10)과 같아진다. 따라서, 식 (3.31)의 우변 제1항은 앞의 식 (3.12)의 ρ_b와 같아지므로 복철근 직사각형 단면보의 균형철근비($\overline{\rho_b}$)를 나타내는 식 (3.31)을 다시 표현하면 다음과 같다.

$$\overline{\rho_b} = \rho_b + \rho' \quad\cdots\cdots\cdots (3.32)$$

여기서, $\overline{\rho_b}$: 복철근 직사각형 단면보의 균형철근비
ρ_b : 단철근 직사각형 단면보의 균형철근비
ρ' : 압축철근비

② 인장철근비의 상한($\overline{\rho_{\max}}$)

콘크리트 구조 설계기준에서는 철근콘크리트 휨부재의 연성파괴를 확보하기 위하여 최외단 인장철근의 순인장변형률을 제한하고 있다. 따라서, 복철근보의 연성파괴를 확보하기 위해서는 단철근보와 동일한 여유를 갖도록 인장철근비의 상한을 다음 식의 $\overline{\rho_{\max}}$로 제한해야 한다.

$$\overline{\rho_{\max}} = \rho_{\max} + \rho' \quad\cdots\cdots\cdots (3.33)$$

여기서, $\overline{\rho_{\max}}$: 복철근 직사각형 단면보의 인장철근비의 상한
$\rho_{\max}$: 단철근 직사각형 단면보의 인장철근비의 상한

③ 인장철근비의 하한($\overline{\rho_{\min}}$)

인장철근이 항복함과 동시에 압축철근이 항복하기 위한 인장철근비의 하한($\overline{\rho_{\min}}$)을 구하는 과정은 다음과 같다.

[그림 3-7]의 (b)에서 압축철근의 변형률을 $\varepsilon_s' = \varepsilon_y$라 두고 비례식을 사용하면 인장철근과 압축철근이 동시에 항복할 경우의 중립축위치(c)를 다음과 같이 구할 수 있다.

$$c = \frac{\varepsilon_c}{\varepsilon_c - \varepsilon_y} d' \quad \cdots\cdots (3.34)$$

식 (3.34)에 $\varepsilon_c = \varepsilon_{cu}$를 대입하여 다시 쓰면 다음과 같다.

$$c = \frac{\varepsilon_{cu}}{\varepsilon_{cu} - \varepsilon_y} d' \quad \cdots\cdots (3.35)$$

따라서, 식 (3.35)를 식 (3.31)에 대입하면 인장철근과 압축철근이 동시에 항복하기 위한 복철근 직사각형 단면보의 인장철근비의 하한($\overline{\rho_{\min}}$)을 다음과 같이 얻게 된다.

$$\overline{\rho_{\min}} = \eta\, 0.85 \beta_1 \frac{f_{ck}}{f_y} \frac{\varepsilon_{cu}}{\varepsilon_{cu} - \varepsilon_y} \frac{d'}{d} + \rho' \quad \cdots\cdots (3.36)$$

$f_{ck} \leq 40\text{MPa}$인 경우 인장철근과 압축철근이 동시에 항복하기 위한 복철근 직사각형 단면보의 인장철근비의 하한($\overline{\rho_{\min}}$)은 식 (3.36)에 $\varepsilon_{cu} = 0.0033$, $\eta = 1$, $\beta_1 = 0.8$을 대입하여 나타내면 다음과 같다.

$$\overline{\rho_{\min}} = 0.68 \frac{f_{ck}}{f_y} \frac{660}{660 - f_y} \frac{d'}{d} + \rho' \quad \cdots\cdots (3.37)$$

2) 설계휨강도(M_d)

① 등가직사각형 응력의 깊이(a)

[그림 3-7]의 (c)에서 평형방정식을 사용하면 등가직사각형 응력의 깊이(a)를 다음과 같이 구할 수 있다.

$$T = C_c + C_s$$
$$A_s f_y = \eta\, 0.85 f_{ck} ab + A_s' f_y$$
$$a = \frac{(A_s - A_s') f_y}{\eta\, 0.85 f_{ck} b} \quad \cdots\cdots (3.38)$$

② 공칭휨강도(M_n)

[그림 3-7]의 $(c), (d), (e)$로부터 복철근 직사각형 단면보의 공칭휨강도(M_n)를 다음과 같이 구할 수 있다.

$$M_n = M_{n1} + M_{n2}$$
$$= A_s'f_y(d-d') + (A_s - A_s')f_y\left(d - \frac{a}{2}\right) \quad \cdots\cdots (3.39)$$

③ 설계휨강도(M_d)

$$M_d = \phi M_n = \phi\left[A_s'f_y(d-d') + (A_s - A_s')f_y\left(d - \frac{a}{2}\right)\right] \quad (3.40)$$

(2) 압축철근이 항복하지 않을 경우

1) 균형철근비($\overline{\rho_b}$), 인장철근비의 상한($\overline{\rho_{\max}}$)

① 균형철근비($\overline{\rho_b}$)

[그림 3-7]의 (c)에서 압축철근의 응력을 f_s'라 두고 평형방정식을 사용하면 압축철근이 항복하지 않을 경우의 균형철근비($\overline{\rho_b}$)를 다음과 같이 구할 수 있다.

$$T = C_c + C_s$$
$$A_s f_y = \eta\, 0.85 f_{ck}(\beta_1 c)b + A_s'f_s' \quad \cdots\cdots (3.41)$$

식 (3.41)에서 $\overline{\rho_b} = \dfrac{A_s}{bd},\ \rho' = \dfrac{A_s'}{bd}$ 라 두고 다시 쓰면 다음과 같다.

$$(\overline{\rho_b}bd)f_y = \eta\, 0.85 f_{ck}\beta_1 cb + (\rho' bd)f_s'$$
$$\overline{\rho_b} = \eta\, 0.85\beta_1 \frac{f_{ck}}{f_y}\frac{c}{d} + \rho'\frac{f_s'}{f_y} \quad \cdots\cdots (3.42)$$

균형상태가 되면 식 (3.42)의 우변 제1항은 단철근 직사각형 단면보의 균형철근비(ρ_b)와 같아지므로 식 (3.42)는 다음과 같이 표현할 수 있다.

$$\overline{\rho_b} = \rho_b + \rho'\frac{f_s'}{f_y} \quad \cdots\cdots (3.43)$$

여기서, $f_s' = E_s \varepsilon_s' = E_s\left[\varepsilon_c - \dfrac{d'}{d}(\varepsilon_c + \varepsilon_y)\right] \le f_y$

② 인장철근비의 상한($\overline{\rho_{\max}}$)

$$\overline{\rho_{\max}} = \rho_{\max} + \rho' \frac{f_s'}{f_y} \quad \cdots\cdots\cdots\cdots\cdots\cdots\cdots\cdots\cdots\cdots (3.44)$$

여기서, $f_s' = E_s \varepsilon_s' = E_s \left[\varepsilon_c - \frac{d'}{d}(\varepsilon_c + \varepsilon_{t,\min}) \right] \leq f_y$

2) 설계휨강도(M_d)

[그림 3-7]의 (b)에서 압축철근의 변형률(ε_s')을 구하면 압축철근의 응력(f_s')을 다음과 같이 나타낼 수 있다.

$$f_s' = E_s \varepsilon_s' = E_s \varepsilon_c \frac{c-d'}{c} \quad \cdots\cdots\cdots\cdots\cdots\cdots\cdots\cdots\cdots\cdots (3.45)$$

식 (3.41)에 식 (3.45)를 대입하면 중립축위치(c)만을 미지수로 갖는 다음 식을 얻을 수 있다.

$$A_s f_y = \eta\, 0.85 f_{ck} \beta_1 bc + A_s' E_s \varepsilon_c \frac{c-d'}{c} \quad \cdots\cdots\cdots\cdots\cdots (3.46)$$

식 (3.46)을 c에 관하여 풀면 중립축위치(c)를 얻게 되고, 등가사각형 깊이(a)와 압축철근의 응력(f_s')은 앞서 언급된 식들로부터 구할 수 있다. 따라서, 압축철근이 항복하지 않을 경우의 공칭휨모멘트(M_n)와 설계강도(M_d)는 각각 다음과 같다.

$$M_n = A_s' f_s'(d-d') + \eta\, 0.85 f_{ck} ab\left(d - \frac{a}{2}\right) \quad \cdots\cdots\cdots\cdots (3.47)$$

$$M_d = \phi M_n = \phi \left[A_s' f_s'(d-d') + \eta\, 0.85 f_{ck} ab\left(d - \frac{a}{2}\right) \right] \quad \cdots\cdots (3.48)$$

3. 단면설계

일반적으로 복철근보의 설계는 계수휨하중(M_u), 콘크리트 및 철근 두 재료의 역학적 성질, 그리고 콘크리트의 단면치수(단면의 폭 b, 유효깊이 d)는 결정된 상태에서 인장철근량(A_s)과 압축철근량(A_s')을 선정하는 것이라 할 수 있겠다.

(1) 설계절차

1) 단계1 : 계수휨하중(M_u) 결정

2) 단계2 : 결정된 콘크리트 단면치수에 대하여 최대 인장철근량(A_{s1})을 배근한 단철근보의 설계휨강도(M_{d1}) 결정

$$A_{s1} = \rho_{t,l} bd \quad \cdots\cdots\cdots\cdots (3.49)$$

여기서, 최대 인장철근량(A_{s1})을 인장지배 한계변형률($\varepsilon_{t,l}$)에 해당하는 철근량으로 계산한 이유는, $\phi = 0.85$를 사용하기 위해서이다.

3) 단계3 : M_u와 M_{d1} 비교
   ㉠ $M_u \leq M_{d1}$인 경우, 단철근보로 설계
   ㉡ $M_u > M_{d1}$인 경우, 복철근보로 설계

4) 단계4 : $M_u > M_{d1}$인 경우 복철근보로 설계한다면 추가 인장철근량(A_{s2})과 압축철근량($A_s{'}$) 선정

$$A_{s2} = \frac{(M_u - M_{d1})}{\phi f_y (d - d')} \quad \cdots\cdots\cdots\cdots (3.50)$$

$$A_s{'} = A_{s2} \quad \cdots\cdots\cdots\cdots (3.51)$$

5) 단계5 : 총 인장철근량(A_s)과 압축철근량($A_s{'}$) 선정

$$A_s = A_{s1} + A_{s2} = \rho_{t,l} bd + \frac{(M_u - M_{d1})}{\phi f_y (d - d')} \quad \cdots\cdots (3.52)$$

$$A_s{'} = A_{s2} = \frac{(M_u - M_{d1})}{\phi f_y (d - d')}$$

6) 단계6 : 검토

T형 단면보

1. 플랜지의 유효폭

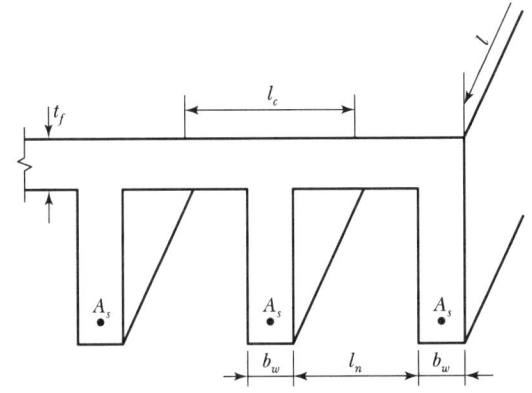

(a) 보와 일체로 된 연속 슬래브

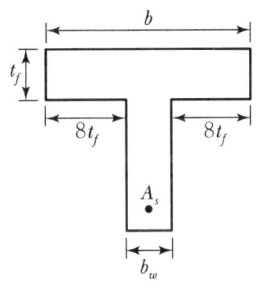
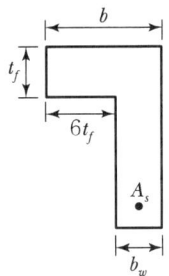

(b) T형 단면보   (c) 반T형 단면보

[그림 3-8] 플랜지의 유효폭

(1) T형 단면보(대칭 T형 단면보)의 플랜지의 유효폭

T형 단면보(대칭 T형 단면보)의 플랜지의 유효폭은 다음 값 중에서 최소값으로 한다.

① $16t_f + b_w$

② 양쪽 슬래브의 중심 간 거리, (l_c)

③ 보의 지간의 $\dfrac{1}{4}$, $\left(\dfrac{l}{4}\right)$

(2) 반T형 단면보(비대칭 T형 단면보)의 플랜지의 유효폭

반T형 단면보(비대칭 T형 단면보)의 플랜지의 유효폭은 다음 값 중에서 최소값으로 한다.

① $6t_f + b_w$

② 인접보와의 내측 간 거리의 $\dfrac{1}{2} + b_w$, $\left(\dfrac{l_n}{2} + b_w\right)$

③ 보의 지간의 $\dfrac{1}{12} + b_w$, $\left(\dfrac{l}{12} + b_w\right)$

2. T형 단면보의 판별

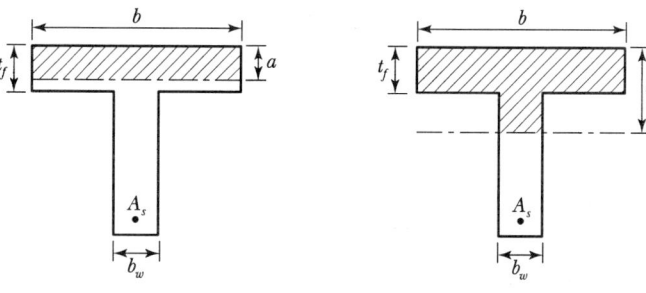

(a) 폭이 b인 직사각형 단면보   (b) T형 단면보

[그림 3-9] T형 단면보의 판별

(1) 철근콘크리트 휨부재에 있어서 T형 단면보와 직사각형 단면보의 판별은 압축에 저항하는 콘크리트 단면의 모양에 따른다.
(2) [그림 3-9]에서 보여주는 것과 같이 폭이 b인 직사각형 단면보의 등가 직사각형 응력의 깊이(a)와 플랜지의 두께(t_f)를 서로 비교함으로써 T형 단면보의 판별을 할 수 있다.

$$a = \dfrac{A_s f_y}{\eta\, 0.85 f_{ck} b}$$

① $a \leq t_f$(또는 $A_s f_y \leq \eta\, 0.85 f_{ck} b t_f$)인 경우

   [그림 3-9]의 (a) 경우로서 폭이 b인 직사각형 단면보로 해석한다.

② $a > t_f$(또는 $A_s f_y > \eta\, 0.85 f_{ck} b t_f$)인 경우

   [그림 3-9]의 (b) 경우로서 T형 단면보로 해석한다.

3. 휨해석

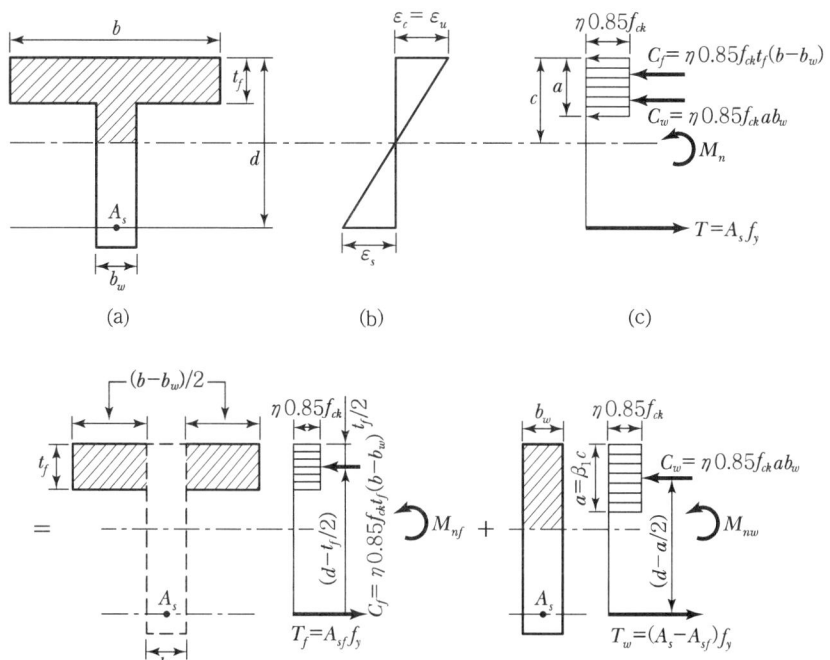

[그림 3-10] T형 단면보

(1) 균형철근비($\rho_{w,b}$), 인장철근비의 상한($\rho_{w,\max}$), 그리고 인장철근비의 하한($\rho_{w,\min}$)

1) 균형철근비($\rho_{w,b}$)

① 플랜지의 내민부분의 압축력에 상응하는 인장철근량(A_{sf})

[그림 3-10]의 (d)에서 평형방정식을 사용하면 플랜지의 내민부분의 압축력에 상응하는 인장철근량(A_{sf})을 다음과 같이 구할 수 있다.

$$T_f = C_f$$
$$A_{sf}f_y = \eta\, 0.85 f_{ck} t_f (b - b_w)$$
$$A_{sf} = \frac{\eta\, 0.85 f_{ck} t_f (b - b_w)}{f_y} \quad \cdots\cdots\cdots\cdots (3.53)$$

② 균형철근비($\rho_{w,b}$)

[그림 3-10]의 (c)에서 평형방정식을 사용하면 균형철근비

$(\rho_{w,b})$를 다음과 같이 구할 수 있다.

$$T = C_w + C_f$$
$$A_s f_y = \eta\, 0.85 f_{ck}(\beta_1 c) b_w + A_{sf} f_y$$

위 식에서 $\rho_{w,b} = \dfrac{A_s}{b_w d}$, $\rho_f = \dfrac{A_{sf}}{b_w d}$ 라 두고 다시 쓰면 다음과 같다.

$$(\rho_{w,b} b_w d) f_y = \eta\, 0.85 f_{ck} \beta_1 c b_w + (\rho_f b_w d) f_y$$

$$\rho_{w,b} = \eta\, 0.85 \beta_1 \frac{f_{ck}}{f_y} \frac{c}{d} + \rho_f \quad \cdots\cdots (3.54)$$

균형상태가 되면 식 (3.54)에서 우변 제1항의 c는 균형상태의 중립축위치를 나타내는 식 (3.10)과 같아진다. 따라서 식 (3.54)의 우변 제1항은 앞의 식 (3.12)의 ρ_b와 같아지므로 T형 단면보의 균형철근비($\rho_{w,b}$)를 나타내는 식 (3.43)을 다시 표현하면 다음과 같다.

$$\rho_{w,b} = \rho_b + \rho_f \quad \cdots\cdots (3.55)$$

여기서, $\rho_{w,b}$: T형 단면보의 균형철근비
ρ_b : 단철근 직사각형 단면보의 균형철근비
ρ_f : A_{sf}에 대한 철근비

■ T형 단면보에서 인장철근비(ρ_w)

$\rho_w = \dfrac{A_s}{b_w d}$

2) 인장철근비의 상한($\rho_{w,\max}$)

앞서 복철근 직사각형 단면보에서 언급한 바와 같이 T형 단면보에 있어서도 연성파괴를 확보하기 위해서는 단철근보와 동일한 여유를 갖도록 인장철근비의 상한을 다음 식의 $\rho_{w,\max}$로 제한해야 한다.

$$\rho_{w,\max} = \rho_{\max} + \rho_f \quad \cdots\cdots (3.56)$$

여기서, $\rho_{w,\max}$: T형 단면보의 인장철근비의 상한
$\rho_{\max}$: 단철근 직사각형 단면보의 인장철근비의 상한

■ 인장철근비의 범위

T형 단면보에서 연성파괴를 확보하기 위한 인장철근비의 범위
$\rho_{w,\min} \leq \rho_w \leq \rho_{w,\max}$

3) 인장철근비의 하한($\rho_{w,\min}$)

T형 단면보의 인장철근비의 하한($\rho_{w,\min}$)은 단철근 직사각형 단면보의 경우와 동일하다.

(2) 설계휨강도(M_d)

1) 등가직사각형 응력의 깊이(a)

[그림 3-10]의 (c)에서 평형방정식을 사용하면 등가직사각형 응력

의 깊이(a)를 다음과 같이 구할 수 있다.

$$T = C_w + C_f$$
$$A_s f_y = \eta\, 0.85 f_{ck} a b_w + A_{sf} f_y$$
$$a = \frac{(A_s - A_{sf}) f_y}{\eta\, 0.85 f_{ck}\, b_w} \quad\quad\quad\quad\quad\quad\quad\quad\quad (3.57)$$

2) 공칭휨강도(M_n)

[그림 3-10]의 (c), (d), (e)로부터 T형 단면보의 공칭휨강도(M_n)를 다음과 같이 구할 수 있다.

$$\begin{aligned} M_n &= M_{nf} + M_{nw} \\ &= A_{sf} f_y \left(d - \frac{t_f}{2}\right) + (A_s - A_{sf}) f_y \left(d - \frac{a}{2}\right) \end{aligned} \quad (3.58)$$

3) 설계휨강도(M_d)

$$M_d = \phi M_n = \phi \left[A_{sf} f_y \left(d - \frac{t_f}{2}\right) + (A_s - A_{sf}) f_y \left(d - \frac{a}{2}\right) \right] \cdots (3.59)$$

Section 05 허용응력설계법(별도설계법, 대체설계법)

1. 허용응력설계법의 기본개념

(1) 허용응력설계법의 기본원칙

$$f_c \leq f_{ca} = 0.4 f_{ck}$$
$$f_s \leq f_{sa} \leq 0.5 f_y \leq 200\,\text{MPa}$$

여기서, f_c : 콘크리트의 휨압축응력
  f_s : 철근의 인장응력
  f_{ca} : 콘크리트의 허용휨압축응력
  f_{sa} : 철근의 허용인장응력
  f_{ck} : 콘크리트의 설계기준강도
  f_y : 철근의 항복강도

(2) 허용응력설계법의 기본가정

① 하중을 받기 전에 평면인 단면은 하중을 받아 변형된 후에도 평면상태를 유지한다.
② 콘크리트의 변형률은 중립축으로부터의 거리에 비례한다.
③ 콘크리트의 압축응력은 변형률에 비례한다.
④ 콘크리트의 인장응력은 무시한다.

2. 단철근 직사각형 단면보

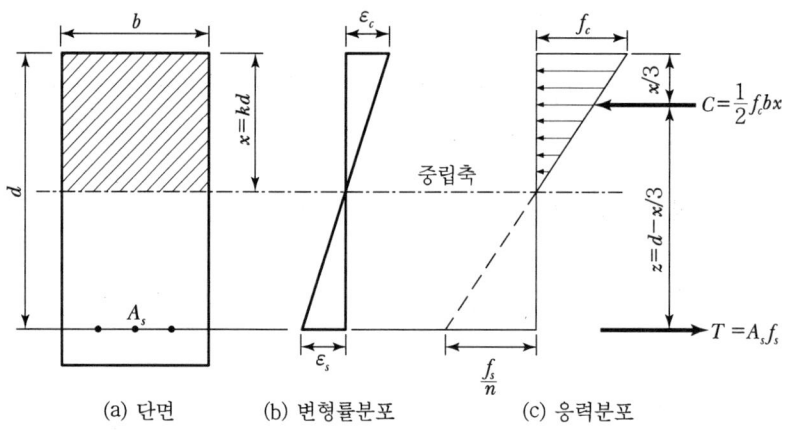

[그림 3-11] 허용응력설계법에 의한 단철근 직사각형 단면보의 해석

(1) 중립축위치(x)

1) [그림 3-11]의 (c)응력분포에서 비례식을 사용하면 철근의 인장응력(f_s)과 콘크리트의 휨압축응력(f_c)의 관계를 다음과 같이 나타낼 수 있다.

$$\frac{f_s}{f_c} = n\frac{d-x}{x} \quad\cdots\cdots\cdots (3.60)$$

여기서, n : 탄성계수비$\left(=\dfrac{E_s}{E_c}\right)$

2) 또한 [그림 3-11]의 (c)응력분포에서 평형방정식을 사용하면 철근의 인장응력(f_s)과 콘크리트의 휨압축응력(f_c)의 관계를 다음과 같이 표현할 수 있다.

$$C = T$$

$$\frac{1}{2}f_c bx = A_s f_s$$

$$\frac{f_s}{f_c} = \frac{bx}{2A_s} \quad \cdots\cdots\cdots\cdots\cdots\cdots\cdots\cdots\cdots\cdots\cdots\cdots\cdots\cdots\cdots\cdots (3.61)$$

3) 철근의 인장응력(f_s)과 콘크리트의 휨압축응력(f_c)의 관계를 나타 내는 두 식 (3.60)과 (3.61)로부터 중립축위치 x만을 미지수로 갖는 다음 식을 얻게 된다.

$$\frac{f_s}{f_c} = n\frac{d-x}{x} = \frac{bx}{2A_s}$$

$$\frac{1}{2}bx^2 - nA_s(d-x) = 0 \quad \cdots\cdots\cdots\cdots\cdots\cdots\cdots\cdots\cdots\cdots (3.62)$$

4) 따라서 식 (3.62)를 x에 관하여 풀면 중립축위치 x를 다음과 같이 구할 수 있다.

$$x = -\frac{nA_s}{b} + \sqrt{\left(\frac{nA_s}{b}\right)^2 + \frac{2nA_s d}{b}} \quad \cdots\cdots\cdots\cdots\cdots (3.63)$$

(2) 콘크리트의 휨압축응력(f_c)과 철근의 인장응력(f_s)

1) 외력에 의한 모멘트와 내력에 의한 모멘트의 평형에 의한 경우

① 콘크리트의 휨압축응력(f_c)

$$M = Cz = \frac{1}{2}f_c bx\left(d - \frac{x}{3}\right)$$

$$f_c = \frac{2M}{bx\left(d - \frac{x}{3}\right)} \quad \cdots\cdots\cdots\cdots\cdots\cdots\cdots\cdots\cdots\cdots\cdots (3.64)$$

② 철근의 인장응력(f_s)

$$M = Tz = A_s f_s\left(d - \frac{x}{3}\right)$$

$$f_c = \frac{M}{A_s\left(d - \frac{x}{3}\right)} \quad \cdots\cdots\cdots\cdots\cdots\cdots\cdots\cdots\cdots\cdots\cdots (3.65)$$

2) 휨응력식에 의한 경우
   ① 콘크리트의 휨압축응력(f_c)

   $$f_c = \frac{M}{I_{cr}} x \quad\quad\quad\quad\quad\quad\quad\quad (3.66)$$

   ② 철근의 인장응력(f)

   $$f_s = n\frac{M}{I_{cr}}(d-x) \quad\quad\quad\quad\quad\quad (3.67)$$

   ③ 단철근 직사각형 단면보의 중립축에 대한 균열 환산 단면 2차 모멘트(I_{cr})

   $$I_{cr} = \frac{1}{3}bx^3 + nA_s(d-x)^2 \quad\quad\quad\quad (3.68)$$

예상문제 및 기출문제

01. 콘크리트 강도설계법의 기본 가정에 관한사항 중 옳지 않은 것은?
㉮ 콘크리트 압축연단의 극한 변형률은 콘크리트의 설계기준압축강도가 40MPa 이하인 경우에는 0.0033으로 가정한다.
㉯ 철근 및 콘크리트의 변형률은 중립축으로부터의 거리에 비례한다.
㉰ 설계기준항복강도 f_y는 450MPa을 초과하여 적용할 수 없다.
㉱ 콘크리트 압축 응력 분포는 등가 직사각형 분포로 생각해도 좋다.

■해설 강도설계법에 대한 기본가정 사항
• 휨모멘트와 축력을 받는 부재의 강도설계는 힘의 평형조건과 변형률 적합조건을 만족시켜야 한다.
• 철근 및 콘크리트의 변형률은 중립축으로부터의 거리에 비례한다.
• 콘크리트 압축연단의 극한 변형률은 콘크리트의 설계기준압축강도가 40MPa 이하인 경우에는 0.0033으로 가정한다.
• f_y 이하의 철근응력은 그 변형률의 E_s배로 취한다. f_y에 해당하는 변형률보다 더 큰 변형률에 대한 철근의 응력은 변형률에 관계없이 f_y와 같다고 가정한다.
• 콘크리트의 인장응력은 무시한다.
• 콘크리트 압축응력의 분포와 콘크리트 변형률 사이의 관계는 직사각형, 사다리꼴, 포물선형 어떤 형상으로도 가정할 수 있다.

02. 강도설계법의 설계 기본가정 중에서 옳지 않은 것은?
㉮ 철근 및 콘크리트의 변형률은 중립축으로부터의 거리에 비례한다.
㉯ 인장측 연단에서 콘크리트의 극한변형률은 0.0033으로 가정한다.
㉰ 콘크리트의 인장강도는 철근콘크리트 휨 계산에서 무시한다.
㉱ 철근의 변형률이 f_y에 대응하는 변형률보다 큰 경우 철근의 응력은 변형률에 관계없이 f_y로 한다.

■해설 콘크리트 압축연단의 극한 변형률은 콘크리트의 설계기준압축강도가 40MPa 이하인 경우에는 0.0033으로 가정한다.

03. 철근콘크리트 보에서 강도설계법의 기본가정에 관한 설명 중 옳지 않은 것은?
㉮ 콘크리트와 철근이 모두 후크(Hooke)의 법칙을 따른다고 가정한다.
㉯ 콘크리트 압축연단의 극한 변형률은 콘크리트의 설계기준압축강도가 40MPa 이하인 경우에는 0.0033으로 가정한다.
㉰ 휨응력 계산에서 콘크리트의 인장강도는 무시한다.
㉱ 변형률은 중립축으로부터 떨어진 거리에 비례한다.

■해설 극한강도상태에서 콘크리트의 응력은 변형률에 비례하지 않는다.

04. 강도설계법의 기본가정 중 옳지 않은 것은?
㉮ 철근과 콘크리트 변형률은 중립축에서의 거리에 비례한다.
㉯ 콘크리트 압축연단의 극한 변형률은 콘크리트의 설계기준압축강도가 40MPa 이하인 경우에는 0.0033으로 가정한다.
㉰ 항복강도 f_y 이하에서의 철근의 응력은 그 변형률의 E_s배로 취한다.
㉱ 휨응력 계산에서 콘크리트의 압축강도는 무시한다.

|해답| 1. ㉰ 2. ㉯ 3. ㉮ 4. ㉱

■해설 강도설계법에서 휨부재 해석시 콘크리트의 인장 강도는 무시한다.

05. 강도설계법에서 휨 부재의 등가사각형 압축응력 분포의 깊이 $a = \beta_1 c$ 인데, 이 중 f_{ck}가 40MPa일 때 β_1의 값은?

㉮ 0.77   ㉯ 0.80
㉰ 0.83   ㉱ 0.85

■해설 $f_{ck} \leq 40$MPa인 경우, $\beta_1 = 0.80$

06. 폭 400mm, 유효깊이 600mm인 보에서 압축연단으로부터 중립축까지의 거리가 300mm이고 f_{ck}=50MPa, f_y=300MPa일 때 응력 4각형의 깊이는 얼마인가?

㉮ 220mm   ㉯ 230mm
㉰ 240mm   ㉱ 250mm

■해설 • $f_{ck} = 50$MPa인 경우, $\beta_1 = 0.8$
• $a = \beta_1 c = 0.8 \times 300 = 240$mm

07. 강도설계법에 의할 때 단철근 직사각형보가 균형단면이 되기 위한 중립축의 위치 c는?(단, f_y=300MPa, f_{ck}=30MPa, d=600mm)

㉮ $c = 412.5$mm   ㉯ $c = 312.5$mm
㉰ $c = 507.5$mm   ㉱ $c = 403.5$mm

■해설 $f_{ck} = 30$MPa ≤ 40MPa인 경우
$$c_b = \frac{660}{660+f_y}d = \frac{660}{660+300} \times 600 = 412.5\text{mm}$$

08. 단철근 직사각형보에서 균형단면이 되기 위한 중립축의 위치 c와 유효깊이 d의 비는 얼마인가?(단, f_{ck}=21MPa, f_y=350MPa, b=360mm, d=700mm이다.)

㉮ $\frac{c}{d} = 0.5321$ ㉯ $\frac{c}{d} = 0.6535$
㉰ $\frac{c}{d} = 0.4569$ ㉱ $\frac{c}{d} = 0.7578$

■해설 $f_{ck} = 21$MPa ≤ 40MPa인 경우
$$c_b = \frac{660}{660+f_y}d = \frac{660}{660+350}d = 0.6535d$$
$$\frac{c_b}{d} = 0.6535$$

09. 강도설계법에서 f_{ck}=30MPa, f_y=350MPa일 때 단철근 직사각형보의 균형철근비는?

㉮ 0.0347   ㉯ 0.0365
㉰ 0.0381   ㉱ 0.0386

■해설 $f_{ck} = 30$MPa ≤ 40MPa인 경우
$$\rho_b = 0.68\frac{f_{ck}}{f_y}\frac{660}{660+f_y}$$
$$= 0.68 \times \frac{30}{350} \times \frac{660}{660+350} = 0.0381$$

10. b_w=300mm, d=450mm인 단철근 직사각형보의 균형철근량은 약 얼마인가?(단, f_{ck}=35MPa, f_y=350MPa이다.)

㉮ 5,485mm²   ㉯ 6,120mm²
㉰ 5,994mm²   ㉱ 5,810mm²

■해설 $f_{ck} = 35$MPa ≤ 40MPa인 경우
$$\rho_b = 0.68\frac{f_{ck}}{f_y}\frac{660}{660+f_y}$$
$$= 0.68 \times \frac{35}{350} \times \frac{660}{660+350} = 0.0444$$
$$A_{s,b} = \rho_b \cdot b \cdot d$$
$$= 0.0444 \times 300 \times 450 = 5,994\text{mm}^2$$

11. 콘크리트 보에서 균열이 발생하면 중립축의 위치가 갑자기 압축부 위측으로 올라가는데 그 이유는?

㉮ 응력과 변형률의 비례 관계가 성립하기 때문에
㉯ 인장 균열이 발생한 깊이의 콘크리트 인장응력이 무시되기 때문에
㉰ 균열 부위의 전단 저항력이 상실되기 때문에
㉱ 인장 철근의 환산 단면적이 달라지기 때문에

|해답| 5. ㉯ 6. ㉰ 7. ㉮ 8. ㉯ 9. ㉰ 10. ㉰ 11. ㉯

■해설 인장 균열이 발생한 길이의 콘크리트 인장응력이 무시되기 때문이다.

12. 균형철근량보다 작은 인장철근을 가진 과소철근보가 휨에 의해 파괴될 때의 설명 중 옳은 것은?

㉮ 중립축이 인장측으로 내려오면서 철근이 먼저 파괴된다.
㉯ 압축측 콘크리트와 인장측 철근이 동시에 항복한다.
㉰ 인장측 철근이 먼저 항복한다.
㉱ 압축측 콘크리트가 먼저 파괴된다.

■해설 과소철근보는 콘크리트 압축측 연단의 변형률이 극한변형률에 도달하기 전에 인장측 철근이 먼저 항복상태에 도달하여 연성파괴가 일어나는 보이다. 또한, 과소철근보가 휨에 의해 파괴될 때 중립축이 압축측으로 올라간다.

13. 강도설계법에서 보의 휨파괴에 대한 설명으로 잘못된 것은?

㉮ 보는 취성파괴보다는 연성파괴가 일어나도록 설계되어야 한다.
㉯ 과소철근보는 인장철근이 항복하기 전에 압축 측 콘크리트의 변형률이 극한변형률에 도달하는 보이다.
㉰ 균형철근보는 압축측 콘크리트의 변형률이 극한변형률에 도달함과 동시에 인장철근이 항복하는 보이다.
㉱ 과다철근보는 인장철근량이 많아서 갑작스런 압축파괴가 발생하는 보이다.

■해설 과소철근보는 압축측 콘크리트의 변형률이 극한변형률에 도달하기 전에 인장측 철근이 먼저 항복하는 보이다.

14. 철근 콘크리트 보의 파괴거동 내용 중 잘못된 것은?
출제빈도
★☆☆

㉮ 규정에 의한 최소 철근량($A_{s,\min}$)보다 매우 적은 철근량이 배근된 경우 인장부 콘크리트응력이 파괴계수에 도달하면 균열과 동시에 취성파괴를 일으킨다.

㉯ 과소철근으로 배근된 단면에서는 최종 붕괴가 생길 때까지 큰 처짐이 생긴다.
㉰ 과다철근으로 배근된 단면에서는 압축측 콘크리트의 변형률이 극한변형률에 도달할 때 인장철근의 응력은 항복응력보다 작다.
㉱ 인장철근이 항복응력 f_y에 도달함과 동시에 콘크리트 압축변형률이 극한변형률에 도달하도록 설계하는 것이 경제적이고 바람직한 설계이다.

■해설 콘크리트 압축변형률이 극한변형률에 도달하기 전에 인장철근이 먼저 항복응력(f_y)에 도달하는 연성파괴가 이루어지도록 설계하는 것이 바람직하다.

15. 단철근 직사각형보를 강도설계법으로 설계할 경우 최외단 인장철근의 순인장변형률(ε_t)이 최소 허용인장변형률($\varepsilon_{t,\min}$)이상 되도록 하는 이유는?

㉮ 철근을 절약하기 위해서
㉯ 처짐을 감소시키기 위해서
㉰ 철근이 항복하는 것을 막기 위해서
㉱ 콘크리트의 압축파괴, 즉 취성파괴를 피하기 위해서

■해설 단철근 직사각형보를 강도설계법으로 설계할 경우 최외단 인장철근의 순인장변형률(ε_t)이 최소 허용인장변형률($\varepsilon_{t,\min}$) 이상 되도록 하는 이유는 콘크리트의 취성파괴를 피하고 연성파괴를 확보하기 위해서이다.

16. 강도설계법에 의한 철근콘크리트 보의 설계에서 최외단 인장철근의 순인장변형률(ε_t)이 최소 허용인장변형률($\varepsilon_{t,\min}$) 이상 되도록 규제하는 가장 중요한 이유는?

㉮ 인장쪽부터 먼저 연성파괴를 유도하기 위해
㉯ 최소철근보가 더 경제적이기 때문에
㉰ 압축쪽부터 먼저 취성파괴를 유도하기 위해
㉱ 인장쪽부터의 급격한 취성 파괴를 피하기 위해

■해설 $\varepsilon_{t,\min} \leq \varepsilon_t$
최외단 인장철근의 순인장변형률(ε_t)이 최소 허용

|해답| 12. ㉰ 13. ㉯ 14. ㉱ 15. ㉱ 16. ㉮

인장변형률($\varepsilon_{t,min}$) 이상 되도록 하는 이유는 압축측의 콘크리트가 먼저 파괴되는 취성파괴를 피하고, 인장측의 철근이 먼저 항복되는 연성파괴를 유도하기 위한 것이다.

17. 강도설계에서 $f_{ck}=35$MPa, $f_y=350$MPa를 사용하는 단철근보의 최소 허용인장변형률에 해당하는 철근비(인장철근비의 상한)는?

㉮ 0.0212　　　㉯ 0.0248
㉰ 0.0279　　　㉱ 0.0307

■해설　$\varepsilon_{t,min}=0.004$ ($f_y \leq 400$MPa인 경우)
$f_{ck} \leq 40$MPa인 경우
$$\rho_{max}=0.68\frac{f_{ck}}{f_y}\frac{0.0033}{0.0033+\varepsilon_{t,min}}$$
$$=0.68\times\frac{35}{350}\times\frac{0.0033}{0.0033+0.004}=0.0307$$

18. 철근콘크리트 휨부재의 최소 철근량에 대한 설명 중 틀린 것은?

㉮ 보에서 철근량 A_s는 $\phi M_n \geq 1.3M_{cr}$의 조건을 만족하도록 배치하여야 한다.
㉯ 부재의 모든 단면에서 해석에 의해 필요한 철근량보다 1/3 이상 인장철근이 더 배치되어 $\phi M_n \geq \frac{4}{3}M_u$의 조건을 만족하는 최소 철근량 요건을 적용하지 않아도 된다.
㉰ 휨부재의 급작스러운 파괴를 방지하기 위해서 최소 철근량 규정이 제시되었다.
㉱ 두께가 균일한 구조용 슬래브의 경간방향으로 보강되는 인장철근의 최소 단면적은 수축·온도철근의 규정에 따라야 한다.

■해설　휨부재의 최소 철근량은 $\phi M_n \geq 1.2M_{cr}$의 조건을 만족하도록 배치하여야 한다.

19. 철근의 항복강도 $f_y=400$MPa을 사용하고, 유효깊이 $d=550$mm, 등가직사각형의 깊이 $a=100$mm인 직사각형 단면에 요구되는 최소 철근량은 얼마인가?(단, 부재의 균열 휨모멘트 $M_{cr}=340$kN·m이고, 인장지배단면이다.)

㉮ 1,200mm²　　　㉯ 2,400mm²
㉰ 3,600mm²　　　㉱ 4,800mm²

■해설　$\phi M_{cr} \geq 1.2M_{cr}$
$$\phi f_y A_s\left(d-\frac{a}{2}\right) \geq 1.2M_{cr}$$
$$A_s \geq \frac{1.2M_{cr}}{\phi f_y\left(d-\frac{a}{2}\right)} = \frac{1.2\times(340\times10^6)}{0.85\times400\times\left(550-\frac{100}{2}\right)}$$
$$=2,400\text{m}^2$$

20. 그림과 같은 철근콘크리트보 단면이 파괴시 인장철근의 변형률은?(단, $f_{ck}=28$MPa, $f_y=350$MPa, $A_s=1,520$mm²)

㉮ 0.0043
㉯ 0.0089
㉰ 0.0117
㉱ 0.0153

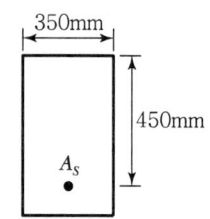

■해설　$f_{ck}=28$MPa ≤ 40MPa인 경우
$\varepsilon_{cu}=0.0033$, $\eta=1$, $\beta_1=0.8$
$$a=\frac{A_s f_y}{\eta 0.85 f_{ck} b}=\frac{1,520\times350}{1\times0.85\times28\times350}=63.9\text{mm}$$
$$\varepsilon_t=\frac{d_t\beta_1-a}{a}\varepsilon_{cu}$$
$$=\frac{450\times0.8-63.9}{63.9}\times0.0033=0.0153$$

21. 그림에 나타난 단철근 직사각형보에서 공칭 휨강도(M_n)에 도달할 때 인장철근의 변형률(ε_t)은 얼마인가?(단, 철근 D22 4개의 단면적 1,548 mm², $f_{ck}=35$MPa, $f_y=400$MPa)

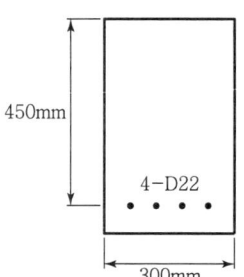

㉮ 0.0052　　㉯ 0.0094
㉰ 0.0138　　㉱ 0.0196

■해설
- $f_{ck} = 35\text{MPa} \leq 40\text{MPa}$인 경우
 $\varepsilon_{cu} = 0.0033,\ \eta = 1,\ \beta_1 = 0.8$
- $c = \dfrac{f_y A_s}{\eta 0.85 f_{ck} b \beta_1}$
 $= \dfrac{400 \times 1{,}548}{1 \times 0.85 \times 35 \times 300 \times 0.8} = 86.7\text{mm}$
- $\varepsilon_t = \dfrac{d_t - c}{c}\varepsilon_{cu} = \dfrac{450 - 86.7}{86.7} \times 0.0033 = 0.0138$

22. 보강철근의 $f_y = 350\text{MPa}$일 때 공칭강도에서 최외단 인장철근의 순인장변형률 $\varepsilon_t < 0.00175$이고 나선철근으로 보강된 단면의 강도감소계수는 얼마인가?

㉮ 0.85　　㉯ 0.75
㉰ 0.70　　㉱ 0.65

■해설
$\varepsilon_y = \dfrac{f_y}{E_s} = \dfrac{350}{2 \times 10^5} = 0.00175$
$\varepsilon_t (= 0.00175) \leq \varepsilon_y (= 0.00175)$
이므로 이 부재는 압축지배단면 부재이다.
- 압축지배단면 부재의 강도감소계수
 ① 나선 철근으로 보강된 부재의 경우, $\phi = 0.70$
 ② 그 외의 기타 부재의 경우, $\phi = 0.65$

23. 다음 중 "인장지배단면"의 정의로 가장 적합한 것은?

㉮ 공칭강도에서 인장철근군의 인장변형률이 인장지배 변형률한계 이상인 단면
㉯ 공칭강도에서 인장철근군의 순인장변형률이 인장지배 변형률한계 이상인 단면
㉰ 공칭강도에서 최내단 인장철근의 인장변형률이 인장지배 변형률한계 이상인 단면
㉱ 공칭강도에서 최외단 인장철근의 순인장변형률이 인장지배 변형률한계 이상인 단면

■해설
- 인장지배단면의 정의
 콘크리트 압축측 연단의 변형률(ε_c)이 극한변형률에 도달할 때, 최외단 인장철근의 순인장변형률(ε_t)이 인장지배 한계변형률($\varepsilon_{t,l}$) 이상인 단면, 즉 $\varepsilon_t \geq \varepsilon_{t,l}$인 단면을 인장지배단면이라 한다.
- 인장지배 한계변형률($\varepsilon_{t,l}$)의 값
 ① $f_y \leq 400\text{MPa}$인 철근의 경우 : $\varepsilon_{t,l} = 0.005$
 ② $f_y > 400\text{MPa}$인 철근의 경우 : $\varepsilon_{t,l} = 2.5\varepsilon_y$

24. 철근 콘크리트 휨 부재설계에 대한 일반원칙을 설명한 것으로 틀린 것은?

㉮ 인장철근이 설계기준항복강도에 대응하는 변형률에 도달하고 동시에 압축 콘크리트가 가정된 극한 변형률에 도달할 때, 그 단면이 균형변형률 상태에 있다고 본다.
㉯ 철근의 항복강도가 400MPa 이하인 경우, 압축연단 콘크리트가 가정된 극한 변형률에 도달할 때 최외단 인장철근의 순인장변형률이 0.005의 인장지배변형률 한계 이상인 단면을 인장지배단면이라고 한다.
㉰ 철근의 항복강도가 400MPa을 초과하는 경우, 인장지배 변형률 한계를 철근 항복변형률의 1.5배로 한다.
㉱ 순인장변형률이 압축지배변형률 한계와 인장지배변형률 한계 사이인 단면은 변화구간단면이라고 한다.

■해설
1. 인장지배단면의 정의
 콘크리트 압축 측 연단의 변형률(ε_c)이 극한변형률에 도달할 때, 최외단 인장철근의 순인장변형률(ε_t)이 인장지배 한계변형률($\varepsilon_{t,l}$) 이상인 단면, 즉 $\varepsilon_t \geq \varepsilon_{t,l}$인 단면을 인장지배단면이라 한다.

2. 인장지배 한계변형률($\varepsilon_{t,l}$)의 값
 - $f_y \leq 400\text{MPa}$인 철근의 경우 : $\varepsilon_{t,l} = 0.005$
 - $f_y > 400\text{MPa}$인 철근의 경우 : $\varepsilon_{t,l} = 2.5\varepsilon_y$

25. 그림과 같이 철근콘크리트 휨 부재의 최외단 인장철근의 순인장 변형률(ϵ_t)이 0.0045일 경우 강도감소계수 ϕ는 얼마인가?(단, 나선철근으로 보강되지 않은 경우이고, 사용 철근은 $f_y = 400\text{MPa}$, ε_y(압축지배 변형률 한계) = 0.002이다.)

|해답| 22. ㉰　23. ㉱　24. ㉰　25. ㉯

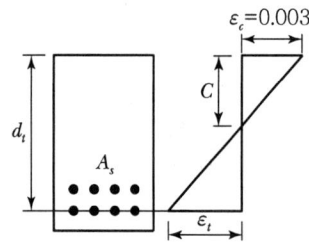

㉮ 0.813 ㉯ 0.817
㉰ 0.821 ㉱ 0.825

■해설 • $f_y = 400$MPa인 경우, $\varepsilon_{t,l}$(인장지배 한계변형률)과 ε_y(압축지배 한계변형률)의 값

$\varepsilon_{t,l} = 0.05$ ($f_y \leq 400$MPa인 경우)

$\varepsilon_y = \dfrac{f_y}{E_s} = \dfrac{400}{2 \times 10^5} = 0.002$

• $\varepsilon_y(=0.002) \leq \varepsilon_t(=0.0045) \leq \varepsilon_{t,0}(=0.005)$
이므로 변화구간 단면 부재이다.

• ϕ_c(압축지배 단면의 강도감소계수)의 값
나선철근으로 보강된 부재, $\phi_C = 0.70$
그 외의 기타 부재, $\phi_c = 0.65$

• 변화구간 단면 부재의 ϕ(강도감소계수)값 결정

$\phi = 0.85 - \dfrac{\varepsilon_{t,l} - \varepsilon_t}{\varepsilon_{t,l} - \varepsilon_y}(0.85 - \phi_c)$

$= 0.85 - \dfrac{0.005 - 0.0045}{0.005 - 0.002}(0.85 - 0.65) = 0.817$

26. 유효깊이(d)가 450mm인 직사각형 단면보에 f_y = 400MPa인 인장철근이 1열로 배치되어 있다. 중립축(c)의 위치가 압축연단에서 180mm인 경우 강도감소계수(ϕ)는?(단, $f_{ck} = 20$MPa이다.)

㉮ 0.847 ㉯ 0.836
㉰ 0.825 ㉱ 0.815

■해설 1. ε_t(최외단 인장철근의 순인장 변형율) 결정

$\varepsilon_{cu} = 0.0033$($f_{ck} \leq 40$MPa인 경우)

• $\varepsilon_t = \dfrac{d_t - c}{c}\varepsilon_{cu}$

$= \dfrac{450 - 180}{180} \times 0.0033 = 0.00495$

2. 단면 구분
• $f_y = 400$MPa인 경우, ε_y(압축지배 한계 변형)와 $\varepsilon_{t,l}$(인장지배 한계 변형율) 값

$\varepsilon_y = \dfrac{f_y}{E_s} = \dfrac{400}{(2 \times 10^5)} = 0.002$

$\varepsilon_{t,l} = 0.005$

• $\varepsilon_y(=0.002) < \varepsilon_t(=0.00495) < \varepsilon_{t,l}(=0.005)$이므로 변화구간단면

3. ϕ 결정
• $\phi_c = 0.65$(나선철근으로 보강되지 않은 경우)

• $\phi = 0.85 - \dfrac{\varepsilon_{t,l} - \varepsilon_t}{\varepsilon_{t,l} - \varepsilon_y}(0.85 - \phi_c)$

$= 0.85 - \dfrac{0.005 - 0.00495}{0.005 - 0.002}(0.85 - 0.65) = 0.847$

27. 아래 그림과 같은 단면을 가지는 직사각형 단철근 보의 설계휨강도를 구할 때 사용되는 강도감소계수 ϕ값은 약 얼마인가?(단, A_s는 3,176mm², $f_{ck} = 38$MPa, $f_y = 400$MPa)

㉮ 0.76
㉯ 0.82
㉰ 0.83
㉱ 0.85

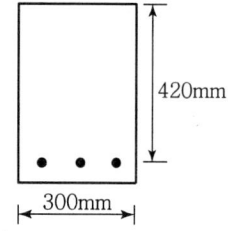

■해설 1. 최외단 인장철근의 순인장 변형율(ε_t)

$f_{ck} = 38$MPa ≤ 40MPa인 경우

$\varepsilon_{cu} = 0.0033$, $\eta = 1$, $\beta_1 = 0.8$

• $a = \dfrac{f_y A_s}{\eta 0.85 f_{ck} b} = \dfrac{400 \times 3,176}{1 \times 0.85 \times 38 \times 300}$

$= 131.1$mm

• $\varepsilon_t = \dfrac{d_t \beta_1 - a}{a}\varepsilon_{cu}$

$= \dfrac{420 \times 0.8 - 131.1}{131.1} \times 0.0033 = 0.00516$

2. 단면구분
• $f_y = 400$MPa인 경우, ε_y와 $\varepsilon_{t,l}$값

$\varepsilon_y = \dfrac{f_y}{E_s} = \dfrac{400}{2 \times 10^5} = 0.002$

$\varepsilon_{t,l} = 0.005$

• $\varepsilon_t \geq \varepsilon_{t,l}$ — 인장 지배 단면

3. ϕ결정
• $\phi_c = 0.85$

28. 그림과 같은 복철근 보의 유효깊이는?(단, 철근 1개의 단면적은 250mm²이다.)

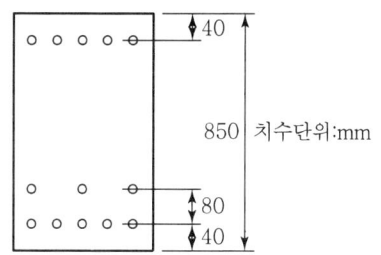

㉮ 810mm ㉯ 780mm
㉰ 770mm ㉱ 730mm

■해설 $d_1 = 850 - 40 - 80 = 730\text{mm}$
$d_2 = 850 - 40 = 810\text{mm}$
$d = \dfrac{A_{s1}d_1 + A_{s2}d_2}{A_{st}} = \dfrac{3 \times 730 + 5 \times 810}{8} = 780\text{mm}$

29. 그림과 같은 단철근 직사각형보를 강도설계법으로 해석할 때 콘크리트의 등가직사각형의 깊이 a는?(단, f_{ck}=21MPa, f_y=300MPa)

㉮ a=104mm
㉯ a=94mm
㉰ a=84mm
㉱ a=74mm

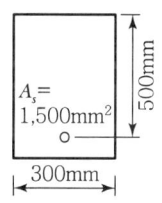

■해설 $\eta = 1\,(f_{ck} \leq 400\text{MPa}$인 경우)
$a = \dfrac{A_s f_y}{\eta\,0.85 f_{ck} b} = \dfrac{1{,}500 \times 300}{1 \times 0.85 \times 21 \times 300} = 84\text{mm}$

30. b_w=200mm, d=500mm, A_s=1,000mm²인 단철근 직사각형보를 강도설계법으로 해석할 때 압축연단에서 중립축까지의 거리(c)는?(단, f_{ck}=35MPa, f_y=300MPa이다.)

㉮ 63mm ㉯ 67mm
㉰ 72mm ㉱ 78mm

■해설 • $f_{ck} \leq 40\text{MPa}$인 경우
$\eta = 1,\ \beta_1 = 0.8$

• $c = \dfrac{f_y A_s}{\eta\,0.85 f_{ck} b \beta_1}$
$= \dfrac{300 \times 1{,}000}{1 \times 0.85 \times 35 \times 200 \times 0.8} = 63\text{mm}$

31. 다음 주어진 단철근 직사각형 단면이 연성파괴를 한다면 이 단면의 공칭휨강도는 얼마인가?(단, f_{ck}=21MPa, f_y=300MPa)

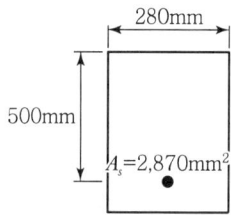

㉮ 252.4kN·m ㉯ 296.9kN·m
㉰ 356.3kN·m ㉱ 396.9kN·m

■해설 $\eta = 1\,(f_{ck} \leq 40\text{MPa}$인 경우)
$a = \dfrac{A_s f_y}{\eta\,0.85 f_{ck} b} = \dfrac{2{,}870 \times 300}{1 \times 0.85 \times 21 \times 280} = 172.3\text{mm}$
$M_n = A_s f_y \left(d - \dfrac{a}{2}\right) = 2{,}870 \times 300 \times \left(500 - \dfrac{172.3}{2}\right)$
$= 356.3 \times 10^6 \text{N·mm} = 356.3\text{kN·m}$

32. b_n=450mm, d=700mm인 직사각형 단면의 공칭 휨모멘트강도(M_n)는 얼마인가?(단, f_{ck}=21MPa, f_y=350MPa, A_s=5,000mm² 이고, 과소철근보이다.)

㉮ 904.3kN·m ㉯ 1,034.3kN·m
㉰ 1,134.3kN·m ㉱ 1,234.3kN·m

■해설 $\eta = 1\,(f_{ck} \leq 40\text{MPa}$인 경우)
$a = \dfrac{f_y A_s}{\eta\,0.85 f_{ck} b} = \dfrac{350 \times 5{,}000}{1 \times 0.85 \times 21 \times 450} = 217.9\text{mm}$
$M_n = f_y A_s \left(d - \dfrac{a}{2}\right) = 350 \times 5{,}000 \times \left(700 - \dfrac{217.9}{2}\right)$
$= 1{,}034.3 \times 10^6 \text{N·mm} = 1{,}034.3\text{kN·m}$

|해답| 28. ㉯ 29. ㉰ 30. ㉮ 31. ㉰ 32. ㉯

33. 그림과 같은 임의 단면에서 등가 직사각형 응력 분포가 빗금친 부분으로 나타났다면 철근량 A_s는 얼마인가?(단, $f_{ck}=21\text{MPa}$, $f_y=400\text{MPa}$)

㉮ 874mm²
㉯ 1,028mm²
㉰ 1,543mm²
㉱ 2,109mm²

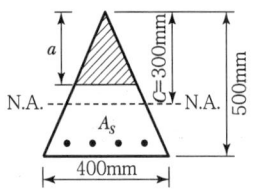

■해설

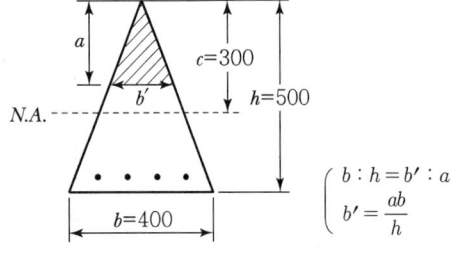

$\begin{pmatrix} b:h=b':a \\ b'=\dfrac{ab}{h} \end{pmatrix}$

$f_{ck} \leq 40\text{MPa}$인 경우
$\eta=1$, $\beta_1=0.8$
$a=\beta_1 c=0.8\times 300=240\text{mm}$
$b'=\dfrac{ab}{h}=\dfrac{240\times 400}{500}=192\text{mm}$
$A_c=\dfrac{1}{2}ab'=\dfrac{1}{2}\times 240\times 192=23{,}040\text{mm}^2$
$C=T$
$\eta 0.85 f_{ck} A_c = f_y A_s$
$A_s=\dfrac{\eta 0.85 f_{ck} A_c}{f_y}$
$=\dfrac{1\times 0.85\times 21\times 23{,}040}{400}=1{,}028\text{mm}^2$

34. 그림에 나타난 이등변삼각형 단철근보의 공칭 휨강도 M_n를 계산하면?(단, 철근 D19 3본의 단면적은 860mm², $f_{ck}=28\text{MPa}$, $f_y=350\text{MPa}$이다.)

㉮ 75.3kN·m   ㉯ 85.2kN·m
㉰ 95.3kN·m   ㉱ 105.3kN·m

■해설

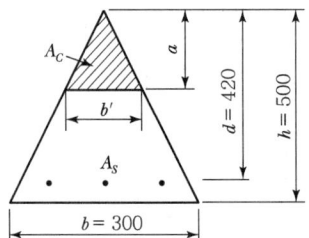

$\begin{cases} b:h=b':a \\ b'=\dfrac{b}{h}a=\dfrac{300}{500}a=0.6a \end{cases}$

$A_c=\dfrac{1}{2}ab'=\dfrac{1}{2}a(0.6a)=0.3a^2$

$\eta=1$($f_{ck}\leq 40\text{MPa}$인 경우)
$C=T$
$\eta 0.85 f_{ck} A_c = f_y A_s$
$\eta 0.85 f_{ck}(0.3a^2)=f_y\cdot A_s$
$a=\sqrt{\dfrac{f_y\cdot A_s}{\eta 0.85 f_{ck}(0.3)}}$
$=\sqrt{\dfrac{350\times 860}{1\times 0.85\times 28\times 0.3}}=205.3\text{mm}$

$M_n=A_s f_y\left(d-\dfrac{2a}{3}\right)$
$=860\times 350\times\left(420-\dfrac{2\times 205.3}{3}\right)$
$=85.2\times 10^6\text{N}\cdot\text{mm}=85.2\text{kN}\cdot\text{m}$

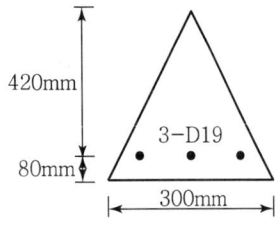

35. 그림에 나타난 단철근 직사각형보의 압축측에 지름 50mm인 원형관(Duct)이 있을 경우 공칭 휨강도 M_n을 구하면?(단, 철근 D25 4본의 단면적은 2,027mm², $f_{ck}=28\text{MPa}$, $f_y=400\text{MPa}$이고, 중립축은 원형관(Duct) 밑에 있다.)

㉮ 285kN·m
㉯ 317kN·m
㉰ 341kN·m
㉱ 352kN·m

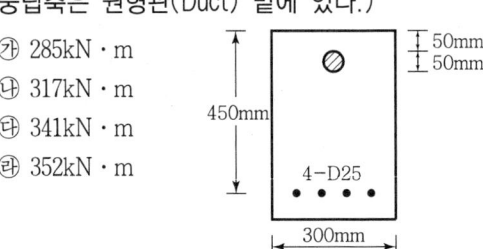

■해설 $\eta = 1 (f_{ck} \leq 40\text{MPa}$인 경우$)$

$C = T$

$\eta 0.85 \times f_{ck} \times \left\{ ab - \dfrac{\pi d_u^2}{4} \right\} = f_y \cdot A_s$

$a = \dfrac{A_s f_y}{\eta 0.85 f_{ck} b} + \dfrac{\pi d_u^2}{4b}$

$= \dfrac{2,027 \times 400}{1 \times 0.85 \times 28 \times 300} + \dfrac{\pi \times 50^2}{4 \times 300} = 120.1\text{mm}$

압축측 연단에서 압축력 C의 작용점까지의 거리 x_o 계산

$x_o = \dfrac{(ab)\dfrac{a}{2} - \left(\dfrac{\pi d_u^2}{4}\right)\left(50 + \dfrac{d_u}{2}\right)}{ab - \dfrac{\pi d_u^2}{4}}$

$= \dfrac{(120.1 \times 300) \times \dfrac{120.1}{2} - \left(\dfrac{\pi \times 50^2}{4}\right)\left(50 + \dfrac{50}{2}\right)}{120.1 \times 300 - \dfrac{\pi \times 50^2}{4}}$

$= 59.2\text{mm}$

$M_n = A_s f_y (d - x_o)$
$= 2,027 \times 400 \times (450 - 59.2)$
$= 316,860,640\text{N} \cdot \text{mm} \fallingdotseq 317\text{kN} \cdot \text{m}$

36. $b = 300\text{mm}$, $d = 500\text{mm}$, $A_s = 3-D25 = 1,520\text{mm}^2$가 1열로 배치된 단철근 직사각형보의 설계 휨강도 ϕM_n은 얼마인가?(단, $f_{ck} = 28\text{MPa}$, $f_y = 400\text{MPa}$이고, 과소철근보이다.)

㉮ 132.5kN · m ㉯ 183.3kN · m
㉰ 236.4kN · m ㉱ 307.7kN · m

■해설 $f_{ck} = 28\text{MPa} \leq 40\text{MPa}$인 경우

$\varepsilon_{cu} = 0.003$, $\eta = 1$, $\beta_1 = 0.8$

$a = \dfrac{A_s f_y}{\eta 0.85 f_{ck} b} = \dfrac{1,520 \times 400}{1 \times 0.85 \times 28 \times 300} = 85.15\text{mm}$

$\varepsilon_t = \dfrac{d_t \beta_1 - a}{a} \varepsilon_{cu}$

$= \dfrac{500 \times 0.8 - 85.15}{85.15} \times 0.0033 = 0.0122$

$\varepsilon_{t.l} = 0.005 (f_y \leq 400\text{MPa}$인 경우$)$
$\varepsilon_{t.l} < \varepsilon_t$이므로 인장지배단면 $-\phi = 0.85$

$\phi M_n = \phi A_s f_y \left(d - \dfrac{a}{2}\right)$

$= 0.85 \times 1,520 \times 400 \times \left(500 - \dfrac{85.15}{2}\right)$

$= 236.4 \times 10^6 \text{N} \cdot \text{mm} = 236.4\text{kN} \cdot \text{m}$

37. $b = 200\text{mm}$, $d = 380\text{mm}$, $A_s = 3-D25(1,520\text{mm}^2)$, $f_{ck} = 21\text{MPa}$, $f_y = 300\text{MPa}$인 저보강 단철근 직사각형보의 설계휨모멘트강도(ϕM_n)는?

㉮ 103kN · m ㉯ 119kN · m
㉰ 154kN · m ㉱ 204kN · m

■해설 $f_{ck} = 21\text{MPa} \leq 40\text{MPa}$인 경우

$\varepsilon_{cu} = 0.0033$, $\eta = 1$, $\beta_1 = 0.8$

• $a = \dfrac{A_s f_y}{\eta 0.85 f_{ck} b} = \dfrac{1,520 \times 300}{1 \times 0.85 \times 21 \times 200} = 127.7\text{mm}$

• $\varepsilon_t = \dfrac{d_t \beta_1 - a}{a} \times \varepsilon_{cu}$

$= \dfrac{380 \times 0.8 - 127.7}{127.7} \times 0.0033 = 0.004556$

• $\varepsilon_{t,l} = 0.005 (f_y \leq 400\text{MPa}$인 경우$)$
• $\varepsilon_{t,\min} = 0.004 (f_y \leq 400\text{MPa}$인 경우$)$
• $\varepsilon_{t,\min}(=0.004) < \varepsilon_t(=0.004556) < \varepsilon_{t,l}(=0.005)$
따라서 이 보는 변화구간단면 부재이다.
• 변화구간단면에서 ϕ의 결정

$\varepsilon_y = \dfrac{f_y}{E_s} = \dfrac{300}{2 \times 10^5} = 0.0015$

$\phi_c = 0.65 ($나선철근으로 보강되지 않은 경우$)$

$\phi = 0.85 - \dfrac{\varepsilon_{t,l} - \varepsilon_t}{\varepsilon_{t,l} - \varepsilon_y}(0.85 - \phi_c)$

$= 0.85 - \dfrac{0.005 - 0.004556}{0.005 - 0.0015}(0.85 - 0.65) = 0.8246$

• $\phi M_n = \phi A_s f_y \left(d - \dfrac{a}{2}\right)$

$= 0.8246 \times 300 \times 1,520 \times \left(380 - \dfrac{127.7}{2}\right)$

$= 118,877,964 \text{N} \cdot \text{mm} = 118.9 \text{kN} \cdot \text{m}$

38. 설계휨강도가 $\phi M_n = 350\text{kN} \cdot \text{m}$인 단철근 직사각형보의 유효깊이 d는?(단, 철근비 $\rho = 0.014$, $b = 350\text{mm}$, $f_{ck} = 21\text{MPa}$, $f_y = 350\text{MPa}$이고, $\phi = 0.85$이다.)

㉮ 462mm ㉯ 528mm
㉰ 574mm ㉱ 651mm

■해설 $\eta = 1 (f_{ck} \leq 40\text{MPa}$인 경우$)$

$q = \dfrac{\rho}{\eta} \dfrac{f_y}{f_{ck}} = \dfrac{0.014}{1} \times \dfrac{350}{21} = 0.233$

$\phi M_n = \phi \rho f_y b d^2 \left(1 - 0.59 \dfrac{\rho}{\eta} \dfrac{f_y}{f_{ck}}\right)$

$= \phi q \eta f_{ck} b d^2 (1 - 0.59q)$

$$d = \sqrt{\frac{\phi M_n}{\phi q \eta f_{ck} b(1-0.59q)}}$$
$$= \sqrt{\frac{350 \times 10^6}{0.85 \times 0.233 \times 1 \times 21 \times 350 \times (1-0.59 \times 0.233)}}$$
$$= 528\text{mm}$$

39. 계수하중에 의한 모멘트가 $M_u = 400\text{kN}\cdot\text{m}$인 단철근 직사각형보의 소요 유효깊이 d의 최소값은?(단, $\rho = 0.015$, $b = 400\text{mm}$, $f_{ck} = 24\text{MPa}$, $f_y = 400\text{MPa}$)

㉮ 420mm
㉯ 480mm
㉰ 540mm
㉱ 580mm

■해설 • ϕ의 결정
$f_{ck} = 28\text{MPa} \leq 40\text{MPa}$인 경우
$\varepsilon_{cu} = 0.0033$, $\eta = 1$, $\beta_1 = 0.8$
$$\varepsilon_t = \left(0.85\beta_1 \frac{\eta}{\rho} \frac{f_{ck}}{f_y} - 1\right)\varepsilon_{cu}$$
$$= \left(0.85 \times 0.8 \times \frac{1}{0.015} \times \frac{24}{400} - 1\right) \times 0.0033$$
$$= 0.005676$$
$\varepsilon_{t,l}$ (인장지배 한계변형률) = 0.005
$\varepsilon_{t,l} < \varepsilon_t$이므로 인장지배단면 - $\phi = 0.85$

• $M_u \leq \phi M_n = \phi \rho f_y bd^2\left(1-0.59\frac{\rho}{\eta}\frac{f_y}{f_{ck}}\right)$
$$d \geq \sqrt{\frac{M_u}{\phi \rho f_y b\left(1-0.59\frac{\rho}{\eta}\frac{f_y}{f_{ck}}\right)}}$$
$$= \sqrt{\frac{400 \times 10^6}{0.85 \times 0.015 \times 400 \times 400\left(1-0.59 \times \frac{0.015}{1} \times \frac{400}{24}\right)}}$$
$$= 480\text{mm}$$

40. $M_u = 200\text{kN}\cdot\text{m}$의 계수모멘트가 작용하는 단철근 직사각형보에서 필요한 최소 철근량(A_s)은 약 얼마인가?(단, $b_w = 300\text{mm}$, $d = 500\text{mm}$, $f_{ck} = 28\text{MPa}$, $f_y = 400\text{MPa}$, $\phi = 0.85$이다.)

㉮ 1,072.7mm²
㉯ 1,266.3mm²
㉰ 1,524.6mm²
㉱ 1,785.4mm²

■해설 1. $\eta = 1$ ($f_{ck} \leq 40\text{MPa}$인 경우)
$$M_u \leq M_d = \phi \rho f_y bd^2\left(1-0.59\frac{\rho}{\eta}\frac{f_y}{f_{ck}}\right)$$
$$\left(\frac{0.59}{\eta}\phi \frac{f_y^2}{f_{ck}}bd^2\right)\rho^2 - (\phi f_y bd^2)\rho + M_u \leq 0$$
$$\left(\frac{0.59}{1} \times 0.85 \times \frac{400^2}{28} \times 300 \times 500^2\right)\rho^2$$
$$- (0.85 \times 400 \times 300 \times 500^2)\rho + (200 \times 10^6) \leq 0$$
$$\rho^2 - 0.1186441\rho + 0.0009305 \leq 0$$
$$0.0084437 \leq \rho \leq 0.1102004$$

2. 또한, 강도감소계수(ϕ)가 $\phi = 0.85$이기 위해서는 인장지배단면이 되어야 하므로
$\varepsilon_t \geq \varepsilon_{t,l}$, 즉 $\rho \leq \rho_{t,l}$이어야 한다.
$\varepsilon_{t,l} = 0.005$ ($f_y \leq 400\text{MPa}$인 경우)
$f_{ck} \leq 40\text{MPa}$인 경우
$$\rho_{t,l} = 0.68\frac{f_{ck}}{f_y}\frac{0.0033}{0.0033+\varepsilon_{t,l}}$$
$$= 0.68 \times \frac{28}{400} \times \frac{0.0033}{0.0033+0.005}$$
$$= 0.0189253$$
$\rho \leq 0.0189253$

3. 1.과 2.의 결과로부터
$$0.0084437 \leq \rho\left(=\frac{A_s}{bd}\right) \leq 0.0189253$$
$$1,266\text{mm}^2 \leq A_s \leq 2,839\text{mm}^2$$

41. $M_u = 170\text{kN}\cdot\text{m}$의 계수모멘트하중에 대한 단철근 직사각형보의 필요한 철근량 A_s를 구하면?(단, 보의 폭 $b = 300\text{mm}$, 보의 유효깊이 $d = 450\text{mm}$, $f_{ck} = 28\text{MPa}$, $f_y = 350\text{MPa}$, $\phi = 0.85$이다.)

㉮ 1,070mm²
㉯ 1,175mm²
㉰ 1,280mm²
㉱ 1,375mm²

■해설 1. $\eta = 1$ ($f_{ck} \leq 40\text{MPa}$인 경우)
$$M_u \leq M_d = \phi \rho f_y bd^2\left(1-0.59\frac{\rho}{\eta}\frac{f_y}{f_{ck}}\right)$$
$$\left(\frac{0.59}{\eta}\phi\frac{f_y^2}{f_{ck}}bd^2\right)\rho^2 - (\phi f_y bd^2)\rho + M_u \leq 0$$
$$\left(\frac{0.59}{1} \times 0.85 \times \frac{350^2}{28} \times 300 \times 450^2\right)\rho^2$$
$$- (0.85 \times 350 \times 300 \times 450^2)\rho + (170 \times 10^6) \leq 0$$
$$\rho^2 - 0.135559\rho + 0.001275 \leq 0$$
$$0.010169 \leq \rho \leq 0.125391$$

|해답| 39. ㉯ 40. ㉯ 41. ㉱

2. 또한, $\phi = 0.85$를 사용하기 위해서는 $\varepsilon_t \geq \varepsilon_{t,l}$ 이어야 한다. 따라서, $\varepsilon_t \geq \varepsilon_{t,l}$일 경우의 철근비를 $\rho_{t,l}$이라 두면 다음 조건식을 만족해야 한다.
$\rho \leq \rho_{t,l}$ (즉, $\varepsilon_t \geq \varepsilon_{t,l}$을 만족하기 위한 조건식)
$\varepsilon_{t,l} = 0.005 (f_y \leq 400\text{MPa}$인 경우)
$f_{ck} \leq 40\text{MPa}$인 경우

$$\rho_{t,l} = 0.68 \frac{f_{ck}}{f_y} \frac{0.0033}{0.0033 + \varepsilon_{t,l}}$$
$$= 0.68 \times \frac{28}{350} \times \frac{0.0033}{0.0033 + 0.005}$$
$$= 0.021629$$
$$\rho \leq 0.021629$$

3. 1.과 2.의 결과로부터
$$0.010169 \leq \rho \left(= \frac{A_s}{bd}\right) \leq 0.021629$$
$$1{,}373\text{mm}^2 \leq A_s \leq 2{,}920\text{mm}^2$$

42. 복철근 보에서 압축철근에 대한 효과를 설명한 것으로 적절하지 못한 것은?

㉮ 단면 저항 모멘트를 크게 증대시킨다.
㉯ 지속하중에 의한 처짐을 감소시킨다.
㉰ 파괴시 압축 응력의 깊이를 감소시켜 연성을 증대시킨다.
㉱ 철근의 조립을 쉽게 한다.

■해설 압축철근의 사용효과
• 크리프, 건조수축 등으로 인하여 발생되는 장기 처짐을 최소화하기 위한 경우
• 파괴 시 압축응력의 깊이를 감소시켜 연성을 증대시키기 위한 경우
• 철근의 조립을 쉽게 하기 위한 경우
• 정(+), 부(-) 모멘트를 번갈아 받는 경우
• 보의 단면 높이가 제한되어 단철근 단면보의 설계 휨강도가 계수 휨하중보다 작은 경우

43. 복철근보에서 압축철근 배치로 얻어지는 효과로 적당하지 않은 것은?

㉮ 연성을 증가시킨다.
㉯ 강성을 증가시킨다.
㉰ 지속하중에 의한 처짐을 감소시킨다.
㉱ 철근의 조립을 쉽게 한다.

■해설 42번 해설 참고

44. 복철근으로 설계해야 할 경우를 설명한 것으로 잘못된 것은?

㉮ 단면이 넓어서 철근을 고루 분산시키기 위해
㉯ 정, 부 모멘트를 교대로 받는 경우
㉰ 크리프에 의해 발생하는 장기처짐을 최소화하기 위해
㉱ 보의 높이가 제한되어 철근의 증가로 휨강도를 증가시키기 위해

■해설 42번 해설 참고

45. $b = 300\text{mm}$, $d = 460\text{mm}$, $A_s = 6\text{-D}32(4{,}765\text{mm}^2)$, $A_s' = 2\text{-D}29(1{,}284\text{mm}^2)$, $d' = 60\text{mm}$인 복철근 직사각형 단면에서 파괴시 압축철근이 항복하는 경우 최소 허용인장변형률에 해당하는 철근비(인장철근비의 상한)는? (단, $f_{ck} = 35\text{MPa}$, $f_y = 350\text{MPa}$)

㉮ 0.03204
㉯ 0.03674
㉰ 0.04004
㉱ 0.04524

■해설
• $\varepsilon_{t,\min} = 0.004 (f_y \leq 400\text{MPa}$인 경우)
• 단철근보로서 인장철근비의 상한($\rho_{\max}$)
  $f_{ck} \leq 40\text{MPa}$인 경우
  $$\rho_{\max} = 0.68 \frac{f_{ck}}{f_y} \frac{0.0033}{0.0033 + \varepsilon_{t,\min}}$$
  $$= 0.68 \times \frac{35}{350} \times \frac{0.0033}{0.0033 \times 0.004}$$
  $$= 0.03074$$

• $\rho' = \frac{A_s'}{bd} = \frac{1{,}284}{300 \times 460} = 0.00930$

• 복철근보의 인장철근비의 상한($\overline{\rho_{\max}}$)
  $\overline{\rho_{\max}} = \rho_{\max} + \rho' = 0.03074 + 0.00930 = 0.04004$

46. 다음 그림과 같은 복철근 직사각형보 인장철근의 최소 허용인장변형률에 해당하는 철근비(인장철근비의 상한)를 구하면?(단, 콘크리트의 변형률이 극한 변형률에 도달할 때 인장철근은 항복응력에 도달하였으나, 압축철근의 응력은 f_s' = 200MPa이었으며, f_{ck} = 21MPa, f_y = 300MPa, ρ' = 0.005이다.)

㉮ 0.0186
㉯ 0.0248
㉰ 0.0586
㉱ 0.0686

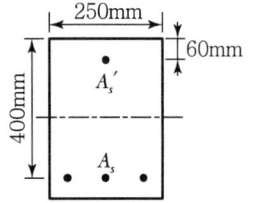

■해설
- $\varepsilon_{t,min} = 0.004 \, (f_y \leq 400$인 경우$)$
- $f_{ck} \leq 40$MPa인 경우
  ρ_{max}(단철근보의 인장철근비의 상한)
  $= 0.68 \dfrac{f_{ck}}{f_y} \dfrac{0.0033}{0.0033 + \varepsilon_{t,min}}$
  $= 0.68 \times \dfrac{21}{300} \times \dfrac{0.0033}{0.0033 + 0.004}$
  $= 0.0215$
- $\overline{\rho_{max}}$(복철근보의 인장철근비의 상한)
  $= \rho_{max} + \rho' \dfrac{f_s'}{f_y}$
  $= 0.0215 + 0.005 \times \dfrac{200}{300} = 0.0248$

47. 그림은 복철근 직사각형 단면의 변형율이다. 다음 중 압축철근이 항복하기 위한 조건으로 옳은 것은?

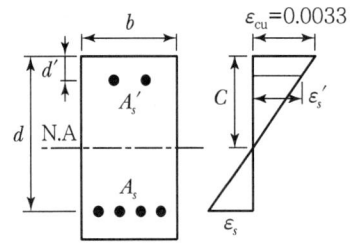

㉮ $\dfrac{0.0033(c-d')}{c} \geq \dfrac{f_y}{E_s}$ ㉯ $\dfrac{660(c-d')}{c} \leq f_y$

㉰ $\dfrac{660d'}{660-f_y} > c$ ㉱ $\dfrac{660d'}{660+f_y} > c$

■해설
$\varepsilon_s' \geq \varepsilon_y$
$\dfrac{\varepsilon_{cu}(c-d')}{c} \geq \dfrac{f_y}{E_s}$
$\dfrac{0.0033(c-d')}{c} \geq \dfrac{f_y}{E_s}$

48. 복철근 직사각형보의 A_s' = 1,916mm², A_s = 4,790mm², b = 300mm이다. 등가직사각형 블록의 응력깊이 (a)는?(단, f_{ck} = 21MPa, f_y = 300MPa)

㉮ 153mm
㉯ 161mm
㉰ 176mm
㉱ 185mm

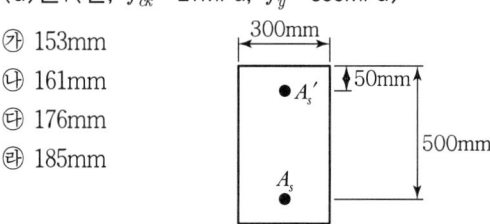

■해설 $\eta = 1 \, (f_{ck} \leq 40$MPa인 경우$)$
$a = \dfrac{(A_s - A_s')f_y}{\eta 0.85 f_{ck} b}$
$= \dfrac{(4,790 - 1,916) \times 300}{1 \times 0.85 \times 21 \times 300} = 161$mm

49. 그림과 같은 복철근 직사각형 단면에서 응력 사각형의 깊이 a의 값은 얼마인가?(단, f_{ck} = 24MPa, f_y = 350MPa, A_s = 5,730mm², A_s' = 1,980mm²)

㉮ 227.2mm
㉯ 199.6mm
㉰ 217.4mm
㉱ 183.8mm

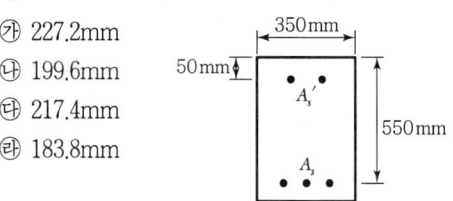

■해설 $\eta = 1 \, (f_{ck} \leq 40$MPa인 경우$)$
$a = \dfrac{(A_s - A_s')f_y}{\eta 0.85 f_{ck} b}$
$= \dfrac{(5,730 - 1,980) \times 350}{1 \times 0.85 \times 24 \times 350} = 183.8$mm

50. 그림과 같이 설계된 복철근 직사각형보의 경우 공칭 휨모멘트 강도 M_n은?(단, f_{ck}=28MPa, f_y = 350MPa, A_s =4,500mm², $A_s{'}$ =1,800mm²이며, 압축 · 인장 철근 모두 항복한다고 가정)

㉮ 665.14kN·m
㉯ 687.16kN·m
㉰ 690.27kN·m
㉱ 695.35kN·m

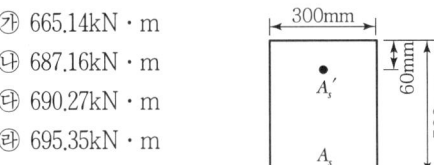

■해설 $\eta=1(f_{ck} \leq 40\text{MPa}$인 경우)

$$a = \frac{(A_s - A_s{'})f_y}{\eta 0.85 f_{ck} b}$$

$$= \frac{(4,500-1,800) \times 350}{1 \times 0.85 \times 28 \times 300} = 132.35\text{mm}$$

$$M_n = A_s{'}f_y(d-d') + (A_s - A_s{'})f_y\left(d - \frac{a}{2}\right)$$

$$= 1,800 \times 350 \times (500-60) + (4,500-1,800)$$

$$\times 350 \times \left(500 - \frac{132.35}{2}\right)$$

$$= 687.16 \times 10^6 \text{N} \cdot \text{mm} = 687.16\text{kN} \cdot \text{m}$$

51. 아래 그림과 같은 복철근 직사각형보에 대한 설명으로 옳은 것은?(단, f_{ck}=21MPa, f_y=300MPa, 압축부 콘크리트의 최대변형률은 0.0033이고 인장철근의 응력은 f_y에 도달한다.)

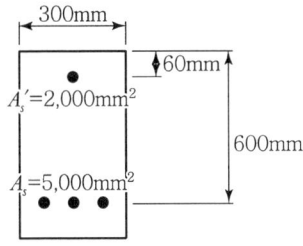

㉮ 압축철근은 항복응력에 도달하지 못한다.
㉯ 등가직사각형 응력블록의 깊이(a)는 280.1mm 이다.
㉰ 이 단면은 변화구간에 속한다.
㉱ 이 단면의 공칭휨강도(M_n)는 788.4kN·m이다.

■해설 ㉠ $\rho = \frac{A_s}{bd} = \frac{5,000}{300 \times 600} = 0.0278$

$\rho' = \frac{A_s{'}}{bd} = \frac{2,000}{300 \times 600} = 0.0111$

$f_{ck} \leq 40\text{MPa}$인 경우

$$\overline{\rho_{\min}} = 0.68 \frac{f_{ck}}{f_y} \frac{660}{660-f_y} \frac{d'}{d} + \rho'$$

$$= 0.68 \times \frac{21}{300} \times \frac{660}{660-300} \times \frac{60}{600} + 0.0111$$

$$= 0.0198$$

$\rho(=0.0278) > \overline{\rho_{\min}}(=0.0198)$이므로 인장철근 항복 시 압축철근도 항복한다.

㉡ $\eta = 1(f_{ck} \leq 40\text{MPa}$인 경우)

$$a = \frac{(A_s - A_s{'})f_y}{\eta 0.85 f_{ck} b}$$

$$= \frac{(5,000-2,000) \times 300}{1 \times 0.85 \times 21 \times 300} = 168.1\text{mm}$$

㉢ $\varepsilon_{t,l} = 0.005(f_y \leq 400\text{MPa}$인 경우)

$f_{ck} \leq 40\text{MPa}$인 경우

$\varepsilon_{cu} = 0.0033$, $\beta_1 = 0.8$

$$\varepsilon_t = \frac{d_t \beta_1 - a}{a} \varepsilon_{cu}$$

$$= \frac{600 \times 0.8 - 168.1}{168.1} \times 0.0033 = 0.0061$$

$\varepsilon_t(=0.0061) > \varepsilon_{t,l}(=0.0050)$이므로 인장지배단면 부재이다.

㉣ $M_n = A_s{'}f_y(d-d') + (A_s - A_s{'})f_y\left(d - \frac{a}{2}\right)$

$$= 2,000 \times 300 \times (600-60) + (5,000-2,000)$$

$$\times 300 \times \left(600 - \frac{168.1}{2}\right)$$

$$= 788.36 \times 10^6 \text{N} \cdot \text{mm} = 788.36\text{kN} \cdot \text{m}$$

52. b=300mm, d=550mm, d'=50mm, A_s=4,500mm², $A_s{'}$=2,200mm²인 복철근 직사각형보가 연성파괴를 한다면 설계 휨모멘트 강도(ϕM_n)는 얼마인가? (단, f_{ck}=21MPa, f_y=300MPa)

㉮ 516.3kN·m ㉯ 565.3kN·m
㉰ 599.3kN·m ㉱ 612.9kN·m

■해설 $f_{ck} \leq 40\text{MPa}$인 경우

$\varepsilon_{cu} = 0.0033$, $\eta = 1$, $\beta_1 = 0.8$

$$a = \frac{(A_s - A_s{'})f_y}{\eta 0.85 f_{ck} b}$$

$$= \frac{(4,500-2,200) \times 300}{1 \times 0.85 \times 21 \times 300} = 128.85\text{mm}$$

|해답| 50. ㉯ 51. ㉱ 52. ㉯

$$\varepsilon_t = \frac{d_t \beta_1 - a}{a}\varepsilon_{cu}$$
$$= \frac{550 \times 0.8 - 128.85}{128.85} \times 0.0033 = 0.00797$$

$\varepsilon_{t,l} = 0.005 (f_y \leq 400\text{MPa}$인 경우$)$

$\varepsilon_{t,l} < \epsilon_t$ 이므로

인장지배 단면이다. 따라서 $\phi = 0.85$를 사용한다.

$$\phi M_n = \phi \left\{ A_s' f_y (d - d') + (A_s - A_s') f_y \left(d - \frac{a}{2} \right) \right\}$$
$$= 0.85 \left\{ 2,200 \times 300 \times (550 - 50) \right.$$
$$\left. + (4,500 - 2,200) \times 300 \times \left(550 - \frac{128.85}{2} \right) \right\}$$
$$= 565.3 \times 10^6 \text{N} \cdot \text{mm} = 565.3 \text{kN} \cdot \text{m}$$

53. 경간 $l = 10$m인 대칭 T형 보에서 양쪽 슬래브의 중심간격 2,100mm, 슬래브의 두께(t) 100mm, 복부의 폭(b_w) 400mm일 때 플랜지의 유효폭은 얼마인가?

㉮ 2,000mm ㉯ 2,100mm
㉰ 2,300mm ㉱ 2,500mm

■해설 T형 보(대칭 T형 보)에서 플랜지의 유효폭(b_e)
- $16t_f + b_w = (16 \times 100) + 400 = 2,000$mm
- 양쪽 슬래브의 중심간격 = 2,100mm
- 보 경간의 $\frac{1}{4} = \frac{10 \times 10^3}{4} = 2,500$mm

위 값 중에서 최소값을 취하면 $b_e = 2,000$mm이다.

54. 경간이 12m인 대칭 T형 보에서 슬래브 중심간격이 2.0m, 플랜지의 두께가 300mm, 복부의 폭이 400mm일 때 플랜지의 유효폭은?

㉮ 3,000mm ㉯ 2,000mm
㉰ 2,500mm ㉱ 5,200mm

■해설 T형 보(대칭 T형 보)에서 플랜지의 유효폭(b_e)
- $16t_f + b_w = (16 \times 300) + 400 = 5,200$mm
- 양쪽 슬래브의 중심간 거리 $= 2 \times 10^3$
  $= 2,000$mm
- 보 경간의 $\frac{1}{4} = \frac{12 \times 10^3}{4} = 3,000$mm

위 값 중에서 최소값을 취하면 $b_e = 2,000$mm이다.

55. 그림과 같은 경간 15m의 콘크리트 T형 보의 대칭부의 플랜지 유효폭 b는 얼마인가?

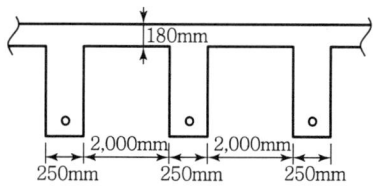

㉮ 3,130mm ㉯ 2,500mm
㉰ 2,250mm ㉱ 2,000mm

■해설 T형 보(대칭 T형 보)에서 플랜지의 유효폭(b_e)
- $16t_f + b_w = (16 \times 180) + 250 = 3,130$mm
- 양쪽 슬래브의 중심간 거리
  $= 2,000 + 250 = 2,250$mm
- 보 경간의 $\frac{1}{4} = (15 \times 10^3) \times \frac{1}{4} = 3,750$mm

위 값 중 최소값 2,250mm를 취한다.

56. 슬래브와 보가 일체로 타설된 비대칭 T형 보(반 T형 보)의 유효폭은 얼마인가? (단, 플랜지 두께 = 100mm, 복부폭 = 300mm, 인접보와의 내측거리 = 1,600mm, 보의 경간 = 6.0m)

㉮ 800mm ㉯ 900mm
㉰ 1,000mm ㉱ 1,100mm

■해설 반 T형 보(비대칭 T형 보)의 플랜지 유효폭(b_e)
- $6t_f + b_w = (6 \times 100) + 300 = 900$mm
- $\left(\text{보 지간의 } \frac{1}{12}\right) + b_w = \frac{6,000}{12} + 300 = 800$mm
- $\left(\text{인접보와의 내측거리의 } \frac{1}{2}\right) + b_w$
  $= \frac{1,600}{2} + 300 = 1,100$mm

위 값 중에서 최소값을 취하면 $b_e = 800$mm이다.

57. 그림과 같이 경간 $L = 9$m인 연속 슬래브에서 반 T형 단면의 유효폭(b)은 얼마인가?

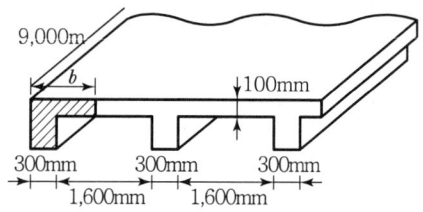

|해답| 53. ㉮ 54. ㉯ 55. ㉰ 56. ㉮ 57. ㉰

㉮ 1,100mm ㉯ 1,050mm
㉰ 900mm   ㉱ 850mm

■해설 반T형 보(비대칭 T형 보)에서 플랜지의 유효 폭(b_e)
- $6t_f + b_w = (6 \times 100) + 300 = 900\text{mm}$
- 인접보와의 내측 간 거리의 $\frac{1}{2} + b_w$
  $= \frac{1,600}{2} + 300 = 1,100\text{mm}$
- 보 경간의 $\frac{1}{12} + b_w = \frac{9,000}{12} + 300 = 1,050\text{mm}$

위 값 중에서 최소값을 취하면 $b_e = 900\text{mm}$이다.

58. 플랜지 유효폭이 b이고, 복부폭이 b_w인 복철근 T형 보의 중립축이 복부에 있고 (−)휨 모멘트가 작용할 때의 응력계산법이 옳은 것은?

㉮ 폭이 b인 직사각형보로 계산
㉯ 폭이 b_w인 직사각형보로 계산
㉰ T형 보로 계산
㉱ 어느 방법으로 계산해도 된다.

■해설

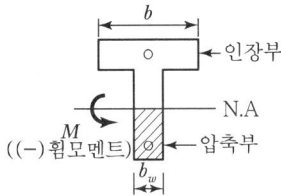

콘크리트 단면에 (−)휨모멘트가 작용하면 중립축 하단이 압축부가 된다. 따라서, 그림에서와 같이 콘크리트의 압축을 받는 단면이 직사각형 단면이므로 폭이 b_w인 복철근 직사각형 단면보로 고려한다.

59. 다음 그림의 단철근 T형 보의 설계모멘트강도를 계산할 때 플랜지 돌출부에 작용하는 압축력과 균형되는 가상 압축철근 단면적 A_{sf}는 얼마인가?(여기서, $f_{ck}=24\text{MPa}$, $f_y=300\text{MPa}$)

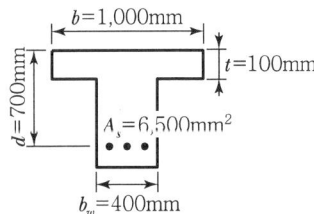

㉮ 3,208mm²   ㉯ 4,080mm²
㉰ 5,126mm²   ㉱ 6,050mm²

■해설 $\eta = 1$ ($f_{ck} \leq 40\text{MPa}$인 경우)

$$A_{sf} = \frac{\eta \, 0.85 f_{ck}(b-b_w)t}{f_y}$$
$$= \frac{1 \times 0.85 \times 24 \times (1,000-400) \times 100}{300}$$
$$= 4,080\text{mm}^2$$

60. 강도설계시 T형 보에서 $t_f=100\text{mm}$, $d=300\text{mm}$, $b_w=200\text{mm}$, $b=800\text{mm}$, $f_{ck}=20\text{MPa}$, $f_y=420\text{MPa}$, $A_s=2,000\text{mm}^2$일 때 등가응력 사각형의 깊이는?

㉮ 51.8mm
㉯ 61.8mm
㉰ 71.8mm
㉱ 81.8mm

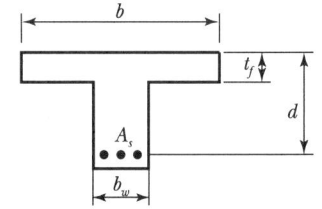

■해설 폭이 $b=800\text{mm}$인 직사각형 단면보에 대한 등가 사각형 깊이(a)
$\eta = 1$ ($f_{ck} \leq 40\text{MPa}$인 경우)

$$a = \frac{A_s f_y}{\eta \, 0.85 f_{ck} b} = \frac{2,000 \times 420}{1 \times 0.85 \times 20 \times 800} = 61.76\text{mm}$$

$a(=61.76\text{mm}) < t_f(=100\text{mm})$이므로
폭이 $b=800\text{mm}$인 직사각형 단면보로 해석한다.
따라서 등가사각형 깊이는 $a=61.76\text{mm}$이다.

61. 아래 그림과 같은 T형 보에서 등가 직사각형 응력 블록의 깊이(a)는?(단, $f_{ck}=21\text{MPa}$, $f_y=350\text{MPa}$, $A_s=7,652\text{mm}^2$)

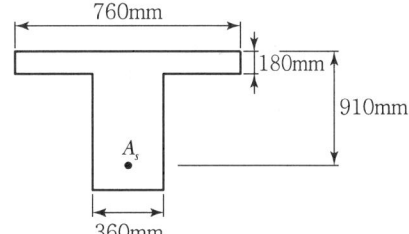

㉮ 178mm ㉯ 187mm
㉰ 194mm ㉱ 217mm

■해설 1. T형 보의 판별
폭이 $b=760$mm인 직사각형 단면보에 대한 등가사각형 깊이
$\eta = 1\,(f_{ck} \leq 40$MPa인 경우$)$
$a = \dfrac{A_s f_y}{\eta\, 0.85 f_{ck} b} = \dfrac{7,652 \times 350}{1 \times 0.85 \times 21 \times 760} = 197.4$mm
$a(=197.4$mm$) > t_f(=180$mm$)$이므로 T형 보로 해석

2. T형 보의 등가사각형 깊이(a)
$A_{sf} = \dfrac{\eta\, 0.85 f_{ck}(b - b_w)t_f}{f_y}$
$= \dfrac{1 \times 0.85 \times 21 \times (760 - 360) \times 180}{350}$
$= 3,672$mm
$a = \dfrac{(A_s - A_{sf})f_y}{\eta\, 0.85 f_{ck} b_w}$
$= \dfrac{(7,652 - 3,672) \times 350}{1 \times 0.85 \times 21 \times 360} = 216.8$mm

62. 강도설계법에서 그림과 같은 T형 보에 압축연단에서 중립축까지의 거리(c)는 약 얼마인가? (단, $A_s = 14-D25 = 7,094$mm², $f_{ck} = 35$MPa, $f_y = 400$MPa)

출제빈도 ★☆☆

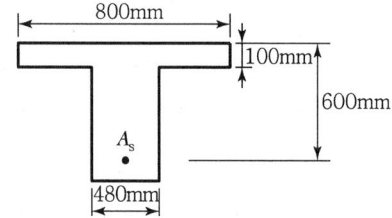

㉮ 132mm ㉯ 155mm
㉰ 165mm ㉱ 186mm

■해설 1. T형 보의 판별
$b=800$mm인 직사각형 단면보에 대한 등가사각형 깊이
$\eta = 1\,(f_{ck} \leq 40$MPa인 경우$)$
$a = \dfrac{A_s f_y}{\eta\, 0.85 f_{ck} b} = \dfrac{7,094 \times 400}{1 \times 0.85 \times 35 \times 800} = 119.2$mm
$a(=119.2$mm$) > t_f(=100$mm$)$이므로 T형보로 해석

2. T형 보의 등각사각형 깊이(a)
$A_{sf} = \dfrac{\eta\, 0.85 f_{ck}(b - b_w)t_f}{f_y}$
$= \dfrac{1 \times .85 \times 35 \times (800 - 480) \times 100}{480}$
$= 2380$mm²
$a = \dfrac{(A_s - A_{sf})f_y}{\eta\, 0.85 f_{ck} b_w}$
$= \dfrac{(7,094 - 2,380) \times 400}{1 \times 0.85 \times 35 \times 480} = 132$mm

3. T형 보의 중립축 위치(c)
$\beta_1 = 0.8\,(f_{ck} \leq 40$MPa인 경우$)$
$c = \dfrac{a}{\beta_1} = \dfrac{132}{0.8} = 165$mm

63. 보의 유효깊이(d) 600mm, 복부의 폭(b_w) 320mm, 플랜지의 두께 130mm, 인장철근량 7,650mm², 양쪽 슬래브의 중심간 거리 2.5m, 경간 10.4m $f_{ck} = 25$MPa, $f_y = 400$MPa로 설계된 대칭 T형보가 있다. 이 보의 등가 직사각형 응력 블록의 깊이(a)는?

출제빈도 ★☆☆

㉮ 51.2mm ㉯ 60mm
㉰ 137.5mm ㉱ 145mm

■해설 1. T형 보(대칭 T형 보)의 플랜지 유효폭(b_e)
• $16t_f + b_w = (16 \times 130) + 320 = 2,400$mm
• 양쪽 슬래브의 중심간 거리
$= 2.5 \times 10^3 = 2,500$mm
• 보 경간의 $\dfrac{1}{4} = (10.4 \times 10^3) \times \dfrac{1}{4} = 2,600$mm

위 값 중에서 최소값을 취하면 $b_e = 2,400$mm이다.

2. T형 보의 판별
$b = 2,400$mm인 직사각형 단면보에 대한 등가사각형 깊이
$\eta = 1\,(f_{ck} \leq 40$MPa인 경우$)$
$a = \dfrac{f_y A_s}{\eta\, 0.85 f_{ck} b} = \dfrac{400 \times 7,650}{1 \times 0.85 \times 25 \times 2,400} = 60$mm
$t_f = 130$mm
$a < t_f$이므로 $b = 2,400$mm인 직사각형 단면 보로 해석한다.
따라서, 등가사각형 깊이 $a = 60$mm이다.

|해답| 62. ㉰ 63. ㉯

64. 아래 그림의 빗금친 부분과 같은 단철근 T형보의 등가응력의 깊이 a는 얼마인가?(단, A_s = 6,345mm², f_{ck}=24MPa, f_y=400MPa)

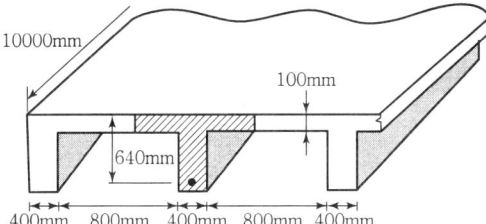

㉮ 96.7mm ㉯ 111.5mm
㉰ 121.3mm ㉱ 128.6mm

■해설 1. T형보(대칭 T형보)에서 플랜지의 유효폭(b_e)
- $16t_f + b_w = (16 \times 100) + 400 = 2,000$mm
- 양쪽 슬래브의 중심간 거리
  $= 800 + 400 = 1,200$mm
- 보 경간의 $\frac{1}{4} = 10,000 \times \frac{1}{4} = 2,500$mm

위 값 중에서 최소값을 취하면 $b_e = 1,200$mm 이다.

2. T형 보의 판별
$b = 1,200$mm인 직사각형 단면보에 대한 등가사각형 깊이
$\eta = 1 (f_{ck} \leq 40$MPa인 경우$)$
$a = \dfrac{f_y A_s}{\eta 0.85 f_{ck} b} = \dfrac{400 \times 6,354}{1 \times 0.85 \times 24 \times 1,200}$
$= 103.8$mm
$a(=103.8$mm$) > t_f (=100$mm$)$이므로 T형 보로 해석한다.

3. T형 보의 등가사각형 깊이(a)
$A_{sf} = \dfrac{\eta 0.85 f_{ck}(b - b_w)t_f}{f_y}$
$= \dfrac{1 \times 0.85 \times 24 \times (1,200 - 400) \times 100}{400}$
$= 4,080$mm²
$a = \dfrac{(A_s - A_{sf})f_y}{\eta 0.85 f_{ck} b_w}$
$= \dfrac{(6,354 - 4,080) \times 400}{1 \times 0.85 \times 24 \times 400} = 111.5$mm

65. 경간 l = 20m이고, 그림의 빗금친 부분과 같은 반 T형 보(b)의 등가응력사각형의 깊이 a는? (단, f_{ck}=28MPa, f_y=400MPa)

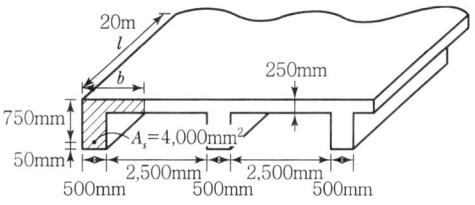

㉮ 33.61mm ㉯ 38.42mm
㉰ 134.45mm ㉱ 262.34mm

■해설 1. 반T형보(비대칭 T형보)에서 플랜지의 유효폭(b_e)
- $6t_f + b_w = (6 \times 250) + 500 = 2,000$mm
- 인접보와의 내측간 거리의 $\frac{1}{2} + b_w$
  $= \dfrac{2,500}{2} + 500 = 1,750$mm
- 보경간의 $\frac{1}{12} + b_w$
  $= \dfrac{(20 \times 10^3)}{12} + 500 = 2166.7$mm

위 값 중에서 최소값을 취하면 $b_e = 1,750$mm

2. 반 T형 보의 판별
폭이 $b = 1,750$mm인 직사각형 단면보에 대한 등가사각형 깊이(a)
$\eta = 1 (f_{ck} \leq 40$MPa인 경우$)$
$a = \dfrac{A_s f_y}{\eta 0.85 f_{ck} b} = \dfrac{4,000 \times 400}{1 \times 0.85 \times 28 \times 1,750}$
$= 38.42$mm
$t_f = 250$mm
$a < t_f$이므로 $b = 1,750$mm인 직사각형 단면보로 해석한다.
따라서, 등가사각형 깊이(a)는 $a = 38.42$mm 이다.

66. 아래 그림과 같은 단철근 T형 보의 공칭휨모멘트 강도(M_n)는 얼마인가?(단, f_{ck}=24MPa, f_y=400MPa이고, A_s=4,500mm²)

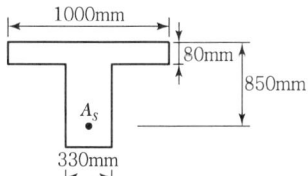

㉮ 1,123.13kN·m ㉯ 1,289.15kN·m
㉰ 1,449.18kN·m ㉱ 1,590.32kN·m

■해설 1. T형 보의 판별
폭이 $b=1,000$mm인 직사각형 단면보에 대한 등가 사각형 깊이
$\eta=1(f_{ck}\leq 40\text{MPa}$인 경우$)$
$a=\dfrac{A_s f_y}{\eta 0.85 f_{ck} b}=\dfrac{4,500\times 400}{1\times 0.85\times 24\times 1,000}=88.2$mm
$t_f=80$mm
$a>t_f$이므로 T형 보로 해석

2. T형 보의 공칭 휨강도(M_n)
$A_{sf}=\dfrac{\eta 0.85 f_{ck}(b-b_w)t_f}{f_y}$
$=\dfrac{1\times 0.85\times 24\times(1,000-330)\times 80}{400}$
$=2,734$mm^2
$a=\dfrac{(A_s-A_{sf})f_y}{\eta 0.85 f_{ck} b_w}$
$=\dfrac{(4,500-2,734)\times 400}{1\times 0.85\times 24\times 330}=105$mm
$M_n=A_{sf}f_y\left(d-\dfrac{t_f}{2}\right)+(A_s-A_{sf})f_y\left(d-\dfrac{a}{2}\right)$
$=2,734\times 400\times\left(850-\dfrac{80}{2}\right)+(4,500-2,734)$
$\times 400\times\left(850-\dfrac{105}{2}\right)$
$=1,449.17\times 10^6$N·mm $=1,449.17$kN·m

67. 그림과 같은 T형 단면의 보에서 설계 휨모멘트 강도(ϕM_n)를 구하면?(단, 과소 철근보이고, $f_{ck}=21$MPa, $f_y=400$MPa, $A_s=1,926$mm^{2}이고, 인장지배단면이다.)

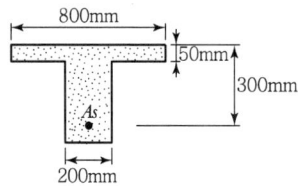

㉮ 152.3kN·m ㉯ 178.6kN·m
㉰ 197.8kN·m ㉱ 215.2kN·m

■해설 1. T형보의 판별
폭이 $b=800$mm인 직사각형 단면보에 대한 등가 사각형 깊이

$\eta=1(f_{ck}\leq 40\text{MPa}$인 경우$)$
$a=\dfrac{f_y A_s}{\eta 0.85 f_{ck} b}=\dfrac{400\times 1,926}{1\times 0.85\times 21\times 800}=53.95$mm
$a(=53.95\text{mm})>t_f(=50\text{mm})$이므로 T형보로 해석

2. T형 보의 등가 사각형 깊이(a)
$A_{sf}=\dfrac{\eta 0.85 f_{ck}(b-b_w)t_f}{f_y}$
$=\dfrac{1\times 0.85\times 21\times(800-200)\times 50}{400}$
$=1388.75$mm^2
$a=\dfrac{(A_s-A_{sf})f_y}{\eta 0.85 f_{ck} b_w}$
$=\dfrac{(1,926-1388.75)\times 400}{1\times 0.85\times 21\times 200}=65.8$mm

3. 설계 휨모멘트 강도(M_d)
$\phi=0.85$(인장지배 단면인 경우)
$M_d=\phi M_n$
$=\phi\left\{A_{sf}f_y\left(d-\dfrac{t_f}{2}\right)+(A_s-A_{sf})f_y\left(d-\dfrac{a}{2}\right)\right\}$
$=0.85\left\{1388.75\times 400\times\left(300-\dfrac{50}{2}\right)\right.$
$\left.+(1,926-1388.75)\times 400\times\left(300-\dfrac{65.8}{2}\right)\right\}$
$=178.6\times 10^6$N·mm $=178.6$kN·m

68. 그림과 같은 T형 보에서 $f_{ck}=21$MPa, $f_y=300$MPa일 때 설계휨강도 ϕM_n를 구하면?(단, 과소 철근보이고 $A_s=5,000$mm^2)

㉮ 613.13kN·m
㉯ 631.38kN·m
㉰ 690.55kN·m
㉱ 707.94kN·m

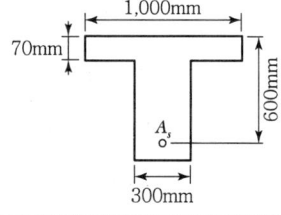

■해설 1. T형 보의 판별
$b=1,000$mm인 직사각형 단면의 등가사각형 깊이
$\eta=1(f_{ck}\leq 40\text{MPa}$인 경우$)$
$a=\dfrac{A_s f_y}{\eta 0.85 f_{ck} b}=\dfrac{5,000\times 300}{1\times 0.85\times 21\times 1,000}$
$=84.03$mm
$a(=84.03\text{mm})>t_f(=70\text{mm})$이므로 T형보로 해석

2. T형 보의 등가 사각형 깊이(a)

$$A_{sf} = \frac{\eta 0.85 f_{ck}(b-b_w)t}{f_y}$$

$$= \frac{1 \times 0.85 \times 21 \times (1{,}000 - 300) \times 70}{300}$$

$$= 2{,}915.5 \text{mm}^2$$

$$a = \frac{(A_s - A_{sf})f_y}{\eta 0.85 f_{ck} b_w}$$

$$= \frac{(5{,}000 - 2{,}915.5) \times 300}{1 \times 0.85 \times 21 \times 300} = 116.78 \text{mm}$$

3. ϕ의 결정

$f_{ck} = 21\text{MPa} \leq 40\text{MPa}$인 경우

$\varepsilon_{cu} = 0.0033,\ \beta_1 = 0.8$

$$\varepsilon_t = \frac{d_t \beta_1 - a}{a} \varepsilon_{cu}$$

$$= \frac{600 \times 0.8 - 116.78}{116.78} \times 0.0033 = 0.010$$

$\varepsilon_{t,l} = 0.005\ (f_y \leq 400\text{MPa}$인 경우$)$

$\varepsilon_t > \varepsilon_{t,l}$이므로 인장지배단면 – $\phi = 0.85$

4. 설계 휨모멘트 강도(M_d)

$$M_d = \phi M_n$$

$$= \phi \left\{ A_{sf} f_y \left(d - \frac{t_f}{2}\right) + (A_s - A_{sf})f_y \left(d - \frac{a}{2}\right) \right\}$$

$$= 0.85 \left\{ 2915.5 \times 300 \times \left(600 - \frac{70}{2}\right) \right.$$

$$\left. + (5{,}000 - 2915.5) \times 300 \times \left(600 - \frac{116.78}{2}\right) \right\}$$

$$= 707.94 \times 10^6 \text{N} \cdot \text{mm} = 707.94 \text{kN} \cdot \text{m}$$

보의 전단과 비틀림

Chapter 04

Contents

Section 01 전단응력
Section 02 사인장응력과 균열
Section 03 전단철근의 종류
Section 04 전단해석과 설계
Section 05 특수한 경우의 전단설계

ITEM POOL 예상문제 및 기출문제

01 전단응력

1. 등단면보의 전단응력

(1) 균질보의 전단응력

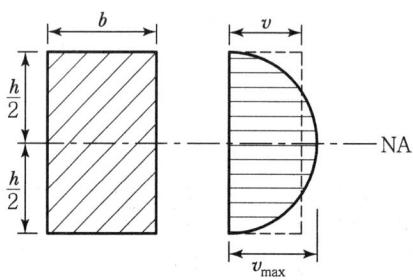

[그림 4-1] 균질보의 전단응력

1) 균질보의 최대 전단응력($v_{\max}$)

$$v_{\max} = \alpha \frac{V}{bh} \quad \cdots \cdots (4.1)$$

여기서, V : 전단력
α : 형상계수(직사각형 단면일 경우, $\alpha = 1.5$)

2) 균질보의 평균 전단응력(v)

$$v = \frac{V}{bh} \quad \cdots \cdots (4.2)$$

3) 균질보에서 최대 전단응력과 평균 전단응력의 비

$$\frac{v_{\max}}{v} = 1.5$$

(2) 철근콘크리트 보의 전단응력

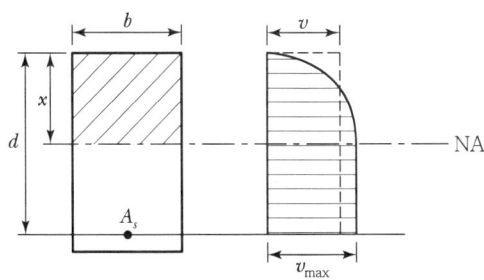

[그림 4-2] 철근콘크리트 보의 전단응력

> **철근콘크리트 보의 최대 전단응력**
> 철근콘크리트 보의 최대 전단응력은 중립축에서부터 인장측까지 일정한 값으로 존재한다.

1) 철근콘크리트 보의 최대 전단응력($v_{\max}$)

$$v_{\max} = \frac{V}{bdj} \quad \cdots\cdots\cdots\cdots (4.3)$$

여기서, $j = \frac{7}{8} \sim \frac{8}{9}$

2) 철근콘크리트 보의 평균 전단응력(v)

$$v = \frac{V}{bd} \quad \cdots\cdots\cdots\cdots (4.4)$$

3) 철근콘크리트 보에서 최대 전단응력과 평균 전단응력의 비

$$\frac{v_{\max}}{v} \fallingdotseq 1.1$$

4) 철근콘크리트 보의 전단거동은 다양한 요인들에 의하여 그 거동이 매우 복잡하다. 또한 최대 전단응력과 평균 전단응력의 값이 거의 비슷하므로 전단에 대한 해석과 설계에서는 평균 전단응력을 사용한다.

2. 부등단면보의 전단응력

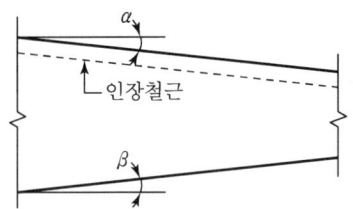

[그림 4-3] 부등단면보

$$v = \frac{1}{bd}\left\{V - \frac{M}{d}(\tan\alpha + \tan\beta)\right\} \cdots\cdots (4.5)$$

여기서, V : 전단력(절대값)
M : 휨모멘트(절대값)
α, β의 부호 : $|M|$이 증가함에 따라 $\begin{pmatrix} d \text{ 증가} \rightarrow \text{'+'} \\ d \text{ 감소} \rightarrow \text{'-'} \end{pmatrix}$

Section 02 사인장응력과 균열

1. 사인장응력

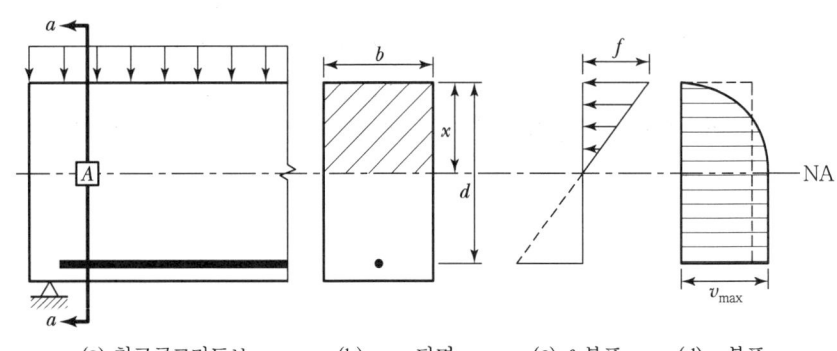

(a) 철근콘크리트보 (b) a-a 단면 (c) f 분포 (d) v 분포

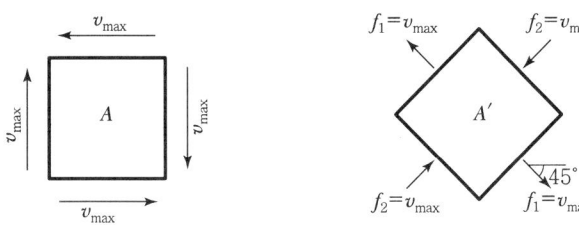

(e) 중립축에 위치한 요소 A

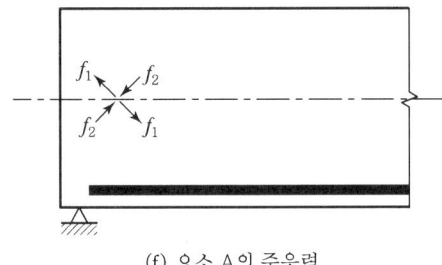

(f) 요소 A의 주응력

[그림 4-4] 철근콘크리트 보의 중립축에 위치한 요소의 주응력

(1) 철근콘크리트 보의 주응력

1) 철근콘크리트 보의 주응력 식

균열이 발생하기 전에는 철근콘크리트 보를 균질보로 간주할 수 있고, 또한 탄성 거동을 하므로 다음 식이 성립한다.

$$f_{1.2} = \frac{f}{2} \pm \sqrt{\left(\frac{f}{2}\right)^2 + v^2} \quad \cdots\cdots\cdots\cdots\cdots (4.6)$$

2) 중립축에 위치한 요소 A의 주응력

중립축에 위치한 요소 A의 응력은 [그림 4-4]의 (c)와 (d)에서 보여주는 것과 같이 $f=0$, $v=v_{\max}$ 이므로 식 (4.6)에 의하여 요소 A의 주응력은 다음과 같이 된다.

$$f_1 = v_{\max},\ f_2 = -v_{\max}$$

(2) 철근콘크리트 보의 주응력면

1) 철근콘크리트 보의 주응력면 식

$$\tan 2\theta = -\frac{2v}{f} \quad \cdots\cdots\cdots\cdots\cdots\cdots\cdots\cdots\cdots\cdots\cdots\cdots\cdots\cdots\cdots\cdots\cdots (4.7)$$

2) 중립축에 위치한 요소 A의 주응력면

중립축에 위치한 요소 A의 응력은 $f=0$, $v=v_{\max}$ 이므로 식 (4.7)에 의하여 요소 A의 주응력면은 다음과 같이 된다.

$$\tan 2\theta = -\frac{2v}{f} = -\frac{2v_{\max}}{0} = \infty$$

$\theta_P = 45°$ 또는 $135°$

(3) 사인장응력

① [그림 4-4]의 (e)와 (f)에서 알 수 있는 것과 같이 주압축응력 f_2 ($=-v_{\max}$)은 콘크리트가 충분히 견딜 수 있지만, 이것에 직각으로 작용하는 주인장응력 f_1 ($=v_{\max}$)은 철근콘크리트 보의 지점 부근에서 사인장균열을 일으키는 원인이 된다.

② 주인장응력은 그 크기가 전단응력과 같기 때문에 전단응력이라고도 하며, 또 보의 축에 대하여 45° 경사로 작용하기 때문에 사인장응력이라고도 한다.

2. 사인장균열

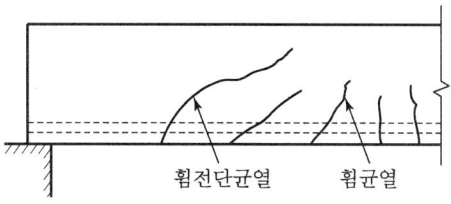

(a) 휨전단균열

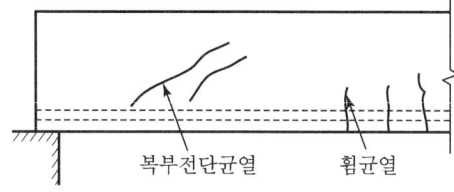

(b) 복부전단균열

[그림 4-5] 철근콘크리트 보의 사인장균열

(1) 휨전단균열

① 휨모멘트에 의하여 철근콘크리트 보에 수직균열이 먼저 발생
② 전단에 유효한 비균열 단면의 감소
③ 전단응력의 증가
④ 수직균열의 끝에 경사균열(사인장 균열) 발생
⑤ 휨모멘트가 크고 전단력도 큰 단면에서 발생

(2) 복부전단균열

① 휨모멘트는 작고 전단력은 큰 지점부 가까이의 중립축 근처에서 발생하는 경사균열
② I형 단면과 같이 얇은 복부에서 발생

Section 03 전단철근의 종류

1. 전단철근의 종류

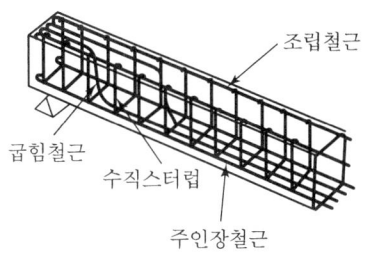

[그림 4-6] 전단철근의 배근도

▶ 전단철근
전단철근은 전단보강철근 또는 사인장철근이라고도 하며, 전단력으로 인해 발생되는 경사균열을 제어하기 위하여 배치한다.

① 주인장철근에 수직으로 배치한 스터럽
② 주인장철근에 45° 이상의 경사로 배치한 스터럽
③ 주인장철근에 30° 이상의 경사로 구부린 굽힘철근(절곡 철근)
④ 스터럽과 굽힘철근의 병용(①과 ③의 병용 또는 ②와 ③의 병용)
⑤ 나선철근 또는 용접 철망

2. 스터럽의 종류

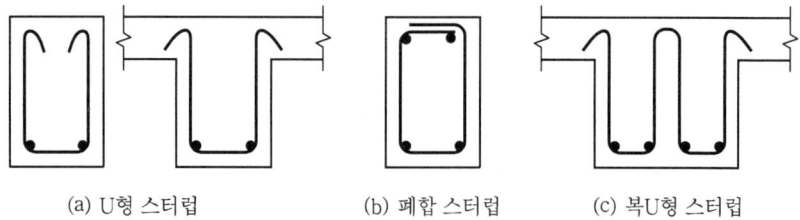

(a) U형 스터럽   (b) 폐합 스터럽   (c) 복U형 스터럽

[그림 4-7] 스터럽의 종류

① U형 스터럽
② 폐합 스터럽
③ 복U형 스터럽(W형 스터럽)

Section 04 전단해석과 설계

1. 설계의 기본원칙

▶ 계수전단력(V_u)

계수전단력(V_u)은 전단에 대한 위험단면의 위치에서 취한다.

▶ 전단에 대한 위험단면의 위치
① 보 또는 1방향 슬래브 : 지점으로부터 d만큼 떨어진 곳
② 2방향 슬래브 : 지점으로부터 $\dfrac{d}{2}$만큼 떨어진 곳

$$V_u \leq V_d = \phi V_n \quad \cdots\cdots\cdots\cdots\cdots\cdots\cdots\cdots (4.8)$$

여기서, V_u : 계수전단력
V_d : 설계전단강도
V_n : 공칭전단강도
ϕ : 강도감소계수(= 0.75)

2. 공칭전단강도(V_n)

(1) 공칭전단강도(V_n)

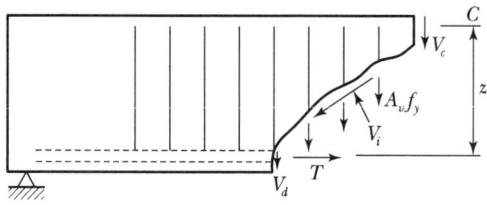

[그림 4-8] 스터럽이 배치된 보의 균열면의 힘

1) 스터럽이 배치된 보의 지점 부근에서 사인장 균열이 발생하면 균열 면에는 [그림 4-8]에 나타낸 것과 같은 힘들이 발생되며, 이 힘들에 대하여 평형방정식을 적용하면 스터럽이 배치된 보의 공칭전단강도를 다음과 같이 구할 수 있다.

$$V_n = V_c + V_d + V_{iy} + V_s \quad \cdots\cdots (4.9)$$

여기서, V_c : 균열이 발생하지 않은 부분의 콘크리트가 부담하는 전단력
V_d : 인장철근의 도웰작용(Dowel Action)에 의한 수직내력
V_{iy} : 거치른 균열면의 맞물림(Interlocking)에 의한 내력 V_i의 수직분력
V_s : 균열면과 교차된 전단철근(스터럽)이 부담하는 전단력

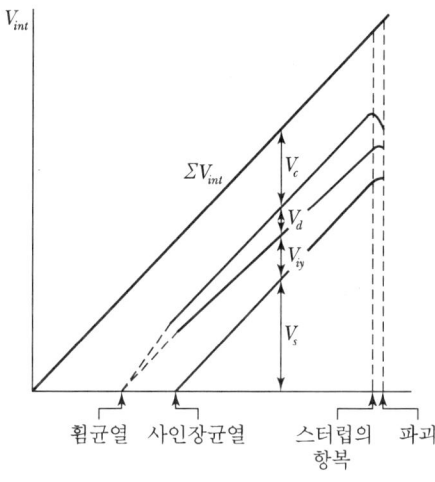

[그림 4-9] 스터럽이 배치된 보의 내적 전단력의 변화

2) [그림 4-9]에서 보여 주듯이 스터럽이 항복하여 균열이 보의 전 높이에 이르게 되면 $V_d = 0$, $V_{iy} = 0$으로 간주할 수 있다. 그러므로 스터럽이 항복하는 단계에서 식 (4.9)는 다음과 같이 된다.

$$V_n = V_c + V_s \quad \cdots\cdots (4.10)$$

(2) 콘크리트가 부담하는 전단강도(V_c)

1) 간이식

$$V_c = \frac{1}{6} \lambda \sqrt{f_{ck}} b_w d \quad \cdots\cdots (4.11)$$

▶ 콘크리트의 설계기준강도(f_{ck})
전단강도의 계산에 있어서 $\sqrt{f_{ck}}$를 8.4MPa보다 크게 취해서는 안 된다.
즉, $\sqrt{f_{ck}} \leq 8.4$MPa

2) 엄밀식

$$V_c = \left(0.16\,\lambda\,\sqrt{f_{ck}} + 17.6\rho_w \frac{V_u d}{M_u}\right) b_w d \leq 0.29\,\lambda\,\sqrt{f_{ck}}\,b_w d \cdots (4.12)$$

여기서, $\rho_w = \dfrac{A_s}{b_w d}$, $\dfrac{V_u d}{M_u} \leq 1$

3) 축방향압축력 작용

$$V_c = \frac{1}{6}\left(1 + \frac{N_u}{14A_g}\right)\lambda\,\sqrt{f_{ck}}\,b_w d \cdots\cdots (4.13)$$

여기서, N_u : 계수하중에 의한 축방향압축력(+)

4) 축방향인장력 작용

$$V_c = \frac{1}{6}\left(1 + \frac{N_u}{3.5A_g}\right)\lambda\,\sqrt{f_{ck}}\,b_w d \cdots\cdots (4.14)$$

여기서, N_u : 계수하중에 의한 축방향인장력(−)

(3) 전단철근이 부담하는 전단강도(V_s)

전단철근이 부담하는 전단강도는 식(4.8)과 (4.10)으로부터 다음과 같이 나타낼 수 있다.

$$V_s \geq \frac{V_u - \phi V_c}{\phi} \cdots\cdots (4.15)$$

3. 전단철근의 설계

(1) 전단철근량(A_v)

1) $V_u \leq \dfrac{1}{2}\phi V_c$ 인 경우

이 경우는 전단철근이 필요없다.

$$A_v = 0$$

2) $\dfrac{1}{2}\phi V_c < V_u \leq \phi V_c$ 인 경우

이 경우는 이론상 전단철근이 필요 없지만 콘크리트 구조 설계기준에서는 최소 전단철근량($A_{v,\min}$)을 배치하도록 요구하고 있다.

① 최소 전단철근량($A_{v,\min}$)

$$A_{v,\min} = 0.0625\sqrt{f_{ck}}\frac{b_w s}{f_y} \geq 0.35\frac{b_w s}{f_y} \quad \cdots\cdots\cdots (4.16)$$

여기서, s : 전단철근의 간격

② 최소 전단철근량 규정이 적용되지 않는 경우
  ㉠ 보의 높이(h)가 250mm 이하인 경우
  ㉡ I형 보 또는 T형 보에서 그 높이(h)가 플랜지두께(t_f)의 2.5배와 복부폭(b_w)의 $\frac{1}{2}$ 중, 큰 값보다 크지 않을 경우
  ㉢ 슬래브와 확대기초
  ㉣ 교대 벽체 및 날개벽, 옹벽의 벽체, 암거 등과 같이 휨이 주거동인 판부재
  ㉤ 콘크리트 장선구조

3) $\phi V_c < V_u$인 경우
① 수직스터럽을 사용할 경우

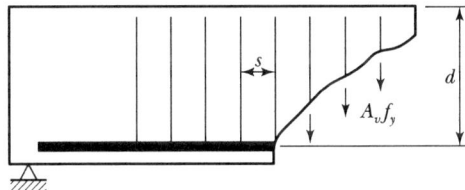

[그림 4-10] 수직스터럽이 배치된 보

수직스터럽을 전단보강철근으로 사용할 경우에 필요로 하는 전단철근량(A_v)은 [그림 4-10]으로부터 다음과 같이 구할 수 있다.

$$A_v = \frac{V_s s}{f_y d} \geq \frac{(V_u - \phi V_c)s}{\phi f_y d} \quad \cdots\cdots\cdots (4.17)$$

또한, 전단철근량(A_v)에 대한 식 (4.17)을 전단철근의 간격(s)에 대한 식으로 다시 쓰면 다음과 같다.

$$s = \frac{A_v f_y d}{V_s} \leq \frac{\phi A_v f_y d}{(V_u - \phi V_c)} \quad \cdots\cdots\cdots (4.18)$$

▶ **전단철근량**
전단철근량 A_v은 스터럽 1개의 단면적이다.

② 경사스터럽을 사용할 경우

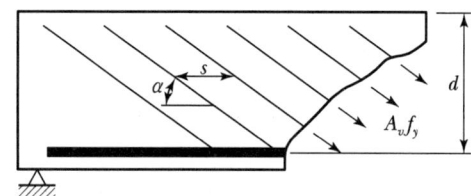

[그림 4-11] 경사스터럽이 배치된 보

경사스터럽 또는 종방향철근을 구부려 올린 굽힘철근을 전단보 강철근으로 사용할 경우에 필요로 하는 전단철근량(A_v)은 [그림 4-11]로부터 다음과 같이 구할 수 있다.

$$A_v = \frac{V_s s}{f_y d(\sin\alpha + \cos\alpha)} \geq \frac{(V_u - \phi V_c)s}{\phi f_y d(\sin\alpha + \cos\alpha)} \quad \cdots\cdots (4.19)$$

여기서, α : 경사스터럽 또는 굽힘철근이 부재축과 이루는 경사 각도

또한, 전단철근량(A_v)에 대한 식 (4.19)를 전단철근의 간격(s)에 대한 식으로 다시 쓰면 다음과 같다.

$$s = \frac{A_v f_y d(\sin\alpha + \cos\alpha)}{V_s} \leq \frac{\phi A_v f_y d(\sin\alpha + \cos\alpha)}{(V_u - \phi V_c)} \cdots (4.20)$$

(2) 전단철근의 상세

1) 콘크리트 구조 설계기준에서 전단철근의 간격(s)을 다음과 같이 규정하고 있다.
   ① 수직스터럽의 간격은 철근콘크리트 부재의 경우 $0.5d$ 이하, 프리스트레스 콘크리트 부재의 경우 $0.75h$ 이하, 또 어느 경우이든 600mm 이하로 한다.
   ② 경사스터럽과 굽힘철근은 부재의 중간 높이 $0.5d$에서 반력점 방향으로 주인장 철근까지 연장된 45°선과 한 번 이상 교차되도록 배치하여야 한다.
   ③ $V_s > \frac{1}{3}\sqrt{f_{ck}}\,b_w d$인 경우는 전단철근의 간격을 위 ①, ②항에 규정된 값의 1/2 이하로 해야 한다.

2) 전단철근이 부담하는 전단강도(V_s)는 $0.2\left(1 - \dfrac{f_{ck}}{250}\right)f_{ck}b_w d$ 이하라야 한다.

■ 전단철근의 간격(s)
 ① 수직스터럽
  $s \leq 0.5d$, $s \leq 600$mm
  (PSC 의 경우, $s \leq 0.75h$)
 ② 경사스터럽
  $s \leq \dfrac{3}{4}d$
 ③ $V_s > \dfrac{1}{3}\sqrt{f_{ck}}\,b_w d$인 경우
  ①, ②항의 $\dfrac{1}{2}$ 이하로 감소

3) 전단철근의 설계기준 항복강도(f_y)는 500MPa 이하라야 한다. 다만, 용접이형철망을 사용한 경우는 600MPa 이하라야 한다.
4) 전단철근으로 사용된 스터럽 기타 철근 또는 철선은 압축연단에서 d거리까지 직접 연장되거나 겹침이음 길이가 $1.3l_d$ 이상으로 연장되어야 하며, 철근의 설계기준 항복강도를 발휘할 수 있도록 정착되어야 한다.

특수한 경우의 전단설계

1. 깊은보

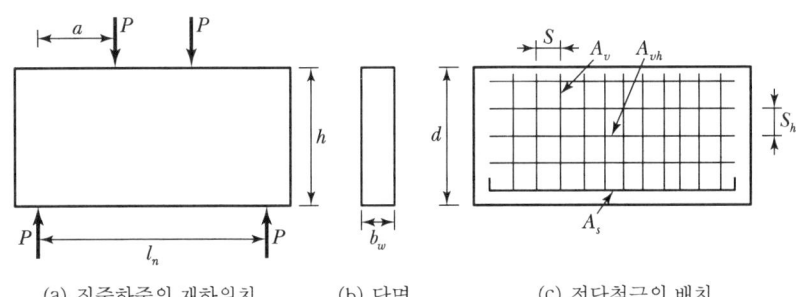

[그림 4-12] 깊은보

(1) 깊은보의 정의

1) 보의 높이가 지간에 비하여 보통의 경우보다 높고, 보의 폭이 지간이나 높이보다 매우 작은 보를 깊은보(Deep Beam) 또는 높이가 큰 보라 한다.
2) 콘크리트 구조 설계기준에서 깊은보를 다음과 같이 정의하고 있다.
   ① 받침부 내면 사이의 순경간(l_n)이 부재깊이(h)의 4배 이하인 부재
   ② 집중하중이 받침점으로부터 부재깊이(h)의 2배 이내의 거리에 작용하는 부재

▶ 깊은보
$\dfrac{l_n}{h} \leq 4$ 또는 $\dfrac{a}{h} \leq 2$인 부재

(2) 깊은보의 공칭전단강도

깊은보의 공칭전단강도는 다음과 같다.

$$V_n \leq \frac{5}{6}\sqrt{f_{ck}}\,b_w d \quad \cdots\cdots (4.21)$$

(3) 깊은보의 전단철근

1) 최소 전단철근량

① 수직전단철근

$$A_v \geq 0.0025 b_w s$$

여기서, A_v : 수직전단철근의 단면적
s : 수직전단철근의 간격

② 수평전단철근

$$A_{vh} \geq 0.0015 b_w s_h$$

여기서, A_{vh} : 수평전단철근의 단면적
s_h : 수평전단철근의 간격

2) 전단철근의 간격

① 수직전단철근 : $s \leq \dfrac{d}{5}$ 또는 $s \leq 300\,\text{mm}$

② 수평전단철근 : $s_h \leq \dfrac{d}{5}$ 또는 $s_h \leq 300\,\text{mm}$

2. 전단마찰

(1) 전단마찰을 고려하여 설계해야 하는 경우

① 굳은 콘크리트와 이에 이어친 콘크리트의 접합면
② 기둥과 브래킷(Bracket) 또는 내민받침(Corbel)의 접합면
③ 프리캐스트 구조에서 부재요소의 접합면
④ 콘크리트와 강재의 접합면

(2) 전단마찰설계

1) 전단마찰철근이 전단 면에 수직 배치된 경우

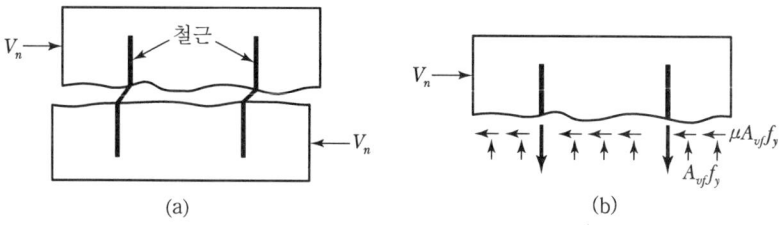

[그림 4-13] 전단마찰철근이 전단 면에 수직 배치된 경우

① 공칭전단강도(V_n)

$$V_n = \mu A_{vf} f_y \quad \cdots\cdots\cdots\cdots\cdots\cdots\cdots\cdots\cdots\cdots\cdots\cdots\cdots\cdots (4.22)$$

여기서, μ : 균열면의 마찰계수
A_{vf} : 균열면(전단 면)에 수직 배치된 전단마찰철근량

② 전단마찰철근량(A_{vf})

전단마찰에 대한 설계 역시 식(4.8)에 따라야 하므로 전단마찰철근량은 다음과 같이 구할 수 있다.

$$A_{vf} = \frac{V_n}{\mu f_y} \geq \frac{V_u}{\phi \mu f_y} \quad \cdots\cdots\cdots\cdots\cdots\cdots\cdots\cdots\cdots\cdots (4.23)$$

2) 전단마찰철근이 전단 면에 경사 배치된 경우

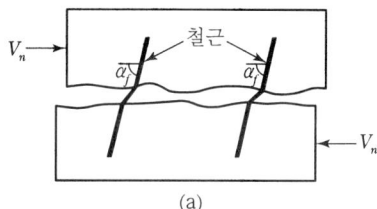

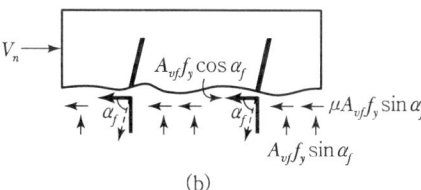

[그림 4-14] 전단마찰철근이 전단 면에 경사 배치된 경우

① 공칭전단강도(V_n)

$$V_n = A_{vf} f_y (\mu \sin\alpha_f + \cos\alpha_f) \quad \cdots\cdots\cdots\cdots\cdots\cdots (4.24)$$

여기서, α_f : 전단마찰철근이 균열면과 이루는 각도

② 전단마찰철근량(A_{vf})

$$A_{vf} = \frac{V_n}{f_y(\mu\sin\alpha_f + \cos\alpha_f)} \geq \frac{V_u}{\phi f_y(\mu\sin\alpha_f + \cos\alpha_f)} \cdot (4.25)$$

3) 일반콘크리트의 마찰계수 값
  ① 일체로 친 콘크리트 $\mu = 1.4\lambda$
  ② 표면을 거칠게 처리한 굳은 콘크리트에 이어친 콘크리트 $\mu = 1.0\lambda$
  ③ 표면을 거칠게 처리하지 않은 굳은 콘크리트에 이어친 콘크리트 $\mu = 0.6\lambda$
  ④ 구조용 강재에 정착된 콘크리트 $\mu = 0.7\lambda$

4) 전단마찰설계에 관한 기타 사항
  ① 전단마찰에서 전단강도(V_n) 제한
    ㉠ 일체로 친 콘크리트나 표면을 거칠게 만든 굳은 콘크리트에 새로 친 콘크리트
      $0.2f_{ck}A_c, (0.03+0.08f_{ck})A_c$ 및 $11A_c$(단위는 N) 중 가장 작은 값 이하
    ㉡ 그 밖의 경우
      $0.2f_{ck}A_c$ 또한 $5.5A_c$ 이하
    ㉢ 강도가 다른 콘크리트는 낮은 강도 사용
  ② 전단면을 가로지르는 순인장력에 대해서도 철근을 추가로 배치해야 한다. 이 경우 전단면을 가로지르는 영구적인 순압축력은 전단마찰철근의 힘 $A_v f_y$에 추가되는 힘으로 고려할 수 있다.

3. 비틀림

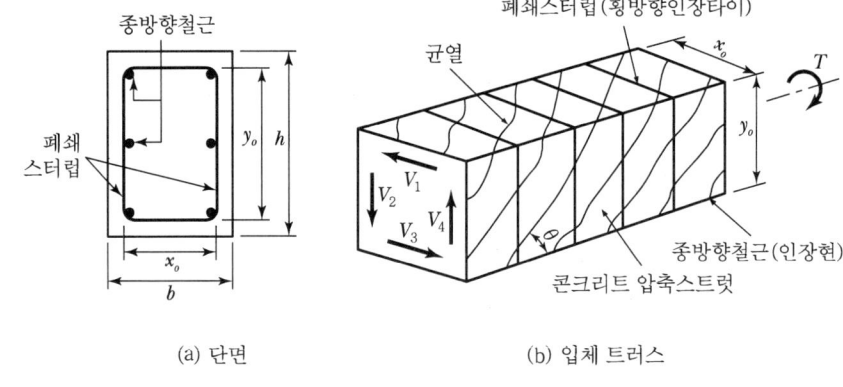

[그림 4-15] 비틀림해석과 설계

(1) 균열 비틀림모멘트

1) 균열 비틀림모멘트의 정의
사인장균열을 일으키는 비틀림모멘트를 균열 비틀림모멘트(T_{cr})라 한다.

2) 균열 비틀림모멘트(T_{cr})

$$T_{cr} = \frac{1}{3}\lambda\sqrt{f_{ck}}\frac{A_{cp}^2}{p_{cp}} \quad \cdots\cdots\cdots\cdots\cdots\cdots\cdots (4.26)$$

여기서, A_{cp} : 콘크리트 단면의 외부 둘레로 둘러싸인 면적($=bh$) 속빈 단면의 경우 속빈 부분의 면적 포함
p_{cp} : 콘크리트 단면의 외부 둘레의 길이($=2b+2h$)

(2) 비틀림철근의 종류
비틀림철근은 종방향철근 또는 종방향긴장재와 다음의 보강철근으로 구성될 수 있다.
① 부재축에 수직인 폐쇄스터럽 또는 폐쇄띠철근
② 부재축에 수직인 횡방향강선으로 구성된 폐쇄용접철망
③ 프리스트레싱 되지 않은 부재에서 나선철근

(3) 비틀림철근의 설계

1) 설계의 기본원칙

$$T_u \leq T_d = \phi T_n \quad \cdots\cdots\cdots\cdots\cdots\cdots\cdots (4.27)$$

여기서, T_u : 계수비틀림하중
T_d : 설계비틀림강도
T_n : 공칭비틀림강도
ϕ : 강도감소계수($=0.75$)

2) 공칭비틀림강도(T_n)

$$T_n = \frac{2A_o A_t f_{yt}}{s}\cot\theta \quad \cdots\cdots\cdots\cdots\cdots\cdots\cdots (4.28)$$

여기서, A_o : 전단흐름 경로에 의해서 둘러싸인 면적, $A_o = 0.85 A_{oh}$로 보아도 좋으며, A_{oh}는 폐쇄스터럽의 중심선으로 둘러싸인 면적이다.($A_{oh} = x_o y_o$)

A_t : 폐쇄스터럽의 다리 1개의 면적
f_{yt} : 폐쇄스터럽의 설계기준 항복강도
s : 스터럽의 간격
θ : 압축 경사각(θ는 30° 이상 60° 이하의 값으로서 프리스트레싱되지 않은 부재나 프리스트레스 힘이 주철근 인장강도의 40% 미만인 경우는 45°로 취할 수 있고, 프리스트레스 힘이 주철근 인장강도의 40% 이상인 경우는 37.5°로 취할 수 있다.)

① 공칭비틀림강도를 계산할 경우의 가정사항
  ㉠ 공칭비틀림강도(T_n)를 계산할 경우 모든 비틀림하중이 스터럽과 주철근에 의해 저항되고 $T_c = 0$이라 가정한다.
  ㉡ 전단과 비틀림이 동시에 작용할 경우 비틀림은 콘크리트의 전단강도(V_c)에 영향을 미치지 않는다고 가정한다.

3) 비틀림의 영향을 고려하지 않아도 되는 최소의 비틀림 하중

$$T_u \leq \phi \left(\frac{1}{12} \lambda \sqrt{f_{ck}} \right) \frac{A_{cp}^2}{p_{cp}} \quad \cdots\cdots (4.29)$$

4) 비틀림철근량
  ① 폐쇄스터럽

$$A_t = \frac{T_n \cdot s}{2A_o f_{yt} \cot\theta} \geq \frac{T_u \cdot s}{\phi 2 A_o f_{yt} \cot\theta} \quad \cdots\cdots (4.30)$$

  ② 종방향 비틀림철근

$$A_l = \frac{A_t}{s} p_h \frac{f_{yt}}{f_y} \cot^2\theta \quad \cdots\cdots (4.31)$$

  여기서, A_l : 비틀림에 저항하기 위한 종방향철근의 면적
  p_h : 폐쇄스터럽의 중심선 둘레의 길이
    (A_{oh}의 둘레길이)
  f_y : 종방향 비틀림철근의 설계기준 항복강도

  ③ 최소 비틀림철근량
    ㉠ 최소 횡방향 비틀림철근량

$$A_v + 2A_t = 0.063\sqrt{f_{ck}}\frac{b_w s}{f_y} \geq 0.35\frac{b_w s}{f_y} \quad \cdots\cdots\cdots\cdots (4.32)$$

ⓛ 최소 종방향 비틀림철근량

$$A_{l,\min} = \frac{0.42\sqrt{f_{ck}}\,A_{cp}}{f_y} - \frac{A_t}{s}p_h\frac{f_{yt}}{f_y} \quad \cdots\cdots\cdots\cdots (4.33)$$

여기서, $\dfrac{A_t}{s} \geq 0.175\dfrac{b_w}{f_y}$

5) 비틀림철근의 상세

① 폐쇄스터럽(횡방향 비틀림철근)의 간격은 $p_h/8$ 이하라야 하고, 또한 300mm 이하라야 한다.

② 종방향 비틀림철근의 간격은 폐쇄스터럽의 둘레를 따라 300mm 이하의 간격으로 분포시켜야 한다.

③ 종방향 비틀림철근은 스터럽의 내부에 배치되어야 하며, 스터럽의 각 모서리에 적어도 한 개의 종방향 비틀림철근을 두어야 한다.

④ 종방향 비틀림철근의 직경은 폐쇄 스터럽 간격의 1/24 이상이어야 하며, D10 이상이어야 한다.

⑤ 폐쇄스터럽은 종방향 비틀림철근 주위로 135° 표준 갈고리에 의해 정착되어야 한다.

⑥ 종방향 비틀림철근은 양단에 정착되어야 한다.

⑦ 비틀림하중을 받는 속빈 단면에서 폐쇄스터럽의 중심선에서 단면 내벽까지의 거리가 $0.5A_{oh}/p_h$ 이상이 되어야 한다.

⑧ 비틀림철근은 계산상으로 필요한 위치에서 $(b_t + d)$ 이상의 거리까지 연장시켜 배치되어야 한다.

Item pool
예상문제 및 기출문제

01. 다음 중 전단철근으로 사용할 수 없는 것은?
㉠ 부재축에 직각으로 배치한 용접철망
㉡ 주인장철근에 30°의 각도로 설치되는 스터럽
㉢ 나선철근, 원형 띠철근 또는 후프철근
㉣ 스터럽과 굽힘철근의 조합

■해설 전단철근의 종류
① 인장철근에 수직으로 배치한 스터럽
② 주인장철근에 45° 이상의 경사로 배치한 스터럽
③ 주인장철근에 30° 이상의 경사로 구부린 굽힘철근
④ 스터럽과 굽힘철근의 병용(①과 ③ 또는 ②와 ③의 병용)
⑤ 나선철근 또는 용접철망

02. 철근콘크리트 보에서 스터럽(Stirrup)을 배근하는 주된 이유는?
㉠ 주철근 상호 간의 위치를 확보하기 위하여
㉡ 보에 작용하는 사인장응력에 의한 균열을 제어하기 위하여
㉢ 철근과 콘크리트의 부착강도를 높이기 위하여
㉣ 압축측 콘크리트의 좌굴을 방지하기 위하여

■해설 철근콘크리트 보에서 스터럽은 보에 작용하는 사인장응력(전단응력)에 의한 균열을 제어하기 위하여 배근된다.

03. 철근콘크리트 보에서 스터럽을 배근하는 주목적은?
㉠ 철근의 인장강도가 부족하기 때문에
㉡ 콘크리트의 사인장강도가 부족하기 때문에
㉢ 콘크리트의 탄성이 부족하기 때문에
㉣ 철근과 콘크리트의 부착강도가 부족하기 때문

■해설 철근콘크리트 보에서 스터럽을 배근하는 이유는 사인장균열로 인한 콘크리트의 사인장강도가 부족하기 때문이다.

04. 전단설계의 원칙에 대한 설명으로 틀린 것은?
㉠ 공칭전단강도에 강도감소계수를 곱한 값이 계수전단력보다 작게 설계하여야 한다.
㉡ 공칭전단강도는 콘크리트에 의한 공칭전단강도에 전단철근에 의한 공칭전단강도를 더한 값이다.
㉢ 콘크리트에 의한 공칭전단강도를 결정할 때, 구속된 부재에서 크리프와 건조수축으로 인한 축방향 인장력의 영향을 고려하여야 한다.
㉣ 콘크리트에 의한 전단강도를 결정할 때, 깊이가 일정하지 않은 부재의 경사진 휨압축력의 영향도 고려하여야 한다.

■해설 $V_u \leq V_d = \phi V_n$

05. 직사각형($b_w = 300\text{mm}$, $d = 550\text{mm}$) 보에서 콘크리트가 부담할 수 있는 공칭전단강도는?(단, $f_{ck} = 24\text{MPa}$)
㉠ 639.2kN
㉡ 741.5kN
㉢ 968.3kN
㉣ 134.7kN

■해설 $V_c = \dfrac{1}{6}\sqrt{f_{ck}}\,b_w d = \dfrac{1}{6} \times \sqrt{24} \times 300 \times 550$
$= 134{,}721\text{N} ≒ 134.7\text{kN}$

06. $b_w = 350\text{mm}$, $d = 600\text{mm}$인 단철근 직사각형보에서 콘크리트가 부담할 수 있는 공칭전단강도를 정밀식으로 구하면 약 얼마인가?(단, $V_u = 100\text{kN}$, $M_u = 300\text{kN} \cdot \text{m}$, $\rho_w = 0.016$, $f_{ck} = 24\text{MPa}$)
㉠ 164.2kN   ㉡ 171.5kN
㉢ 176.4kN   ㉣ 182.7kN

|해답| 1. ㉡ 2. ㉡ 3. ㉡ 4. ㉠ 5. ㉣ 6. ㉢

■해설 $\frac{V_u d}{M_u} = \frac{100 \times (600 \times 10^{-3})}{300} = 0.2 < 1 - \text{O.K.}$

$V_c = \left(0.16\sqrt{f_{ck}} + 17.6\,\rho_w \frac{V_u d}{M_u}\right) b_w d$

$= (0.16 \times \sqrt{24} + 17.6 \times 0.016 \times 0.2) \times 350 \times 600$

$= 176.4 \times 10^3 \text{N} = 176.4 \text{kN}$

07.
$b_w = 250\text{mm}$, $d = 500\text{mm}$, $f_{ck} = 21\text{MPa}$, $f_y = 400$ MPa인 직사각형보에서 콘크리트가 부담하는 설계전단강도(ϕV_c)는?

㉮ 71.6kN ㉯ 76.4kN
㉰ 82.2kN ㉱ 91.5kN

■해설 $\phi V_c = \phi\left(\frac{1}{6}\sqrt{f_{ck}}\,b_w d\right)$

$= 0.75 \times \left(\frac{1}{6} \times \sqrt{21} \times 250 \times 500\right)$

$= 71.6 \times 10^3 \text{N} = 71.6 \text{kN}$

08.
다음과 같은 철근콘크리트 단면에서 전단철근의 보강 없이 저항할 수 있는 최대 계수전단력(V_u)은?(단, $f_{ck} = 21\text{MPa}$, $f_y = 400\text{MPa}$)

㉮ 73.7kN
㉯ 64.5kN
㉰ 46.1kN
㉱ 34.4kN

■해설 $V_u \leq \frac{1}{2}\phi V_c$를 만족시키면 최소 전단철근을 배치하지 않아도 된다.

$V_u \leq \frac{1}{2}\phi\left(\frac{1}{6}\sqrt{f_{ck}}\,b_w d\right)$

$= \frac{1}{2} \times 0.75 \times \left(\frac{1}{6} \times \sqrt{21} \times 300 \times 400\right)$

$= 34.363 \times 10^3 \text{N} = 34.4 \text{kN}$

09.
그림과 같이 보의 단면은 휨모멘트에 대해서만 보강되어 있다. 설계기준에 따라 단면에 허용되는 최대 계수전단력 V_u는 얼마인가?(단, $f_{ck} = 22$ MPa, $f_y = 400\text{MPa}$)

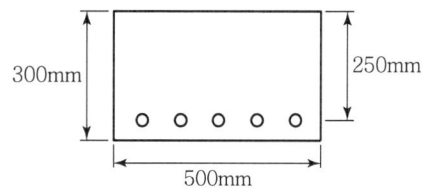

㉮ 32.5kN ㉯ 36.6kN
㉰ 42.7kN ㉱ 43.3kN

■해설 $\lambda = 1$ (보통 중량의 콘크리트인 경우)

$V_u \leq \frac{1}{2}\phi V_c = \frac{1}{2}\phi\left(\frac{1}{6}\lambda\sqrt{f_{ck}}\,b_w d\right)$

$= \frac{1}{2} \times 0.75 \times \left(\frac{1}{6} \times 1 \times \sqrt{22} \times 500 \times 250\right)$

$= 36.6 \times 10^3 \text{N} = 36.6 \text{kN}$

10.
직사각형보에서 계수전단력 $V_u = 70\text{kN}$을 전단철근 없이 지지하고자 할 경우 필요한 최소 유효깊이 d는 약 얼마인가?(단, $b_w = 400\text{mm}$, $f_{ck} = 21\text{MPa}$, $f_y = 350\text{MPa}$)

㉮ $d = 426\text{mm}$ ㉯ $d = 556\text{mm}$
㉰ $d = 611\text{mm}$ ㉱ $d = 751\text{mm}$

■해설 $\frac{1}{2}\phi V_c \geq V_u$

$\frac{1}{2}\phi\left(\frac{1}{6}\sqrt{f_{ck}}\,b_w d\right) \geq V_u$

$d \geq \frac{12 V_u}{\phi\sqrt{f_{ck}}\,b_w} = \frac{12 \times (70 \times 10^3)}{0.75 \times \sqrt{21} \times 400} = 611\text{mm}$

11.
직사각형 단순보에서 계수 전단력 $V_u = 70\text{kN}$을 전단철근 없이 지지하고자 할 경우 필요한 최소 유효깊이 d는?(단, $b = 400\text{mm}$, $f_{ck} = 24\text{MPa}$, $f_y = 350\text{MPa}$)

㉮ 426mm ㉯ 572mm
㉰ 611mm ㉱ 751mm

■해설 $\frac{1}{2}\phi V_c \geq V_u$

$\frac{1}{2}\phi\left(\frac{1}{6}\lambda\sqrt{f_{ck}}\,b_w d\right) \geq V_u$

$d \geq \frac{12 V_u}{\phi\lambda\sqrt{f_{ck}}\,b_w} = \frac{12 \times (70 \times 10^3)}{0.75 \times 1 \times \sqrt{24} \times 400} = 571.5\text{mm}$

|해답| 7. ㉮ 8. ㉱ 9. ㉯ 10. ㉰ 11. ㉯

12. 강도설계법에 의해서 전단철근을 사용하지 않고 계수하중에 의한 전단력 V_u=50kN을 지지하려면 직사각형 단면보의 최소 면적($b_w d$)은 약 얼마인가?(단, f_{ck}=28MPa, 최소 전단철근도 사용하지 않는 경우)

㉮ 151,190mm²　　㉯ 123,530mm²
㉰ 97,840mm²　　㉱ 49,320mm²

■해설 $\dfrac{1}{2}\phi V_c \geq V_u$

$\dfrac{1}{2}\phi\left(\dfrac{1}{6}\sqrt{f_{ck}}\,b_w d\right) \geq V_u$

$b_w d \geq \dfrac{12 V_u}{\phi\sqrt{f_{ck}}} = \dfrac{12\times(50\times10^3)}{0.75\times\sqrt{28}} = 151,186\text{mm}^2$

13. 직사각형 단면의 보에서 계수 전단력 V_u=36kN을 콘크리트만으로 지지하고자 할 때 필요한 최소의 $b_w d$는 얼마인가?(단, f_{ck}=25MPa)

㉮ 54,270mm²　　㉯ 85,460mm²
㉰ 110,230mm²　　㉱ 115,200mm²

■해설 $\dfrac{1}{2}\phi V_c \geq V_u$

$\dfrac{1}{2}\phi\left(\dfrac{1}{6}\sqrt{f_{ck}}\,b_w d\right) \geq V_u$

$b_w d \geq \dfrac{12 V_u}{\phi\sqrt{f_{ck}}} = \dfrac{12\times(36\times10^3)}{0.75\times\sqrt{25}} = 115,200\text{mm}^2$

14. 계수전단력 V_u가 ϕV_c의 1/2을 초과하고 ϕV_c 이하인 경우에는 최소의 전단철근량을 배치하도록 규정하고 있다. 이 최소의 전단철근량이 옳게 된 것은?(단, s는 전단철근의 간격)

㉮ $A_{v,\min} = 0.0625\sqrt{f_{ck}}\,\dfrac{b_w s}{f_y} \geq 0.35\dfrac{s f_y}{b_w}$

㉯ $A_{v,\min} = 0.0625\sqrt{f_{ck}}\,\dfrac{b_w s}{f_y} \geq 0.35\dfrac{b_w s}{f_y}$

㉰ $A_{v,\min} = 0.0625\sqrt{f_{ck}}\,\dfrac{b_w s}{f_y} \geq 0.35\dfrac{b_w s}{f_y}$

㉱ $A_{v,\min} = 0.0625\sqrt{f_{ck}}\,\dfrac{b_w s}{f_y} \geq 0.35\dfrac{d s}{f_y}$

■해설 최소 전단철근량 규정

$\dfrac{1}{2}\phi V_c < V_u \leq \phi V_c$인 경우

$A_{v,\min} = 0.0625\sqrt{f_{ck}}\,\dfrac{b_w s}{f_y} \geq 0.35\dfrac{b_w s}{f_y}$

15. 계수전단력 V_u=75kN에 대하여 규정에 의한 최소전단철근을 배근하여야 하는 직사각형 철근콘크리트보가 있다. 이 보의 폭이 300mm일 경우 유효깊이(d)의 최소값은?(단, f_{ck}=24MPa, f_y=350MPa)

㉮ 375mm　　㉯ 387mm
㉰ 394mm　　㉱ 409mm

■해설 $\phi V_c \geq V_u$

$\phi\left(\dfrac{1}{6}\sqrt{f_{ck}}\,b_w d\right) \geq V_u$

$d \geq \dfrac{6 V_u}{\phi\sqrt{f_{ck}}\,b_w} = \dfrac{6\times(75\times10^3)}{0.75\times\sqrt{24}\times300} = 408.2\text{mm}$

16. 계수전단력 V_u=58kN에 대하여 콘크리트 구조설계기준의 규정에 의한 최소 전단철근을 배근하여야 하는 직사각형 철근콘크리트 보가 있다. 이 보의 폭이 250mm일 경우 유효깊이(d)의 최소값은?(단, f_{ck}=21MPa, f_y=300MPa이고, 전단력을 받는 부재에 대한 강도감수계수(ϕ)는 0.75를 적용한다.)

㉮ 314mm　　㉯ 376mm
㉰ 405mm　　㉱ 449mm

■해설 $\phi V_c \geq V_u$

$\phi\left(\dfrac{1}{6}\sqrt{f_{ck}}\,b_w d\right) \geq V_u$

$d \geq \dfrac{6 V_u}{\phi\sqrt{f_{ck}}}\,b_w = \dfrac{6\times(58\times10^3)}{0.75\times\sqrt{21}\times250} = 405\text{mm}$

17. 계수하중에 의한 전단력 V_u=75kN을 받을 수 있는 직사각형 단면을 설계하려고 한다. 규정에 의한 최소 전단철근을 사용할 경우 필요한 콘크리트의 최소단면적 $b_w d$는 얼마인가?(단, f_{ck}=28MPa, f_y=300MPa)

㉮ 101,090mm² ㉯ 103,073mm²
㉰ 106,303mm² ㉱ 013,390mm²

■해설 $\phi V_c \geq V_u$

$\phi\left(\dfrac{1}{6}\sqrt{f_{ck}}\,b_w d\right) \geq V_u$

$b_w d \geq \dfrac{6V_u}{\phi\sqrt{f_{ck}}} = \dfrac{6\times(75\times 10^3)}{0.75\times\sqrt{28}} = 113{,}389.3\text{mm}^2$

18. 그림에 나타난 직사각형 단철근보의 공칭전단강도 V_n을 계산하면?(단, 철근 D13을 스터럽(Stirrup)으로 사용하며, 스터럽 간격은 150mm이다. 철근 D13 1본의 단면적은 126.7mm², f_{ck}=28MPa, f_y=350MPa이다.)

㉮ 120kN
㉯ 133kN
㉰ 253kN
㉱ 385kN

■해설 $V_n = V_c + V_s = \dfrac{1}{6}\lambda\sqrt{f_{ck}}\,b_w d + \dfrac{A_v f_y d}{s}$

$= \dfrac{1}{6}\times 1\times\sqrt{28}\times 300\times 450 + \dfrac{(2\times 126.7)\times 350\times 450}{150}$

$= 385{,}128\text{N} = 385\text{kN}$

19. b_w=400mm, d=700mm인 보에 f_y=400MPa인 D16 철근을 인장 주철근에 대한 경사각 α=60°인 U형 경사 스트럽으로 설치했을 때 전단보강철근의 공칭강도는(V_s)는?(단, 스트럽 간격 s=300mm, D16 철근 1본의 단면적은 199mm²이다.)

㉮ 253.7kN ㉯ 321.7kN
㉰ 371.5kN ㉱ 507.4kN

■해설 $V_s = \dfrac{A_v f_y d(\sin\alpha+\cos\alpha)}{s}$

$= \dfrac{(2\times 199)\times 400\times 700\times(\sin 60°+\cos 60°)}{300}$

$= 507{,}433\text{N} = 507.4\text{kN}$

20. 단면의 폭 400mm, 보의 유효깊이 600mm, 콘크리트의 설계기준압축강도 25MPa로 설계된 전단철근이 있는 보가 있다. 이 보에 계수전단력 V_u=300kN이 작용할 경우, 전단철근이 부담하여야 할 전단력 V_s는?

㉮ 75kN ㉯ 100kN
㉰ 150kN ㉱ 200kN

■해설 $V_c = \dfrac{1}{6}\sqrt{f_{ck}}\,b_w d = \dfrac{1}{6}\times\sqrt{25}\times 400\times 600$

$= 200\times 10^3\text{N} = 200\text{kN}$

$V_s = \dfrac{V_u - \phi V_c}{\phi} = \dfrac{300 - 0.75\times 200}{0.75} = 200\text{kN}$

21. 길이가 3m인 캔틸레버보의 자중을 포함한 계수 등분포하중이 100kN/m일 때 위험단면에서 전단철근이 부담해야 할 전단력은 약 얼마인가? (단, f_{ck}=24Mpa, f_y=300MPa, b=300mm, d=500mm)

㉮ 185kN ㉯ 211kN
㉰ 227kN ㉱ 239kN

■해설 $V_u = \omega_u(l-d) = 100\times(3-0.5) = 250\text{kN}$

$V_c = \dfrac{1}{6}\sqrt{f_{ck}}\,bd = \dfrac{1}{6}\times\sqrt{24}\times 300\times 500$

$= 122{,}474\text{N} = 122.5\text{kN}$

$V_s = \dfrac{V_u - \phi V_c}{\phi} = \dfrac{250 - 0.75\times 122.5}{0.75} = 210.8\text{kN}$

22. 그림과 같이 활하중(w_L)은 30kN/m, 고정하중(w_D)은 콘크리트의 자중(단위무게 23kN/m³)만 작용하고 있는 캔틸레버보가 있다. 이 보의 위험단면에서 전단철근이 부담해야 할 전단력은?(단, 하중은 하중조합을 고려한 소요강도(U)를 적용하고, f_{ck}=24MPa, f_y=300MPa이다.)

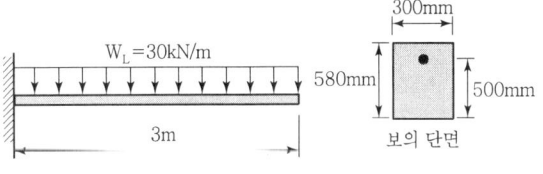
보의 단면

㉮ 88.7kN ㉯ 53.5kN
㉰ 21.3kN ㉱ 9.5kN

■해설 $W_D = \gamma_c \cdot A_c = 23 \times (0.3 \times 0.58) = 4\text{kN/m}$
$W_u = 1.2W_D + 1.6W_L = 1.2 \times 4 + 1.6 \times 30$
$\quad = 52.8\text{kN/m}$
$V_u = W_u(l-d) = 52.8 \times (3-0.5) = 132\text{kN}$
$\phi V_c = \phi \frac{1}{6}\sqrt{f_{ck}}b_w d = 0.75 \times \frac{1}{6} \times \sqrt{24} \times 300 \times 500$
$\quad = 91.9 \times 10^3 \text{N} = 91.9\text{kN}$
$V_u(=132\text{kN}) > \phi V_c(=91.9\text{kN})$이므로 전단보강이 필요하다.
$V_s \geq \frac{V_u - \phi V_c}{\phi} = \frac{132 - 91.9}{0.75} = 53.5\text{kN}$

23. 전단철근이 받을 수 있는 최대 전단강도는?(단, f_{ck}는 콘크리트의 압축강도, b_w는 보의 복부폭, d는 보의 유효깊이이다.)

㉮ $0.2\left(1 - \frac{f_{ck}}{250}\right)f_{ck}b_w d$

㉯ $0.3\left(1 - \frac{f_{ck}}{250}\right)f_{ck}b_w d$

㉰ $0.2\left(1 - \frac{f_{ck}}{280}\right)f_{ck}b_w d$

㉱ $0.3\left(1 - \frac{f_{ck}}{280}\right)f_{ck}b_w d$

■해설 전단철근이 받을 수 있는 최대 전단강도(V_s)는 $0.2\left(1 - \frac{f_{ck}}{250}\right)f_{ck}b_w d$이다.

24. 전단철근이 부담하는 전단력 $V_s = 150\text{kN}$일 때, 수직스터럽으로 전단보강을 하는 경우 최대 배치간격은 얼마 이하인가?(단, $f_{ck}=28\text{MPa}$, 전단철근 1개 단면적=125mm², 횡방향 철근의 설계기준항복강도(f_{yt})=400MPa, $b_w=300\text{mm}$, $d=500\text{mm}$)

㉮ 600mm   ㉯ 333mm
㉰ 250mm   ㉱ 167mm

■해설 $V_s = 150\text{kN}$
$\frac{1}{3}\sqrt{f_{ck}}b_w d = \frac{1}{3} \times \sqrt{28} \times 300 \times 500$
$\quad = 264.6 \times 10^3 \text{N} = 264.6\text{kN}$

$V_s \leq \frac{1}{3}\sqrt{f_{ck}}b_w d$이므로 전단철근 간격 s는 다음 값 이어야 한다.

① $s \leq \frac{d}{2} = \frac{500}{2} = 250\text{mm}$

② $s \leq 600\text{mm}$

③ $s \leq \frac{A_v f_{yt} d}{V_s} = \frac{(2 \times 125) \times 400 \times 500}{(150 \times 10^3)} = 333.3\text{mm}$

따라서, 전단철근 간격 s는 최소값인 250mm 이하라야 한다.

25. 아래 그림과 같은 보에서 계수전단력 $V_u = 225\text{kN}$에 대한 가장 적당한 스터럽 간격은?(단, 사용된 스터럽은 철근 D13이다. 철근 D13의 단면적은 127mm², $f_{ck}=24\text{MPa}$, $f_y=350\text{MPa}$이다.)

㉮ 110mm
㉯ 150mm
㉰ 210mm
㉱ 225mm

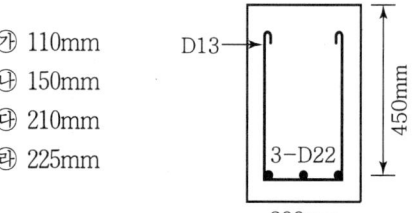

■해설 $V_u = 225\text{kN}$
$V_c = \frac{1}{6}\sqrt{f_{ck}}b_w d = \frac{1}{6} \times \sqrt{24} \times 300 \times 450$
$\quad = 110,227 \times 10^3 \text{N} = 110.23\text{kN}$
$\phi V_c = 0.75 \times 110.23 = 82.67\text{kN}$
$V_u > \phi V_c$이므로 전단보강이 필요
$V_s = \frac{V_u}{\phi} - V_c = \frac{225}{0.75} - 110.23 = 190\text{kN}$
$\frac{1}{3}\lambda\sqrt{f_{ck}}b_w d = 2V_c = 2 \times 110.23 = 220.46\text{kN}$
$V_s < \frac{1}{3}\sqrt{f_{ck}}b_w d$이므로 전단철근 간격 s는 다음 값 이어야 한다.

① $s \leq \frac{d}{2} = \frac{450}{2} = 225\text{mm}$

② $s \leq 600\text{mm}$

③ $s \leq \frac{A_v f_y d}{V_s} = \frac{(2 \times 127) \times 350 \times 450}{190 \times 10^3} = 210.6\text{mm}$

따라서 전단철근 간격 s는 위 값 중에서 최소값인 210.6mm 이하라야 한다.

26. 강도설계에서 전단철근의 공칭전단강도가 $(\sqrt{f_{ck}}/3)b_w d$를 초과하는 경우 전단철근의 최대 간격은?(단, b_w는 복부의 폭이고, d는 유효깊이 이다.)

㉮ $\dfrac{d}{2}$ 이하, 600mm 이하

㉯ $\dfrac{d}{2}$ 이하, 300mm 이하

㉰ $\dfrac{d}{4}$ 이하, 600mm 이하

㉱ $\dfrac{d}{4}$ 이하, 300mm 이하

■해설 ① $V_s \leq \dfrac{1}{3}\sqrt{f_{ck}}b_w d$일 경우

전단철근 간격(s)은 $\dfrac{d}{2}$ 이하, 600mm 이하

② $V_s > \dfrac{1}{3}\sqrt{f_{ck}}b_w d$일 경우

전단철근 간격(s)은 $\dfrac{d}{4}$ 이하, 300mm 이하

27. 철근콘크리트 부재에서 전단철근이 부담해야 할 전단력이 400kN일 때 부재축에 직각으로 배치된 전단철근의 최대 간격은?(단, A_v=700mm², f_{yt}=350MPa, f_{ck}=21MPa, b_w=400mm, d=560mm)

㉮ 140mm ㉯ 200mm
㉰ 300mm ㉱ 343mm

■해설 $V_s = 400\text{kN}$

$\dfrac{1}{3}\sqrt{f_{ck}}b_w d = \dfrac{1}{3} \times \sqrt{21} \times 400 \times 560$
$= 342.2 \times 10^3 \text{N} = 342.2\text{kN}$

$V_s > \dfrac{1}{3}\sqrt{f_{ck}}b_w d$이므로 전단철근 간격 s는 다음 값이어야 한다.

- $s \leq \dfrac{d}{4} = \dfrac{560}{4} = 140\text{mm}$
- $s \leq 300\text{mm}$
- $s \leq \dfrac{A_v f_{yt} d}{V_s} = \dfrac{700 \times 350 \times 560}{(400 \times 10^3)} = 343\text{mm}$

위 값 중에서 최소값을 취하면 $s \leq 140\text{mm}$이어야 한다.

28. 아래 그림과 같은 보에서 계수전단력 V_u=300kN에 대한 가장 적당한 스터럽 간격은?(단, 사용된 스터럽은 철근 D13이다. 철근 D13의 단면적은 127mm², f_{ck}=24MPa, f_y=350MPa이다.)

㉮ 100mm
㉯ 150mm
㉰ 250mm
㉱ 300mm

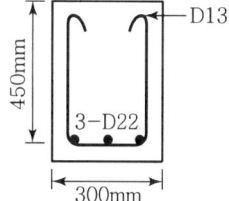

■해설 $V_u = 300\text{kN}$

$V_c = \dfrac{1}{6}\sqrt{f_{ck}}\,b_w\,d = \dfrac{1}{6} \times \sqrt{24} \times 300 \times 450$
$= 110,227\text{N} = 110.23\text{kN}$

$\phi V_c = 0.75 \times 110.23 = 82.6\text{kN}$

$V_u > \phi V_c$이므로 전단보강이 필요

$V_u = \phi V_n = \phi(V_c + V_s)$

$V_s = \dfrac{V_u}{\phi} - V_c = \dfrac{300}{0.75} - 110.23 = 289.77\text{kN}$

$\dfrac{1}{3}\sqrt{f_{ck}}b_w d = 2V_c = 2 \times 110.23 = 220.46\text{kN}$

$V_s > \dfrac{1}{3}\sqrt{f_{ck}}b_w d$이므로 전단철근 간격 s는 다음 값이어야 한다.

① $s \leq \dfrac{d}{4} = \dfrac{450}{4} = 112.5\text{mm}$

② $s \leq 300\text{mm}$

③ $s \leq \dfrac{A_v f_y d}{V_s} = \dfrac{(2 \times 127) \times 350 \times 450}{(289.77 \times 10^3)} = 138\text{mm}$

따라서, 전단철근 간격 s는 위 값 중에서 최소값인 112.5mm 이하라야 한다.

29. 자중을 포함한 계수하중 80kN/m를 지지하는 그림과 같은 단순보가 있다. 경간은 7m이고, f_{ck}=21MPa, f_y=300MPa일 때 다음 설명 중 옳지 않은 것은?

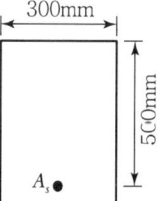

|해답| 26. ㉱ 27. ㉮ 28. ㉮ 29. ㉱

㉮ 위험 단면에서의 계수전단력은 240kN이다.
㉯ 콘크리트가 부담할 수 있는 전단강도는 114.6kN 이다.
㉰ 전단철근(수직 스터럽)의 최대간격은 250mm 이다.
㉱ 이론적으로 전단철근이 필요한 구간은 지점으로부터 1.73m까지 구간이다.

■해설
㉮ $V_u = W_u \left(\dfrac{l}{2} - d\right) = 80 \times \left(\dfrac{7}{2} - 0.5\right) = 240\text{kN}$

㉯ $V_c = \dfrac{1}{6}\sqrt{f_{ck}}\, b_w d = \dfrac{1}{6} \times \sqrt{21} \times 300 \times 500$
$= 114.56 \times 10^3\text{N} = 114.56\text{kN}$

㉰ $V_s = \dfrac{V_u}{\phi} - V_c = \dfrac{240}{0.75} - 114.56 = 205.44\text{kN}$

$\dfrac{1}{3}\sqrt{f_{ck}}\, b_w d = \dfrac{1}{3} \times \sqrt{21} \times 300 \times 500$
$= 229.1 \times 10^3\text{N} = 229.1\text{kN}$

$V_s < \dfrac{1}{3}\sqrt{f_{ck}}\, b_w d$이므로 전단철근 간격 s는 다음과 같다.

$s = \dfrac{d}{2} = \dfrac{500}{2} = 250\text{mm}$ 이하

$s = 600\text{mm}$ 이하

따라서, 전단철근 간격은 최소값인 250mm이하라야 한다.

㉱ 전단철근이 필요한 구간

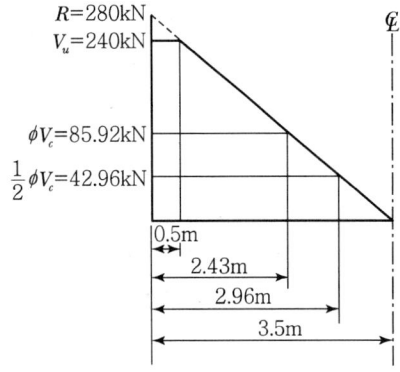

$\phi V_c = 0.75 \times 114.56 = 85.92\text{kN}$
$\phi V_c = W_u\left(\dfrac{l}{2} - x\right)$
$x = \dfrac{l}{2} - \dfrac{\phi V_u}{W_c} = \dfrac{7}{2} - \dfrac{85.92}{80} = 2.43\text{m}$

최소 전단철근이 필요한 구간
$\dfrac{1}{2}\phi V_c = \dfrac{1}{2} \times 85.92 = 42.96\text{kN}$

$\dfrac{1}{2}\phi V_c = W_u\left(\dfrac{l}{2} - x\right)$
$x = \dfrac{1}{2}\left(l - \dfrac{\phi V_c}{W_u}\right) = \dfrac{1}{2}\left(7 - \dfrac{85.92}{80}\right) = 2.96\text{m}$

따라서, 이론적으로 전단철근이 필요한 구간은 지점으로부터 2.43m까지의 구간이고, 설계규준에 따라 전단철근이 배근되어야 할 구간은 지점으로부터 2.96m까지의 구간이다.

30. 자중을 포함한 계수등분포하중 75kN/m를 받는 단철근 직사각형단면 단순보가 있다. $f_{ck} = 28\text{MPa}$, 경간은 8m이고, $b = 400\text{mm}$, $d = 600\text{mm}$일 때 다음 설명 중 옳지 않은 것은?

㉮ 위험단면에서의 전단력은 255kN이다.
㉯ 콘크리트가 부담할 수 있는 전단강도는 211.7kN 이다.
㉰ 부재축에 직각으로 스터럽을 설치하는 경우 그 간격은 300mm 이하로 설치하여야 한다.
㉱ 최소 전단철근을 포함한 전단철근이 필요한 구간은 지점으로부터 1.92m까지이다.

■해설
㉮ $V_u = w_u\left(\dfrac{l}{2} - d\right) = 75 \times \left(\dfrac{8}{2} - 0.6\right) = 255\text{kN}$

㉯ $V_c = \dfrac{1}{6}\lambda\sqrt{f_{ck}}\, b_w d = \dfrac{1}{6} \times 1 \times \sqrt{28} \times 400 \times 600$
$= 211.66 \times 10^3\text{N}$
$= 211.66\text{kN}$

㉰ • $V_s = \dfrac{V_u}{\phi} - V_c = \dfrac{255}{0.75} - 211.66 = 128.34\text{kN}$

• $\dfrac{1}{3}\sqrt{f_{ck}}\, b_w d = 2V_c = 2 \times 211.66 = 423.32\text{kN}$

• $V_s \leq \dfrac{1}{3}\sqrt{f_{ck}}\, b_w d$인 경우 전단철근 간격($S$)은 다음 값 이어야 한다.

$S \leq 600\text{mm}$, $S \leq \dfrac{d}{2} = \dfrac{600}{2} = 300\text{mm}$

따라서 전단철근 간격(S)은 최소값인 300mm 이하라야 한다.

㉱ • 전단철근이 필요한 구간
$\phi V_c = 0.75 \times 211.66 = 158.745\text{kN}$
$\phi V_c = w_u\left(\dfrac{l}{2} - x\right)$
$x = \dfrac{l}{2} - \dfrac{\phi V_c}{w_u} = \dfrac{8}{2} - \dfrac{158.745}{75} = 1.88\text{m}$

• 최소 전단철근이 필요한 구간

$$\frac{1}{2}\phi V_c = \frac{1}{2} \times 158.745 = 79.3725 \text{kN}$$

$$\frac{1}{2}\phi V_c = w_u\left(\frac{l}{2} - x\right)$$

$$x = \frac{1}{2}\left(l - \frac{\phi V_c}{w_v}\right) = \frac{1}{2}\left(8 - \frac{158.745}{75}\right) = 2.94\text{m}$$

따라서, 이론적으로 전단철근이 필요한 구간은 지점으로부터 1.88 m 까지의 구간이고, 설계 규준에 따라 전단철근이 배근되어야 할 구간은 지점으로부터 2.94 m 까지의 구간이다.

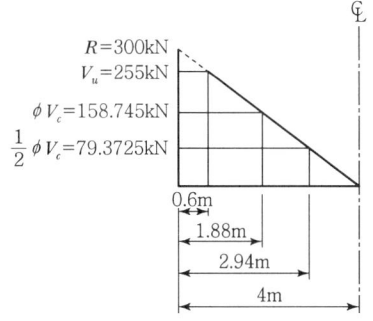

31. 철근콘크리트 구조물의 전단철근 상세기준에 대한 다음 설명 중 잘못된 것은?

㉮ 이형철근을 전단철근으로 사용하는 경우 설계기준 항복강도 f_y는 550MPa을 초과하여 취할 수 없다.

㉯ 전단철근으로서 스터럽과 굽힘철근을 조합하여 사용할 수 있다.

㉰ 주철근에 45° 이상의 각도로 설치되는 스터럽은 전단철근으로 사용할 수 있다.

㉱ 경사스터럽과 굽힘철근은 부재 중간높이인 $0.5d$에서 반력점방향으로 주인장철근까지 연장된 45°선과 한 번 이상 교차되도록 배치하여야 한다.

■해설 전단철근의 설계기준 항복강도(f_y)는 500MPa을 초과하여 취할 수 없다. 다만, 용접이형철망을 사용할 경우는 600MPa을 초과하여 취할 수 없다.

32. 전단철근에 대한 설명으로 틀린 것은?

㉮ 철근콘크리트 부재의 경우 주인장 철근에 45° 이상의 각도로 설치되는 스터럽을 전단철근으로 사용할 수 있다.

㉯ 철근콘크리트 부재의 경우 주인장 철근에 30° 이상의 각도로 구부린 굽힘철근을 전단철근으로 사용할 수 있다.

㉰ 전단철근으로 사용하는 스터럽과 기타 철근 또는 철선은 콘크리트 압축연단부터 거리 d만큼 연장하여야 한다.

㉱ 용접 이형철망을 사용할 경우 전단철근의 설계기준항복강도는 500MPa를 초과할 수 없다.

■해설 용접 이형철망을 사용할 경우 전단철근의 설계기준항복 강도는 600MPa를 초과할 수 없다.

33. 콘크리트 구조 설계기준에서 규정하고 있는 최소 전단철근 및 전단철근의 강도에 대한 설명으로 옳은 것은?(단, b_w는 복부폭, s는 전단철근 간격이다.)

㉮ 최소 전단철근은 경사균열폭이 확대되는 것을 억제함으로써 사인장응력에 의한 콘크리트의 취성파괴를 방지하기 위한 것이다.

㉯ 전단철근의 최대 전단강도(V_s)는 $\frac{1}{3}\sqrt{f_{ck}}b_wd$ 이하로 하여야 한다.

㉰ 최소 전단철근은 모든 철근콘크리트 휨부재에 배치하여야 한다.

㉱ 전단철근의 설계기준 항복강도는 300MPa를 초과할 수 없다.

■해설 ㉯ $V_s \leq 0.2\left(1 - \dfrac{f_{ck}}{250}\right)f_{ck}b_wd$

㉰ 최소 전단철근 규정이 적용되지 않는 경우
- 슬래브의 확대 기초판
- 교대 벽체 및 날개벽, 옹벽의 벽체, 암거 등과 같이 휨이 주거동인 판부재
- 콘크리트의 장선구조
- h(전체높이) ≤ 250mm
- $h \leq \left[2.5t_f, \dfrac{1}{2}b_w\right]_{max}$

㉱ 전단철근의 설계기준 항복강도는 500MPa 이하 라야 한다.

34. 전단설계 시에 깊은보(Deep Beam)란 하중이 받침부로부터 부재깊이의 2배 거리 이내에 작용하는 부재로 l_n/h이 얼마 이하인 경우인가?(단, l_n : 받침부 내면 사이의 순경간, h : 부재깊이)

㉮ 2　　㉯ 3
㉰ 4　　㉱ 5

■해설　깊은보 : $\dfrac{l_n}{h} \le 4$인 보

35. 다음에서 깊은보로 설계할 수 있는 것은?

㉮ 한쪽 면이 하중을 받고 반대쪽 면이 지지되어 하중과 받침부 사이에 압축대가 형성되는 구조 요소로서, 순경간(l_n)이 부재 깊이의 4배 이하인 부재
㉯ 한쪽 면이 하중을 받고 반대쪽 면이 지지되어 하중과 받침부 사이에 압축대가 형성되는 구조 요소로서, 순경간(l_n)이 부재 깊이의 5배 이하인 부재
㉰ 받침부 내면에서 부재 깊이의 2.5배 이하인 위치에 등분포하중이 작용하는 경우 경간 중앙부의 최대 휨모멘트가 작용하는 구간
㉱ 받침부 내면에서 부재 깊이의 2.5배 이하인 위치에 등분포하중이 작용하는 경우 등분포하중과 받침부 사이의 구간

■해설　깊은보(Deep Beam)
　• 순경간 l_n이 부재 깊이 h의 4배 이하인 부재
　• 하중이 받침부로부터 부재 깊이의 2배 거리이내에 작용하고 하중의 작용점과 받침부가 서로 반대면에 있어서 하중 작용점과 받침부 사이에 압축대가 형성될 수 있는 부재

36. 깊은보(Deep Beam)의 강도는 다음 중 무엇에 의해 지배되는가?

㉮ 압축　　㉯ 인장
㉰ 휨　　㉱ 전단

■해설　깊은보(Deep Beam)의 강도는 전단에 의하여 지배된다.

37. 철근콘크리트 깊은보에 대한 전단설계 방법 중 잘못된 것은?

㉮ 깊은보는 비선형 변형률분포를 고려하여 설계하거나 스트럿-타이 모델에 의하여 설계하여야 한다.
㉯ 수직전단철근의 간격은 $d/5$ 이하 또는 300mm 이하로 하여야 한다.
㉰ 깊은보의 V_n은 $(2\sqrt{f_{ck}}/3)b_w d$ 이하이어야 한다.
㉱ 깊은보에서 수직전단철근이 수평전단철근보다 전단보강 효과가 더 크다.

■해설　깊은보의 공칭전단강도(V_n)는 $\left(\dfrac{5\sqrt{f_{ck}}}{6}\right)b_w d$ 이하라야 한다.

38. 철근콘크리트 깊은보에 대한 다음 전단설계 방법 중 잘못된 것은?

㉮ 휨인장철근과 직각인 수직전단철근의 단면적(A_v)은 $0.0015 b_w s$ 이상으로 하여야 한다.
㉯ 수직전단철근의 간격(s)은 $\dfrac{d}{5}$ 이하 또한 300mm 이하로 하여야 한다.
㉰ 휨인장철근과 평행한 수평전단철근의 단면적(A_{vh})은 $0.0015 b_w s$ 이상으로 하여야 한다.
㉱ 수평전단철근의 간격(s_h)은 $\dfrac{d}{5}$ 이하 또한 300mm 이하로 하여야 한다.

■해설　휨인장철근과 직각인 수직전단철근의 단면적(A_v)은 $0.0025 b_w s$ 이상으로 하여야 한다.

39. 전단마찰에 의한 최대 전단강도(V_n, 단위는 N)를 구하는 방법으로 옳은 것은?(단, f_{ck}는 콘크리트의 압축강도이며, A_c는 전단전달을 저항하는 콘크리트 단면의 면적이다.)

㉮ $0.2 f_{ck} A_c$ 또는 $5.5 A_c$ 중 작은 값
㉯ $0.2 f_{ck} A_c$ 또는 $8.0 A_c$ 중 작은 값
㉰ $0.25 f_{ck} A_c$ 또는 $5.5 A_c$ 중 작은 값
㉱ $0.25 f_{ck} A_c$ 또는 $8.0 A_c$ 중 작은 값

|해답| 34. ㉰　35. ㉮　36. ㉱　37. ㉰　38. ㉮　39. ㉮

■해설 • 일체로 친 콘크리트나 표면을 거칠게 만든 굳은 콘크리트에 새로 친 콘크리트의 경우 : 전단마찰에 의한 전단강도 V_n은 $0.2f_{ck}A_c$, $(3.3+0.08f_{ck})A_c$ 및 $11A_c$ 중 가장 작은 값 이하로 하여야 한다.
• 그 밖의 경우 : 전단마찰에 의한 전단강도 V_n은 $0.2f_{ck}A_c$ 또한 $5.5A_c$ 이하로 하여야 한다.
• 강도가 다른 콘크리트는 낮은 강도를 사용한다.

40. b_w=250mm이고, h=500mm인 직사각형 철근 콘크리트보의 단면에 균열을 일으키는 비틀림 모멘트 T_{cr}은 얼마인가?(단, f_{ck}=28MPa이다.)

㉮ 9.8kN·m ㉯ 11.3kN·m
㉰ 12.5kN·m ㉱ 18.4kN·m

■해설 A_{cp}(콘크리트 단면의 면적)
$= b_w h = 250 \times 500 = 125{,}000 \text{mm}^2$
p_{cp}(콘크리트 단면의 둘레)
$= 2(b_w + h) = 2 \times (250+500) = 1{,}500 \text{mm}$
$T_{cr} = \dfrac{1}{3}\sqrt{f_{ck}}\dfrac{A_{cp}^2}{p_{cp}} = \dfrac{1}{3} \times \sqrt{28} \times \dfrac{(125{,}000)^2}{1{,}500}$
$= 18.4 \times 10^6 \text{N}\cdot\text{mm} = 18.4\text{kN}\cdot\text{m}$

41. 현행 콘크리트구조 설계기준(2021)에 의거 비틀림에 대한 규정으로 틀린 것은?(단, 여기에서 T_u는 계수비틀림모멘트이고, T_n은 공칭비틀림강도, T_c는 콘크리트에 의한 공칭비틀림강도이다.)

㉮ $T_u \le \phi T_n$, 여기에서 T_n을 계산할 때 모든 비틀림 모멘트가 스터럽과 주철근에 의해 저항되는 것으로 $T_c = 0$으로 가정한다.
㉯ 비틀림모멘트에 의해 요구되는 철근은 비틀림 모멘트와 조합하여 작용하는 전단력과 휨모멘트 및 축력에 대해서 요구되는 철근에 추가하여야 한다.
㉰ 전단과 비틀림이 동시에 작용할 때 비틀림은 콘크리트의 공칭전단강도 V_c에 영향을 미친다고 가정한다.
㉱ 비틀림응력은 보가 속이 비고 두께가 얇은 박벽관(Thin-walled Tube)으로 가정하여 구한다.

■해설 콘크리트 공칭전단강도 V_c는 비틀림에 의해서 변하지 않는다고 가정한다.

42. 현행 콘크리트 구조 설계기준(2007)에 의거 철근콘크리트 부재를 설계할 때 비틀림에 대한 영향을 무시할 수 있는 기준이 되는 것은?(단, 식에서 p_{cp}는 콘크리트 단면의 외부 둘레 길이(mm)이며, A_{cp}는 콘크리트 단면에서 외부 둘레로 둘러싸인 면적(mm²)이다.)

㉮ $T_u < \phi(\sqrt{f_{ck}}/24)\dfrac{A_{cp}}{p_{cp}}$

㉯ $T_u < \phi(\sqrt{f_{ck}}/12)\dfrac{A_{cp}^2}{p_{cp}}$

㉰ $T_u < \phi(\sqrt{f_{ck}}/3)\dfrac{A_{cp}^2}{p_{cp}}$

㉱ $T_u < \phi(\sqrt{f_{ck}}/6)\dfrac{A_{cp}}{p_{cp}}$

■해설 철근콘크리트 부재를 설계할 때 비틀림에 대한 영향을 무시할 수 있는 경우:
$T_u < \phi\left(\dfrac{1}{12}\sqrt{f_{ck}}\right)\dfrac{A_{cp}^2}{p_{cp}}$

43. 주어진 철근 콘크리트보의 단면에서 비틀림 철근 없이 저항할 수 있는 설계 비틀림 강도(ϕT_n)의 최소값을 구하면?(단, f_{ck}=28MPa, f_y=400MPa)

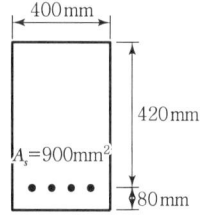

㉮ 7.35kN·m ㉯ 7.42kN·m
㉰ 7.65kN·m ㉱ 7.73kN·m

■해설 A_{cp}(콘크리트 단면의 바깥 둘레로 둘러싸인 단면적)
$= b_w h = 400 \times 500 = 2 \times 10^5 \text{mm}^2$
p_{cp}(콘크리트 단면의 바깥둘레)
$= 2(b_w + h) = 2(400+500) = 1{,}800 \text{mm}$

|해답| 40. ㉱ 41. ㉰ 42. ㉯ 43. ㉮

비틀림철근 없이 저항할 수 있는 설계 비틀림강도
(ϕT_n)의 최소값

$$T_u \leq \phi T_n = \phi\left(\frac{1}{12}\lambda\sqrt{f_{ck}}\right)\frac{A_{cp}^2}{p_{cp}}$$

$$= 0.75\left(\frac{1}{12}\times 1 \times \sqrt{28}\right)\frac{(2\times 10^5)^2}{1,800}$$

$$= 7.349\times 10^6 \text{N}\cdot\text{mm}$$

$$= 7.349\text{kN}\cdot\text{m}$$

44. 비틀림에 저항하는 유효단면의 보가 슬래브와 일체로 되거나 완전한 합성구조로 되어 있을 때 '비틀림 단면'에 대한 설명으로 옳은 것은?

㉮ 슬래브의 위 또는 아래로 내민 깊이 중 큰 깊이만큼을 보의 양측으로 연장한 슬래브 부분을 포함한 단면으로서, 보의 한 측으로 연장되는 거리를 슬래브 두께의 8배 이하로 한 단면

㉯ 슬래브의 위 또는 아래로 내민 깊이 중 큰 깊이만큼을 보의 양측으로 연장한 슬래브 부분을 포함한 단면으로서, 보의 한 측으로 연장되는 거리를 슬래브 두께의 4배 이하로 한 단면

㉰ 슬래브의 위 또는 아래로 내민 깊이 중 작은 깊이만큼을 보의 양측으로 연장한 슬래브 부분을 포함한 단면으로서, 보의 한 측으로 연장되는 거리를 슬래브 두께의 2배 이하로 한 단면

㉱ 슬래브의 위 또는 아래로 내민 깊이 중 작은 깊이만큼을 보의 양측으로 연장한 슬래브 부분을 포함한 단면으로서, 보의 한 측으로 연장되는 거리를 슬래브 두께 이하로 한 단면

■ 해설

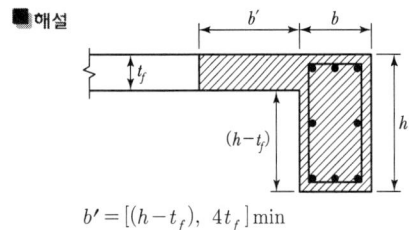

$b' = [(h-t_f),\ 4t_f]_{\min}$

45. 슬래브와 일체로 시공된 그림의 직사각형 단면 테두리보에서 비틀림에 대하여 설계에서 고려하지 않아도 되는 계수비틀림모멘트 T_u의 최대 크기는 약 얼마인가?(단, f_{ck}=24MPa, f_y=400MPa, 비틀림에 대한 ϕ는 0.75)

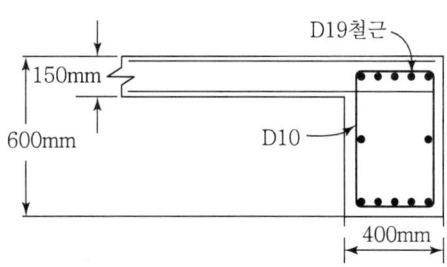

㉮ 29.5kN·m   ㉯ 17.5kN·m
㉰ 9.9kN·m   ㉱ 3kN·m

■ 해설 보가 슬래브와 일체로 되거나 완전한 합성구조로 되어 있을 때, 보의 단면은 보가 슬래브의 위 또는 아래로 내민 깊이 중 큰 깊이만큼을 보의 양측으로 연장한 슬래브 부분을 포함한 것으로서 보의 한 측으로 연장되는 거리는 슬래브 두께의 4배 이하로 하여야 한다.

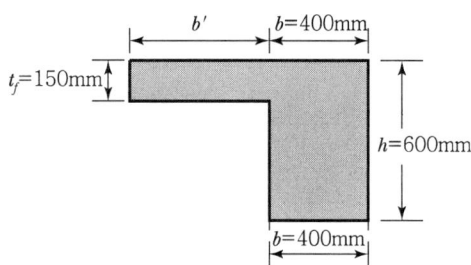

$b' = [(h-t_f),\ 4t_f]_{\min}$
$= [(600-150),\ 4\times 150]_{\min}$
$= (450,\ 600]_{\min} = 450\text{mm}$

A_{cp}(콘크리트 단면의 바깥둘레로 둘러싸인 단면적)
$= b't_f + bh$
$= (450\times 150) + (400\times 600) = 307,500\text{mm}$

p_{cp}(콘크리트 단면의 바깥둘레)
$= 2(b'+b+h) = 2\times(450+400+600) = 2,900\text{mm}$

$$T_u \leq \phi\frac{1}{12}\sqrt{f_{ck}}\frac{A_{cp}^2}{p_{cp}}$$

$$= 0.75\times\frac{1}{12}\times\sqrt{24}\times\frac{307,500^2}{2,900}$$

$$= 9.98\times 10^6\text{N}\cdot\text{mm} = 9.98\text{kN}\cdot\text{m}$$

46. 그림의 단면에 계수비틀림모멘트 $T_u = 18\text{kN} \cdot \text{m}$가 작용하고 있다. 이 비틀림모멘트에 요구되는 스터럽의 요구단면적은?(단, $f_{ck} = 21\text{MPa}$이고, 횡방향 철근의 설계기준복강도(f_{yt}) = 350MPa, s는 종방향 철근에 나란한 방향의 스터럽 간격, A_t는 간격 s 내의 비틀림에 저항하는 폐쇄스터럽 1가닥의 단면적이고, 비틀림에 대한 강도감소계수(ϕ)는 0.75를 사용한다.)

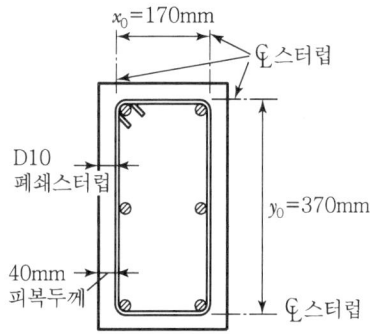

㉮ $\dfrac{A_t}{s} = 0.0641 \text{mm}^2/\text{mm}$

㉯ $\dfrac{A_t}{s} = 0.641 \text{mm}^2/\text{mm}$

㉰ $\dfrac{A_t}{s} = 0.0502 \text{mm}^2/\text{mm}$

㉱ $\dfrac{A_t}{s} = 0.502 \text{mm}^2/\text{mm}$

■해설

$\dfrac{A_t}{s} = \dfrac{T_u}{2\phi A_o f_{yt} \cot\theta}$

$= \dfrac{(18 \times 10^6)}{2 \times 0.75 \times (0.85 \times 170 \times 370) \times 350 \times \cot 45°}$

$= 0.641 \text{mm}^2/\text{mm}$

여기서, $A_o : 0.85 A_{oh}$

A_{oh} : 폐쇄스터럽의 중심선으로 둘러싸인 면적

f_{yt} : 횡방향철근의 설계기준항복강도

θ : 압축 경사각(θ는 30° 이상 60° 이하의 값으로 철근콘크리트보에서는 일반적으로 $\theta = 45°$로 본다.)

47. 그림의 단면에 비틀림에 대하여 횡철근을 설계한 결과 D10 폐쇄스터럽이 130mm 간격으로 배치되었다. 이 단면에 필요한 종방향철근의 단면적(A_l)으로 맞는 것은?(단, $f_{ck} = 21\text{MPa}$이고, $f_{yt} = f_y = 400\text{MPa}$이다. f_{yt} : 횡방향 비틀림보강철근의 항복강도, f_y : 종방향 비틀림보강철근의 설계기준 항복강도)

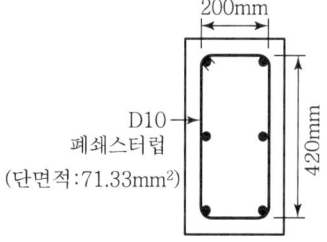

㉮ A_l를 배치할 필요가 없다.

㉯ $A_l = 932 \text{mm}^2$

㉰ $A_l = 678 \text{mm}^2$

㉱ $A_l = 344 \text{mm}^2$

■해설

$A_l = \dfrac{A_t}{s} p_h \dfrac{f_{yt}}{f_y} \cot^2\theta$

$= \dfrac{71.33}{130} \times 2(200 + 420) \times \dfrac{400}{400} \cot^2 45°$

$= 677.23 \text{mm}^2$

여기서, A_l : 종방향철근단면적

A_t : 폐쇄스터럽 다리 하나의 단면적

s : 폐쇄스터럽 간격

p_h : 폐쇄스터럽의 둘레길이

θ : 압축경사각(θ는 30° 이상 60° 이하의 값으로서 프리스트레싱되지 않은 부재나 프리스트레스 힘이 주철근 인장강도의 40% 미만인 경우는 45°로 취할 수 있고, 프리스트레스 힘이 주철근 인장강도의 40% 이상인 경우는 37.5°로 취할 수 있다.)

48. 비틀림 철근에 대한 설명 중 옳지 않은 것은? (단, P_h : 가장 바깥의 횡방향 폐쇄스터럽 중심선의 둘레 mm)

㉮ 비틀림철근의 설계기준항복강도는 500MPa을 초과해서는 안된다.
㉯ 횡방향 비틀림 철근의 간격은 $P_h/8$보다 작아야 하고, 또한 300mm보다 작아야 한다.
㉰ 비틀림에 요구되는 종방향 철근은 폐쇄스터럽의 둘레를 따라 300mm 이하의 간격으로 분포시켜야 한다.
㉱ 스터럽의 각 모서리에 최소한 세 개 이상의 종방향철근을 두어야 한다.

■해설 종방향 비틀림 철근은 스터럽의 내부에 배치되어야 하며, 스터럽의 각 모서리에 적어도 한 개의 종방향 비틀림 철근을 두어야 한다.

49. 비틀림철근에 대한 설명으로 틀린 것은? (단, A_{oh}는 가장 바깥의 비틀림 보강철근의 중심으로 닫혀진 단면적이고, p_h는 가장 바깥의 횡방향 폐쇄스터럽 중심선의 둘레이다.)

㉮ 횡방향 비틀림철근은 종방향 철근 주위로 135° 표준갈고리에 의해 정착하여야 한다.
㉯ 비틀림모멘트를 받는 속빈 단면에서 횡방향 비틀림철근의 중심선으로부터 내부 벽면까지의 거리는 $0.5A_{oh}/p_h$ 이상이 되도록 설계하여야 한다.
㉰ 횡방향 비틀림철근의 간격은 $p_h/6$ 및 400mm보다 작아야 한다.
㉱ 종방향 비틀림철근은 양단에 정착하여야 한다.

■해설 횡방향 비틀림철근의 간격은 $p_h/8$ 및 300mm보다 작아야 한다.

50. 철근콘크리트 부재의 비틀림철근 상세에 대한 설명으로 틀린 것은? (단, p_h : 가장 바깥의 횡방향 폐쇄스터럽 중심선의 둘레(mm))

㉮ 종방향 비틀림철근은 양단에 정착하여야 한다.
㉯ 횡방향 비틀림철근의 간격은 $p_h/4$보다 작아야 하고 또한 200mm보다 작아야 한다.
㉰ 비틀림에 요구되는 종방향 철근은 폐쇄스터럽의 둘레를 따라 300mm 이하의 간격으로 분포시켜야 한다.
㉱ 종방향 철근의 지름은 스터럽 간격의 1/24 이상이어야 하며, D10 이상의 철근이어야 한다.

■해설 횡방향 비틀림철근의 간격은 $p_h/8$보다 작아야 하고, 또한 300mm보다 작아야 한다.

51. 콘크리트구조물에서 비틀림에 대한 설계를 하려고 할 때 계수비틀림모멘트(T_u)를 계산하는 방법에 대한 다음 설명 중 틀린 것은?

㉮ 균열에 의하여 내력의 재분배가 발생하여 비틀림 모멘트가 감소할 수 있는 부정정구조물의 경우, 최대 계수비틀림모멘트를 감소시킬 수 있다.
㉯ 철근콘크리트 부재에서, 받침으로부터 d 이내에 위치한 단면은 d에서 계산된 T_u보다 작지 않은 비틀림모멘트에 대하여 설계하여야 한다.
㉰ 프리스트레스트 부재에서, 받침부로부터 d 이내에 위치한 단면은 d에서 계산된 T_u보다 작지 않은 비틀림모멘트에 대하여 설계하여야 한다.
㉱ 정밀한 해석을 수행하지 않은 경우, 슬래브로부터 전달되는 비틀림하중은 전체 부재에 걸쳐 균등하게 분포하는 것으로 가정할 수 있다.

■해설 프리스트레스 부재에서 받침부로부터 $\frac{h}{2}$ 이내에 위치한 단면은 $\frac{h}{2}$에서 계산된 T_u보다 작지 않은 비틀림모멘트에 대하여 설계하여야 한다. 만약 $\frac{h}{2}$ 이내에서 집중된 비틀림모멘트가 작용하면 위험단면은 받침부의 내부 면으로 하여야 한다.

철근의 정착과 이음

Chapter 05

Contents

Section 01 철근의 구조세목
Section 02 부착과 정착
Section 03 철근의 정착
Section 04 철근의 이음

ITEM POOL 예상문제 및 기출문제

01 철근의 구조세목

1. 표준 갈고리

(1) 갈고리의 사용 목적

① 갈고리는 철근의 정착을 목적으로 사용된다.
② 원형철근에는 반드시 갈고리를 두어야 하며, 이형철근에도 중요 부재일 경우에는 갈고리를 두어야 한다.
③ 갈고리는 인장철근에만 두고, 압축 구역에서는 정착에 유효하지 않으므로 만들 필요가 없다.

(2) 표준 갈고리의 분류

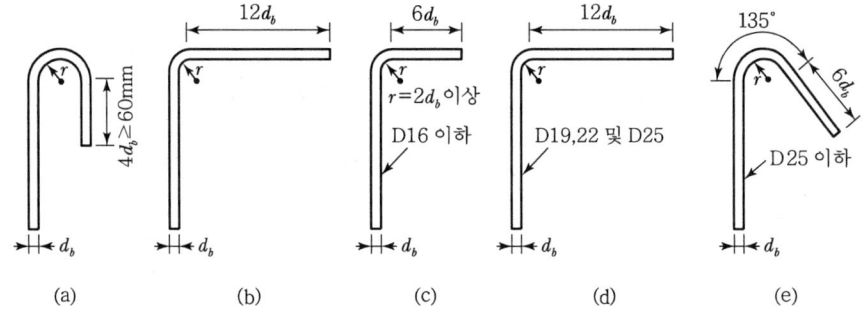

[그림 5-1] 표준 갈고리

1) 형상에 따른 분류
① 90° 갈고리(직각갈고리) : [그림 5-1]의 (b), (c), (d)
② 135° 갈고리(예각갈고리) : [그림 5-1]의 (e)
③ 180° 갈고리(반원형 갈고리) : [그림 5-1]의 (a)

2) 용도에 따른 분류
① 정·부 철근의 표준 갈고리 : [그림 5-1]의 (a), (b)
② 스터럽 또는 띠철근의 표준 갈고리 : [그림 5-1]의 (c), (d), (e)

(3) 표준 갈고리의 최소 내면 반지름

① 철근의 재질을 손상시키지 않을 한도 내에서 정해진 표준 갈고리의

최소 내면 반지름을 나타낸 것이 [표 5-1]이다.
② 스터럽과 띠철근의 표준 갈고리의 최소 내면 반지름은 사용철근이 D16 이하이면 $2d_b$ 이상으로 하여야 하며, D19 이상이면 [표 5-1]에 따라야 한다.

[표 5-1] 표준 갈고리의 최소 내면 반지름

철근의 크기	최소 내면 반지름(r)
D10~D25	$3d_b$
D29~D35	$4d_b$
D38 이상	$5d_b$

(d_b : 철근의 공칭지름)

2. 철근 구부리기

표준 갈고리 이외의 부분에서 철근을 구부릴 경우 철근의 재질에 손상을 주지 않기 위해서 다음의 최소 내면 반지름 이상으로 철근을 구부려야 한다.

(1) 스터럽과 띠철근
철근지름 이상

(2) 굽힘철근(절곡철근)
철근지름의 5배 이상

(3) 라멘구조의 모서리 부분의 외측
철근지름의 10배 이상

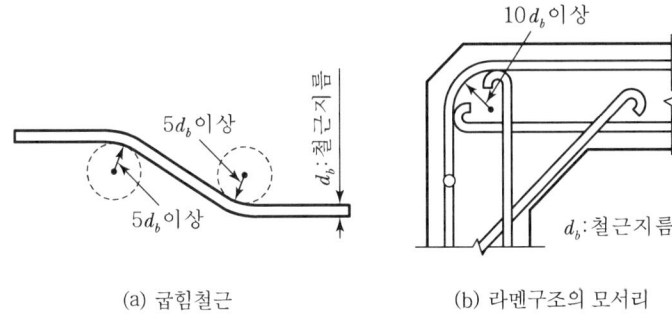

(a) 굽힘철근　　　(b) 라멘구조의 모서리

[그림 5-2] 철근 구부리기

 부착과 정착

1. 서론

(1) 정의

① 부착의 정의 : 철근과 콘크리트의 경계면에서 활동에 저항하는 것을 부착이라 한다.

② 정착의 정의 : 철근의 끝부분이 콘크리트 속에서 빠져나오지 않도록 고정하는 것을 정착이라 한다.

(2) 철근과 콘크리트의 부착작용

① 시멘트풀과 철근 표면의 교착작용
② 콘크리트와 철근 표면의 마찰작용
③ 이형철근 표면의 요철에 의한 기계적 작용

2. 부착에 영향을 주는 요인

(1) 철근의 표면상태

원형철근보다 이형철근이 부착강도가 크며, 약간 녹이 슬어 거친 표면을 갖는 철근이 부착에 유리하다.

(2) 콘크리트의 강도

콘크리트의 강도가 클수록 부착에 유리하다.

(3) 철근의 묻힌 위치 및 방향

블리딩(Bleeding) 현상 때문에 수평철근보다 연직철근이 부착에 유리하며, 수평철근이라도 상부철근보다 하부철근이 부착에 유리하다.

(4) 철근의 피복두께

철근의 피복두께가 충분히 확보되어야 부착강도가 제대로 발휘될 수 있으며, 피복두께가 부족하면 콘크리트의 할렬로 인한 부착파괴가 유발될 수 있다.

(5) 다지기
콘크리트의 다지기가 불충분하면 부착강도가 저하된다.

(6) 철근의 지름
동일한 철근량을 사용할 경우 지름이 작은 철근을 사용하는 것이 부착에 유리하다.

Section 03 철근의 정착

1. 정착방법

(1) 묻힘길이에 의한 정착
① 철근을 직선인 채 그대로 콘크리트 속에 충분한 길이만큼 묻어서 콘크리트와 철근의 부착에 의하여 정착하는 방법이다. 이때 콘크리트 속에 묻어 넣는 철근의 묻힘길이를 정착길이라 한다.
② 인장철근 및 압축철근의 정착에 사용되는 방법이다.
③ 이형철근에 한하여 사용되는 방법이다.
④ 철근의 정착길이는 철근의 피복두께와 철근의 간격에 관계된다.

(2) 갈고리에 의한 정착
① 철근 끝부분에 표준 갈고리를 만들어서 갈고리의 기계적 작용과 직선부분의 부착의 조합작용으로 정착하는 방법이다.
② 원형철근의 정착에는 반드시 갈고리를 두어야 하며, 이형철근의 정착에도 중요부재일 경우는 갈고리를 둔다.
③ 압축철근의 정착에는 갈고리의 효과가 별로 없으므로 사용되지 않는다.

(3) 기타 방법에 의한 정착
① 철근의 가로방향에 따로 철근을 용접하는 방법
② 특별한 정착장치를 사용하는 방법

2. 묻힘길이에 의한 정착

(1) 인장철근의 정착길이

1) 기본 정착길이

$$l_{db} = \frac{0.6 d_b f_y}{\lambda \sqrt{f_{ck}}} \quad \cdots\cdots\cdots (5.1)$$

2) 정착길이

$$l_d = l_{db} \times 보정계수 \geq 300\text{mm} \quad \cdots\cdots\cdots (5.2)$$

■ 콘크리트의 설계기준강도(f_{ck})
70MPa를 초과하면 f_{ck}는 정착길이에 영향을 주지 않는다.
$\sqrt{f_{ck}} \leq 8.4\text{MPa}$

[표 5-2] 보정계수(인장철근)

조건		D19 이하의 철근	D22 이상의 철근
정착되거나 이어지는 철근의 순간격이 d_b 이상이고 피복두께도 d_b 이상이면서 l_d 전 구간에 설계기준에서 규정된 최소 철근량 이상의 스터럽 또는 띠철근을 배근한 경우 또는, 정착되거나 이어지는 철근의 순간격이 $2d_b$ 이상이고 피복두께가 d_b 이상인 경우		$0.8\alpha\beta\lambda$	$\alpha\beta\lambda$
기타		$1.2\alpha\beta\lambda$	$1.5\alpha\beta\lambda$
α 철근배치 위치계수	상부철근(정착길이 또는 이음부 아래 300mm를 초과되게 굳지 않은 콘크리트를 친 수평철근)		1.3
	기타 철근		1.0
β 도막계수	피복두께가 $3d_b$ 미만 또는 순간격이 $6d_b$ 미만인 에폭시 도막 혹은 아연-에폭시 이중 도막철근 또는 철선		1.5
	기타 에폭시 도막 혹은 아연-에폭시 이중 도막철근 또는 철선		1.2
	아연도금 혹은 도막되지 않은 철근 또는 철선		1.0
λ 경량 콘크리트계수	f_{sp}값이 주어진 경우		$\dfrac{f_{sp}}{0.56\sqrt{f_{ck}}} \leq 1.0$
	f_{sp}값이 규정되어 있지 않은 경우	보통중량콘크리트	1
		모래경량콘크리트	0.85
		전경량콘크리트	0.75
인장철근이 소요량 이상 배근된 경우			$\dfrac{소요 A_s}{배근 A_s}$

(에폭시 도막철근이 상부철근인 경우 $\alpha\beta \leq 1.7$)

(2) 압축철근의 정착길이

1) 기본 정착길이

$$l_{db} = \frac{0.25 d_b f_y}{\lambda \sqrt{f_{ck}}} \geq 0.043 d_b f_y \quad \cdots\cdots\cdots\cdots\cdots\cdots\cdots\cdots (5.3)$$

2) 정착길이

$$l_d = l_{db} \times 보정계수 \geq 200\text{mm} \quad \cdots\cdots\cdots\cdots\cdots\cdots\cdots\cdots (5.4)$$

[표 5-3] 보정계수(압축철근)

조건	보정계수
해석결과 요구되는 철근량을 초과하여 배치한 경우	$\dfrac{소요 A_s}{배근 A_s}$
지름이 6mm 이상이고 피치가 100mm 이하인 나선철근, 또는 중심간격이 100mm 이하로 콘크리트구조 설계기준[KDS 14 20 50(4.4.2(3))]의 요구 조건에 따라 배치된 D13 띠철근으로 둘러싸인 압축 이형철근	0.75

3. 표준 갈고리에 의한 정착

(1) 기본 정착길이

$$l_{hb} = \frac{0.24 \beta d_b f_y}{\lambda \sqrt{f_{ck}}} \quad \cdots\cdots\cdots\cdots\cdots\cdots\cdots\cdots (5.5)$$

(2) 정착길이

$$l_{dh} = l_{hb} \times 보정계수 \geq 150\text{mm}, \ 또한 \ \geq 8 d_b \quad \cdots\cdots\cdots\cdots (5.6)$$

[표 5-4] 보정계수(표준 갈고리)

조건	보정계수
D35 이하의 철근으로서 갈고리 평면에 수직방향인 측면의 피복두께가 70mm 이상이고, 또 90° 갈고리의 경우, 그 연장 끝에서 피복두께가 50mm 이상인 경우	0.7

① D35 이하의 철근의 90°갈고리에서 정착길이 l_{dh}구간을 $3d_b$ 이하의 간격으로, 띠철근 또는 스터럽이 정착된 철근을 수직으로 둘러싼 경우 또는 갈고리 끝 연장부와 구부림의 전 구간을 $3d_b$ 이하의 간격으로, 띠철근 또는 스터럽이 정착된 철근을 평행하게 둘러싼 경우 ② D35 이하의 철근의 180° 갈고리에서 정착길이 l_{dh}구간을 $3d_b$ 이하의 간격으로, 띠철근 또는 스터럽이 정착된 철근을 수직으로 둘러싼 경우	0.8
휨부재의 철근이 소요량 이상 사용된 경우	$\dfrac{\text{소요}A_s}{\text{배근}A_s}$

4. 휨철근의 정착

(1) 정착의 일반 원칙

① 휨철근을 지간 내에서 끊어내고자 할 경우 휨을 저항하는 데 더 이상 필요로 하지 않는 단면을 지나서 유효높이(d) 이상, 또 철근지름(d_b)의 12배 이상 더 연장한다.

② 인장구역에서 절단된 철근 또는 절곡된 철근에 인접한 철근으로서 더 연장되는 철근은 휨을 저항하는 데 더 이상 필요로 하지 않는 단면을 지나서 정착길이(l_d) 이상의 묻힘길이를 가지도록 연장해야 한다.

③ 휨철근은 압축구역에서 절단하는 것을 원칙으로 한다. 단, 다음 조건 중의 하나를 만족할 경우 인장구역에서 끊어내도 좋다.

㉠ 끊는 점의 계수전단력(V_u)이 설계전단강도(ϕV_n)의 $\dfrac{2}{3}$ 이하인 경우 즉, $V_u \leq \dfrac{2}{3}\phi V_n$인 경우

㉡ 전단과 비틀림에 필요로 하는 이상의 스터럽이 휨철근을 절단하는 점의 전후 $\dfrac{3}{4}d$ 구간에 촘촘하게 배치되어 있는 경우

이때, 스터럽의 간격(s)과 스터럽의 단면적(A_v)은 다음과 같다.

$$s \leq \dfrac{d}{8\beta_b}, \quad A_v \geq 0.42\dfrac{b_w \cdot ds}{f_y}$$

여기서, β_b는 끊은 철근의 전체 철근에 대한 단면비이다.

㉢ D35 이하의 철근에 대해서는 연장되는 철근량이 끊는 점에서 휨에 필요한 철근량의 2배 이상이고, 또 $V_u \leq \dfrac{3}{4}\phi V_n$인 경우

▶ 철근정착의 위험단면
① 인장철근이 절단 또는 절곡된 점
② 최대응력점

(2) 정철근의 정착

① 단순보에서는 정철근의 $\frac{1}{3}$ 이상, 연속보에서는 $\frac{1}{4}$ 이상의 지점을 넘어 150mm 이상 연장한다.

② 동일한 철근량이면 적은 수의 굵은 철근보다 많은 수의 가는 철근을 사용하는 것이 부착에 유리하다. 따라서 가는 철근을 사용하도록 단순지점 및 반곡점에서 정철근의 정착길이(l_d)를 다음과 같이 제한한다.

$$l_d \leq \frac{M_n}{V_u} + l_a \quad \cdots \cdots \cdots (5.7)$$

여기서, l_a는 지점 또는 반곡점에서 추가되는 묻힘길이이다.

또한, 단순보의 받침부와 같이 철근의 단부가 지점 반력에 의해 압축될 경우 정착길이(l_d)는 다음 조건을 만족해야 한다.

$$l_d \leq 1.3 \frac{M_n}{V_u} + l_a \quad \cdots \cdots \cdots (5.8)$$

(3) 부철근의 정착

① 부철근의 정착에서도 휨철근의 정착에 대한 일반사항을 따른다.

② 받침부에서 부철근의 $\frac{1}{3}$ 이상을 부재의 유효깊이(d) 이상, 철근지름(d_b)의 12배 이상, 그리고 순경간(l_n)의 $\frac{1}{16}$ 이상을 반곡점을 넘어서 더 연장해야 한다.

5. 복부철근의 정착

① 스터럽은 될 수 있는 대로 압축면 가까이까지 연장하는 것이 효과적이다.
② D16 이하인 철근 및 철근의 설계기준 항복강도(f_y)가 300MPa 미만인 D19, D22, D25인 스터럽의 경우 종방향철근을 둘러싸는 표준 갈고리로 정착한다.
③ f_y가 300MPa 이상인 D19, D22, D25인 스터럽의 경우 종방향철근을 둘러싸는 표준 갈고리 외에 추가로 보의 중간 높이에서 갈고리의 바깥면까지 $\frac{0.17 d_b f_y}{\sqrt{f_{ck}}}$ 이상의 묻힘길이를 두어야 한다.
④ U형 스터럽으로 폐쇄스터럽을 만들 경우 겹이음 길이는 $1.3 l_d$ 이상이라야 한다.

⑤ 높이가 450mm 이상인 부재에서 스터럽의 다리를 부재의 전 높이까지 연장한다면 폐쇄스터럽의 이음이 적절한 것으로 본다. 이때, 스터럽의 다리 한 개당 인장력($A_b f_y$)은 40kN을 넘지 않아야 한다.

Section 04 철근의 이음

1. 철근이음의 일반사항

① 철근은 설계도 또는 시방서에서 요구하거나 허용한 경우 또는 책임구조기술자가 승인하는 경우에만 이음을 할 수 있다.
② 최대 인장응력이 작용하는 곳에서는 이음을 하지 않는 것이 좋다.
③ 이음부는 한 곳에 집중시키지 말고, 엇갈리게 두는 것이 좋다.
④ D35를 초과하는 철근은 겹침이음을 할 수 없다.(다만, D41과 D51 철근은 D35 이하 철근과의 겹침이음을 할 수 있다.)
⑤ 철근다발의 겹침이음은 다발 내의 각 철근에 요구되는 겹침이음 길이에 따라 결정하고, 다발내 각 철근의 겹침이음 길이는 서로 중첩되어서는 안 된다. 규정된 겹침이음 길이의 증가량은 3개의 철근다발의 경우 20%, 4개의 철근다발의 경우 33%이다.
⑥ 겹침이음으로 이어진 철근의 순간격은 겹침이음 길이의 1/5 이하, 150mm 이하라야 한다.
⑦ 용접이음과 기계적 이음은 철근의 설계기준 항복강도 f_y의 125% 이상을 발휘할 수 있는 이음이어야 한다.

2. 인장철근의 겹침이음

(1) 철근의 겹침이음 길이는 부재의 종류, 철근이 부담하는 응력, 그리고 해당 단면에서 겹침이음할 철근량의 전체 철근량에 대한 비에 따라 달라진다.

(2) 이형인장철근의 최소 겹침이음 길이

① A급 이음 : $10 l_d \left(\dfrac{\text{배근} A_s}{\text{소요} A_s} \geq 2 \text{이고} \dfrac{\text{겹침이음} A_s}{\text{전체} A_s} \leq \dfrac{1}{2} \text{인 경우} \right)$

② B급 이음 : $1.3l_d$ (A급 이음 이외의 경우)
③ 최소 겹침이음 길이는 300mm 이상이어야 하며, l_d는 정착길이로서 $\dfrac{소요A_s}{배근A_s}$의 보정계수는 적용되지 않는다.

3. 압축철근의 겹침이음

(1) 압축철근의 겹침이음길이는 콘크리트구조 설계기준에서 다음과 같이 제시하고 있다.

$$l_s = \left(\frac{1.4f_y}{\lambda\sqrt{f_{ck}}} - 52\right)d_b \quad \cdots\cdots (5.9)$$

여기서, 식 (5.9)로 산정된 이음길이가 식 (5.10ⓐ), 식 (5.10ⓑ)보다 긴 경우 압축철근의 겹침이음길이는 식 (5.10ⓐ), 식 (5.10ⓑ)로 구할 수 있다.

① $f_y \leq 400\text{MPa}$이면 $l_s = 0.072f_y d_b$ $\cdots\cdots$ (5.10ⓐ)
② $f_y > 400\text{MPa}$이면 $l_s = (0.13f_y - 24)d_b$ $\cdots\cdots$ (5.10ⓑ)

(2) 어느 경우라도 겹침이음길이는 300mm 이상이어야 하며, 인장철근의 겹침이음 길이보다 더 길 필요는 없다.

(3) 콘크리트 설계기준강도(f_{ck})가 21MPa 이하이면 겹침이음 길이를 앞의 값의 $\dfrac{1}{3}$만큼 더 증가시켜야 한다.

(4) 압축구역에서 지름이 서로 다른 철근을 겹침이음할 경우, 이음 길이는 지름이 큰 철근의 정착길이와 지름이 작은 철근의 겹침이음 길이 중에서 큰 값 이상이어야 한다.

예상문제 및 기출문제

01. 철근의 부착강도에 영향을 주는 요인이 아닌 것은?

㉮ 철근의 표면상태
㉯ 철근의 인장강도
㉰ 콘크리트의 압축강도
㉱ 철근의 피복두께

■해설 철근의 부착강도에 영향을 미치는 요인
- 철근의 표면상태
- 철근의 직경과 피복두께
- 철근의 묻힌 위치 및 방향
- 콘크리트의 압축강도
- 콘크리트의 다지기

02. 철근의 부착응력에 영향을 주는 요소에 대한 설명으로 틀린 것은?

㉮ 경사인장 균열이 발생하게 되면 철근이 균열에 저항하게 되고, 따라서 균열면 양쪽의 부착응력을 증가시키기 때문에 결국 인장철근의 응력을 감소시킨다.
㉯ 거푸집 내에 타설된 콘크리트의 상부로 상승하는 물과 공기는 수평으로 놓인 철근에 의해 가로막히게 되며, 이로 인해 철근과 철근 하단에 형성될 수 있는 수막 등에 의해 부착력이 감소될 수 있다.
㉰ 전단에 의한 인장철근의 장부력(Dowel Force)은 부착에 의한 쪼갬응력을 증가시킨다.
㉱ 인장부 철근이 필요에 의해 절단되는 불연속지점에서는 철근의 인장력 변화 정도가 매우 크며 부착응력 역시 증가한다.

■해설 경사인장 균열이 발생하게 되면 철근이 균열에 저항하게 되고, 따라서 균열면 양쪽의 부착응력을 증가시키기 때문에 결국 인장철근의 응력을 증가시킨다.

03. 휨을 받는 인장철근으로 4-D25 철근이 배치되어 있을 경우 그림과 같은 직사각형 단면 보의 기본 정착길이 l_{db}는 얼마인가?(단, 철근의 직경 d_b=25.4mm, f_{ck}=24MPa, f_y=400MPa, D25 철근 1개의 단면적=507mm²)

㉮ 905mm
㉯ 1,150mm
㉰ 1,245mm
㉱ 1,400mm

■해설 $l_{db} = \dfrac{0.6 d_b f_y}{\lambda \sqrt{f_{ck}}} = \dfrac{0.6 \times 25.4 \times 400}{1 \times \sqrt{24}} = 1,244.3mm$

04. D29 철근이 배근된 휨부재에서 f_{ck}=21MPa, f_y=300MPa을 사용한다면, 인장철근의 기본 정착길이는?(단, D29 철근의 공칭 지름 28.6mm, 공칭단면적 642mm²임)

㉮ 745.5mm
㉯ 819.2mm
㉰ 1,012.5mm
㉱ 1,123.4mm

■해설 $l_{db} = \dfrac{0.6 d_b f_y}{\lambda \sqrt{f_{ck}}} = \dfrac{0.6 \times 28.6 \times 300}{1 \times \sqrt{21}} = 1,123.4mm$

05. 인장이형철근의 정착길이 산정 시 필요한 보정계수에 대한 설명 중 틀린 것은?(단, f_{sp}는 콘크리트의 쪼갬인장강도)

㉮ 상부철근(정착길이 또는 겹침이음부 아래 300mm를 초과하게 굳지 않은 콘크리트를 친 수평철근)인 경우, 철근배근 위치에 따른 보정계수 1.3을 사용한다.
㉯ 에폭시 도막철근인 경우, 피복두께 및 순간격에 따라 1.2나 2.0의 보정계수를 사용한다.
㉰ f_{sp}가 주어지지 않은 모래경량 콘크리트인 경우 0.85의 보정계수를 사용한다.
㉱ 에폭시 도막철근이 상부철근인 경우, 보정계수 끼리 곱한 값이 1.7보다 클 필요는 없다.

|해답| 1. ㉯ 2. ㉮ 3. ㉰ 4. ㉱ 5. ㉯

■해설 도막계수, β

조건	보정계수
피복두께가 $3d_b$ 미만 또는 순간격이 $6d_b$ 미만인 에폭시 도막 혹은 아연-에폭시 이중 도막철근 또는 철선	1.5
기타 에폭시 도막 혹은 아연-에폭시 이중 도막철근 또는 철선	1.2
아연 도금 혹은 도막되지 않은 철근 또는 철선	1.0

06. 인장이형철근의 정착길이 산정 시 필요한 보정계수(α, β)에 대한 설명으로 틀린 것은?

㉮ 피복두께가 $3d_b$ 미만 또는 순간격이 $6d_b$ 미만인 에폭시 도막철근일 때 철근 도막계수(β)는 1.5를 적용한다.

㉯ 상부철근(정착길이 또는 겹침이음부 아래 300mm를 초과되게 굳지 않은 콘크리트를 친 수평철근)인 경우 철근 배치 위치계수(α)는 1.3을 사용한다.

㉰ 아연도금 철근을 철근 도막계수(β)를 1.0으로 적용한다.

㉱ 에폭시 도막철근이 상부철근인 경우 상부철근의 위치계수(α)와 철근 도막계수(β)의 곱, $\alpha\beta$가 1.6보다 크지 않아야 한다.

■해설 에폭시 도막철근이 상부철근인 경우 상부철근의 위치계수(α)와 철근도막계수(β)의 곱, $\alpha\beta$가 1.7보다 크지 않아야 한다.

07. 인장 이형 철근의 정착에 대한 설명으로 옳은 것은?

㉮ 인장 이형 철근의 정착길이는 기본 정착길이 l_{db}에 보정계수를 곱하여 구하며, 상부철근(정착길이 아래 300mm를 초과되게 굳지 않은 콘크리트를 친 수평철근)일 때 보정계수(α)는 1.2이다.

㉯ 에폭시 도막 철근으로 피복 두께가 $3d_b$ 미만 또는 순간격이 $6d_b$ 미만인 경우 보정계수(β)는 1.5이다.

㉰ 동일한 철근량을 사용할 경우, 굵은 철근을 사용하는 것이 정착길이를 짧게 하며, 정착에 유리하다.

㉱ 콘크리트의 평균 쪼갬 인장강도(f_{sp})가 주어지지 않은 전경량 콘크리트의 보정계수(λ)는 0.85이다.

■해설 ㉮ 인장 이형 철근의 정착길이는 기본 정착길이 l_{db}에 보정계수를 곱하여 구하며, 상부철근(정착길이 또는 이음부 아래 300mm 이상 콘크리트에 묻힌 수평철근)일 때 보정계수(α)는 1.3이다.

㉰ 동일한 철근량을 사용할 경우, 가는 철근을 사용하는 것이 정착길이를 짧게 하며, 정착에 유리하다. 즉, 정착길이는 사용철근의 직경에 비례한다.

㉱ 콘크리트의 평균 쪼갬인장강도(f_{sp})가 주어지지 않은 전경량 콘크리트의 보정계수(λ)는 0.75이다.

08. f_{ck}=28MPa, f_y=350MPa로 만들어지는 보에서 압축이형철근으로 D29(공칭지름 28.6mm)를 사용한다면 기본정착길이는?(단, 보통 중량 콘크리트를 사용한 경우)

㉮ 412mm ㉯ 446mm
㉰ 473mm ㉱ 522mm

■해설 $\lambda=1$(보통 중량 콘크리트인 경우)
$$l_{db}=\frac{0.25d_b f_y}{\lambda\sqrt{f_{ck}}}=\frac{0.25\times 28.6\times 350}{1\times\sqrt{28}}=472.9\text{mm}$$
$0.043d_b f_y=0.043\times 28.6\times 350=430.43\text{mm}$
$l_{db}\geq 0.043d_b f_y$ - O.K

09. 보통 중량콘크리트의 설계기준강도(f_{ck})가 35MPa이며 철근의 설계항복강도가 400MPa이면 직경이 25mm인 압축이형철근의 기본정착길이(l_{db})는 얼마인가?

㉮ 2,237mm ㉯ 358mm
㉰ 423mm ㉱ 430mm

■해설 $\lambda=1$(보통 중량의 콘크리트인 경우)
$$l_{db}=\frac{0.25d_b f_y}{\lambda\sqrt{f_{ck}}}=\frac{0.25\times 25\times 400}{1\times\sqrt{35}}=422.6\text{mm}$$
$0.043d_b f_y=0.043\times 25\times 400=430\text{mm}$
$l_{db}<0.043d_b f_y$ 이므로, $l_{db}=0.043d_b f_y=430\text{mm}$

|해답| 6. ㉱ 7. ㉯ 8. ㉰ 9. ㉱

10. 아래의 표의 조건에서 표준갈고리가 있는 인장 이형철근의 기본정착길이(l_{hb})는 약 얼마인가?

> 보통 중량골재를 사용한 콘크리트 구조물
> • 도막되지 않은 D35(공칭직경 34.9mm) 철근으로 단부에 90° 표준갈고리가 있음
> • f_{ck} =28MPa, f_y =400MPa

㉮ 635mm ㉯ 660mm
㉰ 1,130mm ㉱ 1,585mm

■해설 λ =1.0(보통 중량 골재)
β =1.0(표면처리 하지 않은 철근)
$$l_{hb} = \frac{0.24\beta d_b f_y}{\lambda \sqrt{f_{ck}}} = \frac{0.24 \times 1 \times 35 \times 400}{1 \times \sqrt{28}} = 634.98\text{mm}$$

11. 표준 갈고리를 갖는 인장이형철근의 정착에 대한 기술 중 잘못된 것은?(단, d_b는 철근의 공칭지름)

㉮ 갈고리는 인장을 받는 구역에서 철근 정착에 유효하다.
㉯ 기본 정착길이에 보정계수를 곱하여 정착길이를 계산하는데, 이렇게 구한 정착길이는 항상 $8d_b$ 이상, 또한 150mm 이상이어야 한다.
㉰ 모래경량 콘크리트에 대한 보정계수는 0.75이다.
㉱ 정착길이는 위험단면으로부터 갈고리 외부 끝까지의 거리로 나타낸다.

■해설 인장철근의 정착에 있어서 f_{sp}가 주어지지 않은 모래경량 콘크리트에 대한 보정계수는 0.85이다.

12. 표준 갈고리를 갖는 인장 이형철근의 정착길이에 대한 보정계수로 틀린 것은?

㉮ 모래경량콘크리트 : 0.85
㉯ 배치된 철근량이 소요철근량을 초과하는 경우 : $\left(\frac{\text{배근}A_s}{\text{소요}A_s}\right)$s
㉰ 전경량콘크리트 : 0.75
㉱ 에폭시 도막된 갈고리 철근 : 1.2

■해설 배치된 철근량이 소요 철근량을 초과하는 경우의 보정계수 : $\left(\frac{\text{소요}A_s}{\text{배근}A_s}\right)$

13. 이형철근의 최소 정착길이를 나타낸 것으로 틀린 것은?(단, d_b =철근의 공칭지름)

㉮ 표준갈고리가 있는 인장 이형철근 : $10d_b$, 또한 200mm
㉯ 인장 이형철근 : 300mm
㉰ 압축 이형철근 : 200mm
㉱ 확대머리 인장 이형철근 : $8d_b$, 또한 150mm

■해설 이형철근의 최소 정착길이
• 인장 이형철근 : 300mm
• 압축 이형철근 : 200mm
• 표준갈고리가 있는 인장 이형철근 : $8d_b$, 또한 150mm

14. 「KDS 14 20 52(2021)」에 따른 확대머리 이형철근의 인장에 대한 정착길이 계산식을 적용하기 위한 조건으로 옳지 않은 것은?(단, 최상층을 제외한 부재 접합부에 정착된 경우이다.)

㉮ 보통중량콘크리트에만 사용한다.
㉯ 철근의 순피복두께는 $1.35d_b$ 이상이어야 한다.
㉰ 철근 순간격은 $4d_b$ 이상이어야 한다.
㉱ 확대머리의 순지압면적은 철근 1개 단면적의 4배 이상이어야 한다.

■해설 1) 인장을 받는 확대머리 이형철근의 정착길이(l_{dt})는 정착된 부위에 따라 다음 2) 또는 3)으로 구할 수 있다. 정착길이는 항상 $8d_b$ 또한 150mm 이상이어야 하며 다음 조건을 만족해야 한다.
① 확대머리의 순지압면적(A_{brg})은 $4A_b$ 이상이어야 한다.
② 확대머리 이형철근은 경량콘크리트에 적용할 수 없으며, 보통중량콘크리트에만 사용한다.

2) 최상층을 제외한 부재 접합부에 정착된 경우
$$l_{dt} = \frac{0.22\beta d_b f_y}{\psi \sqrt{f_{ck}}} \quad \text{ⓐ}$$
여기서, β : 에폭시 도막 혹은 아연-에폭시 이중 도막 철근의 경우 1.2, 아연도금 또는 도막되지 않은 철근의 경우 1.0
ψ : 측면피복과 횡보강철근에 의한 영향계수($\psi \leq 1.375$)

|해답| 10. ㉮ 11. ㉰ 12. ㉯ 13. ㉮ 14. ㉰

식 ⓐ를 적용하기 위해서는 다음 조건을 만족해야 한다.
① 철근의 순피복두께는 $1.35d_b$ 이상
② 철근 순간격은 $2d_b$ 이상
③ 확대머리의 뒷면이 횡보강철근 바깥 면부터 50mm 이내에 위치
④ 확대머리 이형철근이 정착된 접합부는 지진력 저항 시스템별로 요구되는 전단강도를 가져야 한다.

3) 2) 외의 부위에 정착된 경우
$$l_{dt} = \frac{0.24\beta d_b f_y}{\sqrt{f_{ck}}} \quad \cdots\cdots\cdots\cdots ⓑ$$

식 ⓑ를 적용하기 위해서는 다음 조건을 만족해야 한다.
① K_{tr}(횡방향 철근지수) $\geq 1.2d_b$
② 순피복두께는 $2d_b$ 이상
③ 철근 순간격은 $4d_b$ 이상

15. 철근의 정착에 대한 다음 설명 중 옳지 않은 것은?
㉮ 휨철근을 정착할 때 절단점에서 V_u가 $(3/4)V_n$을 초과하지 않을 경우 휨철근을 인장구역에서 절단해도 좋다.
㉯ 갈고리는 압축을 받는 구역에서 철근정착에 유효하지 않은 것으로 보아야 한다.
㉰ 철근의 인장력을 부착만으로 전달할 수 없는 경우에는 표준 갈고리를 병용한다.
㉱ 단순부재에서는 정모멘트 철근의 1/3 이상, 연속부재에서는 정모멘트 철근의 1/4 이상을 부재의 같은 면을 따라 받침부까지 연장하여야 한다.

■해설 휨철근의 정착에 있어서 휨철근을 인장구역에서 절단할 수 있는 경우
㉠ 절단점의 계수전단력(V_u)이 설계전단강도(ϕV_n)의 $\frac{2}{3}$ 이하인 경우. 즉, $V_u \leq \frac{2}{3}\phi V_n$인 경우
㉡ D35 이하의 철근에 대해서는 연장되는 철근량이 절단점에서 휨에 필요한 철근량의 2배 이상이고, 또 $V_u \leq \frac{3}{4}\phi V_n$인 경우
㉢ 전단과 비틀림에 필요로 하는 이상의 스터럽이 휨철근을 절단하는 점의 전후 $\frac{3}{4}d$ 구간에 촘촘하게 배치되어 있는 경우 이때, 스터럽의 간격(s)과 스터럽의 단면적(A_v)은 다음과 같다.

$$s \leq \frac{d}{8\beta_b}, \quad A_v \geq 0.42\frac{b_w s}{f_y}$$

여기서, β_b는 절단철근의 전체철근에 대한 단면비이다.

16. U형 스터럽의 정착 방법 중 종방향 철근을 둘러싸는 표준갈고리만으로 정착이 가능한 철근의 범위는?
㉮ D16 이하의 철근   ㉯ D19 이하의 철근
㉰ D22 이하의 철근   ㉱ D25 이하의 철근

■해설 복부철근의 정착
① D16 이하인 철근 및 철근의 설계기준 항복강도(f_y)가 300MPa 미만인 D19, D22, D25인 스터럽의 경우 종방향철근을 둘러싸는 표준갈고리로 정착한다.
② f_y가 300MPa 이상인 D19, D22, D25인 스터럽의 경우 종방향철근을 둘러싸는 표준갈고리 외에 추가로 보의 중간 높이에서 갈고리의 바깥 면까지 $\frac{0.17d_b f_y}{\sqrt{f_{ck}}}$ 이상의 묻힘길이를 두어야 한다.

17. 철근콘크리트 부재의 철근이음에 관한 설명 중 옳지 않은 것은?
㉮ D35를 초과하는 철근은 겹침이음을 하지 않아야 한다.
㉯ 인장이형철근의 겹침이음에서 A급 이음은 $1.3l_d$ 이상, B급 이음은 $1.0l_d$ 이상 겹쳐야 한다.(단, l_d는 규정에 의해 계산된 인장이형철근의 정착 길이이다.)
㉰ 압축이형철근의 이음에서 콘크리트 설계기준 압축강도가 21MPa 미만인 경우에는 겹침이음 길이를 1/3 증가시켜야 한다.
㉱ 용접이음과 기계적 연결은 철근의 항복강도의 125% 이상을 발휘할 수 있어야 한다.

■해설 이형철근의 최소 겹침이음 길이
• A급 이음 : $1.0l_d$ 이상(배근된 철근량이 소요 철근량의 2배 이상이고, 겹침이음된 철근량이 총 철근량의 $\frac{1}{2}$ 이하인 경우)
• B급 이음 : $1.3l_d$ 이상(A급 이외의 이음)

|해답| 15. ㉮ 16. ㉮ 17. ㉯

18. 철근의 겹침이음에서 A급 이음의 조건에 대한 설명으로 옳은 것은?

㉮ 배근된 철근량이 이음부 전체 구간에서 해석결과 요구되는 소요철근량의 2배 이상이고 소요 겹침이음길이 내 겹침이음된 철근량이 전체 철근량의 1/2 이하인 경우

㉯ 배근된 철근량이 이음부 전체 구간에서 해석결과 요구되는 소요철근량의 1.5배 이상이고 소요 겹침이음길이 내 겹침이음된 철근량이 전체 철근량의 1/2 이상인 경우

㉰ 배근된 철근량이 이음부 전체 구간에서 해석결과 요구되는 소요철근량의 2배 이상이고 소요 겹침이음길이 내 겹침이음된 철근량이 전체 철근량의 1/3 이하인 경우

㉱ 배근된 철근량이 이음부 전체 구간에서 해석결과 요구되는 소요철근량의 1.5배 이상이고 소요 겹침이음길이 내 겹침이음된 철근량이 전체 철근량의 1/3 이상인 경우

■해설 이형 인장철근의 최소 겹침이음 길이
① A급 이음 : $1.0l_d$
$\left(\dfrac{\text{배근}A_s}{\text{소요}A_s} \geq 2 \text{이고}, \dfrac{\text{겹침이음}A_s}{\text{전체}A_s} \leq \dfrac{1}{2}\text{인 경우}\right)$
② B급 이음 : $1.3l_d$ (A급 이음 이외의 경우)
③ 최소 겹침이음 길이는 300mm 이상이어야 하며, l_d는 정착길이로서 $\dfrac{\text{소요}A_s}{\text{배근}A_s}$의 보정계수는 적용되지 않는다.

19. 철근의 이음방법에 대한 설명 중 옳지 않은 것은?(단, l_d는 정착길이)

㉮ 인장을 받는 이형철근의 겹침이음길이는 A급 이음과 B급 이음으로 분류하며, A급 이음은 $1.0l_d$ 이상, B급 이음은 $1.3l_d$ 이상이며, 두 가지 경우 모두 300mm 이상이어야 한다.

㉯ 인장 이형철근의 겹침이음에서 A급 이음은 배치된 철근량이 이음부 전체 구간에서 해석결과 요구되는 소요 철근량의 2배 이상이고, 소요 겹침이음길이 내 겹침이음된 철근량이 전체 철근량의 1/2 이하인 경우이다.

㉰ 서로 다른 크기의 철근을 압축부에서 겹침이음하는 경우, D41과 D51 철근은 D35 이하 철근과의 겹침이음은 허용할 수 있다.

㉱ 휨부재에서 서로 직접 접촉되지 않게 겹침이음된 철근은 횡방향으로 소요 겹침이음길이의 1/3 또는 200mm 중 작은 값 이상 떨어지지 않아야 한다.

■해설 휨부재에서 서로 직접 접촉되지 않게 겹침이음된 철근은 횡방향으로 소요 겹침이음 길이의 $\dfrac{1}{5}$ 또는 150mm 중 작은 값 이상 떨어지지 않아야 한다.

20. 압축이형철근의 겹침이음 길이에 대한 설명으로 옳은 것은?(단, d_b는 철근의 공칭 직경)

㉮ 압축이형철근의 기본 정착길이(l_{db}) 이상, 또한 200mm 이상으로 하여야 한다.

㉯ f_y가 500MPa 이하인 경우는 $0.72f_y d_b$ 이상, f_y가 500MPa를 초과할 경우는 $(1.3f_y - 24)d_b$ 이상이어야 한다.

㉰ f_y가 28MPa 미만인 경우는 규정된 겹침이음 길이를 1/5 증가시켜야 한다.

㉱ 서로 다른 크기의 철근을 압축부에서 겹침이음하는 경우, 이음 길이는 크기가 큰 철근의 정착 길이와 크기가 작은 철근의 겹침이음 길이 중 큰 값 이상이어야 한다.

■해설 압축이형철근의 겹침이음 길이
① $f_y \leq 400\text{MPa}$이면, $0.072f_y d_b (\text{mm})$보다 길 필요가 없다.
$f_y > 400\text{MPa}$이면, $(0.13f_y - 24)d_b (\text{mm})$보다 길 필요가 없다.
② 어느 경우라도 300mm 이상
③ $f_{ck} < 21\text{MPa}$이면 그 겹침이음 길이를 위의 값의 $\dfrac{1}{3}$만큼 더 증가시켜야 한다.
④ 서로 다른 지름의 철근을 압축부에서 겹침이음할 경우, 이음 길이는 지름이 큰 철근의 정착 길이와 지름이 작은 철근의 겹침이음 길이 중 큰 값 이상이라야 한다.

|해답| 18. ㉮ 19. ㉱ 20. ㉱

사용성

Chapter **06**

Contents

Section 01 서론
Section 02 처짐
Section 03 균열
Section 04 피로

ITEM POOL 예상문제 및 기출문제

01 서론

1. 사용성 검토의 필요성

① 구조물은 작용하는 외력에 대하여 안전성에 대한 문제는 없지만 사용성에 대한 문제가 발생될 수 있다.
② 구조물에 발생되는 과대한 처짐, 균열, 그리고 피로 등은 구조물의 기능을 저하시키고, 미관을 해치며, 사용자에게 불안감을 주게 된다.
③ 구조물은 작용하는 외력에 대하여 안전성뿐만 아니라 사용성도 동시에 확보되어야 한다.

2. 사용성에 대한 검토사항

① 구조물의 사용성 검토는 처짐, 균열, 그리고 피로 등에 대하여 수행된다.
② 구조물의 안전성 검토는 계수하중에 의하여 이루어지지만 사용성 검토는 사용하중에 의하여 이루어진다.

02 처짐

1. 즉시처짐

(1) 즉시처짐의 정의

구조물에 하중이 실리자마자 발생하는 처짐을 즉시처짐 또는 탄성처짐이라 한다.

(2) 즉시처짐의 계산

즉시처짐은 철근콘크리트 부재가 선형탄성거동을 하는 것으로 간주하여 역학에서 배운 보통의 방법으로 계산한다.

(3) 유효 단면 2차 모멘트(I_e)

1) 정정보의 경우

$$I_e = \left(\frac{M_{cr}}{M_a}\right)^3 I_g + \left\{1 - \left(\frac{M_{cr}}{M_a}\right)^3\right\} I_{cr} \leq I_g \quad \cdots\cdots\cdots (6.1)$$

여기서, M_{cr} : 균열 휨모멘트
M_a : 부재의 최대 휨모멘트
I_g : 철근을 무시한 콘크리트 총 단면에 대한 단면 2차 모멘트
I_{cr} : 균열 환산 단면 2차 모멘트

▶ 철근콘크리트부재의 I_g와 I_{cr}

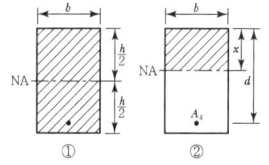

① 균열 발생 전의 단면
$$I_g = \frac{bh^3}{12}$$
② 균열 발생 후의 단면
$$I_{cr} = \frac{1}{3}bx^3 + nA_s(d-x)^2$$

2) 연속보의 경우

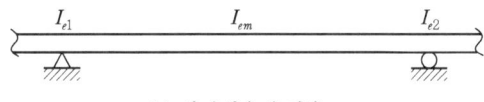

(a) 양단연속인 경우

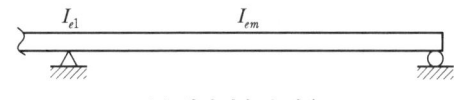

(b) 일단연속인 경우

[그림 6-1] 연속보의 I_e 계산

① 양단연속인 경우

$$I_e = 0.70\, I_{em} + 0.15(I_{e1} + I_{e2}) \quad \cdots\cdots\cdots (6.2)$$

여기서, I_{em} : 지간 중앙의 유효 단면 2차 모멘트
I_{e1}, I_{e2} : 양단의 부모멘트 단면에 대한 유효 단면 2차 모멘트

▶ 철근콘크리트 부재의 처짐 계산시 I의 적용
① $\dfrac{M_{cr}}{M_a} \geq 1.0$이면 I_g 적용
② $\dfrac{M_{cr}}{M_a} < 1.0$이면 I_e 적용

② 일단연속인 경우

$$I_e = 0.85 I_{em} + 0.15 I_{e1} \quad \cdots\cdots\cdots (6.3)$$

▶ I_e 범위
$I_{cr} < I_e < I_g$

2. 장기처짐

(1) 장기처짐의 정의

① 즉시처짐 외에 콘크리트의 건조수축과 크리프로 인하여 추가적으로

발생하는 처짐을 장기처짐이라 한다.
② 콘크리트의 건조수축과 크리프는 지속하중(장기하중)에 의하여 시간의 경과와 더불어 발생하는 변형이므로 장기처짐은 지속하중에 의하여 발생하는 처짐이다.
③ 장기처짐은 콘크리트가 받는 온도와 습도, 양생조건, 하중 재하시의 콘크리트의 재령과 함수량, 압축철근량 등의 영향을 받는다.

(2) 장기처짐의 계산

1) 장기처짐에 대한 계수(λ_Δ)

$$\lambda_\Delta = \frac{\xi}{1+50\rho'} \quad \cdots\cdots (6.4)$$

여기서, ρ' : 압축철근비$\left(=\dfrac{A_s}{bd}\right)$
ξ : 지속하중에 대한 시간경과 계수([표 6-1] 참고)

[표 6-1] 지속하중의 재하기간에 따른 계수

시간	1개월	3개월	6개월	1년	2년	3년	5년 이상
ξ	0.5	1.0	1.2	1.4	1.7	1.8	2.0

2) 장기처짐량(δ_L)과 총처짐량(δ_T)

① 장기처짐량(δ_L)

$$\delta_L = \lambda_\Delta \delta_i \quad \cdots\cdots (6.5)$$

여기서, δ_i : 지속하중에 의한 즉시처짐량

② 총처짐량(δ_T)

$$\delta_T = \delta_i + \delta_L \quad \cdots\cdots (6.6)$$

3. 허용처짐량

① 보행자 및 차량하중 등 동하중(충격을 포함한 사용활하중)을 주로 받는 구조물의 처짐량은 [표 6-2]의 허용처짐량(δ_a) 이하라야 한다.

[표 6-2] 동하중을 주로 받는 구조물의 허용처짐량

조건	허용처짐량
캔틸레버의 경우	$l/300$
캔틸레버에 있어서 보행자도 이용할 경우	$l/375$
단순교 및 연속교의 경우	$l/800$
단순교 및 연속교에 있어서 보행자도 이용하는 시가지 교량의 경우	$l/1000$

(l : 지간 길이)

② 장기처짐 효과를 고려한 구조물의 처짐량은 [표 6-3]의 허용처짐량 (δ_a) 이하라야 한다.

[표 6-3] 장기처짐 효과를 고려한 구조물의 허용처짐량

부재의 형태	고려하여야 할 처짐	허용처짐량
과도한 처짐에 의해 손상되기 쉬운 비구조 요소를 지지 또는 부착하지 않은 평지붕구조	활하중 L에 의한 순간처짐	$\dfrac{l}{180}$
과도한 처짐에 의해 손상되기 쉬운 비구조 요소를 지지 또는 부착하지 않은 바닥구조	활하중 L에 의한 순간처짐	$\dfrac{l}{360}$
과도한 처짐에 의해 손상되기 쉬운 비구조 요소를 지지 또는 부착한 지붕 또는 바닥구조	전체 처짐 중에서 비구조 요소가 부착된 후에 발생하는 처짐부분 (모든 지속하중에 의한 장기처짐과 후가적인 활하중에 의한 순간처짐의 합)	$\dfrac{l}{480}$
과도한 처짐에 의해 손상될 염려가 없는 비구조 요소를 짖 또는 부착한 지붕 또는 바닥구조		$\dfrac{l}{240}$

4. 휨부재의 최소 두께

① 휨부재의 최소 두께에 대한 규정은 철근콘크리트 부재의 처짐을 정확하게 계산할 수 없기 때문에 처짐을 간접 규제하기 위한 것이다.
② 철근콘크리트 휨부재의 두께가 [표 6-4]의 값 이상이면 처짐의 영향을 고려하지 않아도 좋다.

[표 6-4] 휨부재의 최소 두께

부재	최소 두께 또는 높이			
	캔틸레버	단순지지	일단연속	양단연속
보	$\dfrac{l}{8}$	$\dfrac{l}{16}$	$\dfrac{l}{18.5}$	$\dfrac{l}{21}$
1방향 슬래브	$\dfrac{l}{10}$	$\dfrac{l}{20}$	$\dfrac{l}{24}$	$\dfrac{l}{28}$

이 표의 값은 보통중량콘크리트(m_c = 2,300kg/m³)와 설계기준항복강도 400MPa 철근을 사용한 부재에 대한 값이며, 다른 조건에 대해서는 이 값을 다음과 같이 보정하여야 한다.

① 1,500~2,000kg/m³ 범위의 단위질량을 갖는 구조용 경량콘크리트에 대해서는 계산된 h 값에 $(1.65 - 0.00031 m_c)$를 곱하여야 하나, 1.09 이상이어야 한다.

② f_y가 400MPa 이외인 경우는 계산된 h 값에 $(0.43 + \dfrac{f_y}{700})$를 곱하여야 한다.

Section 03 균열

1. 균열에 관한 일반사항

(1) 균열 발생의 원인

1) 재료적인 원인

반응성 골재, 수화열, 큰 물-시멘트 비로 인한 건조수축 등

2) 시공상의 원인

부적절한 양생, 재료분리 현상, 콜드조인트(Cold Joint)의 형성 등

3) 설계상의 원인

철근 피복두께의 부족, 철근 정착길이의 부족, 응력집중 현상, 기초의 부등침하 등

4) 사용환경에 따른 원인

　　온도의 변화, 건습의 반복, 동결·융해 등

(2) 균열폭 제어의 중요성

　① 폭이 큰 균열은 외관상 좋지 않다.
　② 폭이 큰 균열은 사용자에게 불안감을 준다.
　③ 폭이 큰 균열은 철근을 부식시켜 구조물의 내구성을 저하시킨다.

(3) 균열폭에 영향을 미치는 요인

　① 균열폭은 철근의 응력에 비례한다.
　② 균열폭은 철근의 피복두께에 비례한다.
　③ 균열폭은 철근의 지름에 비례하지만 철근비에 반비례한다.(동일한 철근량을 사용할 경우 큰 지름의 철근을 적게 사용하는 것보다 작은 지름의 철근을 많이 사용하는 것이 균열 폭을 제어하는 데 유리하다.)
　④ 콘크리트의 인장구역에 이형철근을 고르게 분포시켜 배치하면 균열폭을 제어하는 데 효과적이다.

2. 휨균열 제어를 위한 설계기준의 규정

(1) 보 및 1방향 슬래브에 있어서 휨균열을 제어하기 위하여 다음에 따라 휨철근을 배치하여야 한다. 콘크리트 인장연단에 가장 가까이에 배치되는 철근의 중심간격 s는 다음 두 식에 의해 계산된 값 이하로 하여야 한다.

$$s = 375\left(\frac{\kappa_{cr}}{f_s}\right) - 2.5\,C_c \quad \cdots\cdots\cdots (6.7)$$

$$s = 300\left(\frac{\kappa_{cr}}{f_s}\right) \quad \cdots\cdots\cdots (6.8)$$

　　여기서, κ_{cr} : 철근의 노출 조건을 고려한 계수(건조 환경 : 280, 그 외의 환경 : 210)
　　　　　　C_c : 인장철근 표면과 콘크리트 표면 사이의 최소 두께
　　　　　　f_s : 사용하중 휨모멘트에 의한 인장연단에 가장 가까이에 배치된 철근의 응력(근사값으로 $f_s = \frac{2}{3}f_y$를 사용해도 좋다.)

(2) T형 보 구조의 플랜지가 인장을 받는 경우에는 휨인장철근을 유효 플랜지폭과 경간의 1/10에 해당하는 폭 중에서 작은 폭에 걸쳐서 분포시켜

야 한다. 만일 유효 플랜지폭이 경간의 1/10을 넘는 경우에는 종방향철근을 플랜지 바깥부분에 추가로 배치해야 한다.
(3) 보나 장선의 높이 h가 900mm를 초과하면, 종방향 표피철근을 인장연단으로부터 $h/2$지점까지 부재 양쪽 측면을 따라 균일하게 배치하여야 한다. 이때 표피철근의 간격 s는 앞의 (1)에 따라야 하고, C_c는 표피철근 표면에서 부재 측면까지 최단거리이다.

3. 균열폭의 검증

(1) 균열폭(ω_d)의 계산

$$\omega_d = \kappa_{st}\, l_s\, (\varepsilon_{sm} - \varepsilon_{cm}) \quad \cdots\cdots (6.9)$$

여기서, ω_d : 설계 균열폭
κ_{st} : 균열폭 평가계수
l_s : 평균 균열간격
ε_{sm} : 균열간격 내의 평균 철근 변형률
ε_{cm} : 균열간격 내의 평균 콘크리트 변형률

(2) 환경조건

균열로 인한 철근의 부식은 철근의 피복두께, 철근의 종류, 구조물이 놓이는 환경 등에 따라 크게 영향을 받는다. 강재(철근)부식에 대한 환경조건은 [표 6-5]와 같다.

[표 6-5] 강재부식에 대한 환경조건의 구분

건조환경	일반 옥내 부재, 부식의 우려가 없을 정도로 보호한 경우의 보통 주거 및 사무실 건물 내부
습윤환경	일반 옥외의 경우, 흙 속의 경우, 옥내의 경우에 있어서 습기가 찬 곳
부식성환경	① 습윤환경과 비교하여 건습의 반복작용이 많은 경우, 특히 유해한 물질을 함유한 지하수위 이하의 흙 속에 있어서 강재의 부식에 해로운 영향을 주는 경우, 동결작용이 있는 경우, 결빙 방지제를 사용하는 경우 ② 해양 콘크리트 구조물 중 해수 중에 있거나 극심하지 않은 해양환경에 있는 경우(가스, 액체, 고체)
고(高)부식성 환경	① 강재의 부식에 현저하게 해로운 영향을 주는 경우 ② 해양 콘크리트구조물 중 간만조위의 영향을 받거나 비말대(飛沫帶)에 있는 경우, 극심한 해풍의 영향을 받는 경우

(3) 허용균열폭(ω_a)

① 사용하중에 의한 구조물의 설계균열폭(ω_d)은 허용균열폭(ω_a) 이하라야 한다.
② 내구성 확보를 위한 허용균열폭은 [표 6-6]과 같다.

[표 6-6] 허용균열폭

강재의 종류	강재의 부식에 대한 환경 조건			
	건조환경	습윤환경	부식성환경	고부식성환경
철근	0.4mm와 $0.006C_c$ 중 큰 값	0.3mm와 $0.005C_c$ 중 큰 값	0.3mm와 $0.004C_c$ 중 큰 값	0.3mm와 $0.0035C_c$ 중 큰 값
긴장재	0.2mm와 $0.005C_c$ 중 큰 값	0.2mm와 $0.004C_c$ 중 큰 값	—	—

[주] 이 표에서 C_c는 최외단 주철근의 표면과 콘크리트 표면 사이의 최소 피복두께(mm)

③ 수처리 구조물의 내구성과 누수 방지를 위한 허용균열폭은 [표 6-7]과 같다.

[표 6-7] 수처리 구조물의 허용균열폭

	휨인장균열	전단면인장균열
오염되지 않은 물[1]	0.25mm	0.20mm
오염된 액체[2]	0.20mm	0.15mm

[주 1] 음용수(상수도) 시설물
[주 2] 오염이 매우 심한 경우 발주처 또는 건축주와 협의하여 결정

Section 04 피로

① 교량은 사용기간 동안 수백만 회의 반복하중을 받게 된다. 이러한 교량은 과재하중으로 인한 파괴 위험보다 계속되는 반복하중으로 인한 파괴 위험이 더 크기 때문에 피로에 대한 검토가 필요하다.
② 보와 슬래브의 피로는 휨과 전단에 대하여 검토하고, 기둥의 피로는 검토

▶ **철근의 응력범위**
충격을 포함한 사용 활하중에 의한 철근의 최대 응력에서 최소 응력을 뺀 값이다.

하지 않아도 좋다.
③ 휨부재는 과소철근보로 설계하므로 휨부재의 피로는 반복 인장응력을 받는 철근의 피로에 대하여 검토하는 것이 바람직하다.
④ 충격을 포함한 사용활하중에 의한 철근의 응력범위가 [표 6-8]의 값 이하이면 피로에 대하여 검토하지 않아도 좋다.

[표 6-8] 피로를 고려하지 않아도 되는 철근의 응력범위

철근의 종류	인장응력 및 압축응력의 범위
SD 300(f_y=300MPa)	130MPa
SD 350(f_y=350MPa)	140MPa
$f_y \geq 400$MPa	150MPa

Item pool — 예상문제 및 기출문제

01. 강도 설계법에서 사용성 검토에 해당하지 않는 사항은?

㉮ 철근의 피로
㉯ 처짐
㉰ 균열
㉱ 투수성

■해설 철근콘크리트 구조물의 사용성 검토는 처짐, 균열, 그리고 철근의 피로에 대하여 수행된다.

02. 부재의 최대모멘트 M_a와 균열모멘트 M_{cr}의 비 (M_a/M_{cr})가 0.95인 단순보의 순간처짐을 구하려고 할 때 사용되는 유효 단면2차모멘트(I_e)의 값은?(단, 철근을 무시한 중립축에 대한 총단면의 단면2차모멘트는 I_g=540,000cm⁴이고, 균열 단면의 단면2차모멘트 I_{cr}=345,080cm⁴이다.)

㉮ 200,738cm⁴
㉯ 345,080cm⁴
㉰ 540,000cm⁴
㉱ 570,724cm⁴

■해설 철근콘크리트 부재의 처짐 계산 시 I의 적용

• $\dfrac{M_{cr}}{M_a} \geq 1.0$이면 I_g 적용

• $\dfrac{M_{cr}}{M_a} < 1.0$이면 I_e 적용

따라서,

$\dfrac{M_{cr}}{M_a} = \dfrac{1}{0.95} = 1.05$

$\dfrac{M_{cr}}{M_a} \geq 1.0$이므로 $I_e = I_g = 540,000\text{cm}^4$이다.

03. 그림과 같은 지간 10m인 직사각형 단면의 철근콘크리트 보에 10kN/m의 등분포하중과 100kN의 집중하중이 작용할 때 최대 처짐을 구하기 위한 유효 단면 2차 모멘트는?(단, 철근을 무시한 콘크리트 전체 단면의 중심축에 대한 단면 2차 모멘트(I_g) : 6.5×10⁹mm⁴, 균열 단면의 단면 2차 모멘트(I_{cr}) : 5.65×10⁹mm⁴, 외력에 의해 단면에서 휨균열을 일으키는 휨모멘트(M_{cr}) : 140kN·m)

㉮ $4.563 \times 10^9 \text{mm}^4$
㉯ $5.694 \times 10^9 \text{mm}^4$
㉰ $6.838 \times 10^9 \text{mm}^4$
㉱ $7.284 \times 10^9 \text{mm}^4$

■해설
$M_a = \dfrac{w \cdot l^2}{8} + \dfrac{P \cdot l}{4}$

$= \dfrac{10 \times 10^2}{8} + \dfrac{100 \times 10}{4} = 375\text{kN} \cdot \text{m}$

$\left(\dfrac{M_{cr}}{M_a}\right)^3 = \left(\dfrac{140}{375}\right)^3 = 0.0520$

$I_e = \left(\dfrac{M_{cr}}{M_a}\right)^3 I_g + \left[1 - \left(\dfrac{M_{cr}}{M_a}\right)^3\right] I_{cr}$

$= [0.0520 \times (6.5 \times 10^9)]$
$\quad + [(1 - 0.0520) \times (5.65 \times 10^9)]$

$= 5.694 \times 10^9 \text{mm}^4$

04. 압축철근비가 0.01이고, 인장철근비가 0.003인 철근콘크리트 보에서 장기 추가처짐에 대한 계수(λ_Δ)의 값은?(단, 하중재하 기간은 5년 6개월이다.)

㉮ 0.80
㉯ 0.933
㉰ 2.80
㉱ 1.333

■해설
• 5년 이상 : ξ=2.0
• 12개월 이상 : ξ=1.4
• 6개월 이상 : ξ=1.2
• 3개월 이상 : ξ=1.0

$\lambda_\Delta = \dfrac{\xi}{1 + 50\rho'} = \dfrac{2.0}{1 + (50 \times 0.01)} = 1.333$

|해답| 1. ㉱ 2. ㉰ 3. ㉯ 4. ㉱

05. 휨부재의 처짐에 관한 다음 설명 중 맞지 않는 것은?
  ㉮ 복철근으로 설계하면 장기처짐량이 감소한다.
  ㉯ 균열이 발생하지 않은 단면의 처짐 계산에서 사용되는 단면 2차 모멘트는 철근을 무시한 콘크리트 전체 단면의 중심축에 대한 단면 2차 모멘트(I_g)를 사용한다.
  ㉰ 휨부재의 처짐은 사용하중에 대하여 검토한다.
  ㉱ 장기처짐량은 단기처짐량에 반비례한다.

■해설 δ_L(장기처짐)$= \lambda_\Delta \cdot \delta_i$(단기처짐)
장기처짐량은 단기처짐량에 비례한다.

06. A_s =4,000mm², A_s' =1,500mm²로 배근된 그림과 같은 복철근 보의 탄성처짐이 15mm이다. 5년 이상의 지속하중에 의해 유발되는 장기처짐은 얼마인가?

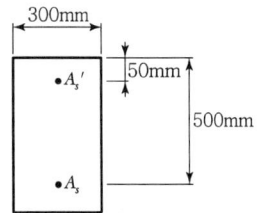

  ㉮ 15mm ㉯ 20mm
  ㉰ 25mm ㉱ 30mm

■해설 $\xi=2.0$(하중 재하기간이 5년 이상인 경우)
$\rho' = \dfrac{A_s'}{bd} = \dfrac{1,500}{300 \times 500} = 0.01$
$\lambda_\Delta = \dfrac{\xi}{1+50\rho'} = \dfrac{2}{1+(50 \times 0.01)} = 1.33$
$\delta_L = \lambda_\Delta \cdot \delta_i = 1.33 \times 15 = 20\text{mm}$

07. 복철근 콘크리트 단면에 압축철근비 $\rho'=0.01$이 배근된 경우 순간처짐이 20mm일 때 1년이 지난 후 처짐량은?(단, 작용하는 모든 하중은 지속하중으로 보며 지속하중의 1년 재하기간에 따르는 계수 ξ는 1.4이다.)
  ㉮ 42.2mm ㉯ 40.0mm
  ㉰ 38.7mm ㉱ 39.9mm

■해설 $\lambda_\Delta = \dfrac{\xi}{1+50\rho'} = \dfrac{1.4}{1+(50 \times 0.01)} = 0.933$
$\delta_L = \lambda_\Delta \cdot \delta_i = 0.933 \times 20 = 18.66\text{mm}$
$\delta_T = \delta_i + \delta_L = 20 + 18.66 = 38.66\text{mm}$

08. b_w =400mm, d =600mm, A_s =4,800mm², A_s' =2,400mm²인 복철근 직사각형 단면의 보에서 하중이 작용할 경우 탄성처짐량이 2.5mm였다. 6개월 후 총처짐량은?(단, 시간경과계수(ξ)는 1.2)
  ㉮ 4.0mm ㉯ 4.5mm
  ㉰ 5.0mm ㉱ 6.0mm

■해설 $\rho' = \dfrac{A_s'}{bd} = \dfrac{2,400}{400 \times 600} = 0.01$
$\lambda_\Delta = \dfrac{\xi}{1+50\rho'} = \dfrac{1.2}{1+(50 \times 0.01)} = 0.8$
$\delta_L = \lambda_\Delta \cdot \delta_i = 0.8 \times 2.5 = 2\text{mm}$
$\delta_T = \delta_i + \delta_L = 2.5 + 2 = 4.5\text{mm}$

09. 철근콘크리트 부재에서 처짐을 방지하기 위해서는 부재의 두께를 크게 하는 것이 효과적인데, 구조상 가장 두꺼워야 될 순서대로 나열된 것은?
  ㉮ 단순지지 > 캔틸레버 > 일단연속 > 양단연속
  ㉯ 캔틸레버 > 단순지지 > 일단연속 > 양단연속
  ㉰ 일단연속 > 양단연속 > 단순지지 > 캔틸레버
  ㉱ 양단연속 > 일단연속 > 단순지지 > 캔틸레버

■해설 처짐을 계산하지 않아도 되는 휨부재의 최소두께

부재	최소 두께 또는 높이			
	캔틸레버	단순지지	일단연속	양단연속
보	$\dfrac{l}{8}$	$\dfrac{l}{16}$	$\dfrac{l}{18.5}$	$\dfrac{l}{21}$
1방향 슬래브	$\dfrac{l}{10}$	$\dfrac{l}{20}$	$\dfrac{l}{24}$	$\dfrac{l}{28}$

이 표의 값은 보통중량콘크리트(m_c=2,300kg/m³)와 설계기준항복강도 400MPa 철근을 사용한 부재에 대한 값이며, 다른 조건에 대해서는 이 값을 다음과 같이 보정하여야 한다.
① 1,500~2,000kg/m³ 범위의 단위질량을 갖는 구조용 경량콘크리트에 대해서는 계산된 h 값에 $(1.65-0.00031m_c)$를 곱하여야 하나, 1.09 이상이어야 한다.
② f_y가 400MPa 이외인 경우는 계산된 h 값에 $\left(0.43+\dfrac{f_y}{700}\right)$를 곱하여야 한다.

|해답| 5. ㉱ 6. ㉯ 7. ㉰ 8. ㉯ 9. ㉯

10. 길이가 6m인 철근콘크리트 캔틸레버보의 처짐을 계산하지 않는 경우 보의 최소 두께는?(단, f_{ck}=28MPa, f_y=350MPa)

㉮ 279mm ㉯ 349mm
㉰ 558mm ㉱ 698mm

■해설 캔틸레버보에서 처짐을 계산하지 않아도 되는 최소 두께(h_{min})

- f_y=400MPa인 경우 : $h_{min} = \dfrac{l}{8}$

- $f_y \neq$400MPa인 경우 : $h_{min} = \dfrac{l}{8}\left(0.43 + \dfrac{f_y}{700}\right)$

따라서, f_y=350MPa인 경우 캔틸레버보의 최소두께(h_{min})는 다음과 같다.

$$h_{min} = \dfrac{l}{8}\left(0.43 + \dfrac{f_y}{700}\right)$$
$$= \dfrac{6 \times 10^3}{8}\left(0.43 + \dfrac{350}{700}\right) = 697.5\text{mm}$$

11. 처짐을 계산하지 않는 경우 단순지지된 보의 최소 두께(h_{min})로 옳은 것은?(단, 보통콘크리트(m_c=2,300kg/m³) 및 f_y=300MPa인 철근을 사용한 부재의 길이가 10m인 보)

㉮ 429mm ㉯ 500mm
㉰ 537mm ㉱ 625mm

■해설 단순지지 보의 처짐을 계산하지 않아도 되는 최소 두께(h_{min})

① f_y=400MPa인 경우 : $h_{min} = \dfrac{l}{16}$

② $f_y \neq$400MPa인 경우 : $h_{min} = \dfrac{l}{16}\left(0.43 + \dfrac{f_y}{700}\right)$

f_y=300MPa이므로 최소 두께(h_{min})는 다음과 같다.

$$h_{min} = \dfrac{l}{16}\left(0.43 + \dfrac{f_y}{700}\right)$$
$$= \dfrac{10 \times 10^3}{16}\left(0.43 + \dfrac{300}{700}\right) = 536.6\text{mm}$$

12. 과도한 처짐에 의해 손상되기 쉬운 비구조 요소를 지지 또는 부착한 지붕 또는 바닥구조의 최대 허용처짐은?(단, l은 부재의 길이이고, 콘크리트구조기준 규정을 따른다.)

㉮ $\dfrac{l}{180}$ ㉯ $\dfrac{l}{240}$
㉰ $\dfrac{l}{360}$ ㉱ $\dfrac{l}{480}$

■해설 과도한 처짐에 의해 손상되기 쉬운 비구조 요소를 지지하거나 또는 이들에 부착된 지붕 또는 바닥구조에 대한 허용처짐량(δ_a)은 $\delta_a = \dfrac{l}{480}$ 이다.

13. 처짐과 균열에 대한 다음 설명 중 틀린 것은?

㉮ 크리프, 건조수축 등으로 인하여 시간의 경과와 더불어 진행되는 처짐이 탄성처짐이다.
㉯ 처짐에 영향을 미치는 인자로는 하중, 온도, 습도, 재령, 함수량, 압축철근의 단면적이다.
㉰ 균열폭을 최소화하기 위해서는 적은 수의 굵은 철근보다는 많은 수의 가는 철근을 인장측에 잘 분포시켜야 한다.
㉱ 콘크리트 표면의 균열폭은 피복두께의 영향을 받는다.

■해설 ① 탄성처짐 : 하중이 실리자마자 발생하는 처짐
② 장기처짐 : 콘크리트의 건조수축과 크리프로 인하여 시간의 경과와 더불어 발생하는 처짐

14. 다음은 철근콘크리트 구조물의 균열에 관한 설명이다. 옳지 않은 것은?

㉮ 하중으로 인한 균열의 최대 폭은 철근응력에 비례한다.
㉯ 콘크리트 표면의 균열폭은 철근에 대한 피복두께에 반비례한다.
㉰ 많은 수의 미세한 균열보다는 폭이 큰 몇 개의 균열이 내구성에 불리하다.
㉱ 인장측에 철근을 잘 분배하면 균열폭을 최소로 할 수 있다.

■해설 콘크리트 균열에 대한 특징
① 이형철근을 콘크리트 인장측에 잘 분배하면 균열폭을 최소화시킬 수 있다.
② 균열폭은 철근응력, 철근지름에 비례하고 철근비에 반비례한다.
③ 콘크리트 표면의 균열폭은 피복두께에 비례한다.

|해답| 10. ㉱ 11. ㉰ 12. ㉱ 13. ㉮ 14. ㉯

15. 아래 그림과 같은 보의 단면에서 표피철근의 간격 S는 약 얼마인가?(단, 습윤환경에 노출되는 경우로서, 표피철근의 표면에서 부재 측면까지 최단거리(c_c)는 50mm, f_{ck}=28MPa, f_y=400MPa이다.)

㉮ 170mm
㉯ 190mm
㉰ 220mm
㉱ 240mm

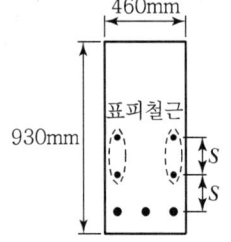

■해설 $k_{cr}=210$(건조환경 : 280, 그 외의 환경 : 210)

$f_s = \dfrac{2}{3}f_y = \dfrac{2}{3} \times 400 = 266.7 \text{MPa}$

$S_1 = 375\left(\dfrac{k_{cr}}{f_s}\right) - 2.5 C_c$

$\quad = 375 \times \left(\dfrac{210}{266.7}\right) - 2.5 \times 50 = 170.3 \text{mm}$

$S_2 = 300\left(\dfrac{k_{cr}}{f_s}\right)$

$\quad = 300 \times \left(\dfrac{210}{266.7}\right) = 236.2 \text{mm}$

$S = [S_1,\ S_2]_{\min} = 170.3 \text{mm}$

16. 강재의 부식에 대한 환경조건이 건조한 환경이며 이형 철근을 사용한 건물 이외의 구조물인 경우 허용균열폭은?(단, 콘크리트의 최소 피복두께는 60mm이다.)

㉮ 0.40mm
㉯ 0.36mm
㉰ 0.32mm
㉱ 0.28mm

■해설 철근콘크리트 구조물의 허용균열폭 w_a(mm)

강재의 종류	강재의 부식에 대한 환경조건			
	건조 환경	습윤 환경	부식성 환경	고부식성 환경
철근	0.4mm와 0.006C_c 중 큰 값	0.3mm와 0.005C_c 중 큰 값	0.3mm와 0.004C_c 중 큰 값	0.3mm와 0.0035C_c 중 큰 값
프리스트레싱 긴장재	0.2mm와 0.005C_c 중 큰 값	0.2mm와 0.004C_c 중 큰 값	–	–

여기서 C_c는 최외단 주철근의 표면과 콘크리트 표면 사이의 콘크리트 최소 피복두께(mm)

• 건조환경에서 이형철근을 사용한 구조물의 허용균열폭
$w_a = [0.4,\ 0.006 C_c]_{\max}$
$\quad = [0.4,\ 0.006 \times 60]_{\max}$
$\quad = [0.4,\ 0.36]_{\max} = 0.4 \text{mm}$

17. 음용수(상수도) 시설물의 전단면인장균열에 대한 허용균열폭은 얼마인가?

㉮ 0.2mm
㉯ 0.4mm
㉰ 0.6mm
㉱ 0.8mm

■해설 수처리 구조물의 허용균열폭 w_a(mm)

측점	휨인장균열	전단면인장균열
오염되지 않은 물[1]	0.25	0.20
오염된 물[2]	0.20	0.15

1) 음용수(상수도) 시설물
2) 오염이 매우 심한 경우 발주자와 협의하여 결정

18. 다음은 철근콘크리트 구조물의 피로에 대한 안정성 검토에 관한 설명이다. 옳지 않은 것은?

㉮ 하중 중에서 변동하중이 차지하는 비율이 큰 부재는 피로에 대한 안정성 검토를 하여야 한다.
㉯ 보나 슬래브의 휨 및 전단에 대하여 검토하여야 한다.
㉰ 일반적으로 기둥의 피로는 검토하지 않아도 좋다.
㉱ 피로에 대한 안정성 검토 시에는 활하중의 충격은 고려하지 않는다.

■해설 충격을 포함한 사용활하중에 의한 철근 응력이 다음 값 이내이면 피로를 검토하지 않아도 좋다.

피로를 고려하지 않아도 되는 철근의 응력범위

철근의 종류	인장응력 및 압축응력의 범위
SD300(f_y=300MPa)	130MPa
SD350(f_y=350MPa)	140MPa
SD400(f_y=400MPa)	150MPa
$f_y \geq 400$MPa	150MPa

|해답| 15. ㉮ 16. ㉮ 17. ㉮ 18. ㉱

기둥

Chapter **07**

Contents

Section 01 서론
Section 02 기둥의 구조세목
Section 03 설계의 기본개념
Section 04 단주
Section 05 장주

ITEM POOL 예상문제 및 기출문제

Section 01 서론

1. 기둥의 정의

① 축방향압축을 받는 부재를 기둥 또는 압축부재라고 하며 특히 높이가 단면의 최소 치수의 3배 이상인 것을 기둥이라고 한다.
② 대부분의 기둥은 순수한 축방향압축력만 받는 경우보다 여러 가지 원인에 의하여 발생되는 휨모멘트를 동시에 받는 것이 보통이다.
③ 기둥의 강도는 길이의 영향과 양단의 지지조건에 따라 달라진다.

2. 기둥의 종류

(1) 부재에 따른 종류

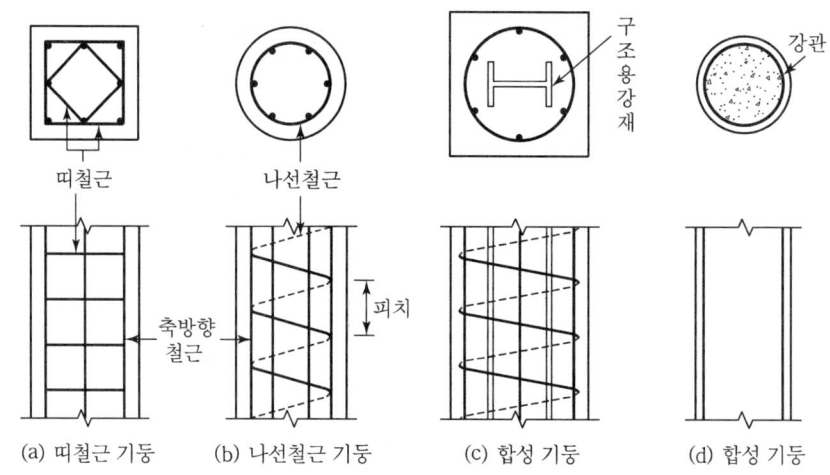

[그림 7-1] 부재에 따른 기둥의 종류

1) 띠철근 기둥

[그림 7-1]의 (a)와 같이 축방향철근을 띠철근으로 적당한 간격으로 둘러 감은 압축부재를 띠철근 기둥이라고 한다.

2) 나선철근 기둥

[그림 7-1]의 (b)와 같이 축방향철근을 나선철근으로 나선형으로 둘러 감은 압축부재를 나선철근 기둥이라고 한다.

3) 합성 기둥

[그림 7-1]의 (c) 또는 (d)와 같이 구조용 강재나 강관을 축방향으로 보강한 압축부재를 합성 기둥이라고 한다. 이때 축방향철근을 사용해도 좋고 또는 사용하지 않아도 좋다.

(2) 거동에 따른 종류

1) 단주
세장비가 특정 한계값 미만인 기둥으로서 파괴거동이 콘크리트의 파쇄 또는 철근의 항복에 의하여 지배되는 기둥을 단주라고 한다.

2) 장주
세장비가 특정 한계값 이상인 기둥으로서 파괴거동이 좌굴에 의하여 지배되는 기둥을 장주라고 한다.

3) 단주와 장주의 구별
① 세장비(λ)

$$\lambda = \frac{kl_u}{r} \quad \cdots\cdots\cdots\cdots\cdots\cdots\cdots\cdots\cdots\cdots\cdots\cdots\cdots (7.1)$$

여기서, l_u : 기둥의 비지지 길이

r : 기둥 단면의 최소 회전반경 $\left(=\sqrt{\dfrac{I_{\min}}{A}}\right)$

k : 유효길이 계수([표 7-1] 참고)

[표 7-1] 경계조건과 유효길이 계수

경계조건	유효길이 계수 k(이론 값)
고정-고정	0.5
고정-단순	0.7
단순-단순	1.0
고정-자유	2.0

▶ 보충

기둥 단면의 최소 회전반경(r)은 근사적으로 다음 값을 사용해도 좋다.
① 원형 단면인 경우
 $r = 0.25d$ (d는 지름)
② 직사각형 단면인 경우
 $r = 0.30h$ (h는 좌굴이 고려되는 방향의 단면치수)

② 단주와 장주의 구별
다음 각 경우에 대하여 세장비(λ)가 주어진 조건을 만족하면 단주로서 고려하고, 조건을 만족하지 않으면 장주로서 고려한다.
㉠ 횡방향 상대변위가 구속된 경우

$$\lambda < 34 - 12\left(\frac{M_1}{M_2}\right) \leq 40 \quad \cdots\cdots\cdots\cdots\cdots\cdots\cdots\cdots\cdots\cdots\cdots\cdots (7.2)$$

여기서, M_1 : 라멘 해석에 의해 구한 기둥의 계수 단 모멘트 중에서 작은 값
M_2 : 라멘 해석에 의해 구한 기둥의 계수 단 모멘트 중에서 큰 값
$\left(\dfrac{M_1}{M_2}\right)$의 부호 : 단굴곡인 경우(+), 복굴곡인 경우(−)

ⓒ 횡방향 상대변위가 구속되지 않은 경우

$$\lambda < 22 \quad \cdots\cdots\cdots\cdots\cdots\cdots\cdots\cdots\cdots\cdots\cdots\cdots\cdots\cdots\cdots\cdots\cdots\cdots\cdots (7.3)$$

Section 02 기둥의 구조세목

1. 띠철근 기둥

(1) 축방향철근

1) 띠철근 기둥에서 축방향철근의 최소 개수는 삼각형 단면인 경우는 3개로 하여야 하고, 사각형 또는 원형 단면인 경우는 4개로 하여야 한다.
2) 축방향철근의 철근비(ρ_g)는 $0.01 \leq \rho_g \leq 0.08$이라야 한다.
   또한, 축방향철근이 겹침이음 되는 경우는 $\rho_g \leq 0.04$라야 한다.
   여기서, $\rho_g = \dfrac{A_{st}}{A_g}$이며, A_{st}는 축방향철근의 단면적이고, A_g는 기둥의 총 단면적이다.

3) 축방향철근비의 한계를 두는 이유
   ① 최소 한계를 두는 이유($0.01 \leq \rho_g$)
      ㉠ 예상하지 못한 편심 등으로 인하여 발생되는 휨에 저항한다.
      ㉡ 시공시 재료분리 현상 등으로 인한 콘크리트의 부분적 결함을 보완한다.
      ㉢ 콘크리트의 크리프 및 건조수축의 영향을 감소시킨다.
      ㉣ 너무 적게 배치하면 효과가 없다.

② 최대 한계를 두는 이유($\rho_g \leq 0.08$)
　㉠ 콘크리트 타설시 지장을 초래한다.
　㉡ 비경제적이다.

(2) 띠철근

① 띠철근의 배치목적은 축방향철근을 횡방향으로 결속하여 축방향철근의 위치확보 및 좌굴방지를 위한 것이다.
② 띠철근의 지름은 D32 이하의 철근을 축방향철근으로 사용하는 경우 D10 이상이어야 하고, D35 이상의 철근을 축방향철근으로 사용하는 경우는 D13 이상이라야 한다.
③ 띠철근의 간격은 축방향철근지름의 16배 이하, 띠철근지름의 48배 이하, 기둥단면의 최소 치수 이하라야 한다.
④ 확대기초의 상면 또는 건물의 바닥 상하면과 같이 기둥이 바닥층이나 보와 접합되는 부분의 띠철근 간격은 다른 부분의 띠철근 간격의 $\frac{1}{2}$ 이하의 간격으로 배치하여야 한다.
⑤ 모서리의 축방향철근과 하나 건너 위치하고 있는 축방향철근들은 135° 이하로 구부린 띠철근의 모서리에 의해 횡지지되어야 한다.

2. 나선철근 기둥

(1) 축방향철근

① 나선철근 기둥에서 축방향철근의 최소 개수는 원형 단면인 경우 6개로 하여야 한다.
② 축방향철근의 철근비(ρ_g)는 $0.01 \leq \rho_g \leq 0.08$이라야 한다.
③ 축방향철근비의 한계를 두는 이유는 띠철근 기둥의 경우와 같다.

(2) 나선철근

① 나선철근의 배치목적은 콘크리트의 횡방향 변형을 방지하여 보다 큰 하중을 받을 수 있도록 한 것이다.
② 나선철근의 지름은 나선철근 기둥을 현장에서 콘크리트를 쳐서 만들 경우 10mm 이상이라야 한다.
③ 나선철근의 순간격은 25mm 이상 75mm 이하라야 한다.
④ 나선철근의 정착을 위하여 나선철근 끝에서 1.5회전만큼 더 연장하여야 한다.

⑤ 나선철근의 겹침이음 길이는 이형철근 또는 철선인 경우 지름의 48배 이상이어야 하고, 원형철근 또는 철선인 경우 지름의 72배 이상 그리고 300mm 이상이어야 한다.
⑥ 나선철근 기둥의 콘크리트 설계기준강도(f_{ck})는 21MPa 이상이어야 하고, 나선철근의 설계기준 항복강도(f_{yt})는 700MPa 이하라야 하며, 400MPa을 초과하는 경우는 겹침이음을 할 수 없다.
⑦ 나선철근의 철근비(ρ_s)는 다음 조건을 만족해야 한다.

$$\rho_s \geq 0.45 \left(\frac{A_g}{A_{ch}} - 1\right)\frac{f_{ck}}{f_{yt}} \quad \cdots\cdots\cdots (7.4)$$

여기서, ρ_s : 나선철근비 $\left(=\dfrac{\text{나선철근의 체적}}{\text{심부의 체적}}\right)$
A_g : 기둥의 총 단면적
A_{ch} : 심부의 단면적
f_{ck} : 콘크리트의 설계기준강도
f_{yt} : 나선철근의 설계기준 항복강도

▶ **심부(Core)**
나선철근의 중심선으로 둘러싸인 부분

3. 축방향철근의 간격과 이음

(1) 축방향철근의 순간격

① 모든 기둥에 있어서 축방향철근의 순간격은 40mm 이상 그리고 철근지름의 1.5배 이상이어야 한다.
② 띠철근 기둥에 있어서 축방향철근의 순간격은 150mm 이하라야 한다.

(2) 축방향철근의 겹침이음 길이

1) 축방향철근의 항복강도(f_y)에 따른 겹침이음 길이
 ① $f_y \leq 400$MPa인 경우
  겹침이음 길이는 $0.072f_y d_b$(mm) 이상, 300mm 이상이어야 한다.
 ② $f_y > 400$MPa인 경우
  겹침이음 길이는 $(0.13f_y - 24)d_b$(mm) 이상, 300mm 이상이어야 한다.

2) 콘크리트의 설계기준강도(f_{ck})에 따른 겹침이음 길이

$f_{ck} < 21$MPa인 경우 : 겹침이음 길이는 앞의 값의 $\dfrac{1}{3}$만큼 더 증가시켜야 한다.

4. 옵셋굽힘철근

① 기둥 연결부에서 단면치수가 변하는 경우는 옵셋굽힘철근을 배치하여야 한다.
② 옵셋굽힘철근의 굽힘부에서 기울기는 1/6을 초과하지 않아야 한다.
③ 옵셋굽힘철근의 굽힘부를 벗어난 상·하부 철근은 기둥축에 평행하여야 한다.
④ 옵셋굽힘철근의 굽힘부에는 띠철근, 나선철근 또는 바닥 구조에 의해 수평지지가 이루어져야 한다. 이때 수평지지는 옵셋굽힘철근의 굽힘부에서 계산된 수평분력의 1.5배를 지지할 수 있도록 설계되어야 하며, 수평지지로 띠철근이나 나선철근을 사용하는 경우에는 이들 철근을 굽힘점으로부터 150mm 이내에 배치하여야 한다.
⑤ 옵셋굽힘철근은 거푸집 내에 배치하기 전에 굽혀두어야 한다.
⑥ 기둥 연결부에서 상·하부의 기둥면이 75mm 이상 차이가 나는 경우는 축방향 철근을 구부려서 옵셋굽힘철근으로 사용하여서는 안 된다. 이러한 경우에 별도의 연결철근을 옵셋되는 기둥의 축방향철근과 겹침이음하여 사용하여야 한다.

Section 03. 설계의 기본개념

1. 설계의 기본원칙

$$P_u \leq P_d = \phi P_n$$

여기서, P_u : 계수축방향압축하중
P_d : 설계축방향압축강도
P_n : 공칭축방향압축강도
ϕ : 강도감소계수

2. 압축지배단면에 대한 강도감소계수

(1) 압축지배단면에 대한 강도감소계수(ϕ)의 값

① 나선철근 부재로 보강된 경우 : $\phi = 0.70$
② 그 이외의 부재에 대한 경우 : $\phi = 0.65$

(2) 압축지배단면 부재에 대한 강도감소계수를 휨부재에 대한 강도감소계수보다 작게 취하는 이유

① 휨부재의 강도는 철근의 인장강도에 의하여 지배되지만, 압축지배단면 부재(축방향압축부재)의 강도는 주로 콘크리트의 강도에 의하여 지배된다.
② 콘크리트는 철근에 비하여 품질의 변동이 심하다.
③ 축방향압축부재의 콘크리트 타설은 콘크리트를 높은 곳에서 쏟아붓는 경우가 많으므로 콘크리트에 결함이 발생하기 쉽다.

3. 수정계수

(1) 수정계수(α)의 값

① 나선철근 기둥 : $\alpha = 0.85$
② 띠철근 기둥 : $\alpha = 0.80$

(2) 강도감소계수 외에 수정계수를 두는 이유

① 시공상의 오차
② 예상하지 못한 편심하중
③ 하중의 장기 재하에 따른 부재의 강도저하

Section 04 단주

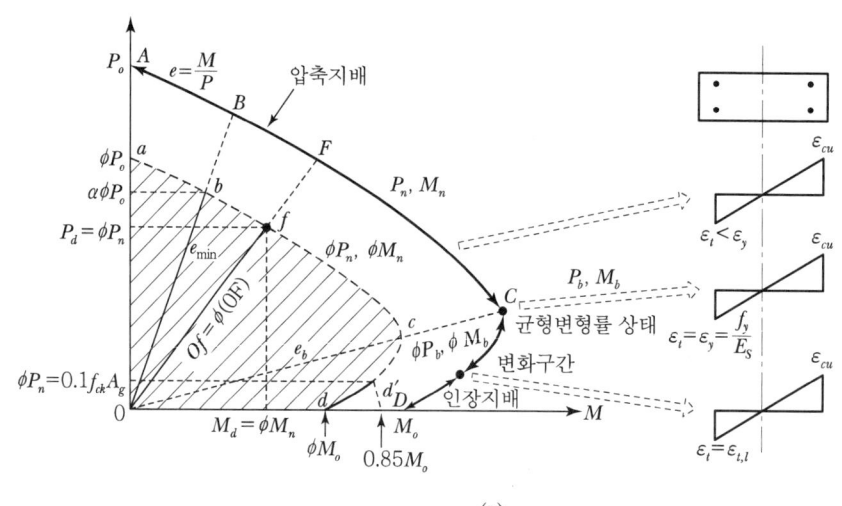

(a)

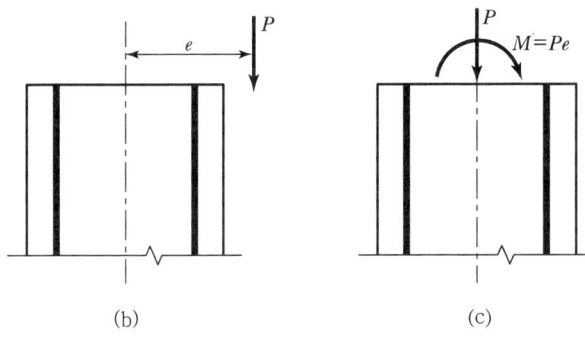

[그림 7-2] P-M 상관도

1. 중심축하중을 받는 경우($e=0$)

중심축하중을 받는 기둥의 설계축방향압축강도(P_d)는 다음과 같다.

$$P_d = \phi P_n = \phi\alpha[0.85f_{ck}(A_g - A_{st}) + f_y A_{st}] \quad \cdots\cdots\cdots\cdots (7.5)$$

여기서, A_g : 기둥의 총 단면적
 A_{st} : 축방향철근의 총 단면적

2. 편심하중을 받는 경우($e \neq 0$)

(1) $P-M$ 상관도

1) 최소 편심거리($e_{\min}$)

편심이 너무 작아서 축방향압축하중만 작용하는 것으로 간주할 수 있는 편심거리를 최소 편심거리라고 한다. [그림 7-2]의 (a), $P-M$ 상관도에서 b점에 해당하는 편심거리이다.
① 나선철근 기둥 : $e_{\min} = 0.05h$
② 띠철근 기둥 : $e_{\min} = 0.10h$
 여기서, h : 편심방향의 부재치수

2) 균형 편심거리(e_b)

콘크리트 압축측 연단의 변형률(ε_c)이 극한변형률(ε_{cu})에 도달함과 동시에 철근이 항복하여 그 변형률(ε_s)이 항복변형률(ε_y)에 도달하는 상태의 편심거리를 균형 편심거리라고 한다. [그림 7-2]의 (a), $P-M$ 상관도에서 c점에 해당하는 편심거리이다.

3) 편심거리에 따른 기둥의 파괴유형
① $e = e_b (P = P_b)$: 균형파괴
② $e > e_b (P < P_b)$: 인장파괴
③ $e < e_b (P > P_b)$: 압축파괴

(2) 편심하중을 받는 기둥의 설계축방향압축강도

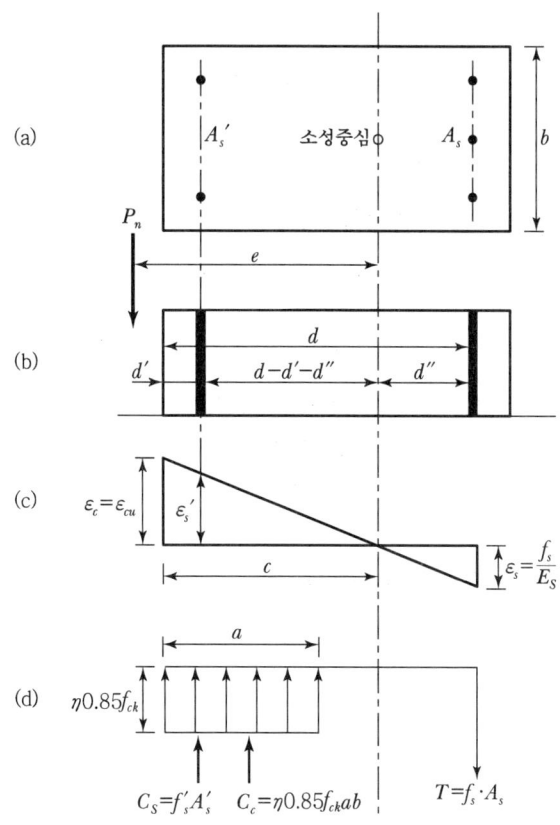

[그림 7-3] 편심하중을 받는 기둥

편심하중을 받는 기둥의 설계축방향압축강도(P_d)는 다음과 같다.
$$P_d = \phi P_n = \phi(\eta 0.85 f_{ck} ab + f_s' A_s' - f_s A_s) \quad \cdots\cdots\cdots (7.6)$$

1) 균형상태
   ① 균형상태의 중립축위치(c_b)

   균형상태의 중립축위치는 [그림 7-3]의 (c)에서 $\varepsilon_s = \varepsilon_y$라 두고 비례식을 사용하면 다음과 같이 구할 수 있다.

   $$c_b = \frac{\varepsilon_{cu}}{\varepsilon_{cu} + \varepsilon_y} d$$

   또한, $f_{ck} \leq 40\text{MPa}$인 경우 균형상태의 중립축의 위치(c_b)는 $\varepsilon_{cu} = 0.0033$을 대입하여 다음과 같이 나타낼 수 있다.

   $$c_b = \frac{660}{660 + f_y}$$

   ② 균형상태의 등가사각형 깊이(a_b)

   $$a_b = \beta_1 c_b$$

   ③ 균형상태의 공칭축방향압축강도(P_b)

   균형상태의 공칭축방향압축강도는 [그림 7-3]의 (d)에서 $f_s = f_y$라 두고 평형방정식을 사용하면 다음과 같이 구할 수 있다.

   $$P_n = P_b = \eta\, 0.85 f_{ck} a_b b + f_s{'} A_s{'} - f_y A_s \quad \cdots\cdots\cdots\cdots (7.7)$$

   여기서, $f_s{'} = E_s \varepsilon_s{'} = E_s \left[\varepsilon_c - \frac{d'}{d}(\varepsilon_c + \varepsilon_y) \right] \leq f_y$

   ④ 균형상태의 설계축방향압축강도(P_d)

   $$P_d = \phi P_b = \phi(\eta\, 0.85 f_{ck} a_b b + f_s{'} A_s{'} - f_y A_s) \quad \cdots\cdots\cdots (7.8)$$

   ⑤ 균형상태의 편심모멘트(M_b)

   균형상태의 편심모멘트는 [그림 7-3]에서 소성중심에 대하여 모멘트에 대한 평형방정식을 적용하면 다음과 같다.

   $$\begin{aligned}M_b &= P_b e_b \\ &= \eta\, 0.85 f_{ck} a_b b \left(d - d'' - \frac{a_b}{2}\right) + f_s{'} A_s{'}(d - d' - d'') + f_y A_s d'' \end{aligned}$$
   $$\cdots\cdots\cdots\cdots\cdots\cdots\cdots\cdots\cdots\cdots\cdots\cdots\cdots\cdots\cdots\cdots\cdots\cdots\cdots (7.9)$$

   ⑥ 균형편심거리(e_b)

   균형편심거리는 식 (7.7)과 (7.9)로부터 다음과 같이 얻어진다.

$$e_b = \frac{M_b}{P_b} \quad \cdots\cdots (7.10)$$

2) 기둥의 강도가 인장에 의하여 지배되는 경우

기둥의 강도가 인장에 의하여 지배되는 경우의 설계축방향압축강도는 다음과 같다.

$$P_d = \phi P_n = \phi \left[\eta 0.85 f_{ck} bd \left\{ \rho'm - \rho m + \left(1 + \frac{e'}{d}\right) \right.\right.$$
$$\left.\left. + \sqrt{\left(1 - \frac{e'}{d}\right)^2 + \frac{2e'}{d}(\rho m - \rho'm) + 2\rho'm\left(\frac{1 - d'}{d}\right)} \right\}\right]$$
$$\cdots\cdots (7.11)$$

여기서, $\rho = \dfrac{A_s}{bd}$, $\rho' = \dfrac{A_s'}{bd}$, $m = \dfrac{f_y}{\eta 0.85 f_{ck}}$

① 단면이 대칭이고, $A_s = A_s'(\rho = \rho')$인 경우

$$P_d = \phi P_n = \phi \left[\eta 0.85 f_{ck} bd \left\{ 1 + \frac{e'}{d} \right.\right.$$
$$\left.\left. + \sqrt{\left(1 - \frac{e'}{d}\right)^2 + 2\rho'm\left(\frac{1 - d'}{d}\right)} \right\}\right] \cdots (7.12)$$

② 압축측 철근이 없는 경우($\rho' = 0$)

$$P_d = \phi P_n = \phi \left[\eta 0.85 f_{ck} bd \left\{ -\rho m + \left(1 + \frac{e'}{d}\right) \right.\right.$$
$$\left.\left. + \sqrt{\left(1 - \frac{e'}{d}\right)^2 + 2\rho m \frac{e'}{d}} \right\}\right] \cdots\cdots (7.13)$$

3) 기둥의 강도가 압축에 의하여 지배되는 경우

기둥의 강도가 압축에 의하여 지배되는 경우의 설계축방향압축강도는 [그림 7-2]의 (a), P-M 상관도에서 afc구간(압축지배구간)이 직선적으로 변하는 것으로 간주하여 다음과 같이 나타낼 수 있다.

$$P_d = \phi P_n = \phi \left[\frac{P_o}{1 + \dfrac{e}{e_b}\left(\dfrac{P_o}{P_b} - 1\right)} \right] \quad \cdots\cdots (7.14)$$

여기서, $P_0 = 0.85 f_{ck}(A_g - A_{st}) + f_y A_{st}$

Section 05 장주

1. 기둥의 좌굴강도

(1) 좌굴하중(P_{cr})

중심축하중을 받는 기둥의 좌굴하중(임계하중)은 다음과 같다.(Euler 좌굴식)

$$P_{cr} = \frac{\pi^2 EI}{(kl_u)^2} \quad \cdots\cdots (7.15)$$

여기서, EI : 철근콘크리트 부재의 휨강성

(2) 철근콘크리트 부재의 휨강성(EI)

설계기준에 제시된 철근콘크리트 부재의 휨강성은 다음과 같다.

1) 일반화된 휨강성

$$EI = \frac{0.2E_c I_g + E_s I_{se}}{1 + \beta_{dns}} \quad \cdots\cdots (7.16)$$

여기서, E_c : 콘크리트의 탄성계수
I_g : 철근을 무시한 콘크리트 전체 단면의 중심축에 대한 단면 2차 모멘트
E_s : 철근의 탄성계수
I_{se} : 부재 단면의 중심축에 대한 철근의 단면 2차 모멘트
$\beta_{dns} = \dfrac{축방향\ 계수지속하중}{최대\ 축방향\ 계수하중}$

2) 단순화된 휨강성

$$EI = \frac{0.4E_c I_g}{1 + \beta_{dns}} \quad \cdots\cdots (7.17)$$

2. 확대모멘트

(1) 확대모멘트의 정의

철근콘크리트 기둥은 구조의 연속성 또는 횡방향하중에 의하여 축방향 압축하중과 휨모멘트를 동시에 받는 것이 보통이다. 이때, 기둥에 횡방향변위가 발생하게 되면 기둥의 임의 점에서 발생되는 휨모멘트는 축

방향압축하중과 횡방향변위에 의하여 발생되는 휨모멘트만큼 확대된다. 이와 같이, 축방향압축하중의 영향을 고려한 휨모멘트를 확대모멘트라고 한다.

(2) 확대모멘트 식

확대모멘트 식은 다음과 같다.

$$M_c = \delta_{ns} M_2 = \frac{C_m}{1 - \dfrac{P_u}{0.75 P_c}} M_2 \quad \cdots\cdots\cdots\cdots\cdots (7.18)$$

여기서, M_c : 확대계수휨모멘트
M_2 : 압축부재의 단부 계수휨모멘트 중 큰 값
δ_{ns} : 모멘트확대계수
P_u : 계계수축방향압축하중
P_c : 양단의 경계조건을 고려한 좌굴하중
C_m : ① 기둥의 양단 사이에 횡방향 하중이 작용하지 않는 경우

$$C_m = 0.6 + 0.4 \frac{M_1}{M_2} \geq 0.4$$

② 기둥의 양단 사이에 횡하중이 있는 경우
$C_m = 1$

Item pool 예상문제 및 기출문제

01. 횡구속골조구조물에서 세장비$\left(\dfrac{kl_u}{r}\right)$가 얼마를 초과할 때 장주로 취급하는가?(단, M_1 : 압축부재의 단부 계수 휨모멘트 중 작은 값, M_2 : 압축부재의 단부 계수 휨모멘트 중 큰 값)

㉮ $22 - 12\dfrac{M_1}{M_2}$ ㉯ $34 - 12\dfrac{M_1}{M_2}$

㉰ $34 + 12\dfrac{M_1}{M_2}$ ㉱ $22 + 12\dfrac{M_1}{M_2}$

■해설 장주와 단주의 구별

다음 각 경우에 대하여 세장비$\left(\lambda = \dfrac{kl_u}{r}\right)$가 주어진 조건을 만족하면 단주로서 고려하고, 조건을 만족하지 않으면 장주로서 고려한다.

• 횡방향 상대변위가 구속된 경우

$\lambda < 34 - 12\left(\dfrac{M_1}{M_2}\right) \leq 40$

(여기서, $-0.5 \leq \left(\dfrac{M_1}{M_2}\right) \leq 1.0$)

• 횡방향 상대변위가 구속되지 않은 경우

$\lambda < 22$

02. 나선철근으로 둘러싸인 압축부재의 축방향 주철근의 최소 개수는?

㉮ 3개 ㉯ 4개
㉰ 5개 ㉱ 6개

■해설 철근콘크리트 기둥에서 축방향철근의 최소 개수

기둥 종류	단면 모양	축방향철근의 최소 개수
띠철근 기둥	삼각형	3개
	사각형, 원형	4개
나선철근 기둥	원형	6개

03. 기둥에 관한 구조세목 중 틀린 것은?

㉮ 축방향철근의 순간격은 40mm 이상, 또 그 직경의 1.5배 이상이라야 한다.
㉯ 나선철근 기둥에서 콘크리트 설계기준강도는 18MPa 이상이어야 한다.
㉰ 압축부재의 축방향주철근의 최소 개수는 직사각형이나 원형 띠철근 내부의 철근의 경우는 4개로 하여야 한다.
㉱ 압축부재의 축방향주철근의 최소 개수는 삼각형 띠철근 내부의 철근의 경우는 3개로 하여야 한다.

■해설 나선철근 기둥의 콘크리트 설계기준강도
$f_{ck} \geq 21\text{MPa}$

04. 콘크리트 구조 설계기준에서는 띠철근으로 보강된 기둥에 대해서는 감소계수 $\phi = 0.65$, 나선철근으로 보강된 기둥에 대해서는 $\phi = 0.70$을 적용한다. 그 이유에 대한 설명으로 가장 적당한 것은?

㉮ 콘크리트의 압축강도 측정 시 공시체의 형태가 원형이기 때문이다.
㉯ 나선철근으로 보강된 기둥이 띠철근으로 보강된 기둥보다 연성이나 인성이 크기 때문이다.
㉰ 나선철근으로 보강된 기둥은 띠철근으로 보강된 기둥보다 골재분리현상이 적기 때문이다.
㉱ 같은 조건(콘크리트 단면적, 철근 단면적)에서 사각형(띠철근) 기둥이 원형(나선철근) 기둥보다 큰 하중을 견딜 수 있기 때문이다.

05. 철근콘크리트의 기둥에 관한 구조세목으로 틀린 것은?

|해답| 1. ㉯ 2. ㉱ 3. ㉯ 4. ㉯ 5. ㉱

㉮ 비합성 압축부재의 축방향 주철근 단면적은 전체 단면적의 0.01배 이상, 0.08배 이하로 하여야 한다.
㉯ 압축부재의 축방향 주철근의 최소 개수는 나선철근으로 둘러싸인 경우 6개로 하여야 한다.
㉰ 압축부재의 축방향 주철근의 최소 개수는 삼각형 띠철근으로 둘러싸인 경우 3개로 하여야 한다.
㉱ 띠철근의 수직간격은 축방향철근 지름의 48배 이하, 띠철근이나 철선 지름의 16배 이하, 또한 기둥 단면의 최대 치수 이하로 하여야 한다.

■해설 띠철근의 수직간격은 축방향철근 지름의 16배 이하, 띠철근이나 철선 지름의 48배 이하, 또한 기둥 단면의 최소 치수 이하로 하여야 한다.

06. 그림과 같은 띠철근 기둥에서 띠철근의 최대 간격으로 적당한 것은?(단, D10의 공칭직경은 9.5mm, D32의 공칭직경은 31.8mm)

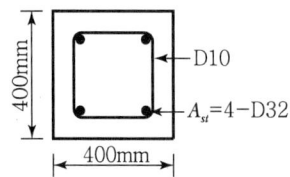

㉮ 400mm ㉯ 450mm
㉰ 500mm ㉱ 550mm

■해설 띠철근 기둥에서 띠철근의 간격
① 축방향철근 지름의 16배 이하
  $=31.8 \times 16 = 508.8$mm 이하
② 띠철근 지름의 48배 이하
  $=9.5 \times 48 = 456$mm 이하
③ 기둥 단면의 최소 치수 이하 $=400$mm 이하
따라서, 띠철근의 간격은 최소값인 400mm 이하라야 한다.

07. 그림과 같은 띠철근 기둥에서 띠철근의 최대 간격으로 적당한 것은?(단, D10의 공칭직경은 9.5mm, D32의 공칭직경은 31.8mm)

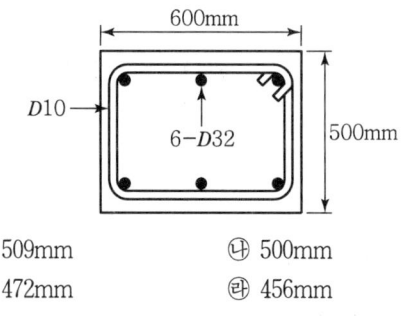

㉮ 509mm ㉯ 500mm
㉰ 472mm ㉱ 456mm

■해설 띠철근 기둥에서 띠철근의 간격
• 축방향 철근 지름의 16배 이하
  $=31.8 \times 16 = 508.8$mm 이하
• 띠철근 지름의 48배 이하
  $=9.5 \times 48 = 456$mm 이하
• 기둥단면의 최소 치수 이하 $=500$mm 이하
따라서, 띠철근의 간격은 최소값인 456mm 이하라야 한다.

08. 나선철근 기둥의 설계에 있어서 나선철근비를 구하는 식으로 옳은 것은?(단, A_g : 기둥의 총 단면적, A_{ch} : 나선철근 기둥의 심부 단면적, f_{yt} : 나선철근의 설계기준 항복강도, f_{ck} : 콘크리트의 설계기준강도)

㉮ $0.45 \left(\dfrac{A_g}{A_{ch}} - 1 \right) \dfrac{f_{yt}}{f_{ck}}$

㉯ $0.45 \left(\dfrac{A_g}{A_{ch}} - 1 \right) \dfrac{f_{ck}}{f_{yt}}$

㉰ $0.45 \left(1 - \dfrac{A_g}{A_{ch}} \right) \dfrac{f_{ck}}{f_{yt}}$

㉱ $0.45 \left(\dfrac{A_{ch}}{A_g} - 1 \right) \dfrac{f_{ck}}{f_{yt}}$

■해설 $\rho_s \left(= \dfrac{\text{나선철근의 체적}}{\text{심부의 체적}} \right) \geq 0.45 \left(\dfrac{A_g}{A_{ch}} - 1 \right) \dfrac{f_{ck}}{f_{yt}}$

09. 그림과 같은 나선철근 기둥에서 나선철근의 간격(Pitch)으로 적당한 것은?(단, 소요나선철근비 $\rho_s = 0.018$, 나선철근의 지름은 12mm이다.)

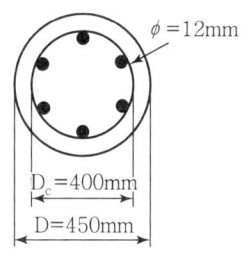

㉮ 61mm ㉯ 85mm
㉰ 93mm ㉱ 105mm

■해설 $\rho_s = \dfrac{\text{나선철근의 체적}}{\text{심부의 체적}}$

$0.018 = \dfrac{\dfrac{\pi \times 12^2}{4} \times \pi \times 400}{\dfrac{\pi \times 400^2}{4} \times s}$

$s = 62.8\text{mm}$

10. 나선철근 압축부재 단면의 심부지름이 400mm, 기둥단면 지름이 500mm인 나선철근 기둥의 나선철근비는 최소 얼마 이상이어야 하는가?(단, $f_{ck}=21\text{MPa}$, $f_y=400\text{MPa}$)

㉮ 0.0133 ㉯ 0.0201
㉰ 0.0248 ㉱ 0.0304

■해설 $\rho_s \geq 0.45\left(\dfrac{A_g}{A_{ch}}-1\right)\dfrac{f_{ck}}{f_{yt}} = 0.45\left(\dfrac{\dfrac{\pi \times 500^2}{4}}{\dfrac{\pi \times 400^2}{4}}-1\right) \times \dfrac{21}{400}$

$= 0.0133$

11. 그림과 같은 원형철근기둥에서 콘크리트구조설계기준에서 요구하는 최대 나선철근의 간격은 약 얼마인가?(단, $f_{ck}=28\text{MPa}$, $f_{yt}=400\text{MPa}$, D10 철근의 공칭단면적은 71.3mm^2)

㉮ 38mm
㉯ 42mm
㉰ 45mm
㉱ 56mm

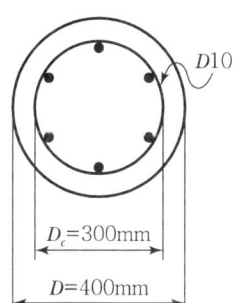

■해설 $\rho_s \geq 0.45\left(\dfrac{A_g}{A_{ch}}-1\right)\dfrac{f_{ck}}{f_{yt}} = 0.45\left(\dfrac{\dfrac{\pi \times 400^2}{4}}{\dfrac{\pi \times 300^2}{4}}-1\right)\dfrac{28}{400}$

$= 0.0245$

$\rho_s = \dfrac{71.3 \times \pi \times 300}{\left(\dfrac{\pi \times 300^2}{4}\right) \times s} \geq 0.0245$

$s \leq 38.8\text{mm}$

12. 직사각형 기둥(300mm×450mm)인 띠철근 단주의 공칭축강도(P_n)는 얼마인가?(단, $f_{ck}=28\text{MPa}$, $f_y=400\text{MPa}$, $A_{st}=3{,}854\text{mm}^2$)

㉮ 2,611.2kN ㉯ 3,263.2kN
㉰ 3,730.3kN ㉱ 3,963.4kN

■해설 $P_n = \alpha P_0 = 0.8\{0.85f_{ck}(A_g - A_{st}) + f_y A_{st}\}$
$= 0.8 \times \{0.85 \times 28 \times (300 \times 450 - 3{,}854)$
$\qquad + 400 \times 3{,}854\}$
$= 3{,}730.3 \times 10^3 \text{N} = 3{,}730.3\text{kN}$

13. 다음 띠철근 기둥이 최소 편심하에서 받을 수 있는 설계 축하중강도($\phi P_{n(\max)}$)는 얼마인가?(단, 축방향 철근의 단면적 $A_{st}=1{,}865\text{mm}^2$, $f_{ck}=28\text{MPa}$, $f_y=300\text{MPa}$이고 기둥은 단주이다.)

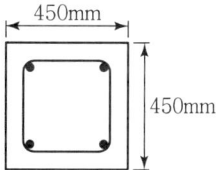

㉮ 2,490kN/m ㉯ 2,774kN
㉰ 3,075kN ㉱ 1,998kN

■해설 $\phi P_n = \phi\alpha\{0.85f_{ck}(A_g - A_{st}) + f_y A_{st}\}$
$= 0.65 \times 0.8 \times \{0.85 \times 28 \times (450^2 - 1{,}865)$
$\qquad + 300 \times 1{,}865\}$
$= 2{,}774 \times 10^3 \text{N} = 2{,}774\text{kN}$

14. $A_g = 180,000\text{mm}^2$, $f_{ck} = 24\text{MPa}$, $f_y = 350\text{MPa}$이고, 종방향 철근의 전체 단면적(A_{st}) = 4,500mm² 인 나선철근기둥(단주)의 공칭축강도(P_n)는?

㉮ 2,987.7kN ㉯ 3,067.4kN
㉰ 3,873.2kN ㉱ 4,381.9kN

■해설
$P_n = \alpha\{0.85 f_{ck}(A_g - A_{st}) + f_y A_{st}\}$
$= 0.85\{0.85 \times 24 \times (180,000 - 4,500) + 350 \times 4,500\}$
$= 4,381,920\text{N} = 4,381.9\text{kN}$

15. 지름 450mm인 원형 단면을 갖는 중심축하중을 받는 나선철근 기둥에 있어서 강도설계법에 의한 축방향설계강도(ϕP_n)는 얼마인가? (단, 이 기둥은 단주이고, $f_{ck} = 27\text{MPa}$, $f_y = 350\text{MPa}$, $A_{st} = 8-D22 = 3,096\text{mm}^2$이다.)

㉮ 1,166kN ㉯ 1,299kN
㉰ 2,425kN ㉱ 2,774kN

■해설
$P_d = \phi \cdot P_n$
$= \phi \times \alpha \times \{0.85 f_{ck}(A_g - A_{st}) + f_y A_{st}\}$
$= 0.70 \times 0.85 \times \{0.85 \times 27 \times (\frac{\pi \times 450^2}{4} - 3,096) + 350 \times 3,096\}$
$= 2,774,239\text{N} \fallingdotseq 2,774\text{kN}$

16. 단면 400mm×400mm인 중심축 하중을 받는 기둥(단주)에 4-D25($A_{st} = 2,027\text{mm}^2$)의 축방향 철근이 배근되어 있다. 이 기둥의 변형률이 $\epsilon = 0.001$에 도달하게 될 때, 축방향 하중의 크기는 약 얼마인가? (단, 콘크리트의 응력 $f_c = 15\text{MPa}$, $f_{ck} = 24\text{MPa}$, $f_y = 300\text{MPa}$이다.)

㉮ 1,782kN ㉯ 2,775kN
㉰ 3,787kN ㉱ 4,783kN

■해설 1. 축방향 철근의 압축력(P_s)
$\varepsilon_y = \frac{f_y}{E_s} = \frac{300}{2 \times 10^5} = 0.0015$
$\varepsilon = \varepsilon_c = \varepsilon_s' = 0.001 < \varepsilon_y$
$f_s' = E_s \varepsilon_s' = (2 \times 10^5) \times 0.001 = 200\text{MPa}$

$P_s = f_s' A_{st} = 200 \times 2,027$
$= 405.4 \times 10^3 \text{N} = 405.4\text{kN}$

2. 콘크리트의 압축력(P_c)
$P_c = f_c A_c = f_c(A_g - A_{st})$
$= 15 \times (400^2 - 2,027) = 2,369.6 \times 10^3 \text{N}$
$= 2,369.6\text{kN}$

3. 축방향 하중(P)
$P = P_s + P_c$
$= 405.4 + 2,369.6 = 2,775\text{kN}$

17. 그림과 같은 띠철근 단주의 균형상태에서 축방향 공칭하중(P_b)은 얼마인가? (단, $f_{ck} = 27\text{MPa}$, $f_y = 400\text{MPa}$, $A_{st} = 4-D35 = 3,800\text{mm}^2$)

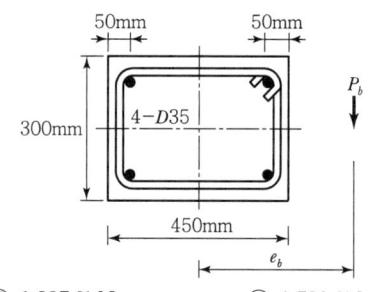

㉮ 1,327.9kN ㉯ 1,520.0kN
㉰ 3,645.2kN ㉱ 5,165.3kN

■해설

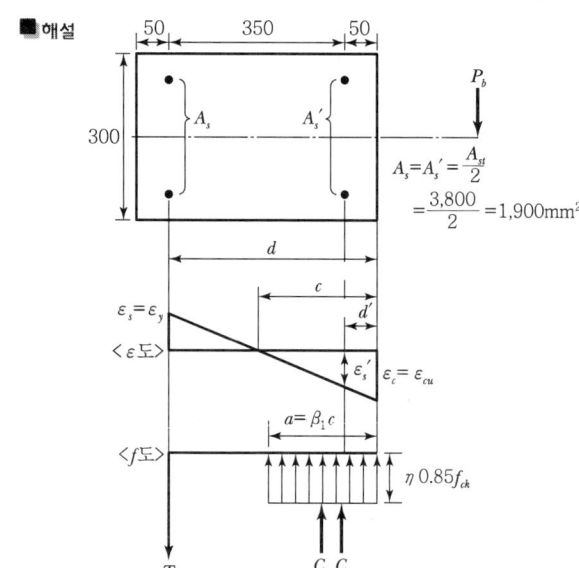

$A_s = A_s' = \frac{A_{st}}{2}$
$= \frac{3,800}{2} = 1,900\text{mm}^2$

|해답| 14. ㉱ 15. ㉱ 16. ㉯ 17. ㉮

1. ε_{cu}, η, β_1의 값
   $f_{ck} = 27\text{MPa} \leq 40\text{MPa}$인 경우
   $\varepsilon_{cu} = 0.0033$, $\eta = 1$, $\beta_1 = 0.8$

2. 콘크리트의 압축력(C_c)
   $c_b = \dfrac{660}{660+f_y}d = \dfrac{660}{660+400} \times 400 = 249\text{mm}$
   $a_b = \beta_1 c_b = 0.8 \times 249 = 199.2\text{mm}$
   $C_c = \eta 0.85 f_{ck}(a_b b - A_s')$
   $= 1 \times 0.85 \times 27 \times (199.2 \times 300 - 1{,}900)$
   $= 1{,}327.9 \times 10^3 \text{N} = 1{,}327.9\text{kN}$

3. 압축철근의 압축력(C_s)
   $\varepsilon_y = \dfrac{f_y}{E_s} = \dfrac{400}{2 \times 10^5} = 0.002$
   $\varepsilon_s' = \dfrac{c_b - d'}{c_b}\varepsilon_{cu} = \dfrac{249-50}{249} \times 0.0033 = 0.00264$
   $\varepsilon_s' > \varepsilon_y \rightarrow f_s' = f_y = 400\text{MPa}$
   $C_s = A_s' f_s' = A_s' f_y$
   $= 1{,}900 \times 400$
   $= 760 \times 10^3 \text{N} = 760\text{kN}$

4. 인장철근의 인장력(T)
   $\varepsilon_s = \varepsilon_y \rightarrow f_s = f_y = 400\text{MPa}$
   $T = A_s f_y = 1{,}900 \times 400$
   $= 760 \times 10^3 \text{N} = 760\text{kN}$

5. 균형상태에서 축방향 공칭하중(P_b)
   $P_b = C_c + C_s - T$
   $= 1{,}327.9 + 760 - 760 = 1{,}327.9\text{kN}$

18. 철골 압축재의 좌굴안정성에 대한 설명 중 틀린 것은?

㉮ 좌굴길이가 길수록 유리하다.
㉯ 힌지지지보다 고정지지가 유리하다.
㉰ 단면 2차모멘트 값이 클수록 유리하다.
㉱ 단면 2차반지름이 클수록 유리하다.

■해설 $P_{cr} = \dfrac{\pi^2 EI}{(kl)^2}$

압축재의 좌굴강도는 $(kl)^2$에 반비례하므로 압축재는 좌굴길이가 길수록 좌굴에 불리하다.

19. 양단이 힌지로 지지된 그림과 같은 단면을 갖는 기둥의 오일러 좌굴하중은 얼마인가?(단, 기둥의 길이 $L=6\text{m}$이며, 탄성계수 $E=200{,}000\text{MPa}$)

㉮ 3,564kN
㉯ 4,541kN
㉰ 4,948kN
㉱ 5,410kN

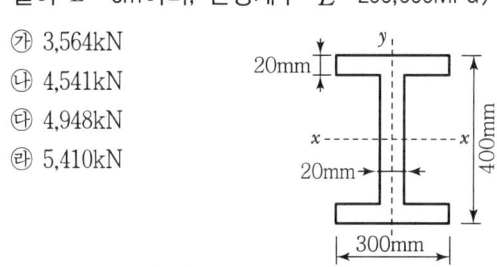

■해설 $k = 1$(양단 힌지)
$I_x = \dfrac{300 \times 400^3}{12} - \dfrac{280 \times 360^3}{12} = 511.36 \times 10^6 \text{mm}^4$
$I_y = 2 \times \dfrac{20 \times 300^3}{12} + \dfrac{360 \times 20^3}{12} = 90.24 \times 10^6 \text{mm}^4$
$I_{\min} = [I_x,\ I_y]_{\min} = 90.24 \times 10^6 \text{mm}^4$
$P_{cr} = \dfrac{\pi^2 E I_{\min}}{(kl)^2} = \dfrac{\pi^2 \times (2 \times 10^5) \times (90.24 \times 10^6)}{(1 \times 6{,}000)^2}$
$= 4{,}947.96 \times 10^3 \text{N} = 4{,}948\text{kN}$

Chapter 08

슬래브

Contents

Section 01 서론
Section 02 1방향 슬래브
Section 03 2방향 슬래브

ITEM POOL 예상문제 및 기출문제

Section 01 서론

1. 슬래브의 정의

콘크리트 구조물의 바닥이나 천장처럼 두께에 비하여 폭이 넓은 판모양의 구조물을 슬래브라고 한다.

2. 슬래브의 종류

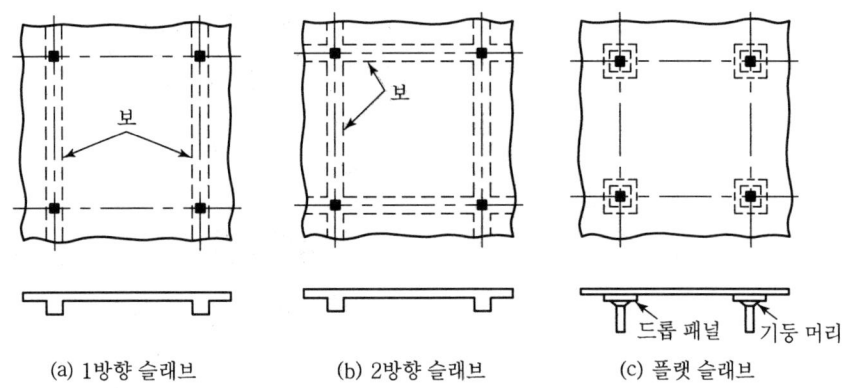

(a) 1방향 슬래브   (b) 2방향 슬래브   (c) 플랫 슬래브

[그림 8-1] 슬래브의 종류

(1) 1방향 슬래브(One-way Slab)

① 긴 변 길이(L)가 짧은 변 길이(S)의 2배 초과하는 슬래브를 1방향 슬래브라고 한다.

$$\left(\frac{L}{S} > 2\right)$$

② 주철근을 짧은 변 방향으로만 배치하여 [그림 8-1]의 (a)와 같이 마주보는 두 변에 의하여 지지되는 슬래브를 1방향 슬래브라고 한다.

(2) 2방향 슬래브(Two-way Slab)

① 긴 변 길이(L)가 짧은 변 길이(S)의 2배 이하인 슬래브를 2방향 슬래브라고 한다.

$$\left(\frac{L}{S} \leq 2\right)$$

② 주철근을 짧은 변과 긴 변 방향으로 모두 배치하여 [그림 8-1]의 (b)와 같이 네 변에 의하여 지지되는 슬래브를 2방향 슬래브라고 한다.

(3) 플랫 슬래브(Flat Slab)
① [그림 8-1]의 (c)와 같이 보 없이 기둥만으로 지지된 슬래브를 플랫 슬래브라고 한다.
② 기둥 둘레의 전단력과 부모멘트를 감소시키기 위하여 드롭패널(Drop Pannel)과 기둥머리(Column Capital)를 둔다.

(4) 평판 슬래브(Flat Plate Slab)
① 드롭패널과 기둥머리 없이 순수하게 기둥만으로 지지된 슬래브를 평판 슬래브라고 한다.
② 하중이 크지 않거나 지간이 짧은 경우에 사용된다.

3. 슬래브의 설계방법과 설계경간

(1) 슬래브의 설계

슬래브의 설계는 판이론에 의하여 설계하는 것이 원칙이지만, 너무 복잡하기 때문에 근사해법에 의하여 설계하는 것이 보통이다.

(2) 1방향 슬래브

짧은 변의 길이를 설계 경간으로 간주하고, 긴 변은 단위폭을 취하여 폭이 1m인 직사각형 단면보로 설계한다.

(3) 2방향 슬래브

강도설계법에서는 직접설계법 또는 등가뼈대법으로 설계하도록 하고 있다.

(4) 슬래브의 경간

1) 단순 교량

받침부의 중심간 거리를 경간으로 한다.

2) 단순지지 슬래브

받침부와 일체로 되어 있지 않은 슬래브에서 순경간에 슬래브 중앙의 두께를 더한 것을 경간으로 한다. 단, 그 값이 받침부의 중심간 거리를 넘어서는 안 된다.

3) 연속 슬래브

받침부의 중심간 거리를 경간으로 하지만, 단면설계에 있어서 순경간 내면의 휨모멘트를 사용한다.

4) 짧은 경간의 연속 슬래브

지지보와 일체로 된 3m 이하의 순경간을 갖는 슬래브에서 순경간을 경간으로 한다.

Section 02 1방향 슬래브

1. 1방향 연속 슬래브에서 근사해법을 적용할 수 있는 경우

① 활하중이 고정하중의 3배를 초과하지 않는 경우
② 등분포하중이 작용하는 경우
③ 2경간 이상인 경우
④ 인접 2경간의 차이가 짧은 경간의 20% 이하인 경우
⑤ 부재의 단면 크기가 일정한 경우

2. 휨모멘트

(1) 모멘트계수

[표 8-1] 모멘트계수

$M_u = C \cdot w_u \cdot l_n^2$			
모멘트를 구하는 위치 및 조건			C
경간내부 (정모멘트)	최외측 경간	불연속 단부가 구속되어 있지 않은 경우	1/11
		불연속 단부가 받침부와 일체로 된 경우	1/14
	내부 경간		1/16
지점부 (부모멘트)	최외측 지점	받침부가 테두리보나 구형인 경우	−1/24
		받침부가 기둥인 경우	−1/16
	첫 번째 내부 지점 외측 경간부	2개의 경간일 때	−1/9
		3개 이상의 경간일 때	−1/10
	내측 지점(첫 번째 내부 지점 내측 경간부 포함)		−1/11
	경간이 3m 이하인 슬래브의 내측 지점		−1/12

(l_n : 부재의 순경간)

(2) 계산된 모멘트 값의 수정
　① 활하중에 의한 경간 중앙의 부모멘트는 산정된 값의 1/2만 취한다.
　② 경간 중앙의 정모멘트는 양단고정으로 보고 계산한 값 이상으로 취해야 한다.
　③ 순경간이 3.0m를 초과하는 경우의 순경간 내면의 모멘트는 순경간을 경간으로 하여 계산한 고정단 휨모멘트 이상으로 적용해야 한다.

(3) 연속 휨부재의 모멘트 재분배
　① 근사해법에 의해 휨모멘트를 계산한 경우를 제외하고, 어떠한 가정의 하중을 적용하여 탄성이론에 의하여 산정한 연속 휨부재 받침부의 부모멘트는 20% 이내에서 $1,000\varepsilon_t \%$만큼 증가 또는 감소시킬 수 있다.
　② 경간 내의 단면에 대한 휨모멘트의 계산은 수정된 부모멘트를 사용하여야 하며, 휨모멘트 재분배 이후에도 정적 평형은 유지되어야 한다.
　③ 휨모멘트의 재분배는 휨모멘트를 감소시킬 단면에서 최외단 인장철근의 순인장변형률 ε_t가 0.0075 이상인 경우에만 가능하다.

3. 전단력

(1) 전단력 계수
　① 첫 번째 내부 받침부 외측면의 전단력 $1.15\dfrac{w_u l_n}{2}$
　② 그 밖의 받침부의 전단력 $\dfrac{w_u l_n}{2}$

(2) 전단에 대한 위험단면
　1방향 슬래브와 보의 전단에 대한 위험단면의 위치는 지점으로부터 유효깊이 d 만큼 떨어진 곳이다.

4. 1방향 슬래브의 구조 세목

(1) 슬래브의 두께
　① 슬래브의 두께는 100mm 이상이어야 한다.
　② 1방향 슬래브의 최소 두께 규정은 [표 6-4]와 같다.

(2) 정철근 및 부철근의 중심간격
　① 최대 휨모멘트가 발생하는 단면에서 슬래브두께의 2배 이하, 300mm

이하라야 한다.

② 그 밖의 단면에서 슬래브두께의 3배 이하, 450mm 이하라야 한다.

(3) 수축 및 온도철근

1) 슬래브에서 휨철근이 1방향으로만 배치되는 경우, 이 철근에 직각방향으로 수축, 온도 철근을 배치하여야 한다.
2) 수축 및 온도철근의 간격은 슬래브두께의 5배 이하, 450mm 이하라야 한다.
3) 수축 및 온도철근의 콘크리트 총 단면적에 대한 철근비는 다음 값 이상이어야 하며, 또한, 어느 경우에도 그 값이 0.0014보다 작아서는 안 된다.
   ① $f_y \leq 400\text{MPa}$인 이형철근을 사용한 슬래브 ·················· 0.002
   ② $f_y > 400\text{MPa}$인 이형철근 또는 용접철망을 사용한 슬래브
   ·················· $0.002 \times \dfrac{400}{f_y}$

그러나 위의 철근비에 콘크리트의 총 단면적을 곱하여 계산한 수축 및 온도철근의 단면적을 단위 폭 m당 1,800mm²보다 크게 취할 필요는 없다.

Section 03 2방향 슬래브

1. 2방향 슬래브에서 직접설계법을 적용할 수 있는 제한 조건

① 슬래브 판들은 단변 경간에 대한 장변 경간의 비가 2 이하인 직사각형이어야 한다.
② 활하중은 고정하중의 2배 이하이어야 한다.
③ 모든 하중은 연직하중으로서 슬래브판 전체에 등분포되는 것으로 간주한다.
④ 각 방향으로 3경간 이상이 연속되어야 한다.
⑤ 각 방향으로 연속한 받침부 중심 간 경간 길이의 차이는 긴 경간의 $\dfrac{1}{3}$ 이하이어야 한다.
⑥ 연속한 기둥 중심선으로부터 기둥의 이탈은 이탈 방향 경간의 최대 10%까지 허용한다.

⑦ 모든 변에서 보가 슬래브를 지지할 경우 직교하는 두 방향에서 보의 상대 강성은 0.2 이상 5.0 이하라야 한다.

2. 하중분배

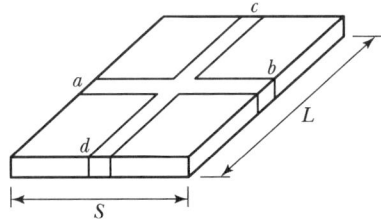

[그림 8-2] 2방향 슬래브

(1) 집중하중(P)이 작용하는 경우

1) 짧은 변(ab대)이 부담하는 하중(P_s)

$$P_S = \frac{L^3}{L^3 + S^3} P \quad \cdots\cdots (8.1)$$

2) 긴 변(cd대)이 부담하는 하중(P_L)

$$P_L = \frac{S^3}{L^3 + S^3} P \quad \cdots\cdots (8.2)$$

(2) 등분포하중(ω)이 작용하는 경우

1) 짧은 변(ab대)이 부담하는 하중(ω_S)

$$\omega_S = \frac{L^4}{L^4 + S^4} \omega \quad \cdots\cdots (8.3)$$

2) 긴 변(cd대)이 부담하는 하중(ω_L)

$$\omega_L = \frac{S^4}{L^4 + S^4} \omega \quad \cdots\cdots (8.4)$$

3. 지지보가 받는 하중

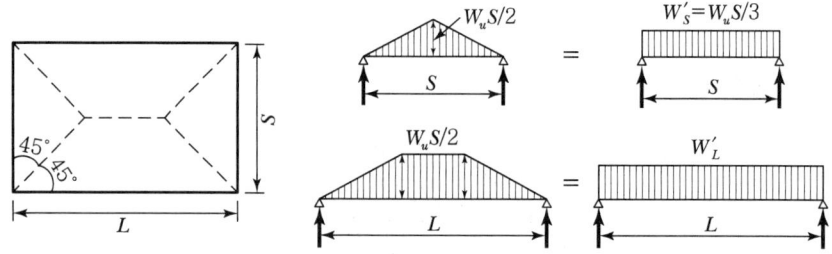

[그림 8-3] 지지보가 받는 하중

(1) 지지보가 받는 하중의 가정방법

2방향 직사각형 슬래브의 지지보에 작용하는 등분포하중은 네 모서리에서 변과 45°의 각을 이루는 선과 슬래브의 장변에 평행한 중심선의 교차점으로 둘러싸인 삼각형 또는 사다리꼴의 분포하중을 받는 것으로 본다.

(2) 지지보가 받는 환산 등분포하중

1) 단경간(S)이 받는 환산 등분포하중($\omega_S{'}$)

$$\omega_S{'} = \frac{\omega_u\, S}{3} \quad\quad\quad\quad\quad\quad\quad\quad\quad\quad\quad\quad\quad (8.5)$$

2) 장경간(L)이 받는 환산 등분포하중($W_L{'}$)

$$\omega_L{'} = \frac{\omega_u\, S}{3}\left(\frac{3-m^2}{2}\right) \quad\quad\quad\quad\quad\quad (8.6)$$

여기서, $m = \dfrac{S}{L}$

4. 2방향 슬래브의 설계에 관한 기타 사항

(1) 정적 계수모멘트의 분배

① 정계수모멘트 : $0.35 M_0$ (35% 분배)
② 부계수모멘트 : $0.65 M_0$ (65% 분배)

여기서, M_0 : 정적 계수모멘트

(2) 전단에 대한 위험단면

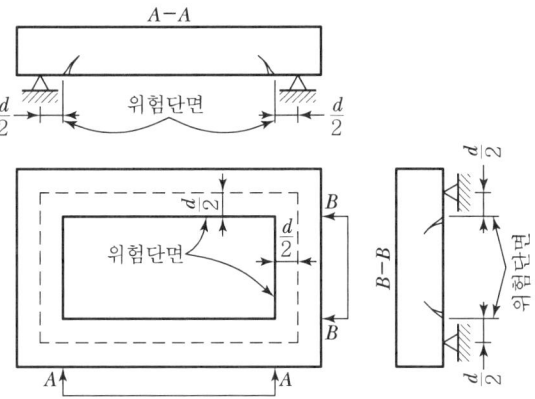

(a) 2방향 슬래브의 전단에 대한 위험단면

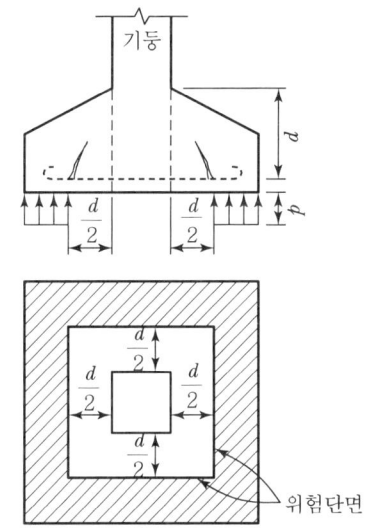

(b) 확대기초의 전단에 대한 위험단면

[그림 8-4] 2방향 슬래브와 확대기초의 전단에 대한 위험단면

① 2방향 슬래브 또는 확대기초의 전단파괴 유형은 펀칭(Punching) 전단파괴이다.
② 2방향 슬래브의 전단에 대한 위험단면의 위치와 2방향 확대기초의 전단에 대한 위험단면의 위치는 지점으로부터 $\dfrac{d}{2}$ 만큼 떨어진 곳이다.

5. 2방향 슬래브의 구조세목

① 주철근의 배치는 단경간 방향의 철근을 장경간 방향의 철근보다 슬래브 표면에 가깝게 배치한다.

② 주철근의 간격은 위험단면에서 슬래브두께의 2배 이하, 300mm 이하라야 한다.

③ 슬래브의 모서리 부분을 보강하기 위하여 장경간의 $\frac{1}{5}$ 되는 모서리 부분을 상면에는 대각선 방향으로, 하면에는 대각선에 직각방향으로 철근을 배치하거나 양변에 평행한 2방향 철근을 상하면에 배치한다.

예상문제 및 기출문제

01. 다음 중 플랫 슬래브(Flat Slab)에 대한 설명으로 옳은 것은?

㉮ 보 없이 지판에 의해 하중이 기둥으로 전달되며, 2방향으로 철근이 배치된 콘크리트 슬래브
㉯ 보나 지판이 없이 기둥으로 하중을 전달하는 2방향으로 철근이 배치된 콘크리트 슬래브
㉰ 상부 수직하중을 하부 지반에 분산시키기 위해 저면을 확대시킨 철근콘크리트 판
㉱ 기초 위에 돌출된 압축부재로서 단면의 평균 최소치수에 대한 높이의 비율이 3 이하인 부재

■해설 1. 플랫 슬래브(Flat Slab)
 • 보 없이 기둥만으로 지지된 슬래브를 플랫 슬래브라고 한다.
 • 기둥 둘레의 전단력과 부모멘트를 감소시키기 위하여 지판(Drop Pannel)과 기둥머리(Column Capital)를 둔다.
2. 평판 슬래브(Flat Plate Slab)
 • 지판과 기둥머리 없이 순수하게 기둥만으로 지지된 슬래브를 평판 슬래브라고 한다.
 • 하중이 크지 않거나 지간이 짧은 경우에 사용한다.

02. 아래의 표에서 설명하는 것은?

> 보나 지판이 없이 기둥으로 하중을 전달하는 2방향으로 철근이 배치된 콘크리트 슬래브

㉮ 플랫 슬래브   ㉯ 플랫 플레이트
㉰ 주열대   ㉱ 리브 쉘

03. 4변에 의해 지지되는 2방향 슬래브 중에서 1방향 슬래브로 보고 계산할 수 있는 경우에 대한 기준으로 옳은 것은?(단, L : 2방향 슬래브의 장경간, S : 2방향 슬래브의 단경간)

㉮ $\dfrac{L}{S}$이 2보다 클 때
㉯ $\dfrac{L}{S}$이 1일 때
㉰ $\dfrac{L}{S}$이 $\dfrac{3}{2}$ 이상일 때
㉱ $\dfrac{L}{S}$이 3보다 작을 때

■해설 • 1방향 슬래브 : $\dfrac{L}{S} > 2$
 • 2방향 슬래브 : $\dfrac{L}{S} \le 2$

04. 철근콘크리트 구조에서 연속보 또는 1방향 슬래브는 다음 조건을 만족하는 경우에만 콘크리트 구조 설계기준에서 제안된 근사해법을 적용할 수 있다. 그 조건에 대한 설명으로 잘못된 것은?

㉮ 2경간 이상이어야 하며, 인접 2경간의 차이가 짧은 경간의 20% 이하인 경우
㉯ 등분포하중이 작용하는 경우
㉰ 활하중이 고정하중의 3배를 초과하는 경우
㉱ 부재의 단면 크기가 일정한 경우

■해설 1방향 슬래브 또는 연속보에서 근사해법을 적용할 경우 활하중은 고정하중의 3배 이하라야 한다.

05. 1방향 슬래브에 대한 설명으로 틀린 것은?

㉮ 4변에 의해 지지되는 2방향 슬래브 중에서 단변에 대한 장변의 비가 2배를 넘으면 1방향 슬래브로서 해석한다.
㉯ 1방향 슬래브의 두께는 최소 80mm 이상으로 하여야 한다.
㉰ 슬래브의 정모멘트 철근 및 부모멘트 철근의 중심 간격은 위험단면에서는 슬래브 두께의 2배 이하이어야 하고, 또한 300mm 이하로 하여야 한다.

|해답| 1. ㉮ 2. ㉯ 3. ㉮ 4. ㉰ 5. ㉯

㉣ 슬래브의 정모멘트 철근 및 부모멘트 철근의 중심간격은 위험단면을 제외한 단면에서는 슬래브 두께의 3배 이하이어야 하고, 또한 450mm 이하로 하여야 한다.

■해설 1방향 슬래브의 두께는 최소 100mm 이상이어야 한다.

06. 1방향 슬래브의 구조 상세에 대한 설명으로 틀린 것은?
출제빈도 ★☆☆

㉮ 1방향 슬래브의 두께는 최소 100mm 이상으로 하여야 한다.
㉯ 슬래브의 정모멘트 철근 및 부모멘트 철근의 중심 간격은 위험단면에서는 슬래브 두께의 3배 이하, 또한 450mm 이하로 하여야 한다.
㉰ 1방향 슬래브에서 수축·온도철근은 배치할 경우, 정모멘트 철근 및 부모멘트 철근에 직각방향으로 배치한다.
㉱ 슬래브 끝의 단순받침부에서도 내면슬래브에 의하여 부모멘트가 일어나는 경우에는 이에 상응하는 철근을 배치하여야 한다.

■해설 1방향 슬래브에서 정철근 및 부철근의 중심간격
① 최대 휨모멘트가 생기는 단면의 경우 :
슬래브 두께의 2배 이하, 300mm 이하
② 기타 단면의 경우 :
슬래브 두께의 3배 이하, 450mm 이하

07. 슬래브의 구조세목을 기술한 것 중 잘못된 것은?
출제빈도 ★☆☆

㉮ 1방향 슬래브의 두께는 최소 100mm 이상이라야 한다.
㉯ 1방향 슬래브의 정철근 및 부철근의 중심간격은 최대 휨모멘트가 일어나는 단면에서는 슬래브 두께의 2배 이하이어야 하고, 또한 300mm 이하로 하여야 한다.
㉰ 1방향 슬래브의 수축·온도철근 간격은 슬래브 두께의 3배 이하, 또한 400mm 이하로 하여야 한다.
㉱ 2방향 슬래브의 위험단면에서 철근간격은 슬래브 두께의 2배 이하, 또한 300mm 이하로 하여야 한다.

■해설 1방향 슬래브의 수축·온도철근 간격은 슬래브 두께의 5배 이하, 또한 450mm 이하로 하여야 한다

08. 1방향 철근콘크리트 슬래브에서 f_y=450MPa인 이형철근을 사용한 경우 수축·온도철근비는?

㉮ 0.0016 ㉯ 0.0018
㉰ 0.0020 ㉱ 0.0022

■해설 1방향 슬래브에서 수축 및 온도 철근비
① $f_y \leq 400$MPa인 경우
$\rho \geq 0.002$
② $f_y > 400$MPa인 경우
$\rho \geq \left[0.0014, \ 0.002 \times \dfrac{400}{f_y}\right]_{\max}$

f_y =450MPa>400MPa인 경우이므로 수축 및 온도 철근비는 다음과 같다.
$\rho \geq \left[0.0014, \ 0.002 \times \dfrac{400}{f_y}\right]_{\max}$
$= \left[0.0014, \ 0.002 \times \dfrac{400}{450}\right]_{\max}$
$= [0.0014, \ 0.0018]_{\max} = 0.0018$

09. 1방향 슬래브의 전단력에 대한 위험단면은 다음 중 어느 곳인가?(단, d는 유효 깊이)
출제빈도 ★☆☆

㉮ 지점
㉯ 지점에서 $d/2$인 곳
㉰ 지점에서 d 만큼 떨어진 곳
㉱ 슬래브의 중간인 곳

■해설 전단력에 대한 위험단면의 위치
① 1방향 슬래브 또는 보 : 지점으로부터 d만큼 떨어진 곳
② 2방향 슬래브 : 지점으로부터 $d/2$만큼 떨어진 곳

10. 2방향 슬래브에서 사인장균열이 집중하중 또는 집중반력 주위에서 펀칭전단(원뿔대 혹은 각뿔대 모양)이 일어나는 것으로 판단될 때의 위험단면은 어느 것인가?

㉮ 집중하중이나 집중반력을 받는 면의 주변에서 $d/4$만큼 떨어진 주변단면

|해답| 6. ㉯ 7. ㉰ 8. ㉯ 9. ㉰ 10. ㉯

㈏ 집중하중이나 집중반력을 받는 면의 주변에서 $d/2$만큼 떨어진 주변단면
㈐ 집중하중이나 집중반력을 받는 면의 주변에서 d만큼 떨어진 주변단면
㈑ 집중하중이나 집중반력을 받는 면의 주변단면

■해설 슬래브의 전단에 대한 위험단면의 위치
① 1방향 슬래브 : 지점에서 d 만큼 떨어진 곳
② 2방향 슬래브 : 지점에서 $\dfrac{d}{2}$ 만큼 떨어진 곳

11. 2방향 슬래브의 설계에서 직접설계법을 적용할 수 있는 제한 조건으로 틀린 것은?

출제빈도 ★☆☆

㈎ 슬래브판들은 단변 경간에 대한 장변 경간의 비가 2 이하인 직사각형이어야 한다.
㈏ 각 방향으로 3경간 이상이 연속되어야 한다.
㈐ 각 방향으로 연속한 받침부 중심 간 경간 길이의 차이는 긴 경간의 1/3 이하이어야 한다.
㈑ 모든 하중은 연직하중으로 슬래브판 전체에 등분포이고, 활하중은 고정하중의 2배 이상이라야 한다.

■해설 2방향 슬래브의 설계에서 직접설계법을 적용할 경우, 모든 하중은 슬래브판 전체에 등분포되는 것으로 간주하고, 활하중의 크기는 고정하중의 2배 이하라야 한다.

12. 2방향 슬래브 설계 시 직접설계법을 적용할 수 있는 제한사항을 설명한 것으로 잘못된 것은?

㈎ 각 방향으로 3경간 이상이 연속되어야 한다.
㈏ 슬래브판들은 단변 경간에 대한 장변 경간의 비가 2 이하인 직사각형이어야 한다.
㈐ 연속한 기둥 중심선으로부터 기둥의 이탈은 이탈방향 경간의 최대 10%까지 허용할 수 있다.
㈑ 활하중은 고정하중의 4배 이하이어야 한다.

■해설 2방향 슬래브의 설계에서 직접설계법을 적용할 경우, 활하중은 고정하중의 2배 이하라야 한다.

13. 2방향 슬래브 직접설계법의 제한사항에 대한 설명으로 틀린 것은?

출제빈도 ★★☆

㈎ 각 방향으로 3경간 이상 연속되어야 한다.
㈏ 슬래브 판들은 단변 경간에 대한 장변 경간의 비가 2 이하인 직사각형이어야 한다.
㈐ 각 방향으로 연속한 받침부 중심 간 경간 차이는 긴 경간의 1/3 이하이어야 한다.
㈑ 연속한 기둥 중심선을 기준으로 기둥의 어긋남은 그 방향 경간의 20% 이하이어야 한다.

■해설 2방향 슬래브의 설계에서 직접설계법을 적용할 경우, 연속한 기둥 중심선으로부터 기둥의 이탈은 이탈방향 경간의 최대 10%까지 허용한다.

14. 단순 지지된 2방향 슬래브의 중앙점에 집중하중 P가 작용할 때 경간비가 1 : 2라면 단변과 장변이 부담하는 하중비($P_S : P_L$)는?(단, P_S : 단변이 부담하는 하중, P_L : 장변이 부담하는 하중)

㈎ 1 : 8 ㈏ 8 : 1
㈐ 1 : 16 ㈑ 16 : 1

■해설 $S : L = 1 : 2$
$$P_S = \dfrac{L^3}{S^3 + L^3}P = \dfrac{2^3}{1^3 + 2^3}P = \dfrac{8}{9}P$$
$$P_L = \dfrac{S^3}{S^3 + L^3}P = \dfrac{1^3}{1^3 + 2^3}P = \dfrac{1}{9}P$$
$P_S : P_L = 8 : 1$

15. 슬래브의 단경간 $S = 4$m, 장경간 $L = 5$m에 집중하중 $P = 150$kN이 슬래브의 중앙에 작용할 경우 장경간 L이 부담하는 하중은 얼마인가?

㈎ 50.8kN
㈏ 56.5kN
㈐ 91.5kN
㈑ 99.2kN

■해설 $P_L = \dfrac{S^3}{L^3 + S^3}P = \left(\dfrac{4^3}{5^3 + 4^3}\right) \times 150 = 50.8\text{kN}$

|해답| 11. ㈑ 12. ㈑ 13. ㈑ 14. ㈏ 15. ㈎

16. 그림과 같이 단순지지된 2방향 슬래브에 등분포 하중 w가 작용할 때, ab 방향에 분배되는 하중은 얼마인가?

㉮ $0.941w$
㉯ $0.059w$
㉰ $0.889w$
㉱ $0.111w$

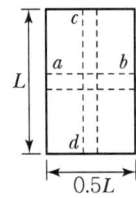

■해설 $w_{ab} = \dfrac{L^4}{L^4+S^4}w = \dfrac{L^4}{L^4+(0.5L)^4}w = 0.941w$

17. 연속 휨부재에 대한 해석 중에서 현행 콘크리트 구조설계 기준에 따라 부모멘트를 증가 또는 감소시키면서 재분배할 수 있는 경우는?

㉮ 근사해법에 의해 휨모멘트를 계산한 경우
㉯ 하중을 적용하여 탄성이론에 의하여 산정한 경우
㉰ 2방향 슬래브 시스템의 직접설계법을 적용하여 계산한 경우
㉱ 2방향 슬래브 시스템을 등가골조법으로 해석한 경우

■해설 연속 휨부재의 부모멘트 재분배
① 근사해법에 의해 휨모멘트를 계산할 경우를 제외하고, 어떠한 가정의 하중을 적용하여 탄성이론에 의하여 산정한 연속 휨부재 받침부의 부모멘트는 20퍼센트 이내에서 $1,000\varepsilon_t$ 퍼센트만큼 증가 또는 감소시킬 수 있다.
② 경간 내의 단면에 대한 휨모멘트의 계산은 수정된 부모멘트를 사용하여야 한다.
③ 부모멘트의 재분배는 휨모멘트를 감소시킬 단면에서 최외단 인장철근의 순인장 변형률 ε_t가 0.0075 이상인 경우에만 가능하다.

18. 연속 휨부재의 부모멘트를 재분배하고자 할 경우 휨모멘트를 감속시킬 단면에서 최외단 인장철근의 순인장변형률(ε_t)이 얼마 이상인 경우에만 가능한가?

㉮ 0.0045
㉯ 0.005
㉰ 0.0075
㉱ ε_y

■해설 연속 휨부재에서 부모멘트의 재분배는 휨모멘트를 감소시킬 단면에서 최외단 인장철근의 순인장변형률 ε_t가 0.0075 이상인 경우에만 가능하다.

19. 근사해법에 의해 휨모멘트를 계산한 경우를 제외하고, 어떠한 가정의 하중을 적용하여 탄성이론에 의하여 산정한 연속 휨부재 받침부의 부모멘트 재분배에 대한 설명으로 옳은 것은?(단, 최외단 인장철근의 순인장변형률(ε_t)이 0.0075 이상인 경우)

㉮ 20% 이내에서 $100\varepsilon_t\%$만큼 증가 또는 감소시킬 수 있다.
㉯ 20% 이내에서 $500\varepsilon_t\%$만큼 증가 또는 감소시킬 수 있다.
㉰ 20% 이내에서 $750\varepsilon_t\%$만큼 증가 또는 감소시킬 수 있다.
㉱ 20% 이내에서 $1,000\varepsilon_t\%$만큼 증가 또는 감소시킬 수 있다.

■해설 연속 휨부재의 부모멘트 재분배에 있어서, 근사해법에 의해 휨모멘트를 계산할 경우를 제외하고, 어떠한 가정의 하중을 적용하여 탄성이론에 의하여 산정한 연속 휨부재 받침부의 부 모멘트는 20퍼센트 이내에서 $1,000\varepsilon_t$ 퍼센트만큼 증가 또는 감소시킬 수 있다.

Chapter **09**

확대기초

Contents

Section 01 서론
Section 02 독립 확대기초
Section 03 확대기초의 구조세목

ITEM POOL 예상문제 및 기출문제

서론

1. 확대기초의 정의

상부구조물의 하중을 지반에 안전하게 분포시킬 목적으로 그 바닥 면적을 확대시킨 구조물을 확대기초라고 한다.

2. 확대기초의 종류

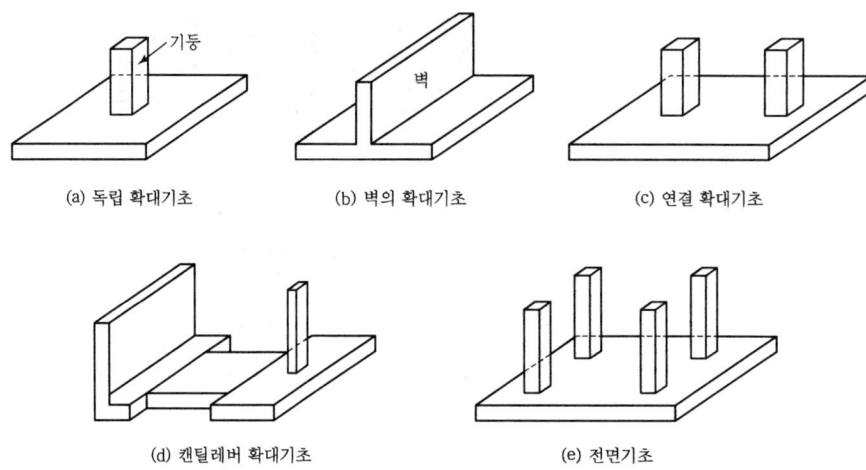

[그림 9-1] 확대기초의 종류

(1) 독립 확대기초

[그림 9-1]의 (a)와 같이 하나의 기둥을 지지하는 확대기초를 독립 확대기초라고 한다.

(2) 벽의 확대기초

[그림 9-1]의 (b)와 같이 벽체를 지지하는 확대기초를 벽의 확대기초라고 한다.

(3) 연결 확대기초

[그림 9-1]의 (c)와 같이 하나의 확대기초로 2개 이상의 기둥을 지지하는 확대기초를 연결 확대기초라고 한다.

(4) 캔틸레버 확대기초

[그림 9-1]의 (d)와 같이 2개의 독립 확대기초를 하나의 보로 연결한 연결 확대기초를 캔틸레버 확대기초라고 한다.

(5) 전면기초

[그림 9-1]의 (e)와 같이 모든 기둥을 하나의 연속된 확대기초로 지지하도록 만든 기초를 전면기초(Raft Footing) 또는 매트기초(Mat Foundation)라고 한다.

3. 설계를 위한 기본가정

① 확대기초 저면의 압력분포를 직선으로 가정한다.
② 확대기초 저면과 기초 지반 사이에는 압축력만 작용하는 것으로 가정한다.
③ 연결 확대기초에서는 하중을 기초 저면에 등분포시키는 것을 원칙으로 한다.
④ 캔틸레버 확대기초에서는 휨모멘트의 일부 또는 전부를 연결보에 부담시키고 확대기초는 연직하중만 받는 것으로 가정한다.

Section 02 독립 확대기초

1. 확대기초의 넓이

① 확대기초를 강도설계법으로 설계할 경우라도 확대기초의 넓이를 계산하기 위한 기둥하중(P)은 사용하중을 사용한다.
② 독립 확대기초에서 기둥하중(P)에 의하여 기초 저면에 발생되는 압력(q)은 기초 지반의 허용지지력(q_a) 이하라야 한다. 따라서 필요로 하는 확대기초의 넓이(A)는 다음과 같다.

$$A \geq \frac{P}{q_a} \quad \cdots\cdots\cdots\cdots\cdots\cdots\cdots\cdots\cdots\cdots\cdots\cdots\cdots (9.1)$$

2. 휨모멘트

(1) 휨모멘트에 대한 위험단면

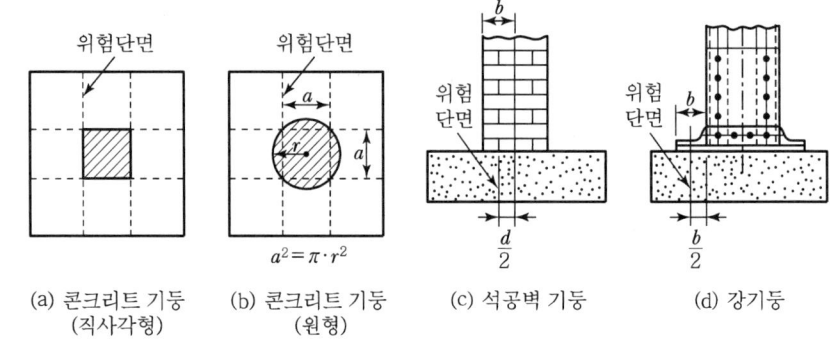

[그림 9-2] 확대기초의 휨에 대한 위험단면

1) 철근콘크리트로 된 기둥, 받침대 또는 벽체를 지지하는 확대기초의 경우

   기둥, 받침대 또는 벽체의 전면을 휨에 대한 위험단면으로 고려한다.([그림 9-2]의 (a) 참고)

2) 철근콘크리트로 된 기둥 또는 받침대의 단면이 원형 또는 다각형인 경우

   동일한 단면적을 갖는 정사각형 단면의 전면을 휨에 대한 위험단면으로 고려한다.([그림 9-2]의 (b) 참고)

3) 석공벽을 지지하는 확대기초의 경우

   벽 전면과 벽 중심선의 중간선을 휨에 대한 위험단면으로 고려한다.([그림 9-2]의 (c) 참고)

4) 강저판을 통하여 강기둥을 지지하는 확대기초의 경우

   강저판 연단과 강기둥 전면의 중간선을 휨에 대한 위험단면으로 고려한다.([그림 9-2]의 (d) 참고)

(2) 휨에 대한 위험단면의 휨모멘트

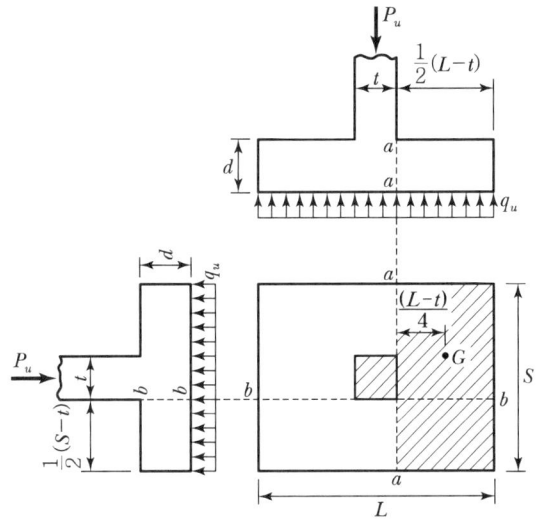

[그림 9-3] 확대기초의 휨에 대한 위험단면의 휨모멘트

1) 위험단면 $a-a$의 휨모멘트

단면 $a-a$를 고정단으로 하는 지간이 $\frac{1}{2}(L-t)$인 캔틸레버로 고려하여 계수하중(P_u)에 의하여 단면 $a-a$의 외측 부분에 발생되는 압력(q_u)에 대한 휨모멘트를 구하면 다음과 같다.

$$M_{(a-a)} = q_u \times \frac{1}{2}(L-t) \times S \times \frac{1}{4}(L-t) = \frac{1}{8} q_u S(L-t)^2 \cdots (9.2)$$

2) 위험단면 $b-b$의 휨모멘트

위험단면 $a-a$에 대한 경우와 동일한 방법으로 구하면 다음과 같다.

$$M_{(b-b)} = q_u \times \frac{1}{2}(S-t) \times L \times \frac{1}{4}(S-t) = \frac{1}{8} q_u L(S-t)^2 \cdots (9.3)$$

3. 전단력

(1) 전단에 대한 위험단면

1) 1방향 작용의 경우

1방향 작용을 하는 확대기초의 전단에 대한 위험단면의 위치는 기둥 전면으로부터 유효깊이 d만큼 떨어진 곳이다.

2) 2방향 작용의 경우

2방향 작용을 하는 확대기초의 전단에 대한 위험단면의 위치는 기둥 전면으로부터 $\dfrac{d}{2}$만큼 떨어진 곳이다.

(2) **전단에 대한 위험단면의 전단력**

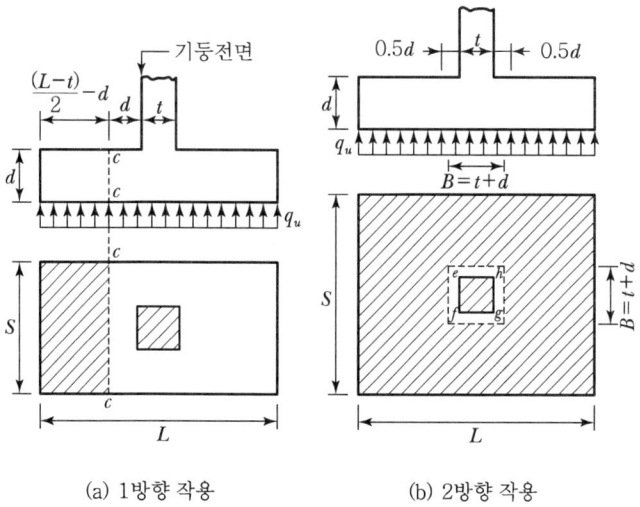

[그림 9-4] 확대기초의 전단에 대한 위험단면의 전단력

1) 1방향 작용의 경우

[그림 9-4]의 (a)에 보인 바와 같이 1방향 작용을 하는 확대기초의 전단에 대한 위험단면인 기둥 전면으로부터 d만큼 떨어진 단면 $c-c$의 전단력을 구하면 다음과 같다.

$$V_{(c-c)} = q_u\left(\dfrac{L-t}{2} - d\right)S \quad\cdots\cdots\cdots (9.4)$$

2) 2방향 작용의 경우

[그림 9-4]의 (b)에 보인 바와 같이 2방향 작용을 하는 확대기초의 전단에 대한 위험단면인 기둥 전면으로부터 $0.75d$만큼 떨어진 단면 $e-f-g-h$의 전단력을 구하면 다음과 같다.

$$V_{\left(\begin{smallmatrix}e\,h\\f\,g\end{smallmatrix}\right)} = q_u(SL - B^2) \quad\cdots\cdots\cdots (9.5)$$

여기서, $B = t + d$

확대기초의 구조세목

① 철근의 정착에 대한 위험단면은 휨모멘트에 대한 위험단면과 같은 위치로 정한다.
② 확대기초의 하단철근부터 상부까지의 높이는 확대기초가 흙 위에 놓인 경우는 150mm 이상, 말뚝 기초 위에 놓인 경우는 300mm 이상이라야 한다.
③ 무근콘크리트 확대기초의 높이는 200mm 이상이라야 한다.
④ 무근콘크리트 확대기초의 최대 응력은 콘크리트의 지압강도를 초과할 수 없다.
⑤ 무근콘크리트는 말뚝 위에 놓이는 확대기초에 사용해서는 안 된다.
⑥ 직접설계법은 연결 확대기초 및 전면기초의 설계에 사용될 수 없다.

Item pool
예상문제 및 기출문제

01. 그림과 같은 정사각형 독립 확대기초 저면에 작용하는 지압력이 $q=100\text{kPa}$일 때 휨에 대한 위험단면의 휨 모멘트는 얼마인가?

㉮ 216kN·m
㉯ 360kN·m
㉰ 260kN·m
㉱ 316kN·m

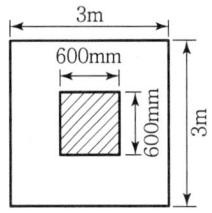

■ 해설 $M = \dfrac{1}{8}qS(L-t)^2 = \dfrac{1}{8}\times(100\times10^3)\times3\times(3-0.6)^2$
$= 216,000\text{N}\cdot\text{m} = 216\text{kN}\cdot\text{m}$

02. 450kN의 계수하중(P_u)을 원형 기둥(직경 300mm)으로 지지하는 그림과 같은 정사각형 확대기초판이 있다. 위험단면에서의 휨 모멘트는?

㉮ 135.7kN·m
㉯ 140.2kN·m
㉰ 145.4kN·m
㉱ 150.3kN·m

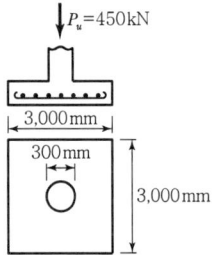

■ 해설
$t^2 = \dfrac{\pi D^2}{4}$
$t = \dfrac{D\sqrt{\pi}}{2}$
$= \dfrac{300\sqrt{\pi}}{2}$
$= 265.87\text{mm}$

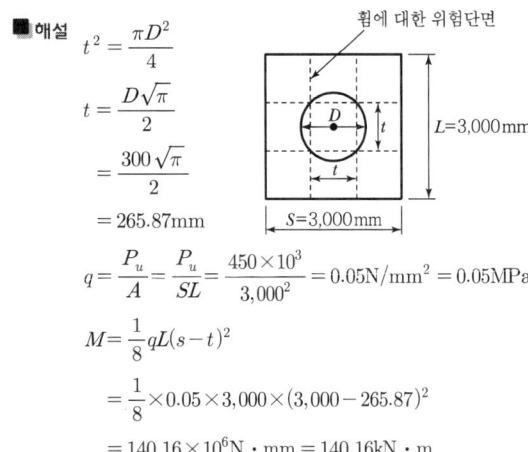

$q = \dfrac{P_u}{A} = \dfrac{P_u}{SL} = \dfrac{450\times10^3}{3,000^2} = 0.05\text{N/mm}^2 = 0.05\text{MPa}$

$M = \dfrac{1}{8}qL(s-t)^2$
$= \dfrac{1}{8}\times0.05\times3,000\times(3,000-265.87)^2$
$= 140.16\times10^6\text{N}\cdot\text{mm} = 140.16\text{kN}\cdot\text{m}$

03. 아래 그림과 같은 독립확대기초에서 1방향 전단에 대해 고려할 경우 위험단면의 계수전단력(V_u)은?(단, 계수하중 $P_u=1,500\text{kN}$이다.)

㉮ 255kN
㉯ 387kN
㉰ 897kN
㉱ 1,210kN

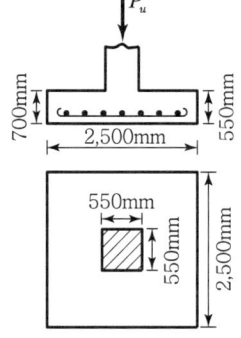

■ 해설
$q = \dfrac{P}{A} = \dfrac{1,500\times10^3}{2,500\times2,500} = 0.24\text{N/mm}^2$
$V_u = q\left(\dfrac{L-t}{2}-d\right)s = 0.24\left(\dfrac{2,500-550}{2}-550\right)2,500$
$= 255\times10^3\text{N} = 255\text{kN}$

04. 그림과 같은 2방향 확대기초에서 하중계수가 고려된 계수하중 P_u(자중 포함)가 그림과 같이 작용할 때 위험단면의 계수전단력(V_u)은 얼마인가?

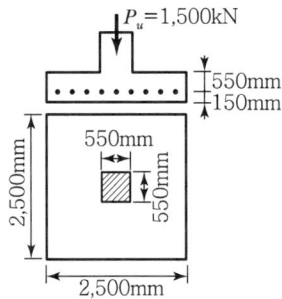

㉮ $V_u = 1,009.3\text{kN}$
㉯ $V_u = 1,111.2\text{kN}$
㉰ $V_u = 1,209.6\text{kN}$
㉱ $V_u = 1,372.9\text{kN}$

■ 해설
$q = \dfrac{P}{A} = \dfrac{1,500 \times 10^3}{2,500 \times 2,500} = 0.24 \text{N/mm}^2$

$B = t + d = 550 + 550 = 1,100 \text{mm}$

$V_u = q(SL - B^2)$
$= 0.24 \times (2,500 \times 2,500 - 1,100^2)$
$= 1,209.6 \times 10^3 \text{N} = 1,209.6 \text{kN}$

05. 그림과 같은 정사각형 확대 기초에서 2방향 작용의 전단을 고려할 때 위험단면에서의 최대 전단력은?(단, 지반의 허용지지력은 171kN/m² 기초판의 유효높이 $d = 520$mm, 그림에서 치수의 단위는 mm이고, 기초의 자중은 무시한다.)

㉮ 482.5kN
㉯ 775.9kN
㉰ 1,666.4kN
㉱ 1,862.2kN

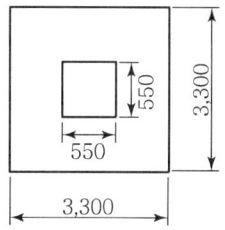

■ 해설

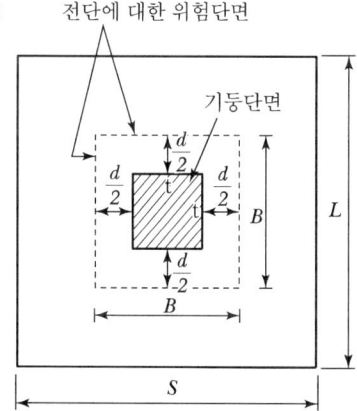

$q = q_a = 171 \text{kN/m}^2$

$B = t + d = 0.55 + 0.52 = 1.07 \text{m}$

$V_u = q(SL - B^2)$
$= 171 \times (3.3^2 - 1.07^2)$
$= 1,666.4 \text{kN}$

옹벽

Chapter **10**

Contents

Section 01 서론
Section 02 옹벽의 설계
Section 03 옹벽의 구조세목

ITEM POOL 예상문제 및 기출문제

01 서론

1. 옹벽의 정의

비탈진 경사면의 토사 붕괴를 방지할 목적으로 만들어진 구조물을 옹벽이라고 한다.

2. 옹벽의 종류

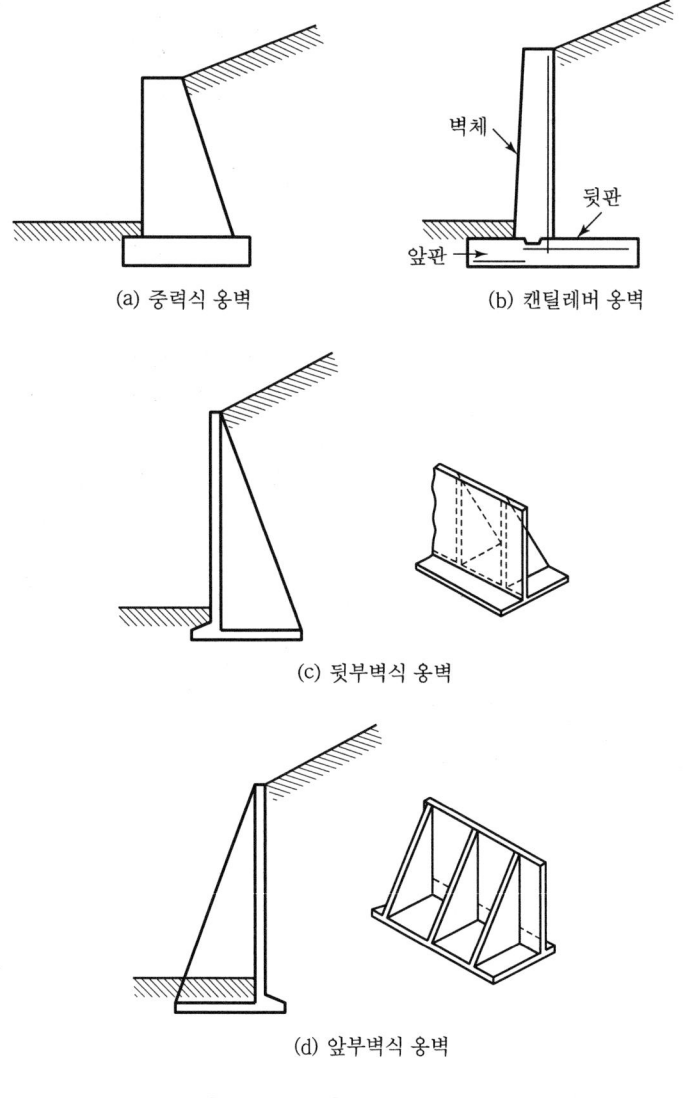

(a) 중력식 옹벽

(b) 캔틸레버 옹벽

(c) 뒷부벽식 옹벽

(d) 앞부벽식 옹벽

[그림 10-1] 옹벽의 종류

(1) 중력식 옹벽

[그림 10-1]의 (a)와 같이 무근콘크리트로 만들어지며 자중에 의하여 안정을 유지하는 옹벽을 중력식 옹벽이라고 한다.

(2) 캔틸레버 옹벽

[그림 10-1]의 (b)와 같이 철근콘크리트로 만들어진 옹벽을 캔틸레버 옹벽이라고 하며 역T형 옹벽이라고도 한다.

가장 보편적으로 사용되는 옹벽으로서 옹벽의 벽체(Stem), 뒷판(Heel) 및 앞판(Toe)은 각각 캔틸레버로 작용한다.

(3) 뒷부벽식 옹벽

[그림 10-1]의 (c)와 같이 캔틸레버 옹벽의 후면에 일정한 간격의 부벽을 설치하여 보강한 옹벽을 뒷부벽식 옹벽이라고 한다.

(4) 앞부벽식 옹벽

[그림 10-1]의 (d)와 같이 캔틸레버 옹벽의 전면에 일정한 간격의 부벽을 설치하여 보강한 옹벽을 앞부벽식 옹벽이라고 한다.

Section 02 옹벽의 설계

1. 옹벽의 종류에 따른 위치별 설계방법

옹벽의 종류에 따른 위치별 설계방법은 [표 10-1]과 같다.

[표 10-1] 옹벽의 종류에 따른 위치별 설계방법

옹벽의 종류	설계위치	설계방법(설계모델)
캔틸레버 옹벽	전면벽 저 판	캔틸레버
뒷부벽식 옹벽	전면벽 저 판 뒷부벽	2방향 슬래브 연속보 T형보
앞부벽식 옹벽	전면벽 저 판 앞부벽	2방향 슬래브 연속보 직사각형보

2. 옹벽에 작용하는 하중

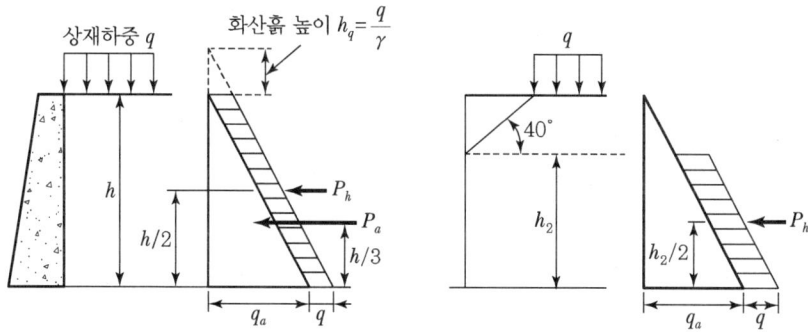

[그림 10-2] 옹벽에 작용하는 하중

(1) 토압

토압은 흙의 단위중량과 깊이에 비례한다. [그림 10-2]의 (a)와 같이 지표면으로부터 h 깊이의 토압(q_a)은 다음과 같다.

$$q_a = C_a \gamma h \quad \cdots \cdots (10.1)$$

여기서, C_a : 흙의 물리적 성질에 따른 계수
γ : 흙의 단위중량

(2) 주동토압

옹벽 배후의 주동토압(P_a)은 다음과 같다.

$$P_a = \frac{1}{2} q_a h = \frac{1}{2} C_a \gamma h^2 \quad \cdots \cdots (10.2)$$

(3) 상재하중

▶ 상재하중이 옹벽에서 얼마간 떨어진 곳에서 작용할 경우
수평면과 40°를 이루는 곳에서부터 상재하중이 옹벽에 영향을 준다고 본다. ([그림 10-2]의 (b)참고)

상재하중(q)을 뒤채움 흙의 단위중량(γ)으로 나누어 줌으로써 흙의 높이로 환산하여 그 높이만큼 뒤채움 흙이 더 쌓인 것으로 고려한다.

$$h_q = \frac{q}{\gamma} \quad \cdots \cdots (10.3)$$

여기서, h_q : 환산 흙높이
q : 상재하중(단위 면적당 하중)

3. 옹벽의 안정

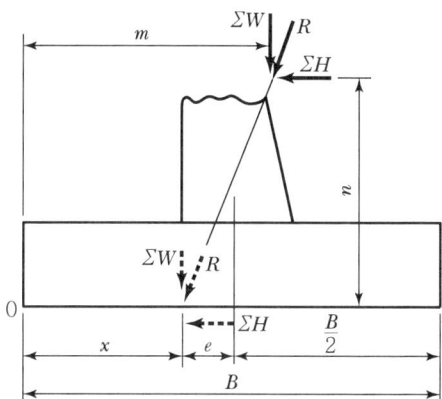

[그림 10-3] 옹벽의 안정 검토

(1) 전도에 대한 안정

1) 전도에 대한 안전율

$$\frac{M_r}{M_a} = \frac{m(\sum W)}{n(\sum H)} \geq 2.0 \quad \cdots\cdots\cdots\cdots\cdots\cdots\cdots\cdots\cdots\cdots\cdots\cdots (10.4)$$

여기서, M_r : 저항모멘트
M_a : 전도모멘트
$\sum W$: 옹벽의 자중을 포함한 연직하중의 합계
$\sum H$: 토압을 포함한 수평하중의 합계

2) 전도에 대한 기타 사항

옹벽에 작용하는 모든 하중의 합력(R)의 작용선은 기초 저판의 중앙 1/3 안에 있어야 한다.

(2) 활동에 대한 안정

1) 활동에 대한 안전율

$$\frac{f(\sum W)}{\sum H} \geq 1.5 \quad \cdots\cdots\cdots\cdots\cdots\cdots\cdots\cdots\cdots\cdots\cdots\cdots\cdots\cdots (10.5)$$

여기서, f : 기초 지반과 옹벽의 기초 저면 사이의 마찰계수

2) 활동에 대한 기타 사항

활동에 대한 저항력을 증가시키기 위하여 옹벽의 폭을 증가시키거

나 또는 활동방지벽(Base Shear Key)을 설치하기도 한다.

(3) 침하에 대한 안정

1) 침하에 대한 안전율

$$\frac{q_a}{q_{\max}} \geq 1.0 \quad \cdots\cdots\cdots\cdots\cdots\cdots\cdots\cdots\cdots\cdots\cdots\cdots\cdots\cdots\cdots\cdots\cdots (10.6)$$

여기서, q_a : 지반의 허용지지력
$q_{\max}$: 최대 지지반력

$$q_{(\substack{\max \\ \min})} = \frac{\sum W}{B}\left(1 \pm \frac{6e}{B}\right) \quad \cdots\cdots\cdots\cdots\cdots\cdots\cdots\cdots (10.7)$$

2) 침하에 대한 기타 사항

지반의 허용지지력(q_a)은 지반의 극한지지력(q_u)의 $\frac{1}{3}$이어야 한다.

Section 03 옹벽의 구조세목

(1) 옹벽의 연장이 30m 이상 될 경우에는 신축이음을 두어야 한다. 신축이음은 30m 이하의 간격으로 설치하되 완전히 끊어서 온도변화와 지반의 부등침하에 대비해야 한다. 신축이음에서는 철근도 끊어야 하며, 콘크리트가 서로 물리게 하는 것이 바람직하다.

(2) 옹벽 연직벽의 표면에는 연직방향으로 V형 홈의 수축이음을 두어야 한다. 그 간격은 9m 이하라야 한다. 수축이음에서는 철근을 끊어서는 안 된다. 이러한 V형의 수축이음을 설치하면 벽 표면의 건조수축으로 인한 균열을 V형 홈에서 받아들이게 되어 균열이 방지된다.

(3) 수축과 온도변화에 의한 균열을 방지하기 위하여 벽의 노출면에 가깝게 수평, 수직 두 방향으로 철근을 배치해야 한다. 이 철근은 될 수 있는 대로 가는 것을 좁은 간격으로 배치하는 것이 좋다.

1) 수평으로 배치되는 수축 및 온도철근의 벽체 단면적에 대한 최소 철근비

① $f_y \geq$ 400MPa인 D16 이하의 이형철근 ························· 0.0020

② 그 밖의 이형철근 ···································· 0.0025
③ 지름이 16mm 이하인 용접철망 ··············· 0.0020

2) 수직으로 배치되는 수축 및 온도철근의 벽체 단면적에 대한 최소 철근비
① $f_y \geq$ 400MPa인 D16 이하의 이형철근 ·········· 0.0012
② 그 밖의 이형철근 ···································· 0.0015
③ 지름이 16mm 이하인 용접철망 ··············· 0.0012

3) 수평 및 수직철근의 간격

수평 및 수직철근의 간격은 벽체두께의 3배 이하, 450mm 이하라야 한다.

(4) D35 이하의 철근이 배치된 벽체의 노출면에서 피복두께는 20mm 이상이라야 하고, 흙에 접하여 타설되고 영구히 흙에 묻히는 콘크리트의 피복두께는 80mm 이상이라야 한다.

(5) 옹벽 연직벽의 전면은 1 : 0.02 정도의 경사를 뒤로 두어 시공오차나 지반침하에 의해서 벽면이 앞으로 기우는 것을 방지한다.

(6) 옹벽에는 쉽게 배수될 수 있는 높이에 65mm 이상 지름의 배수구멍을 4.5m 정도의 간격으로 설치해야 한다. 뒷부벽식 옹벽에서는 부벽의 각 격간에 1개 이상의 배수구멍을 두어야 한다. 옹벽의 뒤채움 속에는 배수구멍으로 물이 잘 모이도록 배수층을 두어야 한다. 배수층에는 조약돌이나 부순돌 또는 자갈을 사용하며, 배수층의 두께는 300~400mm 정도로 한다.

예상문제 및 기출문제

01. 옹벽에서 T형 보로 설계하여야 하는 부분은?
출제빈도 ★☆☆
㉮ 앞부벽식 옹벽의 앞부벽
㉯ 뒷부벽식 옹벽의 전면벽
㉰ 앞부벽식 옹벽의 저판
㉱ 뒷부벽식 옹벽의 뒷부벽

■해설 옹벽의 종류에 따른 위치별 설계방법
• 앞부벽식 옹벽의 앞부벽 – 직사각형보
• 뒷부벽식 옹벽의 전면벽 – 2방향 슬래브
• 앞부벽식 옹벽의 저판 – 연속보
• 뒷부벽식 옹벽의 뒷부벽 – T형 보

02. 옹벽의 구조해석에 대한 설명으로 잘못된 것은?
출제빈도 ★☆☆
㉮ 뒷부벽식 옹벽의 저판은 정확한 방법이 사용되지 않는 한, 뒷부벽 간의 거리를 경간으로 가정하여 고정보 또는 연속보로 설계할 수 있다.
㉯ 저판의 뒷굽판은 정확한 방법이 사용되지 않는 한, 뒷굽판 상부에 재하되는 모든 하중을 지지하도록 설계되어야 한다.
㉰ 캔틸레버 옹벽의 전벽면은 저판에 지지된 캔틸레버로 설계할 수 있다.
㉱ 뒷부벽식 옹벽의 뒷부벽은 직사각형보로 설계하여야 한다.

■해설 뒷부벽식 옹벽의 뒷부벽은 T형 보로 설계하여야 하며, 앞부벽식 옹벽의 앞부벽은 직사각형보로 설계하여야 한다.

03. 옹벽의 구조해석에 대한 설명으로 틀린 것은?
출제빈도 ★★☆
㉮ 뒷부벽은 직사각형보로 설계하여야 하며, 앞부벽은 T형 보로 설계하여야 한다.
㉯ 저판의 뒷굽판은 정확한 방법이 사용되지 않는 한, 뒷굽판 상부에 재하되는 모든 하중을 지지하도록 설계하여야 한다.

㉰ 캔틸레버식 옹벽의 저판은 전면벽과의 접합부를 고정단으로 간주한 캔틸레버로 가정하여 단면을 설계할 수 있다.
㉱ 부벽식 옹벽의 저판은 정밀한 해석이 사용되지 않는 한, 부벽 간의 거리를 경간으로 가정한 고정보 또는 연속보로 설계할 수 있다.

■해설 부벽식 옹벽에서 부벽의 설계
① 앞부벽 : 직사각형보로 설계
② 뒷부벽 : T형 보로 설계

04. 다음의 뒷부벽식 옹벽에 표시된 철근은?
㉮ 인장철근
㉯ 배력근
㉰ 보조철근
㉱ 복철근

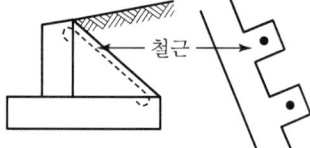

05. 옹벽의 설계 및 해석에 대한 설명으로 틀린 것은?
㉮ 활동에 대한 저항력은 옹벽에 작용하는 수평력의 1.5배 이상이어야 한다.
㉯ 전도에 대한 저항휨모멘트는 횡토압에 의한 전도모멘트의 2.0배 이상이어야 한다.
㉰ 저판의 뒷굽판은 정확한 방법이 사용되지 않는 한, 뒷굽판 상부에 재하되는 모든 하중을 지지하도록 설계하여야 한다.
㉱ 부벽식 옹벽의 뒷부벽은 3변 지지된 2방향 슬래브로 설계하여야 한다.

■해설 부벽식 옹벽의 뒷부벽은 T형 보로 설계하여야 한다.

06. 옹벽의 구조해석에 대한 사항 중 틀린 것은?

㉮ 부벽식 옹벽의 저판은 정밀한 해석이 사용되지 않는 한, 부벽의 높이를 경간으로 가정한 고정보 또는 연속보로 설계할 수 있다.
㉯ 캔틸레버식 옹벽의 전면벽은 저판에 지지된 캔틸레버로 설계할 수 있다.
㉰ 부벽식 옹벽의 전면벽은 3변 지지된 2방향 슬래브로 설계할 수 있다.
㉱ 뒷부벽은 T형 보로 설계하여야 하며, 앞부벽은 직사각형보로 설계하여야 한다.

■해설 부벽식 옹벽의 저판은 정밀한 해석이 사용되지 않는 한 부벽 간의 거리를 경간으로 가정한 고정보 또는 연속보로 설계할 수 있다.

07. 옹벽의 구조해석에 대한 설명으로 틀린 것은?

㉮ 저판의 뒷굽판은 정확한 방법이 사용되지 않는 한, 뒷굽판 상부에 재하되는 모든 하중을 지지하도록 설계하여야 한다.
㉯ 부벽식 옹벽의 전면벽은 2변 지지된 1방향 슬래브로 설계하여야 한다.
㉰ 캔틸레버식 옹벽의 저판은 전면벽과의 접합부를 고정단으로 간주한 캔틸레버로 가정하여 단면을 설계할 수 있다.
㉱ 뒷부벽은 T형 보로 설계하여야 하며, 앞부벽은 직사각형보로 설계하여야 한다.

■해설 부벽식 옹벽의 전면벽은 3변 지지된 2방향 슬래브로 설계하여야 한다.

08. 옹벽의 설계 및 구조해석에 대한 설명으로 틀린 것은?

㉮ 활동에 대한 저항력은 옹벽에 작용하는 수평력의 1.5배 이상이어야 한다.
㉯ 부벽식 옹벽의 전면벽은 저판에 지지된 캔틸레버로 설계하여야 한다.
㉰ 저판의 뒷굽판은 정확한 방법이 사용되지 않는 한, 뒷굽판 상부에 재하되는 모든 하중을 지지하도록 설계하여야 한다.
㉱ 캔틸레버식 옹벽의 저판은 추가철근과의 접합부를 고정단으로 간주한 캔틸레버로 가정하여 단면을 설계할 수 있다.

■해설 부벽식 옹벽의 위치별 설계방법(설계모델)

옹벽의 종류	설계위치	설계방법(설계모델)
뒷부벽식 옹벽	전면벽	2방향 슬래브
	저판	연속보
	뒷부벽	T형 보
앞부벽식 옹벽	전면벽	2방향 슬래브
	저판	연속보
	앞부벽	직사각형보

09. 옹벽의 설계에 대한 설명으로 틀린 것은?

㉮ 부벽식 옹벽의 저판은 정밀한 해석이 사용되지 않는 한, 부벽 사이의 거리를 경간으로 가정한 고정보 또는 연속보로 설계할 수 있다.
㉯ 활동에 대한 저항력은 옹벽에 작용하는 수평력의 1.5배 이상이어야 한다.
㉰ 저판의 뒷굽판은 정확한 방법이 사용되지 않는 한, 뒷굽판 상부에 재하되는 모든 하중을 지지하도록 설계하여야 한다.
㉱ 무근콘크리트 옹벽은 부벽식 옹벽의 형태로 설계하여야 한다.

■해설 무근콘크리트 옹벽은 중력식 옹벽의 형태로 설계하여야 한다.

10. 다음은 옹벽의 안정에 대한 규정이다. 옳지 않은 것은?

㉮ 옹벽의 활동에 대한 저항력은 옹벽에 작용하는 수평력의 1.5배 이상이어야 한다.
㉯ 전도 및 지반지지력에 대한 안정조건을 만족하며, 활동에 대한 안정조건만을 만족하지 못할 경우 활동방지벽을 설치하여 활동저항력을 증대시킬 수 있다.
㉰ 전도에 대한 저항모멘트는 횡토압에 의한 전도모멘트의 1.5배 이상이어야 한다.
㉱ 지지 지반에 작용되는 최대 압력이 지반의 허용지지력을 초과하지 않아야 한다.

|해답| 6. ㉮ 7. ㉯ 8. ㉯ 9. ㉱ 10. ㉰

■해설 옹벽의 안정과 안전율
① 전도 : 2.0
② 활동 : 1.5
③ 지반침하 : 1.0

11. 옹벽의 안정조건 중 전도에 대한 저항모멘트는 횡토압에 의한 전도모멘트의 최소 몇 배 이상이어야 하는가?

㉮ 1.5배 ㉯ 2.0배
㉰ 2.5배 ㉱ 3.0배

■해설 옹벽의 안정조건
① 전도 : $\dfrac{\sum M_r (\text{저항모멘트})}{\sum M_a (\text{전도모멘트})} \geq 2.0$
② 활동 : $\dfrac{f(\sum W)(\text{활동에 대한 저항력})}{\sum H(\text{옹벽에 작용하는 수평력})} \geq 1.5$
③ 침하 : $\dfrac{q_a (\text{지반의 허용지지력})}{q_{\max}(\text{지반에 작용하는 최대 압력})} \geq 1.0$

12. 옹벽의 설계 일반에 대한 설명으로 틀린 것은?

㉮ 전도 및 지반지지력에 대한 안정조건은 만족하지만, 활동에 대한 안정조건만을 만족하지 못할 경우 활동방지벽 혹은 횡방향 앵커 등을 설치하여 활동저항력을 증대시킬 수 있다.
㉯ 활동에 의한 저항력은 옹벽에 작용하는 수평력의 1.5배 이상이어야 한다.
㉰ 전도에 대한 저항휨모멘트는 횡토압에 의한 전도모멘트의 2.0배 이상이어야 한다.
㉱ 지반에 유발되는 최대 지반반력은 지반의 허용지지력 이상이어야 한다.

■해설 지반에 유발되는 최대 지반반력은 지반의 허용지지력 이하라야 한다.

13. 철근콘크리트 벽체의 철근배근에 대한 다음 설명 중 잘못된 것은?

㉮ 수직 및 수평철근의 간격은 벽두께의 3배 이하, 또한 450mm 이하로 하여야 한다.
㉯ 지하실 벽체를 제외한 두께 250mm 이상의 벽체에 대해서는 수직 및 수평철근을 벽면에 평행하게 양면으로 배근하여야 한다.
㉰ 동일 조건에서 벽체의 전체 단면적에 대한 최소 수직철근비가 최소 수평철근비보다 크다.
㉱ 압축력을 받는 수직철근이 집중배치된 벽체부분의 수직철근비가 0.01배 이상인 경우에는 수직간격이 벽체두께 이하인 횡방향 띠철근으로 감싸야 한다.

■해설 동일 조건에서 벽체의 최소 수직철근비가 최소 수평철근비보다 작다.

프리스트레스트 콘크리트(PSC)

Chapter 11

Contents

Section 01 서론
Section 02 재료
Section 03 프리스트레스트 콘크리트의 기본개념
Section 04 프리스트레싱 방법 및 정착공법
Section 05 프리스트레스의 도입과 손실
Section 06 프리스트레스트 콘크리트 보의 해석과 설계

ITEM POOL 예상문제 및 기출문제

Section 01 서론

1. 프리스트레스트 콘크리트(PSC)의 정의

철근콘크리트의 결함인 균열을 방지하여 전 단면을 유효하게 이용할 수 있도록 사용 하중 작용 시 발생하는 인장응력을 소정의 한도까지 상쇄할 수 있도록 미리 인위적으로 그 응력의 크기와 분포를 정하여 내력을 준 콘크리트를 프리스트레스트 콘크리트(Prestressed Concrete)라고 한다.

2. 프리스트레스트 콘크리트의 장점과 단점

(1) 프리스트레스트 콘크리트의 장점

① 균열이 발생하지 않도록 설계하기 때문에 강재의 부식이 방지되며 내구성이 좋다.
② 고강도 재료를 사용함으로써 강성이 증가하고, 단면을 감소시킬 수 있어 RC부재보다 지간을 길게 할 수 있다.
③ 강재를 곡선 배치한 경우에는 전단력이 감소되어 복부를 얇게 할 수 있다.
④ PSC부재는 보통 풀 프리스트레싱 상태로 설계하므로 전 단면을 유효하게 이용할 수 있다.
⑤ 과다한 하중으로 인해 일시적인 균열이 발생하더라도 하중이 제거되면 균열은 다시 복원된다. 즉 탄력성과 복원성이 우수하다.
⑥ 프리캐스트 PSC를 사용할 경우 거푸집, 동바리가 필요 없으며, 현장치기 PSC일 경우는 이어대기시공이나 분할시공이 가능하다.
⑦ 건조수축, 크리프의 영향이 적다.
⑧ 안정성이 높다.

(2) 프리스트레스트 콘크리트의 단점

① RC에 비하여 단가가 비싸고 보조재료(쉬스, 정착장치, 그라우팅 등)가 많이 사용되므로 공사비가 비싸다.
② 시공 단계에서 응력이나 안정성 검토 단계가 많고 하중의 크기나 방향에 민감하므로 설계, 제조, 운반, 가설에 있어 세심한 주의가 필요하는 등 시공이 어렵다.
③ 고온에서는 고강도 강재의 강도가 저하되므로 내화성이 떨어진다.
④ 고강도 재료를 사용하여 같은 하중을 지지할 경우 RC에 비하여 단면이 작기 때문에 변형이 크고 진동하기 쉽다.

3. 프리스트레스트 콘크리트의 분류

(1) 긴장 시기

1) 프리텐션방식(Pre-tensioning System)
   긴장재를 먼저 긴장시킨 후 콘크리트를 타설하는 방식

2) 포스트텐션방식(Post-tensioning System)
   콘크리트 경화 후 긴장재를 긴장하는 방식

(2) 프리스트레싱의 도입 정도

1) 완전 프리스트레싱(Full Prestressing)
   콘크리트의 전 단면에 인장응력이 발생하지 않도록 프리스트레스를 가하는 방법

2) 부분 프리스트레싱(Partial Prestressing)
   콘크리트 단면의 일부에 어느 정도의 인장응력이 발생하는 것을 허용하는 방법

(3) 긴장재의 부착 여부

1) 부착된 긴장재(Bonded Tendon)
   프리텐션방식 또는 포스트텐션방식에서 그라우팅된 긴장재

2) 부착되지 않은 긴장재(Unbonded Tendon)
   포스트텐션방식에서 그라우팅이 되지 않은 긴장재

> **그라우팅(Grouting)**
> 강재의 부식을 방지하고, 동시에 PS강재와 콘크리트를 부착시키기 위하여 쉬스(Sheath) 속에 시멘트풀 또는 모르터를 주입하는 작업을 '그라우팅'이라고 한다.

(4) 단부 정착장치의 유무

1) 단 정착장치가 있는 긴장재(End-anchored Tendon)
   일반적으로 포스트텐션방식의 경우

2) 단 정착장치가 없는 긴장재(Non End-anchored Tendon)
   일반적으로 프리텐션방식의 경우

(5) 제작 장소

1) 프리캐스팅 PSC(Precasting PSC)
   제조 공장 또는 현장 근처에서 미리 제작된 PSC

2) 현장타설 PSC(Cast-in-Place PSC)
현장에서 제작된 PSC

(6) 내적-외적 프리스트레싱

1) 내적 프리스트레싱
내부 긴장재 또는 내부 케이블을 사용한 경우

2) 외적 프리스트레싱
외부 긴장재 또는 외부 케이블을 사용한 경우(기존 구조물의 보강에 사용)

(7) 선형-원형 프리스트레싱

1) 선형 프리스트레싱
PSC보 또는 PSC슬래브 등의 경우

2) 원형 프리스트레싱
PSC원형 탱크, PSC사일로(silo) 또는 PSC관 등의 경우

Section 02 재료

1. 콘크리트

(1) 콘크리트의 품질

1) 압축강도가 높아야 한다.
2) 건조수축 및 크리프가 작아야 한다.
   ① 일반적인 경우의 W/C : 45% 이하
   ② 현장타설인 경우의 W/C : 35~40%
   ③ 공장제작인 경우의 W/C : 33~35%

(2) 콘크리트의 설계기준강도

프리스트레스트 콘크리트에 사용되는 강재는 고강도이므로 콘크리트 또한 일반 RC에 비하여 고강도 콘크리트를 사용한다.

1) 프리텐션방식

$$f_{ck} \geq 35\text{MPa}$$

2) 포스트텐션방식

$$f_{ck} \geq 30\text{MPa}$$

(3) 콘크리트의 탄성계수

프리스트레스트 콘크리트의 탄성계수는 일반 RC의 탄성계수와 동일하다.

1) $1{,}450\text{kg/m}^3 \leq m_c \leq 2{,}500\text{kg/m}^3$인 경우

$$E_c = 0.077 m_c^{1.5} \sqrt[3]{f_{cm}} \,(\text{MPa})$$
$$f_{cm} = f_{ck} + \Delta f \,(\text{MPa})$$

2) $m_c = 2{,}300\text{kg/m}^3$, 보통 골재를 사용한 경우

$$E_C = 8{,}500 \sqrt[3]{f_{cm}} \,(\text{MPa})$$

(4) PS강재와 직접 부착되는 콘크리트나 그라우트에는 PS강재를 부식시킬 수 있는 염화칼슘이 사용되어서는 안 된다.

2. PS강재

(1) PS강재의 품질

① 인장강도가 높아야 한다.(고강도일수록 긴장력의 손실률이 적다.)
② 항복비$\left(= \dfrac{\text{항복강도}}{\text{인장강도}} \times 100\%\right)$가 커야 한다.
③ 릴랙세이션이 작아야 한다.
④ 적당한 연성과 인성이 있어야 한다.
⑤ 응력부식에 대한 저항성이 커야 한다.
⑥ 부착시켜 사용하는 PS강재는 콘크리트와의 부착 강도가 커야 한다.
⑦ 어느 정도의 피로강도를 가져야 한다.
⑧ 곧게 잘 펴지는 직선성(신직성)이 좋아야 한다.

(2) PS강재의 종류

1) PS강선

   ① 원형 PS강선(PS강선)
   지름 2.9~9mm의 원형 강선을 하나 또는 여러 개를 나란히 놓아 다발로 긴장재를 구성한 것으로 프리텐션방식 또는 포스트텐션방식에 사용된다.

   ② 이형 PS강선
   콘크리트와의 부착강도를 높이기 위하여 표면에 요철을 연속 또는 일정 간격으로 둔 것으로 프리텐션방식에 주로 사용된다.

2) PS강봉

   ① 원형 PS강봉(PS강봉)
   지름 9.2~32mm, 포스트텐션방식에 주로 사용된다.

   ② 이형 PS강봉
   지름 7.4~13mm, 표면에 요철을 연속 또는 일정 간격으로 둔 것

   ③ 전조나사 등을 사용하여 쉽게 정착할 수 있으며 릴랙세이션이 작다.

3) PS강연선

   ① 여러 개의 강선을 꼬아서 만든 것으로 2연선, 7연선이 많이 쓰이며 9연선, 37연선도 사용된다.

   ② 작은 지름의 PS강연선은 프리텐션방식, 포스트텐션방식에 모두 사용된다.

   ③ 큰 지름의 PS강연선은 포스트텐션방식에 많이 쓰인다.

(3) PS강재의 특징

1) PS강선의 인장강도는 고강도 철근의 4배이며 PS강봉의 인장강도는 고강도 철근의 2배 정도이다.

2) PS강재의 인장강도 크기

   PS강연선 > PS강선 > PS강봉

3) 지름이 작은 것일수록 인장강도나 항복점응력은 커지고 파단 시의 연신율은 작아진다.

4) 뚜렷한 항복점이 없다.(KS규정 : 0.2%의 잔류변형률을 나타내는 응력을 항복점으로 함)

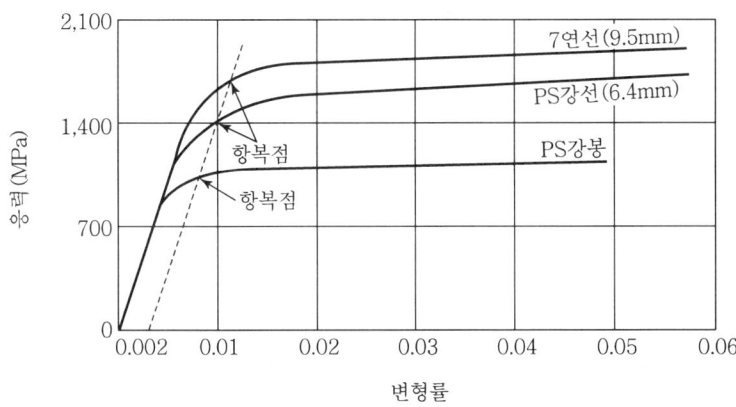

[그림 11-1] PS강재의 응력-변형률 곡선

(4) PS강재의 탄성계수

PS강재의 탄성계수는 강도에 비하여 비교적 작은 값으로 $(1.9 \sim 2.1) \times 10^5$MPa 정도이다. 시험에 의하여 정하는 것을 원칙으로 하지만, 시험에 의하지 않을 경우는 다음 값으로 해석해도 된다.

$$E_P = 2.0 \times 10^5 \text{MPa}$$

(5) PS강재의 릴랙세이션

1) 릴랙세이션의 정의

PS강재를 긴장한 채 일정한 길이로 유지해 두면 시간의 경과와 더불어 인장응력이 감소하는 현상. 즉, 긴장력이 느슨해지는 현상을 릴랙세이션이라고 한다.

2) 릴랙세이션의 종류

① 순릴랙세이션

인장응력의 감소량을 PS강재의 초기 인장응력에 대한 백분율로 나타낸 것을 순릴랙세이션이라고 한다.

② 겉보기릴랙세이션

콘크리트의 건조수축이나 크리프에 의한 PS강재의 인장변형 감소를 고려하여 구한 PS강재의 릴랙세이션 값을 겉보기 릴랙세이션이라고 한다.

$$\gamma = \gamma_0 \left(1 - \frac{2\Delta f_{p(C+S)}}{f_{pi}}\right) \quad \cdots \cdots (11.1)$$

> ▶ PS강재의 릴랙세이션
> PS 강재의 릴랙세이션은 온도에 따라 변하며 높은 온도에서 매우 커진다.

여기서, γ : 겉보기릴랙세이션
γ_0 : 순릴랙세이션
$\Delta f_{p(C+S)}$: 콘크리트의 크리프 및 건조수축에 의한 긴장재 인장응력의 감소량
f_{pi} : 프리스트레싱 직후의 긴장재의 인장응력

(6) PS강재의 중심간격

1) 프리텐션부재의 단부
PS강선은 $5d_b$ 이상, PS강연선은 $4d_b$ 이상이어야 한다.

2) 프리텐션부재의 지간 중앙부
수직간격을 부재 끝단보다 좁게 사용하거나 다발로 사용해도 좋다.

(7) 쉬스의 순간격
포스트텐션부재에서 쉬스를 다발로 사용해도 좋으며, 이때 쉬스의 순간격은 굵은골재 최대 치수의 1/3~1배 또는 25mm 이상이다.

3. 기타 보조 재료

(1) 쉬스(Sheath)
포스트텐션방식에서 덕트를 형성하기 위해 쓰이는 파상모양의 얇은 강관을 쉬스라고 한다.

(2) 정착장치와 접속장치

1) 정착장치
포스트텐션방식에서 긴장재를 긴장한 후 그 끝을 콘크리트에 정착시키는 기구를 정착장치라고 한다.

2) 접속장치
PS강재와 PS강재를 접속하는 기구를 접속장치라고 하며 주로 나사를 많이 사용한다.

■ 덕트(Duct)
콘크리트 부재 속에 긴장재를 배치하기 위하여 미리 확보해둔 구멍을 덕트라고 한다.

프리스트레스트 콘크리트의 기본개념

1. 응력개념(균등질보의 개념)

(1) 응력개념의 정의

콘크리트에 프리스트레스가 도입되면 콘크리트가 탄성체로 전환되어 탄성이론에 의한 해석이 가능하다는 개념을 응력개념 또는 균등질보의 개념이라고 한다.

(2) 응력개념에 의한 PSC부재의 해석

1) 긴장재가 직선으로 도심에 배치된 경우

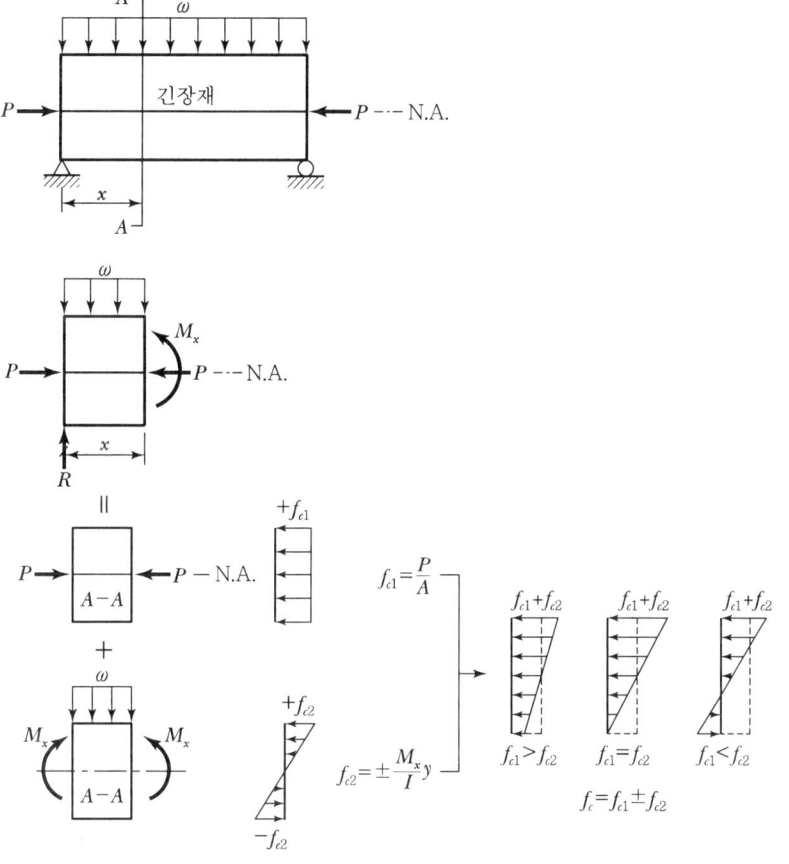

[그림 11-2] 긴장재가 직선으로 도심에 배치된 경우

긴장재가 직선으로 도심에 배치된 경우의 단면응력은 다음과 같다.

$$f_{c(\frac{상}{하})} = f_{c1} \pm f_{c2} = \frac{P}{A} \pm \frac{M_x}{I}y \quad \cdots\cdots\cdots\cdots\cdots (11.2)$$

여기서, 부호는 압축(+)이고, 인장(-)이다.

2) 긴장재가 직선으로 편심 배치된 경우

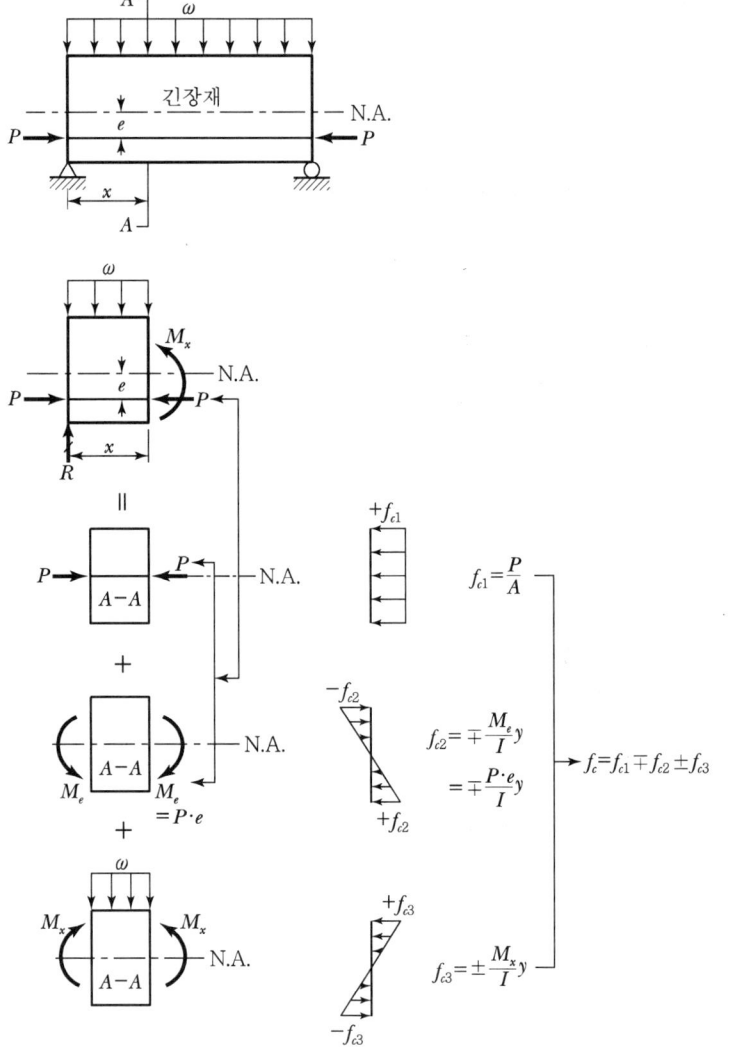

[그림 11-3] 긴장재가 직선으로 편심 배치된 경우

긴장재가 직선으로 편심 배치된 경우의 단면응력은 다음과 같다.

$$f_{c(\frac{상}{하})} = f_{c1} \mp f_{c2} \pm f_{c3} = \frac{P}{A} \mp \frac{Pe}{I}y \pm \frac{M_x}{I}y \quad \cdots\cdots (11.3)$$

3) 긴장재가 절곡 또는 곡선 배치된 경우
   ① 휨모멘트

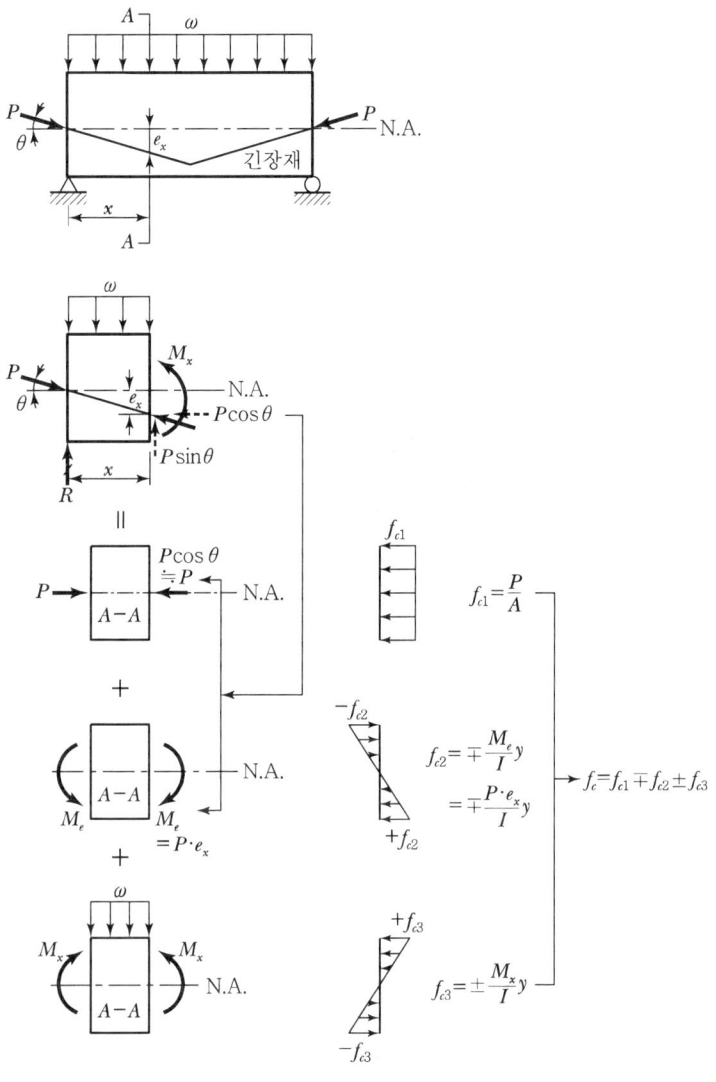

[그림 11-4] 긴장재가 절곡 배치된 경우(1)

긴장재가 절곡 배치된 경우의 단면응력은 다음과 같다.

$$f_{c(\substack{상\\하})} = f_{c1} \mp f_{c2} \pm f_{c3} = \frac{P}{A} \mp \frac{Pe_x}{I}y \pm \frac{M_x}{I}y \cdots\cdots (11.4)$$

② 전단력

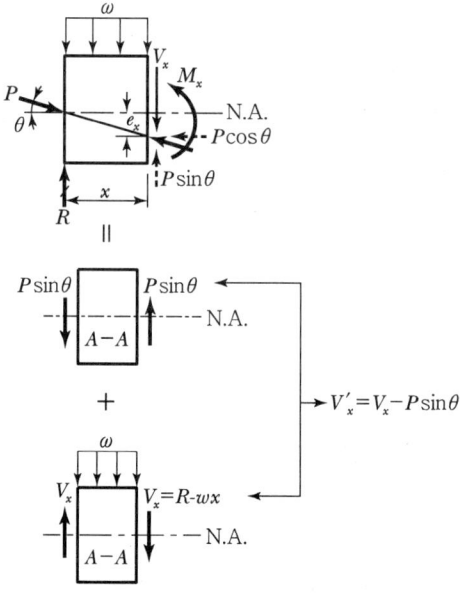

[그림 11-5] 긴장재가 절곡 배치된 경우(2)

긴장재가 절곡 배치된 경우의 전단력은 다음과 같다.

$$V_x' = V_x - P\sin\theta = R - wx - P\sin\theta \quad \cdots\cdots (11.5)$$

4) PS강재의 배치방법에 따른 효과

[표 11-1] PS강재의 배치방법에 따른 효과

PS강재배치방법	프리스트레싱에 의한 부재 단면력	작용하중 및 프리스트레싱에 의한 부재 단면응력	프리스트레싱 효과
긴장재를 직선으로 도심에 배치한 경우	압축력	$f_c = \dfrac{P}{A} \pm \dfrac{M_x}{I}y$	콘크리트의 인장응력 감소
긴장재를 직선으로 편심 배치한 경우	압축력 부모멘트	$f_c = \dfrac{P}{A} \mp \dfrac{P \cdot e}{I}y \pm \dfrac{M_x}{I}y$	콘크리트의 인장응력 감소
긴장재를 절곡 또는 곡선으로 배치한 경우	압축력 부모멘트 전단력	$f_c = \dfrac{P}{A} \mp \dfrac{P \cdot e_x}{I}y \pm \dfrac{M_x}{I}y$ $V_x' = V_x - P \cdot \sin\theta$ V_x : 작용하중에 의한 전단력	콘크리트의 인장응력 감소, 전단력 감소

2. 강도개념(내력모멘트 개념)

(1) 강도개념의 정의

RC보와 같이 압축력은 콘크리트가 받고 인장력은 긴장재가 받게 하여 두 힘에 의한 우력이 외력모멘트에 저항한다는 개념을 강도개념 또는 내력모멘트개념이라고 한다.

(2) 강도개념에 의한 PSC 부재의 해석

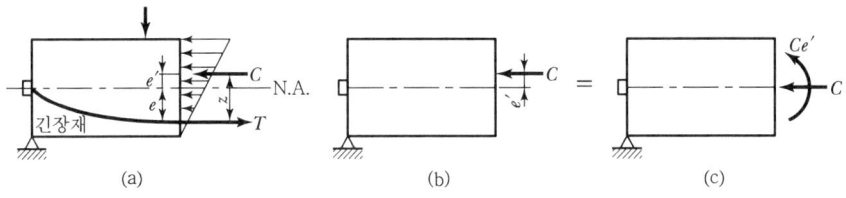

[그림 11-6] 강도개념에 의한 PSC부재의 해석

1) 휨모멘트

$$C = T = P$$
$$M = C \cdot Z = T \cdot Z = P \cdot Z \quad \cdots\cdots\cdots\cdots (11.6)$$

여기서, P : PS강재에 작용시킨 프리스트레스 힘
M : 외력에 의한 휨모멘트

2) 단면응력

$$f_{c(\frac{상}{하})} = \frac{C}{A} \pm \frac{Ce'}{I}y = \frac{P}{A} \pm \frac{Pe'}{I}y \quad \cdots\cdots\cdots (11.7)$$

3. 하중평형개념(등가하중개념)

(1) 하중평형개념의 정의

프리스트레싱에 의하여 부재에 작용하는 힘과 부재에 작용하는 외력이 평형되게 한다는 개념을 하중평형개념 또는 등가하중개념이라고 한다.

(2) 프리스트레싱에 의한 상향력

1) 긴장재가 포물선으로 배치된 경우

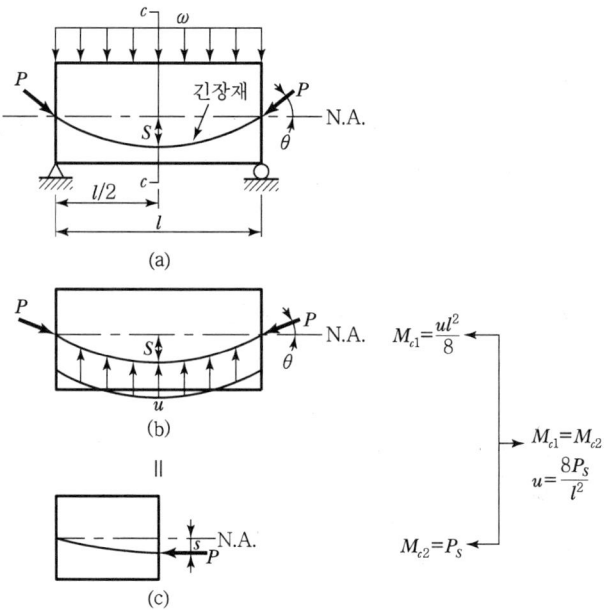

[그림 11-7] 긴장재가 포물선으로 배치된 경우의 상향력

긴장재가 포물선으로 배치된 경우의 상향력은 [그림 11-7]의 (b)와 (c)로부터 다음과 같이 나타낼 수 있다.

$$u = \frac{8Ps}{l^2} \quad \cdots\cdots\cdots\cdots\cdots\cdots\cdots\cdots\cdots\cdots\cdots\cdots\cdots\cdots\cdots\cdots\cdots\cdots (11.8)$$

2) 긴장재가 절곡 배치된 경우

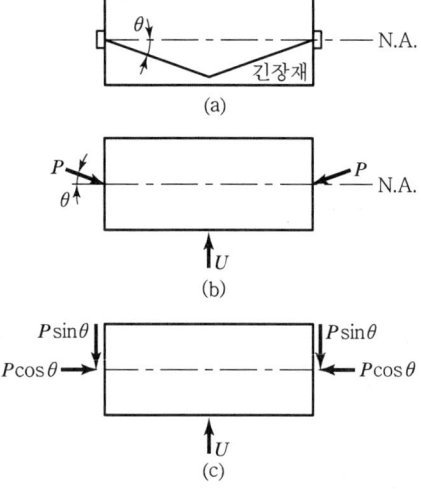

[그림 11-8] 긴장재가 절곡 배치된 경우의 상향력

긴장재가 절곡 배치된 경우의 상향력은 [그림 11-8]의 (c)로부터 다음과 같이 나타낼 수 있다.

$$u = 2P\sin\theta \quad\quad\quad\quad\quad\quad\quad\quad\quad\quad (11.9)$$

Section 04 프리스트레싱 방법 및 정착공법

1. 프리스트레싱 방법

(1) 프리텐션방식

1) 프리텐션방식의 정의

PS강재에 인장력을 주어 긴장해 놓은 후 콘크리트를 타설하고, 콘크리트가 경화한 후 PS강재의 인장력을 서서히 풀어서 콘크리트에 프리스트레스를 주는 방식을 프리텐션방식이라고 한다.

2) 프리텐션방식의 분류

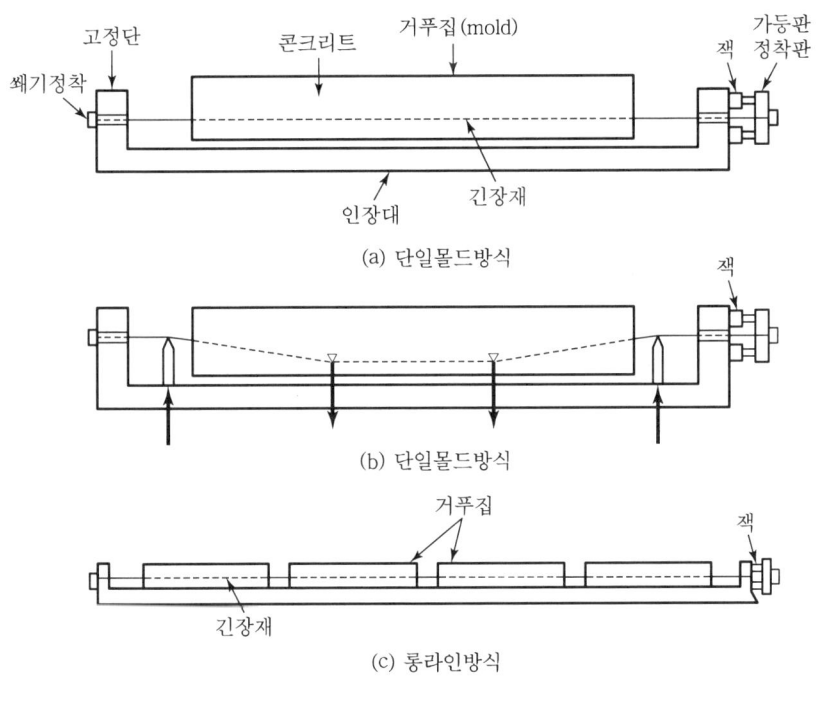

[그림 11-9] 프리텐션방식

① 단일몰드방식(Individual Mold Method) : 단독식 [그림 11-9]의 (a), (b) 참고
② 롱라인방식(Long Line Method) : 연속식 [그림 11-9]의 (c) 참고

3) 프리텐션방식의 장점과 단점
① 프리텐션방식의 장점
㉠ 동일한 형상과 치수의 부재를 대량으로 제작할 수 있다.
㉡ 쉬스, 정착장치 등이 필요하지 않다.
② 프리텐션방식의 단점
㉠ 긴장재를 곡선으로 배치하기 어렵다.
㉡ 부재의 단부(정착구역)에 프리스트레스가 도입되지 않는다.

4) 프리텐션방식의 작업 순서
지주 설치 → 강재 배치 및 긴장 → 거푸집 설치 → 콘크리트 타설 → 콘크리트 양생 → 콘크리트 경화 후 긴장재 절단

(2) 포스트텐션방식

1) 포스트텐션방식의 정의
콘크리트가 경화한 후 PS강재를 긴장하여 그 끝을 콘크리트에 정착함으로써 콘크리트에 프리스트레스를 주는 방식을 포스트텐션방식이라고 한다.

2) 포스트텐션방식의 분류
① 긴장재가 부착된 포스트텐션부재(Post-tensioned Bonded Member) : PS강재와 콘크리트를 부착시키기 위하여 긴장력을 도입한 후 시멘트풀 등으로 그라우팅 작업을 한 포스트텐션부재
② 긴장재가 부착되지 않은 포스트텐션부재(Post-tensioned Unbonded Member) : 피복된 PS강재 또는 플라스틱 쉬스 속에 넣은 PS강재 등을 사용하여 그라우팅 작업을 하지 않은 포스트텐션부재(중간 칸막이를 갖는 중공 콘크리트 보 등)

3) 포스트텐션방식의 장점과 단점
① 포스트텐션방식의 장점
㉠ PS강재를 곡선으로 배치할 수 있으므로 대형 구조물에 적합하다.
㉡ 구조물 자체를 지지대로 사용하기 때문에 인장대를 필요로 하지 않는다.

ⓒ 공사현장에서 긴장작업이 가능하다.
ⓔ 부착시키지 않은 포스트텐션부재는 PS강재의 재긴장이 가능하다.
② 포스트텐션방식의 단점
ⓐ 부착시키지 않은 PSC부재는 파괴 강도가 낮고 균열 폭이 커진다.
ⓑ 특수한 긴장방법과 정착장치가 필요하다.

4) 포스트텐션방식의 작업 순서

철근 배근, 쉬스 설치 및 거푸집 제작 → 콘크리트 타설 및 양생 → 콘크리트 경화 후 쉬스 속에 PS강재 삽입 → PS강재 긴장 및 정착 → 쉬스 속 그라우팅

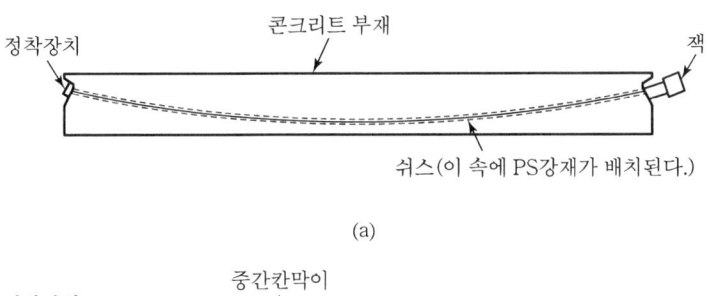
(a)

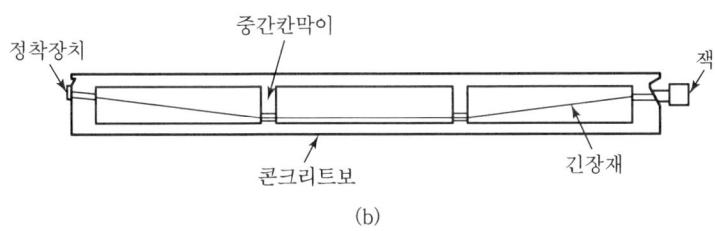
(b)

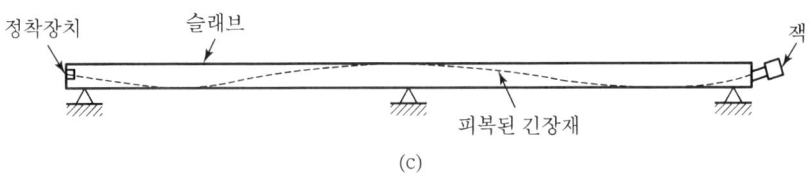
(c)

[그림 11-10] 포스트텐션방식

2. 정착공법

(1) 쐐기식공법

1) 쐐기식공법의 정의

PS강재와 정착장치 사이의 마찰력을 이용하여 쐐기작용으로 PS강재를 정착하는 방법으로 PS강선, PS강연선의 정착에 주로 사용되는 공법이다.

2) 쐐기식공법의 종류
① 프레시네공법(Freyssinet공법, 프랑스)
  12개의 PS강선을 동일한 간격의 다발로 만들어 하나의 긴장재를 구성하여 한 번에 긴장하여 1개의 쐐기로 정착하는 공법이다.
② VSL공법(Vorspann System Losiger공법, 독일)
  지름 12.4mm 또는 지름 12.7mm의 구연선 PS스트랜드를 앵커헤드의 구멍에서 하나씩 쐐기로 정착하는 공법, 접속장치에 의해 PS케이블을 이어나갈 수 있고 재긴장도 가능하다.
③ CCL공법(영국)
④ Magnel공법(벨기에)

(2) 지압식공법

1) 리벳머리식
① 리벳머리식의 정의
  PS강선 끝을 못머리처럼 제두가공하여 이것을 지압판으로 지지하게 하는 공법
② BBRV공법(스위스)
  리벳머리식 정착의 대표적인 공법으로 보통 지름 7mm의 PS강선 끝을 제두기라는 특수한 기계로 냉간 가공하여 리벳머리를 만들고 이것을 앵커헤드로 지지시키는 공법이다.

2) 너트식
① 너트식의 정의
  PS강봉 끝의 전조나사에 너트를 끼워서 정착판에 정착하는 공법으로 PS강봉의 정착에 주로 사용된다.
② Dywidag공법(독일)
  PS강봉 단부의 전조나사에 특수 강재너트를 끼워 정착판에 정착하는 공법으로 커플러(Coupler)를 사용하여 PS강봉을 쉽게 이어나갈 수 있다. 또한 장대교 가설에 많이 사용되고, 캔틸레버 가설법(FCM)에 사용된다.

(3) 루프식공법

1) 루프식공법의 정의
  루프(Loop) 모양으로 가공한 PS강선 또는 강연선을 콘크리트 속에 묻어넣어 콘크리트와의 부착 또는 지압에 의하여 정착하는 공법이다.

2) 루프식공법의 종류
   ① Leoba공법
   ② Baur – Leonhardt공법

Section 05 프리스트레스의 도입과 손실

1. 프리스트레스의 도입

(1) 프리스트레스 도입시 콘크리트에 요구되는 강도

$$f_{ci} \geq 1.7 f_{c,\max}$$

여기서, f_{ci} : 프리스트레스를 도입할 때 콘크리트의 압축강도
$f_{c,\max}$: 프리스트레스 도입 직후 콘크리트에 발생하는 최대 압축응력

(2) 프리스트레스 도입시 콘크리트의 압축강도

1) 프리텐션방식

$$f_{ci} \geq 30\,\text{MPa}$$

▶ 짧은 부재 또는 부재 단부 근처에서 큰 휨모멘트나 전단력을 받는 프리텐션 부재의 경우 $f_{ci} \geq 35\text{MPa}$

2) 포스트텐션방식

$$f_{ci} \geq 28\,\text{MPa}$$

2. 프리스트레스의 손실

PS강재에 준 인장응력은 여러 가지 원인에 의하여 감소한다. PS강재의 인장응력이 감소함에 따라 콘크리트에 도입된 프리스트레스가 감소하는 현상을 프리스트레스의 감소 또는 프리스트레스의 손실이라 한다.

(1) 프리스트레스의 손실 원인

1) 프리스트레스를 도입할 때 발생하는 손실
   (도입시 손실, 즉시손실, 즉시감소)

① 정착장치의 활동(Anchorage Slip, Anchorage Set)
② PS강재와 쉬스 사이의 마찰(포스트텐션방식에만 해당)
③ 콘크리트의 탄성변형(탄성수축, Elastic Shortening)

2) 프리스트레스 도입후에 발생하는 손실

(도입후 손실, 시간적 손실, 시간적 감소)
① 콘크리트의 크리프
② 콘크리트의 건조 수축(프리텐션방식 > 포스트텐션방식)
③ PS강재의 릴랙세이션(Relaxation)

(2) 유효율

1) 유효율(R)

$$R = \frac{P_e}{P_i} \times 100(\%) \quad \cdots\cdots (11.10)$$

여기서, P_i : 즉시손실 발생 후의 인장력(초기 프리스트레스 힘)
P_e : 시간손실 발생 후의 인장력(유효 프리스트레스 힘)

■ 유효율(R)의 대략 값
① 프리텐션방식 : $R=80\%$
② 포스트텐션방식 : $R=85\%$

2) 감소율

$$감소율 = \frac{\Delta P}{P_i} \times 100(\%) = \frac{P_i - P_e}{P_i} \times 100(\%) \quad \cdots\cdots (11.11)$$

■ 감소율
일반적으로 감소율은 P_i의 20~35% 범위

(3) 프리스트레스의 손실량

1) 정착장치의 활동에 의한 손실량

① 프리텐션방식
고정지주의 정착장치 활동에 의하여 긴장력이 손실된다.
② 포스트텐션방식(1단 정착일 경우)

$$\Delta f_{pa} = E_p \varepsilon_p = E_p \frac{\Delta l}{l} \quad \cdots\cdots (11.12)$$

여기서, Δf_{pa} : 정착장치의 활동에 의한 긴장응력의 손실량
E_p : 긴장재의 탄성계수
ε_p : 긴장재의 변형률
Δl : 정착장치의 활동량(긴장재의 활동량)
l : 긴장재의 길이

2) PS강재와 쉬스 사이의 마찰에 의한 손실량
   ① 엄밀식

   $$P_{px} = P_{pj}e^{-(kl_{px} + \mu_p\alpha_{px})} \quad \cdots\cdots\cdots (11.13)$$

   $$\Delta P_f = P_{pj} - P_{px} = P_{pj}[1 - e^{-(kl_{px} + \mu_p\alpha_{px})}] \quad \cdots\cdots (11.14)$$

   여기서, P_{px} : 긴장단으로부터 거리 x만큼 떨어진 곳의 긴장력
   P_{pj} : 긴장단의 초기 긴장력
   ΔP_f : PS강재와 쉬스 사이의 마찰에 의한 긴장력의 손실량
   k : 파상마찰계수
   l_{px} : 긴장단으로부터 고려하는 곳까지의 긴장재 길이
   μ_p : 곡률마찰계수
   α_{px} : 긴장단으로부터 고려하는 곳까지의 각변화량 (radian)

   ② 근사식
   $kl_{px} + \mu_p\alpha_{px} \leq 0.3$인 경우는 근사식을 사용할 수 있다.

   $$P_{px} = \frac{P_{pj}}{(1 + kl_{px} + \mu_p\alpha_{px})} \quad \cdots\cdots\cdots\cdots (11.15)$$

   $$\Delta P_f = P_{pj} - P_{px} = P_{pj}\left[\frac{(kl_{px} + \mu_p\alpha_{px})}{1 + (kl_{px} + \mu_p\alpha_{px})}\right] \quad \cdots\cdots (11.16)$$

3) 콘크리트의 탄성변형에 의한 손실량
   ① 프리텐션방식

   $$\Delta f_{pe} = E_p\varepsilon_p = E_p\varepsilon_e = E_p\frac{f_{cs}}{E_c} = nf_{cs} \quad \cdots\cdots\cdots (11.17)$$

   여기서, Δf_{pe} : 콘크리트의 탄성변형에 의한 긴장응력의 손실량
   ε_e : 콘크리트의 탄성변형률
   n : 탄성계수비 $\left(= \dfrac{E_p}{E_c}\right)$
   f_{cs} : 프리스트레스 도입 직후 PS강재의 도심위치에서 발생하는 콘크리트의 압축응력

   ② 포스트텐션방식
   • 1회의 긴장작업으로 프리스트레스를 도입할 경우
     콘크리트의 탄성변형에 의한 긴장응력의 손실량은 발생하지 않는다.
   • 여러 개의 긴장재를 순차적으로 긴장할 경우

$$\Delta f_{pe} = \frac{1}{2} n f_{cs} \frac{N-1}{N} \quad \cdots\cdots\cdots\cdots\cdots\cdots\cdots\cdots\cdots\cdots\cdots\cdots\cdots (11.18)$$

여기서, N : 긴장재의 긴장횟수

4) 콘크리트의 크리프에 의한 손실량

$$\Delta f_{pc} = E_p(C_u \epsilon_e) = C_u n f_{cs} \quad \cdots\cdots\cdots\cdots\cdots\cdots\cdots\cdots\cdots (11.19)$$

여기서, Δf_{pc} : 콘크리트의 크리프에 의한 긴장응력의 손실량
C_u : 크리프 계수

5) 콘크리트의 건조수축에 의한 손실량

$$\Delta f_{ps} = E_p \varepsilon_{sh} \quad \cdots\cdots\cdots\cdots\cdots\cdots\cdots\cdots\cdots\cdots\cdots\cdots\cdots\cdots\cdots (11.20)$$

여기서, ε_{sh} : 콘크리트의 건조수축 변형률

6) PS강재의 릴랙세이션에 의한 손실량

$$\Delta f_{pr} = \gamma f_{pi} \quad \cdots\cdots\cdots\cdots\cdots\cdots\cdots\cdots\cdots\cdots\cdots\cdots\cdots\cdots\cdots (11.21)$$

여기서, γ : PS강재의 겉보기릴랙세이션 값
- PS강봉 : $\gamma = 3\%$
- PS강선 및 PS스트랜드 : $\gamma = 5\%$

Section 06 프리스트레스트 콘크리트 보의 해석과 설계

1. 콘크리트와 PS강재의 허용응력

(1) 콘크리트의 허용응력

1) 프리스트레스 도입 직후 시간에 따른 프리스트레스 손실이 일어나기 전의 응력은 다음 값 이하로 하여야 한다.
① 휨압축응력 : $0.60 f_{ci}$
② 단순지지 부재 단부의 휨압축응력 : $0.7 f_{ci}$
③ 휨인장응력 : $0.25 \sqrt{f_{ci}}$
④ 단순지지 부재 단부의 휨인장응력 : $0.50 \sqrt{f_{ci}}$

2) 비균열등급 또는 부분균열등급 프리스트레스트 콘크리트 휨부재에서 모든 프리스트레스의 손실이 일어난 후 사용하중에 의한 콘크리트의 휨응력은 다음 값 이하로 하여야 한다.
① 압축연단응력(유효프리스트레스+지속하중) : $0.45f_{ck}$
② 압축연단응력(유효프리스트레스+전체하중) : $0.60f_{ck}$

(2) PS강재의 허용응력

1) 긴장을 할 때 긴장재의 인장응력

$0.80f_{pu}$ 또는 $0.94f_{py}$ 중 작은 값 이하

2) 프리스트레스 도입 직후 긴장재의 인장응력

$0.74f_{pu}$ 와 $0.82f_{py}$ 중 작은 값 이하

3) 정착구와 커플러의 위치에서 프리스트레스 도입 직후 포스트텐션 긴장재의 응력

$0.70f_{pu}$ 이하

여기서, f_{pu} : 긴장재의 설계기준인장강도
f_{py} : 긴장재의 설계기준항복강도

2. 균열 휨모멘트

(1) 균열 휨모멘트의 정의

콘크리트 단면의 인장측 연단의 응력이 콘크리트의 파괴계수에 도달할 때의 모멘트를 균열 휨모멘트라고 한다.

(2) 콘크리트 단면의 인장측 연단의 응력

$$f_{c(하)} = \frac{P_i}{A} + \frac{P_i e_p}{I} y_b - \frac{M_x}{I} y_b \quad \cdots\cdots (11.22)$$

(3) 균열 휨모멘트

균열 휨모멘트(M_{cr})는 식(11.22)에 $f_{c(하)} = -f_r$, $M_x = M_{cr}$을 대입함으로써 구할 수 있다.

$$M_{cr} = f_r Z_b + P_e \left(\frac{r_c^2}{y_b} + e_p \right) \quad \cdots\cdots (11.23)$$

여기서, f_r : 콘크리트의 파괴계수($= 0.63\lambda\sqrt{f_{ck}}$)
Z_b : 콘크리트의 단면계수
r_c : 콘크리트의 단면 2차 회전반경
y_b : 중립축으로부터 인장측 연단까지의 거리
e_p : PS강재의 편심거리

3. 공칭휨강도

(1) PS강재의 응력(f_{ps})[$f_{pe} \geq 0.5 f_{pu}$]

1) PS강재가 부착된 부재

① 인장철근과 압축철근의 영향을 고려할 경우

$$f_{ps} = f_{pu}\left[1 - \frac{\gamma_p}{\beta_1}\left(\rho_p \frac{f_{pu}}{f_{ck}} + \frac{d}{d_p}(w - w')\right)\right] \quad \cdots\cdots (11.24)$$

여기서, γ_p : PS강재의 종류에 따른 계수
β_1 : $\frac{a}{c}$
ρ_p : 강재비 $\left(= \frac{A_p}{bd_p}\right)$
d : 인장철근의 유효깊이
d_p : PS강재의 유효깊이
w : 인장철근의 강재지수 $\left(= \rho\frac{f_y}{f_{ck}},\ \rho = \frac{A_s}{bd}\right)$
w' : 압축철근의 강재지수 $\left(= \rho'\frac{f_y}{f_{ck}},\ \rho' = \frac{A_s'}{bd}\right)$

② 인장철근과 압축철근의 영향을 무시할 경우

$$f_{ps} = f_{pu}\left(1 - \frac{\gamma_p}{\beta_1}\rho_p \frac{f_{pu}}{f_{ck}}\right) \quad \cdots\cdots (11.25)$$

2) PS강재가 부착되지 않은 부재

① $\frac{l}{h} \leq 35$인 경우

$$f_{ps} = f_{pe} + 70 + \frac{f_{ck}}{100\rho_p} \quad \cdots\cdots (11.26)$$

여기서, f_{ps}는 f_{py}와 $(f_{pu}+420)\text{MPa}$ 이하로 하여야 한다.

여기서, f_{pe} : PS강재의 유효 인장응력

② $\dfrac{l}{h} > 35$인 경우

$$f_{ps} = f_{pe} + 70 + \dfrac{f_{ck}}{300\rho_p} \quad \cdots\cdots\cdots\cdots\cdots\cdots (11.27)$$

여기서, f_{ps}는 f_{py}와 $(f_{pe}+210)\text{MPa}$ 이하로 하여야 한다.

(2) 공칭휨강도

1) PS강재만을 고려할 경우

$$M_n = A_p f_{ps}\left(d_p - \dfrac{a}{2}\right) \quad \cdots\cdots\cdots\cdots\cdots\cdots (11.28)$$

여기서, $a = \dfrac{A_p f_{ps}}{\eta\, 0.85 f_{ck} b}$ $\quad \cdots\cdots\cdots\cdots\cdots\cdots (11.29)$

2) 인장철근의 영향을 고려할 경우

$$M_n = A_p f_{ps}\left(d_p - \dfrac{a}{2}\right) + A_s f_y\left(d - \dfrac{a}{2}\right) \quad \cdots\cdots\cdots\cdots (11.30)$$

4. 공칭전단강도

(1) 공칭전단강도(V_n)

$$V_n = V_c + V_s$$

여기서, V_c : 콘크리트가 부담하는 전단강도
V_s : 전단철근이 부담하는 전단강도

(2) 콘크리트가 부담하는 전단강도(V_c)

콘크리트가 부담하는 전단강도(V_c)는 다음의 식들로 계산되는 공칭전단강도 V_{ci}와 V_{cw} 중에서 작은 값을 취해야 한다.

1) 휨전단균열을 일으키는 공칭전단강도

$$V_{ci} = 0.05\lambda\sqrt{f_{ck}}\, b_w d_p + V_d + \dfrac{V_i M_{cr}}{M_{\max}} \leq 0.17\lambda\sqrt{f_{ck}}\, b_w d_p$$

$\cdots\cdots\cdots\cdots\cdots\cdots\cdots\cdots\cdots\cdots\cdots\cdots\cdots\cdots\cdots\cdots (11.31)$

여기서, d_p : 압축콘크리트 연단에서 프리스트레스 긴장재의 도심까지 거리($0.8h$ 이상이어야 하며, h는 부재의 전체 두께 또는 깊이이다.)
V_d : 고정하중의 영향에 의한 단면의 전단력
V_i : M_{max}와 동시에 일어나는 작용하중으로 인한 단면의 계수전단력
M_{max} : 작용하중으로 의한 단면의 최대 계수휨모멘트
M_{cr} : 균열 휨모멘트
$$M_{cr} = \left(\frac{I}{y_t}\right)(0.5\lambda\sqrt{f_{ck}} + f_{pcc} - f_d)$$
f_{pcc} : 작용하중에 의해 인장응력이 발생하는 단면의 연단에서 모든 프리스트레스 손실을 감안한 유효 프리스트레스 힘에 의한 콘크리트의 압축응력

2) 복부전단균열을 일으키는 공칭전단강도

$$V_{cw} = (0.29\lambda\sqrt{f_{ck}} + 0.3f_{pc})b_w d_p + V_p \quad \cdots\cdots (11.32)$$

여기서, f_{pc} : 작용하중을 저항하는 단면의 중심에서 프리스트레스의 손실을 감안한 콘크리트의 압축응력 또는 단면의 중심이 플랜지 내에 위치할 경우는 복부와 플랜지의 교차점에서 압축응력
V_p : 유효 프리스트레스 힘의 수직분력

3) 실용식에 의한 공칭전단강도

휨 철근 또는 긴장재 인장강도의 40% 이상의 유효 프리스트레스 힘이 작용하는 부재의 경우는 실용식으로 콘크리트의 공칭전단강도(V_c)를 계산해도 좋다.

$$V_c = \left(0.05\lambda\sqrt{f_{ck}} + 4.9\frac{V_u d}{M_u}\right)b_w d \quad \cdots\cdots (11.33)$$

여기서, $\frac{1}{6}\lambda\sqrt{f_{ck}}b_w d \le V_c \le \left(\frac{5\lambda\sqrt{f_{ck}}}{12}\right)b_w d$

$\frac{V_u d}{M_u} \le 1.0$

(3) 전단철근이 부담하는 전단강도

$$V_s = \frac{A_v f_y d}{s} \ge \frac{V_u - \phi V_c}{\phi}$$

Item pool 예상문제 및 기출문제

01. 프리스트레스트 콘크리트 구조물의 특징에 대한 설명으로 틀린 것은?

㉮ 철근콘크리트의 구조물에 비해 진동에 대한 저항성이 우수하다.
㉯ 설계하중하에서 균열이 생기지 않으므로 내구성이 크다.
㉰ 철근콘크리트 구조물에 비하여 복원성이 우수하다.
㉱ 공사가 복잡하여 고도의 기술을 요한다.

■해설 프리스트레스트 콘크리트 구조물은 철근콘크리트 구조물에 비하여 단면이 작기 때문에 변형이 크게 일어나고 진동하기 쉽다.

02. 다음은 프리스트레스트 콘크리트에 관한 설명이다. 옳지 않은 것은?

㉮ 탄성력과 복원성이 강한 구조 부재이다.
㉯ RC부재보다 경간을 길게 할 수 있고 단면을 작게 할 수 있어 구조물이 날렵하다.
㉰ RC에 비해 강성이 작아서 변형이 크고 진동하기 쉽다.
㉱ RC보다 내화성에 있어서 유리하다.

■해설 프리스트레스트 콘크리트는 RC보다 내화성이 떨어진다.

03. 프리스트레스트 콘크리트를 사용하는 가장 큰 이점은 다음 중 무엇인가?

㉮ 고강도 콘크리트의 이용
㉯ 고강도 강재의 이용
㉰ 콘크리트의 균열 감소
㉱ 변형의 감소

■해설 프리스트레스트 콘크리트는 균열이 발생하지 않도록 설계하기 때문에 강재의 부식이 방지되며 내구성이 좋다.

04. 부분 프리스트레싱(Partial Prestressing)에 대한 설명으로 옳은 것은?

㉮ 구조물에 부분적으로 PSC부재를 사용하는 방법
㉯ 부재단면의 일부에만 프리스트레스를 도입하는 방법
㉰ 사용하중 작용 시 PSC부재 단면의 일부에 인장응력이 생기는 것을 허용하는 방법
㉱ PSC부재 설계 시 부재 하단에만 프리스트레스를 주고 부재 상단에는 프리스트레스 하지 않는 방법

■해설 • 완전 프리스트레싱(Full Prestressing) : 부재 단면에 인장응력이 발생하지 않는다.
• 부분 프리스트레싱(Partial Prestressing) : 부재 단면의 일부에 인장응력이 발생한다.

05. 프리스트레스트 콘크리트에 대한 설명으로 틀린 것은?

㉮ PSC그라우트의 물-시멘트 비는 45% 이하로 하여야 한다.
㉯ 팽창성 그라우트의 팽창률은 0~10%를 표준으로 한다.
㉰ 프리스트레싱할 때의 콘크리트 압축강도는 프리텐션방식에 있어서는 24MPa 이상이어야 한다.
㉱ 프리스트레싱을 할 때 콘크리트의 압축강도는 프리스트레스를 준 직후, 콘크리트에 일어나는 최대 압축응력의 1.7배 이상이어야 한다.

|해답| 1. ㉮ 2. ㉱ 3. ㉯ 4. ㉰ 5. ㉰

■해설 프리스트레스트 도입 시 콘크리트의 압축강도(f_{ci})
- 프리텐션방식 : $f_{ci} \geq 30MPa$
- 포스트텐션방식 : $f_{ci} \geq 28MPa$

06. 프리스트레스트 콘크리트의 원리를 설명할 수 있는 기본개념으로 옳지 않은 것은?
㉮ 균등질보의 개념
㉯ 내력모멘트의 개념
㉰ 하중평형의 개념
㉱ 변형도 개념

■해설 프리스트레스트 콘크리트의 기본개념
① 균등질보의 개념(응력개념)
② 내력모멘트의 개념(강도개념)
③ 하중평형의 개념

07. 다음 중 PSC구조물의 해석개념과 직접적인 관련이 없는 것은?
㉮ 균등질보의 개념(Homogeneous Beam Concept)
㉯ 공액보의 개념(Conjugate Beam Concept)
㉰ 내력모멘트의 개념(Internal Force Concept)
㉱ 하중평형의 개념(Load Balancing Concept)

■해설 PSC구조물의 해석개념
① 균등질보의 개념(응력개념)
② 내력모멘트의 개념(강도개념)
③ 하중평형의 개념(등가하중개념)

08. PS콘크리트의 균등질보의 개념(Homogeneous Beam Concept)을 설명한 것으로 가장 적당한 것은?
㉮ 콘크리트에 프리스트레스가 가해지면 PSC부재는 탄성재료로 전환되고 이의 해석은 탄성이론으로 가능하다는 개념
㉯ PSC보를 RC보처럼 생각하여, 콘크리트는 압축력을 받고 긴장재는 인장력을 받게 하여 두 힘의 우력 모멘트로 외력에 의한 휨모멘트에 저항시킨다는 개념
㉰ PS콘크리트는 결국 부재에 작용하는 하중의 일부 또는 전부를 미리 가해진 프리스트레스와 평행이 되도록 하는 개념
㉱ PS콘크리트는 강도가 크기 때문에 보의 단면을 강재의 단면으로 가정하여 압축 및 인장을 단면 전체가 부담할 수 있다는 개념

■해설 콘크리트에 프리스트레스가 가해지면 PSC부재는 탄성재료로 전환되고 이의 해석은 탄성이론으로 가능하다는 개념을 균등질보의 개념 또는 응력개념이라고 한다.

09. 경간 6m인 단순 직사각형 단면(b=300mm, h=400mm) 보에 등분포하중 30kN/m가 작용할 때 PS강재가 단면도심에서 긴장되며 경간 중앙에서 콘크리트 단면의 하연 응력이 0이 되려면 PS강재에 얼마의 긴장력이 작용되어야 하는가?
㉮ 1,805kN   ㉯ 2,025kN
㉰ 3,054kN   ㉱ 3,557kN

■해설 $f_b = \dfrac{P}{A} - \dfrac{M}{Z} = \dfrac{P}{bh} - \dfrac{3wl^2}{4bh^2} = 0$

$P = \dfrac{3wl^2}{4h} = \dfrac{3 \times 30 \times 6^2}{4 \times 0.4} = 2,025kN$

10. 경간이 8m인 PSC보에 등분포하중 w=20kN/m가 작용할 때 중앙 단면 콘크리트 하연에서의 응력이 0이 되려면 강재에 줄 프리스트레스 힘 P는 얼마인가?(단, PS강재는 콘크리트 도심에 배치되어 있음)

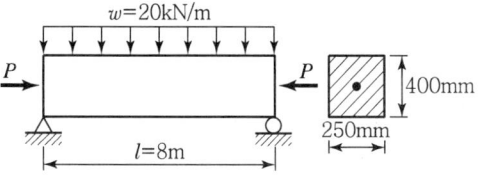

㉮ P=2,000kN   ㉯ P=2,200kN
㉰ P=2,400kN   ㉱ P=2,600kN

■해설 $f_b = \dfrac{P}{A} - \dfrac{M}{Z} = \dfrac{P}{bh} - \dfrac{3wl^2}{4bh^2} = 0$

$P = \dfrac{3wl^2}{4h} = \dfrac{3 \times 20 \times 8^2}{4 \times 0.4} = 2,400kN$

11. 그림과 같은 단면의 중간 높이에 초기 프리스트레스 900kN을 작용시켰다. 20%의 손실을 가정하여 하단 또는 상단의 응력이 영(零)이 되도록 이 단면에 가할 수 있는 모멘트의 크기는?

㉮ 90kN·m
㉯ 84kN·m
㉰ 72kN·m
㉱ 65kN·m

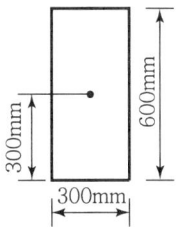

■해설 $f_b = \dfrac{P_e}{A} - \dfrac{M}{Z} = \dfrac{(0.8P_i)}{bh} - \dfrac{6M}{bh^2} = 0$

$M = \dfrac{(0.8P_i)h}{6} = \dfrac{(0.8 \times 900) \times 0.6}{6} = 72\text{kN} \cdot \text{m}$

12. 그림과 같은 단면의 도심에 PS강재가 배치되어 있다. 초기 프리스트레스 힘을 1,800kN 작용시켰다. 30%의 손실을 가정하여 콘크리트의 하연응력이 0이 되도록 하려면 이때의 휨모멘트 값은 얼마인가?(단, 자중은 무시)

㉮ 120kN·m
㉯ 126kN·m
㉰ 130kN·m
㉱ 150kN·m

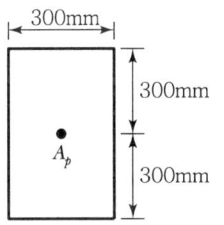

■해설 $f_b = \dfrac{P_e}{A} - \dfrac{M}{Z} = \dfrac{0.7P_i}{bh} - \dfrac{6M}{bh^2} = 0$

$M = \dfrac{0.7P_i h}{6} = \dfrac{0.7 \times 1,800 \times 0.6}{6} = 126\text{kN} \cdot \text{m}$

13. 그림과 같은 단면을 갖는 지간 20m의 PSC보에 PS 강재가 200mm의 편심거리를 가지고 직선배치되어 있다. 자중을 포함한 계수등분포하중 16kN/m가 보에 작용할 때, 보 중앙단면 콘크리트 상연응력은 얼마인가?(단, 유효 프리스트레스 힘 P_e = 2,400kN)

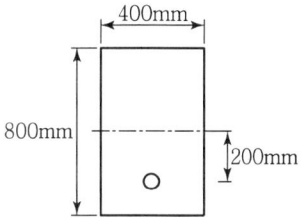

㉮ 12MPa
㉯ 13MPa
㉰ 14MPa
㉱ 15MPa

■해설 $f_t = \dfrac{P_e}{A} - \dfrac{P_e \cdot e}{I} y + \dfrac{M}{I} y = \dfrac{P_e}{bh}\left(1 - \dfrac{6e}{h}\right) + \dfrac{3wl^2}{4bh^2}$

$= \dfrac{2,400 \times 10^3}{400 \times 800}\left(1 - \dfrac{6 \times 200}{800}\right) + \dfrac{3 \times 16 \times (20 \times 10^3)^2}{4 \times 400 \times 800^2}$

$= 15\text{N/mm}^2 = 15\text{MPa}$

14. 아래 그림과 같은 PSC보에 활하중(W_L) 18kN/m이 작용하고 있을 때 보의 중앙단면 상연에서 콘크리트 응력은?(단, 프리스트레스 힘(P)은 3,375 kN이고, 콘크리트의 단위중량은 25kN/m³을 적용하여 자중을 산정하며, 하중계수와 하중조합은 고려하지 않는다.)

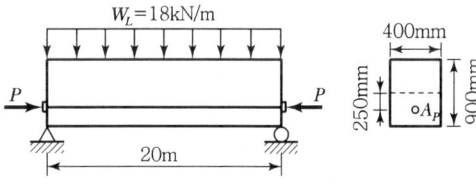

㉮ 18.75MPa
㉯ 23.63MPa
㉰ 27.25MPa
㉱ 32.42MPa

■해설 $W_D = (\text{콘크리트의 단위 중량}) \times (bh)$

$= 25 \times (0.4 \times 0.9) = 9\text{kN/m}$

$W = W_D + W_L = 9 + 18 = 27\text{kN/m} = 27\text{N/mm}$

$f_t = \dfrac{P}{A} - \dfrac{P \cdot e}{I} y_t + \dfrac{M}{I} y_t = \dfrac{P}{bh}\left(1 - \dfrac{6e}{h}\right) + \dfrac{3Wl^2}{4bh^2}$

$= \dfrac{3,375 \times 10^3}{400 \times 900}\left(1 - \dfrac{6 \times 250}{900}\right) + \dfrac{3 \times 27 \times (20 \times 10^3)^2}{4 \times 400 \times 900^2}$

$= 18.75\text{N/mm}^2 = 18.75\text{MPa}$

|해답| 11. ㉰ 12. ㉯ 13. ㉱ 14. ㉮

15. PS콘크리트의 강도개념(Strength Concept)을 설명한 것으로 가장 적당한 것은?

㉮ 콘크리트에 프리스트레스가 가해지면 PSC부재는 탄성재료로 전환되고 이의 해석은 탄성이론으로 가능하다는 개념

㉯ PSC보를 RC보처럼 생각하여, 콘크리트는 압축력을 받고 긴장재는 인장력을 받게 하여 두 힘의 우력모멘트로 외력에 의한 휨모멘트에 저항시킨다는 개념

㉰ PS콘크리트는 결국 부재에 작용하는 하중의 일부 또는 전부를 미리 가해진 프리스트레스와 평형이 되도록 하는 개념

㉱ PS콘크리트는 강도가 크기 때문에 보의 단면을 강재의 단면으로 가정하여 압축 및 인장을 단면 전체가 부담할 수 있다는 개념

해설 PSC보를 RC보와 같이 생각하여, 콘크리트는 압축력을 받고 긴장재는 인장력을 받게 하여 두 힘의 우력이 외력에 의한 휨모멘트에 저항시킨다는 개념을 내력모멘트 개념 또는 강도개념이라고 한다.

16. 아래 PC보에서 PS강재를 포물선으로 배치하여 프리스트레스 힘 $P=2,000$kN이 주어질 때 프리스트레스에 의한 상향력 u는?(단, $b=400$mm, $h=600$mm, $s=200$mm)

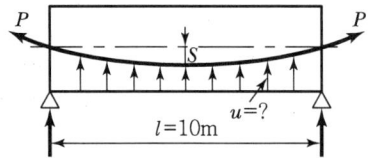

㉮ 63kN/m   ㉯ 52kN/m
㉰ 43kN/m   ㉱ 32kN/m

해설 $u = \dfrac{8Ps}{l^2} = \dfrac{8 \times 2,000 \times 0.2}{10^2} = 32$kN/m

17. 그림과 같이 긴장재를 포물선으로 배치하고, $P=2,500$kN으로 긴장했을 때 발생하는 등분포 상향력을 등가하중의 개념으로 구한 값은?

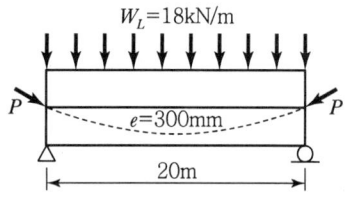

㉮ 10kN/m   ㉯ 15kN/m
㉰ 20kN/m   ㉱ 25kN/m

해설 $u = \dfrac{8Pe}{l^2} = \dfrac{8 \times 2,500 \times 0.3}{20^2} = 15$kN/m

18. 그림과 같은 단순 PSC보에서 등분포하중(자중 포함) $W=30$kN/m가 작용하고 있다. 프리스트레스에 의한 상향력과 이 등분포하중이 비기기 위해서는 프리스트레스 힘 P를 얼마로 도입해야 하는가?

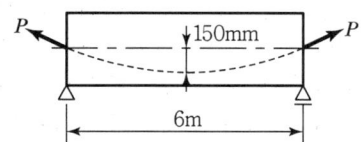

㉮ 900kN   ㉯ 1,200kN
㉰ 1,500kN ㉱ 1,800kN

해설 $u = \dfrac{8Ps}{l^2} = W$

$P = \dfrac{Wl^2}{8s} = \dfrac{30 \times 6^2}{8 \times 0.15} = 900$kN

19. 그림과 같은 단순 PSC보에 등분포하중(자중 포함) $w=40$kN/m가 작용하고 있다. 프리스트레스에 의한 상향력과 이 등분포하중이 비기기 위한 프리스트레스 힘 P는 얼마인가?

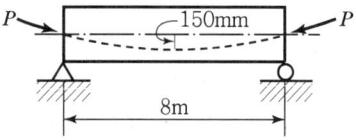

㉮ 2,133.3kN
㉯ 2,400.5kN
㉰ 2,842.6kN
㉱ 3,204.7kN

■해설 $u = \dfrac{8Ps}{l^2} = w$

$P = \dfrac{wl^2}{8s} = \dfrac{40 \times 8^2}{8 \times 0.15} = 2,133.3\text{kN}$

20. 경간 25m인 PS콘크리트 보에 계수하중 40kN/m이 작용하고, $P=2,500$kN의 프리스트레스가 주어질 때 등분포 상향력 u를 하중평형(Balanced Load) 개념에 의해 계산하여 이 보에 작용하는 순수하향 분포하중을 구하면?

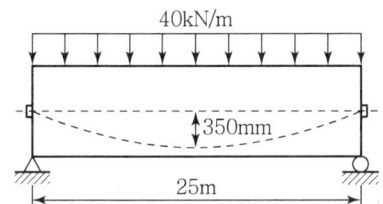

㉮ 26.5kN/m ㉯ 27.3kN/m
㉰ 28.8kN/m ㉱ 29.6kN/m

■해설 $u = \dfrac{8Ps}{l^2} = \dfrac{8 \times 2,500 \times 0.35}{25^2} = 11.2\text{kN/m}$

순하향력 $= w - u = 40 - 11.2 = 28.8\text{kN/m}$

21. 그림의 단순지지 보에서 긴장재는 C점에 150mm의 편차에 직선으로 배치되고, 1,000kN으로 긴장되었다. 보의 고정하중은 무시할 때 C점에서의 휨 모멘트는 얼마인가? (단, 긴장재의 경사가 수평압축력에 미치는 영향 및 자중은 무시한다.)

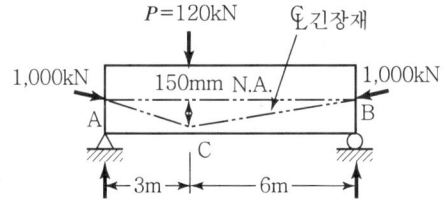

㉮ $M_C = 90\text{kN} \cdot \text{m}$ ㉯ $M_C = -150\text{kN} \cdot \text{m}$
㉰ $M_C = 240\text{kN} \cdot \text{m}$ ㉱ $M_C = 390\text{kN} \cdot \text{m}$

■해설 $\Sigma M_B = 0$

$V_A \times 9 - 120 \times 6 = 0$

$V_A = 80\text{kN}(\uparrow)$

1) 외력($P=120$kN)에 의한 C점의 단면력

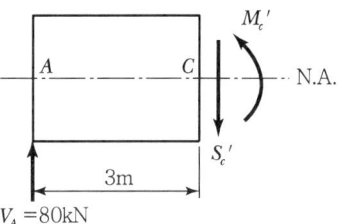

$V_A = 80\text{kN}$

$\Sigma F_y = 0(\uparrow \oplus)$
$80 - S_C' = 0$
$S_C' = 80\text{kN}$

$\Sigma M_C = 0(\curvearrowright \oplus)$
$80 \times 3 - M_C' = 0$
$M_C' = 240\text{kN} \cdot \text{m}$

2) 프리스트레싱력($P_i = 1,000$kN)에 의한 C점의 단면력

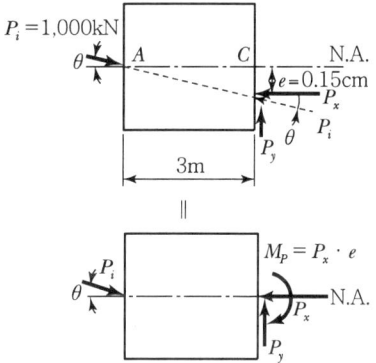

• $P_x = P \cdot \cos\theta \fallingdotseq P_i = 1,000\text{kN}$

• $P_y = P \cdot \sin\theta = 1,000 \times \dfrac{0.15}{\sqrt{3^2 + 0.15^2}} = 50\text{kN}$

• $M_P = P_x \cdot e = 1,000 \times 0.15 = 150\text{kN} \cdot \text{m}$

3) 외력과 프리스트레싱력에 의한 C점의 단면력

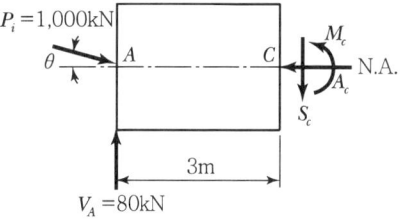

$V_A = 80\text{kN}$

• $A_C = P_x = 1,000\text{kN}$
• $S_C = S_C' - P_y = 80 - 50 = 30\text{kN}$
• $M_C = M_C' - M_P = 240 - 150 = 90\text{kN} \cdot \text{m}$

|해답| 20. ㉰ 21. ㉮

22. 그림의 단순지지보에서 긴장재는 C점에 100mm의 편차에 직선으로 배치되고, 1,100kN으로 긴장되었다. 보에는 120kN의 집중하중이 C점에 작용한다. 보의 고정하중을 무시할 때 $A-C$ 구간에서의 전단력은 약 얼마인가?

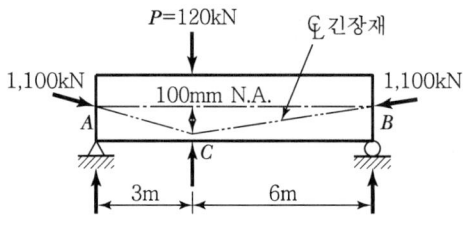

㉮ 36.7kN(↓)   ㉯ 120kN(↓)
㉰ 80kN(↑)   ㉱ 43.3kN(↑)

■해설 $\sum M_B = 0(\curvearrowleft \oplus)$
$V_A \times 9 - 120 \times 6 = 0$
$V_A = 80\text{kN}(\uparrow)$

- AC 구간에서 프리스트레싱력에 의한 상향력(U)
$U = P \cdot \sin\theta = 1,100 \times \dfrac{0.1}{\sqrt{3^2 + 0.1^2}} = 36.64\text{kN}$

- AC 구간에서의 전단력(V)
$V = V_A - U = 80 - 36.64 = 43.36\text{kN}$

23. 프리스트레스트 콘크리트 중 포스트텐션 방식의 특징에 대한 설명으로 틀린 것은?

㉮ 부착시키지 않은 PSC 부재는 부착시킨 PSC 부재에 비하여 파괴강도가 높고, 균열 폭이 작아지는 등 역학적 성능이 우수하다.
㉯ PS 강재를 곡선상으로 배치할 수 있어서 대형 구조물에 적합하다.
㉰ 프리캐스트 PSC 부재의 결합과 조립에 편리하게 이용된다.
㉱ 부착시키지 않은 PSC 부재는 그라우팅이 필요하지 않으며, PS 강재의 재긴장도 가능하다.

■해설 부착시킨 PSC 부재는 부착시키지 않은 PSC 부재에 비하여 파괴강도가 높고, 균열 폭이 작아지는 등 역학적 성질이 우수하다.

24. T형 PSC보에 설계하중을 작용시킨 결과 보의 처짐은 0이었으며, 프리스트레스 도입단계부터 부착된 계측장치로부터 상부 탄성변형률 $\varepsilon = 3.5 \times 10^{-4}$을 얻었다. 콘크리트 탄성계수 $E_c = 26,000$MPa, T형 보의 단면적 $A_g = 150,000\text{mm}^2$, 유효율 $R = 0.85$일 때, 강재의 초기 긴장력 P_i를 구하면?

㉮ 1,606kN   ㉯ 1,365kN
㉰ 1,160kN   ㉱ 2,269kN

■해설 $P_e = E_c \varepsilon A = 26,000 \times (3.5 \times 10^{-4}) \times 150,000$
$= 1,365,000\text{N} = 1,365\text{kN}$

$P_i = \dfrac{P_e}{R} = \dfrac{1,365}{0.85} = 1,605.9\text{kN} \fallingdotseq 1,606\text{kN}$

25. 프리스트레스의 손실 원인 중 프리스트레스 도입 후 시간이 경과함에 따라서 생기는 것은 어느 것인가?

㉮ 콘크리트의 탄성수축
㉯ 콘크리트의 크리프
㉰ PS 강재와 쉬스의 마찰
㉱ 정착단의 활동

■해설 프리스트레스의 손실 원인

Jacking Force
↓ (즉시손실)
초기 프리스트레싱력
↓ (시간손실)
유효 프리스트레싱력

1) 프리스트레스 도입 시 손실(즉시손실)
 ① 정착 장치의 활동에 의한 손실
 ② PS강재와 쉬스 사이의 마찰에 의한 손실
 ③ 콘크리트의 탄성변형에 의한 손실

2) 프리스트레스 도입 후 손실(시간손실)
 ① 콘크리트의 크리프에 의한 손실
 ② 콘크리트의 건조수축에 의한 손실
 ③ PS강재의 릴랙세이션에 의한 손실

26.
프리스트레스의 손실 원인은 그 시기에 따라 즉시 손실과 도입 후에 시간적인 경과 후에 일어나는 손실로 나눌 수 있다. 다음 중 손실 원인의 시기가 나머지와 다른 하나는?

㉮ 콘크리트 Creep
㉯ 포스트텐션 긴장재와 쉬스 사이의 마찰
㉰ 콘크리트 건조수축
㉱ PS 강재의 Relaxation

27.
다음 중 프리스트레스트 콘크리트 부재에서 프리스트레스 손실의 원인이 아닌 것은?

㉮ 정착장치에서의 활동
㉯ 콘크리트의 건조수축
㉰ PS강재의 항복
㉱ 콘크리트의 크리프

28.
유효프리스트레스응력을 결정하기 위하여 고려하여야 하는 프리스트레스의 손실 원인이 아닌 것은?

㉮ 정착장치의 활동
㉯ 콘크리트의 탄성수축
㉰ 포스트텐션의 긴장재와 덕트 사이의 마찰
㉱ 긴장재의 건조수축

29.
보의 길이 $l = 20m$, 활동량 $\Delta l = 4mm$, $E_p = 200,000$ MPa일 때 프리스트레스 감소량 Δf_p는?(단, 일단 정착임)

㉮ 40MPa   ㉯ 30MPa
㉰ 20MPa   ㉱ 15MPa

해설

$$\Delta f_p = E_p \varepsilon_p = E_p \frac{\Delta l}{l}$$

$$= 200,000 \times \frac{4}{(200 \times 10^3)} = 40\text{MPa}$$

30.
포스트텐션 방법에는 발생하나 프리텐션 방법에서는 발생하지 않는 손실은?

㉮ 긴장재의 마찰
㉯ 정착장치의 활동
㉰ 콘크리트의 탄성수축
㉱ 긴장재 응력의 릴랙세이션

해설 PS강재와 쉬스의 마찰에 의한 손실은 포스트텐션 방법에서는 발생하지만 프리텐션 방법에서는 발생하지 않는다.

31.
포스트텐션 긴장재의 마찰손실을 구하기 위해 아래의 표와 같은 근사식을 사용하고자 한다. 이때 근사식을 사용할 수 있는 조건으로 옳은 것은?

$$P_x = \frac{P_o}{1 + Kl + \mu\alpha}$$

㉮ P_o의 값이 5,000kN 이하인 경우
㉯ P_o의 값이 5,000kN을 초과하는 경우
㉰ $(Kl + \mu\alpha)$의 값이 0.3 이하인 경우
㉱ $(Kl + \mu\alpha)$의 값이 0.3을 초과하는 경우

해설 PS강재와 쉬스 사이의 마찰에 의한 손실량

㉠ 엄밀식
$$P_x = P_o e^{-(kl + \mu\alpha)}$$
$$\Delta P_f = P_o [1 - e^{-(kl + \mu\alpha)}]$$

㉡ 근사식
$kl + \mu\alpha \leq 0.3$인 경우 근사식 사용 가능
$$P_x = \frac{P_o}{1 + (kl + \mu\alpha)}$$
$$\Delta P_f = P_o \left[\frac{(kl + \mu\alpha)}{1 + (kl + \mu\alpha)} \right]$$

|해답| 26. ㉯ 27. ㉰ 28. ㉱ 29. ㉮ 30. ㉮ 31. ㉰

32. 포스트텐션된 포물선 긴장재가 배치되었다. A단에서 잭킹(Jacking)할 때의 인장력은 900kN이었다. 강재와 쉬스의 마찰손실을 고려할 때 상대편 지지점 B단에서의 긴장력 P_x는 얼마인가? (단, 파상마찰계수 $k=0.0066/m$, 곡률마찰계수 $\mu=0.30/radian$이고, $\theta=0.3\times 2/9=1/15(radian)$이며, 근사식을 사용하여 계산한다.)

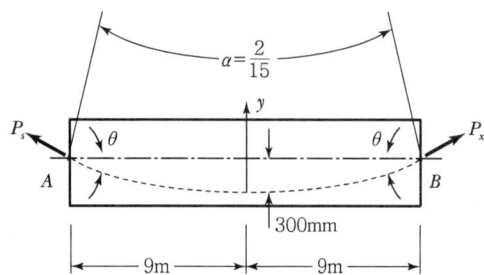

㉮ 777kN ㉯ 829kN
㉰ 900kN ㉱ 1,043kN

■해설
$(kl_{px}+\mu_p\alpha_{px})=0.0066\times 18+0.3\times\dfrac{2}{15}=0.1588$
$(kl_{px}+\mu_p\alpha_{px})\leq 0.3 -$ 근사식 적용
$P_{px}=\dfrac{P_{pj}}{[1+(kl_{px}+\mu_p\alpha_{px})]}=\dfrac{900}{[1+(0.1588)]}=777\text{kN}$

33. 아래 그림의 PSC 부재에서 A단에서 강재를 긴장할 경우 B단까지의 마찰에 의한 감소율(%)은 얼마인가? (단, $\theta_1=0.10$, $\theta_2=0.08$, $\theta_3=0.10$(Radian), μ_p(곡률마찰계수)=0.20, K(파상마찰계수)=0.001이며, 근사법으로 구할 것)

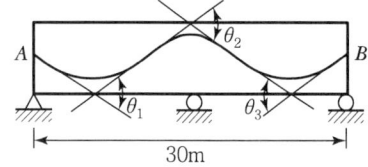

㉮ 4.3% ㉯ 6.4%
㉰ 7.9% ㉱ 9.2%

■해설 $l_{px}=30m$
$\alpha_{px}=\theta_1+\theta_2+\theta_3=0.1+0.08+0.1=0.28$
$(Kl_{px}+\mu_p\alpha_{px})=0.001\times 30+0.2\times 0.28$
$=0.086\leq 0.3$(근사식 적용)

$\Delta P_f=P_{pj}\left[\dfrac{(Kl_{px}+\mu_p\alpha_{px})}{1+(Kl_{px}+\mu_p\alpha_{px})}\right]$
$=P_{pj}\left[\dfrac{0.086}{1+0.086}\right]=0.079 P_{pj}$

감소율$=\dfrac{\Delta P_f}{P_{pj}}\times 100=\dfrac{0.079 P_{pj}}{P_{pj}}\times 100=7.9\%$

34. 그림과 같은 2경간 연속보의 양단에서 PS강재를 긴장할 때 단(端) A에서 중간 B까지의 마찰에 의한 프리스트레스의(근사적인) 감소율은? (단, 곡률마찰계수 $\mu_p=0.4$, 파상마찰계수 $K=0.0027$)

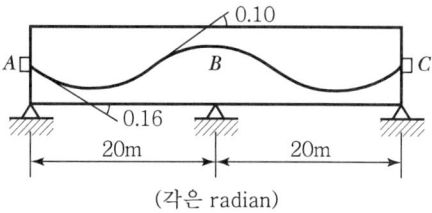

(각은 radian)

㉮ 13.6% ㉯ 18.2%
㉰ 10.4% ㉱ 15.8%

■해설 $l_{px}=20m$
$\alpha_{px}=\theta_1+\theta_2=0.16+0.10=0.26$
$(Kl_{px}+\mu_p\alpha_{px})=0.0027\times 20+0.4\times 0.26$
$=0.158\leq 0.3$(근사식 적용)
$\Delta P_f=P_{pj}\left[\dfrac{(kl_{px}+\mu_p\alpha_{px})}{1+(kl_{px}+\mu_p\alpha_{px})}\right]$
$=P_{pj}\left[\dfrac{0.158}{1+0.158}\right]=0.136 P_{pj}$

감소율$=\dfrac{\Delta P_f}{P_{pj}}\times 100=\dfrac{0.136 P_{pj}}{P_{pj}}\times 100=13.6\%$

35. 프리텐션방식으로 제작한 부재에서 프리스트레스에 의한 콘크리트의 압축응력이 7MPa이고, $n=6$일 때 콘크리트의 탄성변형에 의한 PS강재의 프리스트레스의 감소량은 얼마인가?

㉮ 24MPa ㉯ 42MPa
㉰ 48MPa ㉱ 52MPa

■해설 $\Delta f_{pe}=nf_{cs}=6\times 7=42\text{MPa}$

36. 단면이 400mm×500mm이고 150mm²의 PSC강선 4개를 단면 도심축에 배치한 프리텐션 PSC 부재가 있다. 초기 프리스트레스가 1,000MPa일 때 콘크리트의 탄성변형에 의한 프리스트레스 감소량의 값은?(단, $n=6$)

㉮ 22MPa　　㉯ 20MPa
㉰ 18MPa　　㉱ 16MPa

해설
$$\Delta f_{pe} = nf_{cs} = n\frac{P_i}{A_g} = n\frac{A_p f_{pi}}{bh}$$
$$= 6 \times \frac{(4 \times 150) \times 1{,}000}{400 \times 500} = 18\text{MPa}$$

37. 그림과 같은 직사각형 단면의 프리텐션 부재의 편심 배치한 직선 PS강재를 820kN으로 긴장했을 때 탄성변형으로 인한 프리스트레스의 감소량은?(단, $I = 3.125 \times 10^9 \text{mm}^4$, $n=6$이고, 자중에 의한 영향은 무시한다.)

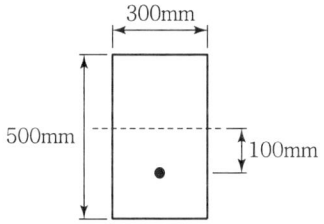

㉮ 44.5MPa　　㉯ 46.5MPa
㉰ 48.5MPa　　㉱ 50.5MPa

해설
$$\Delta f_{pe} = nf_{cs} = n\left(\frac{P_i}{A_c} + \frac{P_i e_p}{I_c}e_p\right)$$
$$= 6\left[\frac{(820 \times 10^3)}{(300 \times 500)} + \frac{(820 \times 10^3) \times 100}{(3.125 \times 10^9)} \times 100\right]$$
$$= 48.544\text{MPa}$$

38. 폭 200mm, 높이 300mm인 프리텐션 부재에 PS강재가 도심에서 $e=50$mm만큼 하향 편심 배치되어 있다. 프리스트레스 도입 직후에 PS강재에 작용하는 인장력(P_i)은 600kN일 때 탄성 수축으로 인한 프리스트레스의 감소량은?(단, PS강재의 탄성계수(E_p)=2.0×10⁵MPa, 콘크리트의 탄성계수(E_c)=2.86×10⁴MPa이며, 보의 자중은 무시한다.)

㉮ 81.3MPa　　㉯ 83.3MPa
㉰ 91.3MPa　　㉱ 93.3MPa

해설
$$n = \frac{E_p}{E_c} = \frac{2.0 \times 10^5}{2.86 \times 10^4} = 7$$
$$\Delta f_{pe} = nf_{cs} = n\left(\frac{P_i}{A_c} + \frac{P_i e}{I_c}e\right) = n\left(\frac{P_i}{bh} + \frac{12 P_i e^2}{bh^3}\right)$$
$$= 7\left\{\frac{(600 \times 10^3)}{200 \times 300} + \frac{12 \times (600 \times 10^3) \times 50^2}{200 \times 300^3}\right\}$$
$$= 93.3\text{MPa}$$

39. 직사각형 단면(300×400)mm²인 프리텐션 부재에 550mm²의 단면적을 가진 PS강선을 콘크리트 단면 도심에 일치하도록 배치하였다. 이때 1,350MPa의 인장응력이 되도록 긴장한 후 콘크리트에 프리스트레스를 도입한 경우 도입 직후 생기는 PS강선의 응력은?(단, $n=6$, 단면적은 총 단면적 사용)

㉮ 371MPa　　㉯ 398MPa
㉰ 1,313MPa　　㉱ 1,321MPa

해설
$$\Delta f_{pe} = nf_{cs} = n\frac{P_i}{A_g} = n\frac{A_p f_{pi}}{bh}$$
$$= 6 \times \frac{550 \times 1{,}350}{300 \times 400} = 37.125\text{MPa}$$
$$f_{ps} = f_{pi} - \Delta f_{pe} = 1{,}350 - 37.125 = 1{,}312.875\text{MPa}$$

40. 포스트텐션부재에 강선을 단면(200mm×300mm)의 중심에 배치하여 1,500MPa로 긴장하였다. 콘크리트의 크리프로 인한 강선의 프리스트레스 손실률은 약 얼마인가?(단, 강선의 단면적 A_p = 800mm², $n=6$, 크리프 계수는 2.0)

㉮ 9%　　㉯ 16%
㉰ 22%　　㉱ 27%

해설
$$\Delta f_{pc} = C_u \cdot n \cdot f_{cs} = C_u \cdot n \cdot \frac{P_i}{A_g}$$
$$= C_u \cdot n \cdot \frac{A_p \cdot f_{pi}}{bh}$$
$$= 2 \times 6 \times \frac{800 \times 1{,}500}{200 \times 300} = 240\text{MPa}$$
손실률 $= \dfrac{\Delta f_{pc}}{f_{pi}} \times 100(\%) = \dfrac{240}{1{,}500} \times 100(\%) = 16\%$

41. 초기 프리스트레스가 1,200MPa이고, 콘크리트의 건조수축 변형률 $\varepsilon_{sh}=1.8\times10^{-4}$일 때 긴장재의 인장응력의 감소는?(단, PS강재의 탄성계수 $E_P=2.0\times10^5$MPa)

㉮ 12MPa ㉯ 24MPa
㉰ 36MPa ㉱ 48MPa

■해설 $\Delta f_{ps} = E_p \varepsilon_{sh} = (2.0\times10^5)\times(1.8\times10^{-4}) = 36\text{MPa}$

42. 정착구와 커플러의 위치에서 프리스트레싱 도입 직후 포스트텐션 긴장재의 응력은 얼마 이하로 하여야 하는가?(단, f_{pu}는 긴장재의 설계기준인장강도)

㉮ $0.6f_{pu}$ ㉯ $0.74f_{pu}$
㉰ $0.70f_{pu}$ ㉱ $0.85f_{pu}$

■해설 긴장재(PS강재)의 허용응력

적용범위	허용응력
긴장할 때 긴장재의 인장응력	$0.8f_{pu}$와 $0.94f_{py}$ 중 작은 값 이하
프리스트레스 도입 직후 긴장재의 인장응력	$0.74f_{pu}$와 $0.82f_{py}$ 중 작은 값 이하
정착구와 커플러(Coupler)의 위치에서 프리스트레스 도입 직후 포스트텐션 긴장재의 인장응력	$0.7f_{pu}$ 이하

43. 다음 그림과 같은 프리스트레스트 콘크리트에서 직선으로 배치된 긴장재는 유효 프리스트레스트 힘 1,050kN으로 긴장되었다. $f_{ck}=30$MPa일 때 보의 균열모멘트(M_{cr})는 약 얼마인가?

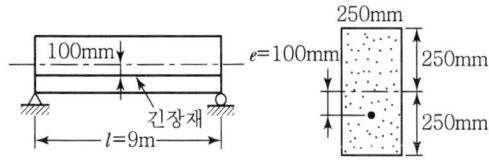

㉮ 327kN·m ㉯ 228kN·m
㉰ 147kN·m ㉱ 97kN·m

■해설 $A_c = 250\times500 = 125,000\text{mm}^2$

$I_c = \dfrac{250\times500^3}{12} \fallingdotseq 2.6\times10^9 \text{mm}^4$

$Z_b = \dfrac{I_c}{y_b} = \dfrac{2.6\times10^9}{250} \fallingdotseq 10,416,667\text{mm}^3$

$r_c^2 = \dfrac{I_c}{A_c} = \dfrac{2.6\times10^9}{125,000} = 20,800\text{mm}^3$

$f_r = 0.63\sqrt{f_{ck}} = 0.63\sqrt{30} \fallingdotseq 3.45\text{MPa}$

$M_{cr} = f_r Z_b + P_e\left(\dfrac{r_c^2}{y_b}+e_p\right)$

$= 3.45\times10,416,667 + (1,050\times10^3)$
$\times\left(\dfrac{20,800}{250}+100\right)$
$= 228,297,501\text{N}\cdot\text{mm} \fallingdotseq 228\text{kN}\cdot\text{m}$

44. PSC보의 휨강도 계산 시 긴장재의 응력 f_{ps}의 계산은 강재 및 콘크리트의 응력-변형률 관계로부터 정확히 계산할 수도 있으나 콘크리트 구조 설계기준에서는 f_{ps}를 계산하기 위한 근사적 방법을 제시하고 있다. 그 이유는 무엇인가?

㉮ PSC구조물은 강재가 항복한 이후 파괴까지 도달함에 있어 강도의 증가량이 거의 없기 때문이다.
㉯ PS강재의 응력은 항복응력 도달 이후에도 파괴 시까지 점진적으로 증가하기 때문이다.
㉰ PSC보를 과보강 PSC보로부터 저보강 PSC보의 파괴상태로 유도하기 위함이다.
㉱ PSC구조물은 균열에 취약하므로 균열을 방지하기 위함이다.

45. 주어진 T형 단면에서 부착된 프리스트레스트 보강재의 인장응력 f_{ps}는 얼마인가?(단, 긴장재의 단면적은 $A_{ps}=1,290\text{mm}^2$이고, 프리스트레싱 긴장재의 종류에 따른 계수$(\gamma_p)=0.4$, $f_{pu}=1,900$MPa, $f_{ck}=35$MPa이다.)

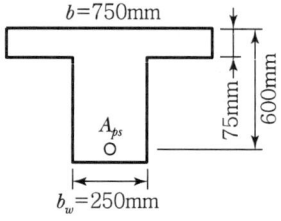

㉮ $f_{ps}=1,900$MPa ㉯ $f_{ps}=1,761$MPa
㉰ $f_{ps}=1,752$MPa ㉱ $f_{ps}=1,651$MPa

■해설 $\beta_1 = 0.8(f_{ck} \leq 40\text{MPa}$인 경우)

$$\rho_p = \frac{A_{ps}}{bd_p} = \frac{1,290}{750 \times 600} = 0.00287$$

$$f_{ps} = f_{pu}\left(1 - \frac{\gamma_p}{\beta_1}\rho_p\frac{f_{pu}}{f_{ck}}\right)$$

$$= 1,900 \times \left(1 - \frac{0.4}{0.8} \times 0.00287 \times \frac{1,900}{35}\right) = 1,752\text{MPa}$$

46. 프리스트레스트 콘크리트 중 비부착긴장재를 가진 부재에서 깊이에 대한 경간의 비가 35 이하인 경우 공칭강도를 발휘할 때 긴장재의 인장응력(f_{ps})을 구하는 식으로 옳은 것은?(단, f_{pe} : 긴장재의 유효프리스트레스, ρ_p : 긴장재의 비)

㉮ $f_{ps} = f_{pe} + 70 + \dfrac{f_{ck}}{100\rho_p}$

㉯ $f_{ps} = f_{pe} + 70 + \dfrac{f_{ck}}{200\rho_p}$

㉰ $f_{ps} = f_{pe} + 70 + \dfrac{f_{ck}}{300\rho_p}$

㉱ $f_{ps} = f_{pe} + 70 + \dfrac{f_{ck}}{400\rho_p}$

■해설 PS강재의 응력(f_{ps}) [$f_{pe} \geq 0.5f_{pu}$]
1) PS강재가 부착된 부재
- 인장철근과 압축철근의 영향을 고려할 경우
$$f_{ps} = f_{pu}\left[1 - \frac{\gamma_p}{\beta_1}\left(\rho_p\frac{f_{pu}}{f_{ck}} + \frac{d}{d_p}(W - W')\right)\right]$$
- 인장철근과 압축철근의 영향을 무시할 경우
$$f_{ps} = f_{pu}\left(1 - \frac{\gamma_p}{\beta_1}\rho_p\frac{f_{pu}}{f_{ck}}\right)$$

2) PS강재가 부착되지 않은 부재
- $\dfrac{l}{h} \leq 35$인 경우

$$f_{ps} = f_{pe} + 70 + \frac{f_{ck}}{100\rho_p}$$

여기서, f_{ps}는 f_{py}와 ($f_{pe} + 420$)MPa 이하로 하여야 한다.

- $\dfrac{l}{h} > 35$인 경우

$$f_{ps} = f_{pe} + 70 + \frac{f_{ck}}{300\rho_p}$$

여기서, f_{ps}는 f_{py}와 ($f_{pe} + 210$)MPa 이하로 하여야 한다.

47. 그림의 단면을 갖는 저보강 PSC보의 설계휨강도(ϕM_n)는 얼마인가?(단, 긴장재 단면적 $A_p = 600\text{mm}^2$, 긴장재 인장응력 $f_{ps} = 1,500\text{MPa}$, 콘크리트 설계기준강도 $f_{ck} = 35\text{MPa}$)

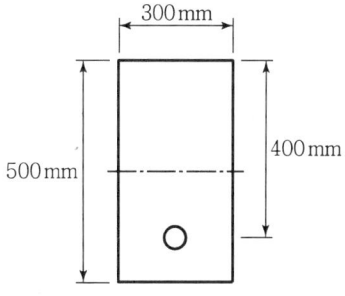

㉮ 187.5kN·m ㉯ 225.3kN·m
㉰ 267.4kN·m ㉱ 293.1kN·m

■해설 $f_{ck} = 35\text{MPa} \leq 40\text{MPa}$인 경우

$\varepsilon_{cu} = 0.0033$, $\eta = 1$, $\beta_1 = 0.8$

$$a = \frac{A_p f_{ps}}{\eta 0.85 f_{ck} b} = \frac{600 \times 1,500}{1 \times 0.85 \times 35 \times 300} = 100.84\text{mm}$$

$$\varepsilon_t = \frac{d_t \cdot \beta_1 - a}{a} \times \varepsilon_{cu}$$

$$= \frac{400 \times 0.8 - 100.84}{100.84} \times 0.0033 = 0.007$$

$\varepsilon_{t,l}$(인장지배단면의 한계변형률)
$= 0.005$(프리스트레스트 강재의 경우)
$\varepsilon_{t,l} \leq \varepsilon_t$이므로 인장지배단면 - $\phi = 0.85$

$$M_d = \phi M_n = \phi\left[A_p f_{ps}\left(d_\rho - \frac{a}{2}\right)\right]$$

$$= 0.85 \times \left[600 \times 1,500\left(400 - \frac{100.84}{2}\right)\right]$$

$$= 267,428,700\text{N} \cdot \text{mm} = 267.4\text{kN} \cdot \text{m}$$

48. 주어진 T형 단면에서 전단에 대해 위험단면에서 $V_u d / M_u = 0.28$이었다. 휨철근 인장강도의 40% 이상의 유효 프리스트레스 힘이 작용할 때 콘크리트의 공칭전단강도(V_c)는 얼마인가?(단, $f_{ck} = 45\text{MPa}$, V_u : 계수전단력, M_u : 계수휨모멘트, d : 압축측 표면에서 긴장재 도심까지의 거리)

㉮ 185.7kN
㉯ 230.5kN
㉰ 321.7kN
㉱ 462.7kN

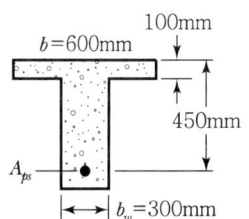

|해답| 46. ㉮ 47. ㉰ 48. ㉯

■해설
$$V_c = \left(0.05\sqrt{f_{ck}} + 4.9\frac{V_u d}{M_u}\right)b_w d$$
$$= (0.05 \times \sqrt{45} + 4.9 \times 0.28) \times 300 \times 450$$
$$= 230{,}500\text{N} = 230.5\text{kN}$$

49. 프리스트레스트 콘크리트 휨부재에서 부분균열 등급의 설계법에 대한 설명으로 옳은 것은?

㉮ 사용하중에서의 응력을 계산할 때는 비균열 전단면을 사용한다.
㉯ 처짐을 계산할 때는 비균열 전단면을 사용한다.
㉰ 균열제어를 위해서 표피철근을 배치하여야 한다.
㉱ 사용하중에 의한 인장연단응력을 $0.63\sqrt{f_{ck}}$ 이하로 제한하여야 한다.

■해설 PSC 휨부재의 균열에 따른 구분
1) 비균열 등급
① $f_t \le 0.63\sqrt{f_{ck}}$ 인 경우
여기서, f_t : 사용하중하에서 총단면으로 계산한, 미리 압축을 가한 인장구역에서의 인장 연단응력
② 사용하중이 작용할 때의 응력 계산 시 비균열 단면, 즉 총단면 사용
③ 처짐 계산 시 I_g (총단면에 대한 단면 2차 모멘트) 사용

2) 부분균열 등급
① $0.63\sqrt{f_{ck}} < f_t \le 1.0\sqrt{f_{ck}}$
② 사용하중이 작용할 때의 응력 계산 시 총단면 사용
③ 처짐계산 시 균열 환산 단면에 기초한 모멘트-처짐 관계를 사용하거나 I_e (유효단면 2차 모멘트) 사용

3) 균열 등급
① $1.0\sqrt{f_{ck}} < f_t$
② 사용하중이 작용할 때의 응력 계산 시 균열 환산 단면 사용
③ 처짐 계산 시 균열 환산 단면에 기초한 모멘트-처짐 관계를 사용하거나 I_e (유효 단면 2차 모멘트) 사용

50. PSC슬래브의 강재배치에 대한 기술 중 잘못된 것은?

㉮ 1방향으로 배치된 프리스트레싱 긴장재의 간격은 슬래브 두께의 8배 이하이어야 하고, 또한 1.5m 이하로 하여야 한다.
㉯ 2개 이상의 프리스트레싱 긴장재를 기둥의 전단에 대한 위험단면 구간에 각 방향으로 배치하여야 한다.
㉰ 유효 프리스트레스 힘에 의한 콘크리트의 평균 압축응력이 0.7MPa 이상 되도록 프리스트레싱 긴장재의 간격을 정하여야 한다.
㉱ 집중하중을 받는 경우 프리스트레싱 긴장재의 간격에 특별한 고려를 해야 한다.

■해설 유효 프리스트레스 힘에 의한 콘크리트의 평균 압축응력이 1.6MPa 이상 되도록 프리스트레싱 긴장재의 간격을 정하여야 한다

51. 프리스트레스트 콘크리트 설계원칙 중 틀린 것은?

㉮ 긴장재가 부착되기 전의 단면 특성을 계산할 경우 덕트로 인한 단면적의 손실을 고려하지 않는다.
㉯ 구조물의 수명기간 동안 발생하는 모든 재하단계에 따라 작용하는 하중에 대한 구조부재의 강도와 구조거동을 기초로 이루어져야 한다.
㉰ 프리스트레싱에 의한 응력집중은 설계를 할 때 검토되어야 한다.
㉱ 프리스트레싱에 의해 발생되는 부재의 탄소성 변형, 처짐, 길이변화 및 비틀림 등에 의해 인접한 구조물에 미치는 영향을 고려하여야 한다.

■해설 긴장재가 부착되기 전의 단면 특성을 계산할 경우 덕트로 인한 단면적의 손실을 고려하여야 한다.

강구조 및 교량

Chapter 12

Contents

Section 01 서론
Section 02 리벳이음
Section 03 고장력 볼트이음
Section 04 용접이음
Section 05 교량

ITEM POOL 예상문제 및 기출문제

Section 01 서론

1. 강구조의 정의
강재로 제작된 구조물을 강구조라 하며 특히, 교량, 철탑, 탱크, 수문 등의 부재로 많이 사용되고 있다.

2. 강재의 연결

(1) 강재연결의 정의
서로 다른 부재를 접합하거나 또는 같은 부재를 연장시켜 이음하는 것을 연결이라 하며, 부재 사이의 힘을 전달하도록 연결한다.

(2) 강재연결의 종류
1) 기계적 방법
   ① 리벳이음
   ② 고장력 볼트이음
   ③ 핀이음

2) 용접
   ① 홈용접(맞대기이음)
   ② 필렛용접(겹대기이음)

(3) 강재연결의 일반사항
1) 부재의 연결은 연결부에서 계산된 응력보다 큰 응력에 저항하도록 설계하는 것이 원칙이며 또한 연결부의 강도가 모재 전체강도의 75% 이상을 갖도록 설계하여야 한다.

2) 부재 연결부의 요구사항
   ① 부재 사이의 응력전달이 확실해야 한다.
   ② 가급적 편심이 발생하지 않도록 연결한다.
   ③ 연결부에서 응력집중이 없어야 한다.
   ④ 부재의 변형에 따른 영향을 고려하여야 한다.

⑤ 잔류응력이나 2차응력을 일으키지 않아야 한다.

(4) 강재의 연결방법을 병용할 경우

1) 용접과 리벳의 병용

한 이음부에 용접과 리벳을 병용하는 경우에는 용접이 모든 응력을 부담하는 것으로 고려한다.

2) 용접과 고장력 볼트이음을 병용하는 경우

한 이음부에 용접과 고장력 볼트이음을 병용하는 경우에는 다음 항에 따라야 한다.

① 홈용접을 사용한 맞대기이음과 고장력 볼트 마찰이음 또는 응력방향에 나란한 필렛용접과 고장력 볼트의 마찰이음을 병용하는 경우에는 각 이음이 응력을 부담하는 것으로 고려한다. 단, 각 이음의 응력 부담 상태에 대해서는 충분한 검토를 하여야 한다.
② 응력과 직각을 이루는 필렛용접과 고장력 볼트 마찰이음을 병용해서는 안 된다.
③ 용접과 고장력 볼트 지압이음을 병용해서는 안 된다.

Section 02 리벳이음

1. 리벳이음의 종류

(1) 겹대기이음과 맞대기이음

1) 겹대기이음

강판을 겹쳐서 접합하는 방법을 겹대기이음이라 한다.

2) 맞대기이음

강판의 끝부분을 서로 맞대고 한쪽 또는 양쪽에 이음판을 붙여서 접합하는 방법을 맞대기이음이라 한다.

(2) 직접이음과 간접이음

1) 직접이음

   모재와 모재를 직접 접합하는 방법을 직접이음이라고 한다.

2) 간접이음

   모재 사이에 채움판을 넣어서 접합하는 방법을 간접이음이라고 한다.

2. 리벳의 응력

(1) 1면 전단(단전단)의 경우

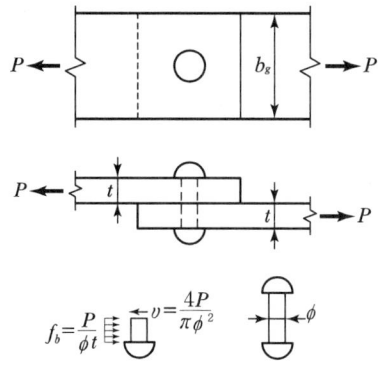

[그림 12-1] 리벳의 응력(1면 전단의 경우)

1) 전단응력(v_R)

$$v_R = \frac{P}{A_{(\bigcirc)}} = \frac{4P}{\pi\phi^2} \quad \cdots\cdots (12.1)$$

여기서, $A_{(\bigcirc)}$: 리벳의 단면적

2) 지압응력(f_b)

$$f_b = \frac{P}{A_{(\square)}} = \frac{P}{\phi t} \quad \cdots\cdots (12.2)$$

여기서, $A_{(\square)}$: 강판에 의하여 감싸쥔 리벳의 투영 면적

(2) 2면 전단(복전단)의 경우

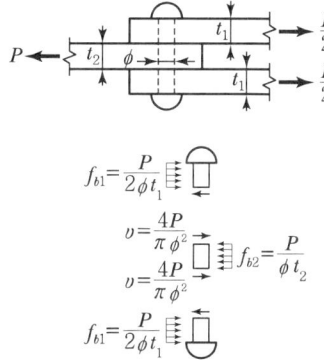

[그림 12-2] 리벳의 응력(2면 전단의 경우)

1) 전단응력

$$v_R = \frac{P}{2A_{(\bigcirc)}} = \frac{2P}{\pi\phi^2} \quad \cdots\cdots\cdots\cdots\cdots\cdots\cdots\cdots\cdots\cdots (12.3)$$

2) 지압응력

$$f_{b1} = \frac{P}{A_{(\square)1}} = \frac{P}{2\phi t_1} \quad \cdots\cdots\cdots\cdots\cdots\cdots\cdots\cdots\cdots (12.4)$$

$$f_{b2} = \frac{P}{A_{(\square)2}} = \frac{P}{\phi t_2} \quad \cdots\cdots\cdots\cdots\cdots\cdots\cdots\cdots\cdots (12.5)$$

$$f_b = (f_{b1},\ f_{b2})_{\max} \quad \cdots\cdots\cdots\cdots\cdots\cdots\cdots\cdots\cdots (12.6)$$

3. 리벳이음의 설계

(1) 리벳의 강도

1) 전단강도(P_{Rs})

① 1면 전단의 경우

$$P_{Rs} = v_a \frac{\pi\phi^2}{4} \quad \cdots\cdots\cdots\cdots\cdots\cdots\cdots\cdots\cdots (12.7)$$

여기서, v_a : 리벳의 허용전단응력

② 2면 전단의 경우

$$P_{Rs} = v_a \frac{\pi \phi^2}{2} \quad \cdots\cdots\cdots\cdots\cdots\cdots\cdots\cdots\cdots\cdots\cdots\cdots\cdots\cdots (12.8)$$

2) 지압강도(P_{Rb})

① 강판의 두께가 동일한 경우

$$P_{Rb} = f_{ba} \cdot \phi t \quad \cdots\cdots\cdots\cdots\cdots\cdots\cdots\cdots\cdots\cdots\cdots\cdots\cdots\cdots (12.9)$$

여기서, f_{ba} : 리벳의 허용지압응력

② 강판의 두께가 서로 다른 경우

$$P_{Rb1} = f_{ba} \phi t_1 \quad \cdots\cdots\cdots\cdots\cdots\cdots\cdots\cdots\cdots\cdots\cdots\cdots\cdots\cdots (12.10)$$
$$P_{Rb2} = f_{ba} \phi t_2 \quad \cdots\cdots\cdots\cdots\cdots\cdots\cdots\cdots\cdots\cdots\cdots\cdots\cdots\cdots (12.11)$$
$$P_{Rb} = (R_{Rb1},\ P_{Rb2})_{\min} \quad \cdots\cdots\cdots\cdots\cdots\cdots\cdots\cdots\cdots\cdots (12.12)$$

3) 리벳의 강도(리벳 값, P_R)

$$P_R = (P_{Rs}, P_{Rb})_{\min} \quad \cdots\cdots\cdots\cdots\cdots\cdots\cdots\cdots\cdots\cdots\cdots\cdots (12.13)$$

(2) 강판의 강도

1) 강판의 강도

① 압축부재의 경우

$$P_{ca} = f_{ca} \cdot A_g \quad \cdots\cdots\cdots\cdots\cdots\cdots\cdots\cdots\cdots\cdots\cdots\cdots\cdots\cdots (12.14)$$

여기서, P_{ca} : 강판의 압축강도
f_{ca} : 강판의 허용압축응력
A_g : 강판의 총단면적

② 인장부재의 경우

$$P_{ta} = f_{ta} \cdot A_n \quad \cdots\cdots\cdots\cdots\cdots\cdots\cdots\cdots\cdots\cdots\cdots\cdots\cdots\cdots (12.15)$$

여기서, P_{ta} : 강판의 인장강도
f_{ta} : 강판의 허용인장응력
A_n : 강판의 순단면적

▶ 압축을 받는 강판의 경우는 이음부에 배치한 리벳(또는 볼트)의 단면적도 저항 단면적에 포함되지만 인장을 받는 경우는 리벳(또는 볼트)의 단면적은 제외된다.

2) 강판의 순단면적
　① 일렬 배열의 판형

$$d_h = \phi + 3\,(\mathrm{mm}) \quad\cdots\cdots\cdots\cdots\cdots\cdots\cdots\cdots\cdots\cdots\cdots\cdots (12.16)$$
$$b_n = b_g - n \cdot d_h \quad\cdots\cdots\cdots\cdots\cdots\cdots\cdots\cdots\cdots\cdots\cdots (12.17)$$
$$A_n = b_n \cdot t \quad\cdots\cdots\cdots\cdots\cdots\cdots\cdots\cdots\cdots\cdots\cdots\cdots\cdots (12.18)$$

여기서, d_h : 리벳구멍의 지름
　　　　ϕ : 리벳(또는 볼트)의 지름
　　　　b_n : 강판의 순폭
　　　　b_g : 강판의 총폭
　　　　n : 강판의 폭방향으로 동일 선상에 존재하는 리벳구멍의 개수
　　　　A_n : 강판의 순단면적
　　　　t : 강판의 두께

　② 지그재그 배열의 판형

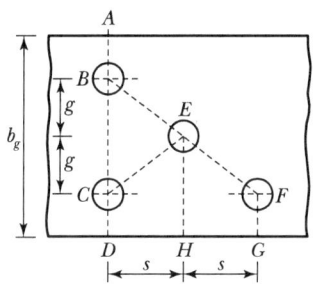

[그림 12-3] 지그재그 배열의 판형

강판의 폭을 절단하는 모든 경로에 대한 길이를 계산하여 그중 최소값을 강판의 순폭으로 결정한다.

$$\begin{array}{l} \text{ABCD 경로}: b_{n1} = b_g - 2d_h \\ \text{ABEH 경로}: b_{n2} = b_g - d_h - w \\ \text{ABECD 경로}: b_{n3} = b_g - d_h - 2w \\ \text{ABEFG 경로}: b_{n4} = b_g - d_h - 2w \end{array} \quad\cdots\cdots (12.19)$$

$$b_n = (b_{n1},\ b_{n2},\ b_{n3},\ b_{n4})_{\min} \quad\cdots\cdots\cdots\cdots\cdots\cdots (12.20)$$
$$A_n = b_n \cdot t$$

여기서, $w = d_h - \dfrac{s^2}{4g}$ $\quad\cdots\cdots\cdots\cdots\cdots\cdots\cdots\cdots\cdots (12.21)$

g : 리벳의 응력에 직각 방향인 리벳선 간의 거리
s : 리벳(또는 볼트)의 피치

③ L형강

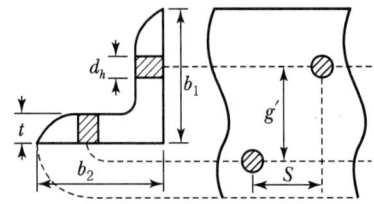

[그림 12-4] L형강

$$b_{n1} = b_g - d_h$$
$$b_{n2} = b_g - 2d_h + \frac{s^2}{4g}$$
$$b_n = (b_{n1},\ b_{n2})_{\min}$$
$$A_n = b_n \cdot t$$

여기서, $b_g = b_1 + b_2 - t$ ·· (12.22)
$g = g' - t$ ·· (12.23)

(3) 리벳의 개수

$$n = \frac{P_a}{P_R} \quad \cdots\cdots\cdots\cdots\cdots\cdots\cdots\cdots\cdots\cdots\cdots\cdots (12.24)$$

여기서, n : 필요로 하는 리벳의 개수
　　　　　(올림에 의하여 결정한다.)
　　　P_a : 강판의 강도
　　　P_R : 리벳의 강도

고장력 볼트이음

1. 고장력 볼트이음의 일반사항

(1) 고장력 볼트이음은 마찰이음, 지압이음, 인장이음이 있으며, 마찰이음을 기본으로 한다.

(2) 볼트의 최소 중심간격, 최대 중심간격 및 연단거리는 리벳의 경우와 같다.

(3) 한 이음에서 2개 이상의 고장력 볼트를 사용해야 한다.

(4) 강판의 순단면을 계산할 경우에 사용되는 볼트구멍
① $\phi < 27\text{mm}$인 경우 : $d_h = \phi + 2\text{mm}$
② $\phi \geq 27\text{mm}$인 경우 : $d_h = \phi + 3\text{mm}$

(5) 볼트길이는 부재를 충분히 체결할 수 있도록 선택하여야 한다. 그러나 지압이음의 경우 나사부가 전단면에 걸려서는 안 된다.

▶ 고장력 볼트 체결시 임팩트렌치(Impact Wrench)를 사용한다.

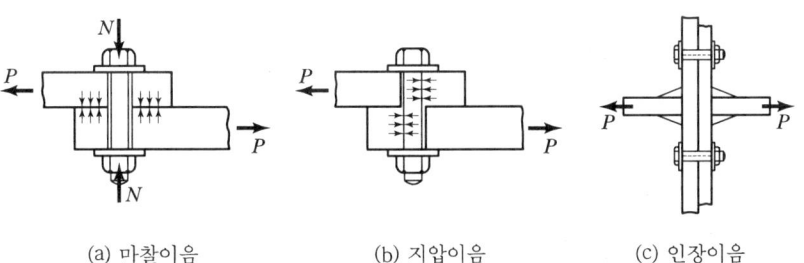

(a) 마찰이음　　(b) 지압이음　　(c) 인장이음

[그림 12-5] 고장력 볼트이음의 종류

2. 고장력 볼트이음의 장점

① 내화력이 리벳이음이나 용접이음보다 크다.
② 소음이 적다.
③ 불량한 부분의 교체가 쉽다.
④ 이음매의 강도가 크다.
⑤ 현장 시공 설비가 간편하다.
⑥ 노동력의 절약과 공사시간을 단축할 수 있으므로 경제적이다.

04 용접이음

1. 용접이음의 장점과 단점

(1) 장점
① 이음부에서 이음판이나 L형강과 같은 강재가 필요 없고 부재를 직접 이을 수 있으므로 재료가 절약되는 동시에 단면이 간단해진다.
② 리벳구멍으로 인한 인장재 단면이 감소되지 않기 때문에 강도의 저하가 없다.
③ 작업의 소음이 적고 경비와 시간이 절약된다.

(2) 단점
① 부분적으로 가열되므로 잔류응력 및 변형이 남게 된다.
② 용접부위의 내부 검사가 간단하지 않다.(X선 검사)
③ 용접부에 응력집중 현상이 발생하기 쉽다.

2. 용접이음의 종류

▣ 용접의 종류
① 아크용접
② 가스용접
③ 전기저항용접

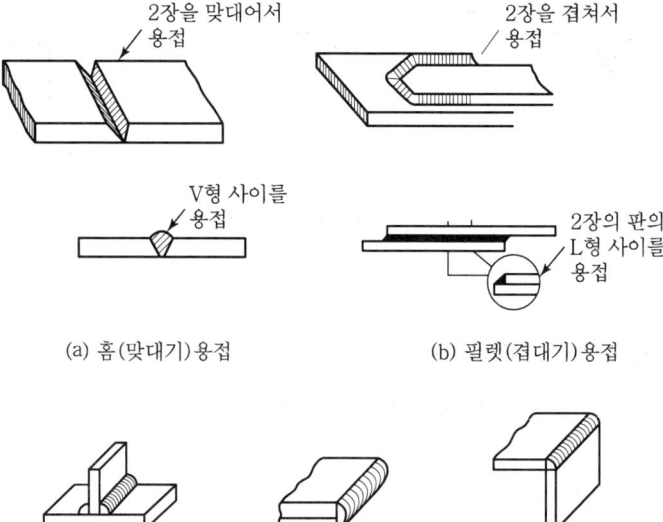

[그림 12-6] 용접이음의 종류

(1) 홈용접

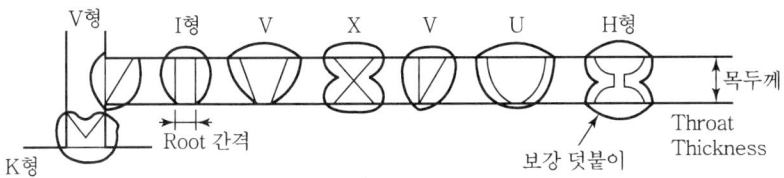

[그림 12-7] 홈용접

① I형 홈용접 : 강판이 얇은 경우 사용되는 용접
② V형 홈용접 : 가장 보편적으로 사용되는 용접
③ X형 홈용접 : 강판이 두꺼운 경우(19mm 이상) 사용되는 용접

(2) 필렛용접

목두께의 방향이 모재의 면과 45° 되게 하는 용접

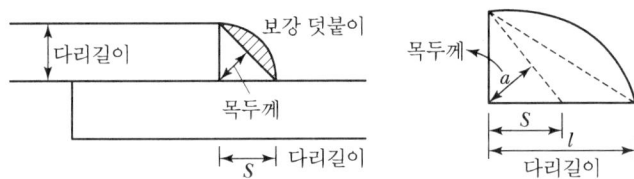

[그림 12-8] 필렛용접

3. 용접이음의 결함 종류

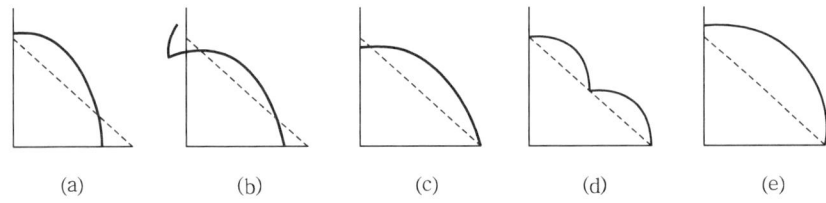

[그림 12-9] 용접이음의 결함 종류

① 오버랩(Over Lap) ([그림 12-9]의 (a) 참고)
② 언더컷(Under Cut) ([그림 12-9]의 (b) 참고)
③ 다리길이 부족([그림 12-9]의 (c) 참고)

④ 용접두께 부족([그림 12-9]의 (d) 참고)
⑤ 보강 덧붙임 과다([그림 12-9]의 (e) 참고)

4. 용접이음의 주의사항

① 용접은 되도록 아래보기 자세로 한다.
② 단면이 서로 다른 중요부재의 홈용접에서 두께 및 폭을 서서히 변화시킬 길이방향의 경사는 1/5 이하로 한다.
③ 응력을 전달하는 겹이음에는 2줄 이상의 필렛용접을 사용하고 얇은 쪽 강판두께의 5배 이상 겹치게 한다.
④ 용접은 열을 될 수 있는 대로 균등하게 분포시킨다.
⑤ 용접은 중심에서 주변을 향해 대칭으로 해나가는 것이 변형을 적게 한다.

5. 용접이음의 기호

용접이음의 종류를 나타내며 설명선에 치수를 기입한다.

[표 12-1] 용접이음의 기호

▶ 표 보충
① 위 : 화살표 반대쪽에 용접하는 것을 표시
② 아래 : 화살표 쪽에 용접하는 것을 표시

용접종류		실형도시
V형 홈용접	판두께 19mm, 홈깊이 16mm, 홈각도 60° 루트 간격 2mm의 경우	
	T이음, 뒷덧판 사용 홈각도 45° 루트 간격 6.4mm의 경우	
X형 홈용접	홈깊이 화살쪽 16mm, 화살과 반대쪽 9mm, 홈각도 화살쪽 60° 화살과 반대쪽 90°, 루트 간격 3mm의 경우	
모살 용접	양쪽 다리길이가 틀릴 때	
	병렬용접 용접길이 50mm, 피치 150mm의 경우	
엇모 용접	전면 다리길이 6mm, 후면 다리길이 9mm, 용접길이 50mm, 피치 300mm의 경우	

6. 용접이음부의 응력

(1) 목두께(a)

응력을 전달하는 용접이음부의 유효두께를 목두께라고 한다.

1) 홈용접의 목두께(a)

a = 모재의 두께(t)

(두께가 다른 경우 얇은 부재의 두께)

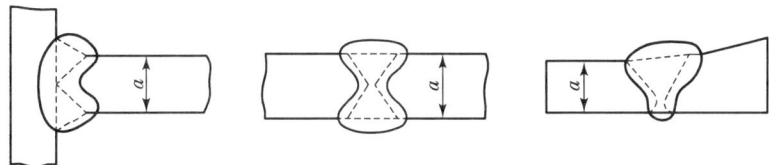

[그림 12-10] 홈용접의 목두께

2) 필렛용접의 목두께(a)

$$a = \frac{\sqrt{2}}{2}s = 0.707s \quad \cdots\cdots\cdots\cdots\cdots\cdots\cdots\cdots (12.25)$$

여기서, s : 모재의 다리길이([그림 12-8] 참고)

(2) 유효길이(l_e)

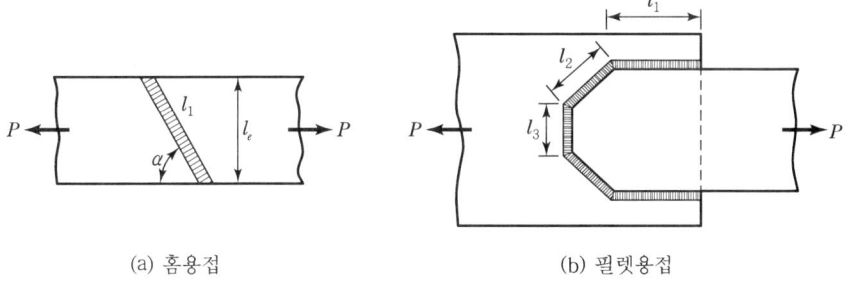

(a) 홈용접   (b) 필렛용접

[그림 12-11] 용접이음부의 유효길이

이론상의 목두께를 갖는 용접이음부의 길이를 유효길이(l_e)라 하며 전단면이 용입 홈용접이고 용접선이 응력방향에 직각이 아닌 경우는 응력 방향에 직각으로 투영시킨 길이를 실제 유효길이로 한다.

1) [그림 12-11] (a)의 경우

$$l_e = l_1 \sin\alpha \quad \cdots\cdots\cdots\cdots\cdots\cdots\cdots\cdots\cdots\cdots\cdots\cdots (12.26)$$

2) [그림 12-11] (b)의 경우

$$l_e = 2l_1 + 2l_2 + l_3 \quad \cdots\cdots\cdots\cdots\cdots\cdots\cdots\cdots\cdots (12.27)$$

(3) 용접이음부의 응력

1) 인장 또는 압축응력

$$f = \frac{P}{\sum a l_e} \quad \cdots\cdots\cdots\cdots\cdots\cdots\cdots\cdots\cdots\cdots\cdots (12.28)$$

여기서, f : 용접이음부에 발생하는 인장 또는 압축응력
P : 용접이음부에 작용하는 힘
$\sum a l_e$: 용접이음의 유효단면적의 합

2) 전단응력

$$v = \frac{P}{\sum a l_e} \quad \cdots\cdots\cdots\cdots\cdots\cdots\cdots\cdots\cdots\cdots\cdots (12.29)$$

여기서, v : 용접이음부에 발생하는 전단응력

Section 05 교량

1. 하중

▶ 교량은 도로교시방서에 준하여 설계해야 한다.

(1) 고정하중

고정하중은 구조물의 자중·부속물과 그곳에 부착된 제반설비, 토피, 포장, 장래의 덧씌우기와 계획된 확폭 등에 의한 모든 예측 가능한 중량을 포함한다.

(2) 차량 활하중

1) 재하차로의 수

① 차량활하중의 재하를 위한 재하차로의 수 N은 식 (12.30)과 같다.

$$N = \frac{W_C}{W_P} \text{의 정수부} \quad \cdots\cdots\cdots\cdots\cdots\cdots\cdots\cdots\cdots\cdots\cdots\cdots (12.30)$$

여기서, W_C : 연석, 방호울타리(중앙분리대 포함) 간의 교폭(m)
W_P : 발주자에 의해 정해진 계획차로의 폭(m)

다만, 식 (12.30)에 의한 N이 1이며 W_C가 6.0m 이상인 경우에는 재하차로의 수(N)를 2로 한다.

② 재하차로의 폭 W는 식 (12.31)과 같다.

$$W = \frac{W_C}{N} \leq 3.6\text{m} \quad \cdots\cdots\cdots\cdots\cdots\cdots\cdots\cdots\cdots\cdots\cdots\cdots (12.31)$$

③ 교량 바닥판상의 차도가 중앙분리대 등에 의해 물리적으로 두 부분으로 나누어져 있는 경우에는 다음을 따른다.
- 두 부분이 영구적인 시설로 분리되어 있는 경우에는 두 부분의 폭을 각각 고려하여 재하차로의 수와 폭을 정하여야 한다.
- 두 부분이 임시적인 시설로 분리되어 있는 경우에는 전체 차도의 폭을 고려하여 재하차로의 수와 폭을 정하여야 한다.

2) 설계 차량활하중

교량이나 이에 부수되는 일반구조물의 노면에 작용하는 차량활하중('KL-510'으로 명명함)은 표준트럭하중과 표준차로하중으로 이루어져 있다.

이 하중들은 재하차로 내에서 횡방향으로 3,000mm의 폭을 점유하는 것으로 가정한다.

① 표준트럭하중
표준트럭의 중량과 축간거리는 [그림 12-12]와 같다.

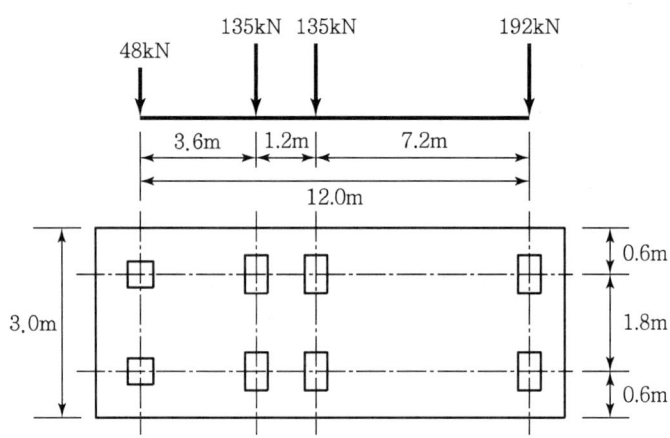

[그림 12-12] 표준트럭하중

② 표준차로하중

표준차로하중은 종방향으로 균등하게 분포된 하중으로 [표 12-2]의 값을 적용한다. 횡방향으로는 3,000mm의 폭으로 균등하게 분포되어 있다. 표준차로하중의 영향에는 충격하중을 적용하지 않는다.

[표 12-2] 표준차로하중

$L \leq 60\text{m}$	$\omega = 12.7(\text{kN/m})$
$L > 60\text{m}$	$\omega = 12.7 \times \left(\dfrac{60}{L}\right)^{0.10}(\text{kN/m})$

여기서, L : 표준차로하중이 재하되는 부분의 지간

(3) 충격하중

1) 일반사항

매설된 부재와 목재 부재에서 허용된 경우를 제외하고 원심력과 제동력 이외의 표준트럭하중에 의한 정적효과는 [표 12-3]에 규정된 충격하중의 비율에 따라 증가시켜야 한다.

정적하중에 적용시켜야 할 충격하중계수는 다음과 같다.(1+IM/100)

충격하중은 보도하중이나 표준차로하중에는 적용되지 않는다.

[표 12-3] 충격하중계수, IM

성분		IM
바닥판 신축이음장치를 제외한 모든 다른 부재	피로한계상태를 제외한 모든 한계상태	25%
	피로한계상태	15%

다음과 같은 경우에는 충격하중을 적용할 필요가 없다.
- 상부구조물로부터 수직반력을 받지 않는 옹벽
- 전체가 지표면 이하인 기초부재

충격하중은 탄성동적응답에서 차량에 의한 진동에 관한 규정에 따라 충분한 증거에 의해 검증될 수 있다면 연결부를 제외한 다른 부재에 대하여 감소시킬 수 있다.

2) 매설된 부재

암거나 매설된 구조물에 대한 충격하중은 백분율로 식 (12.32)와 같다.

$$\text{IM} = 40(1.0 - 4.1 \times 10^{-4} D_E) \geq 0\% \quad \cdots \cdots (12.32)$$

여기서, D_E : 구조물을 덮고 있는 최소 깊이(mm)

3) 목재부재

목교나 교량의 목재부재에 대해서는 [표 12-3]에 제시된 값의 50%로 줄일 수 있다.

2. 교량을 구성하는 부재

(1) 주형

1) 주형의 높이(h)

$$h = 1.1 \sqrt{\frac{M}{f_a \cdot t}} \text{ (cm)} \quad \cdots \cdots (12.33)$$

여기서, h : 주형의 높이(cm)
M : 설계 휨모멘트(kgf·cm)
f_a : 허용휨응력(kgf/cm²)
t : 복부의 두께

2) 주형의 경제적인 높이

① 도로교 : $\left(\dfrac{1}{15} \sim \dfrac{1}{20}\right)L$

② 철도교 : $\left(\dfrac{1}{10} \sim \dfrac{1}{15}\right)L$

3) 플랜지의 단면적(A_f)

$$A_f = \frac{M}{f \cdot h} - \frac{A_{wg}}{6} \text{ (cm}^2\text{)} \quad \cdots \cdots (12.34)$$

여기서, h : 상하 플랜지중심 간의 거리
A_{wg} : 복부판의 총단면적

4) 판형의 휨응력(f)

$$f = \frac{M}{I} y \quad \cdots\cdots\cdots\cdots\cdots\cdots\cdots\cdots\cdots\cdots\cdots\cdots\cdots (12.35)$$

5) 판형의 전단응력(v)

$$v = \frac{V}{A_{wn}(\text{복부판의 순단면적})} \quad \cdots\cdots\cdots\cdots\cdots\cdots (12.36)$$

$$\left[압면보의 전단응력,\ v = \frac{V}{A_{wg}(\text{복부판의 총단면적})} \right] \cdots (12.37)$$

여기서, V : 하중에 의해 단면에 발생하는 전단력

(2) 보강재(Stiffner)

복부의 좌굴방지를 위한 보강재
① 수직 보강재
② 수평 보강재

(3) 브레이싱(Bracing)

① 수직 브레이싱 : 과대하중의 집중을 완화시키고, 처짐을 억제시킨다.
② 수평 브레이싱 : 횡하중 및 비틀림에 저항한다.

Item pool
예상문제 및 기출문제

01. 그림과 같은 리벳 연결에서 리벳의 허용력은? (단, 리벳 지름은 12mm이며, 리벳의 허용 전단응력은 200MPa, 허용 지압응력은 400MPa이다.)

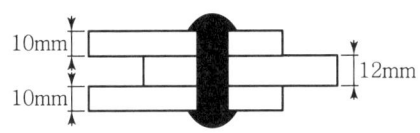

㉮ 60.2kN　　㉯ 55.2kN
㉰ 45.2kN　　㉱ 40.2kN

■해설 1. 허용 전단력
$$P_{Rs} = v_a \cdot \left(2 \times \frac{\pi\phi^2}{4}\right) = 200\left(2 \times \frac{\pi \times 12^2}{4}\right)$$
$$= 45,239\text{N} = 45.2\text{kN}$$

2. 허용 지압력
$$P_{Rb} = f_{ba} \cdot (\phi t_{\min}) = 400(12 \times 12)$$
$$= 57,600\text{N} = 57.6\text{kN}$$

3. 허용력
$$P_R = [P_{Rs}, P_{Rb}]_{\min} = [45.2, 57.6]_{\min} = 45.2\text{kN}$$

02. P=300kN의 인장응력이 작용하는 판두께 10mm인 철판에 ϕ19mm인 리벳을 사용하여 접합할 때의 소요리벳 수는?(단, 허용전단응력=110MPa, 허용지압응력=220MPa)

㉮ 8개　　㉯ 10개
㉰ 12개　　㉱ 14개

■해설 ① 리벳의 전단강도
$$P_{Rs} = v_a \cdot \left(\frac{\pi\phi^2}{4}\right) = 110 \times \left(\frac{\pi \times 19^2}{4}\right) = 31,188\text{N}$$

② 리벳의 지압강도
$$P_{Rb} = f_{ba}(\phi t) = 220 \times (19 \times 10) = 41,800\text{N}$$

③ 리벳강도
$$P_R = [P_{Rs}, P_{Rb}]_{\min} = 31,188\text{N}$$

④ 소요 리벳수
$$n = \frac{P}{P_R} = \frac{300 \times 10^3}{31,188} = 9.6\text{개}$$
$$\fallingdotseq 10\text{개(올림에 의하여)}$$

03. 아래 그림과 같은 리벳이음에서 필요한 최소 리벳 수를 구하면?(단, 리벳의 허용전단응력은 100MPa, 허용지압응력은 200MPa이고, ϕ22mm이다.)

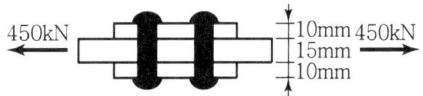

㉮ 4개　　㉯ 5개
㉰ 6개　　㉱ 7개

■해설 ㉠ 리벳의 전단강도
$$P_{Rs} = v_a \cdot \left(\frac{\pi\phi^2}{4}\right) \cdot 2 = 100 \times \left(\frac{\pi \times 22^2}{4}\right) \times 2$$
$$= 76,026.5\text{N}$$

㉡ 리벳의 지압강도
$$P_{Rb} = f_{ba} \cdot (\phi t) = 200 \times (22 \times 15) = 66,000\text{N}$$

㉢ 리벳의 강도
$$P_R = [P_{Rs}, P_{Rb}]_{\min} = 66,000\text{N}$$

㉣ 소요 리벳 수
$$n = \frac{P}{P_R} = \frac{(450 \times 10^3)}{66,000} = 6.82\text{개}$$
$$\fallingdotseq 7\text{개(올림에 의하여)}$$

|해답| 1. ㉰　2. ㉯　3. ㉱

04. 다음 그림의 지그재그로 구멍이 있는 판에서 순폭을 구하면?(단, 리벳구멍 직경=25mm)

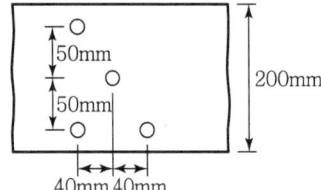

㉮ $b_n = 187$mm ㉯ $b_n = 150$mm
㉰ $b_n = 141$mm ㉱ $b_n = 125$mm

■해설 $d_h = \phi + 3 = 25$mm
$b_{n2} = b - 2d_h = 200 - 2 \times 25 = 150$mm
$b_{n3} = b - 3d_h + 2 \times \dfrac{s^2}{4g}$
$\quad = 200 - (3 \times 52) + \left(2 \times \dfrac{40^2}{4 \times 50}\right) = 141$mm
$b_n = [b_{n2},\ b_{n3}]_{\min} = 141$mm

05. 그림과 같은 두께 13mm의 플레이트에 4개의 볼트구멍이 배치되어 있을 때 부재의 순단면적을 구하면?(단, 볼트구멍의 직경은 24mm이다.)

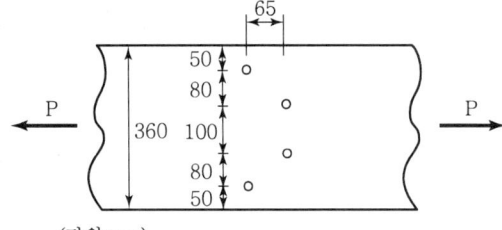

㉮ $4,056$mm² ㉯ $3,916$mm²
㉰ $3,775$mm² ㉱ $3,524$mm²

■해설 $d_h = \phi + 3 = 24$mm
$b_{n2} = b_g - 2d_h = 360 - (2 \times 24) = 312$mm
$b_{n3} = b_g - 3d_h + \dfrac{s^2}{4g}$
$\quad = 360 - (3 \times 24) + \left(\dfrac{65^2}{4 \times 80}\right) = 301.2$mm
$b_{n4} = b_g - 4d_h + 2 \times \dfrac{s^2}{4g}$
$\quad = 360 - (4 \times 24) + \left(2 \times \dfrac{65^2}{4 \times 80}\right) = 290.4$mm
$b_n = [b_{n2},\ b_{n3},\ b_{n4}]_{\min} = 290.4$mm
$A_n = b_n t = 290.4 \times 13 = 3,775.2$mm²

06. 아래 그림과 같은 두께 12mm 평판의 순단면적을 구하면?(단, 구멍의 직경은 23mm이다.)

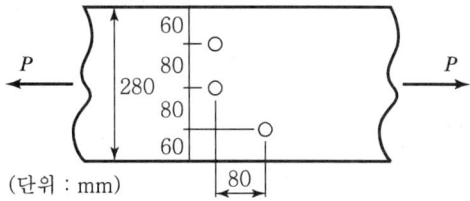

㉮ $2,310$mm² ㉯ $2,340$mm²
㉰ $2,772$mm² ㉱ $2,928$mm²

■해설 $d_h = \phi + 3 = 23$mm
$b_{n2} = b - 2d_h = 280 - (2 \times 23) = 234$mm
$b_{n3} = b - 3d_h + \dfrac{s^2}{4g}$
$\quad = 280 - (3 \times 23) + \dfrac{80^2}{4 \times 80} = 231$mm
$b_n = [b_{n2},\ b_{n3}]_{\min} = 231$mm
$A_n = b_n t = 231 \times 12 = 2,772$mm²

07. 아래 그림과 같은 두께 19mm 평판의 순단면적을 구하면?(단, 볼트구멍의 직경은 25mm이다.)

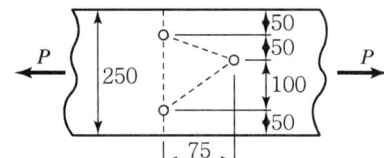

㉮ $3,270$mm² ㉯ $3,800$mm²
㉰ $3,920$mm² ㉱ $4,530$mm²

■해설 $d_h = \phi + 3 = 25$mm
$b_{n2} = b_g - 2d_h = 250 - (2 \times 25) = 200$mm
$b_{n3} = b_g - 3d_h + \dfrac{s_1^2}{4g_1} + \dfrac{s_2^2}{4g_2}$
$\quad = 250 - (3 \times 25) + \dfrac{75^2}{4 \times 50} + \dfrac{75^2}{4 \times 100} = 217$mm
$b_n = [b_{n2},\ b_{n3}]_{\min} = 200$mm
$A_n = b_n \cdot t = 200 \times 19 = 3,800$mm²

08. 순단면이 볼트의 구멍 하나를 제외한 단면(즉, $A-B-C$ 단면)과 같도록 피치(s)를 결정하면?(단, 구멍의 직경은 22mm이다.)

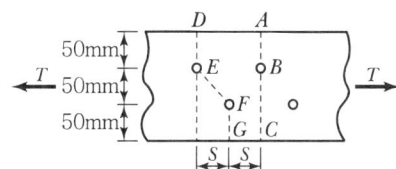

㉮ $s=114.9$mm
㉯ $s=90.6$mm
㉰ $s=66.3$mm
㉱ $s=50$mm

■해설 $d_h = \phi + 3 = 19 + 3 = 22$mm
$b_{n1} = b - d_h$
$b_{n2} = b - 2d_h + \dfrac{s^2}{4g}$
$b_{n1} = b_{n2}$
$(b - d_h) = \left(b - 2d_h + \dfrac{s^2}{4g}\right)$
$s = \sqrt{4gd_h} = \sqrt{4 \times 50 \times 22} = 66.3$mm

09. 인장응력 검토를 위한 L–150×90×12인 형강(Angle)의 전개 총폭 b_g는 얼마인가?

㉮ 228mm
㉯ 232mm
㉰ 240mm
㉱ 252mm

■해설 $b_g = b_1 + b_2 - t = 150 + 90 - 12 = 228$mm

10. 다음은 L형강에서 인장력 검토를 위한 순폭 계산에 대한 설명이다. 틀린 것은?

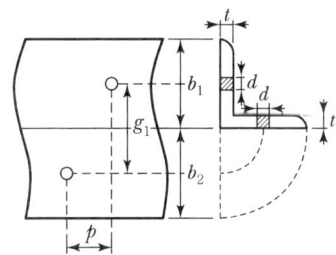

㉮ 전개 총폭(b) = $b_1 + b_2 - t$ 이다.
㉯ $\dfrac{p^2}{4g} \geq d$인 경우 순폭(b_n) = $b - d$ 이다.
㉰ 리벳 선간거리(g) = $g_1 - t$ 이다.
㉱ $\dfrac{p^2}{4g} < d$인 경우 순폭(b_n) = $b - d - \dfrac{p^2}{4g}$ 이다.

■해설 L형강에서 순폭(b_n)의 계산
• $\dfrac{p^2}{4g} \geq d$인 경우 : $b_n = b - d$
• $\dfrac{p^2}{4g} < d$인 경우 : $b_n = b - d - \left(d - \dfrac{p^2}{4g}\right)$

11. 강교의 부재에 사용되는 고장력 볼트의 이음은 어떤 이음을 원칙으로 하는가?

㉮ 마찰이음
㉯ 지압이음
㉰ 인장이음
㉱ 압축이음

■해설 강교의 부재에 사용되는 고장력 볼트 이음은 마찰이음, 지압이음, 인장이음이 있으며, 마찰이음을 원칙으로 한다.

12. 다음 그림의 고장력 볼트 마찰이음에서 필요한 볼트 수는 최소 몇 개인가?(단, 볼트는 M22(=ϕ22mm), F10T를 사용하며, 마찰이음의 허용력은 48kN이다.)

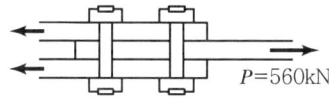

㉮ 3개
㉯ 5개
㉰ 6개
㉱ 8개

■해설 $P_s = 2 \times P_{sa} = 2 \times 48 = 96$kN
$n = \dfrac{P}{P_s} = \dfrac{560}{96} = 5.83 ≒ 6$개(올림에 의하여)

13. 복전단 고장력 볼트(Bolt)의 마찰이음에서 강판에 $P=350$kN이 작용할 때 볼트의 수는 최소 몇 개가 필요한가?(단, 볼트 지름 $d=20$mm이고, 허용전단응력 $v_a=120$MPa)

㉮ 3개 ㉯ 5개
㉰ 8개 ㉱ 10개

■해설 $P=350$kN
$$P_{Rs}=2\times\left(v_a\times\frac{\pi d^2}{4}\right)=2\times\left(120\times\frac{\pi\times 20^2}{4}\right)$$
$$=75,387\text{N}$$
$$n=\frac{P}{P_{Rs}}=\frac{350\times 10^3}{75,398}=4.6=5\text{개(올림)}$$

14. 다음 중 용접부의 결함이 아닌 것은?

㉮ 오버랩(Overlap)
㉯ 언더컷(Undercut)
㉰ 스터드(Stud)
㉱ 균열(Crack)

■해설 스터드(Stud)는 강재와 콘크리트가 일체가 될 수 있도록 강재보의 상부 플랜지에 용접한 볼트 모양의 전단연결재이다.

15. 용접 시의 주의사항에 관한 설명 중 틀린 것은?

㉮ 용접의 열을 될 수 있는 대로 균등하게 분포시킨다.
㉯ 용접부의 구속을 될 수 있는 대로 적게 하여 수축변형을 일으키더라도 해로운 변형이 남지 않도록 한다.
㉰ 평행한 용접은 같은 방향으로 동시에 용접하는 것이 좋다.
㉱ 주변에서 중심으로 향하여 대칭으로 용접해 나간다.

■해설 용접은 중심에서 주변을 향해 대칭으로 해 나가는 것이 변형을 적게 한다.

16. 그림과 같은 맞대기 용접의 용접부에 생기는 인장응력은 얼마인가?

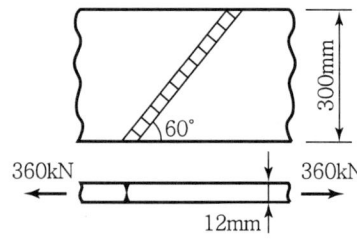

㉮ 115MPa
㉯ 110MPa
㉰ 100MPa
㉱ 94MPa

■해설 $f=\dfrac{P}{A}=\dfrac{360\times 10^3}{300\times 12}=100\text{N/mm}^2=100\text{MPa}$

홈용접부의 인장응력은 용접부의 경사각도와 관계없고, 다만 하중과 하중이 재하된 수직단면과 관계있다.

17. 다음 그림과 같은 맞대기 용접 이음에서 이음의 응력을 구하면?

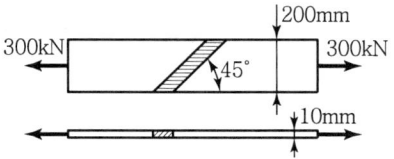

㉮ 150.0MPa
㉯ 106.1MPa
㉰ 200.0MPa
㉱ 212.1MPa

■해설 $f=\dfrac{P}{A}=\dfrac{300\times 10^3}{10\times 200}=150\text{N/mm}^2=150\text{MPa}$

18. 그림과 같은 필렛 용접에서 목 두께가 옳게 표시된 것은?

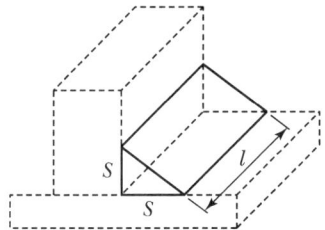

㉮ S
㉯ $\frac{\sqrt{3}}{2}S$
㉰ $\frac{\sqrt{2}}{2}S$
㉱ $\frac{1}{2}l$

■해설 $a = \frac{\sqrt{2}}{2}S$

19. 아래 그림과 같은 필렛용접의 형상에서 $S=9mm$일 때 목두께 a의 값으로 적당한 것은?

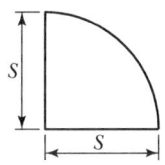

㉮ 5.46mm
㉯ 6.36mm
㉰ 7.26mm
㉱ 8.16mm

■해설 $a = 0.707 = 0.707 \times 9 = 6.363mm$

20. 그림과 같은 필렛용접에서 일어나는 응력이 옳게 된 것은?

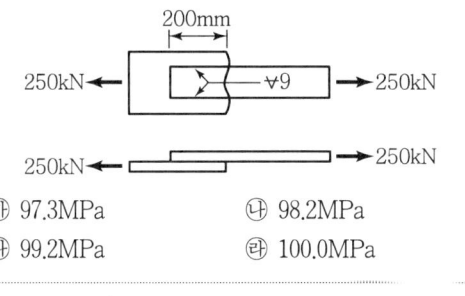

㉮ 97.3MPa
㉯ 98.2MPa
㉰ 99.2MPa
㉱ 100.0MPa

■해설 $v = \frac{P}{\Sigma al} = \frac{250 \times 10^3}{(0.707 \times 9) \times (2 \times 200)}$
$= 98.2 N/mm^2 = 98.2 MPa$

21. 다음 필렛용접의 전단응력은 얼마인가?

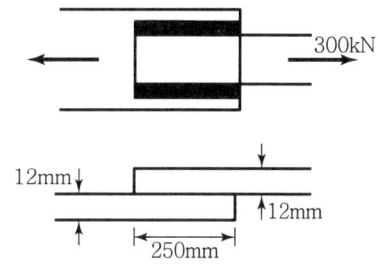

㉮ 67.72MPa
㉯ 70.72MPa
㉰ 72.72MPa
㉱ 75.72MPa

■해설 $v = \frac{P}{\Sigma al} = \frac{300 \times 10^3}{(0.707 \times 12) \times (2 \times 250)}$
$= 70.72 N/mm^2 = 70.72 MPa$

22. 강판형(Plate Girder)의 경제적인 높이는 다음 중 어느 것에 의해 구해지는가?

㉮ 전단력
㉯ 휨모멘트
㉰ 비틀림모멘트
㉱ 지압력

■해설 강판형(Plate Girder)의 경제적인 높이는 휨모멘트에 의하여 결정된다.

23. 강판형(Plate Girder) 복부(Web) 두께의 제한이 규정되어 있는 가장 큰 이유는?

㉮ 시공상의 난이
㉯ 공비의 절약
㉰ 자중의 경감
㉱ 좌굴의 방지

■해설 강판형(Plate Girder) 복부(Web) 두께의 제한이 규정되어 있는 가장 큰 이유는 복부의 좌굴을 방지하기 위함이다.

|해답| 18. ㉰ 19. ㉯ 20. ㉯ 21. ㉯ 22. ㉯ 23. ㉱

24. 강합성 교량에서 콘크리트 슬래브와 강(鋼)주형 상부플랜지를 구조적으로 일체가 되도록 결합시키는 요소는?

㉮ 전단연결재   ㉯ 볼트
㉰ 합성철근   ㉱ 접착제

■해설 강합성 교량에서 콘크리트 슬래브와 강(鋼)주형 상부플랜지를 구조적으로 일체가 되도록 결합시키는 요소는 스터드(Stud)이다.

과년도 출제문제 및 해설

Contents

- 2016년 1, 2, 4회 기사/산업기사
- 2017년 1, 2, 4회 기사/산업기사
- 2018년 1, 2, 4회 기사/산업기사
- 2019년 1, 2, 4회 기사/산업기사
- 2020년 통합 1·2, 3, 4회 기사/산업기사
- 2021년 1, 2, 3회 기사
- 2022년 1, 2회 기사
- 2023년 CBT 기출복원문제 1~3회
- 2024년 CBT 기출복원문제 1~3회
- 2025년 CBT 기출복원문제 1~3회

과년도 출제문제 및 해설

01. 그림과 같이 활하중(w_L)은 30kN/m, 고정하중(w_D)은 콘크리트의 자중(단위무게 23kN/m³)만 작용하고 있는 캔틸레버보가 있다. 이 보의 위험단면에서 전단철근이 부담해야 할 전단력은?(단, 하중은 하중조합을 고려한 소요강도(U)를 적용하고, f_{ck}=24MPa, f_y=300MPa이다.)

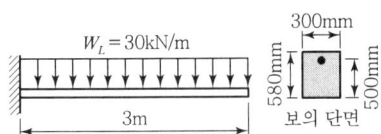

① 88.7kN   ② 53.5kN
③ 21.3kN   ④ 9.5kN

■해설 ㉠ 계수전단력(V_u)
w_D = (콘크리트의 자중)×(bh)
　　 = 23×(0.3×0.58) = 4kN/m
$w_u = 1.2w_D + 1.6w_L = 1.2×4 + 1.6×30$
　　 = 52.8kN/m
보에서 전단에 대한 위험단면의 위치는 지점에서 d만큼 떨어진 곳이다.
$V_u = w_u(L-d) = 52.8×(3-0.5) = 132$kN

㉡ 콘크리트의 전단강도(ϕV_c)
$\phi V_c = \phi\left(\dfrac{1}{6}\sqrt{f_{ck}}\,b_w\,d\right)$
　　 = $0.75 × \left(\dfrac{1}{6} × \sqrt{24} × 300 × 500\right)$
　　 = $91.9 × 10^3$N = 91.9kN

㉢ 전단철근이 부담할 전단력(V_s)
$V_u(=132\text{kN}) > \phi V_c(=91.9\text{kN})$이므로 전단보강이 필요하다.
$V_u \le \phi(V_c + V_s)$
$V_s \ge \dfrac{V_u - \phi V_c}{\phi} = \dfrac{132 - 91.9}{0.75} = 53.5$kN

02. 설계기준 압축강도(f_{ck})가 24MPa이고, 쪼갬인장강도(f_{sp})가 2.4MPa인 경량골재 콘크리트에 적용하는 경량콘크리트계수(λ)는?

① 0.75   ② 0.85
③ 0.87   ④ 0.92

■해설 $\lambda = \dfrac{f_{sp}}{0.56\sqrt{f_{ck}}} = \dfrac{2.4}{0.56\sqrt{24}} = 0.87$

03. 아래 그림과 같은 두께 12mm 평판의 순단면적을 구하면?(단, 구멍의 직경은 23mm이다.)

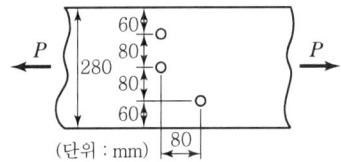

① 2,310mm²   ② 2,340mm²
③ 2,772mm²   ④ 2,928mm²

■해설 $d_h = \phi + 3 = 23$mm
$b_{n2} = b_g - 2d_h$
　　 = 280 - 2×23 = 234mm
$b_{n3} = b_g - 3d_h + \dfrac{S^2}{4g}$
　　 = $280 - 3×23 + \dfrac{80^2}{4×80} = 231$mm
$b_n = [b_{n1},\ b_{n2}]_{\min} = 231$mm
$A_n = b_n \cdot t = 231 × 12 = 2,772$mm²

04. b=350mm, d=550mm인 직사각형 단면의 보에서 지속하중에 의한 순간처짐이 16mm였다. 1년 후 총 처짐량은 얼마인가?(단, A_s=2,246mm², A_s'=1,284mm², ξ=1.4)

① 20.5mm   ② 32.8mm
③ 42.1mm   ④ 26.5mm

|해답| 1. ②   2. ③   3. ③   4. ②

■해설
$$\rho' = \frac{A_s'}{bd} = \frac{1,284}{350 \times 550} = 0.00667$$
$$\lambda_\Delta = \frac{\xi}{1+50\rho'} = \frac{1.4}{1+(50 \times 0.00667)} = 1.0499$$
$$\delta_L = \lambda_\Delta \cdot \delta_i = 1.0499 \times 16 = 16.8mm$$
$$\delta_T = \delta_i + \delta_L = 16 + 16.8 = 32.8mm$$

05. 콘크리트 설계기준강도가 28MPa, 철근의 항복강도가 350MPa로 설계된 내민길이 4m인 캔틸레버 보가 있다. 처짐을 계산하지 않는 경우의 최소 두께는?

① 340mm
② 465mm
③ 512mm
④ 600mm

■해설 캔틸레버 보에서 처짐을 계산하지 않아도 되는 최소두께(h_{min})

㉠ $f_y = 400$MPa인 경우 : $h_{min} = \dfrac{l}{8}$

㉡ $f_y \neq 400$MPa인 경우 : $h_{min} = \dfrac{l}{8}\left(0.43 + \dfrac{f_y}{700}\right)$

• $f_y = 350$MPa이므로 최소두께(h_{min})는 다음과 같다.

$$h_{min} = \frac{l}{8}\left(0.43 + \frac{f_y}{700}\right)$$
$$= \frac{4 \times 10^3}{8}\left(0.43 + \frac{350}{700}\right)$$
$$= 465mm$$

06. 용접이음에 관한 설명으로 틀린 것은?

① 리벳구멍으로 인한 단면 감소가 없어서 강도저하가 없다.
② 내부 검사(X-선 검사)가 간단하지 않다.
③ 작업의 소음이 적고 경비와 시간이 절약된다.
④ 리벳이음에 비해 약하므로 응력 집중 현상이 일어나지 않는다.

■해설 용접이음은 리벳이음에 비하여 리벳구멍으로 인한 인장재 단면이 감소되지 않기 때문에 강도의 저하가 없다. 그러나 용접부에 응력집중현상이 발생하기 쉽다.

07. PS콘크리트의 균등질 보의 개념(Homogeneous Beam Concept)을 설명한 것으로 가장 적당한 것은?

① 콘크리트에 프리스트레스가 가해지면 PSC부재는 탄성재료로 전환되고 이의 해석은 탄성이론으로 가능하다는 개념
② PSC 보를 RC 보처럼 생각하여, 콘크리트는 압축력을 받고 긴장재는 인장력을 받게 하여 두 힘의 우력 모멘트로 외력에 의한 휨모멘트에 저항시킨다는 개념
③ PS콘크리트는 결국 부재에 작용하는 하중의 일부 또는 전부를 미리 가해진 프리스트레스와 평형이 되도록 하는 개념
④ PS콘크리트는 강도가 크기 때문에 보의 단면을 강재의 단면으로 가정하여 압축 및 인장을 단면 전체가 부담할 수 있다는 개념

■해설 콘크리트에 프리스트레스가 도입되면 콘크리트가 탄성체로 전환되어 탄성이론에 의한 해석이 가능하다는 개념을 응력개념 또는 균등질보의 개념이라고 한다.

08. 다음과 같은 옹벽의 각 부분 중 직사각형보로 설계해야 할 부분은?

① 앞부벽
② 부벽식 옹벽의 전면벽
③ 캔틸레버식 옹벽의 전면벽
④ 부벽식 옹벽의 저판

■해설 부벽식 옹벽에서 부벽의 설계
• 앞부벽 : 직사각형보로 설계
• 뒷부벽 : T형보로 설계

09. 2방향 슬래브 설계 시 직접설계법을 적용할 수 있는 제한사항에 대한 설명으로 틀린 것은?

① 각 방향으로 3경간 이상 연속되어야 한다.
② 슬래브 판들은 단변 경간에 대한 장변 경간의 비가 2 이하인 직사각형이어야 한다.
③ 연속한 기둥 중심선을 기준으로 기둥의 어긋남은 그 방향 경간의 15% 이하이어야 한다.

④ 각 방향으로 연속한 받침부 중심간 경간 차이는 긴 경간의 1/3 이하이어야 한다.

■해설 2방향 슬래브의 설계에서 직접설계법을 적용할 경우, 연속한 기둥 중심선으로부터 기둥의 이탈은 이탈방향 경간의 10% 이하라야 한다.

10. 사용 고정하중(D)과 활하중(L)을 작용시켜서 단면에서 구한 휨모멘트는 각각 $M_D = 30$kN·m, $M_L = 3$kN·m이었다. 주어진 단면에 대해서 현행 콘크리트 구조설계기준에 따라 최대 소요강도를 구하면?

① 30kN·m ② 40.8kN·m
③ 42kN·m ④ 48.2kN·m

■해설 $M_{u1} = 1.2M_D + 1.6M_L$
$= 1.2 \times 30 + 1.6 \times 3 = 40.8$kN·m
$M_{u2} = 1.4M_D$
$= 1.4 \times 30 = 42$kN·m
$M_u = [M_{u1}, M_{u2}]_{max}$
$= [40.8$kN·m, 42kN·m$]_{max} = 42$kN·m

11. 깊은보에 대한 전단 설계의 규정 내용으로 틀린 것은?(단, l_n : 받침부 내면 사이의 순경간, λ : 경량콘크리트 계수, b_w : 복부의 폭, d : 유효깊이, s : 종방향 철근에 평행한 방향으로 전단철근의 간격, s_h : 종방향 철근에 수직방향으로 전단철근의 간격)

① l_n이 부재 깊이의 3배 이상인 경우 깊은보로서 설계한다.
② 깊은보의 V_n은 $(5\lambda\sqrt{f_{ck}}/6)b_w d$ 이하이어야 한다.
③ 휨인장철근과 직각인 수직전단철근의 단면적 A_v를 $0.0025b_w s$ 이상으로 하여야 한다.
④ 휨인장철근과 평행한 수평전단철근의 단면적 A_{vh}를 $0.0015b_w s_h$ 이상으로 하여야 한다.

■해설 받침부 내면 사이의 순경간이 부재 깊이의 4배 이하인 경우 깊은보로서 설계한다.

12. 다음 단면의 균열 모멘트 M_{cr}의 값은?(단, 보통 중량 콘크리트로서, $f_{ck} = 25$MPa, $f_y = 400$MPa)

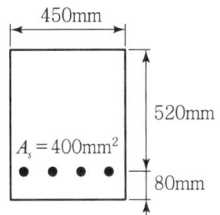

① 16.8kN·m ② 41.58kN·m
③ 63.88kN·m ④ 85.05kN·m

■해설 • $\lambda = 1$(보통 중량의 콘크리트)
• $f_r = 0.63\lambda\sqrt{f_{ck}} = 0.63 \times 1 \times \sqrt{25} = 3.15$MPa
• $Z = \dfrac{bh^2}{6} = \dfrac{450 \times 600^2}{6} = 27 \times 10^6$mm^3
• $M_{cr} = f_r \cdot Z$
$= 3.15 \times (27 \times 10^6)$
$= 85.05 \times 10^6$N·mm $= 85.05$kN·m

13. 폭 $b = 300$mm, 유효깊이 $d = 500$mm, 철근단면적 $A_s = 2,200$mm^{2}을 갖는 단철근 콘크리트 직사각형보를 강도설계법으로 휨 설계할 때 설계 휨모멘트 강도(ϕM_n)는?(단, 콘크리트 설계기준강도 $f_{ck} = 27$MPa, 철근항복강도 $f_y = 400$MPa)

① 186.6kN·m ② 234.7kN·m
③ 284.5kN·m ④ 326.2kN·m

■해설 $f_{ck} = 27$MPa ≤ 40MPa인 경우
$\varepsilon_{cu} = 0.0033$, $\eta = 1$, $\beta_1 = 0.8$
$a = \dfrac{f_y A_s}{\eta 0.85 f_{ck} b} = \dfrac{400 \times 2,200}{1 \times 0.85 \times 27 \times 300} = 127.8$mm
$\varepsilon_t = \dfrac{d_t \beta_1 - a}{a}\varepsilon_c = \dfrac{500 \times 0.8 - 127.8}{127.8} \times 0.0033$
$= 0.007$
$\varepsilon_{t,l} = 0.005$ ($f_y \leq 400$MPa인 경우)
$\varepsilon_t (= 0.007) > \varepsilon_{t,l} (= 0.005)$ - 인장지배단면,
$\phi = 0.85$
$\phi M_n = \phi f_y A_s \left(d - \dfrac{a}{2}\right)$
$= 0.85 \times 400 \times 2,200 \left(500 - \dfrac{127.8}{2}\right)$
$= 326.2 \times 10^6$N·mm $= 326.2$kN·m

14. 아래 그림의 빗금 친 부분과 같은 단철근 T형보의 등가응력의 깊이(a)는?(단, A_s =6,345mm², f_{ck}=24MPa, f_y=400MPa)

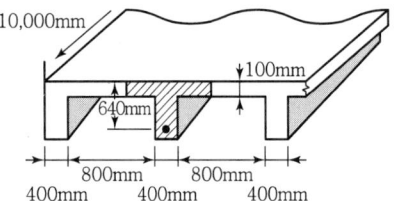

① 96.7mm ② 111.5mm
③ 121.3mm ④ 128.6mm

■해설 1. T형보(대칭 T형보)에서 플랜지의 유효폭(b_e)
- $16t_f + b_w = (16 \times 100) + 400 = 2{,}000$mm
- 양쪽 슬래브의 중심간 거리
    $= 800 + 400 = 1{,}200$mm
- 보 경간의 $\dfrac{1}{4} = 10{,}000 \times \dfrac{1}{4} = 2{,}500$mm

위 값 중에서 최소값을 취하면 $b_e = 1{,}200$mm 이다.

2. T형 보의 판별
$b = 1{,}200$mm인 직사각형 단면보에 대한 등가 사각형 깊이
$\eta = 1 (f_{ck} \leq 40$MPa인 경우)
$a = \dfrac{f_y A_s}{\eta 0.85 f_{ck} b} = \dfrac{400 \times 6{,}354}{1 \times 0.85 \times 24 \times 1{,}200}$
$= 103.8$mm
$a(=103.8\text{mm}) > t_f(=100\text{mm})$이므로 T형 보로 해석한다.

3. T형 보의 등가사각형 깊이(a)
$A_{sf} = \dfrac{\eta 0.85 f_{ck}(b-b_w)t_f}{f_y}$
$= \dfrac{1 \times 0.85 \times 24 \times (1{,}200-400) \times 100}{400}$
$= 4{,}080$mm²
$a = \dfrac{(A_s - A_{sf})f_y}{\eta 0.85 f_{ck} b_w}$
$= \dfrac{(6{,}354-4{,}080) \times 400}{1 \times 0.85 \times 24 \times 400} = 111.5$mm

15. 유효깊이(d)가 500mm인 직사각형 단면보에 f_y = 400MPa인 인장철근이 1열로 배치되어 있다. 중립축(c)의 위치가 압축연단에서 200mm인 경우 강도감소계수(ϕ)는?(단, $f_{ck} \leq 40$MPa이다.)

① 0.850 ② 0.847
③ 0.834 ④ 0.825

■해설 ㉠ 최외단 인장철근의 순인장 변형률
$\varepsilon_{cu} = 0.0033 (f_{ck} \leq 40$MPa인 경우)
$\varepsilon_t = \dfrac{d_t - c}{c} \varepsilon_{cu} = \dfrac{500-200}{200} \times 0.0033 = 0.00495$

㉡ 단면 구분
- $f_y = 400$MPa인 경우, ε_y와 $\varepsilon_{t,l}$ 값
$\varepsilon_y = \dfrac{f_y}{E_s} = \dfrac{400}{2 \times 10^5} = 0.002$
$\varepsilon_{t,l} = 0.005$
- $\varepsilon_{t,l}(=0.005) > \varepsilon_t(=0.00495) > \varepsilon_y(=0.002)$
  - 변화구간단면

㉢ ϕ 결정
- $\phi_c = 0.65$ (나선철근으로 보강되지 않은 부재의 경우)
- $\phi = 0.85 - \dfrac{\varepsilon_{t,l} - \varepsilon_t}{\varepsilon_{t,l} - \varepsilon_y}(0.85 - \phi_c)$
$= 0.85 - \dfrac{0.005 - 0.00495}{0.005 - 0.002}(0.85 - 0.65)$
$= 0.847$

16. 그림과 같은 나선철근 단주의 공칭 중심축하중(P_n)은?(단, f_{ck}=24MPa, f_y=400MPa, 축방향 철근은 8-D25(A_{st}=4,050mm²)를 사용)

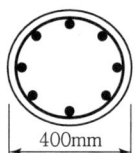

① 2,125.2kN ② 2,734.3kN
③ 3,168.6kN ④ 3,485.8kN

■해설 $P_n = \alpha\{0.85 f_{ck}(A_g - A_{st}) + f_y A_{st}\}$
$= 0.85\left\{0.85 \times 24 \times \left(\dfrac{\pi \times 400^2}{4} - 4{,}050\right) + 400 \times 4{,}050\right\}$
$= 3{,}485.8 \times 10^3$N $= 3{,}485.8$kN

17. 초기 프리스트레스가 1,200MPa이고, 콘크리트의 건조수축 변형률 $\varepsilon_{sh}=1.8\times10^{-4}$일 때 긴장재의 인장응력의 감소는?(단, PS강재의 탄성계수 $E_p=2.0\times10^5$MPa)

① 12MPa ② 24MPa
③ 36MPa ④ 48MPa

■해설 $\Delta f_{ps}=E_p\varepsilon_{sh}=(2\times10^5)\times(1.8\times10^{-4})=36$MPa

18. 그림과 같은 단면의 도심에 PS강재가 배치되어 있다. 초기 프리스트레스 힘을 1,800kN 작용시켰다. 30%의 손실을 가정하여 콘크리트의 하연 응력이 0이 되도록 하려면 이때의 휨모멘트 값은?(단, 자중은 무시)

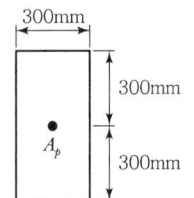

① 120kN·m ② 126kN·m
③ 130kN·m ④ 150kN·m

■해설
$$f_b=\frac{P_e}{A}-\frac{M}{Z}=\frac{0.7P_i}{bh}-\frac{6M}{bh^2}=0$$
$$M=\frac{0.7P_i h}{6}=\frac{0.7\times1,800\times0.6}{6}=126\text{kN}\cdot\text{m}$$

19. 철골 압축재의 좌굴 안정성에 대한 설명으로 틀린 것은?

① 좌굴길이가 길수록 유리하다.
② 힌지지지보다 고정지지가 유리하다.
③ 단면 2차 모멘트 값이 클수록 유리하다.
④ 단면 2차 반지름이 클수록 유리하다.

■해설 $P_{cr}=\dfrac{\pi^2 EI_{\min}}{(kl)^2}$

압축재의 좌굴강도는 $(kl)^2$에 반비례하므로 압축재는 좌굴길이가 길수록 좌굴에 불리하다.

20. 그림과 같은 복철근 직사각형보에서 공칭모멘트 강도(M_n)는?(단, $f_{ck}=24$MPa, $f_y=350$MPa, $A_s=5,730$mm², $A_s'=1,980$mm²)

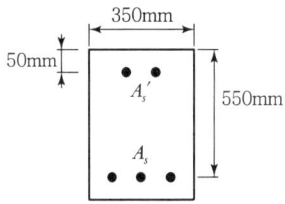

① 947.7kN·m ② 886.5kN·m
③ 805.6kN·m ④ 725.3kN·m

■해설 $\eta=1\,(f_{ck}=24\text{MPa}\le40\text{MPa}$인 경우$)$
$$a=\frac{(A_s-A_s')f_y}{\eta 0.85f_{ck}b}=\frac{(5,730-1,980)\times350}{1\times0.85\times24\times350}$$
$$=183.8\text{mm}$$
$$M_n=A_s'f_y(d-d')+(A_s-A_s')f_y\left(d-\frac{a}{2}\right)$$
$$=1,980\times350\times(550-50)+(5,730-1,980)$$
$$\times350\times\left(550-\frac{183.8}{2}\right)$$
$$=947.8\times10^6\text{N}\cdot\text{mm}=947.8\text{kN}\cdot\text{m}$$

Item pool (산업기사 2016년 3월 6일 시행)
과년도 출제문제 및 해설

01. 사용 고정하중(D)과 활하중(L)을 작용시켜서 단면에서 구한 휨모멘트는 각각 M_D=10kN·m, M_L=20kN·m이었다. 주어진 단면에 대해서 현행 콘크리트구조기준에 의거 최대 소요강도를 구하면?

① 33kN·m　　② 39.6kN·m
③ 40.8kN·m　　④ 44kN·m

■해설　$M_{u1} = 1.4M_D$
　　　　　　 $= 1.4 \times 10 = 14$kN·m
　　　　$M_{u2} = 1.2M_D + 1.6M_L$
　　　　　　 $= 1.2 \times 10 + 1.6 \times 20 = 44$kN·m
　　　　$M_u = [M_{u1}, M_{u2}]_{max} = 44$kN·m

02. 압축 측 연단의 콘크리트 변형률이 극한변형률에 도달할 때, 최외단 인장철근의 순인장변형률이 0.005 이상인 단면의 강도감소계수는?(단, $f_y \leq$ 400MPa)

① 0.85　　② 0.75
③ 0.70　　④ 0.65

■해설　$\varepsilon_{t,l} = 0.005$($f_y \leq$400MPa인 경우)
　　　　$\varepsilon_t \geq \varepsilon_{t,l}$($= 0.005$) - 인장지배 단면
　　　　인장지배단면의 강도감소계수(ϕ)는 0.85이다.

03. 강도설계법의 기본 가정 중 옳지 않은 것은?

① 휨응력 계산에서 콘크리트의 인장강도는 무시한다.
② 콘크리트의 압축응력 분포도는 사각형, 사다리꼴, 포물선 또는 기타 다른 형상으로 가정할 수 있다.
③ 철근과 콘크리트의 변형률은 중립축으로부터의 거리에 비례한다.
④ 콘크리트와 철근이 모두 후크(Hooke)의 법칙을 따른다고 가정한다.

■해설　극한 강도 상태에서 콘크리트는 후크의 법칙을 따르지 않는다.

04. 철근콘크리트 1방향 슬래브에 대한 설명으로 틀린 것은?

① 마주보는 두 변에만 지지되는 슬래브는 1방향 슬래브로 설계하여야 한다.
② 4변이 지지되고 장변의 길이가 단변의 길이의 2배를 초과하는 경우 1방향 슬래브로 해석한다.
③ 슬래브의 두께는 최소 50mm 이상으로 하여야 한다.
④ 슬래브의 정모멘트 철근 및 부모멘트 철근의 중심간격은 위험단면에서는 슬래브 두께의 2배 이하이어야 하고, 또한 300mm 이하로 하여야 한다.

■해설　1방향 슬래브의 두께는 최소 100mm 이상이어야 한다.

05. 다음 그림과 같이 용접이음을 했을 경우 전단응력은?

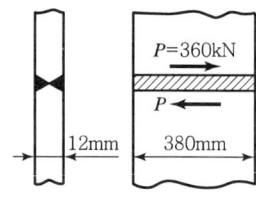

① 78.9MPa　　② 67.5MPa
③ 57.5MPa　　④ 45.9MPa

■해설　$v = \dfrac{P}{A} = \dfrac{(360 \times 10^3)}{(380 \times 12)} = 78.9$N/mm² $= 78.9$MPa

|해답| 1. ④　2. ①　3. ④　4. ③　5. ①

06. 프리스트레스의 감소원인이 아닌 것은?

① 콘크리트의 건조수축과 크리프
② PS 강재의 항복강도
③ 콘크리트의 탄성변형
④ PS 강재의 미끄러짐과 마찰

■해설 PSC 부재에서 프리스트레스의 손실원인
• 즉시손실 : 탄성변형, 정착단 활동, 마찰
• 시간손실 : 크리프, 건조수축, 릴렉세이션

07. 강교량에 주로 사용되는 판형(Plate Girder)의 보강재에 대한 설명으로 옳지 않은 것은?

① 보강재는 복부판의 전단력에 따른 좌굴을 방지하는 역할을 한다.
② 보강재에는 단보강재, 중간보강재, 수평보강재가 있다.
③ 수평보강재는 복부판이 두꺼운 경우에 주로 사용된다.
④ 보강재는 지점 등의 이음부분에 주로 설치한다.

■해설 판형에서 보강재는 판의 두께가 얇은 경우에 발생하는 좌굴을 방지하기 위하여 설치한다.

08. 옹벽의 안정조건 중 활동에 대한 안정에 관한 설명으로 옳은 것은?

① 활동에 대한 저항력은 옹벽에 작용하는 수평력의 1.5배 이상이어야 한다.
② 전도에 대한 저항 휨모멘트는 횡토압에 의한 전도모멘트의 1.5배 이상이어야 한다.
③ 옹벽에 작용하는 수평력은 활동에 대한 저항력의 2.0배 이상이어야 한다.
④ 횡토압에 의한 전도모멘트는 전도에 대한 저항 휨모멘트의 2.0배 이상이어야 한다.

■해설 옹벽의 안정조건
• 전도 : $\dfrac{\sum M_r(\text{저항모멘트})}{\sum M_0(\text{전도모멘트})} \geq 2.0$
• 활동 : $\dfrac{f(\sum W)(\text{활동에 대한 저항력})}{\sum H(\text{옹벽에 작용하는 수평력})} \geq 1.5$

• 침하 : $\dfrac{q_a(\text{지반의 허용지지력})}{q_{\max}(\text{지반에 작용하는 최대압력})} \geq 1.0$

09. 단면 형상은 T형보이지만 설계 계산은 직사각형보와 같이 하는 경우는?

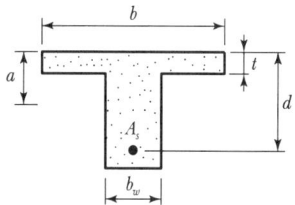

① $b_w \leq t$
② $b_w > t$
③ $a \leq t$
④ $a > t$

■해설 T형보의 판별

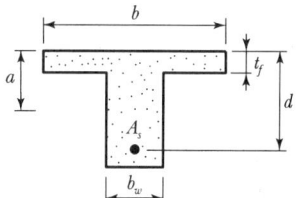

폭이 b인 직사각형 단면의 등가사각형 깊이(a)

$a = \dfrac{f_y A_s}{\eta 0.85 f_{ck} b}$

• $a \leq t_f$ - 직사각형보
• $a > t_f$ - T형보

10. 그림과 같은 단순보에서 자중을 포함하여 계수하중이 30kN/m 작용하고 있다. 이 보의 위험단면에서 전단력은?

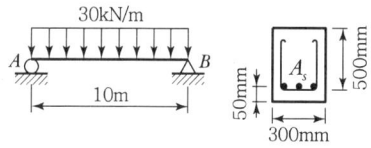

① 90kN
② 115kN
③ 120kN
④ 135kN

■해설 $V_u = W_u\left(\dfrac{l}{2} - d\right) = 30\left(\dfrac{10}{2} - 0.5\right) = 135\text{kN}$

11. 아래 그림과 같은 단철근 직사각형보에서 등가직사각형 응력블록의 깊이(a)는? (단, A_s =3,176mm², f_{ck} =28MPa, f_y =400MPa)

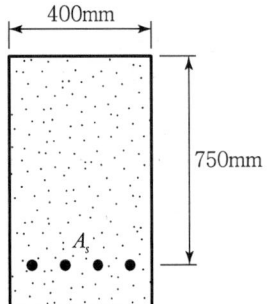

① 133mm ② 167mm
③ 214mm ④ 256mm

■해설 $\eta = 1 (f_{ck} = 28\text{MPa} \le 40\text{MPa}$인 경우)
$$a = \frac{f_y A_s}{\eta 0.85 f_{ck} b} = \frac{400 \times 3,176}{1 \times 0.85 \times 28 \times 400} = 133.4\text{mm}$$

12. 나선철근으로 둘러싸인 압축부재의 축방향 주철근의 최소 개수는?

① 4개 ② 6개
③ 7개 ④ 8개

■해설 철근콘크리트 기둥에서 축방향 철근의 최소 개수

기둥종류	단면모양	축방향 철근의 최소 개수
띠철근 기둥	삼각형	3개
	사각형, 원형	4개
나선철근 기둥	원형	6개

13. 표준갈고리를 갖는 인장 이형철근의 정착길이(l_{dh})에 대한 설명으로 옳은 것은? (단, d_b : 철근의 공칭지름)

① 정착길이(l_{dh})는 항상 $8d_b$ 이상 또한 150mm 이상이어야 한다.
② 정착길이(l_{dh})는 항상 $8d_b$ 이상 또한 300mm 이상이어야 한다.
③ 정착길이(l_{dh})는 항상 $16d_b$ 이상 또한 150mm 이상이어야 한다.
④ 정착길이(l_{dh})는 항상 $16d_b$ 이상 또한 300mm 이상이어야 한다.

■해설 표준갈고리를 갖는 인장 이형철근의 정착길이(l_{dh})는 항상 $8d_b$ 이상 또한 150mm 이상이어야 한다.

14. 단면의 폭 400mm, 보의 유효깊이 600mm, 콘크리트의 설계기준강도 25MPa로 설계된 전단철근이 있는 보가 있다. 이 보의 콘크리트가 받을 수 있는 전단력(V_c)은?

① 50kN ② 100kN
③ 150kN ④ 200kN

■해설 $\lambda = 1$ (보통중량의 콘크리트인 경우)
$$V_c = \frac{1}{6} \lambda \sqrt{f_{ck}} b_w d$$
$$= \frac{1}{6} \times 1 \times \sqrt{25} \times 400 \times 600$$
$$= 200 \times 10^3 \text{N} = 200\text{kN}$$

15. PS 강재에 요구되는 성질이 아닌 것은?

① 인장강도가 클 것
② 릴렉세이션이 적을 것
③ 취성이 좋을 것
④ 응력부식에 대한 저항성이 클 것

■해설 PS강재에 요구되는 성질
• 인장강도가 높아야 한다.
• 항복비(항복점 응력의 인장강도에 대한 백분율)가 커야 한다.
• 릴랙세이션(Relaxation)이 작아야 한다.
• 적당한 연성과 인성이 있어야 한다.
• 응력부식에 대한 저항성이 커야 한다.
• 어느 정도의 피로강도를 가져야 한다.
• 직선성이 좋아야 한다.

16. 복철근 단면으로 설계하는 이유에 대한 설명으로 틀린 것은?

① 처짐을 억제하여야 할 경우
② 연성을 극소화시켜야 할 경우
③ 정(+), 부(-) 모멘트가 한 단면에서 반복되는 경우
④ 보의 높이가 제한되어 단철근 단면으로는 설계 모멘트를 감당할 수 없을 경우

■해설 복철근 직사각형 단면보를 사용하는 경우
- 크리프 건조수축 등으로 인하여 발생되는 장기 처짐을 최소화하기 위한 경우
- 파괴 시 압축응력의 깊이를 감소시켜 연성을 증대시키기 위한 경우
- 철근의 조립을 쉽게 하기 위한 경우
- 정(+), 부(-) 모멘트를 번갈아 받는 경우
- 보의 단면 높이가 제한되어 단철근 직사각형 단면보의 설계 휨강도가 계수 휨하중보다 작은 경우

17. 단철근 직사각형보를 균형보로 설계할 때 콘크리트의 압축 측 연단에서 중립축까지의 거리가 250mm이고, 콘크리트 설계기준압축강도(f_{ck})가 38MPa이라면, 등가응력 직사각형의 깊이(a)는?

① 165mm ② 185mm
③ 200mm ④ 215mm

■해설
- $f_{ck} = 38\text{MPa} \leq 40\text{MPa}$인 경우 $\beta_1 = 0.8$
- $a = \beta_1 c = 0.8 \times 250 = 200\text{mm}$

18. 다음과 같은 단면을 갖는 프리텐션 보에 초기 긴장력 $P_i = 250\text{kN}$이 작용할 때, 콘크리트 탄성변형에 의한 프리스트레스 감소량은?(단, $n = 7$이고, 보의 자중은 무시한다.)

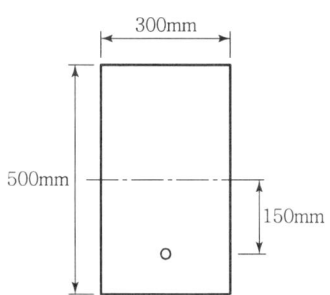

① 24.3MPa ② 29.5MPa
③ 34.3MPa ④ 38.1MPa

■해설 $\Delta f_{pe} = n f_{cs}$
$= n\left(\dfrac{P_i}{A_c} + \dfrac{P_i e_p}{I_c} e_p\right)$
$= 7\left\{\dfrac{(250 \times 10^3)}{(300 \times 500)} + \dfrac{(250 \times 10^3) \times 150}{\left(\dfrac{300 \times 500^3}{12}\right)} \times 150\right\}$
$= 24.3\text{MPa}$

19. 경간이 6m, 폭 300mm, 유효깊이 500mm인 단철근 직사각형 단순보가 전단철근 없이 지지할 수 있는 최대 전단강도 V_u는?(단, 자중의 영향은 무시하며 $f_{ck} = 21\text{MPa}$)

① 35.0kN ② 43.0kN
③ 55.0kN ④ 65.0kN

■해설 $\lambda = 1$(보통중량의 콘크리트인 경우)
$V_u \leq \dfrac{1}{2}\phi V_c$
$= \dfrac{1}{2}\phi\left(\dfrac{1}{6}\lambda\sqrt{f_{ck}}\,b_w d\right)$
$= \dfrac{1}{2} \times 0.75 \times \left(\dfrac{1}{6} \times 1 \times \sqrt{21} \times 300 \times 500\right)$
$= 42.9 \times 10^3\text{N} = 42.9\text{kN}$

20. 일반 콘크리트에서 인장철근 D22(공칭직경: 22.2 mm)를 정착시키는 데 필요한 기본 정착길이(l_{db})는?(단, $f_{ck} = 28\text{MPa}$, $f_y = 400\text{MPa}$이다.)

① 300mm ② 765mm
③ 1,007mm ④ 1,204mm

■해설 $\lambda = 1$(보통중량의 콘크리트인 경우)
$l_{db} = \dfrac{0.6 d_b f_y}{\lambda\sqrt{f_{ck}}} = \dfrac{0.6 \times 22.2 \times 400}{1 \times \sqrt{28}} = 1,006.9\text{mm}$

|해답| 16. ② 17. ③ 18. ① 19. ② 20. ③

과년도 출제문제 및 해설

Item pool (기사 2016년 5월 8일 시행)

01. 철근콘크리트 1방향 슬래브의 설계에 대한 설명 중 틀린 것은?

① 1방향 슬래브의 두께는 최소 100mm 이상으로 하여야 한다.
② 4변에 의해 지지되는 2방향 슬래브 중에서 단변에 대한 장변의 비가 2배를 넘으면 1방향 슬래브로 해석한다.
③ 슬래브의 정모멘트 및 부모멘트 철근의 중심 간격은 위험단면에서는 슬래브 두께의 3배 이하이어야 하고, 또한 450mm 이하로 하여야 한다.
④ 슬래브의 단변방향 보의 상부에 부모멘트로 인해 발생하는 균열을 방지하기 위하여 슬래브의 장변방향으로 슬래브 상부에 철근을 배치하여야 한다.

■해설 1방향 슬래브에서 정철근 및 부철근의 중심간격
• 최대 휨모멘트가 발생하는 위험단면의 경우 : 슬래브 두께의 2배 이하, 300mm 이하
• 기타 단면의 경우 : 슬래브 두께의 3배 이하, 450mm 이하

02. 아래와 같은 맞대기 이음부에 발생하는 응력의 크기는?(단, $P=360$kN, 강판두께 12mm)

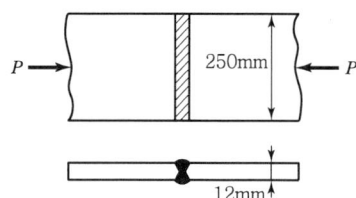

① 압축응력 $f_c = 14.4$MPa
② 인장응력 $f_t = 3000$MPa
③ 전단응력 $\tau = 150$MPa
④ 압축응력 $f_c = 120$MPa

■해설 $f_c = \dfrac{P}{A} = \dfrac{(360 \times 10^3)}{(250 \times 12)} = 120$N/mm² $= 120$MPa

03. 아래 그림과 같은 복철근 직사각형보의 공칭휨모멘트 강도 M_n은?(단, $f_{ck}=28$MPa, $f_y=350$MPa, $A_s=4,500$mm², $A_s'=1,800$mm²이며, 압축, 인장 철근 모두 항복한다고 가정한다.)

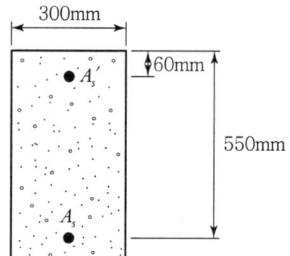

① 724.3kN·m
② 765.9kN·m
③ 792.5kN·m
④ 831.8kN·m

■해설 $\eta = 1$ ($f_{ck} \leq 40$MPa인 경우)

$$a = \dfrac{(A_s - A_s')f_y}{\eta \cdot 0.85 f_{ck} b} = \dfrac{(4,500-1,800) \times 350}{1 \times 0.85 \times 28 \times 300}$$

$= 132.35$mm

$M_n = A_s'f_y(d-d') + (A_s - A_s')f_y\left(d - \dfrac{a}{2}\right)$

$= 1,800 \times 350 \times (550-60) + (4,500-1,800)$
$\times 350 \times \left(550 - \dfrac{132.35}{2}\right)$

$= 765.9 \times 10^6$N·mm $= 765.9$kN·m

04. 그림과 같은 띠철근 단주의 균형상태에서 축방향 공칭하중(P_b)은 얼마인가?(단, $f_{ck}=27$MPa, $f_y=400$MPa, $A_{st}=4-D35=3,800$mm²)

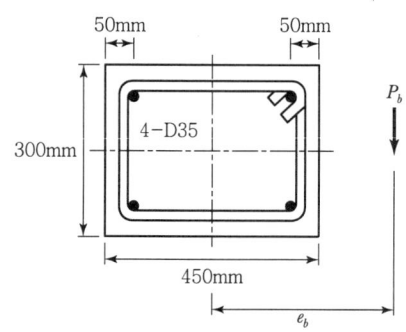

|해답| 1. ③ 2. ④ 3. ② 4. ①

① 1,327.9kN ② 1,520.0kN
③ 3,645.2kN ④ 5,165.3kN

■해설

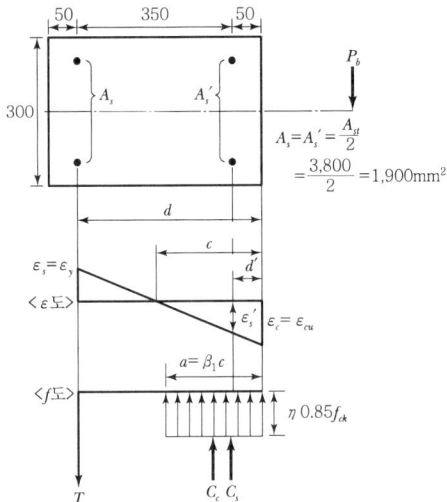

1. ε_{cu}, η, β_1의 값
   $f_{ck} = 27\text{MPa} \leq 40\text{MPa}$인 경우
   $\varepsilon_{cu} = 0.0033$, $\eta = 1$, $\beta_1 = 0.8$

2. 콘크리트의 압축력(C_c)
   $c_b = \dfrac{660}{660+f_y}d = \dfrac{660}{660+400} \times 400 = 249\text{mm}$
   $a_b = \beta_1 c_b = 0.8 \times 249 = 199.2\text{mm}$
   $C_c = \eta 0.85 f_{ck}(a_b - A_s')$
   $ = 1 \times 0.85 \times 27 \times (199.2 \times 300 - 1,900)$
   $ = 1,327.9 \times 10^3 \text{N} = 1,327.9\text{kN}$

3. 압축철근의 압축력(C_s)
   $\varepsilon_y = \dfrac{f_y}{E_s} = \dfrac{400}{2 \times 10^5} = 0.002$
   $\varepsilon_s' = \dfrac{c_b - d'}{c_b}\varepsilon_{cu} = \dfrac{249-50}{249} \times 0.0033 = 0.00264$
   $\varepsilon_s' > \varepsilon_y \rightarrow f_s' = f_y = 400\text{MPa}$
   $C_s = A_s' f_s' = A_s' f_y$
   $ = 1,900 \times 400$
   $ = 760 \times 10^3 \text{N} = 760\text{kN}$

4. 인장철근의 인장력(T)
   $\varepsilon_s = \varepsilon_y \rightarrow f_s = f_y = 400\text{MPa}$
   $T = A_s f_y = 1,900 \times 400$
   $ = 760 \times 10^3 \text{N} = 760\text{kN}$

5. 균형상태에서 축방향 공칭하중(P_b)
   $P_b = C_c + C_s - T$
   $ = 1,327.9 + 760 - 760 = 1,327.9\text{kN}$

05. 직사각형 단면의 보에서 계수 전단력 $V_u = 40\text{kN}$을 콘크리트만으로 지지하고자 할 때 필요한 최소 유효깊이(d)는?(단, $f_{ck} = 25\text{MPa}$이고, $b_w = 300\text{mm}$이다.)

① 320mm ② 348mm
③ 384mm ④ 427mm

■해설 $\lambda = 1$(보통중량의 콘크리트인 경우)
$V_u \leq \dfrac{1}{2}\phi V_c = \dfrac{1}{2}\phi\left(\dfrac{1}{6}\lambda\sqrt{f_{ck}}\,bd\right)$
$d \geq \dfrac{12 V_u}{\phi\lambda\sqrt{f_{ck}}\,b} = \dfrac{12 \times (40 \times 10^3)}{0.75 \times 1 \times \sqrt{25} \times 300}$
$ = 426.7\text{mm}$

06. 아래 표와 같은 조건에서 처짐을 계산하지 않는 경우의 보의 최소 두께는 약 얼마인가?

- 경간 12m인 단순지지보
- 보통 중량 콘크리트($m_c = 2,300\text{kg/m}^3$)를 사용
- 설계기준항복강도 350MPa 철근을 사용

① 680mm ② 700mm
③ 720mm ④ 750mm

■해설 단순지지 보의 처짐을 계산하지 않아도 되는 최소 두께($h_{\min}$)

- $f_y = 400\text{MPa}$: $h_{\min} = \dfrac{l}{16}$
- $f_y \neq 400\text{MPa}$: $h_{\min} = \dfrac{l}{16}\left(0.43 + \dfrac{f_y}{700}\right)$

$f_y = 350\text{MPa}$이므로 최소두께($h_{\min}$)는 다음과 같다.
$h_{\min} = \dfrac{12 \times 10^3}{16}\left(0.43 + \dfrac{350}{700}\right) = 697.5\text{mm}$

07. 압축철근비가 0.01이고, 인장철근비가 0.003인 철근콘크리트보에서 장기 추가처짐에 대한 계수(λ_Δ)의 값은?(단, 하중재하기간은 5년 6개월이다.)

① 0.80 ② 0.933
③ 2.80 ④ 1.333

■해설 $\xi = 2.0$(하중재하기간이 5년 이상인 경우)
$\lambda_\Delta = \dfrac{\xi}{1+50\rho'} = \dfrac{2.0}{1+(50 \times 0.01)} = 1.333$

|해답| 5. ④ 6. ② 7. ④

08. 다음 그림과 같이 $w=40$kN/m일 때 PS강재가 단면 중심에서 긴장되며 인장 측의 콘크리트 응력이 "0"이 되려면 PS강재에 얼마의 긴장력이 작용하여야 하는가?

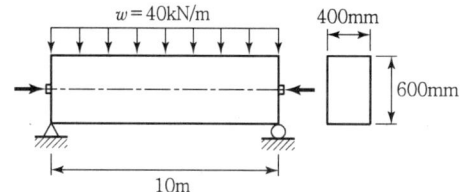

① 4,605kN ② 5,000kN
③ 5,200kN ④ 5,625kN

■해설
$$f_b = \frac{P}{A} - \frac{M}{Z} = \frac{P}{bh} - \frac{\left(\frac{wl^2}{8}\right)}{\left(\frac{bh^2}{6}\right)} = \frac{P}{bh} - \frac{3wl^2}{4bh^2} = 0$$

$$P = \frac{3wl^2}{4h} = \frac{3\times 40\times 10^2}{4\times 0.6} = 5{,}000\text{kN}$$

09. 강도설계법에서 인장철근 D29(공칭 직경 $d_b=28.6$mm)을 정착시키는 데 소요되는 기본 정착길이는?(단, $f_{ck}=24$MPa, $f_y=300$MPa으로 한다.)

① 682mm ② 785mm
③ 827mm ④ 1,051mm

■해설 · $\lambda=1$(보통중량의 콘크리트인 경우)

· $l_{db} = \dfrac{0.6 d_b f_y}{\lambda \sqrt{f_{ck}}} = \dfrac{0.6\times 28.6\times 300}{1\times \sqrt{24}}$
  $= 1{,}050.83$mm

10. 아래 그림과 같은 직사각형 단면의 균열모멘트 (M_{cr})는?(단, 보통중량 콘크리트를 사용한 경우로서, $f_{ck}=21$MPa, $A_s=4{,}800$mm²)

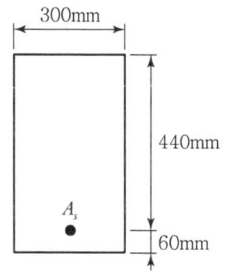

① 36.13kN·m ② 31.25kN·m
③ 27.98kN·m ④ 23.65kN·m

■해설 · $\lambda=1$(보통중량의 콘크리트인 경우)
· $f_r = 0.63\lambda\sqrt{f_{ck}} = 0.63\times 1\times \sqrt{21} = 2.89$MPa
· $Z = \dfrac{bh^2}{6} = \dfrac{300\times 500^2}{6} = 12.5\times 10^6$mm³
· $M_{cr} = f_r \cdot Z$
  $= 2.89\times (12.5\times 10^6)$
  $= 36.125\times 10^6$N·mm $= 36.125$kN·m

11. 아래 그림과 같은 단철근 직사각형보에서 설계 휨강도 계산을 위한 강도감소계수(ϕ)는?(단, $f_{ck}=35$MPa, $f_y=400$MPa, $A_s=3{,}500$mm²)

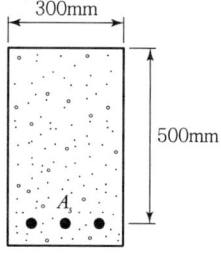

① 0.81 ② 0.83
③ 0.85 ④ 0.87

■해설 1. 최외단 인장철근의 순인장 변형률(ε_t)
  $f_{ck}=35$MPa ≤ 40MPa인 경우
  $\varepsilon_{cu}=0.0033,\ \eta=1,\ \beta_1=0.8$
· $c = \dfrac{f_y A_s}{\eta 0.85 f_{ck} b \beta_1}$
  $= \dfrac{400\times 3{,}500}{1\times 0.85\times 35\times 300\times 0.8} = 196$mm
· $\varepsilon_t = \dfrac{d_t - c}{c}\varepsilon_{cu}$
  $= \dfrac{500-196}{196}\times 0.0033 = 0.00511$

2. 단면구분
· $f_y=400$MPa인 경우, $\varepsilon_{t,l}=0.005$
· $\varepsilon_t(=0.00511) > \varepsilon_{t,l}(=0.00500)$이므로 인장지배단면

3. 강도감소계수(ϕ) 결정
  $\phi=0.85$

|해답| 8. ② 9. ④ 10. ① 11. ③

12. 인장 이형철근의 정착길이 산정 시 필요한 보정계수에 대한 설명으로 틀린 것은?(단, f_{sp}는 콘크리트의 쪼갬인장강도)

① 상부철근(정착길이 또는 겹침이음부 아래 300mm를 초과되게 굳지 않은 콘크리트를 친 수평철근)인 경우, 철근배근 위치에 따른 보정계수 1.3을 사용한다.
② 에폭시 도막철근인 경우, 피복두께 및 순간격에 따라 1.2나 2.0의 보정계수를 사용한다.
③ f_{sp}가 주어지지 않은 전경량콘크리트인 경우 보정계수(λ)는 0.75를 사용한다.
④ 에폭시 도막철근이 상부철근인 경우에 상부철근의 위치계수와 철근 도막계수의 곱이 1.7보다 클 필요는 없다.

■해설 철근의 표면처리계수(에폭시 도막계수), β

조건	보정계수
피복두께가 $3d_b$ 미만 또는 순간격이 $6d_b$ 미만인 에폭시 도막철근 또는 철선	1.5
기타 에폭시 도막철근 또는 철선	1.2
표면처리하지 않은 철근	1.0

13. PSC 보를 RC 보처럼 생각하여, 콘크리트는 압축력을 받고 긴장재는 인장력을 받게 하여 두 힘의 우력 모멘트로 외력에 의한 휨모멘트에 저항시킨다는 생각은 다음 중 어느 개념과 같은가?

① 응력개념(Stress Concept)
② 강도개념(Strength Concept)
③ 하중평형개념(Load Balancing Concept)
④ 균등질 보의 개념(Homogeneous Beam Concept)

■해설 PSC 보를 RC 보와 같이 생각하여, 콘크리트는 압축력을 받고 긴장재는 인장력을 받게 하여 두 힘의 우력이 외력에 의한 휨모멘트에 저항시킨다는 개념을 내력모멘트 개념 또는 강도개념이라고 한다.

14. 직접 설계법에 의한 슬래브 설계에서 전체 정적계수 휨모멘트 $M_o=340\text{kN}\cdot\text{m}$로 계산되었을 때, 내부 경간의 부계수 휨모멘트는 얼마인가?

① $102\text{kN}\cdot\text{m}$
② $119\text{kN}\cdot\text{m}$
③ $204\text{kN}\cdot\text{m}$
④ $221\text{kN}\cdot\text{m}$

■해설 부계수 휨모멘트$=0.65$(정적계수 휨모멘트)
$=0.65\times340=221\text{kN}\cdot\text{m}$

15. 경간 25m인 PS콘크리트 보에 계수하중 40kN/m이 작용하고, $P=2,500\text{kN}$의 프리스트레스가 주어질 때 등분포 상향력 u를 하중평형(Balanced Load) 개념에 의해 계산하여 이 보에 작용하는 순수하향 분포하중을 구하면?

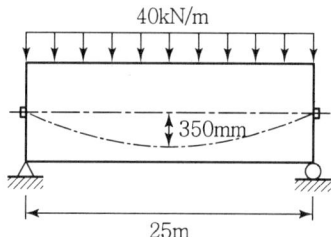

① 26.5kN/m
② 27.3kN/m
③ 28.8kN/m
④ 29.6kN/m

■해설 $u=\dfrac{8Ps}{l^2}=\dfrac{8\times2,500\times0.35}{25^2}=11.2\text{kN/m}$
순하향력$=w-u=40-11.2=28.8\text{kN/m}$

16. 직사각형 단면(300×400mm)인 프리텐션 부재에 550mm²의 단면적을 가진 PS강선을 콘크리트 단면 도심에 일치하도록 배치하였다. 이때 1,350MPa의 인장응력이 되도록 긴장한 후 콘크리트에 프리스트레스를 도입한 경우 도입 직후 생기는 PS강선의 응력은?(단, $n=6$, 단면적은 총 단면적 사용)

① 371MPa
② 398MPa
③ 1,313MPa
④ 1,321MPa

■해설
$$\Delta f_{pe} = nf_{cs} = n\frac{P_i}{A_g} = n\frac{A_p f_{pi}}{bh}$$
$$= 6 \times \frac{550 \times 1,350}{300 \times 400} = 37.125 \text{MPa}$$
$$f_{ps} = f_{pi} - \Delta f_{pe} = 1,350 - 37.125$$
$$= 1,312.875 \text{MPa}$$

17. 인장응력 검토를 위한 L-150×90×12인 형강(Angle)의 전개 총폭 b_g는 얼마인가?

① 228mm ② 232mm
③ 240mm ④ 252mm

■해설 $b_g = b_1 + b_2 - t = 150 + 90 - 12 = 228\text{mm}$

18. 프리스트레스트 콘크리트 구조물의 특징에 대한 설명으로 틀린 것은?

① 철근콘크리트의 구조물에 비해 진동에 대한 저항성이 우수하다.
② 설계하중하에서 균열이 생기지 않으므로 내구성이 크다.
③ 철근콘크리트 구조물에 비하여 복원성이 우수하다.
④ 공사가 복잡하여 고도의 기술을 요한다.

■해설 프리스트레스트 콘크리트 구조물은 철근콘크리트 구조물에 비하여 단면이 작기 때문에 변형이 크게 일어나고 진동하기 쉽다.

19. 1방향 철근콘크리트 슬래브의 전체 단면적이 2,000,000mm²이고, 사용한 이형 철근의 설계기준항복강도가 500MPa인 경우, 수축 및 온도철근량의 최소값은?

① 1,800mm² ② 2,400mm²
③ 3,200mm² ④ 3,800mm²

■해설 • 1방향 슬래브의 수축 및 온도 철근비
$f_y \leq 400\text{MPa} : \rho = 0.002$
$f_y > 400\text{MPa} : \rho = \left[0.0014, \ 0.002\frac{400}{f_y}\right]_{\max}$

따라서, $f_y = 500\text{MPa}$인 경우, 1방향 슬래브의 수축 및 온도 철근비는 다음과 같다.
$$\rho = \left[0.0014, \ 0.002\frac{400}{f_y}\right]_{\max}$$
$$= \left[0.0014, \ 0.002\frac{400}{500}\right]_{\max}$$
$$= [0.0014, \ 0.0016]_{\max} = 0.0016$$
$$A_s = A_g \cdot \rho = (2 \times 10^6) \times 0.0016 = 3,200\text{mm}^2$$

20. 그림과 같은 원형철근기둥에서 콘크리트구조설계기준에서 요구하는 최대나선철근의 간격은 약 얼마인가?(단, $f_{ck}=24\text{MPa}$, $f_{yt}=400\text{MPa}$, D10철근의 공칭단면적은 71.3mm²이다.)

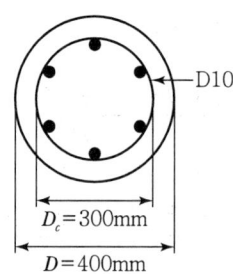

① 35mm ② 38mm
③ 42mm ④ 45mm

■해설
$$\rho_s \geq 0.45\left(\frac{A_g}{A_{ch}}-1\right)\frac{f_{ck}}{f_y}$$
$$= 0.45\left[\frac{\left(\frac{\pi \times 400^2}{4}\right)}{\left(\frac{\pi \times 300^2}{4}\right)}-1\right]\frac{24}{400} = 0.021$$
$$\rho_s = \frac{71.3 \times \pi \times 300}{\left(\frac{\pi \times 300^2}{4}\right) \times s} \geq 0.021$$
$$s \leq 45.2\text{mm}$$

|해답| 17. ① 18. ① 19. ③ 20. ④

Item pool (산업기사 2016년 5월 8일 시행)
과년도 출제문제 및 해설

01. 강도설계법의 기본가정에 대한 설명으로 틀린 것은?

① 콘크리트의 응력은 변형률에 비례한다고 본다.
② 콘크리트의 인장강도는 휨계산에서 무시한다.
③ 항복강도 f_y 이하에서 철근의 응력은 그 변형률의 E_s 배로 본다.
④ 압축 측 연단에서 콘크리트의 극한 변형률은 콘크리트의 설계기준 압축강도가 40MPa이하인 경우에는 0.0033으로 가정한다.

■해설 극한 강도 상태에서 콘크리트의 응력은 변형률에 비례하지 않는다.

02. 배력철근을 배치하는 이유로서 잘못된 것은?

① 하중을 고르게 분포시켜 균열 폭을 최소화하기 위함이다.
② 주철근의 부착력을 확보하기 위함이다.
③ 온도 변화에 의한 균열을 방지하기 위함이다.
④ 건조 수축에 의한 균열을 방지하기 위함이다.

■해설 배력철근의 기능
• 응력을 고루 분산시켜 콘크리트의 균열폭을 최소화시킨다.
• 건조수축 또는 온도변화에 따른 콘크리트의 수축을 억제한다.
• 주철근의 위치를 확보한다.

03. 강도설계법에 의할 때 단철근 직사각형보가 균형단면이 되기 위한 중립축의 위치 c는?(단, f_y =300MPa, f_{ck} =30MPa, d =600mm)

① c=412.5mm   ② c=312.5mm
③ c=507.5mm   ④ c=403.5mm

■해설 f_{ck} =30MPa ≤ 40MPa인 경우

$c_b = \dfrac{660}{660+f_y}d = \dfrac{660}{660+300} \times 600 = 412.5\text{mm}$

04. 아래 그림과 같은 보에서 콘크리트가 부담할 수 있는 공칭전단강도(V_c)는?(단, f_{ck}=28MPa, f_y=400MPa이고, 보통중량 콘크리트를 사용한 경우)

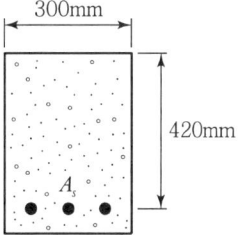

① 111.1kN   ② 134.6kN
③ 165.2kN   ④ 193.4kN

■해설 λ =1(보통중량의 콘크리트인 경우)

$V_c = \dfrac{1}{6}\lambda\sqrt{f_{ck}}\,b_w d$

$= \dfrac{1}{6} \times 1 \times \sqrt{28} \times 300 \times 420$

$= 111.1 \times 10^3 \text{N} = 111.1\text{kN}$

05. 균형철근량보다 적은 인장철근량을 가진 보가 휨에 의해 파괴되는 경우에 대한 설명으로 옳은 것은?

① 취성파괴를 한다.
② 연성파괴를 한다.
③ 사용철근량이 균형철근량보다 적은 경우는 보로서 의미가 없다.
④ 중립축이 인장 측으로 내려오면서 철근이 먼저 파괴한다.

■해설 균형철근량보다 적은 인장철근을 가진 과소철근보는 콘크리트 압축 측 연단의 변형률이 극한 변형률에 도달하기 전에 인장 측 철근이 먼저 항복상태에 도달하여 연성파괴가 일어나는 보이다.

|해답| 1. ① 2. ② 3. ① 4. ① 5. ②

06. 철근콘크리트 보에 스터럽을 배근하는 가장 주된 이유는?

① 보에 작용하는 전단응력에 의한 균열을 막기 위하여
② 콘크리트와 철근의 부착을 잘 되게 하기 위하여
③ 압축 측의 좌굴을 방지하기 위하여
④ 인장철근의 응력을 분포시키기 위하여

■해설 철근콘크리트 보에서 스터럽은 보에 작용하는 전단응력에 의한 균열을 제어하기 위하여 배근한다.

07. 압축지배단면으로서 띠철근으로 보강된 철근콘크리트부재에 적용하는 강도감소계수(ϕ)는?

① 0.80 ② 0.75
③ 0.70 ④ 0.65

■해설 압축지배단면으로서 띠철근으로 보강된 철근콘크리트 부재에 적용되는 강도감소계수(ϕ)는 0.65이다.

08. 길이가 10m인 PSC보에서 포스트텐션 공법으로 설계할 때 강선에 1,000MPa의 인장력을 가했더니 강선이 2.0mm 풀렸다. 이때 프리스트레스의 감소량은?(단, $E_p = 2.0 \times 10^5$MPa이고 일단정착이다.)

① 20MPa ② 30MPa
③ 40MPa ④ 50MPa

■해설 $\Delta f_{pa} = E_p \varepsilon_p = E_p \cdot \dfrac{\Delta l}{l}$
$= (2 \times 10^5) \times \dfrac{2}{(10 \times 10^3)} = 40\text{MPa}$

09. 강재의 연결부 구조사항으로 옳지 않은 것은?

① 응력 집중이 없어야 한다.
② 응력의 전달이 확실해야 한다.
③ 각 재편에 가급적 편심이 없어야 한다.
④ 부재의 변형에 따른 영향을 고려하지 않는다.

■해설 강재 연결부의 요구사항
• 부재 사이에 응력 전달이 확실해야 한다.
• 가급적 편심이 발생하지 않도록 연결한다.
• 연결부에서 응력집중이 없어야 한다.
• 부재의 변형에 따른 영향을 고려하여야 한다.
• 잔류응력이나 2차응력을 일으키지 않아야 한다.

10. 고정하중 10kN/m, 활하중 20kN/m의 등분포하중을 받는 경간 8m의 단순지지보에서 하중계수와 하중조합을 고려한 계수모멘트는?

① 352kN·m ② 408kN·m
③ 449kN·m ④ 497kN·m

■해설 $W_u = 1.2 W_D + 1.6 W_L$
$= (1.2 \times 10) + (1.6 \times 20) = 44\text{kN/m}$
$M_u = \dfrac{W_u l^2}{8} = \dfrac{44 \times 8^2}{8} = 352\text{kN} \cdot \text{m}$

11. $A_s' = 1,400\text{mm}^2$로 배근된 그림과 같은 복철근 보의 탄성처짐이 10mm라 할 때 1년 후 장기처짐을 고려한 총 처짐량은?(단, 1년 후 지속하중 재하에 따른 계수 $\xi = 1.4$이다.)

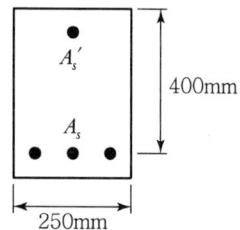

① 10mm ② 13.25mm
③ 16.43mm ④ 18.24mm

■해설 $\rho' = \dfrac{A_s'}{bd} = \dfrac{1,400}{250 \times 400} = 0.014$
$\lambda_\Delta = \dfrac{\xi}{1 + 50\rho'} = \dfrac{1.4}{1 + (50 \times 0.014)} = 0.82$
$\delta_L = \lambda_\Delta \cdot \delta_i = 0.82 \times 10 = 8.2\text{mm}$
$\delta_T = \delta_i + \delta_L = 10 + 8.2 = 18.2\text{mm}$

12. $f_{ck}=28$MPa, $f_y=400$MPa인 경우 표준갈고리를 갖는 인장이형철근의 기본정착길이(l_{hb})로 옳은 것은?(단, 사용 철근은 D25(공칭지름=25.4mm)이고, 도막되지 않은 철근이고, 사용하는 콘크리트는 보통중량 콘크리트이다.)

① 389mm ② 423mm
③ 461mm ④ 514mm

■해설 $\lambda=1$(보통중량의 콘크리트인 경우)
$\beta=1$(도막되지 않은 철근인 경우)
$l_{hb}=\dfrac{0.24\beta d_b f_y}{\lambda\sqrt{f_{ck}}}=\dfrac{0.24\times1\times25.4\times400}{1\times\sqrt{28}}$
$=460.8$mm

13. 철근의 겹침이음에서 A급 이음의 조건에 대한 설명으로 옳은 것은?

① 배근된 철근량이 이음부 전체 구간에서 해석결과 요구되는 소요 철근량의 2배 이상이고 소요 겹침이음 길이 내 겹침이음된 철근량이 전체 철근량의 1/3 이상인 경우
② 배근된 철근량이 이음부 전체 구간에서 해석결과 요구되는 소요 철근량의 2배 이하이고 소요 겹침이음 길이 내 겹침이음된 철근량이 전체 철근량의 1/2 이상인 경우
③ 배근된 철근량이 이음부 전체 구간에서 해석결과 요구되는 소요 철근량의 2배 이상이고 소요 겹침이음 길이 내 겹침이음된 철근량이 전체 철근량의 1/2 이하인 경우
④ 배근된 철근량이 이음부 전체 구간에서 해석결과 요구되는 소요 철근량의 2배 이하이고 소요 겹침이음 길이 내 겹침이음된 철근량이 전체 철근량의 1/3 이하인 경우

■해설 이형인장철근의 최소 겹침 이음 길이
• A급 이음 : $1.0l_d$(배근된 철근량이 소요철근량의 2배이상이고, 겹침이음된 철근량이 총 철근량의 $\dfrac{1}{2}$ 이하인 경우)
• B급 이음 : $1.3l_d$(A급 이외의 이음)

14. 다음의 프리스트레스 손실 원인 중 도입할 때 일어나는 손실(즉시 손실)이 아닌 것은?

① 콘크리트의 탄성수축에 의한 손실
② PS강재의 릴렉세이션에 의한 손실
③ 긴장재와 시스의 마찰에 의한 손실
④ 정착장치에서 긴장재의 활동에 의한 손실

■해설 PSC 부재에서 프리스트레스의 손실 원인
• 즉시 손실 : 탄성변형, 정착단 활동, 마찰
• 시간 손실 : 크리프, 건조수축, 릴렉세이션

15. 플랜지의 유효폭이 b이고 복부의 폭이 b_w인 복철근 T형 단면보에서 중립축이 복부내에 있고 부($-$)의 휨 모멘트를 받아 복부의 아래쪽이 압축을 받게 될 때의 응력 계산방법으로 옳은 것은?

① 폭이 b인 T형보로 계산
② 폭이 b_w인 직사각형보로 계산
③ 폭이 b_w인 T형보로 계산
④ 폭이 b인 직사각형보로 계산

■해설
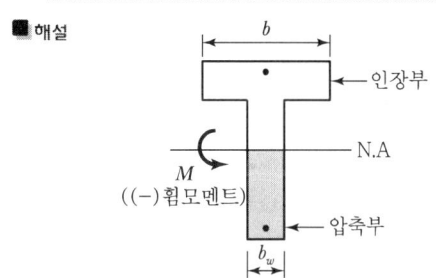

콘크리트 단면에 ($-$)휨모멘트가 작용하면 중립축 하단이 압축부가 된다. 따라서 그림에서와 같이 콘크리트의 압축을 받는 단면이 직사각형 단면이므로 폭이 b_w인 복철근 직사각형 단면보로 해석한다.

16. 길이 6m의 단순 철근콘크리트보에서 처짐을 계산하지 않아도 되는 보의 최소 두께는 얼마인가?(단, 보통콘크리트($m_c=2300$kg/m³)를 사용하며, $f_{ck}=21$MPa, $f_y=400$MPa)

① 356mm ② 403mm
③ 375mm ④ 349mm

■해설 ㉠ 단순지지된 철근콘크리트 보에서 처짐을 계산하지 않아도 되는 보의 최소두께($h_{\min}$)

- $f_y = 400\text{MPa} : h_{\min} = \dfrac{l}{16}$
- $f_y \neq 400\text{MPa} : h_{\min} = \dfrac{l}{16}\left(0.43 + \dfrac{f_y}{700}\right)$

㉡ $f_y = 400\text{MPa}$이므로 최소두께($h_{\min}$)는 다음과 같다.

$$h_{\min} = \dfrac{l}{16} = \dfrac{(6 \times 10^3)}{16} = 375\text{mm}$$

17. 강판을 리벳 이음할 때 지그재그(Zigzag)형으로 리벳을 배치할 경우 재편의 순폭은 최초의 리벳구멍에 대하여 그 지름을 빼고 다음 것에 대하여는 다음 중 어느 식을 사용하여 빼주는가?(단, g : 리벳선간거리, p : 리벳의 피치)

① $d - \dfrac{g^2}{4p}$ ② $d - \dfrac{4p^2}{g}$

③ $d - \dfrac{p^2}{4g}$ ④ $d - \dfrac{4g}{p^2}$

■해설

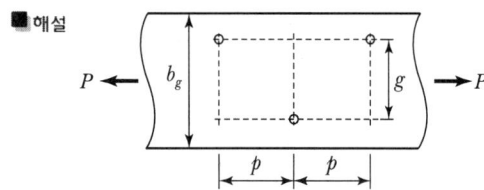

$b_{n1} = b_g - d$
$b_{n2} = b_g - d - \left(d - \dfrac{p^2}{4g}\right)$
$b_n = (b_{n1}, b_{n2})_{\min}$

18. $b_w = 200\text{mm}$, $d = 500\text{mm}$인 단철근 직사각형보의 균형철근량은?(단, $f_{ck} = 24\text{MPa}$, $f_y = 400\text{MPa}$)

① $2{,}310\text{mm}^2$ ② $2{,}540\text{mm}^2$
③ $3{,}210\text{mm}^2$ ④ $3{,}520\text{mm}^2$

■해설 $f_{ck} = 28\text{MPa} \leq 40\text{MPa}$인 경우

$\rho_b = 0.68\dfrac{f_{ck}}{f_y}\dfrac{660}{660+f_y} = 0.68 \times \dfrac{24}{400} \times \dfrac{660}{660+400}$
$= 0.0254$
$A_{s,b} = \rho_b b d = 0.0254 \times 200 \times 500 = 2{,}540\text{mm}^2$

19. 유효깊이가 800mm인 철근콘크리트보에 수직스터럽을 설치하고자 한다. 전단철근이 부담하는 전단력 V_s가 $\dfrac{\sqrt{f_{ck}}}{3}b_w \cdot d$를 초과한다면 수직스터럽의 최대간격은?(단, f_{ck} : 콘크리트의 설계기준강도, b_w : 보의 폭, d : 보의 유효깊이)

① 800mm   ② 600mm
③ 400mm   ④ 200mm

■해설 $V_s > \dfrac{1}{3}\lambda\sqrt{f_{ck}}b_w d$이고 수직스터럽을 사용한 경우 전단철근의 간격(s)

- $s \leq 300\text{mm}$
- $s \leq \dfrac{d}{4} = \dfrac{800}{4} = 200\text{mm}$

따라서 전단철근의 간격(s)은 최소값인 200mm 이하라야 한다.

20. 그림과 같이 등분포하중을 받는 단순보에 PS강재를 $e = 50\text{mm}$만큼 편심시켜서 직선으로 작용시킬 때, 보중앙 단면의 하연 응력은 얼마인가?(단, 자중은 무시한다.)

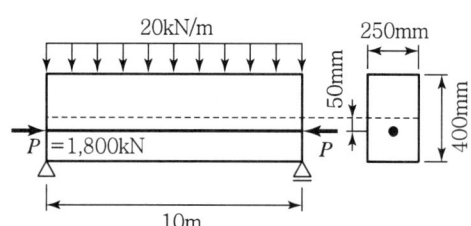

① 69MPa(압축)   ② 42MPa(압축)
③ 33MPa(인장)   ④ 6MPa(인장)

■해설
$f_b = \dfrac{P}{A} + \dfrac{P \cdot e}{Z} - \dfrac{M}{Z} = \dfrac{P}{bh}\left(1 + \dfrac{6e}{h}\right) - \dfrac{3wL^2}{4bh^2}$

$= \dfrac{(1{,}800 \times 10^3)}{250 \times 400}\left(1 + \dfrac{6 \times 50}{400}\right)$

$- \dfrac{3 \times 20 \times (10 \times 10^3)^2}{4 \times 250 \times 400^2}$

$= 31.5 - 37.5 = -6\text{MPa}(인장)$

Item pool (기사 2016년 10월 1일 시행)
과년도 출제문제 및 해설

01. 그림과 같이 복철근 직사각형 단면에서 응력 사각형의 깊이 a의 값은 얼마인가? (단, $f_{ck}=24$MPa, $f_y=350$MPa, $A_s=5,730$mm², $A_s'=1,980$mm²)

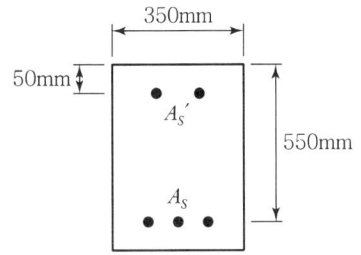

① 227.2mm ② 199.6mm
③ 217.4mm ④ 183.8mm

■해설 $\eta=1(f_{ck} \leq 40$MPa인 경우$)$
$$a=\frac{(A_s-A_s')f_y}{\eta 0.85 f_{ck} b}$$
$$=\frac{(5,730-1,980)\times 350}{1\times 0.85\times 24\times 350}=183.8\text{mm}$$

02. 연속보 또는 1방향 슬래브의 철근콘크리트 구조를 해석하고자 할 때 근사해법을 적용할 수 있는 조건에 대한 설명으로 틀린 것은?

① 부재의 단면 크기가 일정한 경우
② 인접 2경간의 차이가 짧은 경간의 50% 이하인 경우
③ 등분포 하중이 작용하는 경우
④ 활하중이 고정하중의 3배를 초과하지 않는 경우

■해설 연속보 또는 1방향 슬래브에서 근사해법을 적용할 경우 인접 2경간의 차이는 짧은 경간의 20%이하라야 한다.

03. 압축 이형철근의 겹침이음길이에 대한 다음 설명으로 틀린 것은? (단, d_b는 철근의 공칭지름)

① 겹침이음길이는 300mm 이상이어야 한다.
② 철근의 항복강도(f_y)가 400MPa 이하인 경우 겹침이음길이는 $0.072f_y d_b$보다 길 필요가 없다.
③ 서로 다른 크기의 철근을 압축부에서 겹침이음하는 경우, 이음길이는 크기가 큰 철근의 정착길이와 크기가 작은 철근의 겹침이음길이 중 큰 값 이상이어야 한다.
④ 압축철근의 겹침이음길이는 인장철근의 겹침이음길이보다 길어야 한다.

■해설 압축철근의 겹침이음길이는 인장철근의 겹침이음길이보다 길 필요가 없다.

04. 옹벽의 구조해석에 대한 설명으로 잘못된 것은?

① 부벽식 옹벽 저판은 정밀한 해석이 사용되지 않는 한, 부벽 간의 거리를 경간으로 가정한 고정보 또는 연속보로 설계할 수 있다.
② 저판의 뒷굽판은 정확한 방법이 사용되지 않는 한, 뒷굽판 상부에 재하되는 모든 하중을 지지하도록 설계하여야 한다.
③ 캔틸레버식 옹벽의 전면벽은 저판에 지지된 캔틸레버로 설계할 수 있다.
④ 뒷부벽식 옹벽의 뒷부벽은 직사각형보로 설계하여야 한다.

■해설 부벽식 옹벽에서 부벽의 설계
• 앞부벽 : 직사각형보로 설계
• 뒷부벽 : T형보로 설계

|해답| 1. ④ 2. ② 3. ④ 4. ④

05. 그림과 같은 캔틸레버보에 활하중 $w=25\text{kN/m}$이 작용할 때 위험단면에서 전단철근이 부담해야 할 전단력은?(단, 콘크리트의 단위무게 25 kN/m³, $f_{ck}=24\text{MPa}$, $f_y=300\text{MPa}$이고, 하중계수와 하중조합을 고려하시오.)

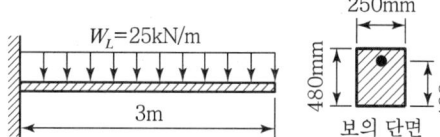

① 69.5kN ② 73.7kN
③ 84.8kN ④ 92.7kN

■해설 w_D = (콘크리트의 단위무게) × (bh)
$= 25 \times (0.25 \times 0.48) = 3\text{kN/m}$
$w_u = 1.2 w_D + 1.6 w_L$
$= 1.2 \times 3 + 1.6 \times 25 = 43.6\text{kN/m}$
$V_u = w_u(l-d) = 43.6 \times (3-0.4) = 113.36\text{kN}$
$V_c = \frac{1}{6}\lambda\sqrt{f_{ck}}\,b_w d = \frac{1}{6} \times 1 \times \sqrt{24} \times 250 \times 400$
$= 81.65 \times 10^3\text{N} = 81.65\text{kN}$
$V_s = \frac{V_u - \phi V_c}{\phi} = \frac{113.36 - 0.75 \times 81.65}{0.75} = 69.50\text{kN}$

06. 그림과 같은 용접 이음에서 이음부의 응력은 얼마인가?

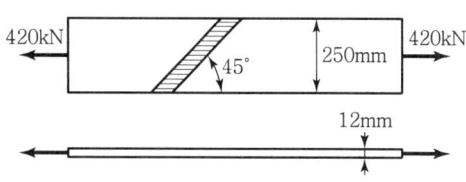

① 140MPa ② 152MPa
③ 168MPa ④ 180MPa

■해설 $f = \frac{P}{A} = \frac{(420 \times 10^3)}{250 \times 12} = 140\text{N/mm}^2 = 140\text{MPa}$

07. $b=300\text{mm}$, $d=450\text{mm}$, $A_s=3-\text{D}25=1,520\text{mm}^2$가 1열로 배치된 단철근 직사각형보의 설계 휨강도(ϕM_n)은 약 얼마인가?(단, $f_{ck}=28\text{MPa}$, $f_y=400\text{MPa}$이고 과소철근보이다.)

① 192.4kN·m ② 198.2kN·m
③ 204.7kN·m ④ 210.5kN·m

■해설 $f_{ck}=28\text{MPa} \leq 40\text{MPa}$인 경우
$\varepsilon_{cu}=0.0033$, $\eta=1$, $\beta_1=0.8$
$a = \frac{f_y A_s}{\eta 0.85 f_{ck} b} = \frac{400 \times 1,520}{1 \times 0.85 \times 28 \times 300} = 85.2\text{mm}$
$\varepsilon_t = \frac{d_t \beta_1 - a}{a}\varepsilon_{cu} = \frac{450 \times 0.8 - 85.2}{85.2} \times 0.0033$
$= 0.0106$
$\varepsilon_{t,l} = 0.005 \, (f_y \leq 400\text{MPa}$인 경우)
$\varepsilon_t (=0.0106) > \varepsilon_{t,l}(0.005)$이므로
인장지배 단면 - $\phi=0.85$
$\phi M_n = \phi f_y A_s \left(d - \frac{a}{2}\right)$
$= 0.85 \times 400 \times 1,520 \times \left(450 - \frac{85.2}{2}\right)$
$= 210.5 \times 10^6\text{N}\cdot\text{mm} = 210.5\text{kN}\cdot\text{m}$

08. 강도설계법에 의해서 전단 철근을 사용하지 않고 계수 하중에 의한 전단력 $V_u=50\text{kN}$을 지지하려면 직사각형 단면보의 최소면적($b_w d$)은 약 얼마인가?(단, $f_{ck}=28\text{MPa}$, 최소 전단철근도 사용하지 않은 경우)

① 151,190mm² ② 123,530mm²
③ 97,840mm² ④ 49,320mm²

■해설 $\frac{1}{2}\phi V_c \geq V_u$
$\frac{1}{2}\phi\left(\frac{1}{6}\sqrt{f_{ck}}\,b_w d\right) \geq V_u$
$b_w d \geq \frac{12 V_u}{\phi\sqrt{f_{ck}}} = \frac{12 \times (50 \times 10^3)}{0.75 \times \sqrt{28}} = 151,186\text{mm}^2$

09. 프리스트레스트 콘크리트에 대한 설명 중 잘못된 것은?

① 프리스트레스트 콘크리트는 외력에 의하여 일어나는 응력을 소정의 한도까지 상쇄할 수 있도록 미리 인공적으로 내력을 가한 콘크리트를 말한다.
② 프리스트레스트 콘크리트 부재는 설계하중 이상으로 약간의 균열이 발생하더라도 하중을 제거하면 균열이 폐합되는 복원성이 우수하다.
③ 프리스트레스트를 가하는 방법으로 프리텐션 방식과 포스트텐션 방식이 있다.
④ 프리스트레스트 콘크리트 부재는 균열이 발생하지 않도록 설계되기 때문에 내구성(耐久性) 및 수밀성(水密性)이 좋으며 내화성(耐火性)도 우수하다.

■해설 프리스트레스트 콘크리트 부재는 내화성이 떨어진다.

10. 지름 450mm인 원형 단면을 갖는 중심축하중을 받는 나선 철근 기둥에서 강도 설계법에 의한 축방향 설계강도(ϕP_n)는 얼마인가?(단, 이 기둥은 단주이고, f_{ck}=27MPa, f_y=350MPa, A_{st}=8-D22=3096mm², 압축지배단면이다.)

① 1,166kN ② 1,299kN
③ 2,425kN ④ 2,774kN

■해설 $\phi P_n = \phi\alpha[0.85f_{ck}(A_g - A_{st}) + f_y A_{st}]$
$= 0.70 \times 0.85 \times \left[0.85 \times 27 \times \left(\frac{\pi \times 450^2}{4} - 3,096\right)\right.$
$\left. + 350 \times 3,096\right]$
$= 2,774,239\text{N} = 2,774\text{kN}$

11. 처짐을 계산하지 않은 경우 단순지지된 보의 최소 두께(h)로 옳은 것은?(단, 보통콘크리트(m_c=2,300kg/m³) 및 f_y=300MPa인 철근을 사용한 부재의 길이가 10m인 보)

① 429mm ② 500mm
③ 537mm ④ 625mm

■해설 단순지지 보의 처짐을 계산하지 않아도 되는 최소 두께($h_{\min}$)

㉠ $f_y = 400\text{MPa}$: $h_{\min} = \frac{l}{16}$

㉡ $f_y \neq 400\text{MPa}$: $h_{\min} = \frac{l}{16}\left(0.43 + \frac{f_y}{700}\right)$

$f_y = 300\text{MPa}$이므로 최소 두께($h_{\min}$)는 다음과 같다.
$h_{\min} = \frac{l}{16}\left(0.43 + \frac{f_y}{700}\right)$
$= \frac{10 \times 10^3}{16}\left(0.43 + \frac{300}{700}\right) = 536.6\text{mm}$

12. 전단철근이 부담하는 전단력 V_s=150kN일 때, 수직스터럽으로 전단보강을 하는 경우 최대 배치 간격은 얼마 이하인가?(단, f_{ck}=28MPa, 전단철근 1개 단면적=125mm², 횡방향 철근의 설계기준항복강도(f_{yt})=400MPa, b_w=300mm, d=500mm)

① 600mm ② 333mm
③ 250mm ④ 197mm

■해설 $V_s = 150\text{kN}$
$\frac{1}{3}\sqrt{f_{ck}}\,b_w\,d = \frac{1}{3} \times \sqrt{28} \times 300 \times 500$
$= 264.6 \times 10^3\text{N} = 264.6\text{kN}$

$V_s \leq \frac{1}{3}\sqrt{f_{ck}}\,b_w\,d$이므로 전단철근 간격 s는 다음 값 이하라야 한다.

㉠ $s \leq \frac{d}{2} = \frac{500}{2} = 250\text{mm}$

㉡ $s \leq 600\text{mm}$

㉢ $s \leq \frac{A_v f_{yt} d}{V_s} = \frac{(2 \times 125) \times 400 \times 500}{(150 \times 10^3)}$
$= 333.3\text{mm}$

따라서, 전단철근 간격 S는 최소값인 250mm 이하라야 한다.

13. 그림과 같은 단면의 균열모멘트 M_{cr}은?(단, f_{ck} =24MPa, f_y =400MPa)

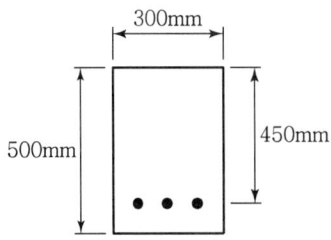

① 30.8kN·m   ② 38.6kN·m
③ 28.2kN·m   ④ 22.4kN·m

■해설
- $\lambda=1$(보통중량의 콘크리트인 경우)
- $f_r = 0.63\lambda\sqrt{f_{ck}} = 0.63\times 1\times \sqrt{24} = 3.086\text{MPa}$
- $Z = \dfrac{bh^2}{6} = \dfrac{300\times 500^2}{6} = 12.5\times 10^6 \text{mm}^3$
- $M_{cr} = f_r \cdot Z$
  $= 3.086\times(12.5\times 10^6)$
  $= 38.6\times 10^6 \text{N}\cdot\text{mm} = 38.6\text{kN}\cdot\text{m}$

14. 주어진 T형 단면에서 전단에 대해 위험단면에서 $V_u d/M_u$=0.28이었다. 휨철근 인장강도의 40% 이상의 유효 프리스트레스트 힘이 작용할 때 콘크리트의 공칭전단강도(V_c)는 얼마인가?(단, f_{ck}=45MPa, V_u : 계수전단력, M_u : 계수휨모멘트, d : 압축 측 표면에서 긴장재도심까지의 거리)

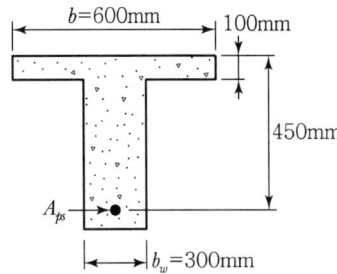

① 185.7kN   ② 230.5kN
③ 321.7kN   ④ 462.7kN

■해설 $V_c = \left(0.05\sqrt{f_{ck}} + 4.9\dfrac{V_u d}{M_u}\right)b_w d$
$= (0.05\times\sqrt{45} + 4.9\times 0.28)\times 300\times 450$
$= 230.5\times 10^3 \text{N} = 230.5\text{kN}$

15. 설계기준 항복강도가 400MPa인 이형철근을 사용한 철근콘크리트 구조물에서 피로에 대한 안전성을 검토하지 않아도 되는 철근 응력범위로 옳은 것은?(단, 충격을 포함한 사용 활하중에 의한 철근의 응력범위)

① 150MPa   ② 170MPa
③ 180MPa   ④ 200MPa

■해설 충격을 포함한 사용활하중에 의한 철근 응력이 다음 값 이내이면 피로를 검토하지 않아도 좋다.

피로를 고려하지 않아도 되는 철근의 응력범위

철근의 종류	인장응력 및 압축응력의 범위
SD300(f_y=300MPa)	130MPa
SD350(f_y=350MPa)	140MPa
$f_y \geq$ 400MPa	150MPa

16. 다음 그림과 같이 직경 25mm의 구멍이 있는 판(Plate)에서 인장응력 검토를 위한 순폭은 약 얼마인가?

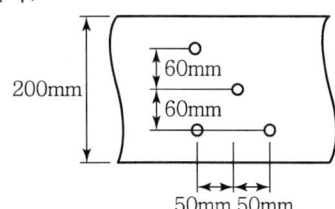

① 160.4mm   ② 150mm
③ 145.8mm   ④ 130mm

■해설 $d_h = \phi + 3 = 25\text{mm}$
$b_{n2} = b_g - 2d_h = 200 - 2\times 25 = 150\text{mm}$
$b_{n3} = b_g - 3d_h + 2\times\dfrac{S^2}{4g}$
$= 200 - 3\times 25 + 2\times\dfrac{50^2}{4\times 60} = 145.83\text{mm}$
$b_n = [b_{n2},\ b_{n3}]_{\min} = 145.83\text{mm}$

|해답| 13. ② 14. ② 15. ① 16. ③

17. 아래 그림과 같은 PSC보에 활하중(W_L) 18kN/m이 작용하고 있을 때 보의 중앙단면 상연에서 콘크리트 응력은?(단, 프리스트레스 힘(P)은 3,375kN이고, 콘크리트의 단위중량은 25kN/m³을 적용하여 자중을 산정하며, 하중계수와 하중조합은 고려하지 않는다.)

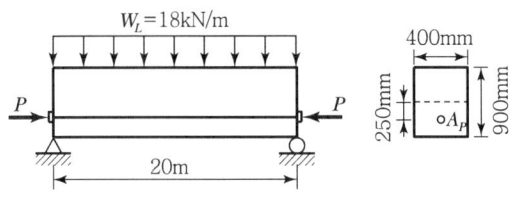

① 18.75MPa ② 23.63MPa
③ 27.25MPa ④ 32.42MPa

■해설 W_D=(콘크리트의 단위 중량)×(bh)
$= 25 \times (0.4 \times 0.9) = 9$kN/m
$W = W_D + W_L = 9 + 18 = 27$kN/m=27N/mm

$f_t = \frac{P}{A} - \frac{P \cdot e}{I}y_t + \frac{M}{I}y_t = \frac{P}{bh}\left(1 - \frac{6e}{h}\right) + \frac{3W l^2}{4bh^2}$

$= \frac{3,375 \times 10^3}{400 \times 900}\left(1 - \frac{6 \times 250}{900}\right)$
$+ \frac{3 \times 27 \times (20 \times 10^3)^2}{4 \times 400 \times 900^2}$
$= 18.75$N/mm² = 18.75MPa

18. 그림의 단면을 갖는 저보강 PSC보의 설계휨강도(ϕM_n)는 얼마인가?(단, 긴장재 단면적 A_p = 600mm², 긴장재 인장응력 f_{ps}=1,500MPa, 콘크리트 설계기준강도 f_{ck}=35MPa)

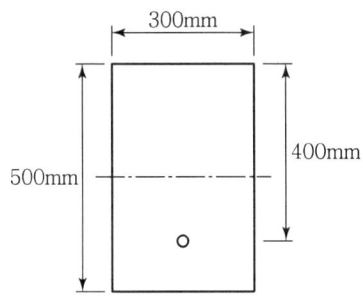

① 187.5kN·m ② 225.3kN·m
③ 267.4kN·m ④ 293.1kN·m

■해설 f_{ck}=35MPa ≤ 40MPa인 경우
$\varepsilon_{cu} = 0.0033$, $\eta = 1$, $\beta_1 = 0.8$
$a = \frac{A_p f_{ps}}{\eta 0.85 f_{ck} b} = \frac{600 \times 1,500}{1 \times 0.85 \times 35 \times 300} = 100.84$mm

$\varepsilon_t = \frac{d_t \cdot \beta_1 - a}{a} \times \varepsilon_{cu}$
$= \frac{400 \times 0.8 - 100.84}{100.84} \times 0.0033 = 0.007$

$\varepsilon_{t,l}$(인장지배단면의 한계변형률)
=0.005(프리스트레스트 강재의 경우)
$\varepsilon_{t,l} \leq \varepsilon_t$이므로 인장지배단면 − ϕ =0.85

$M_d = \phi M_n = \phi \left[A_p f_{ps}\left(d_p - \frac{a}{2}\right) \right]$
$= 0.85 \times \left[600 \times 1,500\left(400 - \frac{100.84}{2}\right) \right]$
$= 267,428,700$N·mm = 267.4kN·m

19. 철근콘크리트보에 배치하는 복부철근에 대한 설명으로 틀린 것은?

① 복부철근은 사인장응력에 대하여 배치하는 철근이다.
② 복부철근은 휨 모멘트가 가장 크게 작용하는 곳에 배치하는 철근이다.
③ 굽힘철근은 복부철근의 한 종류이다.
④ 스트럽은 복부철근의 한 종류이다.

■해설 복부철근은 전단력이 가장 크게 작용하는 곳에 배치하는 철근이다.

20. 강도설계법에서 휨부재의 등가직사각형 압축응력분포의 깊이 $a = \beta_1 c$로서 구할 수 있다. 이 때 f_{ck}가 60MPa인 고강도 콘크리트에서 β_1의 값은?

① 0.80 ② 0.78
③ 0.76 ④ 0.74

■해설 f_{ck}=60MPa인 경우 β_1 = 0.76이다.

Item pool (산업기사 2016년 10월 1일 시행)
과년도 출제문제 및 해설

01. 철근콘크리트 부재의 철근의 간격제한에 대한 일반적인 설명으로 틀린 것은?

① 나선철근 또는 띠철근이 배근된 압축부재에서 축방향 철근의 순간격은 40mm 이상, 또한 철근 공칭 지름의 1.5배 이상으로 하여야 한다.
② 벽체 또는 슬래브에서 휨 주철근의 간격은 벽체나 슬래브 두께의 3배 이하로 하여야 하고, 또한 450mm 이하로 하여야 한다.
③ 상단과 하단에 2단 이상으로 배근된 경우 상하 철근은 동일 연직면 내에 배치되어야 하고, 이때 상하 철근의 순간격은 25mm 이상으로 하여야 한다.
④ 동일 평면에서 평행한 철근 사이의 수평 순간격은 50mm 이상, 또한 철근의 공칭지름 이상으로 하여야 한다.

■해설 동일한 평면에서 평행한 철근 사이의 수평 순간격은 25mm 이상, 또한 철근의 공칭지름 이상으로 하여야 한다.

02. 다음 그림에서 주철근의 배근이 잘못된 것은?

① 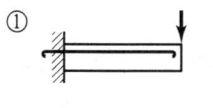   ②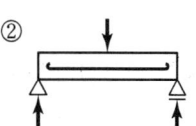

③ 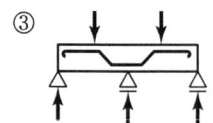   ④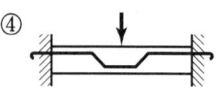

■해설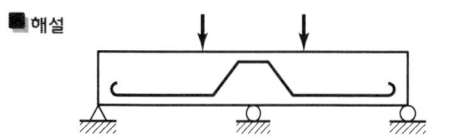

03. 뒷부벽식 옹벽을 설계할 때 뒷부벽에 대한 설명으로 옳은 것은?

① T형보로 설계하여야 한다.
② 캔틸레버보로 설계하여야 한다.
③ 직사각형보로 설계하여야 한다.
④ 3변 지지된 2방향 슬래브로 설계하여야 한다.

■해설 부벽식 옹벽에서 부벽의 설계
• 앞부벽 : 직사각형보로 설계
• 뒷부벽 : T형보로 설계

04. 그림과 같은 맞대기 용접이음의 유효길이는 얼마인가?

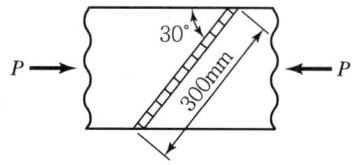

① 150mm   ② 300mm
③ 400mm   ④ 600mm

■해설 $l_e = l\sin\alpha = 300 \times \sin 30° = 150\text{mm}$

05. 다음 사항 중 프리스트레스트 콘크리트의 장점이 아닌 것은?

① 구조물의 자중이 가볍고 복원성이 우수하다.
② 철근콘크리트에 비하여 강성이 크고 진동이 적다.
③ 부재에 확실한 강도와 안전율을 갖게 할 수 있다.
④ 설계하중하에서는 균열이 생기지 않으므로 내구성이 크다.

■해설 프리스트레스트 콘크리트는 철근콘크리트에 비하여 단면이 작기 때문에 변형이 크게 일어나고 진동하기 쉽다.

|해답| 1. ④ 2. ③ 3. ① 4. ① 5. ②

06. 슬래브의 설계에서 직접설계법을 사용하고자 할 때 제한사항으로 틀린 것은?

① 각 방향으로 3경간 이상 연속되어야 한다.
② 슬래브판들은 단변 경간에 대한 장변 경간의 비가 2 이하인 직사각형이어야 한다.
③ 연속한 기둥 중심선을 기준으로 기둥의 어긋남은 그 방향 경간의 10% 이하이어야 한다.
④ 모든 하중은 모멘트하중으로서 슬래브판 전체에 등분포되어야 하며, 활하중은 고정하중의 1/2 이상이어야 한다.

■해설 슬래브의 설계에서 직접설계법을 적용할 경우 활하중은 고정하중의 2배 이하이어야 한다.

07. 그림과 같은 복철근 직사각형보 단면이 압축부에 $3-D22(A_s'=1,161mm^2)$의 철근과 인장부에 $6-D32(A_s=4,765mm^2)$의 철근을 갖고 있을 때의 등가 압축응력의 깊이(a)는?(단, $f_{ck}=28MPa$, $f_y=400MPa$이다.)

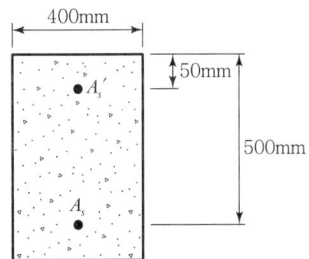

① 151.43mm ② 159.25mm
③ 164.72mm ④ 178.56mm

■해설 $\eta = 1(f_{ck} \leq 40MPa$인 경우)

$$a = \frac{(A_s - A_s')f_y}{\eta 0.85 f_{ck} b}$$

$$= \frac{(4,765-1,161) \times 400}{1 \times 0.85 \times 28 \times 400} = 151.43mm$$

08. 단철근 직사각형보에서 $f_y=400MPa$, $f_{ck}=24MPa$일 때, 강도설계법에 의한 균형철근비는?

① 0.0187 ② 0.0214
③ 0.0254 ④ 0.0321

■해설 $f_{ck} = 24MPa \leq 40MPa$인 경우

$$\rho_b = 0.68 \frac{f_{ck}}{f_y} \frac{660}{660+f_y}$$

$$= 0.68 \times \frac{24}{400} \times \frac{660}{660 \times 400} = 0.0254$$

09. 휨부재에서 $f_{ck}=28MPa$, $f_y=400MPa$일 때 인장철근 D29(공칭지름 28.6mm, 공칭단면적 $642mm^2$)의 기본정착길이(l_{db})는 약 얼마인가?

① 1,200mm ② 1,250mm
③ 1,300mm ④ 1,350mm

■해설 $\lambda = 1$(보통중량의 콘크리트인 경우)

$$l_{db} = \frac{0.6 d_b f_y}{\lambda \sqrt{f_{ck}}} = \frac{0.6 \times 28.6 \times 400}{1 \times \sqrt{28}} = 1,297mm$$

10. D13철근을 U형 스터럽으로 가공하여 350mm 간격으로 부재축에 직각이 되게 설치한 전단철근의 강도 V_s는?(단, $f_y=400MPa$, $d=600mm$, D13철근의 단면적은 $127mm^2$)

① 87.1kN ② 125.3kN
③ 174.2kN ④ 204.7kN

■해설 $V_s = \frac{A_v f_y d}{s}$

$$= \frac{(2 \times 127) \times 400 \times 600}{350}$$

$$= 174.2 \times 10^3 N = 174.2kN$$

11. PS강재를 긴장할 때 강재의 인장응력은 다음 어느 값을 초과하면 안 되는가?(단, f_{pu} : 긴장재의 설계기준인장강도, f_{py} : 긴장재의 설계기준항복강도)

① $0.80 f_{pu}$ 또는 $0.82 f_{py}$ 중 작은 값
② $0.80 f_{pu}$ 또는 $0.94 f_{py}$ 중 작은 값
③ $0.74 f_{pu}$ 또는 $0.82 f_{py}$ 중 작은 값
④ $0.74 f_{pu}$ 또는 $0.94 f_{py}$ 중 작은 값

■해설 긴장재(PS강재)의 허용응력

적용범위	허용응력
긴장할 때 긴장재의 인장응력	$0.8f_{pu}$와 $0.94f_{py}$ 중 작은 값 이하
프리스트레스 도입 직후 긴장재의 인장응력	$0.74f_{pu}$와 $0.82f_{py}$ 중 작은 값 이하
접착구와 커플러(Coupler)의 위치에서 프리스트레스 도입 직후 포스트텐션 긴장재의 인장응력	$0.7f_{pu}$ 이하

12. 슬래브 중심 간 거리 1.8m, 플랜지 두께 100mm, T형 단면 복부 폭 350mm, 지간 10m인 대칭 T형 단면 보의 플랜지 유효폭은 얼마인가?

① 1.65m ② 1.8m
③ 2.2m ④ 2.5m

■해설 T형보(대칭 T형보)의 플랜지 유효폭(b_e)
- $16t_f + b_w = 16 \times 100 + 350 = 1,950$mm
- 슬래브 중심 간 거리 = $1.8 \times 10^3 = 1,800$mm
- 보 경간의 $\frac{1}{4} = (10 \times 10^3) \times \frac{1}{4} = 2,500$mm

위 값 중에서 최소값을 취하면
$b_e = 1,800$mm $= 1.8$m 이다.

13. 철근콘크리트 구조물의 강도설계법에서 사용되는 강도감소계수에 대한 다음 설명 중 틀린 것은?

① 인장지배 단면에 대한 강도감소계수는 0.85이다.
② 압축지배 단면 중 나선철근으로 보강된 철근콘크리트 부재의 강도감소계수는 0.65이다.
③ 전단력에 대한 강도감소계수는 0.75이다.
④ 무근콘크리트의 휨모멘트에 대한 강도감소계수는 0.55이다.

■해설 압축지배단면 중 나선철근으로 보강된 철근콘크리트 부재의 강도감소계수는 0.70이다.

14. 깊은보(Deep Beam)에 대한 설명으로 옳은 것은?

① 순경간(l_n)이 부재 깊이의 3배 이하이거나 하중이 받침부로부터 부재 깊이의 0.5배 거리 이내에 작용하는 보
② 순경간(l_n)이 부재 깊이의 4배 이하이거나 하중이 받침부로부터 부재 깊이의 2배 거리 이내에 작용하는 보
③ 순경간(l_n)이 부재 깊이의 5배 이하이거나 하중이 받침부로부터 부재 깊이의 4배 거리 이내에 작용하는 보
④ 순경간(l_n)이 부재 깊이의 6배 이하이거나 하중이 받침부로부터 부재 깊이의 5배 거리 이내에 작용하는 보

■해설 깊은보(Deep Beam)
순경간이 부재 깊이의 4배 이하이거나 하중이 받침부로부터 부재 깊이의 2배 거리 이내에 작용하는 보

15. 철근콘크리트의 성립요건에 대한 설명으로 틀린 것은?

① 철근과 콘크리트의 부착강도가 크다.
② 압축은 콘크리트가 인장은 철근이 부담한다.
③ 부착면에서 철근과 콘크리트의 변형률은 같다.
④ 철근의 열팽창계수는 콘크리트의 열팽창계수보다 매우 크다.

■해설 철근콘크리트의 성립요건
- 철근과 콘크리트의 부착력이 크다.
- 콘크리트 속의 철근은 부식되지 않는다.
- 철근과 콘크리트의 열팽창계수가 거의 같다.

16. 강도설계법에 의해서 전단철근을 사용하지 않고 계수하중에 의한 전단력 40kN을 지지할 수 있는 직사각형보의 최소 단면적($b_w \times d$)은 얼마인가? (단, f_{ck}=28MPa)

① 102,143mm² ② 112,512mm²
③ 120,949mm² ④ 134,242mm²

■해설 $\lambda = 1$(보통중량의 콘크리트인 경우)

$$V_u \leq \frac{1}{2}\phi V_c = \frac{1}{2}\phi\left(\frac{1}{6}\lambda\sqrt{f_{ck}}\,b_w d\right)$$

$$b_w d \geq \frac{12V_u}{\phi\lambda\sqrt{f_{ck}}} = \frac{12 \times (40 \times 10^3)}{0.75 \times 1 \times \sqrt{28}}$$

$$= 120,948.6\text{mm}^2$$

17. 판형에서 보강재(Stiffener)의 사용목적은?

① 보 전체의 비틀림에 대한 강도를 크게 하기 위함이다.
② 복부판의 전단에 대한 강도를 높이기 위함이다.
③ Flange Angle의 간격을 넓게 하기 위함이다.
④ 복부판의 좌굴을 방지하기 위함이다.

■해설 판형에서 보강재는 복부판의 두께가 얇은 경우에 발생하는 좌굴을 방지하기 위하여 설치한다.

18. 다음 중 극한하중 상태에서 급격한 취성파괴 대신 연성파괴를 나타내는 보는?

① 과소철근보
② 과다철근보
③ 균형철근보
④ 과소철근보, 균형철근보

■해설 균형철근량보다 적은 인장철근을 가진 과소철근보는 콘크리트 압축 측 연단의 변형률이 극한 변형률 0.03에 도달하기 전에 인장 측 철근이 먼저 항복상태에 도달하여 연성파괴가 일어나는 보이다.

19. 인장 이형철근의 정착길이는 기본정착길이(l_{ab})에 보정계수를 곱한다. 상부 수평 철근의 보정계수(α)는?

① 1.3
② 1.0
③ 0.8
④ 0.75

■해설 상부 수평 철근의 보정계수(α)는 $\alpha = 1.3$이다.

20. 강도설계법에서 휨모멘트와 축력을 동시에 받는 부재의 콘크리트 압축연단의 극한 변형률은 얼마로 가정하는가?(단, $f_{ck} \leq 40\mathrm{MPa}$인 경우)

① 0.0031
② 0.0032
③ 0.0033
④ 0.0034

■해설 강도설계법에서 휨모멘트 또는 휨모멘트와 축력을 동시에 받은 부재의 콘크리트 압축연단의 극한변형률은 콘크리트의 설계기준 압축강도가 40MPa 이하 인 경우에는 0.0033으로 가정한다.

|해답| 17. ④ 18. ① 19. ① 20. ③

과년도 출제문제 및 해설

Item pool (기사 2017년 3월 5일 시행)

01. 나선철근으로 둘러싸인 압축부재의 축방향 주철근의 최소 개수는?

① 3개 ② 4개
③ 5개 ④ 6개

■해설 철근콘크리트 기둥에서 축방향철근의 최소 개수

기둥 종류	단면 모양	축방향철근의 최소 개수
띠철근 기둥	삼각형	3개
	사각형, 원형	4개
나선철근 기둥	원형	6개

02. 아래 그림에서 빗금 친 대칭 T형보의 공칭모멘트 강도(M_n)는?(단, 경간의 3,200mm, A_s=7,094 mm², f_{ck}=28MPa, f_y=400MPa)

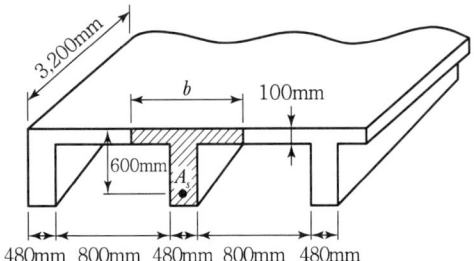

① 1,475.9kN·m ② 1,583.2kN·m
③ 1,648.4kN·m ④ 1,721.6kN·m

■해설 1. T형보(대칭 T형보)에서 플랜지의 유효폭(b_e)
   ㉠ $16t_f + b_w = (16 \times 100) + 480 = 2,080$mm
   ㉡ 양쪽 슬래브의 중심 간 거리 = 800+480 = 1,280mm
   ㉢ 보 경간의 $\frac{1}{4} = 3,200 \times \frac{1}{4} = 800$mm
   위 값 중에서 최소값을 취하면 $b_e = 800$mm이다.

2. T형보의 판별
   폭이 $b = 800$mm인 직사각형 단면보에 대한 등가 사각형 깊이

   $\eta = 1(f_{ck} \leq 40\text{MPa}$인 경우$)$
   $a = \dfrac{f_y A_s}{\eta 0.85 f_{ck} b} = \dfrac{400 \times 7,094}{1 \times 0.85 \times 28 \times 800} = 149$mm
   $t_f = 100$mm
   $a(=149\text{mm}) > t_f(=100\text{mm})$이므로 T형보로 해석한다.

3. T형보의 등가사각형 깊이(a)
   - $A_{sf} = \dfrac{\eta 0.85 f_{ck}(b-b_w)t_f}{f_y}$
     $= \dfrac{1 \times 0.85 \times 28 \times (800-480) \times 100}{400}$
     $= 1,904$mm²
   - $a = \dfrac{(A_s - A_{sf})f_y}{\eta 0.85 f_{ck} b_w} = \dfrac{(7,094-1,904) \times 400}{1 \times 0.85 \times 28 \times 480}$
     $= 181.7$mm

4. T형보의 공칭 휨강도(M_n)
   $M_n = A_{sf} f_y \left(d - \dfrac{t_f}{2}\right) + (A_s - A_{sf}) f_y \left(d - \dfrac{a}{2}\right)$
   $= 1,904 \times 400 \times \left(600 - \dfrac{100}{2}\right)$
   $\quad + (7,094 - 1,904) \times 400 \times \left(600 - \dfrac{181.7}{2}\right)$
   $= 1,475.9 \times 10^6 \text{N} \cdot \text{mm} = 1,475.9$kN·m

03. 아래 그림과 같은 보의 단면에서 표피철근의 간격 s는 약 얼마인가?(단, 습윤환경에 노출되는 경우로서, 표피철근의 표면에서 부재 측면까지 최단거리(c_c)는 50mm, f_{ck}=28MPa, f_y=400MPa이다.)

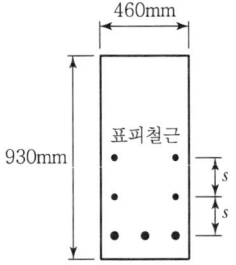

① 170mm ② 190mm
③ 220mm ④ 240mm

|해답| 1. ④ 2. ① 3. ①

■해설 $k_{cr} = 210$ (건조환경 : 280, 그 외의 환경 : 210)

$$f_s = \frac{2}{3}f_y = \frac{2}{3} \times 400 = 266.7 \text{MPa}$$

$$S_1 = 375\left(\frac{k_{cr}}{f_s}\right) - 2.5C_c$$

$$= 375 \times \left(\frac{210}{266.7}\right) - 2.5 \times 50 = 170.3 \text{mm}$$

$$S_2 = 300\left(\frac{k_{cr}}{f_s}\right)$$

$$= 300 \times \left(\frac{210}{266.7}\right) = 236.2 \text{mm}$$

$$S = [S_1, \ S_2]_{\min} = 170.3 \text{mm}$$

04. 프리스트레스의 손실을 초래하는 요인 중 포스트텐션 방식에서만 두드러지게 나타나는 것은?

① 마찰
② 콘크리트의 탄성수축
③ 콘크리트의 크리프
④ 정착장치의 활동

■해설 PS강재와 쉬스의 마찰에 의한 손실은 포스트텐션 방식에서만 발생한다.

05. 다음 중 최소 전단철근을 배치하지 않아도 되는 경우가 아닌 것은?(단, $\frac{1}{2}\phi V_c < V_u$인 경우)

① 슬래브나 확대기초의 경우
② 전단철근이 없어도 계수휨모멘트와 계수전단력에 저항할 수 있다는 것을 실험에 의해 확인할 수 있는 경우
③ T형보에서 그 깊이가 플랜지 두께의 2.5배 또는 복부폭의 1/2 중 큰 값 이하인 보
④ 전체 깊이가 450mm 이하인 보

■해설 최소 전단철근량 규정이 적용되지 않는 경우
• $h \leq 250$mm인 경우
• $h \leq \left[2.5t_f, \ \frac{1}{2}b_w\right]_{\max}$ 인 I형보 또는 T형보
• 슬래브와 확대기초
• 교대벽체 및 날개벽, 옹벽의 벽체, 암거 등과 같이 휨이 주거동인 판부재
• 콘크리트 장선구조

06. 철근 콘크리트 휨부재에서 최소철근비를 규정한 이유로 가장 적당한 것은?

① 부재의 경제적인 단면 설계를 위해서
② 부재의 사용성을 증진시키기 위해서
③ 부재의 시공 편의를 위해서
④ 부재의 급작스런 파괴를 방지하기 위해서

■해설 철근 콘크리트 휨부재에서 최소철근비를 규정한 이유는 휨부재의 급작스런 파괴를 방지하기 위함이다.

07. 순단면이 볼트의 구멍 하나를 제외한 단면(즉, $A-B-C$ 단면)과 같도록 피치(s)를 결정하면?(단, 구멍의 직경은 18mm이다.)

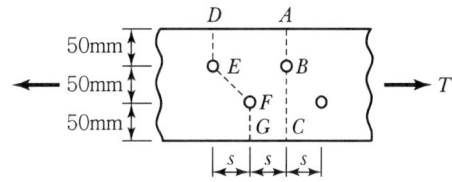

① 50mm
② 55mm
③ 60mm
④ 65mm

■해설 $d_h = \phi + 3 = 18$mm

$$b_{n1} = b_g - d_h$$

$$b_{n2} = b_g - 2d_h + \frac{s^2}{4g}$$

$$b_{n1} = b_{n2}$$

$$b_g - d_h = b_g - 2d_h + \frac{s^2}{4g}$$

$$s = \sqrt{4gd_h} = \sqrt{4 \times 50 \times 18} = 60 \text{mm}$$

08. 다음 그림과 같은 맞대기 용접 이음에서 이음의 응력을 구하면?

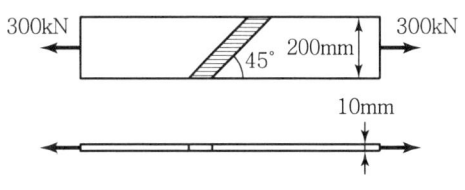

① 150.0MPa
② 106.1MPa
③ 200.0MPa
④ 212.1MPa

|해답| 4. ① 5. ④ 6. ④ 7. ③ 8. ①

■해설 $f = \dfrac{P}{A} = \dfrac{300 \times 10^3}{10 \times 200}$
$= 150 \text{N/mm}^2 = 150 \text{MPa}$

09. 정착구와 커플러의 위치에서 프리스트레스 도입 직후 포스트텐션 긴장재의 응력은 얼마 이하로 하여야 하는가?(단 f_{pu}는 긴장재의 설계기준 인장강도)

① $0.6 f_{pu}$ ② $0.74 f_{pu}$
③ $0.70 f_{pu}$ ④ $0.85 f_{pu}$

■해설 긴장재(PS강재)의 허용응력

적용범위	허용응력
긴장할 때 긴장재의 인장응력	$0.8 f_{pu}$와 $0.94 f_{py}$ 중 작은 값 이하
프리스트레스 도입 직후 긴장재의 인장응력	$0.74 f_{pu}$와 $0.82 f_{py}$ 중 작은 값 이하
정착구와 커플러(Coupler)의 위치에서 프리스트레스 도입 직후 포스트텐션 긴장재의 인장응력	$0.7 f_{pu}$ 이하

10. 지간이 4m이고 단순지지된 1방향 슬래브에서 처짐을 계산하지 않는 경우 슬래브의 최소두께로 옳은 것은?(단, 보통중량 콘크리트를 사용하고, $f_{ck} = 28 \text{MPa}$, $f_y = 400 \text{MPa}$인 경우)

① 100mm ② 150mm
③ 200mm ④ 250mm

■해설 단순지지된 1방향 슬래브에서 처짐을 계산하지 않아도 되는 최소두께($h_{\min}$)

㉠ $f_y = 400 \text{MPa}$인 경우 : $h_{\min} = \dfrac{l}{20}$

㉡ $f_y \neq 400 \text{MPa}$인 경우 : $h_{\min} = \dfrac{l}{20}\left(0.43 + \dfrac{f_y}{700}\right)$

$f_y = 400 \text{MPa}$이므로 최소두께($h_{\min}$)는 다음과 같다.
$h_{\min} = \dfrac{l}{20} = \dfrac{4 \times 10^3}{20} = 200 \text{mm}$

11. 설계기준 압축강도(f_{ck})가 35MPa인 보통 중량 콘크리트로 제작된 구조물에서 압축이형 철근으로 D29(공칭지름 28.6mm)를 사용한다면 기본정착길이는?(단, $f_y = 400 \text{MPa}$)

① 483mm ② 492mm
③ 503mm ④ 512mm

■해설 $\lambda = 1$(보통 중량의 콘크리트인 경우)
$l_{db} = \dfrac{0.25 d_b f_y}{\lambda \sqrt{f_{ck}}} = \dfrac{0.25 \times 28.6 \times 400}{1 \times \sqrt{35}} = 483.43 \text{mm}$
$0.043 d_b f_y = 0.043 \times 28.6 \times 400 = 491.92 \text{mm}$
$l_{db} < 0.043 d_b f_y$ 이므로
$l_{db} = 0.043 d_b f_y = 491.92 \text{mm}$

12. $b_w = 250 \text{mm}$, $d = 500 \text{mm}$, $f_{ck} = 21 \text{MPa}$, $f_y = 400 \text{MPa}$인 직사각형보에서 콘크리트가 부담하는 설계전단강도(ϕV_c)는?

① 71.6kN ② 76.4kN
③ 82.2kN ④ 91.5kN

■해설 $\phi V_c = \phi\left(\dfrac{1}{6}\sqrt{f_{ck}} b_w d\right)$
$= 0.75 \times \left(\dfrac{1}{6} \times \sqrt{21} \times 250 \times 500\right)$
$= 71.6 \times 10^3 \text{N} = 71.6 \text{kN}$

13. 옹벽의 구조해석에 대한 설명으로 틀린 것은?

① 뒷부벽은 직사각형보로 설계하여야 하며, 앞부벽은 T형보로 설계하여야 한다.
② 저판의 뒷굽판은 정확한 방법이 사용되지 않는 한, 뒷굽판 상부에 재하되는 모든 하중을 지지하도록 설계하여야 한다.
③ 캔틸레버식 옹벽의 저판은 전면벽과의 접합부를 고정단으로 간주한 캔틸레버로 가정하여 단면을 설계할 수 있다.
④ 부벽식 옹벽의 전면벽은 3변 지지된 2방향 슬래브로 설계할 수 있다.

■해설 부벽식 옹벽에서 부벽의 설계
• 앞부벽 : 직사각형보로 설계
• 뒷부벽 : T형 보로 설계

|해답| 9. ③ 10. ③ 11. ② 12. ① 13. ①

14. 처짐과 균열에 대한 다음 설명 중 틀린 것은?

① 처짐에 영향을 미치는 인자로는 하중, 온도, 습도, 재령, 함수량, 압축철근의 단면적 등이다.
② 크리프, 건조수축 등으로 인하여 시간의 경과와 더불어 진행되는 처짐이 탄성처짐이다.
③ 균열폭을 최소화하기 위해서는 적은 수의 굵은 철근보다는 많은 수의 가는 철근을 인장 측에 잘 분포시켜야 한다.
④ 콘크리트 표면의 균열폭은 피복두께의 영향을 받는다.

■해설 • 탄성처짐: 하중이 실리자마자 발생하는 처짐
• 장기처짐: 콘크리트의 건조수축과 크리프로 인하여 시간의 경과와 더불어 발생하는 처짐

15. 그림과 같은 단면을 갖는 지간 10m의 PSC보에 PS 강재가 100mm의 편심거리를 가지고 직선 배치되어 있다. 자중을 포함한 계수등분포하중 16kN/m가 보에 작용할 때, 보 중앙단면 콘크리트 상연응력은 얼마인가?(단, 유효 프리스트레스 힘 $P_e = 2,400$kN)

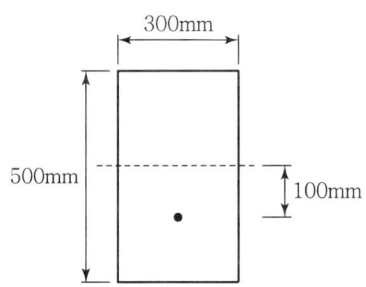

① 11.2MPa ② 12.8MPa
③ 13.6MPa ④ 14.9MPa

■해설
$$f_t = \frac{P_e}{A} - \frac{P_e \cdot e}{I}y + \frac{M}{I}y$$
$$= \frac{P_e}{bh}\left(1 - \frac{6e}{h}\right) + \frac{3wl^2}{4bh^2}$$
$$= \frac{(2400 \times 10^3)}{300 \times 500}\left(1 - \frac{6 \times 100}{500}\right) + \frac{3 \times 16 \times (10 \times 10^3)^2}{4 \times 300 \times 500^2}$$
$$= 12.8 \text{N/mm}^2 = 12.8 \text{MPa}$$

16. $M_u = 170$kN·m의 계수 모멘트 하중을 지지하기 위한 단철근 직사각형보의 필요한 철근량(A_s)을 구하면?(단, $b_w = 300$mm, $d = 450$mm, $f_{ck} = 28$MPa, $f_y = 350$MPa, $\phi = 0.85$이다.)

① 1,070mm² ② 1,175mm²
③ 1,280mm² ④ 1,375mm²

■해설 1. $\eta = 1(f_{ck} \leq 40$MPa인 경우)
$$M_u \leq M_d = \phi\rho f_y bd^2\left(1 - 0.59\frac{\rho}{\eta}\frac{f_y}{f_{ck}}\right)$$
$$\left(\frac{0.59}{\eta}\phi\frac{f_y^2}{f_{ck}}bd^2\right)\rho^2 - (\phi f_y bd^2)\rho + M_u \leq 0$$
$$\left(\frac{0.59}{1} \times 0.85 \times \frac{350^2}{28} \times 300 \times 450^2\right)\rho^2$$
$$- (0.85 \times 350 \times 300 \times 450^2)\rho + (170 \times 10^6) \leq 0$$
$$\rho^2 - 0.135559\rho + 0.001275 \leq 0$$
$$0.010169 \leq \rho \leq 0.125391$$

2. 또한, $\phi = 0.85$를 사용하기 위해서는 $\varepsilon_t \geq \varepsilon_{t,l}$ 이어야 한다. 따라서, $\varepsilon_t \geq \varepsilon_{t,l}$일 경우의 철근비를 $\rho_{t,l}$이라 두면 다음 조건식을 만족해야 한다.
$\rho \leq \rho_{t,l}$ (즉, $\varepsilon_t \geq \varepsilon_{t,l}$을 만족하기 위한 조건식)
$\varepsilon_{t,l} = 0.005(f_y \leq 400$MPa인 경우)
$f_{ck} \leq 40$MPa인 경우
$$\rho_{t,l} = 0.68\frac{f_{ck}}{f_y}\frac{0.0033}{0.0033 + \varepsilon_{t,l}}$$
$$= 0.68 \times \frac{28}{350} \times \frac{0.0033}{0.0033 + 0.005}$$
$$= 0.021629$$
$\rho \leq 0.021629$

3. 1.과 2.의 결과로부터
$$0.010169 \leq \rho\left(= \frac{A_s}{bd}\right) \leq 0.021629$$
$$1,373 \text{mm}^2 \leq A_s \leq 2,920 \text{mm}^2$$

17. 플레이트 보(Plate Girder)의 경제적인 높이는 다음 중 어느 것에 의해 구해지는가?

① 전단력 ② 지압력
③ 휨모멘트 ④ 비틀림모멘트

■해설 강판형(Plate Girder)의 경제적인 높이는 휨모멘트에 의하여 결정된다.

|해답| 14. ② 15. ② 16. ④ 17. ③

18. 폭(b_w)이 400mm, 유효깊이(d)가 500mm인 단철근 직사각형보 단면에서, 강도설계법에 의한 균형철근량은 약 얼마인가?(단, f_{ck}=35MPa, f_y=400MPa)

① 6,400mm² ② 6,900mm²
③ 7,400mm² ④ 7,900mm²

■해설 $f_{ck}=35\text{MPa} \leq 40\text{MPa}$인 경우

$$\rho_b = 0.68 \frac{f_{ck}}{f_y} \frac{660}{660+f_y}$$
$$= 0.68 \times \frac{35}{400} \times \frac{660}{660+400} = 0.037$$
$$A_{s,b} = \rho_b bd = 0.037 \times 400 \times 500 = 7,400\text{mm}^2$$

19. 아래 그림과 같은 단면을 가지는 단철근 직사각형보에서 최외단 인장철근의 순인장변형률(ε_t)이 0.0045일 때 설계휨강도를 구할 때 적용하는 강도감소계수(ϕ)는?(단, f_{ck}=28MPa, f_y=400MPa)

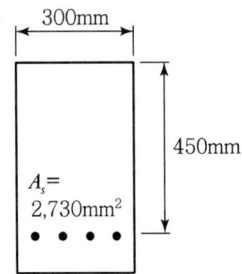

① 0.804 ② 0.817
③ 0.826 ④ 0.839

■해설
- $f_y=400$MPa인 경우, $\varepsilon_{t,l}$(인장지배 한계 변형률)과 ε_y(압축지배 한계 변형률)의 값
  $\varepsilon_{t,l}=0.005(f_y \leq 400\text{MPa}$인 경우)
  $\varepsilon_y = \frac{f_y}{E_s} = \frac{400}{2 \times 10^5} = 0.002$
- ϕ_c(압축지배 단면의 감도감소계수)의 값
  나선철근으로 보강된 부재, $\phi_C = 0.70$
  그 외의 기타 부재, $\phi_c = 0.65$
- $\varepsilon_y(=0.002) \leq \varepsilon_t(=0.0045) \leq \varepsilon_{t,l}(=0.005)$이 므로 변화구간 단면 부재이다.

- 변화구간 단면 부재의 ϕ(강도감소계수)값 결정
$$\phi = 0.85 - \frac{\varepsilon_{t,l} - \varepsilon_t}{\varepsilon_{t,l} - \varepsilon_y}(0.85 - \phi_c)$$
$$= 0.85 - \frac{0.005 - 0.0045}{0.005 - 0.002}(0.85 - 0.65)$$
$$= 0.817$$

20. 폭(b_w) 300mm, 유효 깊이(d) 450mm, 전체 높이(h) 550mm, 철근량(A_s) 4,800mm²인 보의 균열 모멘트 M_{cr}의 값은?(단, f_{ck}가 21MPa인 보통 중량 콘크리트 사용)

① 24.5kN·m ② 28.9kN·m
③ 35.6kN·m ④ 43.7kN·m

■해설 $\lambda = 1$(보통 중량의 콘크리트인 경우)
$f_r = 0.63\lambda\sqrt{f_{ck}} = 0.63 \times 1 \times \sqrt{21} = 2.89\text{MPa}$
$Z = \frac{bh^2}{6} = \frac{300 \times 550^2}{6} = 15.125 \times 10^6 \text{mm}^3$
$M_{cr} = f_r \cdot Z = 2.89 \times (15.125 \times 10^6)$
$= 43.7 \times 10^6 \text{N} \cdot \text{mm} = 43.7\text{kN} \cdot \text{m}$

과년도 출제문제 및 해설

Item pool (산업기사 2017년 3월 5일 시행)

01. PSC에서 프리텐션 방식의 장점이 아닌 것은?
① PS 강재를 곡선으로 배치하기 쉽다.
② 정착장치가 필요하지 않다.
③ 제품의 품질에 대한 신뢰도가 높다.
④ 대량 제조가 가능하다.

■해설 프리텐션 방식은 콘크리트 타설 전에 PS 강재를 긴장하므로 PS 강재를 곡선으로 배치하기 어렵다.

02. 철근콘크리트 부재에 고정하중 30kN/m, 활하중 50kN/m가 작용한다면 소요강도(U)는?
① 73kN/m   ② 116kN/m
③ 127kN/m   ④ 155kN/m

■해설 $U = 1.2D + 1.6L$
$= (1.2 \times 30) + (1.6 \times 50) = 116 \text{kN/m}$

03. 철근콘크리트 휨부재의 최소 철근량에 대한 설명 중 틀린 것은?
① 보에서 철근량 A_s는 $\phi M_n \geq 1.3 M_{cr}$의 조건을 만족하도록 배치하여야 한다.
② 부재의 모든 단면에서 해석에 의해 필요한 철근량보다 1/3 이상 인장철근이 더 배치되어 $\phi M_n \geq \frac{4}{3} M_u$의 조건을 만족하는 최소 철근량 요건을 적용하지 않아도 된다.
③ 휨부재의 급작스러운 파괴를 방지하기 위해서 최소 철근량 규정이 제시되었다.
④ 두께가 균일한 구조용 슬래브의 경간방향으로 보강되는 인장철근의 최소 단면적은 수축·온도 철근의 규정에 따라야 한다.

■해설 휨부재의 최소 철근량은 $\phi M_n \geq 1.2 M_{cr}$의 조건을 만족하도록 배치하여야 한다.

04. 강도설계법으로 부재를 설계할 때 사용하중에 하중계수를 곱한 하중을 무엇이라고 하는가?
① 하중조합   ② 고정하중
③ 활하중   ④ 계수하중

■해설 사용하중에 하중계수를 곱한 하중을 계수하중이라 한다.

05. 철근 콘크리트보에서 스터럽을 배근하는 이유로 가장 중요한 것은?
① 보에 작용하는 사인장 응력에 의한 균열을 방지하기 위하여
② 주철근 상호의 위치를 정확하게 확보하기 위하여
③ 콘크리트의 부착을 좋게 하기 위하여
④ 압축을 받는 쪽의 좌굴을 방지하기 위하여

■해설 철근 콘크리트 보에 스터럽을 배근하는 주된 이유는 사인장 응력(전단응력)에 의한 균열을 제어하기 위함이다.

06. 인장 이형철근의 정착길이는 기본 정착길이에 보정계수를 곱하여 산정한다. 이때 보정계수 중 철근배치 위치계수(α)의 값으로 옳은 것은?(단, 상부 철근으로서 정착길이 또는 겹침이음부 아래 300mm를 초과되게 굳지 않은 콘크리트를 친 수평철근인 경우)
① 1.2   ② 1.3
③ 1.4   ④ 1.5

■해설 α : 철근의 위치계수
• 상부 철근 : 1.3
• 기타 : 1.0

07. 대칭 T형 보에서 경간이 12m이고, 양쪽 슬래브의 중심 간격이 1,800mm, 플랜지의 두께 120mm, 복부의 폭 300mm일 때 플랜지의 유효폭은 얼마인가?

① 1,800mm ② 2,000mm
③ 2,220mm ④ 2,600mm

■해설 T형 보(대칭 T형 보)에서 플랜지의 유효폭(b_e)
㉠ $16t_f + b_w = (16 \times 120) + 300 = 2,220\text{mm}$
㉡ 양쪽 슬래브의 중심 간 거리(l_c) = 1,800mm
㉢ 보 경간의 $\frac{1}{4}\left(\frac{l}{4}\right) = \frac{1}{4} \times (12 \times 10^3) = 3,000\text{mm}$
위 값 중에서 최소값을 취하면 $b_e = 1,800\text{mm}$이다.

08. 경간이 12m인 캔틸레버 보에서 처짐을 계산하지 않는 경우 보의 최소 두께로서 옳은 것은? (단, 보통 중량 콘크리트를 사용한 경우로서 f_{ck}=28MPa, f_y=400MPa이다.)

① 580mm ② 750mm
③ 1,200mm ④ 1,500mm

■해설 캔틸레버 보에서 처짐을 계산하지 않아도 되는 보의 최소 두께($h_{\min}$)
$$h_{\min} = \frac{l}{8} = \frac{12 \times 10^3}{8} = 1,500\text{mm}$$

09. 그림과 같은 직사각형 단면에서 등가 직사각형 응력 블록의 깊이(a)는? (단, f_{ck}=21MPa, f_y=400MPa이다.)

① 107mm
② 112mm
③ 118mm
④ 125mm

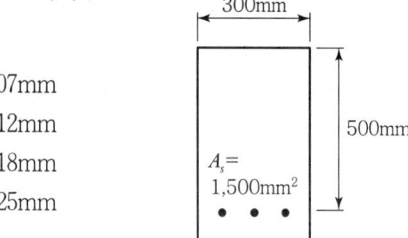

■해설 $\eta = 1$ ($f_{ck} \leq 40\text{MPa}$인 경우)
$$a = \frac{f_y A_s}{\eta 0.85 f_{ck} b} = \frac{400 \times 1,500}{1 \times 0.85 \times 21 \times 300} = 112\text{mm}$$

10. 콘크리트의 설계기준강도 f_{ck}=35MPa, 콘크리트의 압축강도 f_c=8MPa일 때 콘크리트의 탄성변형에 의한 PS 강재의 프리스트레스 감소량은? (단, n=7)

① 40MPa ② 48MPa
③ 56MPa ④ 64MPa

■해설 $\Delta f_{pe} = n \cdot f_c = 7 \times 8 = 56\text{MPa}$

11. 강도설계법에서 f_{ck}=35MPa인 경우 β_1의 값은?

① 0.85 ② 0.80
③ 0.75 ④ 0.70

■해설 $f_{ck} = 35\text{MPa} \leq 40\text{MPa}$인 경우, $\beta_1 = 0.8$

12. 보통 콘크리트 부재의 해당 지속 하중에 대한 탄성 처짐이 30mm이었다면 크리프 및 건조 수축에 따른 추가적인 장기 처짐을 고려한 최종 총 처짐량은 몇 mm인가? (단, 하중 재하기간은 10년이고, 압축 철근비 ρ'는 0.005이다.)

① 78 ② 68
③ 58 ④ 48

■해설 $\xi = 2.0$ (하중 재하기간이 5년 이상인 경우)
$$\lambda_\Delta = \frac{\xi}{1+50\rho'} = \frac{2}{1+(50 \times 0.005)} = 1.6$$
$\delta_L = \lambda_\Delta \cdot \delta_i = 1.6 \times 30 = 48\text{mm}$
$\delta_T = \delta_i + \delta_L = 30 + 48 = 78\text{mm}$

13. 아래의 표에서 설명하고 있는 프리스트레스트 콘크리트의 개념은?

> 콘크리트에 프리스트레스를 도입하면 콘크리트가 탄성체로 전환된다는 생각으로서, 가장 널리 통용되고 있는 PSC의 기본적인 개념이다.

① 내력 모멘트의 개념
② 외력 모멘트의 개념
③ 균등질 보의 개념
④ 하중 평형의 개념

■해설 콘크리트에 프리스트레스를 도입하면 콘크리트가 탄성체로 전환된다는 생각으로서, 가장 널리 통용되고 있는 PSC의 기본적인 개념을 균등질보의 개념(응력개념)이라 한다.

14. 직사각형보에서 계수 전단력 V_u =70kN을 전단철근 없이 지지하고자 할 경우 필요한 최소유효깊이 d는 약 얼마인가?(단, b_w =400mm, f_{ck} =20MPa, f_y =350Mpa)

① 426mm ② 587mm
③ 627mm ④ 751mm

■해설 $V_u \leq \frac{1}{2}\phi V_c = \frac{1}{2}\phi\left(\frac{1}{6}\sqrt{f_{ck}}bd\right)$

$d \geq \frac{12V_u}{\phi\sqrt{f_{ck}}b} = \frac{12\times(70\times10^3)}{0.75\times\sqrt{20}\times400} = 626mm$

15. b_w =300mm, d =700mm인 단철근 직사각형보에서 균형철근량을 구하면?(단, f_{ck} =21MPa, f_y =240MPa)

① 11,219mm² ② 10,219mm²
③ 9,163mm² ④ 8,274mm²

■해설 $f_{ck} = 21MPa \leq 40MPa$인 경우

$\rho_b = 0.68\frac{f_{ck}}{f_y}\frac{660}{660+f_y}$

$= 0.68\times\frac{21}{240}\times\frac{660}{660+240} = 0.04363$

$A_{s,b} = \rho_b bd = 0.04363\times300\times700 = 9,163mm^2$

16. 콘크리트의 부착에 관한 설명 중 틀린 것은?

① 이형 철근은 원형 철근보다 부착강도가 크다.
② 약간 녹슨 철근은 부착강도가 현저히 떨어진다.
③ 콘크리트 강도가 커지면 부착강도가 커진다.
④ 같은 철근량을 가질 경우 굵은 철근보다 가는 것을 여러 개 쓰는 것이 부착에 좋다.

■해설 부착에 영향을 주는 요인
- 고강도 콘크리트일수록 부착에 유리하다.
- 피복두께가 클수록 부착에 유리하다.
- 원형 철근보다 이형 철근이 부착에 유리하다.
- 약간 녹이 슬어 거친 표면을 갖는 철근이 부착에 유리하다.
- 블리딩(bleeding)현상 때문에 수평철근보다 수직철근이 부착에 유리하며 수평철근이라도 상부 철근보다 하부 철근이 부착에 유리하다.
- 동일한 철근비를 사용할 경우 지름이 작은 철근이 부착에 유리하다.

17. f_{ck} =24MPa, f_y =400MPa일 때 인장을 받는 이형철근 D32(d_b =31.8mm, A_b =794.2mm²)의 기본 정착길이 l_{db}는?

① 1,275mm ② 1,326mm
③ 1,558mm ④ 1,742mm

■해설 $\lambda = 1$ (보통 중량의 콘크리트인 경우)

$l_{db} = \frac{0.6d_b f_y}{\lambda\sqrt{f_{ck}}} = \frac{0.6\times31.8\times400}{1\times\sqrt{24}} = 1,557.9mm$

18. 그림과 같은 판형(Plate Girder)의 각부 명칭으로 틀린 것은?

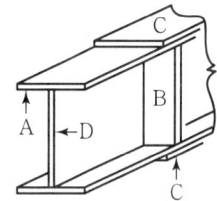

① A - 상부판(Flange)
② B - 보강재(Stiffener)
③ C - 덮개판(Cover Plate)
④ D - 횡구(Bracing)

■해설 D - 복부판(Web)

19. PS 강재에 요구되는 일반적인 성질로 틀린 것은?

① 인장강도가 클 것
② 항복비가 클 것
③ 직선성이 좋을 것
④ 릴랙세이션(Relaxation)이 클 것

■해설 PS 강재에 요구되는 성질
- 인장강도가 높아야 한다.
- 항복비(항복점 응력의 인장강도에 대한 백분율)가 커야 한다.
- 릴랙세이션(Relaxation)이 작아야 한다.
- 적당한 연성과 인성이 있어야 한다.
- 응력부식에 대한 저항성이 커야 한다.
- 어느 정도의 피로강도를 가져야 한다.
- 직선성이 좋아야 한다.

20. 철근 콘크리트 부재에서 전단철근으로 부재축에 직각인 스터럽을 사용할 때 최대간격은 얼마이어야 하는가?(단, d는 부재의 유효깊이이며, V_s가 $(\sqrt{f_{ck}}/3)b_w d$를 초과하지 않는 경우)

① d와 400mm 중 최소값 이하
② d와 600mm 중 최소값 이하
③ $0.5d$와 400mm 중 최소값 이하
④ $0.5d$와 600mm 중 최소값 이하

■해설 수직 스터럽을 전단철근으로 사용할 경우 전단철근의 간격(s)

㉠ $V_s \leq \frac{1}{3}\sqrt{f_{ck}} b_w d : S \leq \frac{d}{2}$, $S \leq 600$mm

㉡ $V_s > \frac{1}{3}\sqrt{f_{ck}} b_w d : S \leq \frac{d}{4}$, $S \leq 300$mm

01. 인장 이형철근의 정착길이 산정 시 필요한 보정계수(α, β)에 대한 설명으로 틀린 것은?

① 피복두께가 $3d_b$ 미만 또는 순간격이 $6d_b$ 미만인 에폭시 도막철근일 때 철근도막계수(β)는 1.5를 적용한다.
② 상부철근(정착길이 또는 겹침이음부 아래 300mm를 초과되게 굳지 않은 콘크리트를 친 수평철근)인 경우 철근배치 위치계수(α)는 1.3을 사용한다.
③ 아연도금 철근은 철근 도막계수(β)를 1.0으로 적용한다.
④ 에폭시 도막철근이 상부철근인 경우 상부철근의 위치계수(α)와 철근도막계수(β)의 곱, $\alpha\beta$가 1.6보다 크지 않아야 한다.

■해설 에폭시 도막철근이 상부철근인 경우 상부철근의 위치계수(α)와 철근도막계수(β)의 곱, $\alpha\beta$가 1.7보다 크지 않아야 한다.

02. 그림과 같은 용접부에 작용하는 응력은?

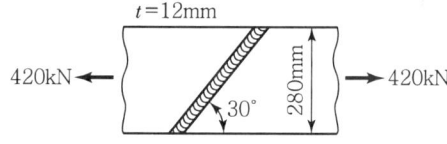

① 112.7MPa
② 118.0MPa
③ 120.3MPa
④ 125.0MPa

■해설 $f = \dfrac{P}{A} = \dfrac{(420 \times 10^3)}{12 \times 280} = 125\text{N/mm}^2 = 125\text{MPa}$

03. T형 PSC보에 설계하중을 작용시킨 결과 보의 처짐은 0이었으며, 프리스트레스 도입단계부터 부착된 계측장치로부터 상부 탄성변형률 $\varepsilon = 3.5 \times 10^{-4}$을 얻었다. 콘크리트 탄성계수 E_c=26,000MPa, T형보의 단면적 A_g=150,000mm², 유효율 R=0.85일 때, 강재의 초기 긴장력 P_i를 구하면?

① 1,606kN
② 1,365kN
③ 1,160kN
④ 2,269kN

■해설 $P_e = E_c \varepsilon A = 26,000 \times (3.5 \times 10^{-4}) \times 150,000$
$= 1,365,000\text{N} = 1,365\text{kN}$
$P_e = RP_i$
$P_i = \dfrac{P_e}{R} = \dfrac{1,365}{0.85} = 1,605.9\text{kN} \fallingdotseq 1,606\text{kN}$

04. 아래 그림과 같은 보에서 계수전단력 V_u=225kN에 대한 가장 적당한 스터럽 간격은?(단, 사용된 스터럽은 철근 D13이며, 철근 D13의 단면적은 127mm², f_{ck}=24MPa, f_y=350MPa이다.)

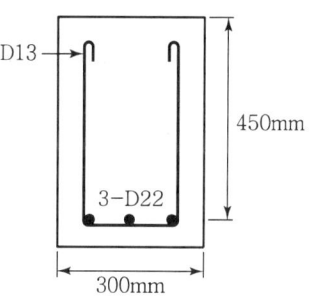

① 110mm
② 150mm
③ 210mm
④ 225mm

■해설 $V_u = 225\text{kN}$
$V_c = \dfrac{1}{6}\sqrt{f_{ck}}\,b_w d = \dfrac{1}{6} \times \sqrt{24} \times 300 \times 450$
$= 110,227\text{N} = 110.23\text{kN}$
$\phi V_c = 0.75 \times 110.23 = 82.67\text{kN}$
$V_u > \phi V_c$이므로 전단보강이 필요

|해답| 1. ④ 2. ④ 3. ① 4. ③

$$V_s = \frac{V_u}{\phi} - V_c = \frac{225}{0.75} - 110.23 = 190\text{kN}$$

$$\frac{1}{3}\sqrt{f_{ck}}b_w d = 2V_c = 2 \times 110.23 = 220.46\text{kN}$$

$V_s < \frac{1}{3}\sqrt{f_{ck}}b_w d$ 이므로 전단철근 간격 s는 다음 값 이하라야 한다.

㉠ $s \leq \frac{d}{2} = \frac{450}{2} = 225\text{mm}$

㉡ $s \leq 600\text{mm}$

㉢ $s \leq \frac{A_v f_y d}{V_s} = \frac{(2 \times 127) \times 350 \times 450}{190 \times 10^3}$
$= 210.6\text{mm}$

따라서 전단철근 간격 s는 위 값 중에서 최소값인 210.6mm 이하라야 한다.

05. 강도설계에서 f_{ck}=29MPa, f_y=300MPa일 때 단철근 직사각형보의 균형철근비(ρ_b)는?

① 0.0349 ② 0.0452
③ 0.0518 ④ 0.0671

■해설 • $f_{ck} = 29\text{Mpa} \leq 40\text{Mpa}$인 경우
• $\rho_b = 0.68 \frac{f_{ck}}{f_y} \frac{660}{660+f_y}$
$= 0.68 \times \frac{29}{300} \times \frac{660}{660+300} = 0.0452$

06. 철근콘크리트의 강도설계법을 적용하기 위한 기본 가정으로 틀린 것은?

① 철근의 변형률은 중립축으로부터의 거리에 비례한다.
② 콘크리트의 변형률은 중립축으로부터의 거리에 비례한다.
③ 인장 측 연단에서 철근의 극한변형률은 0.003으로 가정한다.
④ 항복강도 f_y 이하에서 철근의 응력은 그 변형률의 E_s배로 본다.

■해설 $f_{ck} \leq 40\text{MPa}$인 경우 압축 측 연단에서 콘크리트의 극한변형률은 0.0033으로 가정한다.

07. 보의 활하중은 1.7t/m, 자중은 1.1t/m인 등분포 하중을 받는 경간 12m인 단순 지지보의 계수 휨모멘트(M_u)는?

① 68.4t·m ② 72.7t·m
③ 74.9t·m ④ 75.4t·m

■해설 $\omega_u = 1.2\omega_D + 1.6\omega_L$
$= 1.2 \times 1.1 + 1.6 \times 1.7 = 4.04\text{t·m}$
$M_u = \frac{\omega_u \cdot l^2}{8} = \frac{4.04 \times 12^2}{8} = 72.72\text{t·m}$

08. 철근콘크리트 휨부재의 최소 철근량에 대한 설명 중 틀린 것은?

① 보에서 철근량 A_s는 $\phi M_n \geq 1.3 M_{cr}$의 조건을 만족하도록 배치하여야 한다.
② 부재의 모든 단면에서 해석에 의해 필요한 철근량보다 1/3 이상 인장철근이 더 배치되어 $\phi M_n \geq \frac{4}{3} M_u$의 조건을 만족하는 최소 철근량 요건을 적용하지 않아도 된다.
③ 휨부재의 급작스러운 파괴를 방지하기 위해서 최소 철근량 규정이 제시되었다.
④ 두께가 균일한 구조용 슬래브의 경간방향으로 보강되는 인장철근의 최소 단면적은 수축·온도 철근의 규정에 따라야 한다.

■해설 휨부재의 최소 철근량은 $\phi M_n \geq 1.2 M_{cr}$의 조건을 만족하도록 배치하여야 한다.

09. 아래의 그림과 같은 복철근 보의 탄성처짐이 15mm라면 5년 후 지속하중에 의해 유발되는 전체 처짐은?(단, A_s=3,000mm², A_s'=1,000mm², ξ=2.0)

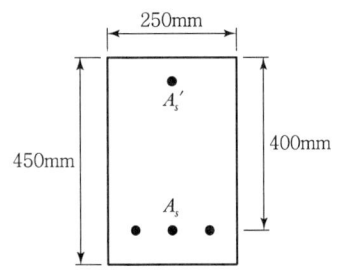

① 35mm ② 38mm
③ 40mm ④ 45mm

■해설 $\xi = 2.0$ (하중 재하기간이 5년 이상인 경우)

$$\rho' = \frac{A_s'}{bd} = \frac{1,000}{250 \times 400} = 0.01$$

$$\lambda_\Delta = \frac{\xi}{1+50\rho'} = \frac{2.0}{1+(50 \times 0.01)} = 1.33$$

$$\delta_L = \lambda_\Delta \cdot \delta_i = 1.33 \times 15 = 20mm$$

$$\delta_T = \delta_i + \delta_L = 15 + 20 = 35mm$$

10. 철근콘크리트 부재의 철근 이음에 관한 설명 중 옳지 않은 것은?

① D35를 초과하는 철근은 겹침이음을 하지 않아야 한다.
② 인장 이형철근의 겹침이음에서 A급 이음은 1.3 l_d 이상, B급 이음은 1.0l_d 이상 겹쳐야 한다.(단, l_d는 규정에 의해 계산된 인장이형철근의 정착길이이다.)
③ 압축 이형철근의 이음에서 콘크리트의 설계기준압축강도가 21MPa 미만인 경우에는 겹침이음 길이를 1/3 증가시켜야 한다.
④ 용접이음과 기계적 이음은 철근의 항복강도의 125% 이상을 발휘할 수 있어야 한다.

■해설 이형철근의 최소 겹침이음 길이
• A급 이음 : 1.0l_d 이상(배근된 철근량이 소요 철근량의 2배 이상이고, 겹침이음된 철근량이 총 철근량의 $\frac{1}{2}$ 이하인 경우)
• B급 이음 : 1.3l_d 이상(A급 이외의 이음)

11. 프리스트레스의 손실을 초래하는 원인 중 프리텐션 방식보다 포스트텐션 방식에서 크게 나타나는 것은?

① 콘크리트의 탄성수축 ② 강재와 쉬스의 마찰
③ 콘크리트의 크리프   ④ 콘크리트의 건조수축

■해설 PS강재와 쉬스의 마찰에 의한 손실은 포스트텐션 방식에서만 발생한다.

12. 철근콘크리트 구조물의 전단철근에 대한 설명으로 틀린 것은?

① 이형철근을 전단철근으로 사용하는 경우 설계기준 항복강도 f_y는 550MPa을 초과하여 취할 수 없다.
② 전단철근으로서 스터럽과 굽힘철근을 조합하여 사용할 수 있다.
③ 주인장철근에 45° 이상의 각도로 설치되는 스터럽은 전단철근으로 사용할 수 있다.
④ 경사스터럽과 굽힘철근은 부재 중간높이인 0.5d에서 반력점 방향으로 주인장철근까지 연장된 45°선과 한 번 이상 교차되도록 배치하여야 한다.

■해설 이형철근을 전단철근으로 사용하는 경우 설계기준 항복강도 f_y는 500MPa을 초과하여 취할 수 없다.

13. 다음은 L형강에서 인장응력 검토를 위한 순폭 계산에 대한 설명이다. 틀린 것은?

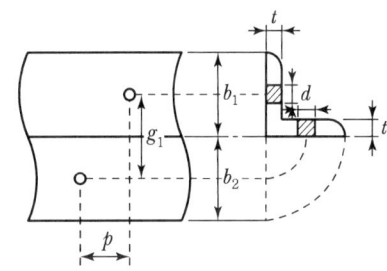

① 전개 총폭(b) = $b_1 + b_2 - t$이다.
② $\frac{P^2}{4g} \geq d$인 경우 순폭(b_n) = $b - d$이다.
③ 리벳선간거리(g) = $g_1 - t$이다.
④ $\frac{P^2}{4g} < d$인 경우 순폭(b_n) = $b - d - \frac{P^2}{4g}$이다.

■해설
㉠ $\frac{p^2}{4g} \geq d$인 경우 : $b_n = b - d$
㉡ $\frac{p^2}{4g} < d$인 경우 : $b_n = b - d - \left(d - \frac{p^2}{4g}\right)$

14. 직사각형 단순보에서 계수 전단력 $V_u = 70$kN을 전단철근 없이 지지하고자 할 경우 필요한 최소 유효깊이 d는?(단, $b = 400$mm, $f_{ck} = 24$MPa, $f_y = 350$MPa)

① 426mm ② 572mm
③ 611mm ④ 751mm

■해설
$$\frac{1}{2}\phi V_c \geq V_u$$
$$\frac{1}{2}\phi\left(\frac{1}{6}\lambda\sqrt{f_{ck}}\,b_w d\right) \geq V_u$$
$$d \geq \frac{12 V_u}{\phi\lambda\sqrt{f_{ck}}\,b_w} = \frac{12 \times (70 \times 10^3)}{0.75 \times 1 \times \sqrt{24} \times 400}$$
$$= 571.5\text{mm}$$

15. 경간이 8m인 직사각형 PSC보($b = 300$mm, $h = 500$mm)에 계수하중 $w = 40$kN/m가 작용할 때 인장 측의 콘크리트 응력이 0이 되려면 얼마의 긴장력으로 PS강재를 긴장해야 하는가?(단, PS 강재는 콘크리트 단면도심에 배치되어 있음)

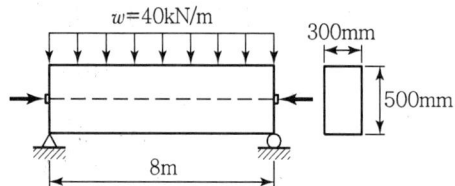

① $P = 1,250$kN ② $P = 1,880$kN
③ $P = 2,650$kN ④ $P = 3,840$kN

■해설
$$M = \frac{wl^2}{8} = \frac{40 \times 8^2}{8} = 320\text{kN}\cdot\text{m}$$
$$f_b = \frac{P}{A} - \frac{M}{I}y_b = \frac{P}{bh} - \frac{6M}{bh^2} = 0$$
$$P = \frac{6M}{h} = \frac{6 \times 320}{0.5} = 3,840\text{kN}$$

16. $b = 300$mm, $d = 500$mm, $A_s = 3-D25 = 1,520$mm²가 1열로 배치된 단철근 직사각형보의 설계휨강도 ϕM_n은 얼마인가?(단, $f_{ck} = 28$MPa, $f_y = 400$MPa 이고, 과소철근보이다.)

① 132.5kN·m ② 183.3kN·m
③ 236.4kN·m ④ 307.7kN·m

■해설 $f_{ck} = 28$MPa ≤ 40MPa인 경우
$\varepsilon_{cu} = 0.003$, $\eta = 1$, $\beta_1 = 0.8$
$$a = \frac{A_s f_y}{\eta 0.85 f_{ck} b} = \frac{1,520 \times 400}{1 \times 0.85 \times 28 \times 300} = 85.15\text{mm}$$
$$\varepsilon_t = \frac{d_t \beta_1 - a}{a}\varepsilon_{cu}$$
$$= \frac{500 \times 0.8 - 85.15}{85.15} \times 0.0033 = 0.0122$$
$\varepsilon_{t.l} = 0.005$ ($f_y \leq 400$MPa인 경우)
$\varepsilon_{t.l} < \varepsilon_t$이므로 인장지배단면 - $\phi = 0.85$
$$\phi M_n = \phi A_s f_y\left(d - \frac{a}{2}\right)$$
$$= 0.85 \times 1,520 \times 400 \times \left(500 - \frac{85.15}{2}\right)$$
$$= 236.4 \times 10^6 \text{N}\cdot\text{mm} = 236.4\text{kN}\cdot\text{m}$$

17. 슬래브와 보가 일체로 타설된 비대칭 T형 보(반 T형보)의 유효폭은 얼마인가?(단, 플랜지 두께 = 100mm, 복부폭 = 300mm, 인접보와의 내측거리 = 1,600mm, 보의 경간 = 6.0m)

① 800mm ② 900mm
③ 1,000mm ④ 1,100mm

■해설 반 T형 보(비대칭 T형 보)의 플랜지 유효폭(b_e)
㉠ $6t_f + b_w = (6 \times 100) + 300 = 900$mm
㉡ $\left(\text{보 지간의 }\frac{1}{12}\right) + b_w = \frac{6,000}{12} + 300 = 800$mm
㉢ $\left(\text{인접보와 내측거리의 }\frac{1}{2}\right) + b_w$
$\quad = \frac{1,600}{2} + 300 = 1,100$mm

위 값 중에서 최솟값을 취하면 $b_e = 800$mm이다.

18. 강도설계법에서 그림과 같은 T형 보의 응력사각형블록의 깊이(a)는 얼마인가?(단, $A_s = 14-D25 = 7,094$mm², $f_{ck} = 21$MPa, $f_y = 300$MPa)

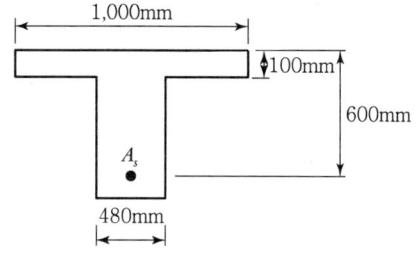

[해답] 14. ② 15. ④ 16. ③ 17. ① 18. ③

① 120mm   ② 130mm
③ 140mm   ④ 150mm

■해설 ㉠ T형 보의 판별
폭이 $b=1,000$mm인 직사각형 단면보에 대한 등가사각형 깊이
$\eta = 1$ ($f_{ck} \leq 40$MPa인 경우)
$a = \dfrac{A_s f_y}{\eta 0.85 f_{ck} b} = \dfrac{7,094 \times 300}{1 \times 0.85 \times 21 \times 1,000} = 119.2$mm
$t_f = 100$mm
$a(=119.2\text{mm}) > t_f(=100\text{mm})$이므로 T형 보로 해석

㉡ T형 보의 등가사각형 깊이(a)
$A_{sf} = \dfrac{\eta 0.85 f_{ck}(b-b_w)t_f}{f_y}$
$= \dfrac{1 \times 0.85 \times 21 \times (1,000-480) \times 100}{300}$
$= 3,094$mm²
$a = \dfrac{(A_s - A_{sf})f_y}{\eta 0.85 f_{ck} b_w} = \dfrac{(7,094-3,094) \times 300}{1 \times 0.85 \times 21 \times 480}$
$= 140$mm

19. 프리스트레스트 콘크리트 중 포스트텐션 방식의 특징에 대한 설명으로 틀린 것은?

① 부착시키지 않은 PSC 부재는 부착시킨 PSC 부재에 비하여 파괴강도가 높고, 균열 폭이 작아지는 등 역학적 성능이 우수하다.
② PS 강재를 곡선상으로 배치할 수 있어서 대형 구조물에 적합하다.
③ 프리캐스트 PSC 부재의 결합과 조립에 편리하게 이용된다.
④ 부착시키지 않은 PSC 부재는 그라우팅이 필요하지 않으며, PS 강재의 재긴장도 가능하다.

■해설 부착시킨 PSC 부재는 부착시키지 않은 PSC 부재에 비하여 파괴강도가 높고, 균열 폭이 작아지는 등 역학적 성질이 우수하다.

20. $A_g = 180,000$mm², $f_{ck}=24$MPa, $f_y=350$MPa이고, 종방향 철근의 전체 단면적(A_{st})=4,500mm²인 나선철근기둥(단주)의 공칭축강도(P_n)는?

① 2,987.7kN   ② 3,067.4kN
③ 3,873.2kN   ④ 4,381.9kN

■해설 $P_n = \alpha\{0.85 f_{ck}(A_g - A_{st}) + f_y \cdot A_{st}\}$
$= 0.85\{0.85 \times 24 \times (180,000 - 4,500)$
$\quad + 350 \times 4,500\}$
$= 4,381,920$N $= 4,381.9$kN

과년도 출제문제 및 해설

Item pool (산업기사 2017년 5월 7일 시행)

01. 위험단면에서 1방향 슬래브의 정모멘트 철근 및 부모멘트 철근의 중심 간격 규정으로 옳은 것은?

① 슬래브 두께의 2배 이하이어야 하고, 또한 300mm 이하로 하여야 한다.
② 슬래브 두께의 2배 이하이어야 하고, 또한 400mm 이하로 하여야 한다.
③ 슬래브 두께의 3배 이하이어야 하고, 또한 300mm 이하로 하여야 한다.
④ 슬래브 두께의 3배 이하이어야 하고, 또한 400mm 이하로 하여야 한다.

■해설 1방향 슬래브의 정철근 및 부철근의 중심 간격
   ㉠ 최대 휨모멘트가 생기는 단면의 경우 : 슬래브 두께의 2배 이하, 300mm 이하
   ㉡ 기타 단면의 경우 : 슬래브 두께의 3배 이하, 450mm 이하

02. 강도설계법에서 콘크리트의 설계기준 압축강도(f_{ck})가 60MPa일 때 β_1의 값은?(단, β_1은 $a = \beta_1 c$에서 사용되는 계수)

① 0.74   ② 0.76
③ 0.78   ④ 0.80

■해설 $f_{ck} = 60$MPa인 경우 $\beta_1 = 0.76$

03. 그림과 같은 전단력 $P=300$kN이 작용하는 부재를 용접이음하고자 할 때 생기는 전단응력은?

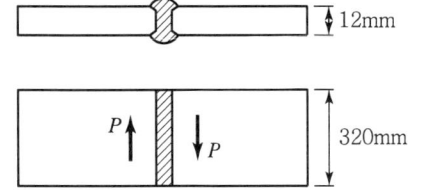

① 96.4MPa
② 78.1MPa
③ 109.2MPa
④ 84.3MPa

■해설 $v = \dfrac{P}{A} = \dfrac{(300 \times 10^3)}{12 \times 320} = 78.1$MPa

04. 단철근 직사각형보에서 $f_y=400$MPa, $f_{ck}=28$MPa일 때, 강도설계법에 의한 균형철근비(ρ_b)는?

① 0.0432   ② 0.0357
③ 0.0296   ④ 0.0242

■해설 $f_{ck} = 28$MPa ≤ 40MPa인 경우
$$\rho_b = 0.68 \dfrac{f_{ck}}{f_y} \dfrac{660}{660+f_y}$$
$$= 0.68 \times \dfrac{28}{400} \times \dfrac{660}{660+400} = 0.0296$$

05. 옹벽의 구조해석에서 앞부벽의 설계에 대한 설명으로 옳은 것은?

① 3변 지지된 2방향 슬래브로 설계하여야 한다.
② 저판에 지지된 캔틸레버 보로 설계하여야 한다.
③ T형 보로 설계하여야 한다.
④ 직사각형보로 설계하여야 한다.

■해설 부벽식 옹벽에서 부벽의 설계
   ㉠ 앞부벽 : 직사각형보로 설계
   ㉡ 뒷부벽 : T형 보로 설계

|해답| 1. ① 2. ② 3. ② 4. ③ 5. ④

06. 다음 중 스터럽을 쓰는 이유로 옳은 것은?

① 보의 강성(剛性)을 높이고 사인장 응력을 받게 하기 위하여
② 콘크리트의 탄성을 높이기 위하여
③ 콘크리트가 옆으로 튀어나오는 것을 방지하기 위하여
④ 철근의 조립을 위하여

■해설 철근 콘크리트 부재에 스터럽을 배근하는 주된 이유는 사인장응력(전단응력)에 의한 균열을 제어하기 위함이다.

07. 정착구와 커플러의 위치에서 프리스트레스 도입직후 포스트텐션 긴장재의 응력은 얼마 이하로 하여야 하는가?(단, f_{pu} : 긴장재의 설계기준 인장강도)

① $0.4 f_{pu}$　　② $0.5 f_{pu}$
③ $0.6 f_{pu}$　　④ $0.7 f_{pu}$

■해설 긴장재(PS 강재)의 허용응력

적용범위	허용응력
긴장할 때 긴장재의 인장응력	$0.8 f_{pu}$ 와 $0.94 f_{py}$ 중 작은 값 이하
프리스트레스 도입 직후 긴장재의 인장응력	$0.74 f_{pu}$ 와 $0.82 f_{py}$ 중 작은 값 이하
정착구와 커플러(Coupler)의 위치에서 프리스트레스 도입 직후 포스트텐션 긴장재의 인장응력	$0.7 f_{pu}$ 이하

08. 아래 그림과 같은 판형에서 Stiffener(보강재)의 사용목적은?

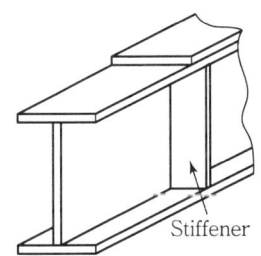

① Web Plate의 좌굴을 방지하기 위하여
② Flange Angle의 간격을 넓게 하기 위하여
③ Flange의 강성을 보강하기 위하여
④ 보 전체의 비틀림에 대한 강도를 크게 하기 위하여

■해설 판형(Plate Girder)에서 수직 보강재(Stiffener) 전단력에 의해 발생하는 복부판(Web Plate)의 좌굴을 방지하기 위하여 설치한다.

09. 강도설계법에서 사용하는 용어 중 아래의 표에서 설명하는 것은?

> 강도설계법에서 부재를 설계할 때 사용하중에 하중계수를 곱한 하중

① 계수하중　　② 공칭하중
③ 고정하중　　④ 강도감소계수

■해설 계수하중＝사용하중×하중계수

10. 아래 그림과 같은 강판에서 순폭은?(단, 강판에서의 구멍 지름(d)은 25mm이다.)

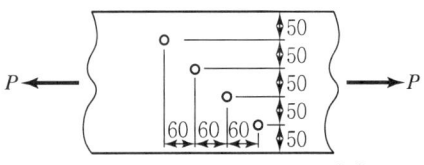

[단위 : mm]

① 150mm　　② 175mm
③ 204mm　　④ 225mm

■해설 $d = \phi + 3 = 25$mm

$b_{n1} = bg - d = 250 - 25 = 225$mm

$b_{n4} = bg - 4d + 3 \times \dfrac{s^2}{4g}$

$\quad = 250 - 4 \times 25 + 3 \times \dfrac{60^2}{4 \times 50} = 204$mm

$b_n = [b_{n1},\ b_{n4}]_{\min} = 204$mm

11. 보의 유효높이 600mm, 복부의 폭 320mm, 플랜지의 두께 130mm, 양쪽 슬래브의 중심 간 거리 2.5m, 보의 경간 10.4m로 설계된 대칭 T형 보가 있다. 이 보의 플랜지의 유효폭은?

① 2,080mm
② 2,400mm
③ 2,500mm
④ 2,600mm

■해설 T형 보(대칭 T형 보)에서 플랜지의 유효폭(b_e)
㉠ $16t_f + bw = 16 \times 130 + 320 = 2,400\text{mm}$
㉡ 양쪽 슬래브의 중심 간 거리
$(l_c) = 2.5 \times 10^3 \text{mm} = 2,500\text{mm}$
㉢ 보 경간의 $\frac{1}{4}\left(\frac{l}{4}\right) = \frac{1}{4} \times (10.4 \times 10^3) = 2,600\text{mm}$
위 값 중에서 최솟값을 취하면 $b_e = 2,400\text{mm}$이다.

12. 철근콘크리트 부재에 전단철근으로 부재축에 직각으로 배치된 수직 스터럽을 사용하였다. 이때 스터럽의 간격에 대한 기준으로서 옳은 것은?(단, $V_s \le (\sqrt{f_{ck}}/3)b_w d$인 경우)

① 0.8d 이상이어야 하고, 또한 600mm 이상이어야 한다.
② 50mm 이하이어야 한다.
③ 0.5d 이하이어야 하고, 또한 600mm 이하로 하여야 한다.
④ 600mm 이상이어야 한다.

■해설 수직 스터럽을 전단철근으로 사용할 경우 전단철근의 간격(s)
㉠ $V_s \le \frac{1}{3}\sqrt{f_{ck}}b_w d : S \le \frac{d}{2}, S \le 600\text{mm}$
㉡ $V_s > \frac{1}{3}\sqrt{f_{ck}}b_w d : S \le \frac{d}{4}, S \le 300\text{mm}$

13. PSC에서 콘크리트의 응력해석에서 균열 발생 전 해석상의 가정으로 옳지 않은 것은?

① 콘크리트와 PS 강재 및 보강철근을 탄성체로 본다.
② RC에 적용되는 강도이론을 그대로 적용한다.
③ 콘크리트의 전단면을 유효하다고 본다.
④ 단면의 변형률은 중립축에서의 거리에 비례한다고 본다.

■해설 PSC의 응력해석에서 균열이 발생하지 않은 콘크리트는 탄성재료가 되어 탄성이론을 적용할 수 있게 된다.

14. 표준 갈고리를 갖는 인장 이형철근의 기본 정착길이(l_{hb})를 구하는 식으로 옳은 것은?(단, 보통 중량 콘크리트를 사용하고, 도막되지 않은 철근을 사용하며, d_b는 철근의 공칭 직경임)

① $\dfrac{0.9d_b f_y}{\sqrt{f_{ck}}}$
② $\dfrac{0.6d_b f_y}{\sqrt{f_{ck}}}$
③ $\dfrac{0.24d_b f_y}{\sqrt{f_{ck}}}$
④ $\dfrac{0.19d_b f_y}{\sqrt{f_{ck}}}$

■해설 표준갈고리를 갖는 인장 이형철근의 기본 정착길이
$l_{hb} = \dfrac{0.24\beta d_b f_y}{\lambda \sqrt{f_{ck}}}$
여기서
• 보통중량 콘크리트를 사용한 경우, $\lambda = 1$
• 도막되지 않은 철근을 사용한 경우, $\beta = 1$
$l_{hb} = \dfrac{0.24 d_b f_y}{\sqrt{f_{ck}}}$

15. 전체 깊이가 900mm를 초과하는 휨부재 복부의 양 측면에 부재 축방향으로 배근하는 철근의 명칭은?

① 배력철근
② 표피철근
③ 피복철근
④ 연결철근

■해설 보의 전체 깊이(h)가 900mm를 초과하는 경우에 보의 복부 양 측면에 부재 축방향으로 배치하는 철근을 표피철근이라 한다.

16. 그림과 같은 T형 보에서 $f_{ck}=21\text{MPa}$, $f_y=400\text{MPa}$, $A_s=3,212\text{mm}^2$일 때 공칭 휨강도(M_n)는?

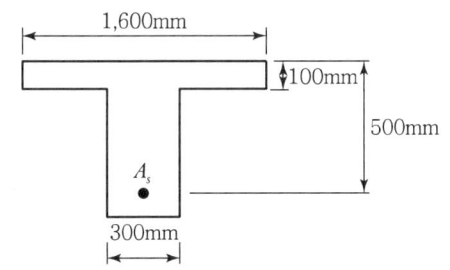

① 463.7kN·m ② 521.6kN·m
③ 578.4kN·m ④ 613.5kN·m

■해설 ㉠ T형 보의 판별
$b=1,600\text{mm}$인 직사각형 단면보에 대한 등가 사각형의 깊이(a)
$\eta=1(f_{ck}\leq 40\text{MPa}$인 경우$)$
$a=\dfrac{A_s f_y}{\eta 0.85 f_{ck} b}=\dfrac{3,212\times 400}{1\times 0.85\times 21\times 1,600}=45\text{mm}$
$t_f=100\text{mm}$
$a<t_f$이므로 직사각형 단면보로 해석한다.

㉡ 공칭 휨강도(M_n)
$M_n=A_s f_y\left(d-\dfrac{a}{2}\right)$
$=3,212\times 400\times\left(500-\dfrac{45}{2}\right)$
$=613.5\times 10^6\text{N}\cdot\text{mm}=613.5\text{kN}\cdot\text{m}$

17. 다음 그림과 같은 PSC 단순보에 프리스트레스 힘(P)을 4,000kN 작용했을 때 프리스트레스에 의한 상향력은?

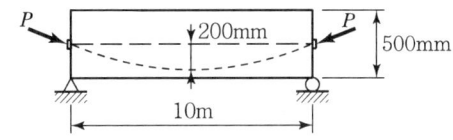

① 40kN/m ② 64kN/m
③ 80kN/m ④ 400kN/m

■해설 $u=\dfrac{8PS}{l^2}=\dfrac{8\times 400\times 0.2}{10^2}=64\text{kN/m}$

18. 아래 그림과 같은 단철근 직사각형보의 압축연단에서 중립축까지의 거리(c)는?(단, $f_{ck}=21\text{MPa}$, $f_y=400\text{MPa}$, $A_s=2,500\text{mm}^2$)

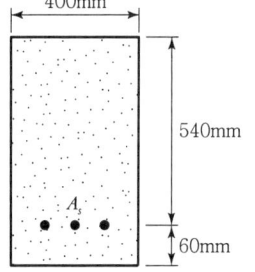

① 149mm
② 155mm
③ 167mm
④ 175mm

■해설 $f_{ck}=21\text{MPa}\leq 40\text{MPa}$인 경우
$\eta=1$, $\beta_1=0.8$
$c=\dfrac{f_y A_s}{\eta 0.85 f_{ck} b \beta_1}=\dfrac{400\times 2,500}{1\times 0.85\times 21\times 400\times 0.85}$
$=175\text{mm}$

19. 강도설계법에서 균형보의 개념을 옳게 설명한 것은?

① 콘크리트와 철근의 응력이 각각의 허용응력에 도달한 보를 말한다.
② 사용하중 상태에서 파괴형태를 고려하지 않은 보를 말한다.
③ 경제적인 단면설계를 위주로 한 보를 말한다.
④ 철근이 항복과 동시에 콘크리트의 압축변형률이 극한 변형률에 도달한 보를 말한다.

■해설 철근이 항복함과 동시에 콘크리트의 압축변형률이 극한 변형률에 도달한 보를 균형보라 한다.

20. 경간이 8m인 캔틸레버 보에서 처짐을 계산하지 않는 경우 보의 최소 두께로서 옳은 것은?(단, 보통중량 콘크리트를 사용한 경우로서 $f_{ck}=28\text{MPa}$, $f_y=400\text{MPa}$이다.)

① 1,000mm ② 800mm
③ 600mm   ④ 500mm

■해설 캔틸레버 보에서 처짐을 계산하지 않아도 되는 보의 최소 두께($h_{\min}$)
$h_{\min}=\dfrac{l}{8}=\dfrac{8\times 10^3}{8}=1,000\text{mm}$

|해답| 16. ④ 17. ② 18. ④ 19. ④ 20. ①

과년도 출제문제 및 해설

Item pool (기사 2017년 9월 23일 시행)

01. 활하중 20kN/m, 고정하중 30kN/m를 지지하는 지간 8m의 단순보에서 계수모멘트(M_u)는? (단, 하중계수와 하중조합을 고려할 것)

① 512kN·m ② 544kN·m
③ 576kN·m ④ 605kN·m

■해설 $W_u = 1.2W_D + 1.6W_L$
$= (1.2 \times 30) + (1.6 \times 20) = 68\text{kN/m}$
$M_u = \dfrac{W_u l^2}{8} = \dfrac{68 \times 8^2}{8} = 544\text{kN·m}$

02. $A_s = 3,600\text{mm}^2$, $A_s' = 1,200\text{mm}^2$로 배근된 그림과 같은 복철근 보의 탄성처짐이 12mm라 할 때 5년 후 지속하중에 의해 유발되는 추가 장기처짐은 얼마인가?

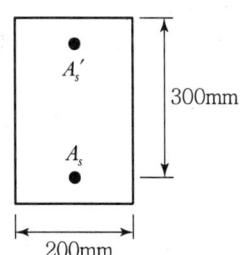

① 36mm ② 18mm
③ 12mm ④ 6mm

■해설 $\xi = 2.0$(하중 재하기간이 5년 이상인 경우)
$\rho' = \dfrac{A_s'}{bd} = \dfrac{1,200}{200 \times 300} = 0.02$
$\lambda_\Delta = \dfrac{\xi}{1 + 50\rho'} = \dfrac{2.0}{1 + (50 \times 0.02)} = 1.0$
$\delta_L = \lambda_\Delta \cdot \delta_i = 1.0 \times 12 = 12\text{mm}$

03. 순단면이 볼트의 구멍 하나를 제외한 단면(즉, $A-B-C$ 단면)과 같도록 피치(s)를 결정하면?(단, 구멍의 직경은 22mm이다.)

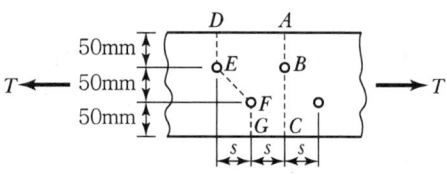

① 114.9mm ② 90.6mm
③ 66.3mm   ④ 50mm

■해설 $d_h = \phi + 3 = 22\text{mm}$
$b_{n1} = b_g - d_h$
$b_{n2} = b_g - 2d_h + \dfrac{s^2}{4g}$
$b_{n1} = b_{n2}$
$b_g - d_h = b_g - 2d_h + \dfrac{s^2}{4g}$
$s = \sqrt{4gd_h} = \sqrt{4 \times 50 \times 22} = 66.3\text{mm}$

04. 프리스트레스의 손실 원인 중 프리스트레스 도입 후 시간이 경과함에 따라서 생기는 것은 어느 것인가?

① 콘크리트의 탄성수축
② 콘크리트의 크리프
③ PS 강재와 쉬스의 마찰
④ 정착단의 활동

■해설 프리스트레스의 손실 원인
1. 프리스트레스 도입 시 손실(즉시 손실)
 • 정착 장치의 활동에 의한 손실
 • PS 강재와 쉬스 사이의 마찰에 의한 손실
 • 콘크리트의 탄성 변형에 의한 손실
2. 프리스트레스 도입 후 손실(시간 손실)
 • 콘크리트의 크리프에 의한 손실
 • 콘크리트의 건조수축에 의한 손실
 • PS 강재의 릴랙세이션에 의한 손실

|해답| 1. ② 2. ③ 3. ③ 4. ②

05. 아래의 표와 같은 조건의 경량콘크리트를 사용할 경우 경량 콘크리트계수(λ)로 옳은 것은?

- 콘크리트 설계기준 압축강도(f_{ck}) : 24MPa
- 콘크리트 인장강도(f_{ap}) : 2.17MPa

① 0.72 ② 0.75
③ 0.79 ④ 0.85

■해설 $f_{sp} = 0.56\lambda\sqrt{f_{ck}}$

$\lambda = \dfrac{f_{sp}}{0.56\sqrt{f_{ck}}} = \dfrac{2.17}{0.56\sqrt{24}} = 0.79$

06. 옹벽의 설계 및 해석에 대한 설명으로 틀린 것은?

① 옹벽 저판의 설계는 슬래브의 설계방법규정에 따라 수행하여야 한다.
② 앞 부벽식 옹벽에서 앞 부벽은 직사각형보로 설계한다.
③ 부벽식 옹벽의 전면벽은 3변 지지된 2방향 슬래브로 설계할 수 있다.
④ 옹벽은 상재하중, 뒷채움 흙의 중량, 옹벽의 자중 및 옹벽에 작용하는 토압, 필요에 따라서 수압에도 견디도록 설계하여야 한다.

■해설 옹벽 저판의 설계는 정확한 방법이 사용되지 않는 한 뒷부벽 또는 앞부벽 간의 거리를 경간으로 가정하여 고정보 또는 연속보로 설계할 수 있다.

07. 유효깊이(d)가 910mm인 아래 그림과 같은 단철근 T형 보의 설계휨강도(ϕM_n)를 구하면?(단, 인장철근량(A_s)은 7,652mm², f_{ck}=21MPa, f_y=350MPa, 인장지배단면으로 ϕ=0.85, 경간은 3,040mm이다.)

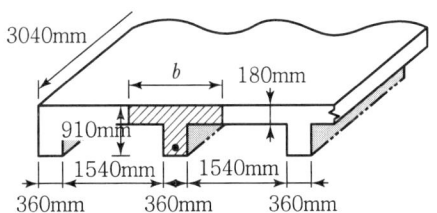

① 1,803kN·m ② 1,845kN·m
③ 1,883kN·m ④ 1,981kN·m

■해설 1. T형 보(대칭 T형 보)에서 플랜지의 유효폭(b_e)
㉠ $16t_f + b_w = (16 \times 180) + 360 = 3,240$mm
㉡ 양쪽 슬래브의 중심 간 거리 = 1,540 + 360 = 1,900mm
㉢ 보 경간의 $\dfrac{1}{4} = 3,040 \times \dfrac{1}{4} = 760$mm

위 값 중에서 최소값을 취하면 $b_e = 760$mm이다.

2. T형 보의 판별
$b = 760$mm인 직사각형 단면보에 대한 등가사각형 깊이
$\eta = 1$ ($f_{ck} \leq 40$MPa인 경우)
$a = \dfrac{f_y A_s}{\eta 0.85 f_{ck} b} = \dfrac{350 \times 7,652}{1 \times 0.85 \times 21 \times 760} = 197.4$mm
$t_f = 180$mm
$a(=197.4\text{mm}) > t_f(=180\text{mm})$이므로 T형 보로 해석한다.

3. T형 보의 등가사각형 깊이(a)

$A_{sf} = \dfrac{\eta 0.85 f_{ck}(b-b_w)t_f}{f_y}$

$= \dfrac{1 \times 0.85 \times 21 \times (760-360) \times 180}{350}$

$= 3,672$mm²

$a = \dfrac{(A_s - A_{sf})f_y}{\eta 0.85 f_{ck} b_w}$

$= \dfrac{(7,652-3,672) \times 350}{1 \times 0.85 \times 21 \times 360} = 216.8$mm

4. T형보의 설계휨강도(ϕM_n)
$\phi = 0.85$ (인장지배 단면인 경우)
$M_d = \phi M_n$
$= \phi\left\{A_{sf}f_y\left(d-\dfrac{t_f}{2}\right) + (A_s - A_{sf})f_y\left(d-\dfrac{a}{2}\right)\right\}$
$= 0.85\left\{3,672 \times 350 \times \left(910-\dfrac{180}{2}\right)\right.$
$\left. + (7,652-3,672) \times 350 \times \left(910-\dfrac{216.8}{2}\right)\right\}$
$= 1,845 \times 10^6$N·mm = 1,845kN·m

08. 아래 그림과 같은 단철근 직사각형보에서 최외단 인장철근의 순인장변형률(ε_t)은?(단, A_s = 2,028mm², f_{ck} = 35MPa, f_y = 400MPa)

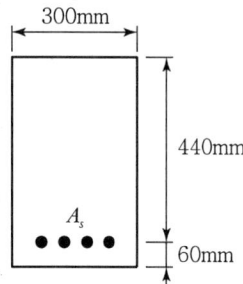

① 0.00432
② 0.00648
③ 0.00948
④ 0.01257

■해설 f_{ck} = 35MPa ≤ 40MPa인 경우
$\varepsilon_{cu} = 0.0033$, $\eta = 1$, $\beta_1 = 0.8$
$a = \dfrac{f_y A_s}{\eta 0.85 f_{ck} b} = \dfrac{400 \times 2,028}{1 \times 0.85 \times 35 \times 300} = 90.89 \text{mm}$
$\varepsilon_t = \dfrac{d_t \beta_1 - a}{a} \varepsilon_{cu}$
$= \dfrac{440 \times 0.8 - 90.89}{90.89} \times 0.0033 = 0.00948$

09. 폭(b)이 250mm이고, 전체 높이(h)가 500mm인 직사각형 철근콘크리트 보의 단면에 균열을 일으키는 비틀림모멘트 T_{cr}는 약 얼마인가?(단, f_{ck} = 28MPa이다.)

① 9.8kN·m
② 11.3kN·m
③ 12.5kN·m
④ 18.4kN·m

■해설 $A_{cp} = b_w \cdot h = 250 \times 500 = 125,000 \text{mm}^2$
$p_{cp} = 2(b_w + h) = 2 \times (250 \times 500) = 1,500 \text{mm}$
$T_{cr} = \dfrac{1}{3} \sqrt{f_{ck}} \dfrac{A_{cp}^2}{p_{cp}} = \dfrac{1}{3} \times \sqrt{28} \times \dfrac{125,000^2}{1,500}$
$= 18.4 \times 10^6 \text{N} \cdot \text{mm} = 18.4 \text{kN} \cdot \text{m}$

10. 그림과 같은 복철근 보의 유효깊이(d)는?(단, 철근 1개의 단면적은 250mm²이다.)

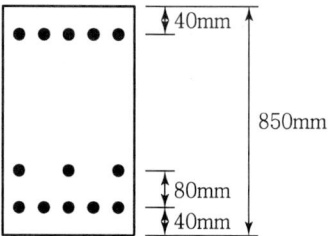

① 730mm
② 740mm
③ 760mm
④ 780mm

■해설 $8d = 3(850 - 40 - 80) + 5(850 - 40)$
$d = 780 \text{mm}$

11. 계수전단력(V_u)이 콘크리트에 의한 설계전단강도(ϕV_c)의 1/2을 초과하는 철근콘크리트 휨부재에는 최소 전단철근을 배치하도록 규정하고 있다. 다음 중 이 규정에서 제외되는 경우에 대한 설명으로 틀린 것은?

① 슬래브와 기초판
② 전체 깊이가 400mm 이하인 보
③ I형 보, T형 보에서 그 깊이가 플랜지 두께의 2.5배 또는 복부폭의 1/2 중 큰 값 이하인 보
④ 교대 벽체 및 날개벽, 옹벽의 벽체, 암거 등과 같이 휨이 주거동인 판 부재

■해설 최소 전단철근량 규정이 적용되지 않는 경우
㉠ $h \leq 250 \text{mm}$인 경우
㉡ $h \leq \left[2.5 t_f, \dfrac{1}{2} b_w \right]_{\max}$ 인 I형 보 또는 T형 보
㉢ 슬래브와 확대기초
㉣ 교대벽체 및 날개벽, 옹벽의 벽체, 암거 등과 같이 휨이 주거동인 판 부재
㉤ 콘크리트 장선구조

12. 그림과 같은 맞대기 용접의 용접부에 발생하는 인장응력은?

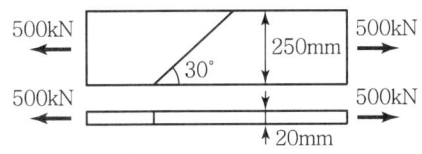

① 100MPa ② 150MPa
③ 200MPa ④ 220MPa

■해설 $f = \dfrac{P}{A} = \dfrac{500 \times 10^3}{20 \times 250} = 100\text{N/mm}^2 = 100\text{MPa}$

맞대기 용접부(홈용접부)의 인장응력은 용접부의 경사각도와 관계없고, 다만 하중과 하중이 재하된 수직단면과 관계있다.

13. 그림과 같은 포스트텐션 보에서 마찰에 의한 B점의 프리스트레스 감소량(ΔP)의 크기는?(단, 긴장단에서 긴장재의 긴장력(P_{pj})=1,000kN, 근사식을 사용하며, 곡률마찰계수(μ_p)=0.3/rad, 파상마찰계수(K)=0.004/m)

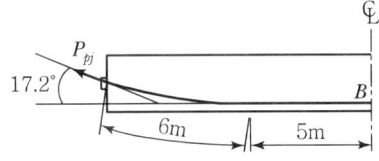

① 54.68kN ② 81.23kN
③ 118.17kN ④ 141.74kN

■해설 $180° : \pi(\text{rad}) = 17.2° : \alpha_{px}$

$\alpha_{px} = \dfrac{\pi \times 17.2}{180} = 0.3(\text{rad})$

$(kl_{px} + \mu_p \alpha_{px}) = 0.004 \times 11 + 0.3 \times 0.3$
$= 0.134 \leq 0.3 \text{(근사식 적용)}$

$\Delta P = P_{pj}\left[\dfrac{(kl_{px} + \mu_p \alpha_{px})}{1 + (kl_{px} + \mu_p \alpha_{px})}\right]$
$= 1,000\left[\dfrac{0.134}{1 + 0.134}\right] = 118.17\text{kN}$

14. 이형 철근의 정착길이에 대한 설명으로 틀린 것은?(단, d_b = 철근의 공칭지름)

① 표준 갈고리가 있는 인장 이형철근 : $10d_b$ 이상, 또한 200mm 이상
② 인장 이형철근 : 300mm 이상
③ 압축 이형철근 : 200mm 이상
④ 확대머리 인장 이형철근 : $8d_b$ 이상, 또한 150mm 이상

■해설 이형철근의 정착길이
 ㉠ 인장 이형철근 : 300mm 이상
 ㉡ 압축 이형철근 : 200mm 이상
 ㉢ 표준 갈고리가 있는 인장 이형철근 : $8d_b$ 이상, 또한 150mm 이상
 ㉣ 확대머리 인장 이형철근 : $8d_b$ 이상, 또한 150mm 이상

15. 1방향 슬래브에 대한 설명으로 틀린 것은?

① 1방향 슬래브의 두께는 최소 80mm 이상으로 하여야 한다.
② 4변에 의해 지지되는 2방향 슬래브 중에서 단변에 대한 장변의 비가 2배를 넘으면 1방향 슬래브로서 해석한다.
③ 슬래브의 정모멘트 철근 및 부모멘트 철근의 중심간격은 위험단면에서는 슬래브 두께의 2배 이하이어야 하고, 또한 300mm 이하로 하여야 한다.
④ 슬래브의 정모멘트 철근 및 부모멘트 철근의 중심간격은 위험단면을 제외한 단면에서는 슬래브 두께의 3배 이하이어야 하고, 또한 450mm 이하로 하여야 한다.

■해설 1방향 슬래브의 두께는 최소 100mm 이상으로 하여야 한다.

16. 그림과 같이 단면의 중심에 PS 강선이 배치된 부재에 자중을 포함한 계수하중(w) 30kN/m가 작용한다. 부재의 연단에 인장응력이 발생하지 않으려면 PS 강선에 도입되어야 할 긴장력(P)은 최소 얼마 이상인가?

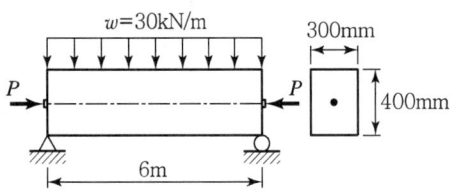

① 2,005kN ② 2,025kN
③ 2,045kN ④ 2,065kN

■해설 $f_b = \dfrac{P}{A} - \dfrac{M}{Z} = \dfrac{P}{bh} - \dfrac{3wl^2}{4bh^2} = 0$

$P = \dfrac{3wl^2}{4h} = \dfrac{3 \times 30 \times 6^2}{4 \times 0.4} = 2{,}025\text{kN}$

17. 철근콘크리트 구조물에서 연속 휨부재의 모멘트 재분배를 하는 방법에 대한 다음 설명 중 틀린 것은?

① 근사해법에 의하여 휨모멘트를 계산한 경우에는 연속 휨부재의 모멘트 재분배를 할 수 없다.
② 휨모멘트를 감소시킬 단면에서 최외단 인장철근의 순인장변형률 ε_t가 0.0075 이상인 경우에만 가능하다.
③ 경간 내의 단면에 대한 휨모멘트의 계산은 수정된 부모멘트를 사용하여야 한다.
④ 재분배량은 산정된 부모멘트의 $20\left[1 - \dfrac{\rho - \rho'}{\rho_b}\right]\%$ 이다.

■해설 연속 휨부재의 부모멘트 재분배에 있어서, 근사해법에 의해 휨모멘트를 계산할 경우를 제외하고 어떠한 가정의 하중을 적용하여 탄성이론에 의하여 산정한 연속 휨부재 받침부의 부모멘트는 20% 이내에서 $1{,}000\varepsilon_t\%$ 만큼 증가 또는 감소시킬 수 있다.

18. 다음과 같은 띠철근 단주 단면의 공칭 축하중강도(P_n)는?(단, 종방향 철근(A_{st})=4-D29=2,570mm², f_{ck}=21MPa, f_y=400MPa)

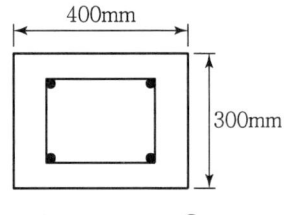

① 3,331.7kN ② 3,070.5kN
③ 2,499.3kN ④ 2,187.2kN

■해설 $P_n = \alpha\{0.85f_{ck}(A_g - A_{st}) + f_y A_{st}\}$
$= 0.80\{0.85 \times 21 \times (400 \times 300 - 2{,}570) + 400 \times 2{,}570\}$
$= 2{,}499.3 \times 10^3 \text{N} = 2{,}499.3\text{kN}$

19. 리벳으로 연결된 부재에서 리벳이 상하 두 부분으로 절단되었다면 그 원인은?

① 연결부의 인장파괴
② 리벳의 압축파괴
③ 연결부의 지압파괴
④ 리벳의 전단파괴

20. 강도설계법에 대한 기본가정 중 옳지 않은 것은?

① 철근 및 콘크리트의 변형률은 중립축으로부터의 거리에 비례한다.
② 콘크리트의 인장강도는 휨계산에서 무시한다.
③ 압축 측 연단에서 콘크리트의 극한 변형률은 콘크리트의 설계기준 압축강도가 40MPa이하인 경우에는 0.0033으로 가정한다.
④ 항복강도 f_y 이하에서 철근의 응력은 그 변형률에 관계없이 f_y와 같다고 가정한다.

■해설 항복강도 f_y 이하의 철근응력은 그 변형률의 E_s배로 취한다. f_y에 해당하는 변형률보다 더 큰 변형률에 대한 철근의 응력은 변형률에 관계없이 f_y와 같다고 가정한다.

과년도 출제문제 및 해설

01. 다음 중에서 프리스트레스 감소의 원인으로 거리가 먼 것은?

① 콘크리트의 건조 수축과 크리프
② 콘크리트의 탄성 변형
③ PS 강재의 릴랙세이션
④ PS 강재의 항복점 강도

■해설 ㉠ 즉시손실 : 정착단 활동, 마찰, 탄성 변형
㉡ 시간손실 : 크리프, 건조 수축, 릴랙세이션

02. 그림과 같은 인장을 받는 표준 갈고리에서 정착길이란 어느 것을 말하는가?

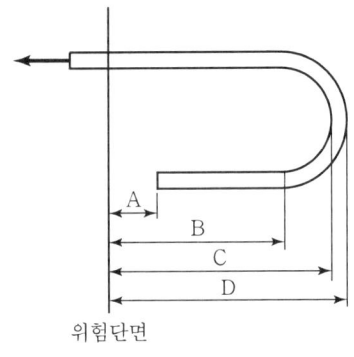

① A
② B
③ C
④ D

03. 보의 단면이 300×500mm인 직사각형이고, 1개당 100mm²의 단면적을 가지는 PS 강선 6개를 강선군의 도심과 부재단면의 도심축이 일치하도록 배치된 프리텐션 PC 보가 있다. 강선의 초긴장력이 1,000MPa일 때 콘크리트의 탄성 변형에 의한 프리스트레스의 감소량은?(단, $n=6$)

① 42MPa
② 36MPa
③ 30MPa
④ 24MPa

■해설
$$\Delta f_{pe} = nf_{cs} = n\frac{P_i}{A_g} = n\frac{A_p f_{pi}}{bh}$$
$$= 6 \times \frac{(6 \times 100) \times 1,000}{300 \times 500} = 24\text{MPa}$$

04. 강도설계법에서 휨모멘트와 축력을 동시에 받는 부재의 콘크리트 압축연단의 극한 변형률은 얼마로 가정하는가?(단, $f_{ck} \leq 40\text{MPa}$인 경우)

① 0.0031
② 0.0032
③ 0.0033
④ 0.0034

■해설 강도설계법에서 휨모멘트 또는 휨모멘트와 축력을 동시에 받은 부재의 콘크리트 압축연단의 극한변형률은 콘크리트의 설계기준 압축강도가 40MPa 이하 인 경우에는 0.0033으로 가정한다.

05. 보에 작용하는 계수 전단력 $V_u=50\text{kN}$을 콘크리트만으로 지지할 경우 필요한 유효깊이 d의 최소값은 약 얼마인가?(단, $b_w=350\text{mm}$, $f_{ck}=22\text{MPa}$, $f_y=400\text{MPa}$)

① 326mm
② 488mm
③ 532mm
④ 550mm

■해설
$$\frac{1}{2}\phi V_c \geq V_u$$
$$\frac{1}{2}\phi\left(\frac{1}{6}\sqrt{f_{ck}}b_w d\right) \geq V_u$$
$$d \geq \frac{12V_u}{\phi\sqrt{f_{ck}}b_w} = \frac{12 \times (50 \times 10^3)}{0.75 \times \sqrt{22} \times 350} = 487.3\text{mm}$$

06. 강도설계에서 $f_{ck}=24\text{MPa}$, $f_y=280\text{MPa}$을 사용하는 직사각형 단철근 보의 균형철근비는?

① 0.0284
② 0.0347
③ 0.0409
④ 0.0561

|해답| 1.④ 2.④ 3.④ 4.③ 5.② 6.③

■해설 $f_{ck} = 24\text{MPa} \leq 40\text{MPa}$인 경우

$$\rho_b = 0.68\frac{f_{ck}}{f_y}\frac{660}{660+f_y}$$
$$= 0.68 \times \frac{24}{280} \times \frac{660}{660+280} = 0.0409$$

07. 나선철근으로 보강된 철근콘크리트 부재의 강도감소계수(ϕ)는 얼마인가?(단, 압축지배단면인 경우)

① 0.80 ② 0.75
③ 0.70 ④ 0.65

■해설 압축지배단면 부재의 강도감소계수 ϕ의 값
㉠ 나선철근으로 보강된 부재의 경우, $\phi=0.70$
㉡ 그 외 기타 부재의 경우, $\phi=0.65$

08. 다음 중 강도설계법의 장단점을 설명한 것으로 틀린 것은?

① 파괴에 대한 안전도의 확보가 허용응력설계법보다 확실하다.
② 하중계수에 의하여 하중의 특성을 설계에 반영할 수 있다.
③ 서로 다른 재료의 특성을 설계에 합리적으로 반영할 수 있다.
④ 사용성 확보를 위해서 별도로 검토해야 하는 등 설계과정이 다소 복잡하다.

■해설 서로 다른 재료의 특성을 설계에 합리적으로 반영할 수 있는 것은 허용응력설계법의 장점이다.

09. 강판형의 경제적인 높이는 무엇에 의해 구해지는가?

① 지압력 ② 지간길이
③ 전단력 ④ 휨모멘트

■해설 강판형의 경제적인 높이는 휨모멘트에 의해서 결정된다.

10. 다음은 프리스트레스트 콘크리트에서 프리텐션 방식과 포스트텐션 방식의 장점을 열거한 것이다. 옳지 않은 것은?

① 프리텐션 방식은 일반적으로 공장에서 제조되므로 제품의 품질에 대한 신뢰도가 높다.
② 프리텐션 방식은 PS 강재를 곡선으로 배치하기가 쉬워서 대형 부재 제작에도 적합하다.
③ 프리텐션 방식은 같은 모양과 치수의 프리캐스트 부재를 대량으로 제조할 수 있다.
④ 포스트텐션 방식은 프리캐스트 PSC 부재의 결합과 조립에 편리하게 이용된다.

■해설 프리텐션 방식은 콘크리트 타설 전에 PS 강재를 긴장하므로 PS 강재를 곡선으로 배치하기 어렵다.

11. 아래의 표에서 설명하는 철근은?

> 보의 주철근을 둘러싸고 이에 직각이 되게 또는 경사지게 배치한 복부보강근으로서 전단력 및 비틀림모멘트에 저항하도록 배치한 보강철근

① 주철근 ② 온도철근
③ 배력철근 ④ 스터럽

12. 그림과 같이 인장력을 받는 두 강판을 볼트로 연결할 경우 발생할 수 있는 파괴모드(Failure Mode)가 아닌 것은?

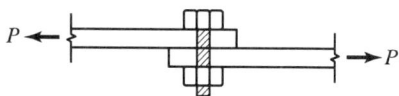

① 볼트의 전단파괴
② 볼트의 인장파괴
③ 볼트의 지압파괴
④ 강판의 지압파괴

■해설 볼트의 파괴형태
㉠ 볼트의 전단파괴
㉡ 볼트의 지압파괴
㉢ 볼트의 할렬파괴

13. 강도설계법으로 보를 설계할 때 고정하중과 활하중이 각각 80kN/m, 100kN/m라면, 하중계수 및 하중조합을 고려한 설계하중은?

① 180kN/m ② 214kN/m
③ 256kN/m ④ 282kN/m

■해설 $U = 1.2D + 1.6L$
$= (1.2 \times 80) + (1.6 \times 100) = 256$kN/m

14. 아래 그림과 같은 리벳 이음에서 허용 전단응력이 70MPa이고, 허용 지압응력이 150MPa일 때 이 리벳의 강도는?(단, 리벳 지름 $d = 22$mm, 철판 두께 $t = 12$mm)

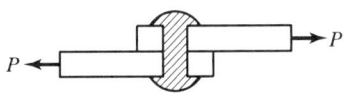

① 26.6kN ② 30.4kN
③ 39.6kN ④ 42.2kN

■해설 ㉠ 허용 전단력
$P_{Rs} = v_a \cdot \left(\dfrac{\pi d^2}{4}\right) = 70 \times \left(\dfrac{\pi \times 22^2}{4}\right)$
$= 26.6 \times 10^3 \text{N} = 26.6$kN

㉡ 허용 지압력
$P_{Rb} = f_{ba}(dt) = 150 \times (22 \times 12)$
$= 39.6 \times 10^3 \text{N} = 39.6$kN

㉢ 리벳강도
$P_R = [P_{Rs}, P_{Rb}]_{\min} = 26.6$kN

15. 아래 그림과 같은 띠철근 기둥에서 띠철근으로 D10(공칭지름 9.5mm) 및 축방향 철근으로 D32(공칭지름 31.8mm)의 철근을 사용할 때, 띠철근의 최대 수직간격은?

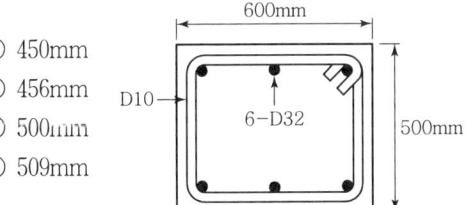

① 450mm
② 456mm
③ 500mm
④ 509mm

■해설 띠철근 기둥에서 띠철근의 간격
㉠ 축방향 철근 지름의 16배 이하 = 31.8×16 = 508.8mm 이하
㉡ 띠철근 지름의 48배 이하 = 9.5×48 = 456mm 이하
㉢ 기둥 단면의 최소 치수 이하 = 500mm 이하
따라서, 띠철근의 간격은 최소값인 456mm 이하라야 한다.

16. 아래 그림과 같은 T형 보에 정모멘트가 작용할 때 다음 설명 중 옳은 것은?(단, $f_{ck} = 24$MPa, $f_y = 400$MPa, $A_s = 5,000$mm²)

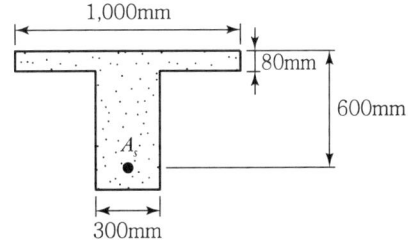

① 등가직사각형 응력블록의 깊이(a)가 80mm인 복철근보로 설계한다.
② 폭이 1,000mm인 직사각형보로 설계한다.
③ 폭이 300mm인 직사각형보로 설계한다.
④ T형 보로 설계한다.

■해설 • 폭이 1000mm인 직사각형 단면보에 대한 등가사각형 깊이
$a = \dfrac{f_y A_s}{\eta 0.85 f_{ck} b} = \dfrac{400 \times 5,000}{1 \times 0.85 \times 24 \times 1,000} = 98$mm
• $t_f = 80$mm
• $a > t_f$이므로 T형 보로 설계한다.

17. 철근콘크리트 부재 설계에서 강도감소계수(ϕ)를 사용하는 이유에 해당하지 않는 것은?

① 설계방정식을 적용 중 계산오차 및 오류에 대비한 여유
② 재료 강도와 치수가 변동할 수 있으므로 부재의 강도 저하 확률에 대비
③ 부정확한 설계 방정식에 대비한 여유
④ 구조물에서 차지하는 부재의 중요도 등을 반영

|해답| 13. ③ 14. ① 15. ② 16. ④ 17. ①

■해설 설계방정식을 적용함에 있어서 발생하는 계산오차 및 오류에 대비하기 위하여 강도감소계수를 사용하지 않는다.

18. $b_w = 400mm$, $d = 600mm$인 단철근 직사각형보에 $A_s = 3,320mm^2$인 철근을 일렬로 배치했을 때 직사각형 응력블록의 깊이(a)는?(단, $f_{ck} = 21MPa$, $f_y = 400MPa$)

① 186mm ② 194mm
③ 201mm ④ 213mm

■해설 $\eta = 1(f_{ck} \leq 400MPa$인 경우)
$$a = \frac{f_y A_s}{\eta 0.85 f_{ck} b} = \frac{400 \times 3,320}{1 \times 0.85 \times 21 \times 400} = 186mm$$

19. 아래 그림과 같은 단순보에서 등가직사각형 응력블록의 깊이(a)가 152.94mm이었다면, 최외단 인장철근의 순인장 변형률(ε_t)은?(단, $f_{ck} = 28MPa$, $f_y = 400MPa$)

① 0.00352
② 0.00401
③ 0.00447
④ 0.00500

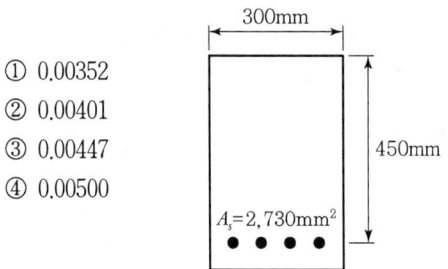

■해설 $f_{ck} = 28MPa \leq 40MPa$인 경우
$\varepsilon_{cu} = 0.0033$, $\eta = 1$, $\beta_1 = 0.8$
$$\varepsilon_t = \frac{d_t \beta_1 - a}{a} \varepsilon_{cu}$$
$$= \frac{450 \times 0.8 - 152.94}{152.94} \times 0.0033 = 0.00447$$

20. 경간 $l = 10m$인 대칭 T형 보에서 양쪽 슬래브의 중심간격 2,100mm, 플랜지의 두께 $t = 100mm$, 플랜지가 있는 부재의 복부폭 $b_w = 400mm$일 때 플랜지의 유효폭은 얼마인가?

① 2,000mm ② 2,100mm
③ 2,300mm ④ 2,500mm

■해설 T형 보(대칭 T형 보)에서 플랜지의 유효폭(b_e)
㉠ $16t_f + b_w = (16 \times 100) + 400 = 2,000mm$
㉡ 양쪽 슬래브의 중심 간 거리(l_c) = 2,100mm
㉢ 보 경간의 $\frac{1}{4}\left(\frac{l}{4}\right) = \frac{1}{4} \times (10 \times 10^3) = 2,500mm$

위 값 중에서 최소값을 취하면 $b_e = 2,000mm$이다.

|해답| 18. ① 19. ③ 20. ①

과년도 출제문제 및 해설

Item pool (기사 2018년 3월 4일 시행)

01. 강도설계법에서 사용하는 강도감소계수(ϕ)의 값으로 틀린 것은?

① 무근콘크리트의 휨모멘트 : $\phi = 0.55$
② 전단력과 비틀림모멘트 : $\phi = 0.75$
③ 콘크리트의 지압력 : $\phi = 0.70$
④ 인장지배단면 : $\phi = 0.85$

■해설 콘크리트의 지압력에 대한 강도감소계수(ϕ)는 0.65 이다.

02. 철근 콘크리트보에 배치되는 철근의 순간격에 대한 설명으로 틀린 것은?

① 동일 평면에서 평행한 철근 사이의 수평 순간격은 25mm 이상이어야 한다.
② 상단과 하단에 2단 이상으로 배치된 경우 상하 철근의 순간격은 25mm이상으로 하여야 한다.
③ 철근의 순간격에 대한 규정은 서로 접촉된 걸침이음 철근과 인접된 이음철근 또는 연속철근 사이의 순간격에도 적용하여야 한다.
④ 벽체 또는 슬래브에서 휨 주철근의 간격은 벽체나 슬래브 두께의 2배 이하로 하여야 한다.

■해설 벽체 또는 슬래브에서 휨 주철근의 중심간격은 위험단면을 제외한 단면에서는 벽체 또는 슬래브 두께의 3배 이하이어야 하고, 또한 450mm 이하로 하여야 한다.

03. 다음 그림과 같은 단철근 직사각형보가 공칭 휨강도(M_n)에 도달할 때 인장철근의 변형률은 얼마인가?(단, 철근 D22 4개의 단면적 1,548mm², f_{ck} =35MPa, f_y =400MPa)

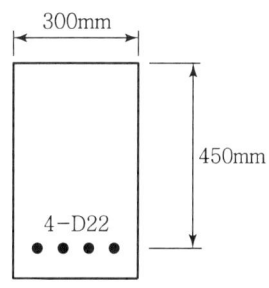

① 0.0102
② 0.0138
③ 0.0186
④ 0.0198

■해설 $f_{ck} = 35\text{MPa} \leq 40\text{MPa}$인 경우
$\varepsilon_{cu} = 0.0033, \ \eta = 1, \ \beta_1 = 0.8$
$c = \dfrac{f_y A_s}{\eta 0.85 f_{ck} b \beta_1} = \dfrac{400 \times 1,548}{1 \times 0.85 \times 35 \times 300 \times 0.8}$
$= 86.72\text{mm}$
$\varepsilon_t = \dfrac{d_t - c}{c}\varepsilon_c = \dfrac{450 - 86.72}{86.72} \times 0.0033 = 0.0138$

04. 그림의 PSC 콘크리트보에서 PS강재를 포물선으로 배치하여 프리스트레스 $P=1,000$kN이 작용할 때 프리스트레스의 상향력은?(단, 보 단면은 $b=300$mm, $h=600$mm이고, $s=250$mm이다.)

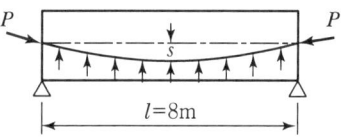

① 51.65kN/m
② 41.76kN/m
③ 31.25kN/m
④ 21.38kN/m

■해설 $U = \dfrac{8Ps}{l^2} = \dfrac{8 \times 1,000 \times 0.25}{8^2} = 31.25\text{kN/m}$

|해답| 1. ③ 2. ④ 3. ② 4. ③

05. 그림의 T 형보에서 $f_{ck}=28\text{MPa}$, $f_y=400\text{MPa}$ 일때 공칭모멘트강도(M_n)를 구하면?(단, $A_s=5,000\text{mm}^2$)

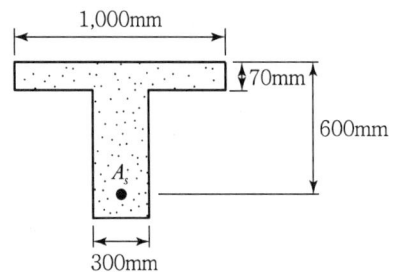

① 1,110.5kN·m
② 1,251.0kN·m
③ 1,372.5kN·m
④ 1,434.0kN·m

■해설 1. T형 단면보의 판별
폭이 $b=1,000\text{mm}$인 직사각형 단면보에 대한 등가사각형 깊이
$\eta=1$ ($f_{ck} \leq 40\text{MPa}$인 경우)
$a=\dfrac{f_yA_s}{\eta 0.85f_{ck}b}=\dfrac{400\times 5,000}{1\times 0.85\times 28\times 1,000}=84\text{mm}$
$a(=84\text{mm})>t_f(=70\text{mm})$ 이므로
T형 단면보로 해석

2. T형 단면보의 공칭휨강도(M_n)
$A_{sf}=\dfrac{\eta 0.85f_{ck}(b-b_w)t_f}{f_y}$
$=\dfrac{1\times 0.85\times 28\times (1,000-300)\times 70}{400}$
$=2,915.5\text{mm}^2$
$a=\dfrac{(A_s-A_{sf})f_y}{\eta 0.85f_{ck}b_w}$
$=\dfrac{(5,000-2,915.5)\times 400}{1\times 0.85\times 28\times 300}=116.8\text{mm}$
$M_n=A_{sf}f_y\left(d-\dfrac{t_f}{2}\right)+(A_s-A_{sf})f_y\left(d-\dfrac{a}{2}\right)$
$=2,915.5\times 400\times \left(600-\dfrac{70}{2}\right)$
$\quad +(5,000-2,915.5)\times 400\times \left(600-\dfrac{116.8}{2}\right)$
$=1110.5\times 10^6 \text{N}\cdot\text{mm}=1,110.5\text{kN}\cdot\text{m}$

06. 다음 중 적합비틀림에 대한 설명으로 옳은 것은?

① 균열의 발생 후 비틀림모멘트의 재분배가 일어날 수 없는 비틀림
② 균열의 발생 후 비틀림모멘트의 재분배가 일어날 수 있는 비틀림
③ 균열의 발생 전 비틀림모멘트의 재분배가 일어날 수 없는 비틀림
④ 균열의 발생 전 비틀림모멘트의 재분배가 일어날 수 있는 비틀림

■해설 적합비틀림(Comparibility Torsion)
1. 정의
적합비틀림이란 평형방정식과 더불어 변형에 대한 적합조건식을 만족시켜야 구조물의 해석이 가능한 비틀림을 의미한다.
즉, 정정구조물에 비틀림하중이 작용하는 경우 평형방정식만으로 구조물의 해석이 가능한 평형비틀림(Equilibrium Torsion)과는 달리 부정정구조물에 비틀림이 작용하는 경우 평형방정식과 적합조건식을 고려해야 구조물의 해석이 가능한 비틀림을 적합비틀림이라 한다.
2. 특성
① 부재에 균열이 발생하면 균열 후 힘의 재분배로 비틀림모멘트가 줄어든다.
② 주변부재의 강성이 클 경우 부재의 비틀림 모멘트가 줄어든다.

07. 용접 시의 주의 사항에 관한 설명 중 틀린 것은?

① 용접의 열을 될 수 있는 대로 균등하게 분포시킨다.
② 용접부의 구속을 될 수 있는 대로 적게 하여 수축변형을 일으키더라도 해로운 변형이 남지 않도록 한다.
③ 평행한 용접은 같은 방향으로 동시에 용접하는 것이 좋다.
④ 주변에서 중심으로 향하여 대칭으로 용접해 나간다.

■해설 용접은 중심에서 주변을 향해 대칭으로 해나가는 것이 변형을 적게 한다.

08. 콘크리트의 강도설계에서 등가 직사각형 응력 블록의 깊이 $a = \beta_1 c$로 표현할 수 있다. f_{ck}가 60MPa인 경우 β_1의 값은 얼마인가?

① 0.80 ② 0.78
③ 0.76 ④ 0.74

해설 $f_{ck} = 60$MPa인 경우 $\beta_1 = 0.76$

09. $A_s = 4,000$mm², $A_s' = 1,500$mm²로 배근된 그림과 같은 복철근 보의 탄성처짐이 15mm이다. 5년 이상의 지속하중에 의해 유발되는 장기처짐은 얼마인가?

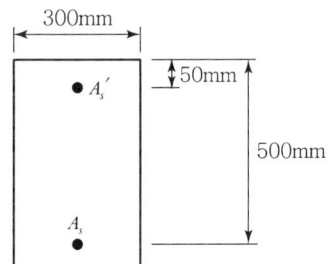

① 15mm ② 20mm
③ 25mm ④ 30mm

해설 $\xi = 2.0$ (하중 재하기간이 5년 이상인 경우)

$\rho' = \dfrac{A_s'}{bd} = \dfrac{1,500}{300 \times 500} = 0.01$

$\lambda_\Delta = \dfrac{\xi}{1 + 50\rho'} = \dfrac{2}{1 + (50 \times 0.01)} = 1.33$

$\delta_L = \lambda_\Delta \cdot \delta_i = 1.33 \times 15 = 20$mm

10. $M_u = 200$kN·m의 계수모멘트가 작용하는 단철근 직사각형보에서 필요한 철근량(A_s)은 약 얼마인가?(단, $b = 300$mm, $d = 500$mm, $f_{ck} = 28$MPa, $f_y = 400$MPa, $\phi = 0.85$이다.)

① 1,072.7mm² ② 1,266.3mm²
③ 1,524.6mm² ④ 1,785.4mm²

해설 1. $\eta = 1$ ($f_{ck} \leq 40$MPa인 경우)

$M_u \leq M_d = \phi \rho f_y bd^2 \left(1 - 0.59 \dfrac{\rho}{\eta} \dfrac{f_y}{f_{ck}}\right)$

$\left(\dfrac{0.59}{\eta} \phi \dfrac{f_y^2}{f_{ck}} bd^2\right)\rho^2 - (\phi f_y bd^2)\rho + M_u \leq 0$

$\left(\dfrac{0.59}{1} \times 0.85 \times \dfrac{400^2}{28} \times 300 \times 500^2\right)\rho^2$
$- (0.85 \times 400 \times 300 \times 500^2)\rho + (200 \times 10^6) \leq 0$

$\rho^2 - 0.1186441\rho + 0.0009305 \leq 0$

$0.0084437 \leq \rho \leq 0.1102004$

2. 또한, 강도감소계수(ϕ)가 $\phi = 0.85$이기 위해서는 인장지배단면이 되어야 하므로
$\varepsilon_t \geq \varepsilon_{t,l}$, 즉 $\rho \leq \rho_{t,l}$이어야 한다.
$\varepsilon_{t,l} = 0.005$ ($f_y \leq 400$MPa인 경우)
$f_{ck} \leq 40$MPa인 경우

$\rho_{t,l} = 0.68 \dfrac{f_{ck}}{f_y} \dfrac{0.0033}{0.0033 + \varepsilon_{t,l}}$

$= 0.68 \times \dfrac{28}{400} \times \dfrac{0.0033}{0.0033 + 0.005} = 0.0189253$

$\rho \leq 0.0189253$

3. 1.과 2.의 결과로부터

$0.0084437 \leq \rho \left(= \dfrac{A_s}{bd}\right) \leq 0.0189253$

$1,266\text{mm}^2 \leq A_s \leq 2,839\text{mm}^2$

11. 다음 그림과 같은 보통중량콘크리트 직사각형 단면의 보에서 균열모멘트(M_{cr})는?(단, $f_{ck} = 24$MPa이다.)

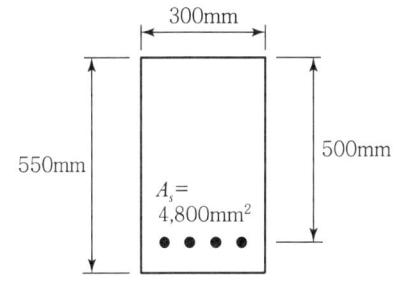

① 46.7kN·m ② 52.3kN·m
③ 56.4kN·m ④ 62.1kN·m

해설 $\lambda = 1$ (보통중량의 콘크리트인 경우)

$f_r = 0.63\lambda\sqrt{f_{ck}} = 0.63 \times 1 \times \sqrt{24} = 3.086$MPa

$Z = \dfrac{bh^2}{6} = \dfrac{300 \times 550^2}{6} = 15.125 \times 10^6 \text{mm}^3$

$M_{cr} = f_r \cdot Z$
$= 3.086 \times (15.125 \times 10^6)$
$= 46.7 \times 10^6$ N·mm $= 46.7$kN·m

12. 프리스트레스 감소 원인 중 프리스트레스 도입 후 시간의 경과에 따라 생기는 것이 아닌 것은?

① PC강재의 릴랙세이션
② 콘크리트의 건조수축
③ 콘크리트의 크리프
④ 정착 장치의 활동

■해설 프리스트레스의 손실 원인
1) 프리스트레스 도입 시 손실(즉시 손실)
  ① 정착 장치의 활동에 의한 손실
  ② PS강재와 쉬스 사이의 마찰에 의한 손실
  ③ 콘크리트의 탄성변형에 의한 손실
2) 프리스트레스 도입 후 손실(시간 손실)
  ① 콘크리트의 크리프에 의한 손실
  ② 콘크리트의 건조수축에 의한 손실
  ③ PS강재의 릴랙세이션에 의한 손실

13. 서로 다른 크기의 철근을 압축부에서 겹침이음 하는 경우 이음길이에 대한 설명으로 옳은 것은?

① 이음길이는 크기가 큰 철근의 정착길이와 크기가 작은 철근의 겹침이음길이 중 큰 값 이상이어야 한다.
② 이음길이는 크기가 작은 철근의 정착길이와 크기가 큰 철근의 겹침이음길이 중 작은 값 이상이어야 한다.
③ 이음길이는 크기가 작은 철근의 정착길이와 크기가 큰 철근의 겹침이음길이의 평균값 이상이어야 한다.
④ 이음길이는 크기가 큰 철근의 정착길이와 크기가 작은 철근의 겹침이음길이를 합한 값 이상이어야 한다.

■해설 서로 다른 크기의 철근을 압축부재에서 겹침이음을 하는 경우 이음길이는 크기가 큰 철근의 정착길이와 크기가 작은 철근의 겹침이음 길이 중 큰 값 이상이어야 한다.

14. 주어진 T형 단면에서 부착된 프리스트레스트 보강재의 인장응력(f_{ps})은 얼마인가?(단, 긴장재의 단면적 $A_{ps}=1,290\text{mm}^2$이고, 프리스트레싱 긴장재의 종류에 따른 계수 $\gamma_p=0.4$, 긴장재의 설계기준 인장강도 $f_{pu}=1,900\text{MPa}$, $f_{ck}=35\text{MPa}$)

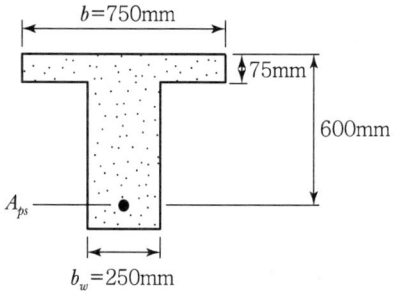

① 1,900MPa
② 1,861MPa
③ 1,804MPa
④ 1,752MPa

■해설 $\beta_1=0.8\,(f_{ck}\leq 40\text{MPa}$인 경우$)$

$\rho_p=\dfrac{A_{ps}}{bd_p}=\dfrac{1,290}{750\times 600}=0.00287$

$f_{ps}=f_{pu}\left(1-\dfrac{\gamma_p}{\beta_1}\rho_p\dfrac{f_{pu}}{f_{ck}}\right)$

$=1,900\times\left(1-\dfrac{0.4}{0.8}\times 0.00287\times\dfrac{1,900}{35}\right)$

$=1,752\text{MPa}$

15. 그림과 같은 복철근 보의 유효깊이(d)는?(단, 철근 1개의 단면적은 250mm²이다.)

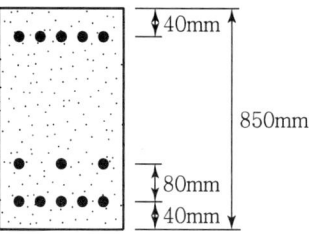

① 810mm
② 780mm
③ 770mm
④ 730mm

■해설 $d_1=850-80-40=730\text{mm}$
$d_2=850-40=810\text{mm}$
$8d=3d_1+5d_2$
$d=\dfrac{1}{8}(3\times 730+5\times 810)=780\text{mm}$

16. 철근의 부착응력에 영향을 주는 요소에 대한 설명으로 틀린 것은?

① 경사인장균열이 발생하게 되면 철근이 균열에 저항하게 되고, 따라서 균열면 양쪽의 부착응력을 증가시키기 때문에 결국 인장철근의 응력을 감소시킨다.
② 거푸집 내에 타설된 콘크리트의 상부로 상승하는 물과 공기는 수평으로 놓인 철근에 의해 가로막히게 되며, 이로 인해 철근과 철근 하단에 형성될 수 있는 수막 등에 의해 부착력이 감소될 수 있다.
③ 전단에 의한 인장철근의 장부력(dowel force)은 부착에 의한 쪼갬 응력을 증가시킨다.
④ 인장부 철근이 필요에 의해 절단되는 불연속 지점에서는 철근의 인장력 변화정도가 매우 크며 부착응력 역시 증가한다.

■해설 경사인장균열이 발생하게 되면 철근이 균열에 저항하게 되고, 따라서 균열면 양쪽의 부착응력을 증가시키기 때문에 결국 인장철근의 응력을 증가시킨다.

17. 그림과 같은 용접부의 응력은?

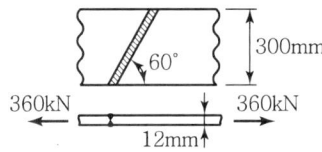

① 115MPa ② 110MPa
③ 100MPa ④ 94MPa

■해설 $f = \dfrac{P}{bt} = \dfrac{360 \times 10^3}{300 \times 12} = 100\text{N/mm}^2 = 100\text{MPa}$

18. 계수전단력(V_u)이 262.5kN일 때 그림과 같은 보에서 가장 적당한 수직스터럽의 간격은?(단, 사용된 스터럽은 D13을 사용하였으며, D13철근의 단면적은 127mm², $f_{ck}=28\text{MPa}$, $f_y=400\text{MPa}$이다.)

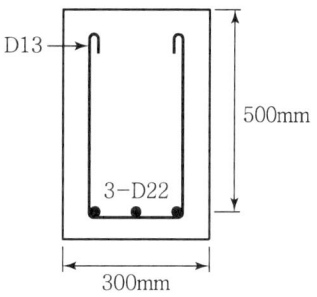

① 195mm ② 201mm
③ 233mm ④ 265mm

■해설 $V_u = 262.5\text{kN}$

$V_c = \dfrac{1}{6}\lambda\sqrt{f_{ck}}\,bd$
$= \dfrac{1}{6} \times 1 \times \sqrt{28} \times 300 \times 500$
$= 132.3 \times 10^3\text{N} = 132.3\text{kN}$

$\phi V_c = 0.75 \times 132.3 = 99.2\text{kN}$

$V_u(=262.5\text{kN}) > \phi V_c(=99.2\text{kN})$이므로 전단보강 필요

$V_s = \dfrac{V_u - \phi V_c}{\phi} = \dfrac{262.5 - 99.2}{0.75} = 217.8\text{kN}$

$\dfrac{1}{3}\lambda\sqrt{f_{ck}}\,bd = 2V_c = 2 \times 132.3 = 264.6\text{kN}$

$V_s(=217.8\text{kN}) < \dfrac{1}{3}\lambda\sqrt{f_{ck}}\,bd(=264.6\text{kN})$이므로 전단철근간격 S는 다음 값 이하라야 한다.

① $S \leq \dfrac{d}{2} = \dfrac{500}{2} = 250\text{mm}$
② $S \leq 600\text{mm}$
③ $S \leq \dfrac{A_v F_y d}{V_s} = \dfrac{(2 \times 127) \times 400 \times 500}{(217.8 \times 10^3)} = 233\text{mm}$

따라서 전단철근간격 S는 최소값인 233mm 이하라야 한다.

19. 다음 그림의 지그재그로 구멍이 있는 판에서 순폭을 구하면?(단, 구멍직경은 25mm)

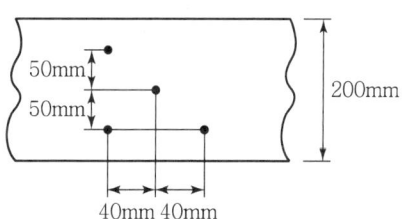

① 187mm ② 141mm
③ 137mm ④ 125mm

■해설 $d_h = \phi + 3 = 25\text{mm}$
$b_{n2} = b_g - 2d_h = 200 - (2 \times 25) = 150\text{mm}$
$b_{n3} = b_g - 3d_h + 2 \times \dfrac{S^2}{4g}$
$\quad = 200 - (3 \times 25) + \left(2 \times \dfrac{40^2}{4 \times 50}\right) = 141\text{mm}$
$b_n = [b_{n2},\ b_{n3}]_{\min} = 141\text{mm}$

20. 아래의 표와 같은 조건의 경량콘크리트를 사용하고, 설계기준항복강도가 400MPa인 D25(공칭직경 : 25.4mm)철근을 인장철근으로 사용하는 경우 기본정착길이(l_{db})는?

- 콘크리트 설계기준 압축강도(f_{ck}) : 24MPa
- 콘크리트 인장강도(f_{sp}) : 2.17MPa

① 1,430mm ② 1,515mm
③ 1,535mm ④ 1,575mm

■해설 1. f_{sp}가 주어진 경우 경량골재콘크리트 계수(λ)
$\lambda = \dfrac{f_{sp}}{0.56\sqrt{f_{ck}}} = \dfrac{2.17}{0.56\sqrt{24}} = 0.79$

2. 인장철근의 기본정착길이(l_{db})
$l_{db} = \dfrac{0.6 d_b f_y}{\lambda \sqrt{f_{ck}}} = \dfrac{0.6 \times 25.4 \times 400}{0.79 \times \sqrt{24}} = 1{,}575\text{mm}$

과년도 출제문제 및 해설

Item pool (산업기사 2018년 3월 4일 시행)

01. 강도설계법에서 사용하는 강도감소계수의 사용목적으로 거리가 먼 것은?
① 재료 강도와 치수가 변동할 수 있으므로 부재의 강도 저하 확률에 대비한 여유를 반영하기 위해서
② 부정확한 설계 방정식에 대비한 여유를 반영하기 위해서
③ 구조물에서 차지하는 부재의 중요도 등을 반영하기 위해서
④ 구조해석할 때의 가정 및 계산의 실수로 인해 야기될지 모르는 초과하중의 영향에 대비하기 위해서

■해설 구조해석할 때의 가정 및 계산의 실수로 인해 야기될지 모르는 초과하중의 영향에 대비하기 위해서 사용되는 것은 하중계수이다.

02. 단철근 직사각형보를 강도 설계법으로 설계할 때 과소철근보로 설계하는 이유로 옳은 것은?
① 처짐을 감소시키기 위해서
② 철근이 먼저 파괴되는 것을 방지하기 위해서
③ 철근을 절약해서 경제적인 설계가 되도록 하기 위해서
④ 압축력의 부족으로 인한 콘크리트의 취성파괴를 방지하기 위해서

■해설 단철근 직사각형보를 강도 설계법으로 설계할 때 과소철근보로 설계하는 이유는 압축력의 부족으로 인한 콘크리트의 취성파괴를 방지하기 위한 것이다.

03. 강도설계법에 대한 기본가정 중 옳지 않은 것은?
① 평면인 단면은 변형 후에도 평면을 유지한다.
② 철근과 콘크리트의 응력과 변형률은 중립축으로부터 거리에 비례한다.
③ 압축측 연단에서 콘크리트의 극한 변형률은 콘크리트의 설계기준 압축강도가 40MPa이하인 경우에는 0.0033으로 가정한다.
④ 콘크리트의 인장강도는 휨계산에서 무시한다.

■해설 극한강도상태에서 콘크리트의 응력은 중립축으로부터 거리에 비례하지 않는다.

04. 철근콘크리트 깊은보 및 깊은보의 전단설계에 관한 설명으로 잘못된 것은?
① 순경간(l_n)이 부재 깊이의 4배 이하이거나 하중이 받침부로부터 부재 깊이의 2배 거리 이내에 작용하는 보를 깊은보라 한다.
② 수직전단철근의 간격은 d/5 이하 또한 300mm 이하로 하여야 한다.
③ 수평전단철근의 간격은 d/5 이하 또한 300mm 이하로 하여야 한다.
④ 깊은보에서는 수평전단철근이 수직전단철근보다 전단보강 효과가 더 크다.

■해설 깊은보에서는 수직전단철근이 수평전단철근보다 전단보강 효과가 더 크다.

05. 합성형 교량에서 콘크리트 슬래브와 강재 보의 상부 플랜지를 일체화시키기 위해 사용하는 것은?
① 브레이싱   ② 스티프너
③ 전단 연결재   ④ 리벳

■해설 합성형 교량에서 콘크리트 슬래브와 강재 보의 상부 플랜지를 일체화시키기 위해 사용하는 것은 전단 연결재(stud)이다.

|해답| 1. ④ 2. ④ 3. ② 4. ④ 5. ③

06. 나선철근 또는 띠철근이 배근된 압축부재에서 축방향 철근의 순간격에 대한 설명으로 옳은 것은?

① 40mm 이상, 또한 철근 공칭지름의 1.5배 이상으로 하여야 한다.
② 50mm 이상, 또한 철근 공칭지름 이상으로 하여야 한다.
③ 50mm 이하, 또한 철근 공칭지름의 1.5배 이하로 하여야 한다.
④ 40mm 이하, 또한 철근 공칭지름 이하로 하여야 한다.

■해설 철근콘크리트 기둥에서 축방향 철근의 순간격
- 40mm 이상
- 철근 공칭지름의 1.5배 이상
- 굵은 골재 최대치수의 $\frac{4}{3}$배 이상

07. 폭(b)은 300mm, 유효깊이(d)는 550mm인 직사각형 철근 콘크리트 보에 전단력과 휨만이 작용할 때 콘크리트가 받을 수 있는 설계 전단강도(ϕV_c)는 약 얼마인가? (단, $f_{ck} = 27$MPa)

① 101kN
② 107kN
③ 114kN
④ 122kN

■해설
$$\phi V_c = \phi \frac{1}{6} \lambda \sqrt{f_{ck}} bd$$
$$= 0.75 \times \frac{1}{6} \times 1.0 \times \sqrt{27} \times 300 \times 550$$
$$= 107 \times 10^3 \text{N} = 107\text{kN}$$

08. 인장 부재의 볼트 연결부를 설계할 때 고려되지 않는 항목은?

① 지압응력
② 볼트의 전단응력
③ 부재의 항복응력
④ 부재의 좌굴응력

■해설 볼트 연결부의 파괴형태
1. 볼트의 파괴형태
   - 전단파괴
   - 지압파괴
2. 강판의 파괴형태
   - 인장파괴
   - 지압파괴

09. 일반 콘크리트 부재의 해당 지속 하중에 대한 탄성처짐이 30mm이었다면 크리프 및 건조수축에 따른 추가적인 장기처짐을 고려한 최종 총처짐량은? (단, 하중재하기간은 5년이고, 압축철근비 ρ'는 0.002이다.)

① 80.8mm
② 84.6mm
③ 89.4mm
④ 95.2mm

■해설 $\xi = 2.0$ (하중재하기간이 5년 이상일 경우)
$$\lambda_\Delta = \frac{\xi}{1 + 50\rho'} = \frac{2.0}{1 + 50 \times 0.002} = 1.82$$
$$\delta_L = \lambda_\Delta \cdot \delta_i = 1.82 \times 30 = 54.6\text{mm}$$
$$\delta_T = \delta_i + \delta_L = 30 + 54.6 = 84.6\text{mm}$$

10. 강도설계법에서 D25(공칭직경 25.4mm)인 인장철근의 기본정착 길이는 얼마인가? (단, $f_{ck} = 21$MPa, $f_y = 300$MPa이고, 보통중량 콘크리트를 사용한다.)

① 800mm
② 917mm
③ 998mm
④ 1038mm

■해설 $\lambda = 1.0$ (보통 중량의 콘크리트인 경우)
$$l_{db} = \frac{0.6 d_b f_y}{\lambda \sqrt{f_{ck}}} = \frac{0.6 \times 25.4 \times 300}{1.0 \times \sqrt{21}} = 997.7\text{mm}$$

|해답| 6. ① 7. ② 8. ④ 9. ② 10. ③

11. 그림과 같은 필렛 용접에서 용접부의 목두께로 가장 적합한 것은?

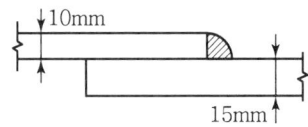

① 7.07mm ② 10.0mm
③ 12.6mm ④ 15mm

■해설 $a = 0.707S = 0.707 \times 10 = 7.07\text{mm}$

12. 강도 설계법에서 휨 부재의 등가 사각형 압축응력 분포의 깊이(a)는 아래의 표와 같은 식으로 구할 수 있다. 콘크리트의 설계기준 압축강도(f_{ck})가 40MPa인 경우 β_1의 값은?

> 콘크리트에 프리스트레스를 도입하면 콘크리트가 탄성체로 전환된다는 생각으로서, 가장 널리 통용되고 있는 PSC의 기본적인 개념이다.

① 0.70 ② 0.75
③ 0.80 ④ 0.85

■해설 $f_{ck} \le 40\text{MPa}$인 경우 $\beta_1 = 0.80$

13. 그림과 같은 프리스트레스트 콘크리트의 경간 중앙점에서 강선을 꺾었을 때, 이 꺾은 점에서의 상향력(上向力) U의 값은?

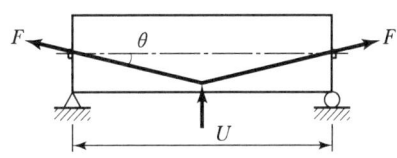

① $U = 2F \cdot \tan\theta$ ② $U = F \cdot \tan\theta$
③ $U = 2F \cdot \sin\theta$ ④ $U = F \cdot \sin\theta$

■해설 $U = 2F \cdot \sin\theta$

14. 다음 그림과 같은 복철근 직사각형보에서 $A_s' = 1{,}916\text{mm}^2$, $A_s = 4{,}790\text{mm}^2$이다. 등가직사각형의 응력의 깊이 a는?(단, $f_{ck} = 28\text{MPa}$, $f_y = 400\text{MPa}$이다.)

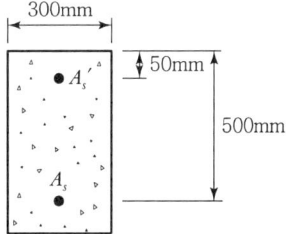

① 157mm ② 161mm
③ 173mm ④ 185mm

■해설 $\eta = 1$ ($f_{ck} \le 40\text{MPa}$인 경우)
$$a = \frac{(A_s - A_s')f_y}{\eta 0.85 f_{ck} b} = \frac{(4{,}790 - 1{,}916) \times 400}{1 \times 0.85 \times 28 \times 300} = 161\text{mm}$$

15. 다음 중 집중하중을 분포시키거나 균열을 제어할 목적으로 주철근과 직각에 가까운 방향으로 배치한 보조철근은?

① 사인장철근 ② 비틀림철근
③ 배력철근   ④ 조립용철근

■해설 배력철근을 배치하는 이유
- 응력을 고르게 분포시켜 균열폭 최소화
- 주철근의 위치 확보
- 건조수축이나 온도변화에 따른 콘크리트의 수축 감소

16. 프리텐션 PSC 부재의 단면이 300mm×500mm이고 120mm²의 PS 강선 5개가 단면의 도심에 배치되어 있다. 초기 프리스트레스가 1,000MPa이고 $n=6$일 때 콘크리트의 탄성 수축에 의한 프리스트레스 감소량은?

① 24MPa ② 27MPa
③ 32MPa ④ 35MPa

■해설
$$\Delta f_{pe} = n f_{cs} = n \frac{P_i}{A_g} = n \frac{f_{pi} A_p}{bh}$$
$$= 6 \times \frac{1{,}000 \times (5 \times 120)}{300 \times 500} = 24\text{MPa}$$

17. 앞부벽식 옹벽의 앞부벽에 대한 설명으로 옳은 것은?

① T형보로 설계하여야 한다.
② 전면벽에 지지된 캔틸레버로 설계하여야 한다.
③ 연속보로 설계하여야 한다.
④ 직사각형보로 설계하여야 한다.

■해설 부벽식 옹벽에서 부벽의 설계
 • 앞부벽 : 직사각형보로 설계
 • 뒷부벽 : T형 보로 설계

18. 다음 그림과 같은 단철근 직사각형보의 균형 철근비 ρ_b의 값은?(단, $f_{ck}=21$MPa, $f_y=280$MPa이다.)

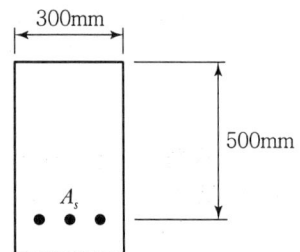

① 0.0358
② 0.0437
③ 0.0524
④ 0.0614

■해설 $f_{ck}=21$MPa ≤ 40MPa인 경우
$$\rho_b = 0.68\frac{f_{ck}}{f_y}\frac{660}{660+f_y}$$
$$= 0.68 \times \frac{21}{280} \times \frac{660}{660+280} = 0.0358$$

19. 슬래브와 보를 일체로 친 대칭 T형보의 유효폭을 결정할 때 고려해야 할 사항으로 틀린 것은?(단, b_w =플랜지가 있는 부재의 복부폭)

① (양쪽으로 각각 내민 플랜지 두께의 8배씩)+b_w
② 양쪽의 슬래브의 중심 간 거리
③ 보의 경간의 1/4
④ (인접 보와의 내측 거리의 1/2)+b_w

■해설 T형보(대칭 T형보)에서 플랜지의 유효폭(b_e)
① $16t_f = b_w$
② 양쪽 슬래브의 중심 간의 거리
③ 보 경간의 $\frac{1}{4}$
위의 값 중 최소값으로 한다.

20. 프리스트레스트 콘크리트에서 포스트텐션 긴장재의 마찰손실을 구할 때 사용하는 근사식은 아래의 표와 같다. 이러한 근사식을 사용할 수 있는 조건에 대한 설명으로 옳은 것은?

$$P_{px} = P_{pj}/(1+Kl_{px}+\mu_p\alpha_{px})$$

여기서, P_{px} : 임의점 x에서 긴장재의 긴장력
P_{pj} : 긴장단에서 긴장재의 긴장력
K : 긴장재의 단위길이 1m당 파상마찰계수
l_{px} : 정착단부터 임의의 지점 x까지 긴장재의 길이
μ_p : 곡선부의 곡률마찰계수
α_{px} : 긴장단부터 임의점 x까지 긴장재의 전체 회전각 변화량(라디안)

① $(Kl_{px}+\mu_p\alpha_{px})$값이 0.3 이상인 경우
② $(Kl_{px}+\mu_p\alpha_{px})$값이 0.3 이하인 경우
③ $(Kl_{px}+\mu_p\alpha_{px})$값이 0.5 이상인 경우
④ $(Kl_{px}+\mu_p\alpha_{px})$값이 0.5 이하인 경우

■해설 프리스트레스트 콘크리트에서 긴장재의 마찰손실을 구할 때 사용하는 근사식은
$(Kl_{px}+\mu_p\alpha_{px}) \leq 0.3$인 경우에 사용할 수 있다.

과년도 출제문제 및 해설

01. 아래 T형보에서 공칭모멘트강도(M_n)는?(단, f_{ck}=24MPa, f_y=400MPa, A_s=4,764mm²)

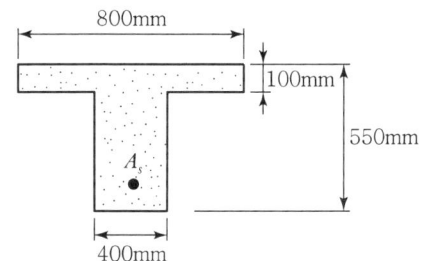

① 812.7kN·m ② 871.6kN·m
③ 912.4kN·m ④ 934.5kN·m

■해설 1. T형 단면보의 판별
폭이 b=800mm인 직사각 단면보에 대한 등가 직사각형 깊이
$\eta = 1$ ($f_{ck} \leq 40$MPa인 경우)
$a = \dfrac{f_y A_s}{\eta 0.85 f_{ck} b} = \dfrac{400 \times 4,764}{1 \times 0.85 \times 24 \times 800} = 116.76$mm
$a(=116.76\text{mm}) > t_f(=100\text{mm})$이므로
T형 단면보로 해석

2. T형 단면보의 공칭휨강도(M_n)
$A_{sf} = \dfrac{\eta 0.85 f_{ck}(b-b_w)t_f}{f_y}$
$= \dfrac{1 \times 0.85 \times 24 \times (800-400) \times 100}{400}$
$= 2,040\text{mm}^2$
$a = \dfrac{(A_s - A_{sf})f_y}{\eta 0.85 f_{ck} b_w}$
$= \dfrac{(4,764-2,040) \times 400}{1 \times 0.85 \times 24 \times 400} = 133.5$mm
$M_n = A_{sf} f_y \left(d - \dfrac{t_f}{2}\right) + (A_s - A_{sf})f_y \left(d - \dfrac{a}{2}\right)$
$= 2,040 \times 400 \times \left(550 - \dfrac{100}{2}\right)$
$\quad + (4,764 - 2,040) \times 400 \times \left(550 - \dfrac{133.5}{2}\right)$
$= 934.5 \times 10^6 \text{N} \cdot \text{mm} = 934.5 \text{kN} \cdot \text{m}$

02. PSC보의 휨 강도 계산 시 긴장재의 응력 f_{ps}의 계산은 강재 및 콘크리트의 응력-변형률 관계로부터 정확히 계산할 수도 있으나 콘크리트구조기준에서는 f_{ps}를 계산하기 위한 근사적 방법을 제시하고 있다. 그 이유는 무엇인가?

① PSC 구조물은 강재가 항복한 이후 파괴까지 도달함에 있어 강도의 증가량이 거의 없기 때문이다.
② PS강재의 응력은 항복응력 도달 이후에도 파괴시까지 점진적으로 증가하기 때문이다.
③ PSC보를 과보강 PSC보로부터 저보강 PSC보의 파괴상태로 유도하기 위함이다.
④ PSC 구조물은 균열에 취약하므로 균열을 방지하기 위함이다.

■해설 콘크리트 구조설계 기준에서 PSC보의 휨강도 계산시 긴장재의 응력 f_{ps}를 계산하기 위한 근사적 방법을 제시해 준 이유는 PS강재의 응력이 항복응력도달 이후에도 파괴시까지 점진적으로 증가하기 때문이다.

03. 직사각형보에서 계수 전단력 V_u=70kN을 전단철근 없이 지지하고자 할 경우 필요한 최소 유효깊이 d는 약 얼마인가?(단, b=400mm, f_{ck}=21MPa, f_y=350MPa)

① d=426mm
② d=556mm
③ d=611mm
④ d=751mm

■해설 $V_u \leq \dfrac{1}{2}\phi V_c = \dfrac{1}{2}\phi\left(\dfrac{1}{6}\lambda \sqrt{f_{ck}}\, bd\right)$
$d \geq \dfrac{12 V_u}{\phi \lambda \sqrt{f_{ck}}\, b} = \dfrac{12 \times (70 \times 10^3)}{0.75 \times 1 \times \sqrt{21} \times 400} = 611$mm

|해답| 1. ④ 2. ② 3. ③

04. 철근의 겹침이음 등급에서 A급 이음의 조건은 다음 중 어느 것인가?

① 배치된 철근량이 이음부 전체 구간에서 해석결과 요구되는 소요 철근량의 3배 이상이고 소요 겹침이음길이 내 겹침이음된 철근량이 전체 철근량의 1/3 이상인 경우
② 배치된 철근량이 이음부 전체 구간에서 해석결과 요구되는 소요 철근량의 3배 이상이고 소요 겹침이음길이 내 겹침이음된 철근량이 전체 철근량의 1/2 이하인 경우
③ 배치된 철근량이 이음부 전체 구간에서 해석결과 요구되는 소요 철근량의 2배 이상이고 소요 겹침이음길이 내 겹침이음된 철근량이 전체 철근량의 1/3 이상인 경우
④ 배치된 철근량이 이음부 전체 구간에서 해석결과 요구되는 소요 철근량의 2배 이상이고 소요 겹침이음길이 내 겹침이음된 철근량이 전체 철근량의 1/2 이하인 경우

■해설 이형철근의 겹침이음
1. A급이음 : 배근된 철근량이 소요철근량의 2배 이상이고, 겹침이음된 철근량이 총철근량의 $\frac{1}{2}$ 이하인 경우
2. B급이음 : A급이음 이외의 경우

05. 철근콘크리트 부재의 전단철근에 관한 다음 설명 중 옳지 않은 것은?

① 주인장철근에 30° 이상의 각도로 구부린 굽힘철근도 전단철근으로 사용할 수 있다.
② 부재축에 직각으로 배치된 전단철근의 간격은 $d/2$ 이하, 600mm 이하로 하여야 한다.
③ 최소 전단철근량은 $0.35\dfrac{b_w \cdot s}{f_{yt}}$ 보다 작지 않아야 한다.
④ 전단철근의 설계기준항복강도는 300MPa을 초과할 수 없다.

■해설 전단철근의 설계기준항복강도(f_y)는 500MPa을 초과하여 취할 수 없다. 다만, 용접이형철망을 사용할 경우는 600MPa을 초과하여 취할 수 없다.

06. 다음 중 반 T형보의 유효폭(b)을 구할 때 고려하여야 할 사항이 아닌 것은?(단, b_w는 플랜지가 있는 부재의 복부폭)

① 양쪽 슬래브의 중심 간 거리
② (한쪽으로 내민 플랜지 두께의 6배)+b_w
③ (보의 경간의 1/12)+b_w
④ (인접 보와의 내측 거리의 1/2)+b_w

■해설 반T형보(비대칭T형보)의 플랜지 유효폭은 다음 값 중에서 최소값으로 한다.
① (플랜지 두께의 6배)+b_w
② (인접 보와의 내측간 거리의 1/2)+b_w
③ (보의 경간의 1/12)+b_w

07. 다음 그림과 같은 필렛용접의 형상에서 $S=$ 9mm일 때 목두께 a의 값으로 적당한 것은?

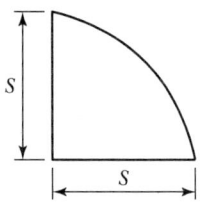

① 5.46mm
② 6.36mm
③ 7.26mm
④ 8.16mm

■해설 $a = 0.707S = 0.707 \times 9 = 6.36$mm

08. 옹벽에서 T형보로 설계하여야 하는 부분은?

① 뒷부벽식 옹벽의 뒷부벽
② 뒷부벽식 옹벽의 전면벽
③ 앞부벽식 옹벽의 저판
④ 앞부벽식 옹벽의 앞부벽

■해설 부벽식 옹벽에서 부벽의 설계
• 앞부벽 : 직사각형보로 설계
• 뒷부벽 : T형보로 설계

09. 복철근 보에서 압축철근에 대한 효과를 설명한 것으로 적절하지 못한 것은?

① 단면 저항 모멘트를 크게 증대시킨다.
② 지속하중에 의한 처짐을 감소시킨다.
③ 파괴시 압축 응력의 깊이를 감소시켜 연성을 증대시킨다.
④ 철근의 조립을 쉽게 한다.

■해설 압축철근의 사용 효과
① 지속하중에 의한 처짐을 감소시킨다.
② 연성을 증가시킨다.
③ 철근의 조립을 쉽게 한다.

10. PSC 부재에서 프리스트레스의 감소 원인 중 도입후에 발생하는 시간적 손실의 원인에 해당하는 것은?

① 콘크리트의 크리프
② 정착장치의 활동
③ 콘크리트의 탄성수축
④ PS 강재와 쉬스의 마찰

■해설 프리스트레스의 손실 원인
1) 프리스트레스 도입 시 손실 (즉시 손실)
① 정착 장치의 활동에 의한 손실
② PS강재와 쉬스 사이의 마찰에 의한 손실
③ 콘크리트의 탄성변형에 의한 손실
2) 프리스트레스 도입 후 손실 (시간 손실)
① 콘크리트의 크리프에 의한 손실
② 콘크리트의 건조수축에 의한 손실
③ PS강재의 릴랙세이션에 의한 손실

11. 휨부재 설계시 처짐계산을 하지 않아도 되는 보의 최소 두께를 콘크리트구조기준에 따라 설명한 것으로 틀린 것은? (단, 보통중량콘크리트 (m_c=2,300kg/m³)와 f_y는 400MPa인 철근을 사용한 부재이며, l은 부재의 길이이다.)

① 단순지지된 보 : $l/16$
② 1단 연속 보 : $l/18.5$
③ 양단 연속 보 : $l/21$
④ 캔틸레버 보 : $l/12$

■해설 처짐을 계산하지 않아도 되는 휨부재의 최소두께

부재	최소 두께 또는 높이			
	캔틸레버	단순지지	일단 연속	양단 연속
보	$\dfrac{l}{8}$	$\dfrac{l}{16}$	$\dfrac{l}{18.5}$	$\dfrac{l}{21}$
1방향 슬래브	$\dfrac{l}{10}$	$\dfrac{l}{20}$	$\dfrac{l}{24}$	$\dfrac{l}{28}$

이 표의 값은 보통중량콘크리트(m_c=2,300kg/m³)와 설계기준항복강도 400MPa 철근을 사용한 부재에 대한 값이며, 다른 조건에 대해서는 이 값을 다음과 같이 보정하여야 한다.

① 1,500~2,000kg/m³ 범위의 단위질량을 갖는 구조용 경량콘크리트에 대해서는 계산된 h 값에 $(1.65 - 0.00031 m_c)$를 곱하여야 하나, 1.09 이상이어야 한다.
② f_y가 400MPa 이외인 경우는 계산된 h 값에 $(0.43 + \dfrac{f_y}{700})$를 곱하여야 한다.

12. 다음 중 콘크리트구조물을 설계할 때 사용하는 하중인 "활하중(live load)"에 속하지 않는 것은?

① 건물이나 다른 구조물의 사용 및 점용에 의해 발생되는 하중으로서 사람, 가구, 이동칸막이 등의 하중
② 적설하중
③ 교량 등에서 차량에 의한 하중
④ 풍하중

■해설 활하중이란 풍하중, 지진하중과 같은 환경하중이나 고정하중을 포함하지 않고 건물이나 다른 구조물의 사용 및 점용에 의해 발생되는 하중으로서 사람, 가구, 이동칸막이, 창고의 저장물, 설비기계 등의 하중과 적설하중 또는 교량 등에서 차량에 의한 하중을 의미한다.

13. 그림과 같은 두께 13mm의 플레이트에 4개의 볼트구멍이 배치되어 있을 때 부재의 순단면적은? (단, 구멍의 직경은 24mm이다.)

|해답| 9. ① 10. ① 11. ④ 12. ④ 13. ③

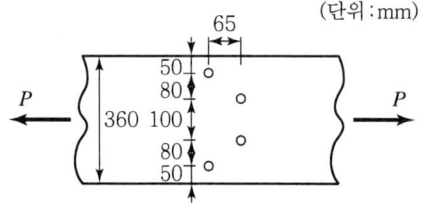

① $4,056\text{mm}^2$ ② $3,916\text{mm}^2$
③ $3,775\text{mm}^2$ ④ $3,524\text{mm}^2$

■해설 $d_h = \phi + 3 = 24\text{mm}$
$b_{n2} = b_g - 2d_h = 360 - (2 \times 24) = 312\text{mm}$
$b_{n3} = b_g - 3d_h + \dfrac{s^2}{4g}$
$\quad = 360 - (3 \times 24) + \left(\dfrac{65^2}{4 \times 80}\right) = 301.2\text{mm}$
$b_{n4} = b_g - 4d_h + 2 \times \dfrac{s^2}{4g}$
$\quad = 360 - (4 \times 24) + \left(2 \times \dfrac{65^2}{4 \times 80}\right) = 290.4\text{mm}$
$b_n = [b_{n2},\ b_{n3},\ b_{n4}]_{\min} = 290.4\text{mm}$
$A_n = b_n t = 290.4 \times 13 = 3,775.2\text{mm}^2$

14. 다음 중 용접부의 결함이 아닌 것은?
① 오버랩(overlap)   ② 언더컷(undercut)
③ 스터드(stud)   ④ 균열(crack)

■해설 스터드(Stud)는 강재와 콘크리트가 일체가 될 수 있도록 강재보의 상부 플랜지에 용접한 볼트 모양의 전단연결재이다.

15. 철근콘크리트 보를 설계할 때 변화구간에서 강도감소계수(ϕ)를 구하는 식으로 옳은 것은? (단, 나선철근으로 보강되지 않은 부재이며, ε_t는 최외단 인장철근의 순인장변형률이다.)

① $\phi = 0.65 + (\varepsilon_t - 0.002)\dfrac{200}{3}$
② $\phi = 0.7 + (\varepsilon_t - 0.002)\dfrac{200}{3}$
③ $\phi = 0.65 + (\varepsilon_t - 0.002) \times 50$
④ $\phi = 0.7 + (\varepsilon_t - 0.002) \times 50$

■해설 나선철근으로 보강되지 않은 경우 강도감소계수(ϕ)를 구하는 식

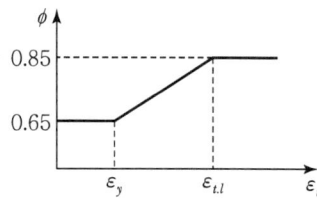

$\phi = 0.65 + (\varepsilon_t - \varepsilon_y)\dfrac{0.2}{(\varepsilon_{t.l} - \varepsilon_y)}$

위 식에서 항복변형률(ε_y)과 인장지배 변형률 한계($\varepsilon_{t.l}$)는 철근의 항복응력(f_y)에 의해서 그 값이 결정된다.
따라서, 본 문제의 경우 철근의 항복응력(f_y)이 주어지지 않았으므로 문제가 성립되지 않는다.
만약 $f_y = 400\text{MPa}$일 경우, 강도감소계수(ϕ)를 구하는 식을 표현하면 다음과 같다.

$\varepsilon_y = \dfrac{f_y}{E_s} = \dfrac{400}{2 \times 10^5} = 0.002$
$\varepsilon_{t.l} = 0.005\,(f_y \leq 400\text{MPa}$인 경우$)$
$\phi = 0.65 + (\varepsilon_t - \varepsilon_y)\dfrac{0.2}{(\varepsilon_{t.l} - \varepsilon_y)}$
$\quad = 0.65 + (\varepsilon_t - 0.002)\dfrac{0.2}{(0.005 - 0.002)}$
$\quad = 0.65 + (\varepsilon_t - 0.002)\dfrac{200}{3}$

16. 그림과 같은 복철근 직사각형보에서 압축연단에서 중립축까지의 거리(c)는? (단, $A_s = 4,764\text{mm}^2$, $A_s' = 1,284\text{mm}^2$, $f_{ck} = 38\text{MPa}$, $f_y = 400\text{MPa}$)

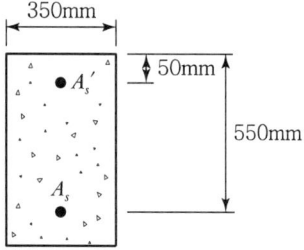

① 143.74mm   ② 153.91mm
③ 168.62mm   ④ 178.41mm

■해설 $f_{ck} = 38\text{Mpa} \leq 40\text{MPa}$인 경우
$\eta = 1,\ \beta_1 = 0.8$

|해답| 14. ③   15. 정답 없음   16. ②

$$c = \frac{(A_s - A_s')f_y}{\eta 0.85 f_{ck} b \beta_1}$$
$$= \frac{(4,764 - 1,284) \times 400}{1 \times 0.85 \times 38 \times 350 \times 0.8} = 153.91 \text{mm}$$

17. 그림과 같은 띠철근 기둥에서 띠철근의 최대 간격은?(단, $D10$의 공칭직경은 9.5mm, $D32$의 공칭직경은 31.8mm)

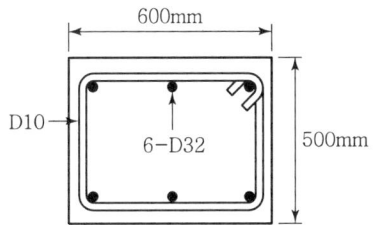

① 400mm ② 456mm
③ 500mm ④ 509mm

■해설 띠철근 기둥에서 띠철근의 간격
- 축방향 철근 지름의 16배 이하
  =31.8×16=508.8mm 이하
- 띠철근 지름의 48배 이하
  =9.5×48=456mm 이하
- 부재 최소치수 이하=500mm 이하
따라서 띠철근의 간격은 최소값인 456mm 이하라야 한다.

18. 단순 지지된 2방향 슬래브의 중앙점에 집중하중 P가 작용할 때 경간비가 1:2라면 단변과 장변이 부담하는 하중비($P_S : P_L$)는?(단, P_S : 단변이 부담하는 하중, P_L : 장변이 부담하는 하중)

① 1:8 ② 8:1
③ 1:16 ④ 16:1

■해설
$$P_S = \frac{L^3}{S^3 + L^3}P = \frac{2^3}{1^3 + 2^3}P = \frac{8}{9}P$$
$$P_L = \frac{S^3}{S^3 + L^3}P = \frac{1^3}{1^3 + 2^3}P = \frac{1}{9}P$$
$$P_S : P_L = \frac{8}{9}P : \frac{1}{9}P = 8 : 1$$

19. 경간 6m인 단순 직사각형 단면(b=300mm, h=400mm)보에 계수하중 30kN/m가 작용할 때 PS강재가 단면도심에서 긴장되며 경간 중앙에서 콘크리트 단면의 하연 응력이 0이 되려면 PS강재에 얼마의 긴장력이 작용되어야 하는가?

① 1,805kN ② 2,025kN
③ 3,054kN ④ 3,557kN

■해설
$$f_b = \frac{P}{A} - \frac{M}{Z} = \frac{P}{bh} - \frac{6}{bh^2} \cdot \frac{wl^2}{8}$$
$$= \frac{1}{bh}\left(P - \frac{3wl^2}{4h}\right) = 0$$
$$P = \frac{3wl^2}{4h} = \frac{3 \times 30 \times 6^2}{4 \times 0.4} = 2,025\text{kN}$$

20. 철근콘크리트가 성립하는 이유에 대한 설명으로 잘못된 것은?

① 철근과 콘크리트와의 부착력이 크다.
② 콘크리트 속에 묻힌 철근은 녹슬지 않고 내구성을 갖는다.
③ 철근과 콘크리트의 무게가 거의 같고 내구성이 같다.
④ 철근과 콘크리트는 열에 대한 팽창계수가 거의 같다.

■해설 철근콘크리트의 성립 요건
① 철근과 콘크리트의 부착력이 크다.
② 콘크리트 속의 철근은 부식되지 않는다.
③ 철근과 콘크리트의 열팽창계수가 거의 같다.

과년도 출제문제 및 해설

Item pool (산업기사 2018년 4월 28일 시행)

01. 보통콘크리트 부재의 해당 지속 하중에 대한 탄성처짐이 30mm이었다면 크리프 및 건조수축에 따른 추가적인 장기처짐을 고려한 최종 총 처짐량은 얼마인가?(단, 하중재하기간은 10년이고, 압축철근비 ρ'는 0.005이다.)

① 78mm ② 68mm
③ 58mm ④ 48mm

■해설 $\xi = 2.0$(하중재하기간이 5년 이상인 경우)
$$\lambda_\Delta = \frac{\xi}{1+50\rho'} = \frac{2.0}{1+50\times 0.005} = 1.6$$
$$\delta_L = \lambda_\Delta \cdot \delta_i = 1.6 \times 30 = 48\text{mm}$$
$$\delta_T = \delta_i + \delta_L = 30 + 48 = 78\text{mm}$$

02. 다음 그림은 필렛(Fillet) 용접한 것이다. 목두께 a를 표시한 것으로 옳은 것은?

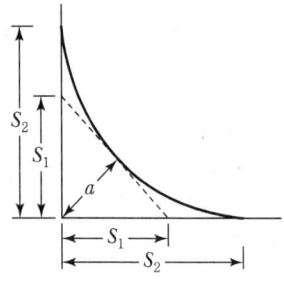

① $a = S_2 \times 0.707$ ② $a = S_1 \times 0.707$
③ $a = S_2 \times 0.606$ ④ $a = S_1 \times 0.606$

■해설 $a = S_1 \times \frac{\sqrt{2}}{2} = S_1 \times 0.707$

03. 강도설계법에서 단철근 직사각형보가 $f_{ck}=$ 24MPa, $f_y=$400MPa일 때 균형철근비는?

① 0.0165 ② 0.0184
③ 0.0231 ④ 0.0254

■해설 $f_{ck} = 24\text{MPa} \leq 48\text{MPa}$인 경우
$$\rho_b = 0.68 \frac{f_{ck}}{f_y} \frac{660}{660+f_y}$$
$$= 0.68 \times \frac{24}{400} \times \frac{660}{660+400} = 0.0254$$

04. 복철근 단면의 보에 대한 설명으로 틀린 것은?

① 보의 단면이 제한될 때, 특히 유효깊이에 제한이 있을 때 사용한다.
② 복철근보의 압축철근은 보의 강성을 증가시키며, 급속파괴의 가능성을 감소시킨다.
③ 복철근보의 압축철근은 콘크리트의 크리프와 건조수축에 의한 보의 처짐을 감소시킨다.
④ 정(+), 부(-)의 휨모멘트를 겸해서 받는 경우에는 복철근보의 효과가 없다.

■해설 복철근 직사각형 단면보를 사용하는 경우
① 크리프, 건조수축 등으로 인하여 발생되는 장기처짐을 최소화하기 위한 경우
② 파괴시 압축응력의 깊이를 감소시켜 연성을 증대시키기 위한 경우
③ 철근의 조립을 쉽게 하기 위한 경우
④ 정(+), 부(-) 모멘트를 번갈아 받는 경우
⑤ 보의 단면높이가 제한되어 단철근 직사각형 단면보의 설계휨강도가 계수 휨하중보다 작은 경우

05. 강도설계법의 가정으로 틀린 것은?

① 철근과 콘크리트의 변형률은 중립축으로부터의 거리에 비례한다.
② 압축측 연단에서 콘크리트의 극한 변형률은 콘크리트의 설계기준 압축강도가 40MPa이하인 경우는 0.0033으로 가정한다.
③ 휨응력 계산에서 콘크리트의 인장강도는 무시한다.
④ 극한강도 상태에서 콘크리트의 응력은 그 변형률에 비례한다.

|해답| 1. ① 2. ② 3. ④ 4. ④ 5. ④

■해설 극한강도상태에서 콘크리트의 응력은 변형률에 비례하지 않는다.

06. 원형 띠철근으로 둘러싸인 압축부재의 축방향 주철근의 최소 개수는?

① 3개 ② 4개
③ 5개 ④ 6개

■해설 철근콘크리트 기둥에서 축방향철근의 최소 개수

기둥 종류	단면 모양	축방향철근의 최소 개수
띠철근 기둥	삼각형	3개
	사각형, 원형	4개
나선철근 기둥	원형	6개

07. 철근콘크리트 보에 발생하는 장기처짐에 대한 설명으로 틀린 것은?

① 장기처짐은 지속하중에 의한 건조수축이나 크리프에 의해 일어난다.
② 장기처짐은 시간의 경과와 더불어 진행되는 처짐이다.
③ 장기처짐은 그 요인이 복잡하므로 실험에 의해 추정하게 된다.
④ 장기처짐은 부재가 탄성거동을 한다고 가정하고 역학적으로 계산하여 구한다.

■해설 부재가 탄성거동을 한다고 가정하고 역학적으로 계산하여 구하는 처짐은 탄성처짐(즉시처짐)이다.

08. 강도 설계법에서 1방향 슬래브(slab)의 구조 상세에 관한 사항 중 틀린 것은?

① 1방향 슬래브의 두께는 최소 100mm 이상이어야 한다.
② 슬래브의 정모멘트 철근 및 부모멘트 철근의 중심 간격은 위험단면에서는 슬래브 두께의 2배 이하이어야 하고, 또한 300mm 이하로 하여야 한다.
③ 슬래브의 정모멘트 철근 및 부모멘트 철근의 중심 간격은 위험단면 이외의 단면에서는 슬래브 두께의 4배 이하이어야 하고, 또한 600mm 이하로 하여야 한다.
④ 1방향 슬래브에서는 정모멘트 철근 및 부모멘트 철근에 직각방향으로 수축·온도철근을 배치하여야 한다.

■해설 1방향 슬래브의 정철근 및 부철근의 중심간격
① 최대 휨모멘트가 생기는 단면의 경우
  - 슬래브 두께의 2배 이하, 300mm 이하
② 기타 단면의 경우
  - 슬래브 두께의 3배 이하, 450mm 이하

09. 그림과 같은 맞대기용접이음에서 이음의 응력을 구한 값은?

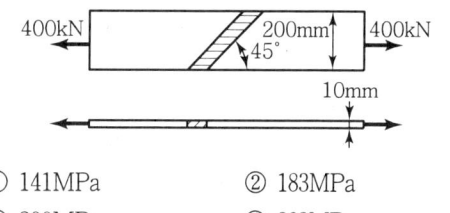

① 141MPa ② 183MPa
③ 200MPa ④ 283MPa

■해설 $f = \dfrac{P}{A} = \dfrac{400 \times 10^3}{200 \times 10} = 200\text{N/mm}^2 = 200\text{MPa}$

10. 고장력 볼트를 사용한 이음의 종류가 아닌 것은?

① 압축이음
② 마찰이음
③ 지압이음
④ 인장이음

■해설 고장력 볼트이음은 마찰이음, 지압이음, 인장이음이 있다.

11. 프리스트레스의 손실 원인 중 프리스트레스를 도입할 때 즉시 손실의 원인이 되는 것은?

① 콘크리트의 크리프
② PS강재와 쉬스 사이의 마찰
③ PS강재의 릴랙세이션
④ 콘크리트의 건조수축

■해설 ① 프리스트레스 도입시 손실(즉시손실)
　　　　㉠ 콘크리트의 탄성수축
　　　　㉡ PS강재와 쉬스 사이의 마찰
　　　　㉢ 정착장치의 활동
　　　② 프리스트레스 도입후 손실(시간손실)
　　　　㉠ PS강재의 릴랙세이션
　　　　㉡ 콘크리트의 크리프
　　　　㉢ 콘크리트의 건조수축

12. 인장을 받는 이형철근의 기본정착길이(l_{db})를 계산하기 위해 필요한 요소가 아닌 것은?

① 철근의 공칭지름
② 철근의 설계기준 항복강도
③ 전단철근의 간격
④ 콘크리트의 설계기준 압축강도

■해설 인장 이형철근의 기본정착길이(l_{db})
$$l_{db} = \frac{0.6 d_b f_y}{\lambda \sqrt{f_{ck}}}$$
따라서, 인장 이형철근의 기본정착길이(l_{db})는 철근의 공칭지름(d_b)과 항복강도(f_y), 콘크리트의 설계기준강도(f_{ck}) 그리고 경량골재콘크리트 계수(λ)에 의하여 결정된다.

13. 프리스트레스트 콘크리트의 강도개념을 설명한 것으로 옳은 것은?

① PSC보를 RC보처럼 생각하여 콘크리트는 압축력을 받고 긴장재는 인장력을 받게 하여 두 힘의 우력 모멘트로 외력에 의한 휨모멘트에 저항시킨다는 개념
② 프리스트레스가 도입되면 콘크리트 부재에 대한 해석이 탄성이론으로 가능하다는 개념
③ 프리스트레싱에 의한 작용과 부재에 작용하는 하중을 평형이 되도록 하자는 개념
④ 선형탄성이론에 의한 개념이며 콘크리트와 긴장재의 계산된 응력이 허용응력 이하로 되도록 설계하는 개념

■해설 PSC보를 RC보처럼 생각하여 콘크리트는 압축력을 받고 긴장재는 인장력을 받게 하여 두 힘의 우력 모멘트로 외력에 의한 휨모멘트에 저항시킨다는 개념을 강도개념 또는 내력모멘트 개념이라 한다.

14. 강도설계법에서 등가직사각형 응력블록의 깊이(a)는 아래 표와 같은 식으로 구할 수 있다. 여기서 f_{ck}가 38MPa인 경우 β_1의 값은?

$a = \beta_1 c$

① 0.70　　② 0.75
③ 0.80　　④ 0.85

■해설 $f_{ck} \leq 40$MPa인 경우, $\beta_1 = 0.8$

15. 파셜 프리스트레스트 보(partially prestressed beam)란 어떤 보인가?

① 사용하중하에서 인장응력이 일어나지 않도록 설계된 보
② 사용하중하에서 얼마간의 인장응력이 일어나도록 설계된 보
③ 계수하중하에서 인장응력이 일어나지 않도록 설계된 보
④ 부분적으로 철근 보강된 보

■해설 ① 파셜 프리스트레스트 보
　　　　사용하중 작용시 콘크리트 단면 일부에 어느 정도의 인장응력이 발생하는 것을 허용하도록 설계된 보
　　　② 풀 프리스트레스트 보
　　　　사용하중 작용시 콘크리트의 전단면에 인장응력이 발생하지 않도록 설계된 보

16. 다음 그림과 같은 단철근 직사각형 단면보의 설계휨강도 ϕM_n을 구하면?(단, $A_s = 2,000\text{mm}^2$, $f_{ck} = 24\text{MPa}$, $f_y = 400\text{MPa}$, 이 단면은 인장지배단면이다.)

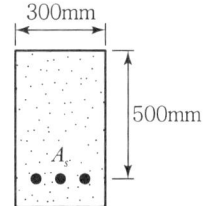

① 243.8kN·m ② 274.1kN·m
③ 295.6kN·m ④ 324.7kN·m

■해설 $\eta = 1\,(f_{ck} \le 40\text{MPa}$인 경우$)$
$$a = \frac{f_y A_s}{\eta 0.85 f_{ck} b} = \frac{400 \times 2,000}{1 \times 0.85 \times 24 \times 300} = 130.7\text{mm}$$
$\phi = 0.85$ (인장지배단면인 경우)
$$\phi M_n = \phi f_y A_s \left(d - \frac{a}{2}\right)$$
$$= 0.85 \times 400 \times 2,000 \left(500 - \frac{130.7}{2}\right)$$
$$= 295.6 \times 10^6 \text{N} \cdot \text{mm} = 295.6\text{kN} \cdot \text{m}$$

17. 구조물의 부재, 부재 간의 연결부 및 각 부재 단면의 휨모멘트, 축력, 전단력, 비틀림 모멘트에 대한 설계강도는 공칭강도에 강도감소계수 ϕ를 곱한 값으로 한다. 무근콘크리트의 휨모멘트, 압축력, 전단력, 지압력에 대한 강도감소계수는?

① 0.55 ② 0.65
③ 0.7   ④ 0.75

■해설 무근콘크리트의 휨모멘트, 압축력, 전단력, 지압력에 대한 강도감소계수는 0.55이다.

18. 부벽식옹벽에서 뒷부벽의 설계에 대한 설명으로 옳은 것은?

① 직사각형보로 설계한다.
② T형보로 설계하여야 한다.
③ 저판에 지지된 캔틸레버로 설계할 수 있다.
④ 3변 지지된 2방향 슬래브로 설계할 수 있다.

■해설 부벽식 옹벽에서 부벽의 설계
• 앞부벽식 옹벽에서 앞부벽 : 직사각형보로 설계
• 뒷부벽식 옹벽에서 뒷부벽 : T형보로 설계

19. 철근 콘크리트 보에 전단력과 휨만 작용할 때 콘크리트가 받을 수 있는 설계 전단 강도(ϕV_c)는 약 얼마인가?(단, $b_w = 350\text{mm}$, $d = 600\text{mm}$, $f_{ck} = 28\text{MPa}$, $f_y = 400\text{MPa}$)

① 87.6kN   ② 129.6kN
③ 138.9kN ④ 148.2kN

■해설 $\lambda = 1.0$ (보통중량의 콘크리트인 경우)
$$\phi V_c = \phi \left(\frac{1}{6} \lambda \sqrt{f_{ck}} b_w d\right)$$
$$= 0.75 \times \frac{1}{6} \times 1.0 \times \sqrt{28} \times 350 \times 600$$
$$= 138.9 \times 10^3 \text{N} = 138.9\text{kN}$$

20. 전단철근으로 사용될 수 있는 것이 아닌 것은?

① 스터럽과 굽힘철근의 조합
② 부재축에 직각인 스터럽
③ 보재축에 직각으로 배치된 용접철망
④ 주인장 철근에 15°의 각도로 구부린 굽힘철근

■해설 전단철근의 종류
① 주인장 철근에 수직으로 배치한 스터럽
② 주인장 철근에 45° 이상의 경사로 배치한 스터럽
③ 주인장 철근에 30° 이상의 경사로 구부린 굽힘철근
④ 스터럽과 굽힘철근의 병용(①과 ③의 병용 또는 ②와 ③의 병용)
⑤ 나선철근 또는 용접철망

과년도 출제문제 및 해설

Item pool (기사 2018년 8월 19일 시행)

01. 그림과 같은 나선철근단주의 설계축강도(P_n)을 구하면?(단, D32 1개의 단면적=794mm², f_{ck}=24MPa, f_y=420MPa)

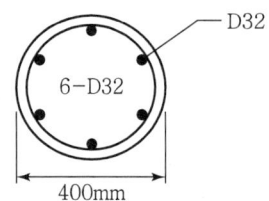

① 2,648kN ② 3,254kN
③ 3,797kN ④ 3,972kN

해설 $P_n = \alpha[0.85f_{ck}(A_g - A_{st}) + f_y A_{st}]$
$= 0.85\left[0.85 \times 24 \times \left(\dfrac{\pi \times 400^2}{4} - 6 \times 794\right)\right.$
$\left. + 420 \times 6 \times 794\right]$
$= 3,797 \times 10^3 \text{N} = 3,797 \text{kN}$

02. 그림에 나타난 직사각형 단철근 보의 설계휨강도(ϕM_n)를 구하기 위한 강도감소계수(ϕ)는 얼마인가?(단, f_{ck}=28MPa, f_y=400MPa)

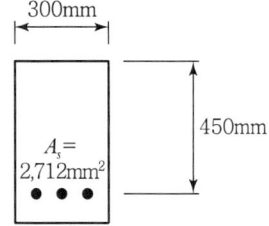

① 0.850 ② 0.818
③ 0.798 ④ 0.761

해설 1. ε_t 결정
$f_{ck} = 28\text{MPa} \leq 40\text{MPa}$인 경우
$\varepsilon_{cu} = 0.0033,\ \eta = 1,\ \beta_1 = 0.8$
$a = \dfrac{f_y A_s}{\eta 0.85 f_{ck} b} = \dfrac{400 \times 2,712}{1 \times 0.85 \times 28 \times 300} = 151.93\text{mm}$

- $\varepsilon_t = \dfrac{d_t \beta_1 - a}{a}\varepsilon_c$
$= \dfrac{450 \times 0.8 - 151.93}{151.93} \times 0.0033 = 0.00452$

2. 단면구분
- $f_y = 400\text{MPa}$인 경우, ε_y와 $\varepsilon_{t.l}$ 값
$\varepsilon_y = \dfrac{f_y}{E_s} = \dfrac{400}{2 \times 10^5} = 0.002$
$\varepsilon_{t.l} = 0.005$
- $\varepsilon_y < \varepsilon_t < \varepsilon_{t.l}$ - 변화구간단면

3. ϕ 결정
$\phi_c = 0.65$ (나선철근으로 보강되지 않은 경우)
$\phi = 0.85 - \dfrac{\varepsilon_{t.l} - \varepsilon_t}{\varepsilon_{t.l} - \varepsilon_y}(0.85 - \phi_c)$
$= 0.85 - \dfrac{0.005 - 0.00452}{0.005 - 0.002}(0.85 - 0.65)$
$= 0.818$

03. 옹벽의 구조해석에 대한 설명으로 틀린 것은?

① 저판의 뒷굽판은 정확한 방법이 사용되지 않는 한, 뒷굽판 상부에 재하되는 모든 하중을 지지하도록 설계하여야 한다.
② 부벽식 옹벽의 전면벽은 저판에 지지된 캔틸레버로 설계하여야 한다.
③ 부벽식 옹벽의 저판은 정밀한 해석이 사용되지 않는 한, 부벽 사이의 거리를 경간으로 가정한 고정보 또는 연속보로 설계할 수 있다.
④ 뒷부벽은 T형보로 설계하여야 하며, 앞부벽은 직사각형보로 설계하여야 한다.

해설 부벽식 옹벽의 전면벽은 3변 지지된 2방향 슬래브로 설계하여야 한다.

|해답| 1. ③ 2. ② 3. ②

04. 강도설계법의 기본 가정을 설명한 것으로 틀린 것은?

① 철근과 콘크리트의 변형률은 중립축에서의 거리에 비례한다고 가정한다.
② 콘크리트 압축연단의 극한변형률은 콘크리트 설계기준 압축강도가 40MPa이하인 경우에는 0.0033으로 가정한다.
③ 철근의 응력이 설계기준항복강도(f_y) 이상일 때 철근의 응력은 그 변형률에 E_s를 곱한 값으로 한다.
④ 콘크리트의 인장강도는 철근콘크리트의 휨계산에서 무시한다.

■해설 강도설계법에서 철근의 응력이 설계기준항복강도(f_y) 이하일 때 철근의 응력은 그 변형률에 E_s를 곱한 값으로 한다.

05. 길이가 7m인 양단 연속보에서 처짐을 계산하지 않는 경우 보의 최소두께로 옳은 것은?(단, f_{ck}=28MPa, f_y=400MPa)

① 275mm   ② 334mm
③ 379mm   ④ 438mm

■해설 양단 연속보에서 처짐을 계산하지 않아도 되는 최소두께(h_{min})
 • $f_y = 400$MPa인 경우
$$h_{min} = \frac{l}{21} = \frac{7 \times 10^3}{21} = 333.3\text{mm}$$

06. 계수 전단강도 V_u=60kN을 받을 수 있는 직사각형 단면이 최소전단철근 없이 견딜 수 있는 콘크리트의 유효깊이 d는 최소 얼마 이상이어야 하는가?(f_{ck}=24MPa, 단면의 폭(b)=350mm)

① 560mm   ② 525mm
③ 434mm   ④ 328mm

■해설 $\lambda - 1$(보통 중량의 콘크리트인 경우)
$$V_u \leq \frac{1}{2}\phi V_c = \frac{1}{2}\phi\left(\frac{1}{6}\lambda\sqrt{f_{ck}}\,bd\right)$$
$$d \geq \frac{12V_u}{\phi\lambda\sqrt{f_{ck}}\,b} = \frac{12 \times (60 \times 10^3)}{0.75 \times 1 \times \sqrt{24} \times 350} = 560\text{mm}$$

07. 전단철근에 대한 설명으로 틀린 것은?

① 철근콘크리트 부재의 경우 주인장 철근에 45° 이상의 각도로 설치되는 스터럽을 전단철근으로 사용할 수 있다.
② 철근콘크리트 부재의 경우 주인장 철근에 30° 이상의 각도로 구부린 굽힘철근을 전단철근으로 사용할 수 있다.
③ 전단철근으로 사용하는 스터럽과 기타 철근 또는 철선은 콘크리트 압축연단부터 거리 d만큼 연장하여야 한다.
④ 용접 이형철망을 사용할 경우 전단철근의 설계기준항복강도는 500MPa을 초과할 수 없다.

■해설 용접 이형철망을 사용할 경우 전단철근의 설계기준항복강도는 600MPa을 초과할 수 없다.

08. 비틀림철근에 대한 설명으로 틀린 것은?(단, A_{oh}는 가장 바깥의 비틀림 보강철근의 중심으로 닫혀진 단면적이고, P_h는 가장 바깥의 횡방향 폐쇄스터럽 중심선의 둘레이다.)

① 횡방향 비틀림철근은 종방향 철근 주위로 135° 표준갈고리에 의해 정착하여야 한다.
② 비틀림모멘트를 받는 속 빈 단면에서 횡방향 비틀림철근의 중심선으로부터 내부 벽면까지의 거리는 $0.5A_{oh}/P_h$ 이상이 되도록 설계하여야 한다.
③ 횡방향 비틀림철근의 간격은 $P_h/6$ 및 400mm보다 작아야 한다.
④ 종방향 비틀림철근은 양단에 정착하여야 한다.

■해설 횡방향 비틀림철근의 간격은 $P_h/8$ 및 300mm보다 작아야 한다.

09. 휨부재에서 철근의 정착에 대한 안전을 검토하여야 하는 곳으로 거리가 먼 것은?

① 최대 응력점
② 경간 내에서 인장철근이 끝나는 곳
③ 경간 내에서 인장철근이 굽혀진 곳
④ 집중하중이 재하되는 점

|해답| 4. ③ 5. ② 6. ① 7. ④ 8. ③ 9. ④

■해설 휨부재에서 철근 정착의 위험단면
① 인장철근이 절단 또는 절곡된 점
② 최대 응력점

10. 다음 필렛용접의 전단응력은 얼마인가?

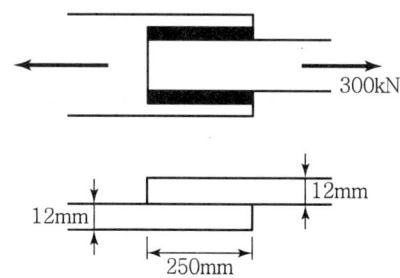

① 67.72MPa ② 70.72MPa
③ 72.72MPa ④ 75.72MPa

■해설 $v = \dfrac{P}{\sum al} = \dfrac{(300 \times 10^3)}{(0.707 \times 12) \times (2 \times 250)}$
$= 70.72 \text{N/mm}^2 = 70.72 \text{MPa}$

11. 단면이 400×500mm이고 150mm²의 PSC강선 4개를 단면 도심축에 배치한 프리텐션 PSC 부재가 있다. 초기 프리스트레스가 10,000MPa일 때 콘크리트의 탄성변형에 의한 프리스트레스 감소량의 값은?(단, $n=6$)

① 22MPa ② 20MPa
③ 18MPa ④ 16MPa

■해설 $\Delta f_{pe} = n f_{cs} = n \dfrac{P_i}{A_g} = n \dfrac{A_p f_{pi}}{bh}$
$= 6 \times \dfrac{(4 \times 150) \times 10,000}{400 \times 500} = 180 \text{MPa}$

12. 다음 그림과 같이 $W=40$kN/m일 때 PS강재가 단면 중심에서 긴장되며 인장측의 콘크리트 응력이 "0"이 되려면 PS강재에 얼마의 긴장력이 작용하여야 하는가?

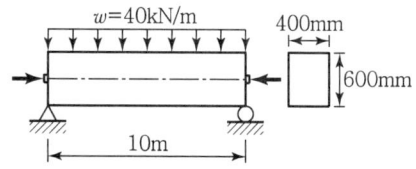

① 4,605kN ② 5,000kN
③ 5,200kN ④ 5,625kN

■해설 $f_b = \dfrac{P}{A} - \dfrac{M}{Z} = \dfrac{P}{bh} - \dfrac{6}{bh^2} \cdot \dfrac{wl^2}{8}$
$= \dfrac{1}{bh}\left(P - \dfrac{3wl^2}{4h}\right) = 0$
$P = \dfrac{3wl^2}{4h} = \dfrac{3 \times 40 \times 10^2}{4 \times 0.6} = 5,000 \text{kN}$

13. 그림과 같은 직사각형 단면의 보에서 인장철근은 D22철근 3개가 윗부분에 D29 철근 3개가 아랫부분에 2열로 배치되었다. 이 보의 공칭 휨강도(M_n)는?(단, 철근 D22 3본의 단면적은 1,161 mm², 철근 D29 3본의 단면적은 1,927mm², $f_{ck}=24$MPa, $f_y=350$MPa)

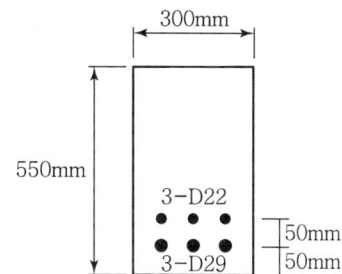

① 396.2kN·m ② 424.6kN·m
③ 467.3kN·m ④ 512.4kN·m

■해설 $A_{s1} = 1,161$mm², $A_{s2} = 1,927$mm²
$A_s = A_{s1} + A_{s2} = 1,161 + 1,927 = 3,088$mm²
$d_1 = 550 - 50 - 50 = 450$mm
$d_2 = 550 - 50 = 500$mm
$d = \dfrac{1}{A_s}(A_{s1} \times d_1 + A_{s2} \times d_2)$
$= \dfrac{1}{3,088}(1,161 \times 450 + 1,927 \times 500) = 481.2$mm
$a = \dfrac{f_y A_s}{\eta 0.85 f_{ck} b} = \dfrac{350 \times 3,088}{1 \times 0.85 \times 24 \times 300} = 176.6$mm

$$M_n = f_y A_s \left(d - \frac{a}{2}\right)$$
$$= 350 \times 3{,}088 \times \left(481.2 - \frac{176.6}{2}\right)$$
$$= 424.6 \times 10^6 \text{N} \cdot \text{mm} = 424.6 \text{kN} \cdot \text{m}$$

14. 프리스트레스트콘크리트의 원리를 설명할 수 있는 기본 개념으로 옳지 않은 것은?

① 균등질 보의 개념
② 내력 모멘트의 개념
③ 하중평형의 개념
④ 변형도 개념

■해설 프리스트레스트 콘크리트의 기본 개념
① 균등질보의 개념(응력개념)
② 내력모멘트의 개념(강도개념)
③ 하중평형의 개념

15. 콘크리트의 강도설계법에서 f_{ck}=38MPa일 때 직사각형 응력분포의 깊이를 나타내는 β_1의 값은 얼마인가?

① 0.80   ② 0.78
③ 0.76   ④ 0.74

■해설 $f_{ck} \leq 40$MPa인 경우, $\beta_1 = 0.8$

16. 4변에 의해 지지되는 2방향 슬래브 중에서 1방향 슬래브로 보고 해석할 수 있는 경우에 대한 기준으로 옳은 것은?(단, L : 2방향 슬래브의 장경간, S : 2방향 슬래브의 단경간)

① $\frac{L}{S}$가 2보다 클 때   ② $\frac{L}{S}$가 1일 때
③ $\frac{L}{S}$가 $\frac{3}{2}$ 이상일 때   ④ $\frac{L}{S}$가 3보다 작을 때

■해설
• 1방향 슬래브 : $\frac{L}{S} > 2$
• 2방향 슬래브 : $\frac{L}{S} \leq 2$

17. 폭 400mm, 유효깊이 600mm인 단철근 직사각형 보의 단면에서 콘크리트구조기준에 의한 최대 인장철근량은?(단, f_{ck}=28MPa, f_y=400MPa)

① 4,550mm²   ② 4,870mm²
③ 5,160mm²   ④ 5,520mm²

■해설 $\varepsilon_{t,\min} = 0.004 (f_y \leq 400$MPa인 경우)
$f_{ck} \leq 40$MPa인 경우
$$\rho_{\max} = 0.68 \frac{f_{ck}}{f_y} \frac{0.0033}{0.0033 + \varepsilon_{t,\min}}$$
$$= 0.68 \times \frac{28}{400} \times \frac{0.0033}{0.0033 + 0.004} = 0.0215$$
$A_{s,\max} = \rho_{\max} bd$
$= 0.0215 \times 400 \times 600 = 5{,}160$mm²

18. 강판형(Plate girder) 복부(web) 두께의 제한이 규정되어 있는 가장 큰 이유는?

① 시공상의 난이   ② 공비의 절약
③ 자중의 경감   ④ 좌굴의 방지

■해설 강판형 복부 두께의 제한이 규정되어 있는 가장 큰 이유는 좌굴에 대비하기 위한 것이다.

19. 인장응력 검토를 위한 L−150×90×12인 형강(angle)의 전개 총폭(b_g)은 얼마인가?

① 228mm   ② 232mm
③ 240mm   ④ 252mm

■해설 $b_g = b_1 + b_2 - t$
$= 150 + 90 - 12 = 228$mm

20. 깊은보(deep beam)의 강도는 다음 중 무엇에 의해 지배되는가?

① 압축   ② 인장
③ 휨   ④ 전단

■해설 깊은보의 강도는 전단에 의하여 지배된다.

Item pool (산업기사 2018년 9월 15일 시행)
과년도 출제문제 및 해설

01. 건조수축 또는 온도변화에 의하여 콘크리트에 발생하는 균열을 방지하기 위한 목적으로 배치되는 철근을 무엇이라고 하는가?

① 수축·온도철근 ② 비틀림 철근
③ 복부보강근   ④ 배력철근

■해설 건조수축 또는 온도변화에 의하여 콘크리트에 발생하는 균열을 방지하기 위한 목적으로 배치되는 철근은 수축·온도철근이다.

02. 그림과 같은 띠철근 기둥이 받을 수 있는 설계 축강도(ϕP_n)는?(단, f_{ck}=20MPa, f_y=300MPa, A_{st}=4,000mm²이며 압축지배단면이다.)

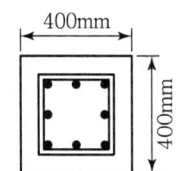

① 2,655kN   ② 2,406kN
③ 2,157kN   ④ 2,003kN

■해설 $\phi P_n = \phi\alpha\{0.85f_{ck}(A_g - A_{st}) + f_y A_{st}\}$
$= 0.8 \times 0.65 \times \{0.85 \times 20 \times (400^2 - 4,000) + 300 \times 4,000\}$
$= 2,003 \times 10^3 \text{N} = 2,003 \text{kN}$

03. 강재의 연결 시 주의사항에 대한 설명으로 틀린 것은?

① 잔류응력이나 2차응력을 일으키지 않아야 한다.
② 각 재편에 가급적 편심이 없어야 한다.
③ 여러 가지의 연결 방법을 병용하도록 한다.
④ 응력집중이 없어야 한다.

■해설 강재 연결부의 요구사항
① 부재 사이에 응력 전달이 확실해야 한다.
② 가급적 편심이 발생하지 않도록 연결한다.
③ 연결부에서 응력집중이 없어야 한다.
④ 부재의 변형에 따른 영향을 고려하여야 한다.
⑤ 잔류응력이나 2차응력을 일으키지 않아야 한다.

04. 직사각형 단면의 철근콘크리트 보에 전단력과 휨만이 작용할 때 콘크리트가 받을 수 있는 설계 전단 강도(ϕV_c)는 약 얼마인가?(단, b=300mm, d=500mm, f_{ck}=28MPa)

① 99.2kN   ② 124.1kN
③ 132.3kN ④ 143.5kN

■해설 $\lambda = 1.0$(보통중량의 콘크리트인 경우)
$\phi V_c = \phi\left(\frac{1}{6}\lambda\sqrt{f_{ck}}bd\right)$
$= 0.75 \times \frac{1}{6} \times 1 \times \sqrt{28} \times 300 \times 500$
$= 99.2 \times 10^3 \text{N} = 99.2 \text{kN}$

05. 아래의 표에서 설명하는 것은?

> 철근콘크리트 부재가 사용성과 안전성을 만족할 수 있도록 요구되는 단면의 단면력

① 설계기준강도 ② 배합강도
③ 공칭강도   ④ 소요강도

■해설 철근콘크리트 부재가 사용성과 안전성을 만족할 수 있도록 요구되는 단면의 단면력을 소요강도라 한다.

06. 콘크리트에 초기 프리스트레스(P_i)=600kN을 도입한 후 여러 가지 원인에 의하여 100kN의 프리스트레스가 손실되었을 때의 유효율은?

① 80%   ② 83%
③ 86%   ④ 89%

|해답| 1. ① 2. ④ 3. ③ 4. ① 5. ④ 6. ②

■해설 $P_e = P_i - \Delta P = 600 - 100 = 500\text{kN}$

$R = \dfrac{P_e}{P_i} \times 100(\%) = \dfrac{500}{600} \times 100(\%) = 83\%$

07. 다음 중 풀 프리스트레싱(Full Prestressing)에 대한 설명으로 옳은 것은?

① 설계하중 작용 시 단면의 일부에 인장응력이 발생하도록 한 방법
② 설계하중 작용 시 단면의 어느 부위에도 인장응력이 발생하지 않도록 한 방법
③ 외적으로 반력을 조절해서 프리스트레스를 도입하는 방법
④ 콘크리트가 경화한 뒤에 PS 강재를 긴장하는 방법

■해설 ① 완전 프리스트레싱(Full Prestressing) : 부재 단면에 인장응력이 발생하지 않는다.
② 부분 프리스트레싱(Partial Prestressing) : 부재 단면의 일부에 인장응력이 발생한다.

08. 옹벽의 안정조건에 대한 설명으로 틀린 것은?

① 활동에 대한 저항력은 옹벽에 작용하는 수평력의 1.5배 이상이어야 한다.
② 전도에 대한 저항휨모멘트는 횡토압에 의한 전도모멘트의 2.0배 이상이어야 한다.
③ 전도 및 활동에 대한 안정조건은 만족하지만, 지반지지력에 대한 안정조건만을 만족하지 못할 경우에는 횡방향 앵커를 설치하여 지반지지력을 증대시킬 수 있다.
④ 지반에 유발되는 최대 지반반력은 지반의 허용지지력을 초과할 수 없다.

■해설 횡방향 앵커는 활동에 대한 저항력을 증가시키기 위하여 설치하는 것이다.

09. 그림과 같이 400mm×12mm의 강판을 홈 용접하려 한다. 500kN의 인장력이 작용하면 용접부에 일어나는 응력은 얼마인가?(단, 전단면을 유효길이로 한다.)

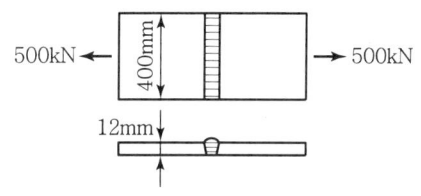

① 92.2MPa ② 98.2MPa
③ 101.2MPa ④ 104.2MPa

■해설 $f = \dfrac{P}{A} = \dfrac{500 \times 10^3}{400 \times 12} = 104.2\text{MPa}$

10. 강도감소계수(ϕ)의 사용 목적에 대한 설명으로 틀린 것은?

① 재료 강도와 치수가 변동할 수 있으므로 부재의 강도 저하 확률에 대비한 여유를 반영하기 위해서
② 초과하중 및 구조물의 용도변경에 따른 여유를 반영하기 위해서
③ 구조물에서 차지하는 부재의 중요도 등을 반영하기 위해서
④ 부정확한 설계 방정식에 대비한 여유를 반영하기 위해서

■해설 초과하중 및 구조물의 용도변경에 따른 여유를 반영하기 위해서 사용하는 것은 하중계수이다.

11. 단철근 직사각형보에 하중이 작용하여 10mm의 탄성처짐이 발생하였다. 모든 하중이 5년 이상의 장기하중으로 작용한다면 총처짐량은 얼마인가?

① 20mm ② 30mm
③ 35mm ④ 45mm

■해설 $\xi = 2.0$(하중재하기간이 5년 이상인 경우)

$\lambda_\Delta = \dfrac{\xi}{1+50\rho'} = \dfrac{2.0}{1+50 \times 0} = 2$

$\delta_L = \lambda_\Delta \cdot \delta_i = 2 \times 10 = 20\text{mm}$

$\delta_T = \delta_i + \delta_L = 10 + 20 = 30\text{mm}$

|해답| 7. ② 8. ③ 9. ④ 10. ② 11. ②

12. 철근콘크리트 구조물의 전단철근에 대한 설명 중 틀린 것은?

① 주인장 철근에 30° 이상의 각도로 구부린 굽힘철근은 전단철근으로 사용할 수 있다.
② 스터럽과 굽힘철근을 조합하여 전단철근으로 사용할 수 있다.
③ 주인장 철근에 45° 이상의 각도로 설치되는 스터럽은 전단철근으로 사용할 수 있다.
④ 용접 이형철망을 제외한 일반적인 전단철근의 설계기준항복강도는 600MPa을 초과할 수 없다.

■해설 용접 이형철망을 제외한 일반적인 전단철근의 설계기준항복강도는 500MPa을 초과할 수 없다.

13. 아래 그림과 같은 T형보가 있다. 이 보의 등가 직사각형 응력블록의 깊이(a)는?(단, f_{ck} = 24MPa, f_y = 400MPa, A_s = 3,970mm²)

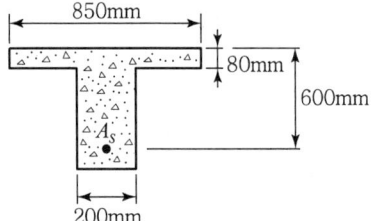

① 76.52mm ② 102.83mm
③ 129.22mm ④ 143.37mm

■해설 1. T형보의 판별
 • 폭이 b = 850mm인 직사각형 단면보의 등가 사각형 깊이
  $\eta = 1 (f_{ck} \leq 40\text{MPa}$인 경우$)$
  $a = \dfrac{f_y A_s}{\eta 0.85 f_{ck} b} = \dfrac{400 \times 3,970}{1 \times 0.85 \times 24 \times 850} = 91.58$
 • $a(=91.58\text{mm}) > t_f(=80\text{mm})$이므로 T형보로 해석

2. T형보의 등가사각형 깊이(a)
 • $A_{sf} = \dfrac{\eta 0.85 f_{ck}(b-b_w)t_f}{f_y}$
  $= \dfrac{1 \times 0.85 \times 24 \times (850-200) \times 80}{400}$
  $= 2,652\text{mm}^2$
 • $a = \dfrac{f_y(A_s - A_{sf})}{\eta 0.85 f_{ck} b_w} = \dfrac{400 \times (3,970-2,652)}{1 \times 0.85 \times 24 \times 200}$
  $= 129.22\text{mm}$

14. 인장이형철근의 정착길이에 대한 설명으로 틀린 것은?

① 인장이형철근의 정착길이(l_d)는 기본 정착길이(l_{db})에 보정계수를 고려하여 구할 수 있다.
② 인장이형철근의 정착길이는 철근의 항복강도(f_y)에 비례한다.
③ 인장이형철근의 정착길이는 콘크리트의 설계기준 압축강도(f_{ck})의 제곱근에 반비례한다.
④ 인장이형철근의 정착길이는(l_d)는 항상 500mm 이상이어야 한다.

■해설 인장이형철근의 정착길이는(l_d)는 항상 300mm 이상이어야 한다.

15. 다음 중 강도설계법에서 적용되는 부재별 강도 감소계수가 잘못된 것은?

① 인장지배단면 : 0.85
② 압축지배단면 중 나선철근으로 보강된 철근콘크리트 부재 : 0.70
③ 무근콘크리트의 휨모멘트, 압축력, 전단력, 지압력을 받는 부재 : 0.55
④ 콘크리트의 지압력을 받는 부재 : 0.80

■해설 콘크리트의 지압력에 대한 강도감소계수(ϕ)는 0.65이다.

16. 지름 30mm인 고력볼트를 사용하여 강판을 연결하고자 할 때 강판에 뚫어야 할 구멍의 지름은?(단 표준적인 경우)

① 27mm ② 30mm
③ 33mm ④ 35mm

■해설 고력볼트의 표준구멍지름(d_h)
 1. 고력볼트의 지름(d)이 22mm 이하인 경우
  $d_h = d + 2\text{(mm)}$
 2. 고력볼트의 지름(d)이 24mm 이상인 경우
  $d_h = d + 3\text{(mm)}$
 따라서, 지름이 30mm인 고력볼트의 표준구멍 지름은 다음과 같이 구할 수 있다.

|해답| 12. ④ 13. ③ 14. ④ 15. ④ 16. ③

$d(=30\text{mm}) \geq 24\text{mm}$인 경우이므로
$d_h = d+3 = 30+3 = 33\text{mm}$

17. 다음 그림과 같은 단철근 직사각형보에서 인장철근비(ρ)는?(단, $A_s = 2,382\text{mm}^2$, $f_{ck} = 28\text{MPa}$, $f_y = 400\text{MPa}$)

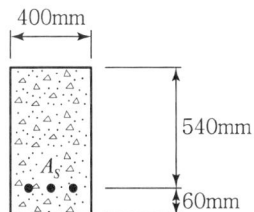

① 0.01103　② 0.00993
③ 0.00821　④ 0.00627

■ 해설 $\rho = \dfrac{A_s}{bd} = \dfrac{2382}{400 \times 540} = 0.01103$

18. 그림과 같은 PSC보의 지간 중앙점에서 강선을 꺾었을 때 이 중앙점에서 상향력 U의 값은?

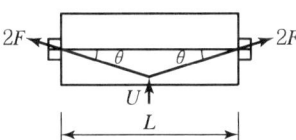

① $2F\sin\theta$　② $4F\sin\theta$
③ $2F\tan\theta$　④ $4F\tan\theta$

■ 해설 $U = 2P\sin\theta = 2(2F)\sin\theta = 4F\sin\theta$

19. 강도설계법을 적용하기 위한 기본가정에서 압축측 연단에서 콘크리트의 극한변형률은 얼마로 가정하는가?(단, $f_{ck} \leq 40\text{MPa}$인 경우)

① 0.0033　② 0.0032
③ 0.0031　④ 0.0030

■ 해설 강도설계법에서 휨모멘트 또는 휨모멘트와 축력을 동시에 받은 부재의 콘크리트 압축연단의 극한변형률은 콘크리트의 설계기준 압축강도가 40MPa 이하 인 경우에는 0.0033으로 가정한다.

20. 강도설계법에서 보에 대한 등가직사각형 응력블록의 깊이(a)는 아래 표와 같은 공식에 의해 구할 수 있다. 이때 $f_{ck} = 70\text{MPa}$인 경우 β_1의 값은?

$a = \beta_1 c$

① 0.70　② 0.72
③ 0.74　④ 0.76

■ 해설 $f_{ck} = 70\text{MPa}$인 경우 $\beta_1 = 0.74$

과년도 출제문제 및 해설

Item pool (기사 2019년 3월 3일 시행)

01. 다음 중 철근콘크리트 보에서 사인장철근이 부담하는 주된 응력은?

① 부착응력　② 전단응력
③ 지압응력　④ 휨인장응력

■해설 철근콘크리트 보에서 사인장철근이 부담하는 주된 응력은 전단응력이다.

02. 단철근 직사각형보에서 폭 300mm, 유효깊이 500mm, 인장철근 단면적 1,700mm²일 때 강도해석에 의한 직사각형 압축응력 분포도의 깊이(a)는?(단, f_{ck}=20MPa, f_y=300MPa이다.)

① 50mm　② 100mm
③ 200mm　④ 400mm

■해설 $\eta = 1$ ($f_{ck} \leq 40$MPa인 경우)
$$a = \frac{f_y A_s}{\eta 0.85 f_{ck} b} = \frac{300 \times 1,700}{1 \times 0.85 \times 20 \times 300} = 100\text{mm}$$

03. 강도설계법에 의한 휨 부재의 등가사각형 압축응력 분포에서 f_{ck}=40MPa일 때 β_1의 값은?

① 0.80　② 0.78
③ 0.76　④ 0.74

■해설 $f_{ck} \leq 40$MPa인 경우 $\beta_1 = 0.8$

04. 표준갈고리를 갖는 인장 이형철근의 정착에 대한 설명으로 옳지 않은 것은?(단, d_b는 철근의 공칭지름이다.)

① 갈고리는 압축을 받는 경우 철근정착에 유효하지 않은 것으로 본다.
② 정착길이는 위험단면부터 갈고리의 외측단까지 길이로 나타낸다.
③ f_{sp}값이 규정되어 있지 않은 경우 모래경량콘크리트의 경량콘크리트계수 λ는 0.7이다.
④ 기본정착길이에 보정계수를 곱하여 정착길이를 계산하는데 이렇게 구한 정착길이는 항상 $8d_b$ 이상, 또한 150mm 이상이어야 한다.

■해설 f_{sp}값이 규정되어 있지 않은 경우 모래경량콘크리트의 경량콘크리트계수 λ는 0.85이다.

05. 길이 6m의 단순지지 보통중량 철근콘크리트 보의 처짐을 계산하지 않아도 되는 보의 최소 두께는?(단, f_{ck}=21MPa, f_y=350MPa이다.)

① 349mm　② 356mm
③ 375mm　④ 403mm

■해설
$$h_{\min} = \frac{l}{16}\left(0.43 + \frac{f_y}{700}\right)$$
$$= \frac{6 \times 10^3}{16}\left(0.43 + \frac{350}{700}\right)$$
$$= 348.75\text{mm}$$

06. 강도설계법에서 강도감소계수(ϕ)를 규정하는 목적이 아닌 것은?

① 부정확한 설계 방정식에 대비한 여유를 반영하기 위해
② 구조물에서 차지하는 부재의 중요도 등을 반영하기 위해
③ 재료 강도와 치수가 변동할 수 있으므로 부재의 강도 저하 확률에 대비한 여유를 반영하기 위해
④ 하중의 변경, 구조해석할 때의 가정 및 계산의 단순화로 인해 야기될지 모르는 초과하중에 대비한 여유를 반영하기 위해

|해답| 1. ② 2. ② 3. ① 4. ③ 5. ① 6. ④

■해설 하중의 변경, 구속해석할 때의 가정 및 계산의 단순화로 인해 야기될지 모르는 초과하중에 대비한 여유를 반영하기 위해 고려되는 것은 하중계수이다.

07. 그림과 같은 캔틸레버 옹벽의 최대 지반반력은?

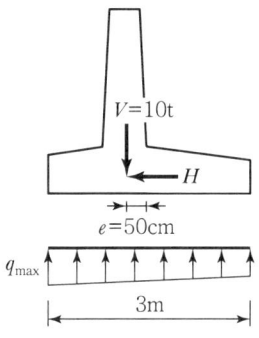

① $10.2t/m^2$
② $20.5t/m^2$
③ $6.67t/m^2$
④ $3.33t/m^2$

■해설
$$q_{max} = \frac{V}{B}\left(1+\frac{6e}{B}\right)$$
$$= \frac{10}{3}\left(1+\frac{6\times 0.5}{3}\right) = 6.67t/m^2$$

08. 철근콘크리트에서 콘크리트의 탄성계수로 쓰이며, 철근콘크리트 단면의 결정이나 응력을 계산할 때 쓰이는 것은?

① 전단 탄성계수
② 할선 탄성계수
③ 접선 탄성계수
④ 초기접선 탄성계수

■해설 철근콘크리트에서 콘크리트의 탄성계수로 쓰이며, 철근콘크리트 단면의 결정이나 응력을 계산할 때 쓰이는 것은 할선 탄성계수이다.

09. 다음 그림과 같은 직사각형 단면의 단순보에 PS강재가 포물선으로 배치되어 있다. 보의 중앙단면에서 일어나는 상연응력(㉠) 및 하연응력(㉡)은?(단, PS강재의 긴장력은 3,300kN이고, 자중을 포함한 작용하중은 27kN/m이다.)

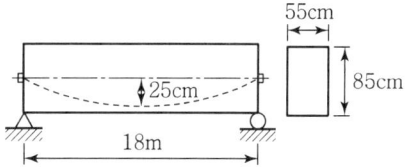

① ㉠ : 21.21MPa, ㉡ : 1.8MPa
② ㉠ : 12.07MPa, ㉡ : 0MPa
③ ㉠ : 8.6MPa, ㉡ : 2.45MPa
④ ㉠ : 11.11MPa, ㉡ : 3.00MPa

■해설
$$f_{\binom{t}{b}} = \frac{P}{A}(\mp)\frac{P\cdot e}{Z}(\pm)\frac{M}{Z}$$
$$= \frac{1}{bh}\left[P\left\{1(\mp)\frac{6e}{h}\right\}(\pm)\frac{3wl^2}{4h}\right]$$
$$= \frac{1}{0.55\times 0.85}\left[3300\left\{1(\mp)\frac{6\times 0.25}{0.85}\right\}\right.$$
$$\left.(\pm)\frac{3\times 27\times 18^2}{4\times 0.85}\right]$$

f_t(상연응력) $= 11.11\times 10^3 kPa = 11.11MPa$
f_b(하연응력) $= 3.00\times 10^3 kPa = 3.00MPa$

10. 철근콘크리트 구조물의 균열에 관한 설명으로 옳지 않은 것은?

① 하중으로 인한 균열의 최대폭은 철근응력에 비례한다.
② 인장 측에 철근을 잘 분배하면 균열폭을 최소로 할 수 있다.
③ 콘크리트 표면의 균열폭은 철근에 대한 피복두께에 반비례한다.
④ 많은 수의 미세한 균열보다는 폭이 큰 몇 개의 균열이 내구성에 불리하다.

■해설 **콘크리트 균열에 대한 특징**
• 균열폭은 철근의 응력, 철근의 지름에 비례하고 철근비에 반비례한다.
• 콘크리트 표면의 균열폭은 피복두께에 비례한다.
• 이형철근을 콘크리트 인장 측에 잘 분배하면 균열폭을 최소화할 수 있다.

11. 옹벽의 구조해석에 대한 내용으로 틀린 것은?

① 부벽식 옹벽의 전면벽은 3변 지지된 2방향 슬래브로 설계할 수 있다.
② 캔틸레버식 옹벽의 전면벽은 저판에 지지된 캔틸레버로 설계할 수 있다.
③ 뒷부벽은 T형 보로 설계하여야 하며, 앞부벽은 직사각형보로 설계하여야 한다.
④ 부벽식 옹벽의 저판은 정밀한 해석이 사용되지 않는 한, 부벽의 높이를 경간으로 가정한 고정보 또는 연속보로 설계할 수 있다.

■해설 부벽식 옹벽의 저판은 정밀한 해석이 사용되지 않는 한, 부벽 간의 거리를 경간으로 가정하여 고정보 또는 연속보로 설계할 수 있다.

12. 캔틸레버식 옹벽(역 T형 옹벽)에서 뒷굽판의 길이를 결정할 때 가장 주가 되는 것은?

① 전도에 대한 안정
② 침하에 대한 안정
③ 활동에 대한 안정
④ 지반 지지력에 대한 안정

■해설 캔틸레버식 옹벽(역 T형 옹벽)에서 뒷굽판의 길이를 결정할 때 가장 주가 되는 것은 활동에 대한 안정이다.

13. 단철근 직사각형보의 설계휨강도를 구하는 식으로 옳은 것은?(단, $q = \dfrac{\rho f_y}{\eta f_{ck}}$ 이다.)

① $\phi M_n = \phi[\eta f_{ck} b d^2 q(1-0.59q)]$
② $\phi M_n = \phi[\eta f_{ck} b d^2 (1-0.59q)]$
③ $\phi M_n = \phi[\eta f_{ck} b d^2 (1+0.59q)]$
④ $\phi M_n = \phi[\eta f_{ck} b d^2 q(1+0.59q)]$

■해설
$$\phi M_n = \phi f_y A_s \left(d - \dfrac{a}{2}\right)$$
$$= \phi f_y A_s \left(d - \dfrac{1}{2}\dfrac{f_y A_s}{\eta 0.85 f_{ck} b}\right)$$
$$= \phi f_y A_s d \left(1 - \dfrac{0.59}{\eta}\dfrac{f_y}{f_{ck}}\dfrac{A_s}{bd}\right)$$
$$= \phi f_y (\rho b d) d \left(1 - 0.59\dfrac{\rho}{\eta}\dfrac{f_y}{f_{ck}}\right)$$
$$= \phi \left(\dfrac{q \eta f_{ck}}{\rho}\right) \rho b d^2 (1 - 0.59q)$$
$$= \phi[\eta f_{ck} b d^2 q (1 - 0.59q)]$$

14. 그림과 같은 인장철근을 갖는 보의 유효깊이는? (단, D19철근의 공칭단면적은 287mm²이다.)

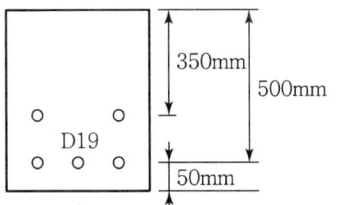

① 350mm
② 410mm
③ 440mm
④ 500mm

■해설 $d = \dfrac{2 \times 350 + 3 \times 500}{5} = 440\text{mm}$

15. 그림과 같은 필렛 용접에서 일어나는 응력으로 옳은 것은?

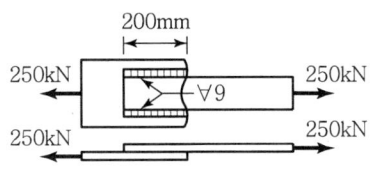

① 97.3MPa
② 98.2MPa
③ 99.2MPa
④ 100.0MPa

■해설 $v = \dfrac{P}{\sum al} = \dfrac{250 \times 10^3}{(0.707 \times 9) \times (2 \times 200)}$
$= 98.2\text{N/mm}^2 = 98.2\text{MPa}$

16. 철근콘크리트 부재의 비틀림철근 상세에 대한 설명으로 틀린 것은?(단, P_h : 가장 바깥의 횡방향 폐쇄스터럽 중심선의 둘레(mm)이다.)

① 종방향 비틀림철근은 양단에 정착하여야 한다.
② 횡방향 비틀림철근의 간격은 $P_h/4$보다 작아야 하고, 또한 200mm보다 작아야 한다.

|해답| 11. ④ 12. ③ 13. ① 14. ③ 15. ② 16. ②

③ 종방향 철근의 지름은 스터럽 간격의 1/24 이상이어야 하며, 또한 D10 이상의 철근이어야 한다.
④ 비틀림에 요구되는 종방향 철근은 폐쇄스터럽의 둘레를 따라 300mm 이하의 간격으로 분포시켜야 한다.

■해설 횡방향 비틀림철근의 간격은 $P_h/8$보다 작아야 하고, 또한 300mm보다 작아야 한다.

17. 콘크리트 슬래브 설계 시 직접설계법을 적용할 수 있는 제한사항에 대한 설명 중 틀린 것은?

① 각 방향으로 3경간 이상 연속되어야 한다.
② 각 방향으로 연속한 받침부 중심 간 경간 차이는 긴 경간의 1/3 이하이어야 한다.
③ 슬래브 판들은 단변 경간에 대한 장변 경간의 비가 2 이하인 직사각형이어야 한다.
④ 연속한 기둥 중심선을 기준으로 기둥의 어긋남은 그 방향 경간의 15% 이하이어야 한다.

■해설 콘크리트 슬래브 설계 시 직접설계법을 적용할 경우, 연속한 기둥 중심선을 기준으로 기둥의 어긋남은 그 방향 경간의 10% 이하이어야 한다.

18. 아래와 같은 맞대기 이음부에 발생하는 응력의 크기는?(단, $P=360$kN, 강판두께$=12$mm)

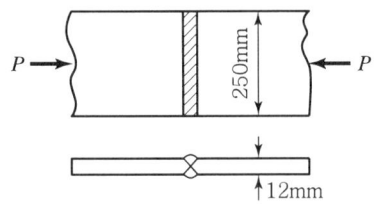

① 압축응력 $f_c=14.4$MPa
② 인장응력 $f_t=3,000$MPa
③ 전단응력 $\tau=150$MPa
④ 압축응력 $f_c=120$MPa

■해설 $f = \dfrac{P}{bt} = \dfrac{360 \times 10^3}{250 \times 12} = 120$MPa(압축응력)

19. 용접작업 중 일반적인 주의사항에 대한 내용으로 옳지 않은 것은?

① 구조상 중요한 부분을 지정하여 집중 용접한다.
② 용접은 수축이 큰 이음을 먼저 용접하고, 수축이 작은 이음은 나중에 한다.
③ 앞의 용접에서 생긴 변형을 다음 용접에서 제거할 수 있도록 진행시킨다.
④ 특히 비틀어지지 않게 평행한 용접은 같은 방향으로 할 수 있으며 동시에 용접을 한다.

■해설 항상 용접열의 분포가 균등하도록 조치하고 일시에 다량의 열이 한 곳에 집중되지 않도록 해야 한다.

20. 그림과 같은 직사각형 단면의 프리텐션 부재에 편심배치한 직선 PS강재를 760kN 긴장했을 때 탄성수축으로 인한 프리스트레스의 감소량은? (단, $I=2.5\times10^9$mm^4, $n=6$이다.)

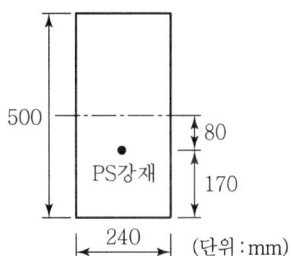

① 43.67MPa
② 45.67MPa
③ 47.67MPa
④ 49.67MPa

■해설
$\Delta f_{pe} = nf_{cs} = n\left(\dfrac{P_i}{A_g} + \dfrac{P_i e_p}{I_e} \cdot e_p\right)$
$= 6\left(\dfrac{(760\times10^3)}{(240\times500)} + \dfrac{(760\times10^3)\times80}{(2.5\times10^9)}\times80\right)$
$= 49.67$MPa

과년도 출제문제 및 해설

Item pool (산업기사 2019년 3월 3일 시행)

01. 단면계수가 1,200cm³인 I형강에 102kN·m의 휨모멘트가 작용할 때 하연에 작용하는 휨응력은?

① 85MPa ② 92MPa
③ 102MPa ④ 120MPa

■해설
$$f_b = \frac{M}{Z} = \frac{102 \times 10^6}{1,200 \times 10^3} = 85\text{N/mm}^2 = 85\text{MPa}$$

02. 강도설계법에 의해 휨설계를 할 경우 $f_{ck}=40$ MPa인 경우 β_1의 값은?

① 0.70 ② 0.75
③ 0.80 ④ 0.85

■해설 $f_{ck} \leq 40$MPa인 경우, $\beta_1 = 0.8$

03. 그림과 같이 PS강선을 포물선으로 배치했을 때 PS강선의 편심은 중앙점에서 100mm이고 양 지점에서는 0이었다. PS강선을 3,000kN으로 인장할 때 생기는 등분포 상향력은?

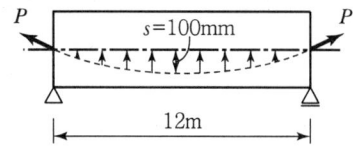

① 1.13kN/m ② 1.67kN/m
③ 13.3kN/m ④ 16.7kN/m

■해설 $u = \dfrac{8Ps}{l^2} = \dfrac{8 \times 300 \times 0.1}{12^2} = 16.7\text{kN/m}$

04. 강도설계법에서 단철근 직사각형보의 균형단면 중립축 위치(c)를 구하는 식으로 옳은 것은? (단, f_y : 철근의 설계기준항복강도, f_s : 철근의 응력, d : 보의 유효깊이, $f_{ck} \leq 40$MPa인 경우)

① $c = \dfrac{660}{660+f_y}d$ ② $c = \dfrac{660}{660-f_y}d$
③ $c = \dfrac{660}{660+f_s}d$ ④ $c = \dfrac{660}{660-f_s}d$

■해설 $f_{ck} \leq 40$MPa인 경우
$$c_b = \frac{660}{660+f_y}d$$

05. 단철근 직사각형 단면의 균형 철근비(ρ_b)를 이용하여 균형철근량(A_s)을 구하는 식은? (단, b=폭, d=유효깊이)

① $A_s = \rho_b bd$ ② $A_s = \dfrac{\rho_b}{bd}$
③ $A_s = \dfrac{\rho_b}{b-d}$ ④ $A_s = \dfrac{\rho_b - b}{d}$

■해설 $f_{ck} \leq 40$MPa인 경우
$$\rho_b = 0.68\frac{f_{ck}}{f_y} \cdot \frac{660}{660+f_y}$$
$$A_{s.b} = \rho_b \cdot b \cdot d$$

06. 그림과 같이 용접이음을 했을 경우 전단응력은?

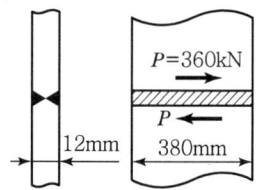

① 78.9MPa ② 67.5MPa
③ 57.5MPa ④ 45.9MPa

■해설 $v = \dfrac{P}{bt} = \dfrac{360 \times 10^3}{380 \times 12} = 78.9\text{N/mm}^2 = 78.9\text{MPa}$

|해답| 1. ① 2. ③ 3. ④ 4. ① 5. ① 6. ①

07. 강도설계법에 의한 휨부재 설계의 기본가정으로 옳지 않은 것은?

① 콘크리트의 압축연단에서 최대 변형률은 0.003으로 가정한다.
② 철근의 응력이 설계기준항복강도 f_y 이하일 때 철근의 응력은 그 변형률에 철근의 탄성계수 (E_s)를 곱한 값으로 한다.
③ 콘크리트의 압축응력분포는 일반적으로 삼각형으로 가정한다.
④ 철근과 콘크리트의 변형률은 중립축에서의 거리에 직선 비례한다.

■해설 콘크리트의 압축응력분포는 일반적으로 직사각형으로 가정한다.

08. 프리스트레스트 콘크리트(PSC)에 의한 교량 가설공법 중 교대 후방의 작업장에서 교량 상부구조를 10~30m의 블록(Block)으로 제작한 후, 미리 가설된 교각의 교축방향으로 밀어내고 다음 블록을 다시 제작하고 연결하여 연속적으로 밀어내며 시공하는 공법은?

① 이동식 지보공법(MSS)
② 캔틸레버공법(FCM)
③ 동바리공법(FSM)
④ 압출공법(ILM)

■해설 PSC 교량 가설공법
㉠ MSS(Movable Scaffolding System, 이동식 지보공공법)
MSS는 매단 지보공과 거푸집을 사용하여 1경간씩 현장타설로 시공하고 탈형과 지보공의 이동이 기계적으로 이루어지는 가설공법이다.
㉡ FCM(Free Cantilever Method, 캔틸레버공법)
FCM은 동바리 없이 교각 위에서 양쪽의 교축방향으로 한 블록씩 콘크리트를 쳐서 프리스트레스를 도입하고, 이 부분을 지점으로 하여 순차적으로 한 블록씩 이어나가는 가설공법이다.
㉢ FSM(Full Staging Method, 동바리공법)
FSM은 콘크리트를 타설하는 경간 전체에 동바리를 설치하여 타설된 콘크리트가 일정한 강도에 도달할 때까지 콘크리트의 하중 및 거푸집, 작업대 등의 무게를 동바리가 지지하도록 하는 공법이다.
㉣ ILM(Incremental Launching Method, 압출공법)
ILM은 교대 배후에 거더(Girder) 제작장소를 설치하고, 10~30m의 블록으로 분할하여 콘크리트를 이어 쳐서 교량거더를 제작하여 이를 잭(jack)으로 밀어내는 가설공법이다.

09. 콘크리트구조 철근상세 설계기준에 따르면 압축부재의 축방향 철근이 D32일 때 사용할 수 있는 띠철근에 대한 설명으로 옳은 것은?

① D6 이상의 띠철근으로 둘러싸야 한다.
② D10 이상의 띠철근으로 둘러싸야 한다.
③ D13 이상의 띠철근으로 둘러싸야 한다.
④ D16 이상의 띠철근으로 둘러싸야 한다.

■해설 철근콘크리트 압축부재에서 띠철근의 지름

축방향 철근의 지름	띠철근의 지름
D32 이하인 경우	D10 이상
D35 이상인 경우	D13 이상

10. 판형에서 보강재(stiffener)의 사용목적은?

① 보 전체의 비틀림에 대한 강도를 크게 하기 위함이다.
② 복부판의 전단에 대한 강도를 높이기 위함이다.
③ flange angle의 간격을 넓게 하기 위함이다.
④ 복부판의 좌굴을 방지하기 위함이다.

■해설 판형에서 보강재를 사용하는 목적은 복부판의 좌굴을 방지하기 위함이다.

|해답| 7. ③ 8. ④ 9. ② 10. ④

11. 그림과 같은 단철근보의 공칭전단강도(V_n)는? (단, 철근 D13을 수직 스터럽으로 사용하며, 스터럽 간격은 300mm, 철근 D13 1본의 단면적은 127mm², f_{ck} =24MPa, f_y =400MPa이다.)

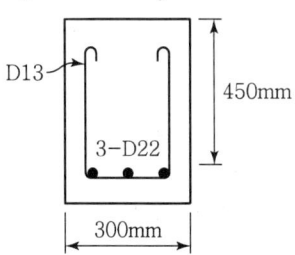

① 232.3kN ② 262.6kN
③ 284.7kN ④ 302.5kN

■해설 $\lambda = 1$ (보통 중량의 콘크리트인 경우)

$$V_n = \frac{1}{6}\lambda\sqrt{f_{ck}}bd + \frac{A_v f_y d}{s}$$

$$= \frac{1}{6} \times 1 \times \sqrt{24} \times 300 \times 450$$

$$+ \frac{(2 \times 127) \times 400 \times 450}{300}$$

$$= 262.6 \times 10^3 \text{N} = 262.6 \text{kN}$$

12. 전단철근으로 보강된 보에 사인장 균열이 발생한 후, 전단철근이 항복에 이르는 동안에 단면의 내부에서 발생하는 내력의 종류가 아닌 것은?

① 사인장 균열이 발생한 부분의 콘크리트가 부담하는 전단력
② 균열면과 교차된 면의 전단철근이 부담하는 전단력
③ 인장 휨철근의 다우웰 작용(dowel action)에 의한 수직 내력
④ 거친 균열면의 상호 맞물림(interlocking)에 의한 내력의 수직 분력

■해설 전단철근이 항복에 이르는 동안에 단면의 내부에서 발생하는 내력의 종류
- V_c : 사인장 균열이 발생하지 않은 부분의 콘크리트가 부담하는 전단력
- V_s : 균열면과 교차된 면의 전단철근이 부담하는 전단력
- V_d : 인장 휨철근의 다우웰 작용(Dowel Action)에 의한 수직 내력
- V_{iy} : 거친 균열면의 상호 맞물림(Interlocking)에 의한 수직 내력

13. 철근콘크리트 1방향 슬래브에 대한 설명으로 틀린 것은?

① 1방향 슬래브에서는 정모멘트 철근 및 부모멘트 철근에 직각방향으로 수축 · 온도철근을 배치하여야 한다.
② 4변에 의해 지지되는 2방향 슬래브 중에서 단변에 대한 장변의 비가 2배를 넘으면 1방향 슬래브로 해석하며, 이 경우 일반적으로 슬래브의 장변방향을 경간으로 사용한다.
③ 슬래브의 두께는 최소 100mm 이상으로 하여야 한다.
④ 슬래브의 정모멘트 철근 및 부모멘트 철근의 중심 간격은 위험단면에서 슬래브 두께의 2배 이하이어야 하고, 또한 300mm 이하로 하여야 한다.

■해설 4변에 의해 지지되는 2방향 슬래브 중에서 단변에 대한 장변의 비가 2배를 넘으면 1방향 슬래브로 해석하며, 이 경우 일반적으로 슬래브의 단변방향을 경간으로 사용한다.

14. 철근콘크리트의 특징에 대한 설명으로 옳지 않은 것은?

① 콘크리트는 납품 시 습식재료인 상태이므로 완성된 상태의 품질 확인이 쉽지 않다.
② 숙련공에 의해 콘크리트의 배합이나 타설이 이루어지지 않으면 요구되는 품질의 콘크리트를 얻기 어렵다.
③ 보통 재령 28일의 강도로 품질을 확보하므로 28일 후에 소정의 강도가 나타나지 않을 때 경제적, 시간적 손실을 입기 쉽다.
④ 복잡한 여러 구조를 일체적인 하나의 구조로 만드는 것이 거의 불가능하다.

■해설 복잡한 여러 구조를 일체적인 하나의 구조로 만드는 것이 용이하다.

15. 그림과 같은 T형 단면의 보에서 등가직사각형 응력블록의 깊이(a)는?(단, $f_{ck}=28$MPa, $f_y=400$MPa, $A_s=3,855$mm²)

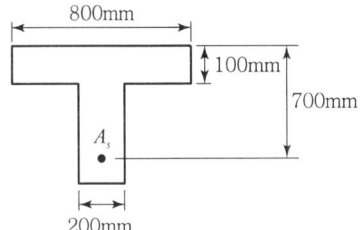

① 81mm   ② 98mm
③ 108mm ④ 116mm

■해설 T형 보의 판별
폭 $b=800$mm인 직사각형 단면보에 대한 등가사각형 깊이(a)
$\eta=1(f_{ck} \le 40$MPa인 경우)
$$a = \frac{f_y A_s}{\eta 0.85 f_{ck} b} = \frac{400 \times 3,855}{1 \times 0.85 \times 28 \times 800} = 81\text{mm}$$
$a(=81$mm$) < t_f(=100$mm$)$이므로 폭이 800mm인 직사각형 단면보로 해석한다.
따라서 등가사각형 깊이 $a=81$mm이다.

16. 표준갈고리를 갖는 인장 이형철근의 정착길이를 구하기 위하여 기본정착길이에 곱하는 것은?

① 갈고리 철근의 단면적
② 갈고리 철근의 간격
③ 보정계수
④ 형상계수

■해설 정착길이 = 기본정착길이 × 보정계수

17. 철근콘크리트 부재의 장기처짐 계산 시 지속하중의 재하기간 12개월에 적용되는 시간경과계수(ξ)는?

① 1.0   ② 1.2
③ 1.4   ④ 2.0

■해설 지속하중의 재하기간에 따른 계수(ξ)

시간	1개월	3개월	6개월	1년	2년	3년	5년 이상
ξ	0.5	1.0	1.2	1.4	1.7	1.8	2.0

18. 기초 위에 돌출된 압축부재로서 단면의 평균최소치수에 대한 높이의 비율이 3 이하인 부재를 무엇이라 하는가?

① 단주   ② 주각
③ 장주   ④ 기둥

■해설 기초 위에 돌출된 압축부재로서 단면의 평균최소치수에 대한 높이의 비율이 3 이하인 부재를 주각이라 한다.

19. 프리스트레싱 긴장재 한 가닥만을 배치하여 1회의 긴장작업으로 프리스트레스의 도입이 끝나는 포스트텐션 방식의 프리스트레스트 콘크리트 부재에는 발생하지 않는 손실은?

① 긴장재의 마찰
② 정착장치의 활동
③ 콘크리트의 탄성수축
④ 긴장재 응력의 릴랙세이션

■해설 1회의 긴장작업으로 프리스트레스를 도입할 경우 포스트텐션 공법에서 탄성변형에 의한 프리스트레스 손실은 발생하지 않는다.

20. 연직하중 1,800kN을 받는 독립확대기초를 정사각형으로 설계하고자 한다. 지반의 허용지지력이 200kN/m²라면 독립확대기초 1변의 길이는?

① 2m   ② 2.5m
③ 3m   ④ 3.5m

■해설
$$q_a \ge q = \frac{P}{A} = \frac{P}{l^2}$$
$$l \ge \sqrt{\frac{P}{q_a}} = \sqrt{\frac{1,800}{200}} = 3\text{m}$$

|해답| 15. ① 16. ③ 17. ③ 18. ② 19. ③ 20. ③

과년도 출제문제 및 해설

Item pool (기사 2019년 4월 27일 시행)

01. 경간 $l=10\text{m}$인 대칭 T형 보에서 양쪽 슬래브의 중심 간 거리 2,100mm, 슬래브의 두께(t) 100mm, 복부의 폭(b_w) 400mm일 때 플랜지의 유효폭은 얼마인가?

① 2,000mm ② 2,100mm
③ 2,300mm ④ 2,500mm

■해설 T형 보(대칭 T형 보)에서 플랜지의 유효폭(b_e)
- $16t_f + b_w = 16 \times 100 + 400 = 2,000\text{mm}$
- 양쪽 슬래브의 중심 간 거리 = 2,100mm
- 보 경간의 $\dfrac{1}{4} = \dfrac{10 \times 10^3}{4} = 2,500\text{mm}$

위 값 중에서 최솟값을 취하면 $b_e = 2,000\text{mm}$이다.

02. 다음 그림의 고장력 볼트 마찰이음에서 필요한 볼트 수는 최소 몇 개인가?(단, 볼트는 M22($\phi=22\text{mm}$), F10T를 사용하며, 마찰이음의 허용력은 48kN이다.)

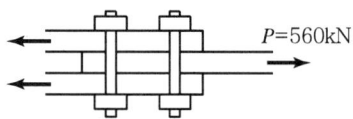

① 3개 ② 5개
③ 6개 ④ 8개

■해설 $P_s = 2 \times P_{sa} = 2 \times 48 = 96\text{kN}$

$n = \dfrac{P}{P_s} = \dfrac{560}{96} = 5.8 ≒ 6\text{개}$ (올림에 의하여)

03. 철근콘크리트 보에 스터럽을 배근하는 가장 중요한 이유로 옳은 것은?

① 주철근 상호 간의 위치를 바르게 하기 위하여
② 보에 작용하는 사인장 응력에 의한 균열을 제어하기 위하여
③ 콘크리트와 철근과의 부착강도를 높이기 위하여
④ 압축 측 콘크리트의 좌굴을 방지하기 위하여

■해설 철근콘크리트 보에서 스터럽을 배근하는 가장 중요한 이유는 보에 작용하는 사인장 응력에 의한 균열을 제어하기 위함이다.

04. 아래 그림과 같은 두께 12mm 평판의 순단면적은?(단, 구멍의 지름은 23mm이다.)

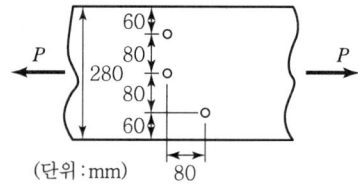

① 2,310mm² ② 2,440mm²
③ 2,772mm² ④ 2,928mm²

■해설 $d_h = \phi + 3 = 23\text{mm}$

$b_{n2} = b - 2d_h = 280 - (2 \times 23) = 234\text{mm}$

$b_{n3} = b - 3d_h + \dfrac{s^2}{4g}$

$= 280 - (3 \times 23) + \dfrac{80^2}{4 \times 80} = 231\text{mm}$

$b_n = [b_{n2}, b_{n3}]_{\min} = 231\text{mm}$

$A_n = b_n \cdot t = 231 \times 12 = 2,772\text{mm}^2$

05. 그림과 같은 필렛용접의 유효목두께로 옳게 표시된 것은?(단, 강구조 연결 설계기준에 따름)

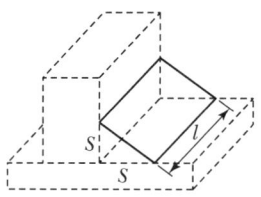

① S ② $0.9S$
③ $0.7S$ ④ $0.5l$

■해설 $a = \dfrac{\sqrt{2}}{2}S = 0.707S$

|해답| 1. ① 2. ③ 3. ② 4. ③ 5. ③

06. $b=300mm$, $d=600mm$, $A_s=3-D35=2,870mm^2$인 직사각형 단면보의 파괴양상은?(단, 강도설계법에 의한 $f_y=300MPa$, $f_{ck}=21MPa$이다.)

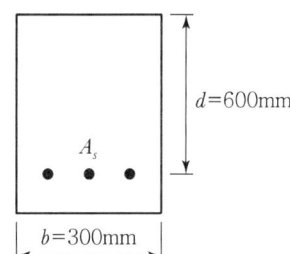

① 취성파괴
② 연성파괴
③ 균형파괴
④ 파괴되지 않는다.

■해설 1. ε_{cu}, η, β_1의 값
$f_{ck}=21MPa \leq 40MPa$인 경우
$\varepsilon_{cu}=0.0033$, $\eta=1$, $\beta_1=0.8$

2. 중립축의 위치(c)
$$c=\frac{f_y A_s}{\eta 0.85 f_{ck} b \beta_1}$$
$$=\frac{300 \times 2,870}{1 \times 0.85 \times 21 \times 300 \times 0.8}=201mm$$

3. 최외단 인장철근의 순인장 변형률(ε_t)
$$\varepsilon_t = \frac{d_t-c}{c}\varepsilon_{cu}$$
$$=\frac{600-201}{201}\times 0.0033 = 0.00655$$

4. 최소 허용인장 변형률($\varepsilon_{t,min}$)
$\varepsilon_{t,min}=0.004$ ($f_y \leq 400MPa$인 경우)

5. 파괴유형 판별
$\varepsilon_t=(0.00655)>\varepsilon_{t,min}(=0.00400)$이므로 철근콘크리트 보는 연성파괴된다.

07. 철근콘크리트 부재에서 처짐을 방지하기 위해서는 부재의 두께를 크게 하는 것이 효과적인데, 구조상 가장 두꺼워야 될 순서대로 나열된 것은?(단, 동일한 부재 길이(l)를 갖는다고 가정)

① 캔틸레버>단순지지>일단연속>양단연속
② 단순지지>캔틸레버>일단연속>양단연속
③ 일단연속>양단연속>단순지지>캔틸레버
④ 양단연속>일단연속>단순지지>캔틸레버

■해설 처짐을 계산하지 않아도 되는 휨부재의 최소 두께

부재	최소 두께 또는 높이			
	캔틸레버	단순지지	일단연속	양단연속
보	$\frac{l}{8}$	$\frac{l}{16}$	$\frac{l}{18.5}$	$\frac{l}{21}$
1방향 슬래브	$\frac{l}{10}$	$\frac{l}{20}$	$\frac{l}{24}$	$\frac{l}{28}$

이 표의 값은 보통중량콘크리트($m_c=2,300kg/m^3$)와 설계기준항복강도 400MPa 철근을 사용한 부재에 대한 값이며, 다른 조건에 대해서는 이 값을 다음과 같이 보정하여야 한다.
① 1,500~2,000kg/m³ 범위의 단위질량을 갖는 구조용 경량콘크리트에 대해서는 계산된 h 값에 $(1.65-0.00031m_c)$를 곱하여야 하나, 1.09 이상이어야 한다.
② f_y가 400MPa 이외인 경우는 계산된 h 값에 $(0.43+\frac{f_y}{700})$를 곱하여야 한다.

08. 1방향 철근콘크리트 슬래브에서 설계기준 항복강도(f_y)가 450MPa인 이형철근을 사용한 경우 수축·온도 철근 비는?

① 0.0016
② 0.0018
③ 0.0020
④ 0.0022

■해설 $f_y>400MPa$인 경우 수축·온도 철근 비(ρ_s)
$$\rho_s \geq 0.002 \times \frac{400}{f_y}=0.002 \times \frac{400}{450}$$
$$=0.0018 (\rho_s \geq 0.0014 - O.K)$$

09. 프리스트레스의 도입 후에 일어나는 손실의 원인이 아닌 것은?

① 콘크리트의 크리프
② PS강재와 쉬스 사이의 마찰
③ 콘크리트의 건조수축
④ PS강재의 릴랙세이션

■해설 프리스트레스의 손실 원인
㉠ 프리스트레스 도입 시 손실(즉시 손실)
 • 정착 장치의 활동에 의한 손실
 • PS강재와 쉬스 사이의 마찰에 의한 손실

- 콘크리트의 탄성변형에 의한 손실
ⓒ 프리스트레스 도입 후 손실(시간 손실)
- 콘크리트의 크리프에 의한 손실
- 콘크리트의 건조수축에 의한 손실
- PS강재의 릴랙세이션에 의한 손실

10. 폭이 400mm, 유효깊이가 500mm인 단철근 직사각형보 단면에서, 강도설계법에 의한 균형철근량은 약 얼마인가?(단, f_{ck}=35MPa, f_y=400MPa)

① 6,130mm²   ② 6,800mm²
③ 7,400mm²   ④ 7,840mm²

■해설
- $f_{ck} = 35\text{MPa} \leq 40\text{MPa}$
- $\rho_b = 0.68 \dfrac{f_{ck}}{f_y} \dfrac{660}{660+f_y}$
  $= 0.68 \times \dfrac{35}{400} \times \dfrac{660}{660+400} = 0.037$
- $A_{s,b} = \rho_b \cdot b \cdot d = 0.037 \times 400 \times 500 = 7,400\text{mm}^2$

11. 복철근 콘크리트 단면에 인장철근비는 0.02, 압축철근비는 0.01이 배근된 경우 순간처짐이 20mm일 때 6개월이 지난 후 총 처짐량은?(단, 작용하는 하중은 지속하중이며 6개월 재하기간에 따르는 계수 ξ는 1.20이다.)

① 56mm   ② 46mm
③ 36mm   ④ 26mm

■해설
$\lambda_\Delta = \dfrac{\xi}{1+50\rho'} = \dfrac{1.2}{1+50\times 0.01} = 0.8$
$\delta_L = \lambda_\Delta \cdot \delta_i = 0.8 \times 20 = 16\text{mm}$
$\delta_T = \delta_i + \delta_L = 16 + 20 = 36\text{mm}$

12. 그림과 같은 철근콘크리트 보 단면이 파괴 시 인장철근의 변형률은?(단, f_{ck}=28MPa, f_y=350MPa, A_s=1,520mm²)

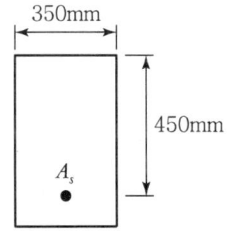

① 0.0043   ② 0.0089
③ 0.0117   ④ 0.0153

■해설 $f_{ck}=28\text{MPa} \leq 40\text{MPa}$인 경우
$\varepsilon_{cu}=0.0033,\ \eta=1,\ \beta_1=0.8$
$a = \dfrac{A_s f_y}{\eta 0.85 f_{ck} b} = \dfrac{1,520\times 350}{1\times 0.85\times 28\times 350} = 63.9\text{mm}$
$\varepsilon_t = \dfrac{d_t\beta_1 - a}{a}\varepsilon_{cu}$
$= \dfrac{450\times 0.8 - 63.9}{63.9}\times 0.0033 = 0.0153$

13. 다음은 프리스트레스트 콘크리트에 관한 설명이다. 옳지 않은 것은?

① 프리캐스트를 사용할 경우 거푸집 및 동바리공이 불필요하다.
② 콘크리트 전 단면을 유효하게 이용하여 RC부재보다 경간을 길게 할 수 있다.
③ RC에 비해 단면이 작아서 변형이 크고 진동하기 쉽다.
④ RC보다 내화성에 있어서 유리하다.

■해설 프리스트레스트 콘크리트는 RC보다 내화성이 떨어진다.

14. 그림과 같은 단면의 중간 높이에 초기 프리스트레스 900kN을 작용시켰다. 20%의 손실을 가정하여 하단 또는 상단의 응력이 영(零)이 되도록 이 단면에 가할 수 있는 모멘트의 크기는?

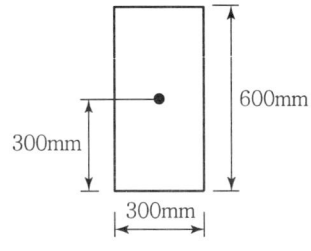

① 90kN·m ② 84kN·m
③ 72kN·m ④ 65kN·m

■해설
$$f_b = \frac{P_e}{A} - \frac{M}{Z} = \frac{0.8P_i}{bh} - \frac{6M}{bh^2} = 0$$
$$M = \frac{0.8P_i h}{6} = \frac{0.8 \times 900 \times 0.6}{6} = 72\text{kN} \cdot \text{m}$$

15. 철근콘크리트 부재의 피복두께에 관한 설명으로 틀린 것은?

① 최소 피복두께를 제한하는 이유는 철근의 부식 방지, 부착력의 증대, 내화성을 갖도록 하기 위해서이다.
② 현장치기 콘크리트로서, 흙에 접하거나 옥외의 공기에 직접 노출되는 콘크리트의 최소 피복 두께는 D19 이상의 철근의 경우 40mm이다.
③ 현장치기 콘크리트로서, 흙에 접하여 콘크리트를 친 후 영구히 흙에 묻혀 있는 콘크리트의 최소 피복두께는 75mm이다.
④ 콘크리트 표면과 그와 가장 가까이 배치된 철근 표면 사이의 콘크리트 두께를 피복두께라 한다.

■해설 현장치기 콘크리트로서 흙에 접하거나 옥외의 공기에 직접 노출되는 콘크리트의 최소 피복두께는 D19 이상의 철근의 경우 50mm이다.

16. 옹벽의 토압 및 설계일반에 대한 설명 중 옳지 않은 것은?

① 활동에 대한 저항력은 옹벽에 작용하는 수평력의 1.5배 이상이어야 한다.
② 뒷부벽식 옹벽의 저판은 정밀한 해석이 사용되지 않는 한, 3변 지지된 2방향 슬래브로 설계하여야 한다.
③ 뒷부벽은 T형보로 설계하여야 하며, 앞부벽은 직사각형보로 설계하여야 한다.
④ 지반에 유발되는 최대 지반반력이 지반의 허용지지력을 초과하지 않아야 한다.

■해설 뒷부벽식 옹벽의 저판은 정밀한 해석이 사용되지 않는 한, 부벽 간의 거리를 경간으로 가정하여 고정보 또는 연속보로 설계할 수 있다.

17. 폭 350mm, 유효깊이 500mm인 보에 설계기준 항복강도가 400MPa인 D13 철근을 인장 주철근에 대한 경사각(α)이 60°인 U형 경사 스터럽으로 설치했을 때 전단보강철근의 공칭강도(V_s)는?(단, 스터럽 간격 $s=250$mm, D13 철근 1본의 단면적은 127mm²이다.)

① 201.4kN
② 212.7kN
③ 243.2kN
④ 277.6kN

■해설
$$V_s = \frac{A_v f_y d(\sin\alpha + \cos\alpha)}{s}$$
$$= \frac{(2 \times 127) \times 400 \times 500 \times (\sin 60° + \cos 60°)}{250}$$
$$= 277.6 \times 10^3 \text{N} = 277.6 \text{kN}$$

18. 보통중량 콘크리트의 설계기준강도가 35MPa, 철근의 항복강도가 400MPa로 설계된 부재에서 공칭지름이 25mm인 압축 이형철근의 기본정 착길이는?

① 425mm ② 430mm
③ 1,010mm ④ 1,015mm

■해설 $\lambda = 1$ (보통중량의 콘크리트인 경우)
$$l_{db} = \frac{0.25 d_b f_y}{\lambda \sqrt{f_{ck}}} = \frac{0.25 \times 25 \times 400}{1 \times \sqrt{35}} = 422.6\text{mm}$$
$0.043 d_b f_y = 0.043 \times 25 \times 400 = 430\text{mm}$
$l_{db} < 0.043 d_b f_y$ 이므로
$l_{db} = 0.043 d_b f_y = 430\text{mm}$

19. 계수 하중에 의한 단면의 계수휨모멘트(M_u)가 350kN·m인 단철근 직사각형보의 유효깊이(d)의 최솟값은?(단, $\rho=0.0135$, $b=300$mm, $f_{ck}=24$MPa, $f_y=300$MPa, 인장지배 단면이다.)

① 245mm
② 368mm
③ 490mm
④ 613mm

■해설 $\phi = 0.85$ (인장지배 단면인 경우)
$\eta = 1\,(f_{ck} \leq 40\text{MPa}$인 경우)
$$M_u \leq \phi M_n = \phi \rho f_y b d^2 \left(1 - 0.59 \frac{\rho}{\eta} \frac{f_y}{f_{ck}}\right)$$
$$d \geq \sqrt{\frac{M_u}{\phi \rho f_y b \left(1 - 0.59 \frac{\rho}{\eta} \frac{f_y}{f_{ck}}\right)}}$$
$$= \sqrt{\frac{350 \times 10^6}{0.85 \times 0.0135 \times 300 \times 300 \times \left(1 - 0.59 \times \frac{0.0135}{1} \times \frac{300}{24}\right)}}$$
$$= 613.5\text{mm}$$

20. 그림과 같은 나선철근 기둥에서 나선철근의 간격(pitch)으로 적당한 것은?(단, 소요나선철근비(ρ_s)는 0.018, 나선철근의 지름은 12mm, D_c는 나선철근의 바깥지름)

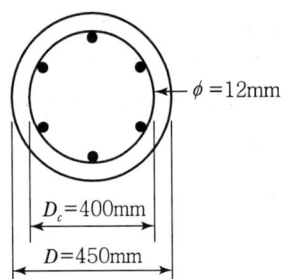

① 61mm ② 85mm
③ 93mm ④ 105mm

■해설
$$\rho_s = \frac{\text{나선철근의 체적}}{\text{심부의 체적}} = \frac{\left[\left(\frac{\pi \phi^2}{4}\right) \cdot \pi D_c\right]}{\left[\left(\frac{\pi D_c^2}{4}\right) \cdot s\right]}$$
$$s = \frac{\phi^2 \cdot \pi}{D_c \cdot \rho_s} = \frac{12^2 \times \pi}{400 \times 0.018} = 62.8\text{mm}$$

Item pool (산업기사 2019년 4월 27일 시행)
과년도 출제문제 및 해설

01. 강도설계법에 의해 콘크리트 구조물을 설계할 때 안전을 위해 사용하는 강도감소계수 ϕ의 값으로 옳지 않은 것은?

① 인장지배단면 : 0.85
② 포스트텐션 정착구역 : 0.85
③ 압축지배단면으로서 나선철근으로 보강된 철근콘크리트 부재 : 0.65
④ 전단력과 비틀림모멘트를 받는 부재 : 0.75

■해설 압축지배단면으로서 나선철근으로 보강된 철근콘크리트 부재의 강도감소계수는 0.70이다.

02. 철근콘크리트의 특징에 대한 설명으로 옳지 않은 것은?

① 내구성, 내화성이 크다.
② 형상이나 치수에 제한을 받지 않는다.
③ 보수나 개조가 용이하다.
④ 유지 관리비가 적게 든다.

■해설 철근콘크리트 구조물은 보수나 개조가 어렵다.

03. 그림과 같은 L형강에서 단면의 순단면을 구하기 위하여 전개한 총폭(b_g)은 얼마인가?

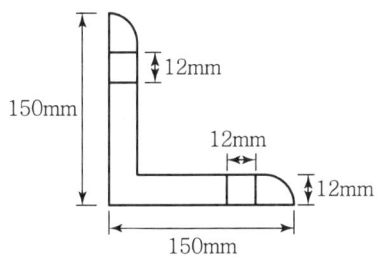

① 250mm
② 264mm
③ 288mm
④ 300mm

■해설 $b_g = b_1 + b_2 - t = 150 + 150 - 12 = 288mm$

04. 보 또는 1방향 슬래브는 휨균열을 제어하기 위하여 콘크리트 인장연단에 가장 가까이 배치되는 철근의 중심 간격 s를 제한하고 있다. 철근의 응력(f_s)이 210MPa이며, 휨철근의 표면과 콘크리트 표면 사이의 최소 두께(c_c)가 40mm로 설계된 휨철근의 중심 간격 s는 얼마 이하이어야 하는가?(단, 건조환경에 노출되는 경우는 제외한다.)

① 275mm
② 300mm
③ 325mm
④ 350mm

■해설 $k_{cr} = 210$ (건조환경이 아닌 경우)

$s_1 = 375\left(\dfrac{k_{cr}}{f_s}\right) - 2.5c_c$

$= 375\left(\dfrac{210}{210}\right) - 2.5 \times 40 = 275mm$

$s_2 = 300\left(\dfrac{k_{cr}}{f_s}\right) = 300\left(\dfrac{210}{210}\right) = 300mm$

$s = [s_1, s_2]_{min} = [275mm, 300mm]_{min} = 275mm$

05. 휨부재 단면에서 인장철근에 대한 최소 철근량을 규정한 이유로 가장 옳은 것은?

① 부재의 취성파괴를 유도하기 위하여
② 사용 철근량을 줄이기 위하여
③ 콘크리트 단면을 최소화하기 위하여
④ 부재의 급작스런 파괴를 방지하기 위하여

■해설 철근콘크리트 휨부재에서 인장철근에 대한 최소 철근량을 규정하는 이유는 부재의 급작스런 파괴, 즉 취성파괴를 방지하기 위해서이다.

|해답| 1. ③ 2. ③ 3. ③ 4. ① 5. ④

06. 다음 그림에서 인장력 $P=400\text{kN}$이 작용할 때 용접이음부의 응력은 얼마인가?

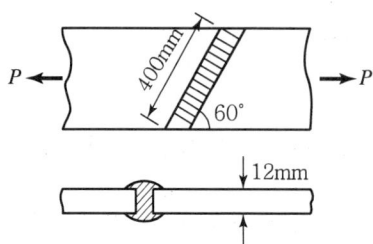

① 96.2MPa ② 101.2MPa
③ 105.3MPa ④ 108.6MPa

■해설 $f = \dfrac{P}{bt} = \dfrac{P}{(l\sin\theta)t}$
$= \dfrac{(400\times 10^3)}{(400\times \sin 60°)\times 12}$
$= 96.2\text{N/mm}^2 = 96.2\text{MPa}$

07. 프리스트레스 손실 원인 중 프리스트레스를 도입할 때 즉시 손실의 원인이 되는 것은?

① 콘크리트 건조수축
② PS강재의 릴랙세이션
③ 콘크리트 크리프
④ 정착장치의 활동

■해설 프리스트레스의 손실의 원인
  ㉠ 프리스트레스 도입시 손실(즉시손실)
   • 정착장치의 활동에 의한 손실
   • PS강재와 쉬스 사이의 마찰에 의한 손실
   • 콘크리트의 탄성변형에 의한 손실
  ㉡ 프리스트레스 도입후 손실(시간손실)
   • 콘크리트의 크리프에 의한 손실
   • 콘크리트의 건조수축에 의한 손실
   • PS강재의 릴랙세이션에 의한 손실

08. $b_w=300\text{mm}$, $d=400\text{mm}$, $A_s=2{,}400\text{mm}^2$, $A_s'=1{,}200\text{mm}^2$인 복철근 직사각형 단면의 보에서 하중이 작용할 경우 탄성 처짐량이 1.5mm이었다. 5년 후 총처짐량은 얼마인가?

① 2.0mm ② 2.5mm
③ 3.0mm ④ 3.5mm

■해설 $\xi = 2.0$ (하중재하기간이 5년 이상인 경우)
$\rho' = \dfrac{A_s'}{bd} = \dfrac{1200}{300\times 400} = 0.01$
$\lambda_\Delta = \dfrac{\xi}{1+50\rho'} = \dfrac{2.0}{1+50\times 0.01} = 1.33$
$\delta_L = \lambda_\Delta \cdot \delta_i = 1.33\times 1.5 = 2\text{mm}$
$\delta_T = \delta_i + \delta_L = 1.5 + 2 = 3.5\text{mm}$

09. 그림과 같이 단순 지지된 2방향 슬래브에 집중하중 P가 작용할 때, ab 방향에 분배되는 하중은 얼마인가?

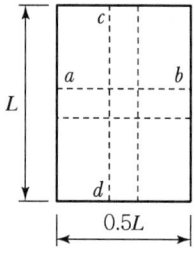

① $0.059P$ ② $0.111P$
③ $0.667P$ ④ $0.889P$

■해설 $w_{ab} = \dfrac{L^3}{L^3+(0.5L)^3}P = 0.889P$

10. 그림과 같은 띠철근 기둥의 공칭축강도(P_n)는 얼마인가?(단, $f_{ck}=24\text{MPa}$, $f_y=300\text{MPa}$, 종방향 철근의 전체 단면적 $A_{st}=2{,}027\text{mm}^2$이다.)

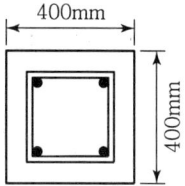

① 2,145.7kN ② 2,279.2kN
③ 3,064.6kN ④ 3,492.2kN

■해설 $P_n = \alpha\{0.85f_{ck}(A_g-A_{st})+f_y A_{st}\}$
$= 0.8\{0.85\times 24\times(400^2-2{,}027)+300\times 2{,}027\}$
$= 3{,}064.6\times 10^3\text{N} = 3{,}064.6\text{kN}$

11. 콘크리트의 크리프에 영향을 미치는 요인들에 대한 설명으로 틀린 것은?

① 물-시멘트 비가 클수록 크리프가 크게 일어난다.
② 단위 시멘트량이 많을수록 크리프가 증가한다.
③ 습도가 높을수록 크리프가 증가한다.
④ 온도가 높을수록 크리프가 증가한다.

■해설 콘크리트의 크리프에 영향을 주는 요인
① 물-시멘트 비가 클수록 크리프가 크게 일어난다.
② 단위 시멘트량이 많을수록 크리프가 증가한다.
③ 습도가 낮을수록 크리프가 증가한다.
④ 온도가 높을수록 크리프가 증가한다.

12. f_y =350MPa, d =500mm인 단철근 직사각형 균형보가 있다. 강도설계법에 의해 보의 압축연단에서 중립축까지의 거리는?(단, $f_{ck} \leq$ 40MPa이다.)

① 258.6mm   ② 291.2mm
③ 326.7mm   ④ 332.4mm

■해설 $f_{ck} \leq$ 40MPa인 경우
$$C_b = \frac{660}{660+f_y}d = \frac{660}{660+350} \times 500 = 326.7\text{mm}$$

13. 폭이 400mm, 유효깊이가 600mm인 직사각형 보에서 콘크리트가 부담할 수 있는 전단강도 V_c는 얼마인가?(단, 보통중량 콘크리트이며 f_{ck}는 24MPa임)

① 196kN   ② 248kN
③ 326kN   ④ 392kN

■해설 $\lambda=1$(보통 중량의 콘크리트인 경우)
$$V_c = \frac{1}{6}\lambda\sqrt{f_{ck}}bd$$
$$= \frac{1}{6} \times 1 \times \sqrt{24} \times 400 \times 600$$
$$= 196 \times 10^3\text{N} = 196\text{kN}$$

14. PS 콘크리트에서 강선에 긴장을 할 때 긴장재의 허용응력은 얼마 이하여야 하는가?(단, 긴장재의 설계기준인장강도(f_{pu})=1,900MPa, 긴장재의 설계기준항복강도(f_{py})=1,600MPa)

① 1,440MPa   ② 1,504MPa
③ 1,520MPa   ④ 1,580MPa

■해설 긴장할 때 긴장재의 허용응력(f_{pa})
$f_{pa1} = 0.8 f_{pu} = 0.8 \times 1,900 = 1,520\text{MPa}$
$f_{pa2} = 0.94 f_{py} = 0.94 \times 1,600 = 1,504\text{MPa}$
$f_{pa} = [f_{pa1}, f_{pa2}]_{min}$
$\quad = [1,520\text{MPa}, 1,504\text{MPa}]_{min}$
$\quad = 1,504\text{MPa}$

15. PSC의 해석의 기본개념 중 아래의 보기에서 설명하는 개념은?

> 프리스트레싱의 작용과 부재에 작용하는 하중을 비기도록 하자는 데 목적을 둔 개념으로 등가하중의 개념이라고도 한다.

① 균등질 보의 개념   ② 내력 모멘트의 개념
③ 하중평형의 개념   ④ 변형률의 개념

■해설 하중평형 개념이란 프리스트레싱의 작용과 부재에 작용하는 하중을 비기도록 하자는 데 목적을 둔 개념으로 등가하중 개념이라고도 한다.

16. 그림과 같은 판형(Plate Girder)의 각부 명칭으로 틀린 것은?

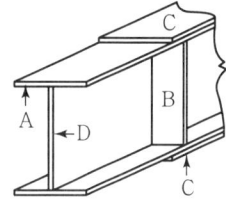

① A - 상부판(Flange)
② B - 보강재(Stiffener)
③ C - 덮개판(Cover plate)
④ D - 횡구(Bracing)

■해설 D - 복부판(Web)

17. 강도설계법에서 그림과 같은 T형보의 사선 친 플랜지 단면에 작용하는 압축력과 균형을 이루는 가상 압축철근의 단면적은 얼마인가?(단, f_{ck}=21MPa, f_y=380MPa임)

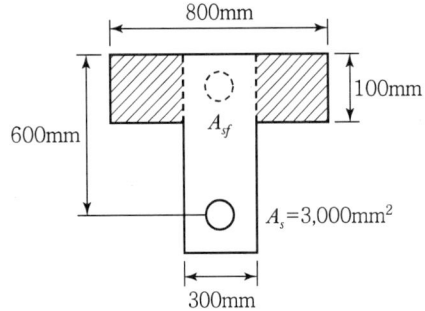

① 2,011mm²
② 2,349mm²
③ 3,525mm²
④ 4,021mm²

■해설 $\eta = 1\,(f_{ck} \leq 40\text{MPa}$인 경우$)$

$$A_{sf} = \frac{\eta 0.85 f_{ck}(b-b_w)t_f}{f_y}$$

$$= \frac{1 \times 0.85 \times 21 \times (800-300) \times 100}{380}$$

$$= 2,349\text{mm}^2$$

18. 흙에 접하거나 옥외의 공기에 직접 노출되는 현장치기 콘크리트로 D19 이상 철근을 사용하는 경우 최소피복두께는 얼마인가?

① 20mm
② 40mm
③ 50mm
④ 60mm

■해설 흙에 접하거나 옥외의 공기에 직접 노출되는 현장치기 콘크리트로 D19 이상의 철근을 사용하는 경우 최소피복두께는 50mm이다.

19. 강도설계법에서 보에 대한 등가깊이 a에 대하여 $a = \beta_1 c$인데 f_{ck}가 60MPa일 경우 β_1의 값은?

① 0.74
② 0.76
③ 0.78
④ 0.80

■해설 f_{ck}=60MPa인 경우 $\beta_1 = 0.76$

20. 철근콘크리트 구조물의 전단철근 상세에 대한 설명으로 틀린 것은?

① 스터럽의 간격은 어떠한 경우이든 400mm 이하로 하여야 한다.
② 주인장철근에 45도 이상의 각도로 설치되는 스터럽은 전단철근으로 사용할 수 있다.
③ 전단철근의 설계기준항복강도는 500MPa을 초과할 수 없다.
④ 전단철근으로 사용하는 스터럽과 기타 철근 또는 철선은 콘크리트 압축연단부터 거리 d만큼 연장하여야 한다.

■해설 스터럽의 간격은 어떠한 경우이든 600mm 이하로 하여야 한다.

Item pool (기사 2019년 8월 4일 시행)
과년도 출제문제 및 해설

01. 그림과 같은 임의 단면에서 등가 직사각형 응력분포가 빗금 친 부분으로 나타났다면 철근량 (A_s)은?(단, $f_{ck}=21\text{MPa}$, $f_y=400\text{MPa}$)

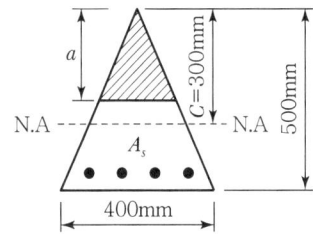

① 874mm²
② 1,028mm²
③ 1,543mm²
④ 2,109mm²

■해설

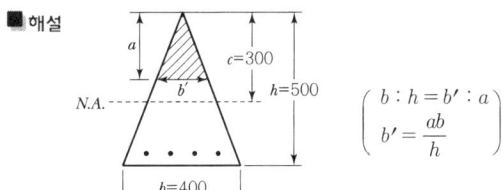

$\begin{pmatrix} b:h=b':a \\ b'=\dfrac{ab}{h} \end{pmatrix}$

$f_{ck} \leq 40\text{MPa}$인 경우
$\eta=1$, $\beta_1=0.8$
$a=\beta_1 c = 0.8 \times 300 = 240\text{mm}$
$b' = \dfrac{ab}{h} = \dfrac{240 \times 400}{500} = 192\text{mm}$
$A_c = \dfrac{1}{2}ab' = \dfrac{1}{2} \times 240 \times 192 = 23,040\text{mm}^2$

$C = T$
$\eta 0.85 f_{ck} A_c = f_y A_s$
$A_s = \dfrac{\eta 0.85 f_{ck} A_c}{f_y}$
$= \dfrac{1 \times 0.85 \times 21 \times 23,040}{400} = 1,028\text{mm}^2$

02. 다음 설명 중 옳지 않은 것은?
① 과소철근 단면에서는 파괴 시 중립축은 위로 조금 올라간다.
② 과다철근 단면인 경우 강도설계에서 철근의 응력은 철근의 변형률에 비례한다.
③ 과소 철근 단면인 보는 철근량이 적어 변형이 갑자기 증가하면서 취성파괴를 일으킨다.
④ 과소철근 단면에서는 계수하중에 의해 철근의 인장응력이 먼저 항복강도에 도달된 후 파괴된다.

■해설 과소 철근 단면인 보는 철근량이 적어 변형이 서서히 증가하면서 연성파괴를 일으킨다.

03. T형 보에서 주철근이 보의 방향과 같은 방향일 때 하중이 직접적으로 플랜지에 작용하게 되면 플랜지가 아래로 휘면서 파괴될 수 있다. 이 휨파괴를 방지하기 위해서 배치하는 철근은?
① 연결철근
② 표피철근
③ 종방향 철근
④ 횡방향 철근

■해설 T형 보에서 주철근이 보의 방향과 같은 방향일 때 하중이 직접적으로 플랜지에 작용하게 되면 플랜지가 아래로 휘면서 파괴될 수 있다. 이 휨파괴를 방지하기 위해서 배치하는 철근은 횡방향 철근이다.

04. 그림과 같이 $P=300\text{kN}$의 인장응력이 작용하는 판 두께 10mm인 철판에 $\phi 19\text{mm}$인 리벳을 사용하여 접합할 때 소요 리벳 수는?(단, 허용전단응력=110MPa, 허용지압응력=220MPa이다.)

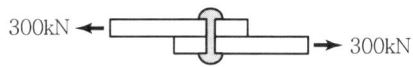

① 8개
② 10개
③ 12개
④ 14개

■해설 ㉠ 리벳의 허용전단력
$P_{Rs} = v_a \cdot \dfrac{\pi\phi^2}{4} = 110 \times \dfrac{\pi \times 19^2}{4}$
$= 31.2 \times 10^3 \text{N} = 31.2\text{kN}$

|해답| 1. ② 2. ③ 3. ④ 4. ②

⓵ 리벳의 허용지압력

$P_{Rb} = f_{ba} \cdot (\phi t) = 220 \times (19 \times 10)$
$= 41.8 \times 10^3 \text{N} = 41.8 \text{kN}$

⓶ 리벳의 강도

$P_R = [P_{Rs},\ P_{Rb}]_{\min}$
$= [31.2 \text{kN},\ 41.8 \text{kN}]_{\min} = 31.2 \text{kN}$

⓷ 소요 리벳 수

$n = \dfrac{300}{31.2} = 9.6 ≒ 10$개(올림에 의하여)

05. PS 강재응력 f_{pi}=1,200MPa, PS 강재 도심 위치에서 콘크리트의 압축응력 f_c=7MPa일 때, 크리프에 의한 PS 강재의 인장응력 감소율은?(단, 크리프계수는 2이고, 탄성계수비는 6이다.)

① 7%   ② 8%
③ 9%   ④ 10%

■해설 $\Delta f_{pc} = C_u \cdot n \cdot f_{cs} = 2 \times 6 \times 7 = 84 \text{MPa}$

감소율 $= \dfrac{\Delta f_{pc}}{f_{pi}} \times 100(\%) = \dfrac{84}{1,200} \times 100(\%) = 7\%$

06. 다음 중 최소 전단철근을 배치하지 않아도 되는 경우가 아닌 것은?(단, $\dfrac{1}{2}\phi V_c < V_u$인 경우이며, 콘크리트구조 전단 및 비틀림 설계기준에 따른다.)

① 슬래브와 기초판
② 전체 깊이가 450mm 이하인 보
③ 교대 벽체 및 날개벽, 옹벽의 백체, 암거 등과 같이 휨이 주거동인 판부재
④ 전단철근이 없어도 계수휨모멘트와 계수전단력에 저항할 수 있다는 것을 실험에 의해 확인할 수 있는 경우

■해설 최소 전단철근량 규정이 적용되지 않는 경우
- 보의 높이가 250mm 이하인 경우
- I형 또는 T형 보에서 그 높이(h)가 플랜지 두께(t_f)의 2.5배와 복부 폭(b_w)의 $\dfrac{1}{2}$ 중, 큰 값보다 크지 않을 경우
- 슬래브와 확대기초
- 교대 벽체 및 날개벽, 옹벽의 벽체, 암거 등과 같이 휨이 주거동인 판부재
- 콘크리트 장선구조

07. 옹벽의 구조해석에 대한 설명으로 틀린 것은? (단, 기타 콘크리트구조 설계기준에 따른다.)

① 부벽식 옹벽의 전면벽은 2변 지지된 1방향 슬래브로 설계하여야 한다.
② 뒷부벽은 T형 보로 설계하여야 하며, 앞부벽은 직사각형보로 설계하여야 한다.
③ 저판의 뒷굽판은 정확한 방법이 사용되지 않는 한, 뒷굽판 상부에 재하되는 모든 하중을 지지하도록 설계하여야 한다.
④ 캔틸레버식 옹벽의 저판은 전면벽과의 접합부를 고정단으로 간주한 캔틸레버로 가정하여 단면을 설계할 수 있다.

■해설 부벽식 옹벽의 전면벽은 3변 지지된 2방향 슬래브로 설계하여야 한다.

08. 부분 프리스트레싱(partial prestressing)에 대한 설명으로 옳은 것은?

① 부재단면의 일부에만 프리스트레스를 도입하는 방법
② 구조물에 부분적으로 프리스트레스트 콘크리트 부재를 사용하는 방법
③ 사용하중 작용 시 프리스트레스트 콘크리트 부재 단면의 일부에 인장응력이 생기는 것을 허용하는 방법
④ 프리스트레스트 콘크리트 부재 설계 시 부재 하단에만 프리스트레스를 주고 부재 상단에는 프리스트레스 하지 않는 방법

■해설
- 완전 프리스트레싱(Full Prestressing) : 부재단면에 인장응력이 발생하지 않는다.
- 부분 프리스트레싱(Partial Prestressing) : 부재단면의 일부에 인장응력이 발생한다.

09. 그림과 같은 T형 단면을 강도설계법으로 해석할 경우, 플랜지 내민 부분의 압축력과 균형을 이루기 위한 철근 단면적(A_{sf})은? (단, f_{ck} = 21MPa, f_y = 400MPa이다.)

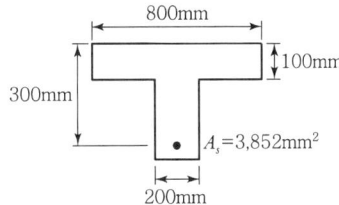

① 1,175.2mm²
② 1,275.0mm²
③ 1,375.8mm²
④ 2,677.5mm²

■해설 $\eta = 1$ ($f_{ck} \leq 40$MPa인 경우)
$$A_{sf} = \frac{\eta 0.85 f_{ck}(b-b_w)t_f}{f_y}$$
$$= \frac{1 \times 0.85 \times 21 \times (800-200) \times 100}{400}$$
$$= 2,677.5 \text{mm}^2$$

10. 설계기준압축강도(f_{ck})가 24MPa이고, 쪼갬인장강도(f_{sp})가 2.4MPa인 경량골재 콘크리트에 적용하는 경량콘크리트계수(λ)는?

① 0.75
② 0.81
③ 0.87
④ 0.93

■해설 $\lambda = \dfrac{f_{sp}}{0.56\sqrt{f_{ck}}} = \dfrac{2.4}{0.56 \times \sqrt{24}} = 0.87$ ($\lambda \leq 1.0$ - O.K)

11. 단면이 300mm×300mm인 철근콘크리트 보의 인장부에 균열이 발생할 때의 모멘트(M_{cr})가 13.9kN·m이다. 이 콘크리트의 설계기준압축강도(f_{ck})는? (단, 보통중량콘크리트이다.)

① 18MPa
② 21MPa
③ 24MPa
④ 27MPa

■해설 $\lambda = 1$ (보통중량의 콘크리트인 경우)
$$M_{cr} = f_r \cdot Z = (0.63\lambda\sqrt{f_{ck}})\left(\frac{bh^2}{6}\right)$$
$$f_{ck} = \left(\frac{6M_{cr}}{0.63\lambda bh^2}\right)^2 = \left(\frac{6 \times (13.9 \times 10^6)}{0.63 \times 1 \times 300 \times 300^2}\right)^2$$
$$= 24\text{N/mm}^2 = 24\text{MPa}$$

12. 휨을 받는 인장 이형철근으로 4-D25 철근이 배치되어 있을 경우 그림과 같은 직사각형 단면 보의 기본정착길이(l_{db})는? (단, 철근의 공칭지름 = 25.4mm, D25 철근 1개의 단면적 = 507mm², f_{ck} = 24MPa, f_y = 400MPa, 보통중량콘크리트이다.)

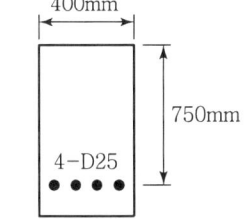

① 519mm
② 1,150mm
③ 1,245mm
④ 1,400mm

■해설 $\lambda = 1$ (보통중량의 콘크리트인 경우)
$$l_{db} = \frac{0.6d_b f_y}{\lambda\sqrt{f_{ck}}} = \frac{0.6 \times 25.4 \times 400}{1 \times \sqrt{24}} = 1,244.3\text{mm}$$

13. 2방향 슬래브 설계에 사용되는 직접설계법의 제한 사항으로 틀린 것은?

① 각 방향으로 2경간 이상 연속되어야 한다.
② 각 방향으로 연속한 받침부 중심 간 경간 차이는 긴 경간의 1/3 이하이어야 한다.
③ 연속한 기둥 중심선을 기준으로 기둥의 어긋남은 그 방향 경간의 10% 이하이어야 한다.
④ 모든 하중은 슬래브 판 전체에 걸쳐 등분포된 연직하중이어야 하며, 활하중은 고정하중의 2배 이하이어야 한다.

■해설 2방향 슬래브의 설계에서 직접설계법을 적용할 경우, 각 방향으로 3경간 이상이 연속되어야 한다.

14. 철근콘크리트 보에서 스터럽을 배근하는 주목적으로 옳은 것은?

① 철근의 인장강도가 부족하기 때문에
② 콘크리트의 탄성이 부족하기 때문에
③ 콘크리트의 사인장강도가 부족하기 때문에
④ 철근과 콘크리트의 부착강도가 부족하기 때문에

■해설 철근콘크리트 보에서 스터럽을 배근하는 주목적은 사인장응력에 저항하기 위해서이다.

15. 그림과 같이 긴장재를 포물선으로 배치하고, P = 2,500kN으로 긴장했을 때 발생하는 등분포 상향력을 등가하중의 개념으로 구한 값은?

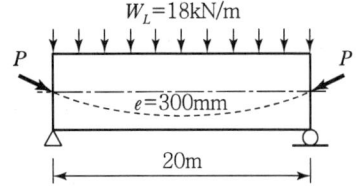

① 10kN/m   ② 15kN/m
③ 20kN/m   ④ 25kN/m

■해설 $u = \dfrac{8Pe}{l^2} = \dfrac{8 \times 2,500 \times 0.3}{20^2} = 15\text{kN/m}$

16. 순단면이 볼트의 구멍 하나를 제외한 단면(즉, $A-B-C$ 단면)과 같도록 피치(s)를 결정하면? (단, 구멍의 지름은 18mm이다.)

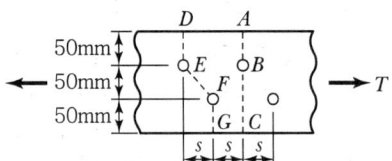

① 50mm   ② 55mm
③ 60mm   ④ 65mm

■해설 $d_h = \phi + 3 = 18\text{mm}$

$b_{n1} = b_g - d_h$

$b_{n2} = b_g - 2d_h + \dfrac{s^2}{4g}$

$b_{n1} = b_{n2}$

$b_g - d_h = b_g - 2d_h + \dfrac{s^2}{4g}$

$s = \sqrt{4gd_h} = \sqrt{4 \times 50 \times 18} = 60\text{mm}$

17. 단철근 직사각형보가 균형단면이 되기 위한 압축연단에서 중립축까지 거리는?(단, f_y = 300MPa, f_{ck} = 30MPa, d = 600mm이며 강도설계법에 의한다.)

① 494.7mm   ② 412.5mm
③ 390.5mm   ④ 293.2mm

■해설 $f_{ck} = 30\text{MPa} \leq 40\text{MPa}$인 경우
$c_b = \dfrac{660}{660 + f_y}d = \dfrac{660}{660 + 300} \times 600 = 412.5\text{mm}$

18. 철골 압축재의 좌굴 안정성에 대한 설명 중 틀린 것은?

① 좌굴길이가 길수록 유리하다.
② 단면2차반지름이 클수록 유리하다.
③ 힌지지지보다 고정지지가 유리하다.
④ 단면2차모멘트 값이 클수록 유리하다.

■해설 $P_{cr} = \dfrac{\pi^2 EI_{\min}}{(kl)^2}$

철골 압축재의 좌굴강도(P_{cr})는 $(kl)^2$에 반비례하므로 철골 압축재는 좌굴길이가 길수록 좌굴에 불리하다.

19. 다음 중 공칭축강도에서 최외단 인장철근의 순인장변형률(ε_t)을 계산하는 경우에 제외되는 것은?(단, 콘크리트구조 해석과 설계 원칙에 따른다.)

① 활하중에 의한 변형률
② 고정하중에 의한 변형률
③ 지붕활하중에 의한 변형률
④ 유효프리스트레스 힘에 의한 변형률

■해설 최외단 인장철근의 순인장변형률(ε_t)은 최외단 인장철근의 인장변형률에서 크리프, 건조수축, 온도변화 그리고 프리스트레스 등에 의한 변형률을 제외한 변형률을 의미한다.

20. 단철근 직사각형보에서 f_{ck} = 32MPa이라면 등가직사각형 응력블록과 관계된 계수 β_1은?

① 0.70   ② 0.75
③ 0.80   ④ 0.85

■해설 $f_{ck} = 32\text{MPa} \leq 40\text{MPa}$인 경우, $\beta_1 = 0.8$

과년도 출제문제 및 해설

01. 콘크리트의 설계기준강도가 25MPa, 철근의 항복강도가 300MPa로 설계된 부재에서 공칭지름이 25mm인 인장 이형철근의 기본정착길이는? (단, 경량콘크리트 계수 : λ=1)

① 300mm ② 600mm
③ 900mm ④ 1,200mm

■ 해설
$$l_{db} = \frac{0.6 d_b f_y}{\lambda \sqrt{f_{ck}}}$$
$$= \frac{0.6 \times 25 \times 300}{1 \times \sqrt{25}} = 900\text{mm}$$

02. 그림과 같은 고장력 볼트 마찰이음에서 필요한 볼트 수는 몇 개 인가?(단, 볼트는 M24(=φ 24mm), F10T를 사용하며, 마찰이음의 허용력은 56kN이다.)

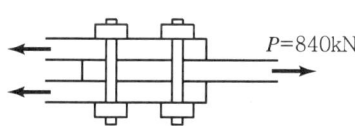

① 5개 ② 6개
③ 7개 ④ 8개

■ 해설 $P_s = 2 \times 56 = 112\text{kN}$
$$n = \frac{P}{P_s} = \frac{840}{112} = 7.5 = 8\text{개 (올림에 의하여)}$$

03. 보통중량 콘크리트(m_c=2,300kg/m³)와 설계기준 항복강도 400MPa인 철근을 사용한 길이 10m의 단순 지지 보에서 처짐을 계산하지 않는 경우의 최소 두께는?

① 545mm ② 560mm
③ 625mm ④ 750mm

■ 해설 단순지지 보에서 처짐을 계산하지 않아도 되는 최소 두께($h_{\min}$)

$$h_{\min} = \frac{l}{16} = \frac{10 \times 10^3}{16} = 625\text{mm}$$

04. 그림과 같은 직사각형 단면의 보에서 등가직사각형 응력블록의 깊이(a)는?(단, A_s=2,382mm², f_y=400MPa, f_{ck}=28MPa)

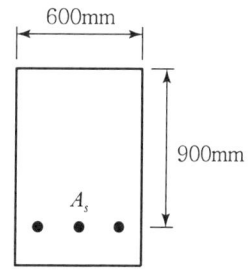

① 58.4mm ② 62.3mm
③ 66.7mm ④ 72.8mm

■ 해설 $\eta = 1$ ($f_{ck} \leq 40$MPa인 경우)
$$a = \frac{f_y A_s}{\eta 0.85 f_{ck} b}$$
$$= \frac{400 \times 2,382}{1 \times 0.85 \times 28 \times 600} = 66.7\text{mm}$$

05. f_{ck}=28MPa, f_y=400MPa인 단철근 직사각형 보의 균형철근비는?

① 0.0238 ② 0.0251
③ 0.0274 ④ 0.0296

■ 해설 $f_{ck} = 28$MPa ≤ 40MPa인 경우
$$\rho_b = 0.68 \frac{f_{ck}}{f_y} \cdot \frac{660}{660 + f_y}$$
$$= 0.68 \times \frac{28}{400} \times \frac{660}{660 + 400}$$
$$= 0.0296$$

|해답| 1. ③ 2. ④ 3. ③ 4. ③ 5. ④

06. 프리스트레스 도입 시의 프리스트레스 손실원인이 아닌 것은?

① 정착장치의 활동
② 콘크리트의 탄성수축
③ 긴장재와 덕트 사이의 마찰
④ 콘크리트의 크리프와 건조수축

■해설 프리스트레스의 손실 원인
　㉠ 프리스트레스 도입시 손실(즉시손실)
　　• 정착장치의 활동에 의한 손실
　　• PS강재와 쉬스 사이의 마찰에 의한 손실
　　• 콘크리트의 탄성변형에 의한 손실
　㉡ 프리스트레스 도입후 손실(시간손실)
　　• 콘크리트의 크리프에 의한 손실
　　• 콘크리트의 건조수축에 의한 손실
　　• PS강재의 릴랙세이션에 의한 손실

07. 프리스트레스트 콘크리트의 원리를 설명할 수 있는 기본개념으로 옳지 않은 것은?

① 응력개념
② 변형도개념
③ 강도개념
④ 하중평형개념

■해설 PSC 구조물의 해석상 기본개념
　• 균등질 보의 개념(응력개념)
　• 내력모멘트의 개념(강도개념)
　• 하중평형개념(등가하중개념)

08. 다음 중 용접이음을 한 경우 용접부의 결함을 나타내는 용어가 아닌 것은?

① 필렛(fillet)
② 크랙(crack)
③ 언더컷(under cut)
④ 오버랩(over lap)

■해설 용접부의 결함 종류
　• 균열(크랙)
　• 언더컷
　• 오버랩

09. 단철근 직사각형보에서 인장철근량이 증가하고 다른 조건은 동일할 경우 중립축의 위치는 어떻게 변하는가?

① 인장철근 쪽으로 중립축이 내려간다.
② 중립축의 위치는 철근량과는 무관하다.
③ 압축부 콘크리트 쪽으로 중립축이 올라간다.
④ 증가된 철근량에 따라 중립축이 위 또는 아래로 움직인다.

■해설 단철근 직사각형보에서 인장철근량이 증가하고 다른 조건은 동일할 경우 중립축의 위치는 인장철근 쪽으로 중립축이 내려간다.

10. 경간 10m 대칭 T형 보에서 양쪽 슬래브의 중심 간 거리가 2,100mm, 플랜지 두께는 100mm, 복부의 폭(b_w)은 400mm일 때 플랜지의 유효폭은?

① 2,500mm
② 2,250mm
③ 2,100mm
④ 2,000mm

■해설 T형 보(대칭 T형 보)에서 플랜지의 유효폭(b_e)
　• $16t_f + b_w = (16 \times 100) + 400 = 2,000$mm
　• 양쪽 슬래브의 중심 간 거리 = 2,100mm
　• 보 경간의 $\frac{1}{4} = \frac{10 \times 10^3}{4} = 2,500$mm
　위 값 중에서 최솟값을 취하면 $b_e = 2,000$mm이다.

11. 1방향 슬래브의 구조에 대한 설명으로 틀린 것은?

① 슬래브의 정모멘트 철근 및 부모멘트 철근의 중심 간격은 위험단면에서는 슬래브 두께의 2배 이하이어야 하고, 또한 300mm 이하로 하여야 한다.
② 1방향 슬래브에서는 정모멘트 철근 및 부모멘트 철근에 직각방향으로 수축·온도 철근을 배치하여야 한다.
③ 슬래브 끝의 단순받침부에서도 내민슬래브에 의하여 부모멘트가 일어나는 경우에는 이에 상응하는 철근을 배치하여야 한다.
④ 1방향 슬래브의 두께는 최소 150mm 이상으로 하여야 한다.

■해설 1방향 슬래브의 두께는 최소 100mm 이상으로 하여야 한다.

|해답| 6. ④ 7. ② 8. ① 9. ① 10. ④ 11. ④

12. 그림과 같은 보에서 전단력과 휨모멘트만을 받는 경우 보통중량 콘크리트가 받을 수 있는 전단강도 V_c는 얼마인가?(단, f_{ck}=28MPa, f_y=400MPa)

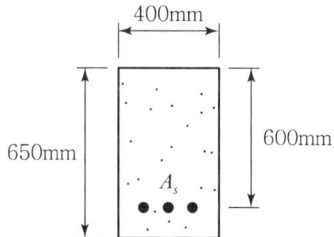

① 211.7kN ② 229.3kN
③ 248.3kN ④ 265.1kN

■해설 $\lambda = 1$(보통중량의 콘크리트인 경우)
$$V_c = \frac{1}{6}\lambda\sqrt{f_{ck}}\,bd$$
$$= \frac{1}{6}\times 1\times\sqrt{28}\times 400\times 600$$
$$= 211.7\times 10^3 \text{N} = 211.7\text{kN}$$

13. 옹벽에 대한 설명으로 틀린 것은?

① 옹벽의 앞부벽은 직사각형보로 설계하여야 한다.
② 옹벽의 뒷부벽은 T형 보로 설계하여야 한다.
③ 옹벽의 안정조건으로서 활동에 대한 저항력은 옹벽에 작용하는 수평력의 3배 이상이어야 한다.
④ 전도 및 지반지지력에 대한 안정조건은 만족하지만, 활동에 대한 안정조건만을 만족하지 못할 경우에는 활동방지벽 등을 설치하여 활동저항력을 증대시킬 수 있다.

■해설 옹벽의 안정조건으로서 활동에 대한 저항력은 옹벽에 작용하는 수평력의 1.5배 이상이어야 한다.

14. 폭 250mm, 유효깊이 500mm, 압축연단에서 중립축까지의 거리(c)가 200mm, 콘크리트의 설계기준압축강도(f_{ck})가 24MPa인 단철근 직사각형 균형보에서 공칭휨강도(M_n)는?

① 305.8kN·m ② 342.7kN·m
③ 364.3kN·m ④ 423.3kN·m

■해설 $f_{ck} = 27\text{MPa} \leq 40\text{MPa}$인 경우
$\eta = 1,\ \beta_1 = 0.8$
$a = \beta_1\cdot c = 0.8\times 200 = 160\text{mm}$
$M_n = C\cdot z$
$= (\eta 0.85 f_{ck}ab)\left(d - \frac{a}{2}\right)$
$= (1\times 0.85\times 24\times 160\times 250)\times\left(500 - \frac{160}{2}\right)$
$= 342.7\times 10^6 \text{N}\cdot\text{mm} = 342.7\text{kN}\cdot\text{m}$

15. 철근과 콘크리트가 구조체로서 일체 거동을 하기 위한 조건으로 틀린 것은?

① 철근과 콘크리트와의 부착력이 크다.
② 철근과 콘크리트의 탄성계수가 거의 같다.
③ 철근과 콘크리트의 열팽창계수가 거의 같다.
④ 철근은 콘크리트 속에서 녹이 슬지 않는다.

■해설 철근콘크리트의 성립 이유
• 철근과 콘크리트 사이의 부착력이 크다.
• 철근과 콘크리트의 열팽창계수가 거의 같다.
• 철근은 콘크리트 속에서 녹이 슬지 않는다.

16. 아래의 표에서 설명하고 있는 철근은?

전체 깊이가 900mm를 초과하는 휨부재 복부의 양측면에 부재 축방향으로 배치하는 철근

① 표피철근 ② 전단철근
③ 휨철근   ④ 배력철근

■해설 보의 전체 깊이가 900mm를 초과하는 경우에 보의 복부 양 측면에 부재 축방향으로 표피철근을 배치해야 한다.

17. 강판을 리벳 이음할 때 불규칙 배치(엇모배치) 할 경우 재편의 순폭은 최초의 리벳구멍에 대하여 그 지름(d)을 빼고 다음 것에 대하여는 다음 중 어느 식을 사용하여 빼주는가?(단, g : 리벳선 간 거리, p : 리벳의 피치)

① $d - \dfrac{g^2}{4p}$ ② $d - \dfrac{4p^2}{g}$

③ $d - \dfrac{p^2}{4g}$ ④ $d - \dfrac{4g}{p}$

■해설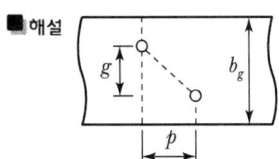

강판의 순폭(b_n)

- $d \le \dfrac{p^2}{4g}$ 인 경우 : $b_n = b_g - d$
- $d > \dfrac{p^2}{4g}$ 인 경우 : $b_n = b_g - d - \left(d - \dfrac{p^2}{4g} \right)$

18. 그림과 같은 단순보에서 자중을 포함하여 계수하중이 20kN/m 작용하고 있다. 이 보의 전단위험단면에서의 전단력은?

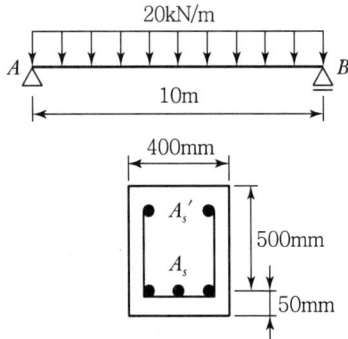

① 100kN   ② 90kN
③ 80kN   ④ 70kN

■해설
$V_u = w_u \left(\dfrac{l}{2} - d \right)$
$= 20 \left(\dfrac{10}{2} - 0.5 \right) = 90 \text{kN}$

19. 직사각형 단면 300mm×400mm인 프리텐션 부재의 550mm²의 단면적을 가진 PS강선을 단면도심에 배치하고 1,350MPa의 인장응력을 가하였다. 콘크리트의 탄성변형에 따라 실제로 부재에 작용하는 유효 프리스트레스는 약 얼마인가?(단, 탄성계수비 $n=6$이다.)

① 1,313MPa   ② 1,432MPa
③ 1,512MPa   ④ 1,618MPa

■해설
$\Delta f_{pe} = n f_{cs} = n \dfrac{P_i}{A_g} = n \dfrac{f_{pi} A_p}{bh}$
$= 6 \times \dfrac{1,350 \times 550}{300 \times 400} = 37.125 \text{MPa}$
$f_{pe} = f_{pi} - \Delta f_{pe}$
$= 1,350 - 37.125 = 1,312.875 \text{MPa}$

20. 아래의 표와 같은 조건에서 하중재하기간이 5년이 넘은 경우 추가 장기처짐량은?

- 해당 지속하중에 의해 생긴 순간처짐량 : 30mm
- 단순보로서 중앙단면의 압축철근비 : 0.02

① 20mm   ② 30mm
③ 40mm   ④ 50mm

■해설 $\xi = 2.0$ (하중재하기간이 5년 이상일 경우)
$\lambda_\Delta = \dfrac{\xi}{1 + 50\rho'} = \dfrac{2.0}{1 + 50 \times 0.02} = 1$
$\delta_L = \lambda_\Delta \cdot \delta_i = 1 \times 30 = 30 \text{mm}$

|해답| 18. ② 19. ① 20. ②

과년도 출제문제 및 해설

01. 콘크리트의 설계기준압축강도(f_{ck})가 50MPa 인 경우 콘크리트 탄성계수 및 크리프 계산에 적용되는 콘크리트의 평균압축강도(f_{cm})는?

① 54MPa ② 55MPa
③ 56MPa ④ 57MPa

■해설 1. Δf 값
- $f_{ck} \leq 40\text{MPa}$, $\Delta f = 4\text{MPa}$
- $f_{ck} \geq 60\text{MPa}$, $\Delta f = 6\text{MPa}$
- $40\text{MPa} < f_{ck} < 60\text{MPa}$, $\Delta f = 0.1 f_{ck}$ (MPa)

2. f_{cm} 값
$f_{cm} = f_{ck} + \Delta f$

따라서, $f_{ck} = 50$MPa인 경우 f_{cm} 값은 다음과 같다.
$\Delta f = 0.1 f_{ck} = 0.1 \times 50 = 5$MPa
$f_{cm} = f_{ck} + \Delta f = 50 + 5 = 55$MPa

02. 프리스트레스트 콘크리트의 경우 흙에 접하여 콘크리트를 친 후 영구히 흙에 묻혀 있는 콘크리트의 최소 피복두께는?

① 40mm ② 60mm
③ 75mm ④ 100mm

■해설 프리스트레스트 콘크리트의 경우 흙에 접하여 콘크리트를 친 후 영구히 흙에 묻혀 있는 콘크리트의 최소 피복두께는 75mm이다.

03. 2방향 슬래브의 직접설계법을 적용하기 위한 제한사항으로 틀린 것은?

① 각 방향으로 3경간 이상이 연속되어야 한다.
② 슬래브 판들은 단변 경간에 대한 장변 경간의 비가 2 이하인 직사각형이어야 한다.
③ 모든 하중은 슬래브 판 전체에 걸쳐 등분포된 연직하중이어야 한다.
④ 연속한 기둥 중심선을 기준으로 기둥의 어긋남은 그 방향 경간의 최대 20%까지 허용할 수 있다.

■해설 2방향 슬래브의 설계에서 직접설계법을 적용할 경우, 연속한 기둥 중심선으로부터 기둥의 이탈은 이탈방향 경간의 최대 10%까지 허용한다.

04. 경간이 8m인 PSC 보에 계수등분포하중(w)이 20kN/m가 작용할 때 중앙 단면 콘크리트 하연에서의 응력이 0이 되려면 강재에 줄 프리스트레스힘(P)을 얼마인가?(단, PS강재는 콘크리트 도심에 배치되어 있음)

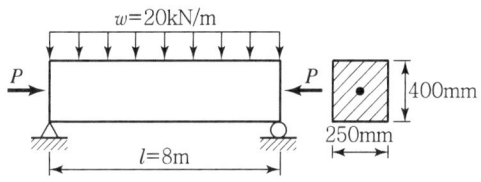

① $P = 2,000$kN   ② $P = 2,200$kN
③ $P = 2,400$kN   ④ $P = 2,600$kN

■해설 $f_b = \dfrac{P}{A} - \dfrac{M}{Z} = \dfrac{P}{bh} - \dfrac{3wl^2}{4bh^2} = 0$

$P = \dfrac{3wl^2}{4h} = \dfrac{3 \times 20 \times 8^2}{4 \times 0.4} = 2,400$kN

05. 철근콘크리트 구조물에서 연속 휨부재의 모멘트 재분배를 하는 방법에 대한 설명으로 틀린 것은?

① 근사해법에 의하여 휨모멘트를 계산한 경우에는 연속 휨부재의 모멘트 재분배를 할 수 없다.
② 어떠한 가정의 하중을 적용하여 탄성이론에 의하여 산정한 연속 휨부재 받침부의 부모멘트는 10% 이내에서 $800\varepsilon_t$%만큼 증가 또는 감소시킬 수 있다.
③ 경간 내의 단면에 대한 휨모멘트의 계산은 수정된 부모멘트를 사용하여야 한다.

④ 휨모멘트를 감소시킬 단면에서 최외단 인장철근의 순인장변형률 ε_t가 0.0075 이상인 경우에만 가능하다.

■해설 연속 휨부재의 부모멘트 재분배에 있어서, 근사해법에 의해 휨모멘트를 계산할 경우를 제외하고 어떠한 가정의 하중을 적용하여 탄성이론에 의하여 산정한 연속 휨부재 받침부의 부모멘트는 20% 이내에서 $1,000\varepsilon_t$%만큼 증가 또는 감소시킬 수 있다.

06. 복전단 고장력 볼트(Bolt)의 마찰이음에서 강판에 $P=350$kN이 작용할 때 볼트의 수는 최소 몇 개가 필요한가?(단, 볼트의 지름(d)은 20mm이고, 허용전단응력(v_a)은 120MPa이다.)

① 3개　　　② 5개
③ 8개　　　④ 10개

■해설
$$P_{Rs} = v_a \times \left(\frac{\pi d^2}{4} \times 2\right)$$
$$= 120 \times \left(\frac{\pi \times 20^2}{4} \times 2\right) = 75,398\text{N}$$
$$n = \frac{P}{P_{Rs}} = \frac{350 \times 10^3}{75,398} = 4.64 \fallingdotseq 5개$$
(올림에 의하여)

07. 부재의 순단면적을 계산할 경우 지름 22mm의 리벳을 사용하였을 때 리벳 구멍의 지름은 얼마인가?(단, 강구조 연결 설계기준(허용응력설계법)을 적용한다.)

① 21.5mm　　　② 22.5mm
③ 23.5mm　　　④ 24.5mm

■해설 강구조 연결 설계기준(허용응력설계법, 1980)

리벳의 공칭직경 ϕ(mm)	리벳 구멍의 직경 d_h(mm)
$\phi \leq 16$	$d_h = \phi + 1.0$
$19 \leq \phi \leq 25$	$d_h = \phi + 1.5$

따라서, 리벳의 공칭직경, $\phi = 22$mm인 경우 리벳 구멍의 직경 d_h는 다음과 같다.
$d_h = \phi + 1.5 = 22 + 1.5 = 23.5$mm

08. 단철근 직사각형보에서 설계기준압축강도 $f_{ck} = 60$MPa일 때 계수 β_1은?(단, 등가 직사각 응력블록의 깊이 $a = \beta_1 c$이다.)

① 0.80　　　② 0.78
③ 0.76　　　④ 0.74

■해설 $f_{ck} = 60$MPa인 경우, $\beta_1 = 0.76$

09. 인장철근의 겹침이음에 대한 설명으로 틀린 것은?

① 다발철근의 겹침이음은 다발 내의 개개 철근에 대한 겹침이음 길이를 기본으로 결정되어야 한다.
② 어떤 경우이든 300mm 이상 겹침이음 한다.
③ 겹침이음에는 A급, B급 이음이 있다.
④ 겹침이음된 철근량이 전체 철근량의 1/2 이하인 경우는 B급 이음이다.

■해설 이형 인장철근의 최소 겹침이음 길이
① A급 이음 : $1.0l_d$
$\left(\dfrac{배근A_s}{소요A_s} \geq 2$이고, $\dfrac{겹침이음A_s}{전체A_s} \leq \dfrac{1}{2}$인 경우$\right)$
② B급 이음 : $1.3l_d$ (A급 이음 이외의 경우)
③ 최소 겹침이음 길이는 300mm 이상이어야 하며, l_d는 정착길이로서 $\dfrac{소요A_s}{배근A_s}$의 보정계수는 적용되지 않는다.
따라서, 겹침이음된 철근량이 전체 철근량의 1/2 이하인 경우는 A급 이음이다.

10. 아래 그림과 같은 보의 단면에서 표피철근의 간격 S는 약 얼마인가?(단, 습윤환경에 노출되는 경우로서, 표피철근의 표면에서 부재 측면까지 최단거리(c_c)는 50mm, $f_{ck} = 28$MPa, $f_y = 400$MPa이다.)

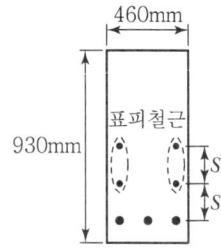

① 170mm ② 200mm
③ 230mm ④ 260mm

■해설 $k_{cr}=210$ (건조환경 : 280, 그 외의 환경 : 210)

$$f_s = \frac{2}{3}f_y = \frac{2}{3} \times 400 = 266.7\text{MPa}$$

$$S_1 = 375\left(\frac{k_{cr}}{f_s}\right) - 2.5C_c$$

$$= 375 \times \left(\frac{210}{266.7}\right) - 2.5 \times 50 = 170.3\text{mm}$$

$$S_2 = 300\left(\frac{k_{cr}}{f_s}\right)$$

$$= 300 \times \left(\frac{210}{266.7}\right) = 236.2\text{mm}$$

$$S = [S_1,\ S_2]_{\min} = 170.3\text{mm}$$

11. 강판을 그림과 같이 용접 이음할 때 용접부의 응력은?

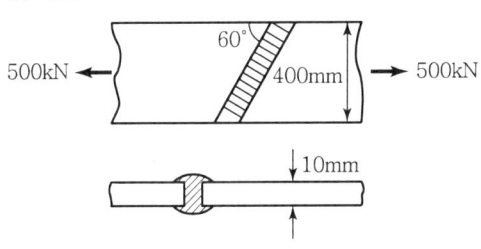

① 110MPa ② 125MPa
③ 250MPa ④ 722MPa

■해설 $f = \dfrac{P}{A} = \dfrac{P}{bt} = \dfrac{500 \times 10^3}{400 \times 10} = 125\text{MPa}$

12. 아래에서 설명하는 부재 형태의 최대 허용처짐은?(단, l은 부재 길이이다.)

> 과도한 처짐에 의해 손상되기 쉬운 비구조 요소를 지지 또는 부착한 지붕 또는 바닥구조

① $\dfrac{l}{180}$ ② $\dfrac{l}{240}$
③ $\dfrac{l}{360}$ ④ $\dfrac{l}{480}$

■해설 과도한 처짐에 의해 손상되기 쉬운 비구조 요소를 지지하거나 이들에 부착된 부재에 대한 허용 처짐량(δ_a)

부재의 종류	고려해야 할 처짐	처짐한계
과도한 처짐에 의해 손상되기 쉬운 비구조요소(Non-structural Elements)를 지지하지 않거나 또는 이들에 부착되지 않은 평지붕(Flat Roof) 구조	활하중이 재하되는 즉시 생기는 탄성처짐	$\dfrac{l}{180}$
과도한 처짐에 의해 손상되기 쉬운 비구조요소를 지지하거나 또는 이들에 부착된 지붕 또는 바닥구조	모든 지속하중(Sustained Loads)에 의한 장기처짐과 추가적인 활하중에 의한 순간탄성처짐의 합으로, 전체 처짐 중에 비구조요소가 부착된 다음에 발생하는 처짐부분	$\dfrac{l}{480}$
과도한 처짐에 의해 손상될 염려가 없는 비구조요소를 지지하거나 이들에 부착된 지붕 또는 바닥구조		$\dfrac{l}{240}$
과도한 처짐에 의해 손상되기 쉬운 비구조요소를 지지하지 않거나 또는 이들에 부착되지 않은 바닥구조	활하중이 재하되는 즉시 생기는 탄성처짐	$\dfrac{l}{360}$

※ 이 표에서 l은 보 또는 슬래브의 지간이다.

13. 아래 그림과 같은 직사각형보를 강도설계이론으로 해석할 때 콘크리트의 등가 사각형 깊이 a는?(단, $f_{ck}=21\text{MPa}$, $f_y=300\text{MPa}$이다.)

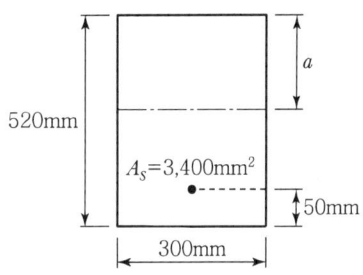

① 109.9mm ② 121.6mm
③ 129.9mm ④ 190.5mm

■해설 $\eta = 1$ ($f_{ck} \leq 40\text{MPa}$인 경우)

$$a = \frac{f_y A_s}{\eta 0.85 f_{ck} b} = \frac{300 \times 3,400}{1 \times 0.85 \times 21 \times 300} = 190.5\text{mm}$$

|해답| 11. ② 12. ④ 13. ④

14. 유효깊이(d)가 910mm인 아래 그림과 같은 단철근 T형 보의 설계휨강도(ϕM_n)를 구하면?(단, 인장철근량(A_s)은 7,652mm², $f_{ck}=21$MPa, $f_y=350$MPa, 인장지배단면으로 $\phi=0.85$, 경간은 3,040mm이다.)

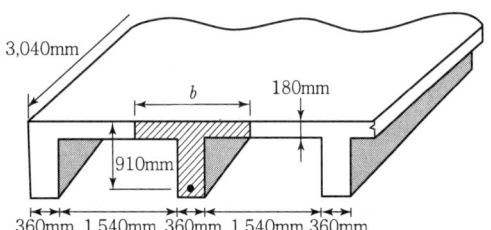

① 1,845kN·m ② 1,863kN·m
③ 1,883kN·m ④ 1,901kN·m

■해설 1. 대칭 T형 보의 플랜지 유효폭(b_e)
① $16t_f+b_w=16\times180+360=3,240$mm
② 양쪽 슬래브의 중심 간 거리
  $=1,540+360=1,900$mm
③ 보 경간의 $\frac{1}{4}=3,040\times\frac{1}{4}=760$mm
위 값 중에서 최솟값을 취하면 $b_e=760$mm이다.

2. T형 보의 판별
폭이 $b=760$mm인 직사각형 단면 보에 대한 등가 사각형 깊이
$\eta=1(f_{ck}\le40$MPa인 경우)
$a=\dfrac{f_yA_s}{\eta0.85f_{ck}b}=\dfrac{350\times7,652}{1\times0.85\times21\times760}=197.4$mm
$a(=197.4$mm$)>t_f(=180$mm$)$이므로 T형 보로 해석

3. 플랜지의 내민부분에 상응하는 철근량(A_{sf})
$A_{sf}=\dfrac{\eta0.85f_{ck}(b-b_w)t_f}{f_y}$
$=\dfrac{1\times0.85\times21\times(760-360)\times180}{350}$
$=3,672$mm²

4. T형 보의 등가 사각형 깊이(a)
$a=\dfrac{f_y(A_s-A_{sf})}{\eta0.85f_{ck}b_w}$
$=\dfrac{350\times(7,652-3,672)}{1\times0.85\times21\times360}=216.8$mm

5. T형 보의 설계 휨강도(ϕM_n)
$\phi M_n=\phi\left[f_yA_{sf}\left(d-\dfrac{t_f}{2}\right)+f_y(A_s-A_{sf})\left(d-\dfrac{a}{2}\right)\right]$
$=0.85\left[350\times3,672\times\left(910-\dfrac{180}{2}\right)\right.$
$\left.+350\times(7,652-3,672)\times\left(910-\dfrac{216.8}{2}\right)\right]$
$=1,845\times10^6$N·mm$=1,845$kN·m

15. 옹벽의 안정조건 중 전도에 대한 저항휨모멘트는 횡토압에 의한 전도모멘트의 최소 몇 배 이상이어야 하는가?

① 1.5배 ② 2.0배
③ 2.5배 ④ 3.0배

■해설 옹벽의 전도에 대한 안정조건
$\dfrac{\sum M_r(\text{저항 모멘트})}{\sum M_o(\text{전도 모멘트})}\ge2.0$

16. 콘크리트구조물에서 비틀림에 대한 설계를 하려고 할 때 계수비틀림모멘트(T_u)를 계산하는 방법에 대한 다음 설명 중 틀린 것은?

① 균열에 의하여 내력의 재분배가 발생하여 비틀림모멘트가 감소할 수 있는 부정정 구조물의 경우, 최대 계수비틀림모멘트를 감소시킬 수 있다.
② 철근콘크리트 부재에서, 받침으로부터 d 이내에 위치한 단면은 d에서 계산된 T_u보다 작지 않은 비틀림모멘트에 대하여 설계하여야 한다.
③ 프리스트레스트 콘크리트 부재에서 받침부로부터 d 이내에 위치한 단면을 설계할 때 d에서 계산된 T_u보다 작지 않은 비틀림모멘트에 대하여 설계하여야 한다.
④ 정밀한 해석을 수행하지 않은 경우, 슬래브에 의해 전달되는 비틀림하중은 전체 부재에 걸쳐 균등하게 분포하는 것으로 가정할 수 있다.

■해설 프리스트레스 부재에서 받침부로부터 $\dfrac{h}{2}$ 이내에 위치한 단면은 $\dfrac{h}{2}$에서 계산된 T_u보다 작지 않은 비틀림 모멘트에 대하여 설계하여야 한다. 만약 $\dfrac{h}{2}$ 이내에서 집중된 비틀림 모멘트가 작용하면 위험 단면은 받침부의 내부 면으로 하여야 한다.

17. 그림과 같은 띠철근 기둥에서 띠철근의 최대 수직간격으로 적당한 것은?(단, D10의 공칭직경은 9.5mm, D32의 공칭직경은 31.8mm이다.)

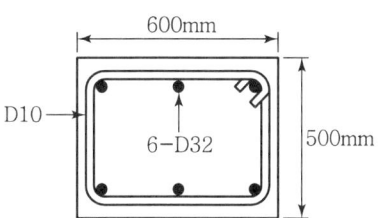

① 456mm ② 472mm
③ 500mm ④ 509mm

■해설 띠철근 기둥에서 띠철근의 간격
- 축방향 철근 지름의 16배 이하
  = 31.8×16 = 508.8mm 이하
- 띠철근 지름의 48배 이하
  = 9.5×48 = 456mm 이하
- 기둥단면의 최소 치수 이하 = 500mm 이하
따라서, 띠철근의 간격은 최소값인 456mm 이하라야 한다.

18. b_w = 350mm, d = 600mm인 단철근 직사각형보에서 보통중량 콘크리트가 부담할 수 있는 공칭 전단강도(V_c)를 정밀식으로 구하면 약 얼마인가?(단, 전단력과 휨모멘트를 받는 부재이며, V_u = 100kN, M_u = 300kN·m, ρ_w = 0.016, f_{ck} = 24MPa이다.)

① 164.2kN ② 171.5kN
③ 176.4kN ④ 182.7kN

■해설 $\dfrac{V_u d}{M_u} = \dfrac{100 \times (600 \times 10^{-3})}{300} = 0.2 < 1$ - O.K.

$V_c = \left(0.16\sqrt{f_{ck}} + 17.6\,\rho_w \dfrac{V_u d}{M_u}\right) b_w d$

$= (0.16 \times \sqrt{24} + 17.6 \times 0.016 \times 0.2) \times 350 \times 600$

$= 176.4 \times 10^3 N = 176.4kN$

19. A_s = 3,600mm², A_s' = 1,200mm²로 배근된 그림과 같은 복철근 보의 탄성처짐이 12mm라 할 때 5년 후 지속하중에 의해 유발되는 추가 장기처짐은 얼마인가?

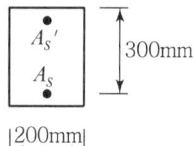

① 6mm ② 12mm
③ 18mm ④ 36mm

■해설 $\rho' = \dfrac{A_s'}{bd} = \dfrac{1,200}{200 \times 300} = 0.02$

$\xi = 2.0$ (하중재하기간이 5년 이상인 경우)

$\lambda_\Delta = \dfrac{\xi}{1+50\rho'} = \dfrac{2.0}{1+(50 \times 0.02)} = 1.0$

δ_L(장기 처짐량) = $\lambda_\Delta \cdot \delta_i$ (탄성 처짐량)
$= 1.0 \times 12 = 12mm$

20. 그림과 같은 2경간 연속 보의 양단에서 PS강재를 긴장할 때 단 A에서 중간 B까지의 근사법으로 구한 마찰에 의한 프리스트레스의 감소율은?(단, 각은 radian이며, 곡률마찰계수(μ)는 0.4, 파상마찰계수(K)는 0.0027이다.)

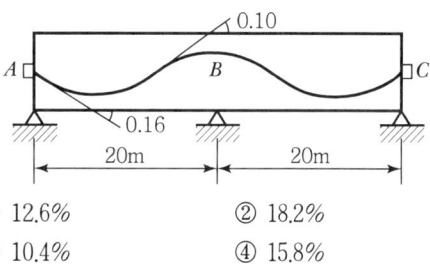

① 12.6% ② 18.2%
③ 10.4% ④ 15.8%

■해설 $l_{px} = 20m$

$\alpha_{px} = \theta_1 + \theta_2 = 0.16 + 0.10 = 0.26$

$(kl_{px} + \mu_p\alpha_{px}) = 0.0027 \times 20 + 0.4 \times 0.26$
$= 0.158 \leq 0.3$ (근사식 적용)

$\Delta P_f = P_{pj}\left[\dfrac{(kl_{px} + \mu_p\alpha_{px})}{1+(kl_{px}+\mu_p\alpha_{px})}\right]$

$= P_{pj}\left[\dfrac{0.158}{1+0.158}\right] = 0.136 P_{pj}$

감소율 = $\dfrac{\Delta P_f}{P_{pj}} \times 100 = \dfrac{0.136 P_{pj}}{P_{pj}} \times 100 = 13.6\%$

과년도 출제문제 및 해설

Item pool (산업기사 2020년 6월 14일 시행)

01. $b=300$mm, $d=500$mm인 단철근 직사각형보에서 균형철근비(ρ_b)가 0.0285일 때, 이 보를 균형철근비로 설계한다면 철근량(A_s)은?

① 2,820mm²　　② 3,210mm²
③ 4,225mm²　　④ 4,275mm²

■해설　$A_{s.b} = \rho_b \cdot bd = 0.0285 \times 300 \times 500 = 4,275\text{mm}^2$

02. 깊은보(Deep beam)에 대한 설명으로 옳은 것은?

① 순경간(l_n)이 부재 깊이의 3배 이하이거나 하중이 받침부로부터 부재 깊이의 3배 거리 이내에 작용하는 보
② 순경간(l_n)이 부재 깊이의 4배 이하이거나 하중이 받침부로부터 부재 깊이의 2배 거리 이내에 작용하는 보
③ 순경간(l_n)이 부재 깊이의 5배 이하이거나 하중이 받침부로부터 부재 깊이의 4배 거리 이내에 작용하는 보
④ 순경간(l_n)이 부재 깊이의 6배 이하이거나 하중이 받침부로부터 부재 깊이의 3배 거리 이내에 작용하는 보

■해설　깊은보(Deep Beam)
순경간(l_n)이 부재 깊이의 4배 이하이거나 하중이 받침부로부터 부재 깊이의 2배 거리 이내에 작용하는 보

03. PS강재에 요구되는 일반적인 성질로 틀린 것은?

① 인장강도가 클 것
② 릴랙세이션이 작을 것
③ 늘음과 인성이 없을 것
④ 응력부식에 대한 저항성이 클 것

■해설　PS강재에 요구되는 성질
　① 인장강도가 높아야 한다.
　② 항복비(항복점 응력의 인장강도에 대한 백분율)가 커야 한다.
　③ 릴랙세이션(Relaxation)이 작아야 한다.
　④ 적당한 연성과 인성이 있어야 한다.
　⑤ 응력부식에 대한 저항성이 커야 한다.
　⑥ 어느 정도의 피로강도를 가져야 한다.
　⑦ 직선성이 좋아야 한다.

04. 그림과 같은 리벳 이음에서 허용전단응력이 70MPa이고, 허용지압응력이 150MPa일 때 이 리벳의 강도는?(단, 리벳지름 $d=22$mm, 철판 두께 $t=12$mm이다.)

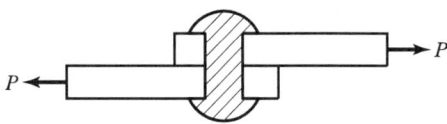

① 26.6kN　　② 30.4kN
③ 39.6kN　　④ 42.2kN

■해설　① 허용전단력
$$P_{Rs} = v_a \cdot \left(\frac{\pi d^2}{4}\right) = 70 \times \left(\frac{\pi \times 22^2}{4}\right)$$
$$= 26.6 \times 10^3 \text{N} = 26.6\text{kN}$$
② 허용지압력
$$P_{Rb} = f_{ba}(dt) = 150 \times (22 \times 12)$$
$$= 39.6 \times 10^3 \text{N} = 39.6\text{kN}$$
③ 리벳강도
$$P_R = [P_{Rs},\ P_{Rb}]_{\min} = 26.6\text{kN}$$

05. 처짐을 계산하지 않는 경우 단순지지로 길이 l인 1방향 슬래브의 최소 두께(h)로 옳은 것은? (단, 보통콘크리트($m_c=2,300$kg/m³)와 설계기준항복강도 400MPa의 철근을 사용한 부재이다.)

① $\dfrac{l}{20}$　　② $\dfrac{l}{24}$
③ $\dfrac{l}{28}$　　④ $\dfrac{l}{34}$

|해답| 1. ④　2. ②　3. ③　4. ①　5. ①

■해설 처짐을 고려하지 않아도 되는 부재의 최소 두께(h)

부재	캔딜레버	단순지지	일단연속	양단연속
보	$l/8$	$l/16$	$l/18.5$	$l/21$
1방향 Slab	$l/10$	$l/20$	$l/24$	$l/28$

이 표의 값은 보통중량콘크리트(m_c =2,300kg/m³)와 설계기준항복강도 400MPa 철근을 사용한 부재에 대한 값이며, 다른 조건에 대해서는 이 값을 다음과 같이 보정하여야 한다.

① 1,500~2,000kg/m³ 범위의 단위질량을 갖는 구조용 경량콘크리트에 대해서는 계산된 h 값에 $(1.65-0.00031m_c)$를 곱하여야 하나, 1.09 이상이어야 한다.

② f_y가 400MPa 이외인 경우는 계산된 h 값에 $(0.43+\frac{f_y}{700})$를 곱하여야 한다.

06. 아래 그림과 같은 판형에서 Stiffener(보강재)의 사용 목적은?

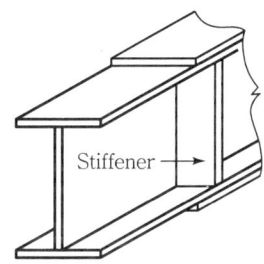

① Web Plate의 좌굴을 방지하기 위하여
② Flange Angle의 간격을 넓게 하기 위하여
③ Flange의 강성을 보강하기 위하여
④ 보 전체의 비틀림에 대한 강도를 크게 하기 위하여

■해설 판형(Plate Girder)에서 수직 보강재(Stiffener)는 전단력에 의해 발생하는 복부판(Web Plate)의 좌굴을 방지하기 위하여 설치한다.

07. 상부철근(정착길이 아래 300mm를 초과되게 굳지 않은 콘크리트를 친 수평철근)으로 사용되는 인장이형철근의 정착길이를 구하려고 한다. f_{ck}=21MPa, f_y=300MPa을 사용한다면 상부철근으로서의 보정계수만을 사용할 때 정착길이는 얼마 이상이어야 하는가?(단, D29 철근으로 공칭지름은 28.6mm, 공칭단면적은 642mm² 이고, 보통중량콘크리트이다.)

① 1,461mm ② 1,123mm
③ 987mm   ④ 865mm

■해설 • 인장이형철근의 기본 정착길이
$$l_{db} = \frac{0.6d_bf_y}{\sqrt{f_{ck}}} = \frac{0.6 \times 28.6 \times 300}{\sqrt{21}} = 1,123.4mm$$

• 보정계수
상부철근 : $\alpha = 1.3$

• 인장이형철근의 정착길이
$l_d = l_{db} \times \alpha = 1,123.4 \times 1.3$
$= 1,460.42mm$ ($l_d \geq 300mm$ - O.K.)

08. 강도설계법에서 콘크리트가 부담하는 공칭전단강도를 구하는 식은?(단, 전단력과 휨모멘트만을 받는 부재이다.)

① $V_c = \frac{1}{6}\lambda\sqrt{f_{ck}}b_wd$ ② $V_c = \frac{1}{2}\lambda\sqrt{f_{ck}}b_wd$
③ $V_c = \frac{2}{3}\lambda\sqrt{f_{ck}}b_wd$ ④ $V_c = 3.5\lambda\sqrt{f_{ck}}b_wd$

■해설 콘크리트가 부담하는 공칭전단강도(V_C)
$$V_C = \frac{1}{6}\lambda\sqrt{f_{ck}}b_wd$$

09. 프리스트레스트 콘크리트 부재의 제작과정 중 프리텐션 공법에서 필요하지 않는 것은?

① 콘크리트 치기 작업
② PS강재에 인장력을 주는 작업
③ PS강재에 준 인장력을 콘크리트 부재에 전달시키는 작업
④ PS강재와 콘크리트를 부착시키는 그라우팅 작업

■해설 PS강재와 콘크리트를 부착시키는 그라우팅 작업을 포스트텐션 공법에서 필요한 작업이다.

10. 강도설계법에서 설계기준압축강도(f_{ck})가 35MPa인 경우 계수 β_1의 값은?(단, 등가 직사각형 응력블록의 깊이 $a=\beta_1c$이다.)

① 0.85 ② 0.80
③ 0.75 ④ 0.70

■해설 $f_{ck} \leq 40\text{MPa}$인 경우, $\beta_1 = 0.8$

11. 전단철근에 대한 설명으로 틀린 것은?

① 철근콘크리트 부재의 경우 주인장철근에 45° 이상의 각도로 설치되는 스트럽을 전단철근으로 사용할 수 있다.
② 철근콘크리트 부재의 경우 주인장철근에 30° 이상의 각도로 구부린 굽힘철근을 전단철근으로 사용할 수 있다.
③ 전단철근의 설계기준항복강도는 500MPa를 초과할 수 없다.
④ 전단철근으로 사용하는 스트럽과 기타 철근 또는 철선은 콘크리트 압축연단부터 거리 $d/2$만큼 연장하여야 한다.

■해설 전단철근으로 사용하는 스트럽과 기타 철근 또는 철선은 콘크리트 압축연단부터 거리 d만큼 연장하여야 한다.

12. 아래 그림과 같은 강도설계법에 의해 설계된 복철근 보에서 콘크리트의 최대 변형률이 0.0033에 도달했을 때 압축철근이 항복하는 경우의 변형률 (ε_s')은?

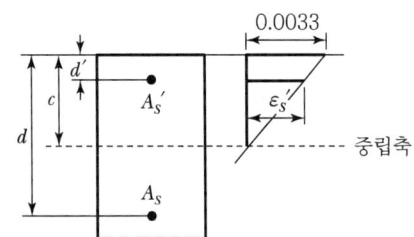

① 0.85×0.0033
② $\dfrac{1}{3} \times 0.0033$
③ $0.0033\left(\dfrac{c+d}{c}\right)$
④ $0.0033\left(\dfrac{c-d'}{c}\right)$

■해설 $c : 0.0033 = (c-d') : \varepsilon_s'$
$\varepsilon_s' = 0.0033\left(\dfrac{c-d'}{c}\right)$

13. 프리스트레스트 콘크리트에서 콘크리트의 건조수축변형률이 19×10^{-5}일 때 긴장재 인장응력의 감소량은? (단, 긴장재의 탄성계수는 2.0×10^5 MPa이다.)

① 38MPa
② 41MPa
③ 42MPa
④ 45MPa

■해설 $\Delta f_{ps} = E_p \varepsilon_{sh} = (2 \times 10^5) \times (19 \times 10^{-5}) = 38\text{MPa}$

14. 최소철근량보다 많고 균형철근량보다 적은 인장철근량을 가진 철근콘크리트 보가 휨에 의해 파괴되는 경우에 대한 설명으로 옳은 것은?

① 연성파괴를 한다.
② 취성파괴를 한다.
③ 사용철근량이 균형철근량 보다 적은 경우는 보로서 의미가 없다.
④ 중립축이 인장 측으로 내려오면서 철근이 먼저 항복한다.

■해설 최소철근량보다 많고 균형철근량보다 적은 인장철근량을 가진 과소철근 보의 휨파괴 유형은 콘크리트의 압축연단 변형률이 극한 변형률에 도달하기 전에 인장철근이 먼저 항복하는 연성파괴이다.

15. 옹벽의 안정조건에 대한 설명으로 틀린 것은?

① 활동에 대한 저항력은 옹벽에 작용하는 수평력의 1.5배 이상이어야 한다.
② 지반에 유발되는 최대 지반반력이 지반의 허용지지력의 1.5배 이상이어야 한다.
③ 전도에 대한 저항휨모멘트는 횡토압에 의한 전도휨모멘트의 2.0배 이상이어야 한다.
④ 전두 및 지반지지력에 대한 안정조건은 만족하지만, 활동에 대한 안정조건만을 만족하지 못할 경우에는 활동방지벽 혹은 횡방향 앵커 등을 설치하여 활동저항력을 증대시킬 수 있다.

■해설 지반에 유발되는 최대 지반반력은 지반의 허용지지력 이하라야 한다.

16. 철근콘크리트가 하나의 구조체로서 성립하는 이유로서 틀린 것은?

① 콘크리트 속에 묻힌 철근은 녹슬지 않는다.
② 철근과 콘크리트 사이의 부착강도가 크다.
③ 철근과 콘크리트의 열에 대한 팽창계수는 거의 비슷하다.
④ 철근과 콘크리트의 탄성계수는 거의 비슷하다.

■해설 철근콘크리트의 성립 요건
① 콘크리트와 철근 사이의 부착강도가 크다.
② 콘크리트와 철근의 열팽창계수가 거의 같다.
  $\alpha_c = (1.0 \sim 1.3) \times 10^{-5}/℃$
  $\alpha_s = 1.2 \times 10^{-5}/℃$
③ 콘크리트 속에 묻힌 철근은 부식되지 않는다.

17. 강도설계법에서 사용되는 강도감소계수에 대한 설명으로 틀린 것은?

① 인장지배단면에 대한 강도감소계수는 0.85이다.
② 전단력에 대한 강도감소계수는 0.75이다.
③ 무근콘크리트의 휨모멘트에 대한 강도감소계수는 0.55이다.
④ 압축지배단면 중 나선철근으로 보강된 철근콘크리트 부재의 강도감소계수는 0.65이다.

■해설 압축지배단면 중 나선철근으로 보강된 철근콘크리트 부재의 강도감소계수는 0.7이다.

18. 아래 그림과 같은 맞대기 용접의 용접부에 생기는 인장응력은?

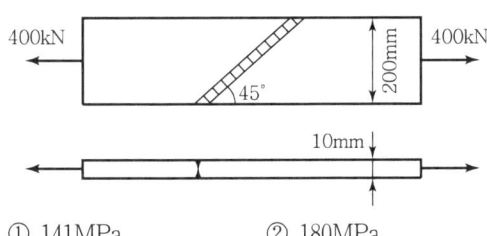

① 141MPa   ② 180MPa
③ 200MPa   ④ 223MPa

■해설 $f = \dfrac{P}{A} = \dfrac{400 \times 10^3}{10 \times 200} = 200\text{MPa}$

맞대기 용접부(홈 용접부)의 인장응력은 용접부의 경사각도와 관계없고, 다만 하중과 하중이 재하된 수직단면과 관계있다.

19. 보통중량골재를 사용한 콘크리트의 단위 질량을 2,300kg/m³로 할 때 콘크리트의 탄성계수를 구하는 식은?(단, f_{cm} : 재령 28일에서 콘크리트의 평균압축강도이다.)

① $E_c = 8,500 \sqrt[3]{f_{cm}}$
② $E_c = 8,500 \sqrt{f_{cm}}$
③ $E_c = 10,000 \sqrt[3]{f_{cm}}$
④ $E_c = 10,000 \sqrt{f_{cm}}$

■해설 콘크리트의 탄성계수(E_c)
1) $1,450\text{kg/m}^3 \leq m_c \leq 2,500\text{kg/m}^3$인 경우
$$E_c = 0.077 m_c^{\frac{3}{2}} \sqrt[3]{f_{cm}}$$
(m_c = 콘크리트의 단위 질량)
2) $m_c = 2,300\text{kg/m}^3$인 경우(보통골재를 사용한 경우)
$$E_c = 8,500 \sqrt[3]{f_{cm}}$$

20. $M_u = 170\text{kN}\cdot\text{m}$의 계수모멘트를 받는 단철근 직사각형보에서 필요한 철근량(A_s)은 약 얼마인가?(단, 보의 폭은 300m, 유효깊이는 450mm, $f_{ck} = 28\text{MPa}$, $f_y = 400\text{MPa}$이고, $\phi = 0.85$를 적용한다.)

① 1,100mm²   ② 1,200mm²
③ 1,300mm²   ④ 1,400mm²

■해설 1. $\eta = 1$ ($f_{ck} \leq 40\text{MPa}$인 경우)
$$M_u \leq \phi M_n = \phi f_y A_s (d - \dfrac{a}{2})$$
$$= \phi f_y b d^2 \rho (1 - 0.59 \dfrac{\rho}{\eta} \dfrac{f_y}{f_{ck}})$$
$$\left(\dfrac{0.59}{\eta} \phi \dfrac{f_y}{f_{ck}} bd^2\right)\rho^2 - (\phi f_y bd^2)\rho + M_u \leq 0$$
$$\left(\dfrac{0.59}{1} \times 0.85 \times \dfrac{400^2}{28} \times 300 \times 450^2\right)\rho^2$$
$$- (0.85 \times 400 \times 300 \times 450^2)\rho + (170 \times 10^6) \leq 0$$
$0.0088982 \leq \rho \leq 0.1097418$ .... ①

2. $\phi = 0.85$를 사용하기 위해서는 $\varepsilon_t \geq \varepsilon_{t.l}$이어야 한다.
$\rho \leq \rho_{t.l}$ ($\varepsilon_t \geq \varepsilon_{t.l}$을 만족하기 위한 조건)
$\varepsilon_{t.l} = 0.005$ ($f_y \leq 400\text{MPa}$인 경우)

|해답| 16. ④ 17. ④ 18. ③ 19. ① 20. ②

$f_{ck} = 28\text{MPa} \leq 40\text{MPa}$인 경우

$$\rho_{t.l} = 0.68 \frac{f_{ck}}{f_y} \frac{0.0033}{0.0033 + \varepsilon_{t.l}}$$

$$= 0.68 \times \frac{28}{400} \times \frac{0.0033}{0.0033 + 0.005}$$

$$= 0.0189253$$

$\rho \leq 0.0189253$ ·· ②

3. 따라서, ①과 ②의 결과로부터

$$0.0088982 \leq \rho\left(= \frac{A_s}{b_d}\right) \leq 0.0189253$$

$$1{,}201\text{mm}^2 \leq A_s \leq 2{,}555\text{mm}^2$$

과년도 출제문제 및 해설

01. 다음 중 용접부의 결함이 아닌 것은?
① 오버랩(Overlap)   ② 언더컷(Undercut)
③ 스터드(Stud)   ④ 균열(Crack)

■해설 스터드(Stud)는 강재와 콘크리트가 일체가 될 수 있도록 강재보의 상부 플랜지에 용접한 볼트 모양의 전단연결재이다.

02. 철근의 겹침이음에서 A급 이음의 조건에 대한 설명으로 옳은 것은?

① 배근된 철근량이 이음부 전체 구간에서 해석결과 요구되는 소요철근량의 2배 이상이고 소요 겹침이음길이 내 겹침이음된 철근량이 전체 철근량의 1/2 이하인 경우
② 배근된 철근량이 이음부 전체 구간에서 해석결과 요구되는 소요철근량의 1.5배 이상이고 소요 겹침이음길이 내 겹침이음된 철근량이 전체 철근량의 1/2 이상인 경우
③ 배근된 철근량이 이음부 전체 구간에서 해석결과 요구되는 소요철근량의 2배 이상이고 소요 겹침이음길이 내 겹침이음된 철근량이 전체 철근량의 1/3 이하인 경우
④ 배근된 철근량이 이음부 전체 구간에서 해석결과 요구되는 소요철근량의 1.5배 이상이고 소요 겹침이음길이 내 겹침이음된 철근량이 전체 철근량의 1/3 이상인 경우

■해설 이형 인장철근의 최소 겹침이음 길이
① A급 이음 : $1.0l_d \left(\dfrac{배근 A_s}{소요 A_s} \geq 2 \text{이고,} \right.$

$\left. \dfrac{겹침이음 A_s}{전체 A_s} \leq \dfrac{1}{2} \text{인 경우} \right)$

② B급 이음 : $1.3l_d$ (A급 이음 이외의 경우)
③ 최소 겹침이음 길이는 300mm 이상이어야 하며, l_d는 정착길이로서 $\dfrac{소요 A_s}{배근 A_s}$의 보정계수는 적용되지 않는다.

03. 깊은보의 전단 설계에 대한 구조세목의 설명으로 틀린 것은?

① 휨인장철근과 직각인 수직전단철근의 단면적 A_v를 $0.0025b_w s$ 이상으로 하여야 한다.
② 휨인장철근과 직각인 수직전단철근의 간격 s를 $d/5$ 이하, 또한 300mm 이하로 하여야 한다.
③ 휨인장철근과 평행한 수평전단철근의 단면적 A_{vh}를 $0.0015b_w s_h$ 이상으로 하여야 한다.
④ 휨인장철근과 평행한 수평전단철근의 간격 s_h를 $d/4$ 이하, 또한 350mm 이하로 하여야 한다.

■해설 깊은보의 전단철근
1. 최소 전단철근량
   ① 수직전단철근 : $A_v \geq 0.0025 b_w s$
   ② 수평전단철근 : $A_{vh} \geq 0.0015 b_w s_h$
2. 전단철근의 간격
   ① 수직전단철근 : $s \leq \dfrac{d}{5}$ 또한 $s \leq 300\text{mm}$
   ② 수평전단철근 : $s_h \leq \dfrac{d}{5}$ 또한 $s_h \leq 300\text{mm}$

04. 아래 그림과 같은 단면을 가지는 직사각형 단철근보의 설계휨강도를 구할 때 사용되는 강도감소계수(ϕ) 값은 약 얼마인가?(단, $A_s = 3{,}176\text{mm}^2$, $f_{ck} = 38\text{MPa}$, $f_y = 400\text{MPa}$)

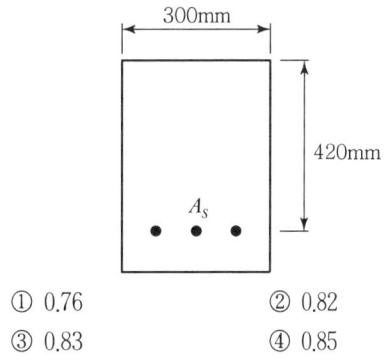

① 0.76   ② 0.82
③ 0.83   ④ 0.85

|해답| 1. ③ 2. ① 3. ④ 4. ④

■해설 1. 최외단 인장철근의 순인장 변형율(ε_t)

$f_{ck} = 38\text{MPa} \leq 40\text{MPa}$인 경우

$\varepsilon_{cu} = 0.0033$, $\eta = 1$, $\beta_1 = 0.8$

- $a = \dfrac{f_y A_s}{\eta \, 0.85 f_{ck} b} = \dfrac{400 \times 3,176}{1 \times 0.85 \times 38 \times 300}$

  $= 131.1\text{mm}$

- $\varepsilon_t = \dfrac{d_t \beta_1 - a}{a} \varepsilon_{cu}$

  $= \dfrac{420 \times 0.8 - 131.1}{131.1} \times 0.0033 = 0.00516$

2. 단면구분
   - $f_y = 400\text{MPa}$인 경우, ε_y와 $\varepsilon_{t,l}$값

     $\varepsilon_y = \dfrac{f_y}{E_s} = \dfrac{400}{2 \times 10^5} = 0.002$

     $\varepsilon_{t,l} = 0.005$
   - $\varepsilon_t \geq \varepsilon_y$ — 인장 지배 단면

3. ϕ결정
   - $\phi_c = 0.85$

05. 프리스트레스트 콘크리트의 원리를 설명하는 개념 중 아래의 표에서 설명하는 개념은?

> PSC 보를 RC 보처럼 생각하여, 콘크리트는 압축력을 받고 긴장재는 인장력을 받게 하여 두 힘의 우력 모멘트로 외력에 의한 휨모멘트에 저항시킨다는 개념

① 균등질 보의 개념
② 하중평형의 개념
③ 내력 모멘트의 개념
④ 허용응력의 개념

■해설 PSC 보를 RC 보와 같이 생각하여, 콘크리트는 압축력을 받고 긴장재는 인장력을 받게 하여 두 힘의 우력이 외력에 의한 휨모멘트에 저항시킨다는 개념을 내력모멘트 개념 또는 강도 개념이라고 한다.

06. 그림의 보에서 계수전단력 $V_u = 262.5\text{kN}$에 대한 가장 적당한 스터럽 간격은?(단, 사용된 스터럽은 D13 철근이다. 철근 D13의 단면적은 127mm², $f_{ck} = 24\text{MPa}$, $f_{yt} = 350\text{MPa}$이다.)

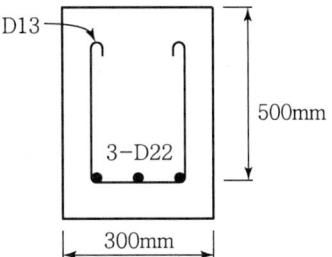

① 125mm
② 195mm
③ 210mm
④ 250mm

■해설
- $V_u = 262.5\text{kN}$
- $V_c = \dfrac{1}{6} \lambda \sqrt{f_{ck}} \, bd = \dfrac{1}{6} \times 1 \times \sqrt{24} \times 300 \times 500$

  $= 122.5 \times 10^3 \text{N} = 122.5 \text{kN}$

- $V_s = \dfrac{V_u - \phi V_c}{\phi}$

  $= \dfrac{262.5 - 0.75 \times 122.5}{0.75} = 227.5\text{kN}$

- $\dfrac{1}{3} \lambda \sqrt{f_{ck}} \, bd = 2V_c = 2 \times 122.5 = 245\text{kN}$

- $V_s (= 227.5\text{kN}) < \dfrac{1}{3} \lambda \sqrt{f_{ck}} \, bd (= 245\text{kN})$이므로 전단철근 간격 S는 다음 값 이하라야 한다.

  ① $S \leq \dfrac{d}{2} = \dfrac{500}{2} = 250\text{mm}$

  ② $S \leq 600\text{mm}$

  ③ $S \leq \dfrac{A_v f_y d}{V_s} = \dfrac{(2 \times 127) \times 350 \times 500}{227.5 \times 10^3}$

    $= 195.4\text{mm}$

  따라서 전단철근 간격 S는 위 값 중에서 최소값인 195.4mm 이하라야 한다.

07. $A_s' = 1,500\text{mm}^2$, $A_s = 1,800\text{mm}^2$로 배근된 그림과 같은 복철근 보의 순간처짐이 10mm일 때, 5년 후 지속하중에 의해 유발되는 장기처짐은?

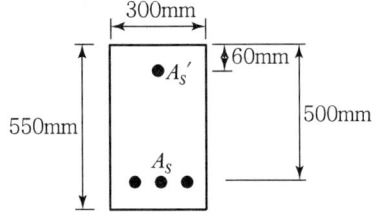

① 14.1mm　　② 13.3mm
③ 12.7mm　　④ 11.5mm

■해설　$\xi = 2.0$ (하중 재하기간이 5년 이상인 경우)
$$\rho' = \frac{A_s'}{bd} = \frac{1,500}{300 \times 500} = 0.01$$
$$\lambda_\Delta = \frac{\xi}{1+50\rho'} = \frac{2.0}{1+(50 \times 0.01)} = 1.33$$
$$\delta_L = \lambda_\Delta \cdot \delta_i = 1.33 \times 10 = 13.3 \text{mm}$$

08. 강도설계법의 설계가정으로 틀린 것은?

① 콘크리트의 인장강도는 철근콘크리트 부재 단면의 휨강도 계산에서 무시할 수 있다.
② 콘크리트의 변형률은 중립축부터 거리에 비례한다.
③ 콘크리트의 압축응력의 크기는 $\eta 0.80 f_{ck}$로 균등하고, 이 응력은 최대 압축변형률이 발생하는 단면에서 $a = \beta_1 c$까지의 부분에 등분포한다.
④ 사용 철근의 응력이 설계기준항복강도 f_y 이하일 때 철근의 응력은 그 변형률에 E_s를 곱한 값으로 취한다.

■해설　콘크리트의 압축응력의 크기는 $\eta 0.85 f_{ck}$로 균등하고, 이 응력은 최대 압축변형률이 발생하는 단면에서 $a = \beta_1 c$까지의 부분에 등분포한다.

09. 2방향 슬래브 직접설계법의 제한사항으로 틀린 것은?

① 각 방향으로 3경간 이상 연속되어야 한다.
② 슬래브 판들은 단변 경간에 대한 장변 경간의 비가 2 이하인 직사각형이어야 한다.
③ 각 방향으로 연속한 받침부 중심 간 경간 차이는 긴 경간의 1/3 이하이어야 한다.
④ 연속한 기둥 중심선을 기준으로 기둥의 어긋남은 그 방향 경간의 20% 이하이어야 한다.

■해설　2방향 슬래브의 설계에서 직접설계법을 적용할 경우, 연속한 기둥 중심선으로부터 기둥의 이탈은 이탈 방향 경간의 최대 10%까지 허용한다.

10. 콘크리트 속에 묻혀 있는 철근이 콘크리트와 일체가 되어 외력에 저항할 수 있는 이유로 틀린 것은?

① 철근과 콘크리트 사이의 부착강도가 크다.
② 철근과 콘크리트의 탄성계수가 거의 같다.
③ 콘크리트 속에 묻힌 철근은 부식하지 않는다.
④ 철근과 콘크리트의 열팽창계수가 거의 같다.

■해설　철근콘크리트의 성립 요건
① 콘크리트리와 철근 사이의 부착강도가 크다.
② 콘크리트와 철근의 열팽창계수가 거의 같다.
$$\begin{bmatrix} \alpha_c = (1.0 \sim 1.3) \times 10^{-5}(/\text{℃}) \\ \alpha_s = 1.2 \times 10^{-5}(/\text{℃}) \end{bmatrix}$$
③ 콘크리트 속에 묻힌 철근은 부식되지 않는다.

11. 균형철근량보다 적고 최소철근량보다 많은 인장철근을 가진 과소철근 보가 휨에 의해 파괴될 때의 설명으로 옳은 것은?

① 인장측 철근이 먼저 항복한다.
② 압축측 콘크리트가 먼저 파괴된다.
③ 압축측 콘크리트와 인장측 철근이 동시에 항복한다.
④ 중립축이 인장측으로 내려오면서 철근이 먼저 파괴된다.

■해설　과소철근 보는 압축측 콘크리트의 변형률이 0.003에 도달하기 전에 인장측 철근이 먼저 항복한다.

12. 순단면이 볼트의 구멍 하나를 제외한 단면(즉, $A-B-C$ 단면)과 같도록 피치(s)를 결정하면?(단, 구멍의 직경은 22mm이다.)

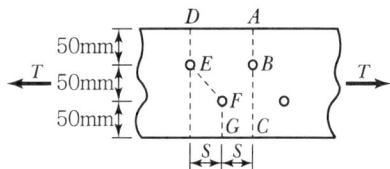

① 114.9mm　　② 90.6mm
③ 66.3mm　　④ 50mm

■해설 $d_h = \phi + 3 = 22\text{mm}$
$b_{n1} = b_g - d_h$
$b_{n2} = b_g - 2d_h + \dfrac{s^2}{4g}$
$b_{n1} = b_{n2}$
$b_g - d_h = b_g - 2d_h + \dfrac{s^2}{4g}$
$s = \sqrt{4gd_h} = \sqrt{4 \times 50 \times 22} = 66.3\text{mm}$

13. 보의 경간이 10m이고, 양쪽 슬래브의 중심 간 거리가 2.0m인 대칭형 T형 보에 있어서 플랜지 유효폭은?(단, 부재의 복부폭(b_w)은 500mm, 플랜지의 두께(t_f)는 100mm이다.)

① 2,000mm ② 2,100mm
③ 2,500mm ④ 3,000mm

■해설 T형 보(대칭 T형 보)의 플랜지 유효폭(b_e)
① $16t_f + b_w = (16 \times 100) + 500 = 2,100\text{mm}$
② 양쪽 슬래브의 중심 간 거리
   $= 2 \times 10^3 = 2,000\text{mm}$
③ 보 경간의 $\dfrac{1}{4} = \dfrac{10 \times 10^3}{4} = 2,500\text{mm}$

위 값 중에서 최솟값을 취하면 $b_e = 2,000\text{mm}$이다.

14. PS강재를 포물선으로 배치한 PSC 보에서 상향의 등분포력(u)의 크기는 얼마인가?(단, $P = 2,600$kN, 단면의 폭(b)은 50cm, 높이(h)는 80cm, 지간 중앙에서 PS강재의 편심(s)은 20cm이다.)

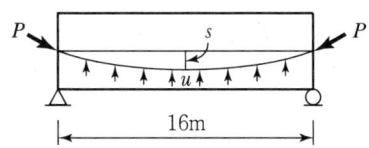

① 8.50kN/m   ② 16.25kN/m
③ 19.65kN/m ④ 35.60kN/m

■해설 $u = \dfrac{8PS}{l^2} = \dfrac{8 \times 2,600 \times 0.2}{16^2} = 16.25\text{kN/m}$

15. 아래 그림과 같은 독립확대기초에서 1방향 전단에 대해 고려할 경우 위험단면의 계수전단력(V_u)은?(단, 계수하중 $P_u = 1,500$kN이다.)

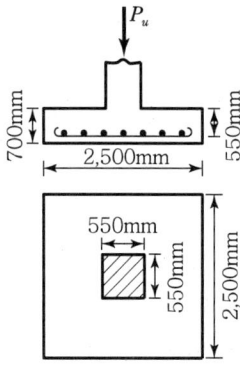

① 255kN   ② 387kN
③ 897kN   ④ 1,210kN

■해설 $q = \dfrac{P}{A} = \dfrac{1,500 \times 10^3}{2,500 \times 2,500} = 0.24\text{N/mm}^2$
$V_u = q\left(\dfrac{L-t}{2} - d\right)S$
$= 0.24\left(\dfrac{2,500 - 550}{2} - 550\right)2,500$
$= 255 \times 10^3\text{N} = 255\text{kN}$

16. 부분적 프리스트레싱(Partial Prestressing)에 대한 설명으로 옳은 것은?

① 구조물에 부분적으로 PSC 부재를 사용하는 것
② 부재 단면의 일부에만 프리스트레스를 도입하는 것
③ 설계하중의 일부만 프리스트레스에 부담시키고 나머지는 긴장재에 부담시키는 것
④ 설계하중이 작용할 때 PSC 부재 단면의 일부에 인장응력이 생기는 것

■해설 • 완전 프리스트레싱(Full Prestressing)
  부재 단면에 인장응력이 발생하지 않는다.
• 부분 프리스트레싱(Partial Prestressing)
  부재 단면의 일부에 인장응력이 발생한다.

17. 그림과 같은 맞대기 용접의 용접부에 발생하는 인장응력은?

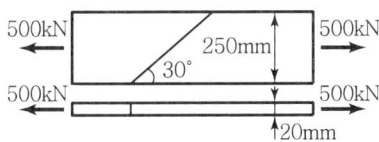

① 100MPa ② 150MPa
③ 200MPa ④ 220MPa

■해설 $f = \dfrac{P}{A} = \dfrac{500 \times 10^3}{20 \times 250} = 100\text{N/mm}^2 = 100\text{MPa}$

18. 그림과 같은 단면의 균열모멘트 M_{cr}은?(단, f_{ck} = 24MPa, f_y =400MPa, 보통중량 콘크리트이다.)

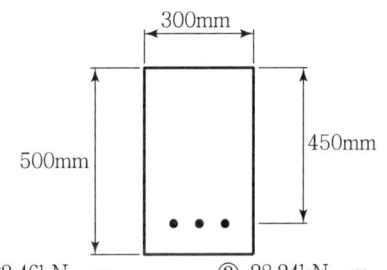

① 22.46kN·m ② 28.24kN·m
③ 30.81kN·m ④ 38.58kN·m

■해설 $f_r = 0.63\lambda\sqrt{f_{ck}} = 0.63 \times 1 \times \sqrt{24} = 3.086\text{MPa}$
$I_g = \dfrac{bh^3}{12} = \dfrac{300 \times 500^3}{12} = 3.125 \times 10^9 \text{mm}^4$
$y_b = \dfrac{h}{2} = \dfrac{500}{2} = 250\text{mm}$
$M_{cr} = \dfrac{f_r I_g}{y_b} = \dfrac{3.086 \times (3.125 \times 10^9)}{250}$
$= 38.575 \times 10^6 \text{N} \cdot \text{mm} = 38.575\text{kN} \cdot \text{m}$

19. 강도설계법에서 f_{ck}=30MPa, f_y=350MPa일 때 단철근 직사각형보의 균형철근비(ρ_b)는?

① 0.0347 ② 0.0365
③ 0.0381 ④ 0.0386

■해설 $f_{ck} = 30\text{MPa} \leq 40\text{MPa}$인 경우
$\rho_b = 0.68\dfrac{f_{ck}}{f_y}\dfrac{660}{660+f_y}$
$= 0.68 \times \dfrac{30}{350} \times \dfrac{660}{660+350} = 0.0381$

20. 옹벽의 구조해석에 대한 설명으로 틀린 것은?

① 뒷부벽은 직사각형보로 설계하여야 하며, 앞부벽은 T형 보로 설계하여야 한다.
② 저판의 뒷굽판은 정확한 방법이 사용되지 않는 한, 뒷굽판 상부에 재하되는 모든 하중을 지지하도록 설계하여야 한다.
③ 캔틸레버식 옹벽의 저판은 전면벽과의 접합부를 고정단으로 간주한 캔틸레버로 가정하여 단면을 설계할 수 있다.
④ 부벽식 옹벽의 전면벽은 3변 지지된 2방향 슬래브로 설계할 수 있다.

■해설 부벽식 옹벽에서 부벽의 설계
① 앞부벽 : 직사각형보로 설계
② 뒷부벽 : T형 보로 설계

|해답| 17. ① 18. ④ 19. ③ 20. ①

Item pool (산업기사 2020년 8월 23일 시행)
과년도 출제문제 및 해설

01. 그림에 나타난 단철근 직사각형보가 공칭 휨강도(M_n)에 도달할 때 압축 측 콘크리트가 부담하는 압축력은 약 얼마인가?(단, 철근 D22 4본의 단면적은 1,548mm², $f_{ck}=28$MPa, $f_y=350$MPa 이다.)

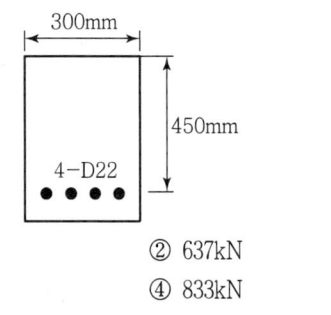

① 542kN   ② 637kN
③ 724kN   ④ 833kN

■해설 $C = T = f_y A_s = 350 \times 1,548$
$= 541.8 \times 10^3 \text{N} = 541.8 \text{kN}$

02. 일단 정착의 포스트텐션 부재에서 정착부 활동량이 3mm 생겼다. PS강재의 길이가 40m, 초기인장응력이 1,000MPa일 때 PS강재의 프리스트레스의 감소량(Δf_p)은?(단, PS강재의 탄성계수 $E_p = 2.0 \times 10^5$MPa이다.)

① 15MPa   ② 30MPa
③ 45MPa   ④ 60MPa

■해설 $\Delta f_{pa} = E_p \varepsilon_p = E_p \dfrac{\Delta l}{l}$
$= (2 \times 10^5) \times \dfrac{3}{(40 \times 10^3)} = 15 \text{MPa}$

03. 강도설계법으로 부재를 설계할 때 사용하중에 하중계수를 곱한 하중을 무엇이라 하는가?

① 작용하중   ② 기준하중
③ 지속하중   ④ 계수하중

■해설 (계수하중)=(사용하중)×(하중계수)

04. 그림과 같은 단철근 직사각형 단면 보에서 등가직사각형 응력블록의 깊이(a)는?(단, $f_{ck}=28$Mpa, $f_y=350$MPa이다.)

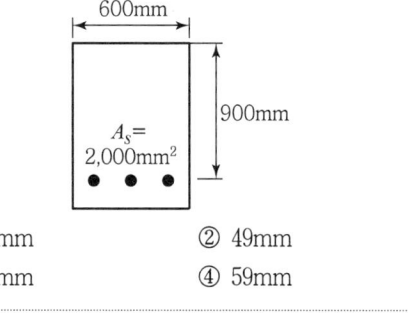

① 42mm   ② 49mm
③ 52mm   ④ 59mm

■해설 $\eta = 1 (f_{ck} \leq 40\text{MPa}$인 경우)
$a = \dfrac{f_y A_s}{\eta 0.85 f_{ck} b} = \dfrac{350 \times 2,000}{1 \times 0.85 \times 28 \times 600} = 49\text{mm}$

05. 철근콘크리트 1방향 슬래브에 대한 설명으로 틀린 것은?

① 슬래브의 두께는 최소 50mm 이상으로 하여야 한다.
② 슬래브의 정모멘트 철근 및 부모멘트 철근의 중심 간격은 위험단면에서는 슬래브 두께의 2배 이하여야 하고, 또한 300mm 이하로 하여야 한다.
③ 4변에 의해 지지되는 2방향 슬래브 중에서 단변에 대한 장변의 비가 2배를 넘으면 1방향 슬래브로서 해석한다.
④ 1방향 슬래브에서는 정모멘트 철근 및 부모멘트 철근에 직각 방향으로 수축·온도철근을 배치하여야 한다.

■해설 1방향 슬래브의 두께는 최소 100mm 이상이어야 한다.

|해답| 1. ① 2. ① 3. ④ 4. ② 5. ①

06. $P=400\text{kN}$의 인장력이 작용하는 판 두께 10mm인 철판에 $\phi 19\text{mm}$인 리벳을 사용하여 접합할 때 소요 리벳 수는?(단, 허용전단응력(τ_a)은 72MPa, 허용지압응력(σ_b)은 150MPa이다.)

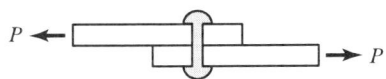

① 15개　　② 17개
③ 19개　　④ 21개

■해설　1. 허용전단력(P_{RS})
$$P_{RS} = \tau_a \left(\frac{\pi\phi^2}{4}\right) = 75 \times \left(\frac{\pi \times 19^2}{4}\right)$$
$$= 21.264 \times 10^3 \text{N} = 21.264\text{kN}$$
2. 허용지압력(P_{Rb})
$$P_{Rb} = \sigma_b(\phi t) = 150 \times (19 \times 10)$$
$$= 28.5 \times 10^3 \text{N} = 28.5\text{kN}$$
3. 리벳강도(P_R)
$$P_R = [P_{RS}, P_{Rb}]_{\min}$$
$$= [21.264\text{kN}, 28.5\text{kN}]_{\min}$$
$$= 21.264\text{kN}$$
4. 리벳수(n)
$$n = \frac{P}{P_R} = \frac{400}{21.264} = 18.8개$$
$$= 19개(올림에 의하여)$$

07. 프리스트레스의 손실 중 시간의 경과에 의해 발생하는 것은?

① 정착장치의 활동
② 콘크리트의 탄성수축
③ 긴장재 응력의 릴랙세이션
④ 포스트텐션 긴장재와 덕트 사이의 마찰

■해설　① 즉시손실 : 정착단 활동, 마찰, 탄성변형
　　② 시간손실 : 크리프, 건조수축, 릴랙세이션

08. 콘크리트구조 강도설계법에서 콘크리트의 설계기준압축강도(f_{ck})가 50MPa일 때, β_1의 값은?(단, β_1은 $a=\beta_1 c$에서 사용되는 계수이다.)

① 0.85　　② 0.80
③ 0.75　　④ 0.70

■해설　$f_{ck}=50\text{MPa}$인 경우　$\beta_1 = 0.8$

09. 강도설계법에 의한 나선철근 압축부재의 공칭축강도(P_n)의 값은?(단, $A_g=160,000\text{mm}^2$, $A_{st}=6-D32=4,765\text{mm}^2$, $f_{ck}=22\text{MPa}$, $f_y=350\text{MPa}$이다.)

① 3,567kN　　② 3,885kN
③ 4,428kN　　④ 4,967kN

■해설　$P_n = \alpha[0.85f_{ck}(A_g-A_{st})+f_yA_{st}]$
$$= 0.85[0.85\times 22\times(160,000-4,765)+350\times 4,765]$$
$$= 3,885\times 10^3\text{N} = 3,885\text{kN}$$

10. 리벳의 허용강도를 결정하는 방법으로 옳은 것은?

① 전단강도와 압축강도로 각각 결정한다.
② 전단강도와 압축강도의 평균값으로 결정한다.
③ 전단강도와 지압강도 중 큰 값으로 한다.
④ 전단강도와 지압강도 중 작은 값으로 한다.

■해설　리벳의 허용강도는 전단강도와 지압강도 중 작은 값으로 한다.

11. 그림과 같은 경간 8m인 직사각형 단순보에 등분포하중(자중 포함) $w=30\text{kN/m}$가 작용하며 PS강재는 단면 도심에 배치되어 있다. 부재의 연단에 인장응력이 발생하지 않게 하려 할 때, PS강재에 도입되어야 할 최소한의 긴장력(P)은?

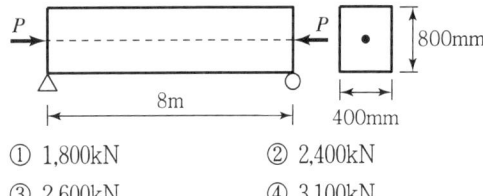

① 1,800kN　　② 2,400kN
③ 2,600kN　　④ 3,100kN

■해설 $f_b = \dfrac{P}{A} - \dfrac{M}{Z} = \dfrac{P}{bh} - \dfrac{3wl^2}{4bh^2} = 0$

$P = \dfrac{3wl^2}{4h} = \dfrac{3 \times 30 \times 8^2}{4 \times 0.8} = 1,800 \text{kN}$

12. 전단철근이 부담하는 전단력 $V_s = 200\text{kN}$일 때, D13 철근을 사용하여 수직 스터럽으로 전단보강하는 경우 배치간격은 최대 얼마 이하로 하여야 하는가? (단, D13의 단면적은 127mm², f_{ck}= 28MPa, f_y=400MPa, b_w=400mm, d=600mm, 보통중량 콘크리트이다.)

① 600mm ② 300mm
③ 255mm ④ 175mm

■해설
- $\dfrac{1}{3}\sqrt{f_{ck}}\,b_w d = \dfrac{1}{3}\sqrt{28} \times 400 \times 600$
  $= 423.3 \times 10^3 \text{N} = 423.3 \text{kN}$
- $V_s = 200 \text{kN}$
- $V_s \leq \dfrac{1}{3}\sqrt{f_{ck}}\,b_w d$이므로 전단철근 간격($s$)은 다음 값 이하라야 한다.
  ① $s \leq \dfrac{d}{2} = \dfrac{600}{2} = 300\text{mm}$
  ② $s \leq 600\text{mm}$
  ③ $s \leq \dfrac{A_v f_y d}{V_s} = \dfrac{(2 \times 127) \times 400 \times 600}{(200 \times 10^3)}$
  $= 304.8\text{mm}$

따라서, 전단철근 간격(s)은 최소값인 300mm 이하라야 한다.

13. 옹벽의 설계에 대한 일반적인 설명으로 틀린 것은?

① 활동에 대한 저항력은 옹벽에 작용하는 수평력의 1.5배 이상이어야 한다.
② 전도에 대한 저항휨모멘트는 횡토압에 의한 전도모멘트의 2.0배 이상이어야 한다.
③ 캔틸레버식 옹벽의 전면벽은 저판에 지지된 캔틸레버로 설계할 수 있다.
④ 뒷부벽은 직사각형보로 설계하여야 한다.

■해설 부벽식 옹벽에서 부벽의 설계
① 앞부벽 : 직사각형보로 설계
② 뒷부벽 : T형 보로 설계

14. 프리스트레스하지 않는 현장치기 콘크리트에서 옥외의 공기나 흙에 직접 접하지 않는 콘크리트 벽체에서 D35 초과하는 철근의 최소 피복두께는 얼마인가?

① 20mm ② 40mm
③ 50mm ④ 60mm

■해설 프리스트레스 하지 않은 현장치기 콘크리트에서 옥외의 공기나 흙에 직접 접하지 않는 콘크리트 벽체에서 D35를 초과하는 철근의 최소 피복두께는 40mm이다.

15. 콘크리트 구조설계기준에 따른 '단면의 유효깊이'를 설명하는 것은?

① 콘크리트의 압축연단에서부터 최외단 인장철근의 도심까지의 거리
② 콘크리트의 압축연단에서부터 다단 배근된 인장철근 중 최외단 철근 도심까지의 거리
③ 콘크리트의 압축연단에서부터 모든 인장철근군의 도심까지의 거리
④ 콘크리트의 압축연단에서부터 모든 철근군의 도심까지의 거리

■해설 콘크리트 단면의 유효깊이는 콘크리트의 압축연단에서부터 모든 인장철근군의 도심까지의 거리이다.

16. 아래 그림과 같은 강판에서 순폭은? (단, 강판에서의 구멍 지름(d)은 25mm이다.)

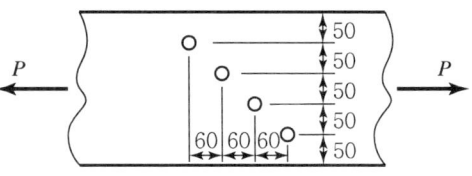

(단위 : mm)

① 150mm ② 175mm
③ 204mm ④ 225mm

■해설 $b_{n1} = b_g - d_h = 250 - 25 = 225\text{mm}$

$b_{n2} = b_g - 2d_h + \dfrac{s^2}{4g}$

$= 250 - 2 \times 25 + \dfrac{60^2}{4 \times 50} = 218\text{mm}$

$b_{n3} = b_g - 3d_h + 2 \times \dfrac{s^2}{4g}$

$= 250 - 3 \times 25 + 2 \times \dfrac{60^2}{4 \times 50} = 211\text{mm}$

$b_{n4} = b_g - 4d_h + 3 \times \dfrac{s^2}{4g}$

$= 250 - 4 \times 25 + 3 \times \dfrac{60^2}{4 \times 50} = 204\text{mm}$

$b_n = [b_{n1},\ b_{n2},\ b_{n3},\ b_{n4}]_{\min} = 204\text{mm}$

17. 강도감수계수(ϕ)에 대한 설명으로 틀린 것은?

① 설계 및 시공상의 오차를 고려한 값이다.
② 하중의 종류와 조합에 따라 값이 달라진다.
③ 인장지배단면에 대한 강도감수계수는 0.85이다.
④ 전단력과 비틀림모멘트에 대한 강도감소계수는 0.75이다.

■해설 하중의 종류와 조합에 따라 값이 달라지는 것은 하중계수이다.

18. 상하 기둥 연결부에서 단면 치수가 변하는 경우에 배치되는 구부린 주철근을 무엇이라고 하는가?

① 옵셋굽힘철근   ② 종방향 철근
③ 횡방향 철근   ④ 연결철근

■해설 상하 기둥 연결부에서 단면 치수가 변하는 경우에 배치되는 구부린 주철근을 옵셋굽힘철근이라 한다.

19. 철근콘크리트 부재에서 전단철근으로 사용할 수 없는 것은?

① 주인장 철근에 45°의 각도로 구부린 굽힘철근
② 주인장 철근에 45°의 각도로 설치되는 스터럽
③ 주인장 철근에 30°의 각도로 구부린 굽힘철근
④ 주인장 철근에 30°의 각도로 설치되는 스터럽

■해설 전단철근의 종류
① 주인장 철근에 수직으로 설치하는 스터럽
② 주인장 철근에 45° 또는 그 이상 경사로 설치하는 스터럽
③ 주인장 철근에 30° 또는 그 이상의 경사로 구부리는 굽힘철근
④ ①과 ③ 또는 ②와 ③을 병용하는 경우
⑤ 나선철근 또는 용접철망

20. 강도설계법에서 단철근 직사각형보의 균형철근비(ρ_b)는?(단, $f_{ck}=25\text{MPa}$, $f_y=400\text{MPa}$이다.)

① 0.02646   ② 0.03125
③ 0.03478   ④ 0.03619

■해설 $f_{ck} = 25\text{MPa} \leq 40\text{MPa}$인 경우

$\rho_b = 0.68 \dfrac{f_{ck}}{f_y} \dfrac{660}{660+f_y}$

$= 0.68 \times \dfrac{25}{400} \times \dfrac{660}{660+400}$

$= 0.0264$

|해답| 17. ② 18. ① 19. ④ 20. ①

Item pool (기사 2020년 9월 27일 시행)
과년도 출제문제 및 해설

01. 복철근 콘크리트 단면에 인장철근비는 0.02, 압축철근비는 0.01이 배근된 경우 순간처짐이 20mm일 때 6개월이 지난 후 총 처짐량은?(단, 작용하는 하중은 지속하중이다.)

① 26mm ② 36mm
③ 48mm ④ 68mm

■해설 $\xi = 1.2$ (하중재하기간이 6개월인 경우)
$$\lambda_\Delta = \frac{\xi}{1+50\rho'} = \frac{1.2}{1+(50 \times 0.01)} = 0.8$$
$$\delta_L = \lambda_\Delta \cdot \delta_i = 0.8 \times 20 = 16\text{mm}$$
$$\delta_T = \delta_i + \delta_L = 20 + 16 = 36\text{mm}$$

02. PSC 보를 RC 보처럼 생각하여, 콘크리트는 압축력을 받고 긴장재는 인장력을 받게 하여 두 힘의 우력 모멘트로 외력에 의한 휨모멘트에 저항시킨다는 개념은?

① 응력개념 ② 강도개념
③ 하중평형개념 ④ 균등질 보의 개념

■해설 PSC 보를 RC 보와 같이 생각하여, 콘크리트는 압축력을 받고 긴장재는 인장력을 받게 하여 두 힘의 우력이 외력에 의한 휨모멘트에 저항시킨다는 개념을 내력모멘트 개념 또는 강도 개념이라고 한다.

03. 그림과 같이 단순지지된 2방향 슬래브에 등분포하중 w가 작용할 때, ab 방향에 분배되는 하중은 얼마인가?

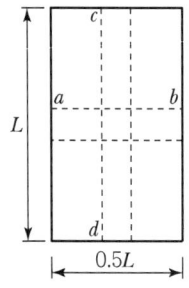

① $0.059w$ ② $0.111w$
③ $0.889w$ ④ $0.941w$

■해설 $$w_{ab} = \frac{L^4}{L^4+S^4}w = \frac{L^4}{L^4+(0.5L)^4}w = 0.941w$$

04. 그림과 같은 직사각형 단면을 가진 프리텐션 단순 보에 편심 배치한 긴장재를 820kN으로 긴장하였을 때 콘크리트 탄성변형으로 인한 프리스트레스의 감소량은?(단, 탄성계수비 $n=6$이고, 자중에 의한 영향은 무시한다.)

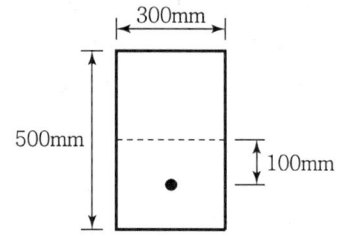

① 44.5MPa ② 46.5MPa
③ 48.5MPa ④ 50.5MPa

■해설 $A_c = 300 \times 500 = 1.5 \times 10^5 \text{mm}^2$
$$I_c = \frac{300 \times 500^3}{12} = 3.125 \times 10^9 \text{mm}^4$$
$$\Delta f_{pe} = n\left(\frac{P_i}{A_c} + \frac{P_i e_p}{I_c}e_p\right)$$
$$= 6\left(\frac{(820 \times 10^3)}{(1.5 \times 10^5)} + \frac{(820 \times 10^3) \times 100}{(3.125 \times 10^9)} \times 100\right)$$
$$= 48.544 \text{MPa}$$

05. 다음 중 전단철근으로 사용할 수 없는 것은?

① 스터럽과 굽힘철근의 조합
② 부재축에 직각으로 배치한 용접철망
③ 나선철근, 원형띠철근 또는 후프철근
④ 주인장 철근에 30°의 각도로 설치되는 스터럽

|해답| 1. ② 2. ② 3. ④ 4. ③ 5. ④

■해설 전단철근의 종류
① 주인장철근에 수직으로 배치한 스터럽
② 주인장철근에 45° 이상의 경사로 배치한 스터럽
③ 주인장철근에 30° 이상의 경사로 구부린 굽힘철근
④ 스터럽과 굽힘철근의 병용(①과 ③ 또는 ②와 ③의 병용)
⑤ 나선철근 또는 용접철망

06. 그림과 같은 용접 이음에서 이음부의 응력은?

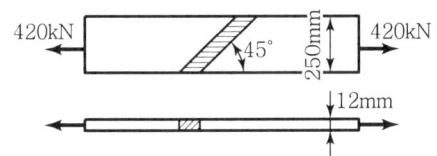

① 140MPa ② 152MPa
③ 168MPa ④ 180MPa

■해설 $f = \dfrac{P}{A} = \dfrac{420 \times 10^3}{12 \times 250} = 140\text{MPa}$

07. 슬래브의 구조 상세에 대한 설명으로 틀린 것은?

① 1방향 슬래브의 두께는 최소 100mm 이상으로 하여야 한다.
② 1방향 슬래브의 정모멘트 철근 및 부모멘트 철근의 중심 간격은 위험단면에서는 슬래브 두께의 2배 이하이어야 하고, 또한 300mm 이하로 하여야 한다.
③ 1방향 슬래브의 수축·온도 철근의 간격은 슬래브 두께의 3배 이하, 또는 400mm 이하로 하여야 한다.
④ 2방향 슬래브의 위험단면에서 철근 간격은 슬래브 두께의 2배 이하, 또한 300mm 이하로 하여야 한다.

■해설 1방향 슬래브의 수축·온도 철근의 간격은 슬래브 두께의 5배 이하, 또한 450mm 이하로 하여야 한다.

08. 강도설계법에서 보의 휨 파괴에 대한 설명으로 틀린 것은?

① 보는 취성파괴보다는 연성파괴가 일어나도록 설계되어야 한다.
② 과소철근 보는 인장철근이 항복하기 전에 압축연단 콘크리트의 변형률이 극한 변형률에 먼저 도달하는 보이다.
③ 균형철근 보는 인장철근이 설계기준 항복강도에 도달함과 동시에 압축연단 콘크리트의 변형률이 극한 변형률에 도달하는 보이다.
④ 과다철근 보는 인장철근량이 많아서 갑작스런 압축파괴가 발생하는 보이다.

■해설 과소철근 보는 압축연단 콘크리트의 변형률이 극한 변형률에 도달하기 전에 인장철근이 먼저 항복하는 보이다.

09. $b = 300\text{mm}$, $d = 500\text{mm}$, $A_s = 3-D25 = 1{,}520\text{mm}^2$가 1열로 배치된 단철근 직사각형보의 설계휨강도(ϕM_n)는?(단, $f_{ck} = 28\text{MPa}$, $f_y = 400\text{MPa}$이고, 과소철근 보이다.)

① 132.5kN·m ② 183.3kN·m
③ 236.4kN·m ④ 307.7kN·m

■해설 $f_{ck} = 28\text{MPa} \leq 40\text{MPa}$인 경우
$\varepsilon_{cu} = 0.003$, $\eta = 1$, $\beta_1 = 0.8$

$a = \dfrac{A_s f_y}{\eta \, 0.85 f_{ck} b} = \dfrac{1{,}520 \times 400}{1 \times 0.85 \times 28 \times 300} = 85.15\text{mm}$

$\varepsilon_t = \dfrac{d_t \beta_1 - a}{a} \varepsilon_{cu}$

$= \dfrac{500 \times 0.8 - 85.15}{85.15} \times 0.0033 = 0.0122$

$\varepsilon_{t.l} = 0.005 (f_y \leq 400\text{MPa}$인 경우)
$\varepsilon_{t.l} < \varepsilon_t$이므로 인장지배단면 − $\phi = 0.85$

$\phi M_n = \phi A_s f_y \left(d - \dfrac{a}{2} \right)$

$= 0.85 \times 1{,}520 \times 400 \times \left(500 - \dfrac{85.15}{2} \right)$

$= 236.4 \times 10^6 \text{N} \cdot \text{mm} = 236.4\text{kN} \cdot \text{m}$

|해답| 6. ① 7. ③ 8. ② 9. ③

10. 다음 중 반T형 보의 유효폭을 구할 때 고려하여야 할 사항이 아닌 것은?(단, b_w는 플랜지가 있는 부재의 복부폭이다.)

① 양쪽 슬래브의 중심 간 거리
② (한쪽으로 내민 플랜지 두께의 6배)$+b_w$
③ $\left(보의 경간의 \dfrac{1}{12}\right)+b_w$
④ $\left(인접 보와의 내측거리의 \dfrac{1}{2}\right)+b_w$

■해설 반T형 보(비대칭 T형 보)의 플랜지 유효폭(b_e)
- $6t_f+b_w$
- 인접 보와의 내측 간 거리의 $\dfrac{1}{2}+b_w$
- 보 경간의 $\dfrac{1}{12}+b_w$

위 값 중에서 최소값이 b_e이다.

11. 압축 이형철근의 정착에 대한 설명으로 틀린 것은?

① 정착길이는 항상 200mm 이상이어야 한다.
② 정착길이는 기본정착길이에 적용 가능한 모든 보정계수를 곱하여 구하여야 한다.
③ 해석 결과 요구되는 철근량을 초과하여 배치한 경우의 보정계수는 $\left(\dfrac{소요 A_s}{배근 A_s}\right)$이다.
④ 지름이 6mm 이상이고 나선 간격이 100mm 이하인 나선철근으로 둘러싸인 압축 이형철근의 보정계수는 0.8이다.

■해설 지름이 6mm 이상이고 나선 간격이 100mm 이하인 나선철근으로 둘러싸인 압축이형철근의 보정계수는 0.75이다.

12. 처짐을 계산하지 않는 경우 단순지지된 보의 최소 두께(h)는?(단, 보통중량 콘크리트(m_c=2,300kg/m³) 및 f_y=300MPa인 철근을 사용한 부재이며, 길이가 10m인 보이다.)

① 429mm ② 500mm
③ 537mm ④ 625mm

■해설 단순지지 보의 처짐을 계산하지 않아도 되는 최소 두께($h_{\min}$)

① $f_y=400$MPa : $h_{\min}=\dfrac{l}{16}$
② $f_y\neq400$MPa : $h_{\min}=\dfrac{l}{16}\left(0.43+\dfrac{f_y}{700}\right)$

$f_y=300$MPa이므로 최소 두께($h_{\min}$)는 다음과 같다.
$h_{\min}=\dfrac{l}{16}\left(0.43+\dfrac{f_y}{700}\right)$
$=\dfrac{10\times10^3}{16}\left(0.43+\dfrac{300}{700}\right)=536.6$mm

13. 표피철근의 정의로서 옳은 것은?

① 전체 깊이가 900mm를 초과하는 휨부재 복부의 양 측면에 부재 축 방향으로 배치하는 철근
② 전체 깊이가 1,200mm를 초과하는 휨부재 복부의 양 측면에 부재 축 방향으로 배치하는 철근
③ 유효 깊이가 900mm를 초과하는 휨부재 복부의 양 측면에 부재 축 방향으로 배치하는 철근
④ 유효 깊이가 1,200mm를 초과하는 휨부재 복부의 양 측면에 부재 축 방향으로 배치하는 철근

■해설 보의 전체 깊이(h)가 900mm를 초과하는 경우에 보의 복부 양 측면에 부재 축 방향으로 배치하는 철근을 표피철근이라 한다.

14. 그림과 같은 두께 13mm의 플레이트에 4개의 볼트 구멍이 배치되어 있을 때 부재의 순단면적은?(단, 구멍의 지름은 24mm이다.)

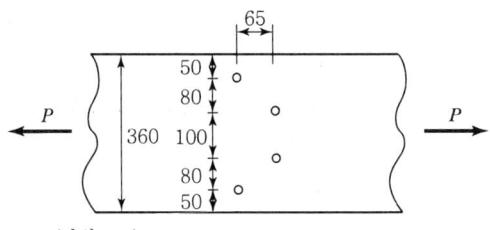

(단위:mm)

① 4,056mm² ② 3,916mm²
③ 3,775mm² ④ 3,524mm²

■해설 $d_h = \phi + 3 = 24\text{mm}$

$b_{n2} = b_g - 2d_h = 360 - (2 \times 24) = 312\text{mm}$

$b_{n3} = b_g - 3d_h + \dfrac{s^2}{4g}$

$\quad = 360 - (3 \times 24) + \left(\dfrac{65^2}{4 \times 80}\right) = 301.2\text{mm}$

$b_{n4} = b_g - 4d_h + 2 \times \dfrac{s^2}{4g}$

$\quad = 360 - (4 \times 24) + \left(2 \times \dfrac{65^2}{4 \times 80}\right) = 290.4\text{mm}$

$b_n = [b_{n2},\ b_{n3},\ b_{n4}]\min = 290.4\text{mm}$

$A_n = b_n t = 290.4 \times 13 = 3,775.2\text{mm}^2$

15. 옹벽설계에서 안정조건에 대한 설명으로 틀린 것은?

① 전도에 대한 저항휨모멘트는 횡토압에 의한 전도모멘트의 1.5배 이상이어야 한다.
② 옹벽의 활동에 대한 저항력은 옹벽에 작용하는 수평력의 1.5배 이상이어야 한다.
③ 지반에 유발되는 최대 지반반력은 지반의 허용지지력을 초과하지 않아야 한다.
④ 전도 및 지반지지력에 대한 안정조건은 만족하지만, 활동에 대한 안정조건만을 만족하지 못할 경우 활동방지벽 혹은 횡방향 앵커 등을 설치하여 활동저항력을 증대시킬 수 있다.

■해설 옹벽설계에서 전도에 대한 저항휨모멘트는 횡토압에 의한 전도모멘트의 2.0배 이상이어야 한다.

16. 강도설계법에서 그림과 같은 단철근 T형 보의 공칭휨강도(M_n)는?(단, A_s =5,000mm², f_{ck} =21MPa, f_y =300MPa, 그림의 단위는 mm이다.)

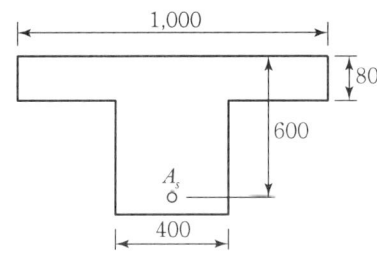

① 711.3kN·m ② 836.8kN·m
③ 947.5kN·m ④ 1,084.6kN·m

■해설
1. T형 보의 판별
   b =1,000mm인 직사각형 단면보에 대한 등가 사각형 깊이(a)
   $\eta = 1\,(f_{ck} \leq 40\text{MPa인 경우})$
   $a = \dfrac{A_s f_y}{\eta 0.85 f_{ck} b} = \dfrac{5,000 \times 300}{1 \times 0.85 \times 21 \times 1,000} = 84\text{mm}$
   $t_f = 80\text{mm}$
   $a > t_f$ 이므로 T형 보로 해석
2. T형 보의 공칭 휨강도(M_n)
   $A_{sf} = \dfrac{\eta 0.85 f_{ck}(b - b_\omega)t_f}{f_y}$
   $\quad = \dfrac{1 \times 0.85 \times 21 \times (1,000 - 400) \times 80}{300}$
   $\quad = 2,856\text{mm}^2$
   $a = \dfrac{(A_s - A_{sf})f_y}{\eta 0.85 f_{ck} b_\omega}$
   $\quad = \dfrac{(5,000 - 2,856) \times 300}{1 \times 0.85 \times 21 \times 400} = 90\text{mm}$
   $M_n = A_{sf} f_y \left(d - \dfrac{t_f}{2}\right) + (A_s - A_{sf})f_y\left(d - \dfrac{a}{2}\right)$
   $\quad = 2,856 \times 300 \times \left(600 - \dfrac{80}{2}\right) + (5,000 - 2,856)$
   $\quad \times 300 \times \left(600 - \dfrac{90}{2}\right)$
   $\quad = 836.784 \times 10^6 \text{N} \cdot \text{mm} = 836.784\text{kN} \cdot \text{m}$

17. 프리스트레스의 손실 원인은 그 시기에 따라 즉시손실과 도입 후에 시간적인 경과 후에 일어나는 손실로 나눌 수 있다. 다음 중 손실 원인의 시기가 나머지와 다른 하나는?

① 콘크리트의 크리프
② 콘크리트의 건조수축
③ 긴장재 응력의 릴랙세이션
④ 포스트텐션 긴장재와 덕트 사이의 마찰

■해설 프리스트레스의 손실 원인
1) 프리스트레스 도입 시 손실(즉시손실)
   ① 정착장치의 활동에 의한 손실
   ② PS강재와 쉬스 사이의 마찰에 의한 손실
   ③ 콘크리트의 탄성변형에 의한 손실
2) 프리스트레스 도입 후 손실(시간손실)
   ① 콘크리트의 크리프에 의한 손실
   ② 콘크리트의 건조수축에 의한 손실
   ③ PS강재의 릴랙세이션에 의한 손실

|해답| 15. ① 16. ② 17. ④

18. $b_w=250$mm, $d=500$mm인 직사각형보에서 콘크리트가 부담하는 설계전단강도(ϕV_c)는?(단, $f_{ck}=21$MPa, $f_y=400$MPa, 보통중량 콘크리트이다.)

① 91.5kN ② 82.2kN
③ 76.4kN ④ 71.6kN

■해설 $\lambda=1$(보통중량의 콘크리트인 경우)
$$\phi V_C = \phi\left(\frac{1}{6}\lambda\sqrt{f_{ck}}\,b_w d\right)$$
$$= 0.75\times\left(\frac{1}{6}\times 1\times\sqrt{21}\times 250\times 500\right)$$
$$= 71.6\times 10^3\text{N} = 71.6\text{kN}$$

19. 강도설계법에서 그림과 같은 띠철근 기둥의 최대 설계축강도($\phi P_{n(\max)}$)는?(단, 축 방향 철근의 단면적 $A_{st}=1{,}865\text{mm}^2$, $f_{ck}=28$MPa, $f_y=300$MPa이고, 기둥은 중심축하중을 받는 단주이다.)

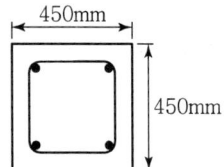

① 1,998kN ② 2,490kN
③ 2,774kN ④ 3,075kN

■해설 $\phi P_n = \phi\alpha\{0.85f_{ck}(A_g-A_{st})+f_y A_{st}\}$
$= 0.65\times 0.8\times\{0.85\times 28\times(450^2-1{,}865)$
$\quad +300\times 1{,}865\}$
$= 2{,}774\times 10^3\text{N} = 2{,}774\text{kN}$

20. 그림과 같은 강재의 이음에서 $P=600$kN이 작용할 때 필요한 리벳의 수는?(단, 리벳의 지름은 19mm, 허용전단응력은 110MPa, 허용지압응력은 240MPa이다.)

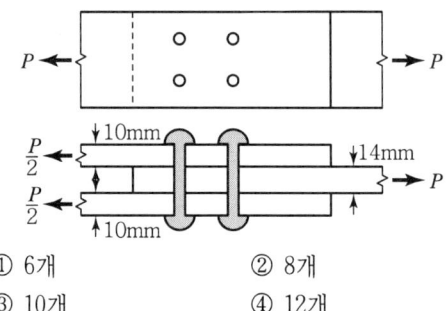

① 6개 ② 8개
③ 10개 ④ 12개

■해설 1) 허용전단력(P_{RS})
$$P_{RS} = v_a\left(2\times\frac{\pi\phi^2}{4}\right) = 110\left(2\times\frac{\pi\times 19^2}{4}\right)$$
$$= 62.376\times 10^3\text{N} = 62.376\text{kN}$$

2) 허용지압력(R_{Rb})
$$P_{Rb} = f_{ba}\cdot(\phi\cdot t_{\min}) = 240(19\times 14)$$
$$= 63.84\times 10^3\text{N} = 63.84\text{kN}$$

3) 리벳강도(P_R)
$$P_R = [P_{RS},\ P_{Rb}]_{\min}$$
$$= [62.376\text{kN},\ 63.84\text{kN}]_{\min}$$
$$= 62.376\text{kN}$$

4) 리벳수(n)
$$n = \frac{P}{R_R} = \frac{600}{62.376} = 9.6\text{개}$$
$$= 10\text{개}(\text{올림에 의하여})$$

과년도 출제문제 및 해설

01. 그림과 같은 맞대기 용접의 용접부에 생기는 인장응력은?

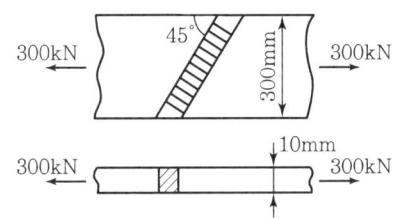

① 50MPa
② 70.7MPa
③ 100MPa
④ 141.4MPa

■해설
$$f = \frac{P}{A} = \frac{300 \times 10^3}{10 \times 300} = 100 \text{MPa}$$
홈용접부의 인장응력은 용접부의 경사각도와 관계없고, 다만 하중과 하중이 재하된 수직단면과 관계있다.

02. 깊은보는 한쪽 면이 하중을 받고 반대쪽 면이 지지되어 하중과 받침부 사이에 압축대가 형성되는 구조요소로서 아래의 (가) 또는 (나)에 해당하는 부재이다. 아래의 ( ) 안에 들어갈 ㉠, ㉡으로 옳은 것은?

> (가) 순경간 l_n이 부재 깊이의 (㉠)배 이하인 부재
> (나) 받침부 내면에서 부재 깊이의 (㉡)배 이하인 위치에 집중하중이 작용하는 경우는 집중하중과 받침부 사이의 구간

① ㉠ : 4, ㉡ : 2
② ㉠ : 3, ㉡ : 2
③ ㉠ : 2, ㉡ : 4
④ ㉠ : 2, ㉡ : 3

■해설 깊은보(Deep Beam)
① 순경간 l_n이 부재깊이 h의 4배 이하인 부재
② 하중이 받침부로부터 부재 깊이의 2배 거리 이내에 작용하고 하중의 작용점과 받침부가 서로 반대면에 있어서 하중 작용점과 받침부 사이에 압축대가 형성될 수 있는 부재

03. 아래 그림과 같은 인장재의 순단면적은 약 얼마인가?(단, 구멍의 지름은 25mm이고, 강판두께는 10mm이다.)

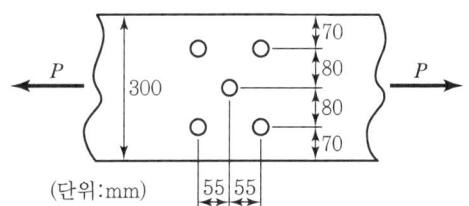

① 2,323mm²
② 2,439mm²
③ 2,500mm²
④ 2,595mm²

■해설
$$b_{n2} = b_g - 2d_h$$
$$= 300 - 2 \times 25 = 250 \text{mm}$$
$$b_{n3} = b_g - 3d_h + 2 \times \frac{s^2}{4g}$$
$$= 300 - 3 \times 25 + 2 \times \frac{55^2}{4 \times 80} = 243.9 \text{mm}$$
$$b_n = [b_{n2}, b_{n3}]_{\min} = 243.9 \text{mm}$$
$$A_n = b_n \cdot t = 243.9 \times 10 = 2,439 \text{mm}^2$$

04. 계수하중에 의한 전단력 $V_u = 75$kN을 받을 수 있는 직사각형 단면을 설계하려고 한다. 기준에 의한 최소 전단철근을 사용할 경우 필요한 보통중량콘크리트의 최소단면적($b_w d$)은?(단, $f_{ck}=28$MPa, $f_y=300$MPa이다.)

① 101,090mm²
② 103,073mm²
③ 106,303mm²
④ 113,390mm²

■해설
$$\phi V_c \geq V_u$$
$$\phi\left(\frac{1}{6}\sqrt{f_{ck}}\,b_w d\right) \geq V_u$$
$$b_w d \geq \frac{6V_u}{\phi\sqrt{f_{ck}}} = \frac{6 \times (75 \times 10^3)}{0.75 \times \sqrt{28}} = 113,389.3 \text{mm}^2$$

|해답| 1. ③ 2. ① 3. ② 4. ④

05. 단철근 직사각형보의 폭이 300mm, 유효깊이가 500mm, 높이가 600mm일 때, 외력에 의해 단면에서 휨균열을 일으키는 휨모멘트(M_{cr})는?(단, f_{ck} = 28MPa, 보통중량콘크리트이다.)

① 58kN·m ② 60kN·m
③ 62kN·m ④ 64kN·m

■해설 $\lambda = 1$(보통 중량콘크리트 인 경우)
$f_r = 0.63\lambda\sqrt{f_{ck}}$
$= 0.63 \times 1 \times \sqrt{28} = 3.33\text{MPa}$
$z = \dfrac{bh^2}{6} = \dfrac{300 \times 600^2}{6}$
$= 18 \times 10^6 \text{mm}^3$
$M_{cr} = f_r \cdot z$
$= 3.33 \times (18 \times 10^6)$
$= 59.94 \times 10^6 \text{N} \cdot \text{mm} = 59.94\text{kN} \cdot \text{m}$

06. 옹벽의 설계에 대한 일반적인 설명으로 틀린 것은?

① 뒷부벽은 캔틸레버로 설계하여야 하며, 앞부벽은 T형 보로 설계하여야 한다.
② 활동에 대한 저항력은 옹벽에 작용하는 수평력의 1.5배 이상이어야 한다.
③ 전도에 대한 저항휨모멘트는 횡토압에 의한 전도모멘트의 2.0배 이상이어야 한다.
④ 저판의 뒷굽판은 정확한 방법이 사용되지 않는 한, 뒷굽판 상부에 재하되는 모든 하중을 지지하도록 설계하여야 한다.

■해설 부벽식 옹벽에서 부벽의 설계
① 앞부벽 : 직사각형보로 설계
② 뒷부벽 : T형 보로 설계

07. 아래는 슬래브의 직접설계법에서 모멘트 분배에 대한 내용이다. 아래의 ( ) 안에 들어갈 ㉠, ㉡으로 옳은 것은?

> 내부 경간에서는 전체 정적계수휨모멘트 M_o를 다음과 같은 비율로 분배하여야 한다.
> • 부계수휨모멘트 ················· (㉠)
> • 정계수휨모멘트 ················· (㉡)

① ㉠ : 0.65, ㉡ : 0.35   ② ㉠ : 0.55, ㉡ : 0.45
③ ㉠ : 0.45, ㉡ : 0.55   ④ ㉠ : 0.35, ㉡ : 0.65

■해설 정적계수휨모멘트(M_o)의 분배
① 부계수휨모멘트 : $0.65M_o$(65% 분배)
② 정계수휨모멘트 : $0.35M_o$(35% 분배)

08. 아래 그림과 같은 철근콘크리트 보-슬래브 구조에서 대칭 T형 보의 유효폭(b)은?

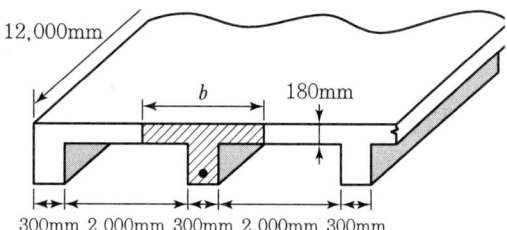

① 2,000mm ② 2,300mm
③ 3,000mm ④ 3,180mm

■해설 T형 보(대칭 T형 보)에서 플랜지의 유효폭(b_e)
① $16t_f + b_w = 16 \times 180 + 300 = 3,180\text{mm}$
② 슬래브의 중심 간 거리 = 2,000 + 300 = 2,300mm
③ 보 경간의 $\dfrac{1}{4}$ = $12,000 \times \dfrac{1}{4}$ = 3,000mm

위 값 중에서 최소값을 취하면 $b_e = 2,300\text{mm}$이다.

09. 복철근 콘크리트보 단면에 압축철근비 $\rho' = 0.01$이 배근되어 있다. 이 보의 순간처짐이 20mm일 때 1년간 지속하중에 의해 유발되는 전체 처짐량은?

① 38.7mm
② 40.3mm
③ 42.4mm
④ 45.6mm

■해설 $\xi = 1.4$ (하중 재하 기간이 1년인 경우)
$\lambda_\Delta = \dfrac{\xi}{1+50\rho'} = \dfrac{1.4}{1+50\times 0.01} = \dfrac{1.4}{1.5} = 0.933$
$\delta_T = (1+\lambda_\Delta)\delta_i = (1+0.933) \times 20 = 38.7\text{mm}$

10. 철근콘크리트 부재에서 V_s가 $\frac{1}{3}\lambda\sqrt{f_{ck}}b_w d$를 초과하는 경우 부재축에 직각으로 배치된 전단철근의 간격 제한으로 옳은 것은?(단, b_w : 복부의 폭, d : 유효깊이, λ : 경량콘크리트 계수, V_s : 전단철근에 의한 단면의 공칭전단강도)

① $\frac{d}{2}$ 이하, 또 어느 경우이든 600mm 이하
② $\frac{d}{2}$ 이하, 또 어느 경우이든 300mm 이하
③ $\frac{d}{4}$ 이하, 또 어느 경우이든 600mm 이하
④ $\frac{d}{4}$ 이하, 또 어느 경우이든 300mm 이하

■해설 전단철근의 간격(S)
① $V_s \leq \frac{1}{3}\lambda\sqrt{f_{ck}}b_w d$ 인 경우
$s \leq \frac{d}{2}$, $s \leq 600\text{mm}$
② $V_s > \frac{1}{3}\lambda\sqrt{f_{ck}}b_w d$ 인 경우
$s \leq \frac{d}{4}$, $s \leq 300\text{mm}$

11. 아래에서 ( ) 안에 들어갈 수치로 옳은 것은?

> 보나 장선의 깊이 h가 ( )mm를 초과하면 종방향 표피철근을 인장연단부터 $h/2$ 지점까지 부재 양쪽 측면을 따라 균일하게 배치하여야 한다.

① 700 ② 800
③ 900 ④ 1,000

■해설 보나 장선의 깊이 h가 900mm를 초과하면, 종방향 표피 철근을 인장연단으로부터 $h/2$지점까지 부재 양쪽 측면을 따라 균일하게 배치하여야 한다.

12. 용접이음에 관한 설명으로 틀린 것은

① 내부 검사(X-선 검사)가 간단하지 않다.
② 작업의 소음이 적고 경비와 시간이 절약된다.
③ 리벳구멍으로 인한 단면 감소가 없어서 강도 저하가 없다.
④ 리벳이음에 비해 약하므로 응력집중 현상이 일어나지 않는다.

■해설 용접이음 시 장점과 단점
1) 장점
① 이음부에서 이음판이나 L형 강과 같은 강재가 필요 없고 부재를 직접 이을 수 있으므로 재료가 절약되는 동시에 단면이 간단해진다.
② 리벳구멍으로 인한 인장재 단면이 감소되지 않기 때문에 강도의 저하가 없다.
③ 작업의 소음이 적고 경비와 시간이 절약된다.
2) 단점
① 부분적으로 가열되므로 잔류응력 및 변형이 남게 된다.
② 용접부위의 내부 검사가 간단하지 않다 (X-선 검사)
③ 용접부에 응력집중 현상이 발생하기 쉽다.

13. 단면이 300×400mm이고, 150mm²의 PS 강선 4개를 단면도심축에 배치한 프리텐션 PS 콘크리트 부재가 있다. 초기 프리스트레스 1,000MPa일 때 콘크리트의 탄성수축에 의한 프리스트레스의 손실량은?(단, 탄성계수비(n)는 6.0이다.)

① 30MPa ② 34MPa
③ 42MPa ④ 52MPa

■해설
$\Delta f_{pe} = nf_{cs} = n\frac{P_i}{A_g} = n\frac{A_p f_{pi}}{bh}$
$= 6 \times \frac{(4\times 150)\times 1,000}{300\times 400} = 30\text{MPa}$

14. 포스트텐션 긴장재의 마찰손실을 구하기 위해 아래와 같은 근사식을 사용하고자 할 때 근사식을 사용할 수 있는 조건으로 옳은 것은?

> $P_{px} = \dfrac{P_{pj}}{(1+Kl_{px}+\mu_p\alpha_{px})}$
>
> P_{px} : 임의점 x에서 긴장재의 긴장력(N)
> P_{pj} : 긴장단에서 긴장재의 긴장력(N)
> K : 긴장재의 단위 길이 1m당 파상마찰계수
> l_{px} : 정착단부터 임의 지점 x까지 긴장재의 길이(m)
> μ_p : 곡선부의 곡률마찰계수
> α_{px} : 긴장단부터 임의점 x까지 긴장재의 전체 회전각 변화량(라디안)

|해답| 10. ④ 11. ③ 12. ④ 13. ① 14. ③

① P_{pj}의 값이 5,000kN 이하인 경우
② P_{pj}의 값이 5,000kN 초과하는 경우
③ $(Kl_{px}+\mu_p\alpha_{px})$ 값이 0.3 이하인 경우
④ $(Kl_{px}+\mu_p\alpha_{px})$ 값이 0.3 초과인 경우

■해설 포스트텐션 긴장재의 마찰손실을 구할 경우 $(Kl_{px}+\mu_p\alpha_{px}) \leq 0.3$인 경우는 근사식을 사용할 수 있다.

15. 2방향 슬래브의 설계에서 직접설계법을 적용할 수 있는 제한 사항으로 틀린 것은?

① 각 방향으로 3경간 이상 연속되어야 한다.
② 슬래브 판들은 단변 경간에 대한 장변 경간의 비가 2 이하인 직사각형이어야 한다.
③ 각 방향으로 연속한 받침부 중심 간 경간 차이는 긴 경간의 1/3 이하이어야 한다.
④ 연속한 기둥 중심선을 기준으로 기둥의 어긋남은 그 방향 경간의 20% 이하이어야 한다.

■해설 연속한 기둥 중심선을 기준으로 기둥의 어긋남은 2방향 경간의 10% 이하이어야 한다.

16. 철근의 정착에 대한 설명으로 틀린 것은?

① 인장이형철근 및 이형철선의 정착길이(l_d)는 항상 300mm 이상이어야 한다.
② 압축이형철근의 정착길이(l_d)는 항상 400mm 이상이어야 한다.
③ 갈고리는 압축을 받는 경우 철근정착에 유효하지 않은 것으로 보아야 한다.
④ 단부에 표준갈고리가 있는 인장이형철근의 정착길이(l_{dh})는 항상 철근의 공칭지름(d_b)의 8배 이상, 또한 150mm 이상이어야 한다.

■해설 압축이형철근의 정착길이(l_d)는 항상 200mm 이상이어야 한다.

17. 그림과 같은 단면의 도심에 PS강재가 배치되어 있다. 초기 프리스트레스 1,800kN을 작용시켰다. 30%의 손실을 가정하여 콘크리트의 하연 응력이 0이 되기 위한 휨모멘트 값은?(단, 자중은 무시한다.)

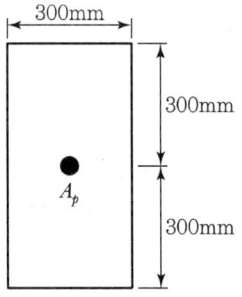

① 120kN·m
② 126kN·m
③ 130kN·m
④ 150kN·m

■해설 $f_b = \dfrac{P_e}{A} - \dfrac{M}{Z} = \dfrac{0.7P_i}{bh} - \dfrac{6M}{bh^2} = 0$

$M = \dfrac{0.7P_i h}{6} = \dfrac{0.7 \times 1,800 \times 0.6}{6} = 126$kN·m

18. 콘크리트 설계기준압축강도가 28MPa, 철근의 설계기준항복강도가 350MPa로 설계된 길이가 4m인 캔틸레버 보가 있다. 처짐을 계산하지 않는 경우의 최소 두께는?(단, 보통중량콘크리트 (m_c=2,300kg/m³)이다.)

① 340mm
② 465mm
③ 512mm
④ 600mm

■해설 캔틸레버 보에서 처짐을 계산하지 않아도 되는 최소 두께($h_{\min}$)

① $f_y = 400$MPa인 경우 : $h_{\min} = \dfrac{l}{8}$

② $f_y \neq 400$MPa인 경우 : $h_{\min} = \dfrac{l}{8}\left(0.43+\dfrac{f_y}{700}\right)$

$f_y = 350$MPa이므로 최소두께($h_{\min}$)는 다음과 같다.

$h_{\min} = \dfrac{l}{8}\left(0.43+\dfrac{f_y}{700}\right)$
$= \dfrac{4\times 10^3}{8}\left(0.43+\dfrac{350}{700}\right)$
$= 465$mm

19. 나선철근 압축부재 단면의 심부 지름이 300mm, 기둥 단면의 지름이 400mm인 나선철근 기둥의 나선철근비는 최소 얼마 이상이어야 하는가? (단, 나선철근의 설계기준항복강도(f_{yt})는 400MPa, 콘크리트의 설계기준압축강도(f_{ck})는 28MPa 이다.)

① 0.0184   ② 0.0201
③ 0.0225   ④ 0.0245

■해설
$$\rho_s \geq 0.45\left(\frac{A_g}{A_{ch}}-1\right)\frac{f_{ck}}{f_{yt}}$$
$$= 0.45 \times \left(\frac{\left(\frac{\pi \times 400^2}{4}\right)}{\left(\frac{\pi \times 300^2}{4}\right)}-1\right) \times \frac{28}{400} = 0.0245$$

20. 강도감소계수(ϕ)를 규정하는 목적으로 옳지 않은 것은?

① 부정확한 설계 방정식에 대비한 여유
② 구조물에서 차지하는 부재의 중요도를 반영
③ 재료 강도와 치수가 변동할 수 있으므로 부재의 강도 저하 확률에 대비한 여유
④ 하중의 공칭값과 실제 하중 간의 불가피한 차이 및 예기치 않은 초과하중에 대비한 여유

■해설 하중의 공칭값과 실제 하중 간의 불가피한 차이 및 예기치 않은 초과하중에 대비한 여유를 고려하여 사용하는 것은 하중계수이다.

과년도 출제문제 및 해설

Item pool (기사 2021년 5월 15일 시행)

01. 옹벽의 구조해석에 대한 설명으로 틀린 것은?

① 뒷부벽식 옹벽의 뒷부벽은 직사각형보로 설계하여야 한다.
② 캔틸레버식 옹벽의 전면벽은 저판에 지지된 캔틸레버로 설계할 수 있다.
③ 저판의 뒷굽판은 정확한 방법이 사용되지 않는 한, 뒷굽판 상부에 재하되는 모든 하중을 지지하도록 설계하여야 한다.
④ 부벽식 옹벽 저판은 정밀한 해석이 사용되지 않는 한, 부벽 사이의 거리를 경간으로 가정한 고정보 또는 연속보로 설계할 수 있다.

■해설 부벽식 옹벽에서 부벽의 설계
- 앞부벽 : 직사각형보로 설계
- 뒷부벽 : T형 보로 설계

02. 철근콘크리트가 성립되는 조건으로 틀린 것은?

① 철근과 콘크리트 사이의 부착강도가 크다.
② 철근과 콘크리트의 탄성계수가 거의 같다.
③ 철근은 콘크리트 속에서 녹이 슬지 않는다.
④ 철근과 콘크리트의 열팽창계수가 거의 같다.

■해설 철근콘크리트의 성립 요건
① 콘크리트리와 철근 사이의 부착강도가 크다.
② 콘크리트와 철근의 열팽창계수가 거의 같다.
$$\begin{cases} \alpha_c = (1.0 \sim 1.3) \times 10^{-5} (/℃) \\ \alpha_s = 1.2 \times 10^{-5} (/℃) \end{cases}$$
③ 콘크리트 속에 묻힌 철근은 부식되지 않는다.

03. 경간이 12m인 대칭 T형 보에서 양쪽의 슬래브 중심 간 거리가 2.0m, 플랜지의 두께가 300mm, 복부의 폭이 400mm일 때 플랜지의 유효폭은?

① 2,000mm
② 2,500mm
③ 3,000mm
④ 5,200mm

■해설 T형 보(대칭 T형 보)에서 플랜지의 유효폭(b_e)
① $16t_f + b_w = (16 \times 300) + 400 = 5,200$mm
② 양쪽 슬래브의 중심 간 거리 $= 2 \times 10^3 = 2,000$mm
③ 보 경간의 $\dfrac{1}{4} = \dfrac{12 \times 10^3}{4} = 3,000$mm

위 값 중에서 최소값을 취하면 $b_e = 2,000$mm이다.

04. 콘크리트의 크리프에 대한 설명으로 틀린 것은?

① 고강도 콘크리트는 저강도 콘크리트보다 크리프가 크게 일어난다.
② 콘크리트가 놓이는 주위의 온도가 높을수록 크리프 변형은 크게 일어난다.
③ 물-시멘트비가 큰 콘크리트는 물-시멘트비가 작은 콘크리트보다 크리프가 크게 일어난다.
④ 일정한 응력이 장시간 계속하여 작용하고 있을 때 변형이 계속 진행되는 현상을 말한다.

■해설 콘크리트의 크리프에 영향을 주는 요인
① w/c가 작은 콘크리트일수록 크리프 변형은 감소한다.
② 하중 재하 시 콘크리트의 재령이 클수록 크리프 변형은 감소한다.
③ 고강도 콘크리트일수록 크리프 변형은 감소한다.
④ 콘크리트가 놓인 주위의 온도가 낮을수록, 습도가 높을수록 크리프 변형은 감소한다.

05. 그림과 같은 단순지지 보에서 긴장재는 C점에 150mm의 편차에 직선으로 배치되고, 1,000kN으로 긴장되었다. 보에는 120kN의 집중하중이 C점에 작용한다. 보의 고정하중은 무시할 때 C점에서의 휨모멘트는 얼마인가?(단, 긴장재의 경사가 수평압축력에 미치는 영향 및 자중은 무시한다.)

|해답| 1. ① 2. ② 3. ① 4. ① 5. ②

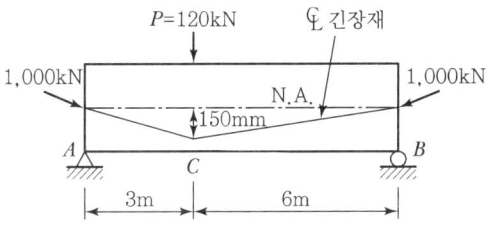

① $-150kN \cdot m$ ② $90kN \cdot m$
③ $240kN \cdot m$ ④ $390kN \cdot m$

■해설 $\sum M_{\text{Ⓑ}} = 0$
$V_A \times 9 - 120 \times 6 = 0$
$V_A = 80kN(\uparrow)$

(1) 외력($P=120kN$)에 의한 C점의 단면력

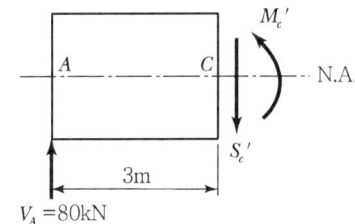

$\sum F_y = 0(\uparrow \oplus)$
$80 - S_C' = 0$
$S_C' = 80kN$

$\sum M_{\text{Ⓒ}} = 0(\curvearrowright \oplus)$
$80 \times 3 - M_C' = 0$
$M_C' = 240kN \cdot m$

(2) 프리스트레싱력($P_i=1,000kN$)에 의한 C점의 단면력

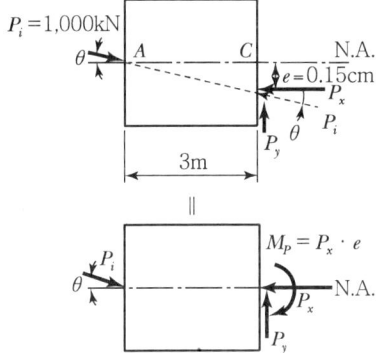

- $P_x = P \cdot \cos\theta ≒ P_i = 1,000kN$
- $P_y = P \cdot \sin\theta = 1,000 \times \dfrac{0.15}{\sqrt{3^2+0.15^2}}$
  $= 50kN$
- $M_P = P_x \cdot e = 1,000 \times 0.15 = 150kN \cdot m$

(3) 외력과 프리스트레싱력에 의한 C점의 단면력

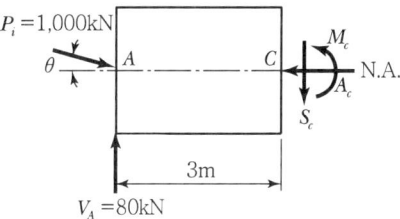

- $A_C = P_x = 1,000kN$
- $S_C = S_C' - P_y = 80 - 50 = 30kN$
- $M_C = M_C' - M_P = 240 - 150 = 90kN \cdot m$

06. 지름 450mm인 원형 단면을 갖는 중심축하중을 받는 나선철근기둥에서 강도설계법에 의한 축방향 설계축강도(ϕP_n)는 얼마인가?(단, 이 기둥은 단주이고, $f_{ck}=27MPa$, $f_y=350MPa$, $A_{st}=8-D22 =3,096mm^2$, 압축지배단면이다.)

① $1,166kN$ ② $1,299kN$
③ $2,425kN$ ④ $2,774kN$

■해설 $\phi P_n = \phi\alpha[0.85f_{ck}(A_g - A_{st}) + f_y A_{st}]$
$= 0.70 \times 0.85 \times \left[0.85 \times 27 \times \left(\dfrac{\pi \times 450^2}{4} - 3.096\right) + 350 \times 3,096\right]$
$= 2,774,239N = 2,774kN$

07. 옹벽의 활동에 대한 저항력은 옹벽에 작용하는 수평력의 최소 몇 배 이상이어야 하는가?

① 1.5배   ② 2배
③ 2.5배   ④ 3배

■해설 옹벽의 안정조건

① 전도 : $\dfrac{\sum M_r(\text{저항모멘트})}{\sum M_a(\text{전도모멘트})} \geq 2.0$

② 활동 : $\dfrac{f(\sum W)(\text{활동에 대한 저항력})}{\sum H(\text{옹벽에 작용하는 수평력})} \geq 1.5$

③ 침하 : $\dfrac{q_a(\text{지반의 허용지지력})}{q_{\max}(\text{지반에 작용하는 최대 압력})} \geq 1.0$

08. 폭(b)이 250mm이고, 전체 높이(h)가 500mm인 직사각형 철근콘크리트 보의 단면에 균열을 일으키는 비틀림모멘트(T_{cr})는 약 얼마인가? (단, 보통중량콘크리트이며, f_{ck}=28MPa이다.)

① 9.8kN·m
② 11.3kN·m
③ 12.5kN·m
④ 18.4kN·m

해설 $A_{cp} = b_w \cdot h = 250 \times 500 = 125,000 \text{mm}^2$
$p_{cp} = 2(b_w + h) = 2 \times (250 + 500) = 1,500 \text{mm}$
$T_{cr} = \frac{1}{3}\sqrt{f_{ck}}\frac{A_{cp}^2}{p_{cp}} = \frac{1}{3} \times \sqrt{28} \times \frac{125,000^2}{1,500}$
$= 18.4 \times 10^6 \text{N} \cdot \text{mm} = 18.4 \text{kN} \cdot \text{m}$

09. 프리스트레스트 콘크리트(PSC)의 균등질 보의 개념(Homogeneous Beam Concept)을 설명한 것으로 옳은 것은?

① PSC는 결국 부재에 작용하는 하중의 일부 또는 전부를 미리 가해진 프리스트레스와 평형이 되도록 하는 개념
② PSC 보를 RC 보처럼 생각하여, 콘크리트는 압축력을 받고 긴장재는 인장력을 받게 하여 두 힘의 우력 모멘트로 외력에 의한 휨모멘트에 저항시킨다는 개념
③ 콘크리트에 프리스트레스가 가해지면 PSC 부재는 탄성재료로 전환되고 이의 해석은 탄성이론으로 가능하다는 개념
④ PSC는 강도가 크기 때문에 보의 단면을 강재의 단면으로 가정하여 압축 및 인장을 단면 전체가 부담할 수 있다는 개념

해설 콘크리트에 프리스트레스가 가해지면 PSC 부재는 탄성재료로 전환되고 이의 해석은 탄성이론으로 가능하다는 개념을 응력개념 또는 균등질 보의 개념이라고 한다.

10. 철근콘크리트 구조물 설계 시 철근 간격에 대한 설명으로 틀린 것은?(단, 굵은 골재의 최대 치수에 관련된 규정은 만족하는 것으로 가정한다.)

① 동일 평면에서 평행한 철근 사이의 수평 순간격은 25mm 이상, 또한 철근의 공칭지름 이상으로 하여야 한다.
② 벽체 또는 슬래브에서 휨 주철근의 간격은 벽체나 슬래브 두께의 3배 이하로 하여야 하고, 또한 450mm 이하로 하여야 한다.
③ 나선철근 또는 띠철근이 배근된 압축부재에서 축방향 철근의 순간격은 40mm 이상, 또한 철근 공칭지름의 1.5배 이상으로 하여야 한다.
④ 상단과 하단에 2단 이상으로 배치된 경우 상하 철근은 동일 연직면 내에 배치되어야 하고, 이 때 상하 철근의 순간격은 40mm 이상으로 하여야 한다.

해설 상단과 하단에 2단 이상으로 배치된 경우 상하 철근은 동일 연직면 내에 배치되어야 하고, 이때 상하 철근의 순간격은 25mm 이상으로 하여야 한다.

11. 철근콘크리트 휨부재에서 최소철근비를 규정한 이유로 가장 적당한 것은?

① 부재의 시공 편의를 위해서
② 부재의 사용성을 증진시키기 위해서
③ 부재의 경제적인 단면 설계를 위해서
④ 부재의 급작스러운 파괴를 방지하기 위해서

해설 최소철근비에 대한 규정을 두는 이유
인장철근을 너무 적게 배근하면 인장균열의 발생과 동시에 콘크리트가 갑작스럽게 파괴되는 취성파괴가 일어나게 된다. 이러한 취성파괴를 피하고 연성파괴를 확보하기 위해서 최소철근비에 대한 규정을 둔 것이다.

12. 전단철근이 부담하는 전단력 V_s=150kN일 때 수직스터럽으로 전단보강을 하는 경우 최대 배치간격은 얼마 이하인가?(단, 전단철근 1개 단면적=125mm², 횡방향 철근의 설계기준항복강도(f_{yt})=400MPa, f_{ck}=28MPa, b_w=300mm, d=500mm, 보통중량콘크리트이다.)

① 167mm
② 250mm
③ 333mm
④ 600mm

|해답| 8. ④ 9. ③ 10. ④ 11. ④ 12. ②

■해설 $V_s = 150\text{kN}$

$\frac{1}{3}\sqrt{f_{ck}}\,b_w\,d = \frac{1}{3} \times \sqrt{28} \times 300 \times 500$
$\qquad\qquad\qquad = 264.6 \times 10^3 \text{N} = 264.6 \text{kN}$

$V_s \leq \frac{1}{3}\sqrt{f_{ck}}\,b_w\,d$ 이므로 전단철근 간격 s는 다음 값 이하라야 한다.

① $s \leq \frac{d}{2} = \frac{500}{2} = 250\text{mm}$

② $s \leq 600\text{mm}$

③ $s \leq \frac{A_v f_{yt} d}{V_s} = \frac{(2 \times 125) \times 400 \times 500}{(150 \times 10^3)}$
$\qquad\qquad = 333.3\text{mm}$

따라서, 전단철근 간격 S는 최소값인 250mm 이하라야 한다.

13. 압축이형철근의 겹침이음길이에 대한 설명으로 옳은 것은?(단, d_b는 철근의 공칭직경)

① 어느 경우에나 압축이형철근의 겹침이음길이는 200mm 이상이어야 한다.
② 콘크리트의 설계기준압축강도가 28MPa 미만인 경우는 규정된 겹침이음길이를 1/5 증가시켜야 한다.
③ f_y가 500MPa 이하인 경우는 $0.72f_y d_b$ 이상, f_y가 500MPa을 초과할 경우는 $(0.13f_y - 24)d_b$ 이상이어야 한다.
④ 서로 다른 크기의 철근을 압축부에서 겹침이음하는 경우, 이음길이는 크기가 큰 철근의 정착길이와 크기가 작은 철근의 겹침이음길이 중 큰 값 이상이어야 한다.

■해설 ① 어느 경우에나 압축이형철근의 겹침이음길이는 300mm 이상이어야 한다.
② 콘크리트의 설계기준압축강도가 21MPa 미만인 경우는 규정된 겹침이음길이를 $\frac{1}{3}$만큼 더 증가시켜야 한다.
③ $f_y \leq 400$MPa이면, $0.072f_y d_b$ 이상
$f_y > 400$MPa이면, $(0.13f_y - 24)d_b$ 이상

14. 2방향 슬래브의 설계에서 직접설계법을 적용할 수 있는 제한 조건으로 틀린 것은?

① 각 방향으로 3경간 이상이 연속되어야 한다.
② 슬래브 판들은 단변 경간에 대한 장변 경간의 비가 2 이하인 직사각형이어야 한다.
③ 각 방향으로 연속한 받침부 중심 간 경간 차이는 긴 경간의 1/3 이하이어야 한다.
④ 모든 하중은 연직하중으로 슬래브 판 전체에 등분포이고, 활하중은 고정하중의 3배 이상이어야 한다.

■해설 2방향 슬래브의 설계에서 직접설계법을 적용할 경우, 모든 하중은 슬래브 판 전체에 등분포되는 것으로 간주하고, 활하중은 고정하중의 2배 이하여야 한다.

15. 아래 그림과 같은 보의 단면에서 표피철근의 간격 s는 최대 얼마 이하로 하여야 하는가?(단, 건조환경에 노출되는 경우로서, 표피철근의 표면에서 부재 측면까지 최단거리(c_c)는 40mm, $f_{ck} = 24$MPa, $f_y = 350$MPa이다.)

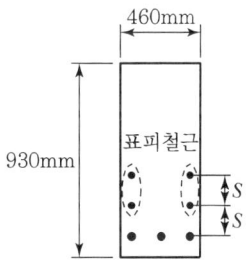

① 330mm ② 340mm
③ 350mm ④ 360mm

■해설 $k_{cr} = 280$ (건조환경 : 280, 그 외의 환경 : 210)

$f_s = \frac{2}{3}f_y = \frac{2}{3} \times 350 = 233.3\text{MPa}$

$s_1 = 375\left(\frac{k_{cr}}{f_s}\right) - 2.5C_c$
$\quad = 375 \times \left(\frac{280}{233.3}\right) - 2.5 \times 40 = 350\text{mm}$

$s_2 = 300\left(\frac{k_{cr}}{f_s}\right)$
$\quad = 300 \times \left(\frac{280}{233.3}\right) = 360\text{mm}$

$s = [s_1,\, s_2]_{\min} = 350\text{mm}$

16. 강판형(Plate Girder) 복부(Web) 두께의 제한이 규정되어 있는 가장 큰 이유는?

① 시공상의 난이
② 좌굴의 방지
③ 공비의 절약
④ 자중의 경감

■해설 강판형 복부 두께의 제한이 규정되어 있는 가장 큰 이유는 복부의 좌굴을 방지하기 위함이다.

17. 프리스트레스 손실 원인 중 프리스트레스 도입 후 시간의 경과에 따라 생기는 것이 아닌 것은?

① 콘크리트의 크리프
② 콘크리트의 건조수축
③ 정착장치의 활동
④ 긴장재 응력의 릴랙세이션

■해설 프리스트레스의 손실 원인
1) 프리스트레스 도입 시 손실(즉시손실)
① 정착장치의 활동에 의한 손실
② PS강재와 쉬스 사이의 마찰에 의한 손실
③ 콘크리트의 탄성변형에 의한 손실
2) 프리스트레스 도입 후 손실(시간손실)
① 콘크리트의 크리프에 의한 손실
② 콘크리트의 건조수축에 의한 손실
③ PS강재의 릴랙세이션에 의한 손실

18. 강합성 교량에서 콘크리트 슬래브와 강(鋼)주형 상부 플랜지를 구조적으로 일체가 되도록 결합시키는 요소는?

① 볼트
② 접착제
③ 전단연결재
④ 합성철근

■해설 강합성 교량에서 콘크리트 슬래브와 강주형 상부 플랜지를 구조적으로 일체가 되도록 결합시키는 요소는 전단연결재이다.

19. 리벳으로 연결된 부재에서 리벳이 상·하 두 부분으로 절단되었다면 그 원인은?

① 리벳의 압축파괴
② 리벳의 전단파괴
③ 연결부의 인장파괴
④ 연결부의 지압파괴

■해설 리벳으로 연결된 부재에서 리벳이 상·하 두 부분으로 절단되었다면 그 원인은 리벳의 전단파괴이다.

20. 강도 설계에 있어서 강도감소계수(ϕ)의 값으로 틀린 것은?

① 전단력 : 0.75
② 비틀림모멘트 : 0.75
③ 인장지배단면 : 0.85
④ 포스트텐션 정착구역 : 0.75

■해설 포스트텐션 정착구역에서 강도감소계수는 0.85이다.

|해답| 16. ② 17. ③ 18. ③ 19. ② 20. ④

01. 철근의 이음 방법에 대한 설명으로 틀린 것은? (단, l_d는 정착길이)

① 인장을 받는 이형철근의 겹침이음길이는 A급 이음과 B급 이음으로 분류하며, A급 이음은 $1.0l_d$ 이상, B급 이음은 $1.3l_d$ 이상이며, 두 가지 경우 모두 300mm 이상이어야 한다.
② 인장 이형철근의 겹침이음에서 A급 이음은 배치된 철근량이 이음부 전체 구간에서 해석 결과 요구되는 소요 철근량의 2배 이상이고, 소요 겹침이음길이 내 겹침이음된 철근량이 전체 철근량의 1/2 이하인 경우이다.
③ 서로 다른 크기의 철근을 압축부에서 겹침이음하는 경우, D41과 D51 철근은 D35 이하 철근과의 겹침이음은 허용할 수 있다.
④ 휨부재에서 서로 직접 접촉되지 않게 겹침이음된 철근은 횡방향으로 소요 겹침이음길이의 1/3 또는 200mm 중 작은 값 이상 떨어지지 않아야 한다.

■해설 휨부재에서 서로 직접 접촉되지 않게 겹침이음된 철근은 횡방향으로 소요 겹침이음길이의 $\frac{1}{5}$ 또는 150mm 중 작은 값 이상 떨어지지 않아야 한다.

02. $b_w=400\text{mm}$, $d=700\text{mm}$인 보에 $f_y=400\text{MPa}$인 D16 철근을 인장 주철근에 대한 경사각 $\alpha=60°$인 U형 경사 스터럽으로 설치했을 때 전단철근에 의한 전단강도(V_s)는?(단, 스터럽 간격 $s=300\text{mm}$, D16 철근 1본의 단면적은 199mm²이다.)

① 253.7kN ② 321.7kN
③ 371.5kN ④ 507.4kN

■해설
$$V_s = \frac{A_v f_y d(\sin\alpha + \cos\alpha)}{s}$$
$$= \frac{(2 \times 199) \times 400 \times 700 \times (\sin 60° + \cos 60°)}{300}$$
$$= 507,433\text{N} = 507.4\text{kN}$$

03. 철근콘크리트 구조물의 전단철근에 대한 설명으로 틀린 것은?

① 전단철근의 설계기준항복강도는 450MPa을 초과할 수 없다.
② 전단철근으로서 스터럽과 굽힘철근을 조합하여 사용할 수 있다.
③ 주인장철근에 45° 이상의 각도로 설치되는 스터럽은 전단철근으로 사용할 수 있다.
④ 경사스터럽과 굽힘철근은 부재 중간높이인 0.5d에서 반력점 방향으로 주인장철근까지 연장된 45° 선과 한 번 이상 교차되도록 배치하여야 한다.

■해설 전단철근의 설계기준항복강도는 500MPa을 초과할 수 있다.

04. 옹벽의 설계에 대한 설명으로 틀린 것은?

① 무근콘크리트 옹벽은 부벽식 옹벽의 형태로 설계하여야 한다.
② 활동에 대한 저항력은 옹벽에 작용하는 수평력의 1.5배 이상이어야 한다.
③ 저판의 뒷굽판은 정확한 방법이 사용되지 않는 한, 뒷굽판 상부에 재하되는 모든 하중을 지지하도록 설계하여야 한다.
④ 부벽식 옹벽의 저판은 정밀한 해석이 사용되지 않는 한, 부벽 사이의 거리를 경간으로 가정한 고정보 또는 연속보로 설계할 수 있다.

■해설 무근콘크리트 옹벽은 중력식 옹벽의 형태로 설계하여야 한다.

|해답| 1. ④ 2. ④ 3. ① 4. ①

05. 옹벽에서 T형 보로 설계하여야 하는 부분은?

① 뒷부벽식 옹벽의 전면벽
② 뒷부벽식 옹벽의 뒷부벽
③ 앞부벽식 옹벽의 저판
④ 앞부벽식 옹벽의 앞부벽

■해설 부벽식 옹벽에서 부벽의 설계
① 앞부벽 : 직사각형보로 설계
② 뒷부벽 : T형 보로 설계

06. 경간이 8m인 단순 프리스트레스트 콘크리트 보에 등분포하중(고정하중과 활하중의 합)이 $w=30$kN/m 작용할 때 중앙 단면 콘크리트 하연에서의 응력이 0이 되려면 PS강재에 작용되어야 할 프리스트레스 힘(P)은?(단, PS강재는 단면 중심에 배치되어 있다.)

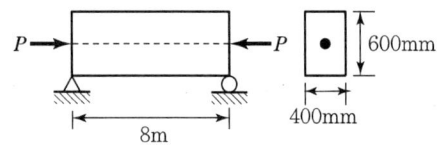

① 2,400kN
② 3,500kN
③ 4,000kN
④ 4,920kN

■해설
$$f_b = \frac{P}{A} - \frac{M}{I}y = \frac{P}{bh} - \frac{3wl^2}{4bh^2} = 0$$
$$P = \frac{3wl^2}{4h} = \frac{3 \times 30 \times 8^2}{4 \times 0.6} = 2,400\text{kN}$$

07. 균형철근량보다 적고 최소철근량보다 많은 인장철근을 가진 과소철근 보가 휨에 의해 파괴될 때의 설명으로 옳은 것은?

① 인장 측 철근이 먼저 항복한다.
② 압축 측 콘크리트가 먼저 파괴된다.
③ 압축 측 콘크리트와 인장 측 철근이 동시에 항복한다.
④ 중립축이 인장 측으로 내려오면서 철근이 먼저 파괴된다.

■해설 과소철근 보가 휨에 의해 파괴될 때 중립축이 압축 측으로 올라가면서 인장 측 철근이 먼저 항복 상태에 도달하는 연성파괴가 일어난다.

08. 강도설계법에 의한 콘크리트구조 설계에서 변형률 및 지배단면에 대한 설명으로 틀린 것은?

① 인장철근이 설계기준항복강도 f_y에 대응하는 변형률에 도달하고 동시에 압축콘크리트가 가정된 극한변형률에 도달할 때, 그 단면이 균형변형률 상태에 있다고 본다.
② 압축연단 콘크리트가 가정된 극한변형률에 도달할 때 최외단 인장철근의 순인장변형률 ε_t가 0.0025의 인장지배변형률 한계 이상인 단면을 인장지배단면이라고 한다.
③ 압축연단 콘크리트가 가정된 극한변형률에 도달할 때 최외단 인장철근의 순인장변형률 ε_t가 압축지배변형률 한계 이하인 단면을 압축지배단면이라고 한다.
④ 순인장변형률 ε_t가 압축지배변형률 한계와 인장지배변형률 한계 사이인 단면은 변화구간 단면이라고 한다.

■해설 인장지배단면
1. 인장지배단면의 정의
   압축연단 콘크리트가 가정된 극한변형률에 도달할 때 최외단 인장철근의 순인장변형률 ε_t가 인장지배변형률 한계 이상인 단면을 인장지배단면이라고 한다.
2. 인장지배변형률 한계($\varepsilon_{t,l}$)
   1) $f_y \leq 400$MPa인 철근의 경우, $\varepsilon_{t,l} = 0.005$
   2) $f_y > 400$MPa인 철근의 경우, $\varepsilon_{t,l} = 2.5\varepsilon_y$

09. 강도설계법에 대한 기본 가정으로 틀린 것은?

① 철근과 콘크리트의 변형률은 중립축부터 거리에 비례한다.
② 콘크리트의 인장강도는 철근콘크리트 부재 단면의 축강도와 휨강도 계산에서 무시한다.
③ 철근의 응력이 설계기준항복강도 f_y 이하일 때 철근의 응력은 그 변형률에 관계없이 f_y와 같다고 가정한다.
④ 휨모멘트 또는 휨모멘트와 축력을 동시에 받는 부재의 콘크리트 압축연단의 극한변형률은 콘크리트의 설계기준 압축강도가 40MPa 이하인 경우에는 0.0033으로 가정한다.

|해답| 5. ② 6. ① 7. ① 8. ② 9. ③

■해설 철근의 응력이 설계기준항복강도 f_y 이하일 때 철근의 응력은 그 변형률의 E_s배로 취한다.

10. 나선철근기둥의 설계에 있어서 나선철근비(ρ_s)를 구하는 식으로 옳은 것은?(단, A_g : 기둥의 총 단면적, A_{ch} : 나선철근기둥의 심부 단면적, f_{yt} : 나선철근의 설계기준항복강도, f_{ck} : 콘크리트의 설계기준압축강도)

① $0.45\left(\dfrac{A_g}{A_{ch}}-1\right)\dfrac{f_{yt}}{f_{ck}}$ ② $0.45\left(\dfrac{A_g}{A_{ch}}-1\right)\dfrac{f_{ck}}{f_{yt}}$

③ $0.45\left(1-\dfrac{A_g}{A_{ch}}\right)\dfrac{f_{ck}}{f_{yt}}$ ④ $0.85\left(\dfrac{A_{ch}}{A_g}-1\right)\dfrac{f_{ck}}{f_{yt}}$

■해설 $\rho_s\left(=\dfrac{\text{나선철근의 체적}}{\text{심부의 체적}}\right)\geq 0.45\left(\dfrac{A_g}{A_{ch}}-1\right)\dfrac{f_{ck}}{f_{yt}}$

11. 그림과 같은 단순 프리스트레스트 콘크리트보에서 등분포하중(자중 포함) $w=30\text{kN/m}$가 작용하고 있다. 프리스트레스에 의한 상향력과 이 등분포하중이 평형을 이루기 위해서는 프리스트레스 힘(P)을 얼마로 도입해야 하는가?

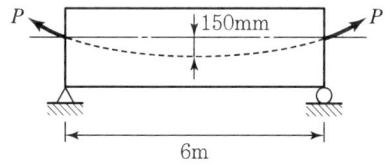

① 900kN
② 1,200kN
③ 1,500kN
④ 1,800kN

■해설 $u=\dfrac{8Ps}{l^2}=w$

$P=\dfrac{wl^2}{8s}=\dfrac{30\times 6^2}{8\times 0.15}=900\text{kN}$

12. 그림과 같은 필릿용접의 유효목두께로 옳게 표시된 것은?(단, KDS 14 30 25 강구조 연결 설계 기준(허용응력설계법)에 따른다.)

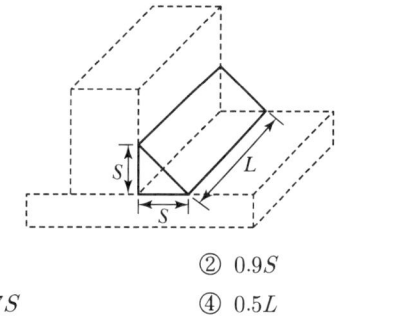

① S ② $0.9S$
③ $0.7S$ ④ $0.5L$

■해설 $a=0.7S$

13. 그림과 같은 맞대기 용접의 인장응력은?

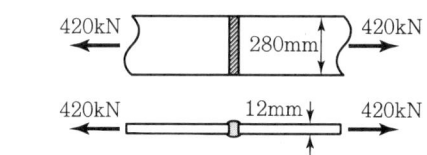

① 25MPa ② 125MPa
③ 250MPa ④ 1,250MPa

■해설 $f=\dfrac{P}{A}=\dfrac{420\times 10^3}{12\times 280}=125\text{MPa}$

14. 그림과 같은 필릿용접에서 일어나는 응력으로 옳은 것은?(단, KDS 14 30 25 강구조 연결 설계 기준(허용응력설계법)에 따른다.)

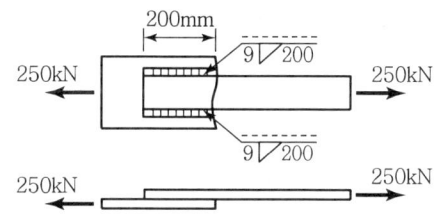

① 82.3MPa ② 95.05MPa
③ 109.02MPa ④ 130.25MPa

■해설 $v=\dfrac{P}{\sum a\cdot l_e}$

$=\dfrac{P}{(0.7s)\times\{2\times(l-2s)\}}$

$=\dfrac{250\times 10^3}{(0.7\times 9)\times\{2\times(200-2\times 9)\}}$

$=109.02\text{MPa}$

|해답| 10. ② 11. ① 12. ③ 13. ② 14. ③

15. 직접설계법에 의한 2방향 슬래브 설계에서 전체 정적계수휨모멘트(M_o)가 340kN·m로 계산되었을 때, 내부 경간의 부계수휨모멘트는?

① 102kN·m ② 119kN·m
③ 204kN·m ④ 221kN·m

■해설 부계수휨모멘트 = $0.65M_o$
= $0.65 \times 340 = 221$ kN·m

16. 부재의 설계 시 적용되는 강도감소계수(ϕ)에 대한 설명으로 틀린 것은?

① 인장지배 단면에서의 강도감소계수는 0.85이다.
② 포스트텐션 정착구역에서 강도감소계수는 0.80이다.
③ 압축지배단면에서 나선철근으로 보강된 철근콘크리트부재의 강도감소계수는 0.70이다.
④ 공칭강도에서 최외단 인장철근의 순인장변형률(ε_t)이 압축지배와 인장지배 단면 사이일 경우에는, ε_t가 압축지배변형률 한계에서 인장지배변형률 한계로 증가함에 따라 ϕ 값을 압축지배단면에 대한 값에서 0.85까지 증가시킨다.

■해설 포스트텐션 정착구역에서 강도감소계수는 0.85이다.

17. 표피 철근(Skin Reinforcement)에 대한 설명으로 옳은 것은?

① 상하 기둥 연결부에서 단면치수가 변하는 경우에 구부린 주철근이다.
② 비틀림모멘트가 크게 일어나는 부재에서 이에 저항하도록 배치되는 철근이다.
③ 건조수축 또는 온도변화에 의하여 콘크리트에 발생하는 균열을 방지하기 위한 목적으로 배치되는 철근이다.
④ 주철근이 단면의 일부에 집중 배치된 경우일 때 부재의 측면에 발생 가능한 균열을 제어하기 위한 목적으로 주철근 위치에서부터 중립축까지의 표면 근처에 배치하는 철근이다.

■해설 표피철근
보의 전체 높이(h)가 900mm를 초과하는 경우에 부재의 측면에 발생 가능한 균열을 제어하기 위한 목적으로 주철근 위치에서부터 중립축까지의 표면 근처에 부재 축방향으로 배치하는 철근이다.

18. 프리스트레스트 콘크리트(PSC)에 대한 설명으로 틀린 것은?

① 프리캐스트를 사용할 경우 거푸집 및 동바리공이 불필요하다.
② 콘크리트 전 단면을 유효하게 이용하여 철근콘크리트(RC) 부재보다 경간을 길게 할 수 있다.
③ 철근콘크리트(RC)에 비해 단면이 작아서 변형이 크고 진동하기 쉽다.
④ 철근콘크리트(RC)보다 내화성에 있어서 유리하다.

■해설 프리스트레스트 콘크리트(PSC)는 철근콘크리트(RC)보다 내화성이 떨어진다.

19. 압축철근비가 0.01이고, 인장철근비가 0.003인 철근콘크리트보에서 장기 추가처짐에 대한 계수(λ_Δ)의 값은?(단, 하중재하기간은 5년 6개월이다.)

① 0.66 ② 0.80
③ 0.93 ④ 1.33

■해설 $\xi = 2.0$ (하중재하기간이 5년 이상인 경우)
$\lambda_\Delta = \dfrac{\xi}{1+50\rho'} = \dfrac{2.0}{1+(50 \times 0.01)} = 1.333$

20. 그림과 같은 나선철근 단주의 강도설계법에 의한 공칭축강도(P_n)는?(단, D32 1개의 단면적 = 794mm^2, f_{ck}=24MPa, f_y=400MPa)

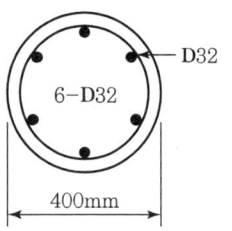

① 2,648kN ② 3,254kN
③ 3,716kN ④ 3,972kN

■해설 $P_n = \alpha\{0.85 f_{ck}(A_g - A_{st}) + f_y A_{st}\}$
$= 0.85\left\{0.85 \times 24\left(\dfrac{\pi \times 400^2}{4} - 6 \times 794\right)\right.$
$\left.+ 400 \times (6 \times 794)\right\}$
$= 3,716.16 \times 10^3 \text{N} = 3716.16 \text{kN}$

과년도 출제문제 및 해설

Item pool (기사 2022년 3월 5일 시행)

01. 단철근 직사각형보에서 f_{ck} = 38MPa인 경우, 콘크리트 등가직사각형 압축응력블록의 깊이를 나타내는 계수 β_1은?

① 0.74
② 0.76
③ 0.80
④ 0.85

■해설 f_{ck} = 38MPa ≤ 40MPa인 경우
β_1 = 0.80이다.

02. 표준갈고리를 갖는 인장 이형철근의 정착에 대한 설명으로 틀린 것은?(단, d_b는 철근의 공칭지름이다.)

① 갈고리는 압축을 받는 경우 철근정착에 유효하지 않은 것으로 보아야 한다.
② 정착길이는 위험단면으로부터 갈고리의 외측 단부까지 거리로 나타낸다.
③ D35 이하 180° 갈고리 철근에서 정착길이 구간을 $3d_b$ 이하 간격으로 띠철근 또는 스터럽이 정착되는 철근을 수직으로 둘러싼 경우에 보정계수는 0.7이다.
④ 기본 정착길이에 보정계수를 곱하여 정착길이를 계산하는데 이렇게 구한 정착길이는 항상 8d_b 이상, 또한 150mm 이상이어야 한다.

■해설 D35 이하 180° 갈고리 철근에서 정착길이 구간을 $3d_b$ 이하 간격으로 띠철근 또는 스터럽이 정착되는 철근을 수직으로 둘러싼 경우에 보정계수는 0.8이다.

03. 프리스트레스를 도입할 때 일어나는 손실(즉시손실)의 원인은?

① 콘크리트의 크리프
② 콘크리트의 건조수축
③ 긴장재 응력의 릴렉세이션
④ 포스트텐션 긴장재와 덕트 사이의 마찰

■해설 1. 프리스트레스 도입 시 손실(즉시손실)
① 정착장치의 활동에 의한 손실
② PS강재와 쉬스 사이에 마찰에 의한 손실
③ 콘크리트의 탄성 변형에 의한 손실

2. 프리스트레스 도입 후 손실(시간손실)
① 콘크리트의 크리프에 의한 손실
② 콘크리트의 건조수축에 의한 손실
③ PS강재의 릴렉세이션에 의한 손실

04. 콘크리트 설계기준압축강도가 28MPa, 철근의 설계기준항복강도가 400MPa로 설계된 길이가 7m인 양단 연속보에서 처짐을 계산하지 않는 경우 보의 최소 두께는?[단, 보통중량콘크리트 (m_c=2,300kg/m³)이다.]

① 275mm
② 334mm
③ 379mm
④ 438mm

■해설 양단 연속보에서 처짐을 계산하지 않아도 되는 최소두께($h_{\min}$)
$h_{\min} = \dfrac{l}{21} = \dfrac{7 \times 10^3}{21} = 333.3\text{mm}$

05. 철근콘크리트의 강도설계법을 적용하기 위한 설계 가정으로 틀린 것은?

① 철근과 콘크리트의 변형률은 중립축부터 거리에 비례한다.
② 인장 측 연단에서 철근의 극한변형률은 0.003으로 가정한다.
③ 콘크리트 압축연단의 극한변형률은 콘크리트의 설계기준압축강도가 40MPa 이하인 경우에는 0.0033으로 가정한다.
④ 철근의 응력이 설계기준항복강도(f_y) 이하일 때 철근의 응력은 그 변형률에 철근의 탄성계수(E_s)를 곱한 값으로 한다.

|해답| 1. ③ 2. ③ 3. ④ 4. ② 5. ②

■해설 강도설계법에 대한 기본가정 사항
• 휨모멘트와 축력을 받는 부재의 강도설계는 힘의 평형조건과 변형률 적합조건을 만족시켜야 한다.
• 철근 및 콘크리트의 변형률은 중립축으로부터의 거리에 비례한다.
• 콘크리트 압축연단의 극한변형률은 콘크리트의 설계기준압축강도가 40MPa 이하인 경우에는 0.0033으로 가정한다.
• f_y 이하의 철근응력은 그 변형률의 E_s 배로 취한다. f_y 에 해당하는 변형률보다 더 큰 변형률에 대한 철근의 응력은 변형률에 관계없이 f_y 와 같다고 가정한다.
• 콘크리트의 인장응력은 무시한다.
• 콘크리트 압축응력의 분포와 콘크리트 변형률 사이의 관계는 직사각형, 사다리꼴, 포물선형 등 어떤 형상으로도 가정할 수 있다.

06. 강도설계법에서 구조의 안전을 확보하기 위해 사용되는 강도감소계수(ϕ) 값으로 틀린 것은?

① 인장지배 단면 : 0.85
② 포스트텐션 정착구역 : 0.70
③ 전단력과 비틀림모멘트를 받는 부재 : 0.75
④ 압축지배 단면 중 띠철근으로 보강된 철근콘크리트 부재 : 0.65

■해설 포스트텐션 정착구역에서 강도감소계수는 0.85이다.

07. 연속보 또는 1방향 슬래브의 휨모멘트와 전단력을 구하기 위해 근사해법을 적용할 수 있다. 근사해법을 적용하기 위해 만족하여야 하는 조건으로 틀린 것은?

① 등분포하중이 작용하는 경우
② 부재의 단면 크기가 일정한 경우
③ 활하중이 고정하중의 3배를 초과하는 경우
④ 인접 2경간의 차이가 짧은 경간의 20% 이하인 경우

■해설 1방향 슬래브 또는 연속보에서 근사해법을 적용할 경우 활하중은 고정하중의 3배 이하라야 한다.

08. 순간처짐이 20mm 발생한 캔틸레버 보에서 5년 이상의 지속하중에 의한 총 처짐은?(단, 보의 인장철근비는 0.02, 받침부의 압축철근비는 0.01이다.)

① 26.7mm
② 36.7mm
③ 46.7mm
④ 56.7mm

■해설 $\xi = 2.0$ (하중 재하기간이 5년 이상인 경우)
$$\lambda_\Delta = \frac{\xi}{1+50\rho'} = \frac{2}{1+50\times 0.01} = \frac{4}{3}$$
$$\delta_L = \lambda_\Delta \cdot \delta_i = \frac{4}{3}\times 20 = 26.7\text{mm}$$
$$\delta_T = \delta_i + \delta_L = (20+26.7) = 46.7\text{mm}$$

09. 그림과 같은 단면을 갖는 지간 20m의 PSC보에 PS강재가 200mm의 편심거리를 가지고 직선배치 되어 있다. 자중을 포함한 계수등분포하중 16kN/m가 보에 작용할 때 보 중앙단면의 콘크리트 상연응력은?[단, 유효 프리스트레스 힘(P_e)은 2,400kN 이다.]

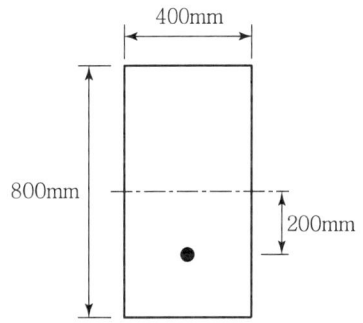

① 6MPa
② 9MPa
③ 12MPa
④ 15MPa

■해설
$$f_t = \frac{P_e}{A} - \frac{P_e \cdot e}{Z} + \frac{M}{Z} = \frac{1}{bh}\left[P_e\left(1-\frac{6e}{h}\right)+\frac{3wl^2}{4h}\right]$$
$$= \frac{1}{400\times 800}\left[(2,400\times 10^3)\left(1-\frac{6\times 200}{800}\right)\right.$$
$$\left.+\frac{3\times 16\times(20\times 10^3)^2}{4\times 800}\right]$$
$$= 15\text{MPa}$$

10. 그림과 같은 맞대기 용접의 이음부에 발생하는 응력의 크기는?(단, $P=360$kN, 강판두께$=12$mm)

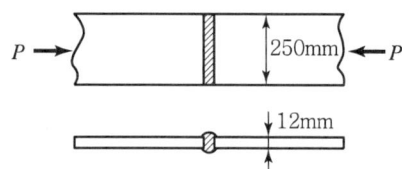

① 압축응력 $f_c = 14.4$MPa
② 인장응력 $f_t = 3,000$MPa
③ 전단응력 $\tau = 150$MPa
④ 압축응력 $f_c = 120$MPa

■해설 $f = \dfrac{P}{A} = \dfrac{-360 \times 10^3}{12 \times 250} = -120$MPa (압축)

11. 유효깊이가 600mm인 단철근 직사각형보에서 균형 단면이 되기 위한 압축연단에서 중립축까지의 거리는?(단, $f_{ck}=28$MPa, $f_y=300$MPa, 강도설계법에 의한다.)

① 494.5mm ② 412.5mm
③ 390.5mm ④ 293.5mm

■해설 $f_{ck} = 28$MPa ≤ 40MPa인 경우
$c_b = \dfrac{660}{660+f_y}d = \dfrac{660}{660+300} \times 600 = 412.5$mm

12. 보의 길이가 20m, 활동량이 4mm, 긴장재의 탄성계수(E_p)가 200,000MPa일 때 프리스트레스의 감소량(Δf_{pa})은?(단, 일단 정착이다.)

① 40MPa ② 30MPa
③ 20MPa ④ 15MPa

■해설 $\Delta f_{pa} = E_p \dfrac{\Delta l}{l} = (2 \times 10^5) \times \dfrac{4}{(20 \times 10^3)} = 40$MPa

13. 그림과 같은 띠철근 기둥에서 띠철근의 최대 수직간격은?(단, D10의 공칭직경은 9.5mm, D32의 공칭직경은 31.8mm이다.)

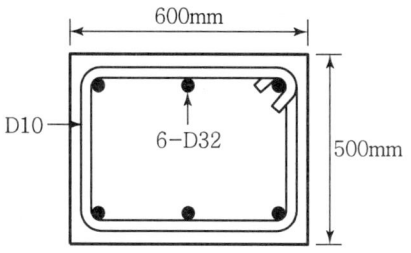

① 400mm ② 456mm
③ 500mm ④ 509mm

■해설 띠철근 기둥에서 띠철근의 간격
 • 축방향 철근 지름의 16배 이하
  $=31.8 \times 16 = 508.8$mm 이하
 • 띠철근 지름의 48배 이하
  $=9.5 \times 48 = 456$mm 이하
 • 기둥단면의 최소 치수 이하$=500$mm 이하
따라서, 띠철근의 간격은 최소값인 456mm 이하라야 한다.

14. 강판을 리벳(Rivet)이음할 때 지그재그로 리벳을 체결한 모재의 순폭은 총폭으로부터 고려하는 단면의 최초의 리벳 구멍에 대하여 그 지름을 공제하고 이하 순차적으로 다음 식을 각 리벳 구멍으로 공제하는데 이때의 식은?(단, g : 리벳 선간의 거리, d : 리벳 구멍의 지름, p : 리벳 피치)

① $d - \dfrac{p^2}{4g}$ ② $d - \dfrac{g^2}{4p}$
③ $d - \dfrac{4p^2}{g}$ ④ $d - \dfrac{4g^2}{p}$

■해설
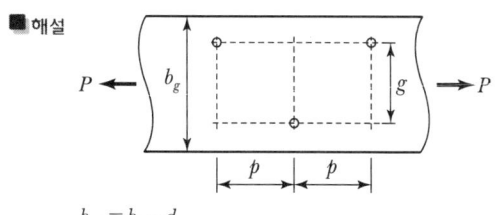

$b_{n1} = b_g - d$
$b_{n2} = b_g - d - (d - \dfrac{p^2}{4g})$
$b_n = (b_{n1}, b_{n2})_{\min}$

15. 비틀림철근에 대한 설명으로 틀린 것은?[단, A_{oh}는 가장 바깥의 비틀림 보강철근의 중심으로 닫혀진 단면적(mm²)이고, p_h는 가장 바깥의 횡방향 폐쇄스터럽 중심선의 둘레(mm)이다.]

① 횡방향 비틀림철근은 종방향 철근 주위로 135° 표준갈고리에 의해 정착하여야 한다.
② 비틀림모멘트를 받는 속빈 단면에서 횡방향 비틀림철근의 중심선부터 내부 벽면까지의 거리는 $0.5A_{oh}/p_h$ 이상이 되도록 설계하여야 한다.
③ 횡방향 비틀림철근의 간격은 $p_h/6$보다 작아야 하고, 또한 400mm보다 작아야 한다.
④ 종방향 비틀림철근은 양단에 정착하여야 한다.

■해설 횡방향 비틀림철근의 간격은 $P_h/8$ 이하라야 하고, 또한 300mm 이하라야 한다.

16. 뒷부벽식 옹벽에서 뒷부벽을 어떤 보로 설계하여야 하는가?

① T형보   ② 단순보
③ 연속보   ④ 직사각형보

■해설 뒷부벽식 옹벽에서 뒷부벽은 T형보로 설계하여야 한다.

17. 직사각형 단면의 보에서 계수전단력 $V_u=40$kN을 콘크리트만으로 지지하고자 할 때 필요한 최소 유효깊이(d)는?(단, 보통중량콘크리트이며, $f_{ck}=25$MPa, $b_w=300$mm)

① 320mm   ② 348mm
③ 384mm   ④ 427mm

■해설 $\frac{1}{2}\phi V_c \geq V_u$

$\frac{1}{2}\phi\left(\frac{1}{6}\lambda\sqrt{f_{ck}}b_w d\right) \geq V_u$

$d \geq \frac{12V_u}{\phi\lambda\sqrt{f_{ck}}b_w} = \frac{12\times(40\times10^3)}{0.75\times1\times\sqrt{25}\times300}$

$= 426.7$mm

18. 슬래브와 보가 일체로 타설된 비대칭 T형보(반 T형보)의 유효폭은?(단, 플랜지 두께=100mm, 복부 폭=300mm, 인접보와의 내측 거리=1,600mm, 보의 경간=6.0m)

① 800mm
② 900mm
③ 1,000mm
④ 1,100mm

■해설 반 T형 보(비대칭 T형 보)의 플랜지 유효폭(b_e)
• $6t_f + b_w = (6\times100) + 300 = 900$mm
• $\left(\text{보 지간의 }\frac{1}{12}\right) + b_w = \frac{6,000}{12} + 300 = 800$mm
• $\left(\text{인접보와의 내측거리의 }\frac{1}{2}\right) + b_w$
  $= \frac{1,600}{2} + 300 = 1,100$mm

위 값 중에서 최솟값을 취하면 $b_e = 800$mm이다.

19. 그림과 같은 인장철근을 갖는 보의 유효깊이는?(단, D19철근의 공칭단면적은 287mm²이다.)

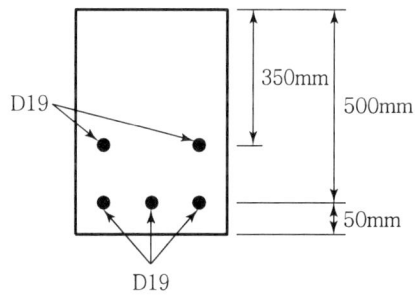

① 350mm
② 410mm
③ 440mm
④ 500mm

■해설 $d = \frac{2\times350 + 3\times500}{5} = 440$mm

|해답| 15. ③ 16. ① 17. ④ 18. ① 19. ③

20. 인장응력 검토를 위한 L-150×90×12인 형강(Angle)의 전개한 총폭(b_g)은?

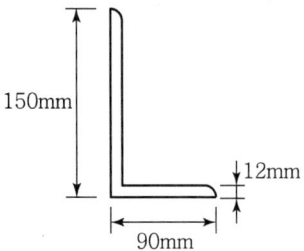

① 228mm ② 232mm
③ 240mm ④ 252mm

■해설 $b_g = b_1 + b_2 - t = 150 + 90 - 12 = 228\text{mm}$

과년도 출제문제 및 해설
(기사 2022년 4월 24일 시행)

01. 프리텐션 PSC부재의 단면적이 200,000mm²인 콘크리트 도심에 PS강선을 배치하여 초기의 긴 장력(P_i)을 800kN 가하였다. 콘크리트의 탄성 변형에 의한 프리스트레스의 감소량은?[단, 탄성계수비(n)은 6이다.]

① 12MPa ② 18MPa
③ 20MPa ④ 24MPa

해설
$$\Delta f_{pe} = nf_{cs} = n\frac{P_i}{A_g} = 6 \times \frac{(800 \times 10^3)}{(2 \times 10^5)} = 24\text{MPa}$$

02. 경간이 8m인 단순 지지된 프리스트레스트 콘크리트 보에서 등분포하중(고정하중과 활하중의 합)이 $w=40$kN/m 작용할 때 중앙단면 콘크리트 하연에서의 응력이 0이 되려면 PS강재에 작용되어야 할 프리스트레스 힘(P)은?(단, PS 강재는 단면 중심에 배치되어 있다.)

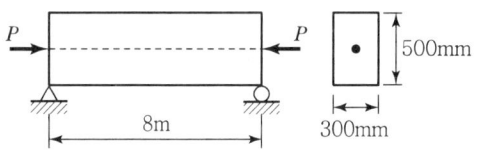

① 1,250kN ② 1,880kN
③ 2,650kN ④ 3,840kN

해설
$$f_b = \frac{P}{A} - \frac{M}{Z} = \frac{1}{bh}\left(P - \frac{3wl^2}{4h}\right) = 0$$
$$P = \frac{3wl^2}{4h} = \frac{3 \times 40 \times 8^2}{4 \times 0.5} = 3,840\text{kN}$$

03. 아래 그림과 같은 직사각형 단면의 단순보에 PS강재가 포물선으로 배치되어 있다. 보의 중앙단면에서 일어나는 상연응력(㉠) 및 하연응력(㉡)은?(단, PS강재의 긴장력은 3,300kN이고, 자중을 포함한 작용하중은 27kN/m이다.)

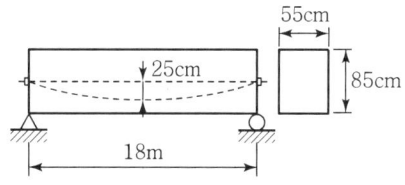

① ㉠ : 21.21MPa, ㉡ : 1.8MPa
② ㉠ : 12.07MPa, ㉡ : 0MPa
③ ㉠ : 11.11MPa, ㉡ : 3.00MPa
④ ㉠ : 8.6MPa,   ㉡ : 2.45MPa

해설
$$f_{\binom{t}{b}} = \frac{P}{A}(\mp)\frac{P \cdot e}{Z}(\pm)\frac{M}{Z}$$
$$= \frac{1}{bh}\left[P\left\{1(\mp)\frac{6e}{h}\right\}(\pm)\frac{3wl^2}{4h}\right]$$
$$= \frac{1}{550 \times 850}\left[(3,300 \times 10^3)\left\{1(\mp)\frac{6 \times 250}{850}\right\}\right.$$
$$\left.(\pm)\frac{3 \times 27 \times (18 \times 10^3)^2}{4 \times 850}\right]$$
$$f_t = 11.11\text{MPa}, \ f_b = 3.00\text{MPa}$$

04. 2방향 슬래브 설계 시 직접설계법을 적용하기 위해 만족하여야 하는 사항으로 틀린 것은?

① 각 방향으로 3경간 이상이 연속되어야 한다.
② 슬래브 판들은 단변 경간에 대한 장변 경간의 비가 2 이하인 직사각형이어야 한다.
③ 각 방향으로 연속한 받침부 중심 간 경간차이는 긴 경간의 1/3 이하이어야 한다.
④ 연속한 기둥 중심선을 기준으로 기둥의 어긋남은 그 방향 경간의 20% 이하이어야 한다.

해설 2방향 슬래브의 설계에서 직접설계법을 적용할 경우, 연속한 기둥 중심선으로부터 기둥의 이탈은 이탈방향 경간의 최대 10%까지 허용한다.

|해답| 1. ④ 2. ④ 3. ③ 4. ④

05. 옹벽의 설계 및 구조해석에 대한 설명으로 틀린 것은?

① 지반에 유발되는 최대 지반반력은 지반의 허용지지력을 초과할 수 없다.
② 전도에 대한 저항휨모멘트는 횡토압에 의한 전도모멘트의 1.5배 이상이어야 한다.
③ 저판의 뒷굽판은 정확한 방법이 사용되지 않는 한, 뒷굽판 상부에 재하되는 모든 하중을 지지하도록 설계하여야 한다.
④ 캔틸레버식 옹벽의 저판은 전면벽과의 접합부를 고정단으로 간주한 캔틸레버로 가정하여 단면을 설계할 수 있다.

■해설 전도에 대한 저항휨모멘트는 횡토압에 의한 전도모멘트의 2.0배 이상이어야 한다.

06. 그림과 같은 띠철근 기둥에서 띠철근의 최대 수직간격은?(단, D10의 공칭직경은 9.5mm, D32의 공칭직경은 31.8mm이다.)

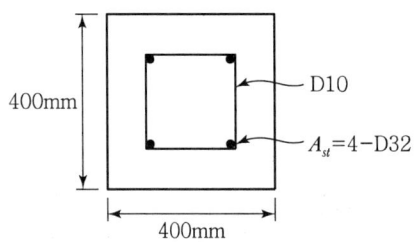

① 400mm   ② 456mm
③ 500mm   ④ 509mm

■해설 띠철근 기둥에서 띠철근의 간격
  • 축방향철근 지름의 16배 이하
    = 31.8 × 16 = 508.8mm 이하
  • 띠철근 지름의 48배 이하
    = 9.5 × 48 = 456mm 이하
  • 기둥 단면의 최소 치수 이하 = 400mm 이하
  따라서, 띠철근의 간격은 최소값인 400mm 이하라야 한다.

07. 강구조의 특징에 대한 설명으로 틀린 것은?

① 소성변형능력이 우수하다.
② 재료가 균질하여 좌굴의 영향이 낮다.
③ 인성이 커서 연성파괴를 유도할 수 있다.
④ 단위면적당 강도가 커서 자중을 줄일 수 있다.

■해설 강재는 단위면적당 강도가 커서 부재 길이에 비하여 단면이 작은 세장한 부재로서 좌굴에 대한 영향이 높다.

08. 콘크리트와 철근이 일체가 되어 외력에 저항하는 철근콘크리트 구조에 대한 설명으로 틀린 것은?

① 콘크리트와 철근의 부착강도가 크다.
② 콘크리트와 철근의 탄성계수는 거의 같다.
③ 콘크리트 속에 묻힌 철근은 거의 부식하지 않는다.
④ 콘크리트와 철근의 열에 대한 팽창계수는 거의 같다.

■해설 철근콘크리트의 성립 요건
① 콘크리트와 철근 사이의 부착강도가 크다.
② 콘크리트와 철근의 열팽창계수가 거의 같다.
$$\begin{bmatrix} \alpha_c = (1.0 \sim 1.3) \times 10^{-5}(/℃) \\ \alpha_s = 1.2 \times 10^{-5}(/℃) \end{bmatrix}$$
③ 콘크리트 속에 묻힌 철근은 부식되지 않는다.

09. 폭이 300mm, 유효깊이가 500mm인 단철근 직사각형보에서 인장철근 단면적이 1,700mm²일 때 강도설계법에 의한 등가직사각형 압축응력블록의 깊이(a)는?(단, f_{ck} = 20MPa, f_y = 300MPa 이다.)

① 50mm   ② 100mm
③ 200mm   ④ 400mm

■해설 $\eta = 1 (f_{ck} \leq 40\text{MPa}$인 경우)
$$a = \frac{f_y A_s}{\eta 0.85 f_{ck} b} = \frac{300 \times 1,700}{1 \times 0.85 \times 20 \times 300} = 100\text{mm}$$

|해답| 5. ② 6. ① 7. ② 8. ② 9. ②

10. 아래에서 설명하는 용어는?

> 보나 지판이 없이 기둥으로 하중을 전달하는 2방향으로 철근이 배치된 콘크리트 슬래브

① 플랫 플레이트 ② 플랫 슬래브
③ 리브 쉘   ④ 주열대

■ 해설 1. 플랫 슬래브(Flat Slab)
  • 보 없이 기둥만으로 지지된 슬래브를 플랫 슬래브라고 한다.
  • 기둥 둘레의 전단력과 부모멘트를 감소시키기 위하여 지판(Drop Pannel)과 기둥머리(Column Capital)를 둔다.

  2. 평판 슬래브(Flat Plate Slab)
  • 지판과 기둥머리 없이 순수하게 기둥만으로 지지된 슬래브를 평판 슬래브라고 한다.
  • 하중이 크지 않거나 지간이 짧은 경우에 사용한다.

11. 그림과 같은 L형강에서 인장응력 검토를 위한 순폭계산에 대한 설명으로 틀린 것은?

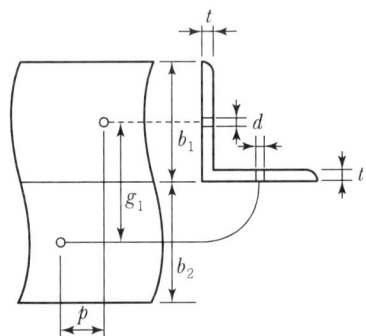

① 전개된 총폭(b) = $b_1 + b_2 - t$이다.
② 리벳선간 거리(g) = $g_1 - t$이다.
③ $\dfrac{p^2}{4g} \geq d$인 경우 순폭(b_n) = $b - d$이다.
④ $\dfrac{p^2}{4g} < d$인 경우 순폭(b_n) = $b - d - \dfrac{p^2}{4g}$이다.

■ 해설 L형강에서 순폭(b_n)의 계산
  ① $\dfrac{p^2}{4g} \geq d$인 경우 : $b_n = b - d$
  ② $\dfrac{p^2}{4g} < d$인 경우 : $b_n = b - d - \left(d - \dfrac{p^2}{4g}\right)$

12. 단변 : 장변 경간의 비가 1 : 2인 단순 지지된 2방향 슬래브의 중앙점에 집중하중 P가 작용할 때 단변과 장변이 부담하는 하중비($P_S : P_L$)는?(단, P_S : 단변이 부담하는 하중, P_L : 장변이 부담하는 하중)

① 1 : 8   ② 8 : 1
③ 1 : 16 ④ 16 : 1

■ 해설 $S : L = 1 : 2$

$P_S = \dfrac{L^3}{S^3 + L^3}P = \dfrac{2^3}{1^3 + 2^3}P = \dfrac{8}{9}P$

$P_L = \dfrac{S^3}{S^3 + L^3}P = \dfrac{1^3}{1^3 + 2^3}P = \dfrac{1}{9}P$

$P_S : P_L = 8 : 1$

13. 보통중량콘크리트에서 압축을 받는 이형철근 D29(공칭지름 28.6mm)를 정착시키기 위해 소요되는 기본정착길이(l_{db})는?(단, $f_{ck} = 35$MPa, $f_y = 400$MPa이다.)

① 491.92mm ② 483.43mm
③ 464.09mm ④ 450.38mm

■ 해설 $\lambda = 1$ (보통중량의 콘크리트인 경우)

$l_{db} = \dfrac{0.25 d_b f_y}{\lambda \sqrt{f_{ck}}} = \dfrac{0.25 \times 28.6 \times 400}{1 \times \sqrt{35}} = 483.43$mm

$0.043 d_b f_y = 0.043 \times 28.6 \times 400 = 491.92$mm

$l_{db} < 0.043 d_b f_y$ 이므로 $l_{db} = 0.043 d_b f_y = 491.92$mm

14. 철근콘크리트 부재의 전단철근에 대한 설명으로 틀린 것은?

① 전단철근의 설계기준항복강도는 300MPa을 초과할 수 없다.
② 주인장철근에 30° 이상의 각도로 구부린 굽힘철근은 전단철근으로 사용할 수 있다.
③ 최소 전단철근량은 $\dfrac{0.35 b_w s}{f_{yt}}$보다 작지 않아야 한다.
④ 부재축에 직각으로 배치된 전단철근의 간격은 $d/2$ 이하, 또한 600mm 이하로 하여야 한다.

|해답| 10. ① 11. ④ 12. ② 13. ① 14. ①

■해설 전단철근의 설계기준항복강도(f_y)는 500MPa을 초과하여 취할 수 없다. 다만, 용접이형철망을 사용할 경우는 600MPa을 초과하여 취할 수 없다.

15. 폭 350mm, 유효깊이 500mm인 보에 설계기준 항복강도가 400MPa인 D13 철근을 인장 주철근에 대한 경사각(α)이 60°인 U형 경사 스터럽으로 설치했을 때 전단보강철근의 공칭강도(V_s)는?(단, 스터럽 간격 $s=250$mm, D13 철근 1본의 단면적은 127mm²이다.)

① 201.4kN ② 212.7kN
③ 243.2kN ④ 277.6kN

■해설 $V_s = \dfrac{A_v f_y d(\sin\alpha + \cos\alpha)}{s}$

$= \dfrac{(2\times 127)\times 400\times 500\times (\sin 60° + \cos 60°)}{250}$

$= 277.6\times 10^3 \text{N} = 277.6\text{kN}$

16. 철근콘크리트 보를 설계할 때 변화구간 단면에서 강도감소계수(ϕ)를 구하는 식은?(단, $f_{ck}=40$MPa, $f_y=400$MPa, 띠철근으로 보강된 부재이며, ε_t는 최외단 인장철근의 순인장변형률이다.)

① $\phi = 0.65 + (\varepsilon_t - 0.002)\dfrac{200}{3}$
② $\phi = 0.70 + (\varepsilon_t - 0.002)\dfrac{200}{3}$
③ $\phi = 0.65 + (\varepsilon_t - 0.002)\times 50$
④ $\phi = 0.70 + (\varepsilon_t - 0.002)\times 50$

■해설 $f_y = 400$MPa인 경우 강도감소계수(ϕ)를 구하는 식
 1. 나선철근으로 보강된 경우
    $\phi = 0.70 + 50(\varepsilon_t - 0.002)$
 2. 나선철근으로 보강되지 않은 경우
    $\phi = 0.65 + \dfrac{200}{3}(\varepsilon_t - 0.002)$

17. 그림과 같이 지름 25mm의 구멍이 있는 판(plate)에서 인장응력 검토를 위한 순폭은?

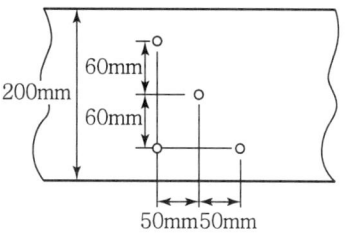

① 160.4mm ② 150mm
③ 145.8mm ④ 130mm

■해설 $b_{n2} = b_g - 2d_h = 200 - 2\times 25 = 150$mm

$b_{n3} = b_g - 3d_h + 2\times \dfrac{s^2}{4g}$

$= 200 - 3\times 25 + 2\times \dfrac{50^2}{4\times 60} = 145.8$mm

$b_n = [b_{n2},\ b_{n3}]_{\min} = 145.8$mm

18. 폭이 350mm, 유효깊이가 550mm인 직사각형 단면의 보에서 지속하중에 의한 순간처짐이 16mm일 때 1년 후 총처짐량은?[단, 배근된 인장철근량(A_s)은 2,246mm², 압축철근량(A_s')은 1,284mm²이다.]

① 20.5mm ② 26.5mm
③ 32.8mm ④ 42.1mm

■해설 $\xi = 1.4$(하중재하기간이 1년인 경우)

$\rho' = \dfrac{A_s'}{bd} = \dfrac{1,284}{350\times 550} = 0.00667$

$\lambda_\Delta = \dfrac{\xi}{1+50\rho'} = \dfrac{1.4}{1+50\times 0.00667} = 1.05$

$\delta_L = \lambda_\Delta \cdot \delta_i = 1.05\times 16 = 16.8$mm

$\delta_T = \delta_i + \delta_L = 16 + 16.8 = 32.8$mm

19. 단철근 직사각형보에서 $f_{ck}=32$MPa인 경우, 콘크리트 등가 직사각형 압축응력블록의 깊이를 나타내는 계수 β_1은?

① 0.74 ② 0.76
③ 0.80 ④ 0.85

■해설 $f_{ck} = 32$MPa ≤ 40MPa인 경우, $\beta_1 = 0.80$

20. 폭이 300mm, 유효깊이가 500mm인 단철근직사각형보에서 강도설계법으로 구한 균형철근량은?(단, 등가 직사각형 압축응력블록을 사용하며, $f_{ck}=35$MPa, $f_y=350$MPa이다.)

① 5,285mm²　　② 5,890mm²
③ 6,665mm²　　④ 7,235mm²

■해설　$f_{ck}=35$MPa ≤ 40MPa인 경우

$$\rho_b = 0.68\frac{f_{ck}}{f_y}\frac{660}{660+f_y}$$

$$= 0.68 \times \frac{35}{350} \times \frac{660}{660+350} = 0.0444356$$

$A_{s,b} = \rho_b \cdot b \cdot d$
　　　$= 0.0444356 \times 300 \times 500 = 6,665.34\text{mm}^2$

Item pool
CBT 기출복원문제 1회

01. 부분 프리스트레싱(Partial Prestressing)에 대한 설명으로 옳은 것은?

① 구조물에 부분적으로 PSC부재를 사용하는 방법
② 부재단면의 일부에만 프리스트레스를 도입하는 방법
③ 사용하중 작용 시 PSC부재 단면의 일부에 인장응력이 생기는 것을 허용하는 방법
④ PSC부재 설계 시 부재 하단에만 프리스트레스를 주고 부재 상단에는 프리스트레스 하지 않는 방법

■해설
- 완전 프리스트레싱(Full Prestressing) : 부재 단면에 인장응력이 발생하지 않는다.
- 부분 프리스트레싱(Partial Prestressing) : 부재 단면의 일부에 인장응력이 발생한다.

02. $P=300kN$의 인장응력이 작용하는 판두께 10mm인 철판에 $\phi 19mm$인 리벳을 사용하여 접합할 때의 소요리벳 수는?(단, 허용전단응력=110MPa, 허용지압응력=220MPa)

① 8개 ② 10개
③ 12개 ④ 14개

■해설 ① 리벳의 전단강도
$$P_{Rs} = v_a \cdot \left(\frac{\pi\phi^2}{4}\right) = 110 \times \left(\frac{\pi \times 19^2}{4}\right) = 31,188N$$

② 리벳의 지압강도
$$P_{Rb} = f_{ba}(\phi t) = 220 \times (19 \times 10) = 41,800N$$

③ 리벳강도
$$P_R = [P_{Rs}, P_{Rb}]_{\min} = 31,188N$$

④ 소요 리벳수
$$n = \frac{P}{P_R} = \frac{300 \times 10^3}{31,188} = 9.6개$$
≒ 10개(올림에 의하여)

03. 철근콘크리트가 성립되는 조건으로 옳지 않은 것은?

① 철근과 콘크리트와의 부착력이 크다.
② 철근과 콘크리트의 열팽창계수가 거의 같다.
③ 철근과 콘크리트의 탄성계수가 거의 같다.
④ 철근은 콘크리트 속에서 녹이 슬지 않는다.

■해설 철근콘크리트의 성립 요건
① 콘크리트와 철근 사이의 부착강도가 크다.
② 콘크리트와 철근의 열팽창계수가 거의 같다.
$\alpha_c = (1.0 \sim 1.3) \times 10^{-5}(/℃)$
$\alpha_s = 1.2 \times 10^{-5}(/℃)$
③ 콘크리트 속에 묻힌 철근은 부식되지 않는다.

04. 철근콘크리트 부재의 비틀림철근 상세에 대한 설명으로 틀린 것은?(단, p_h : 가장 바깥의 횡방향 폐쇄스터럽 중심선의 둘레(mm))

① 종방향 비틀림철근은 양단에 정착하여야 한다.
② 횡방향 비틀림철근의 간격은 $p_h/4$보다 작아야 하고 또한 200mm보다 작아야 한다.
③ 비틀림에 요구되는 종방향 철근은 폐쇄스터럽의 둘레를 따라 300mm 이하의 간격으로 분포시켜야 한다.
④ 종방향 철근의 지름은 스터럽 간격의 1/24 이상이어야 하며, D10 이상의 철근이어야 한다.

■해설 횡방향 비틀림철근의 간격은 $p_h/8$보다 작아야 하고, 또한 300mm보다 작아야 한다.

05. 강도설계법에서 강도감소계수(ϕ)를 규정하는 목적이 아닌 것은?

① 재료 강도와 치수가 변동할 수 있으므로 부재의 강도 저하 확률에 대비한 여유를 반영하기 위해
② 부정확한 설계방정식에 대비한 여유를 반영하기 위해

|해답| 1. ③ 2. ② 3. ③ 4. ② 5. ④

③ 구조물에서 차지하는 부재의 중요도 등을 반영하기 위해
④ 하중의 변경, 구조해석할 때의 가정 및 계산의 단순화로 인해 야기될지 모르는 초과하중에 대비한 여유를 반영하기 위해

■해설 하중의 변경, 구조해석시 초과하중에 대비하기 위하여 고려되는 것은 하중계수이다.

06. $A_s = 4,000mm^2$, $A_s' = 1,500mm^2$로 배근된 그림과 같은 복철근 보의 탄성처짐이 15mm이다. 5년 이상의 지속하중에 의해 유발되는 장기처짐은 얼마인가?

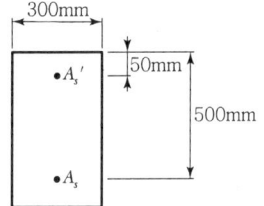

① 15mm ② 20mm
③ 25mm ④ 30mm

■해설 $\xi = 2.0$ (하중 재하기간이 5년 이상인 경우)
$$\rho' = \frac{A_s'}{bd} = \frac{1,500}{300 \times 500} = 0.01$$
$$\lambda_\Delta = \frac{\xi}{1 + 50\rho'} = \frac{2}{1 + (50 \times 0.01)} = 1.33$$
$$\delta_L = \lambda_\Delta \cdot \delta_i = 1.33 \times 15 = 20mm$$

07. 다음 주어진 단철근 직사각형 단면이 연성파괴를 한다면 이 단면의 공칭휨강도는 얼마인가? (단, $f_{ck} = 21MPa$, $f_y = 300MPa$)

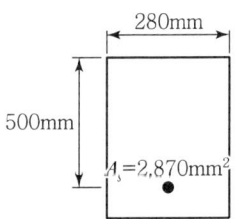

① 252.4kN·m ② 296.9kN·m
③ 356.3kN·m ④ 396.9kN·m

■해설 $\eta = 1$ ($f_{ck} \le 40MPa$인 경우)
$$a = \frac{A_s f_y}{\eta 0.85 f_{ck} b} = \frac{2,870 \times 300}{1 \times 0.85 \times 21 \times 280} = 172.3mm$$
$$M_n = A_s f_y \left(d - \frac{a}{2}\right) = 2,870 \times 300 \times \left(500 - \frac{172.3}{2}\right)$$
$$= 356.3 \times 10^6 N \cdot mm = 356.3 kN \cdot m$$

08. 그림과 같은 띠철근 단주의 균형상태에서 축방향 공칭하중(P_b)은 얼마인가? (단, $f_{ck} = 27MPa$, $f_y = 400MPa$, $A_{st} = 4-D35 = 3,800mm^2$)

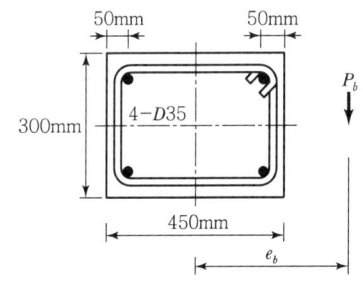

① 1,327.9kN ② 1,520.0kN
③ 3,645.2kN ④ 5,165.3kN

■해설

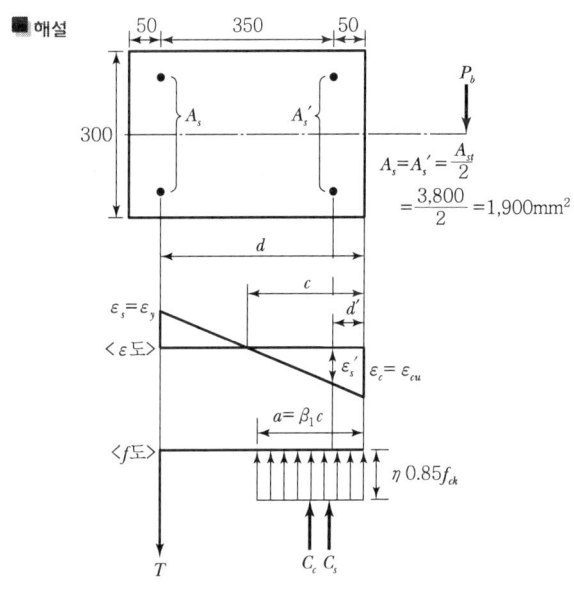

$A_s = A_s' = \dfrac{A_{st}}{2} = \dfrac{3,800}{2} = 1,900mm^2$

1. ε_{cu}, η, β_1의 값
$f_{ck} = 27MPa \le 40MPa$인 경우
$\varepsilon_{cu} = 0.0033$, $\eta = 1$, $\beta_1 = 0.8$

2. 콘크리트의 압축력(C_c)

$c_b = \dfrac{660}{660+f_y}d = \dfrac{660}{660+400} \times 400 = 249\text{mm}$

$a_b = \beta_1 c_b = 0.8 \times 249 = 199.2\text{mm}$

$C_c = \eta 0.85 f_{ck}(a_b b - A_s')$
$= 1 \times 0.85 \times 27 \times (199.2 \times 300 - 1,900)$
$= 1,327.9 \times 10^3 \text{N} = 1,327.9\text{kN}$

3. 압축철근의 압축력(C_s)

$\varepsilon_y = \dfrac{f_y}{E_s} = \dfrac{400}{2 \times 10^5} = 0.002$

$\varepsilon_s' = \dfrac{c_b - d'}{c_b}\varepsilon_{cu} = \dfrac{249-50}{249} \times 0.0033 = 0.00264$

$\varepsilon_s' > \varepsilon_y \rightarrow f_s' = f_y = 400\text{MPa}$

$C_s = A_s' f_s' = A_s' f_y$
$= 1,900 \times 400$
$= 760 \times 10^3 \text{N} = 760\text{kN}$

4. 인장철근의 인장력(T)

$\varepsilon_s = \varepsilon_y \rightarrow f_s = f_y = 400\text{MPa}$

$T = A_s f_y = 1,900 \times 400$
$= 760 \times 10^3 \text{N} = 760\text{kN}$

5. 균형상태에서 축방향 공칭하중(P_b)

$P_b = C_c + C_s - T$
$= 1,327.9 + 760 - 760 = 1,327.9\text{kN}$

09. $b_w = 250\text{mm}$, $d = 500\text{mm}$, $f_{ck} = 21\text{MPa}$, $f_y = 400$ MPa인 직사각형보에서 콘크리트가 부담하는 설계전단강도(ϕV_c)는?

① 71.6kN ② 76.4kN
③ 82.2kN ④ 91.5kN

■해설 $\phi V_c = \phi\left(\dfrac{1}{6}\sqrt{f_{ck}}\,b_w d\right)$
$= 0.75 \times \left(\dfrac{1}{6} \times \sqrt{21} \times 250 \times 500\right)$
$= 71.6 \times 10^3 \text{N} = 71.6\text{kN}$

10. 그림과 같이 단순지지된 2방향 슬래브에 등분포하중 w가 작용할 때, ab 방향에 분배되는 하중은 얼마인가?

① 0.941w
② 0.059w
③ 0.889w
④ 0.111w

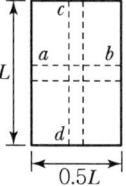

■해설 $w_{ab} = \dfrac{L^4}{L^4 + S^4}w = \dfrac{L^4}{L^4 + (0.5L)^4}w = 0.941w$

11. T형 PSC보에 설계하중을 작용시킨 결과 보의 처짐은 0이었으며, 프리스트레스 도입단계부터 부착된 계측장치로부터 상부 탄성변형률 $\varepsilon = 3.5 \times 10^{-4}$을 얻었다. 콘크리트 탄성계수 $E_c = 26,000\text{MPa}$, T형 보의 단면적 $A_g = 150,000\text{mm}^2$, 유효율 $R = 0.85$일 때, 강재의 초기 긴장력 P_i를 구하면?

① 1,606kN ② 1,365kN
③ 1,160kN ④ 2,269kN

■해설 $P_e = E_c \varepsilon A = 26,000 \times (3.5 \times 10^{-4}) \times 150,000$
$= 1,365,000\text{N} = 1,365\text{kN}$

$P_i = \dfrac{P_e}{R} = \dfrac{1,365}{0.85} = 1,605.9\text{kN} \fallingdotseq 1,606\text{kN}$

12. 그림과 같은 맞대기 용접의 용접부에 생기는 인장응력은 얼마인가?

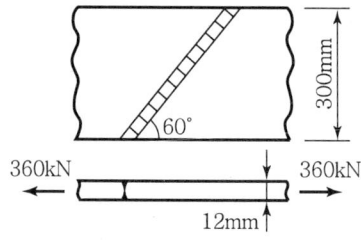

① 115MPa ② 110MPa
③ 100MPa ④ 94MPa

|해답| 9. ① 10. ① 11. ① 12. ③

■해설 $f = \dfrac{P}{A} = \dfrac{360 \times 10^3}{300 \times 12} = 100 \text{N/mm}^2 = 100 \text{MPa}$

홈용접부의 인장응력은 용접부의 경사각도와 관계없고, 다만 하중과 하중이 재하된 수직단면과 관계있다.

13. 단면이 400mm×500mm이고 150mm²의 PSC강선 4개를 단면 도심축에 배치한 프리텐션 PSC 부재가 있다. 초기 프리스트레스가 1,000MPa일 때 콘크리트의 탄성변형에 의한 프리스트레스 감소량의 값은?(단, $n=6$)

① 22MPa ② 20MPa
③ 18MPa ④ 16MPa

■해설 $\Delta f_{pe} = n f_{cs} = n \dfrac{P_i}{A_g} = n \dfrac{A_p f_{pi}}{bh}$
$= 6 \times \dfrac{(4 \times 150) \times 1{,}000}{400 \times 500} = 18 \text{MPa}$

14. 철근콘크리트 보에 배치되는 철근의 순간격에 대한 설명으로 틀린 것은?

① 동일 평면에서 평행한 철근 사이의 수평 순간격은 25mm 이상이어야 한다.
② 상단과 하단에 2단 이상으로 배치된 경우 상하 철근의 순간격은 25mm 이상으로 하여야 한다.
③ 철근의 순간격에 대한 규정은 서로 접촉된 겹침이음 철근과 인접된 이음철근 또는 연속철근 사이의 순간격에도 적용하여야 한다.
④ 벽체 또는 슬래브에서 휨 주철근의 간격은 벽체나 슬래브 두께의 2배 이하로 하여야 한다.

■해설 벽체 또는 슬래브에서 휨 주철근의 중심간격은 위험단면을 제외한 단면에서는 벽체 또는 슬래브 두께의 3배 이하이어야 하고, 또한 450mm 이하로 하여야 한다.

15. 휨을 받는 인장철근으로 4-D25 철근이 배치되어 있을 경우 그림과 같은 직사각형 단면 보의 기본 정착길이 l_{db}는 얼마인가?(단, 철근의 직경 d_b=25.4mm, f_{ck}=24MPa, f_y=400MPa, D25 철근 1개의 단면적=507mm²)

① 905mm ② 1,150mm
③ 1,245mm ④ 1,400mm

■해설 $l_{db} = \dfrac{0.6 d_b f_y}{\lambda \sqrt{f_{ck}}} = \dfrac{0.6 \times 25.4 \times 400}{1 \times \sqrt{24}} = 1{,}244.3 \text{mm}$

16. 강도설계법의 기본가정 중 옳지 않은 것은?

① 철근과 콘크리트 변형률은 중립축에서의 거리에 비례한다.
② 콘크리트 압축연단의 극한 변형률은 콘크리트의 설계기준압축강도가 40MPa 이하인 경우에는 0.0033으로 가정한다.
③ 항복강도 f_y 이하에서의 철근의 응력은 그 변형률의 E_s 배로 취한다.
④ 휨응력 계산에서 콘크리트의 압축강도는 무시한다.

■해설 강도설계법에서 휨부재 해석시 콘크리트의 인장강도는 무시한다.

17. 그림과 같은 띠철근 기둥에서 띠철근의 최대 간격으로 적당한 것은?(단, D10의 공칭직경은 9.5mm, D32의 공칭직경은 31.8mm)

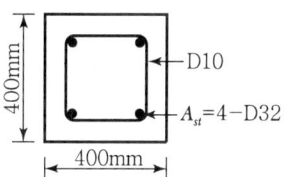

① 400mm ② 450mm
③ 500mm ④ 550mm

■해설 띠철근 기둥에서 띠철근의 간격
① 축방향철근 지름의 16배 이하
= 31.8 × 16 = 508.8mm 이하
② 띠철근 지름의 48배 이하
= 9.5 × 48 = 456mm 이하
③ 기둥 단면의 최소 치수 이하 = 400mm 이하
따라서, 띠철근의 간격은 최소값인 400mm 이하라야 한다.

|해답| 13. ③ 14. ④ 15. ③ 16. ④ 17. ①

18. 그림과 같은 경간 15m의 콘크리트 T형 보의 대칭부의 플랜지 유효폭 b는 얼마인가?

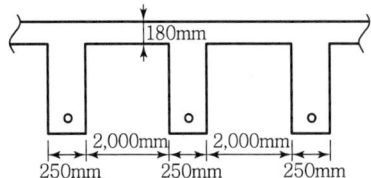

① 3,130mm
② 2,500mm
③ 2,250mm
④ 2,000mm

■해설 T형 보(대칭 T형 보)에서 플랜지의 유효폭(b_e)
- $16t_f + b_w = (16 \times 180) + 250 = 3,130$mm
- 양쪽 슬래브의 중심간 거리
  $= 2,000 + 250 = 2,250$mm
- 보 경간의 $\frac{1}{4} = (15 \times 10^3) \times \frac{1}{4} = 3,750$mm

위 값 중 최소값 2,250mm를 취한다.

19. 1방향 슬래브의 구조 상세에 대한 설명으로 틀린 것은?

① 1방향 슬래브의 두께는 최소 100mm 이상으로 하여야 한다.
② 슬래브의 정모멘트 철근 및 부모멘트 철근의 중심 간격은 위험단면에서는 슬래브 두께의 3배 이하, 또한 450mm 이하로 하여야 한다.
③ 1방향 슬래브에서 수축·온도철근은 배치할 경우, 정모멘트 철근 및 부모멘트 철근에 직각 방향으로 배치한다.
④ 슬래브 끝의 단순받침부에서도 내면슬래브에 의하여 부모멘트가 일어나는 경우에는 이에 상응하는 철근을 배치하여야 한다.

■해설 1방향 슬래브에서 정철근 및 부철근의 중심간격
① 최대 휨모멘트가 생기는 단면의 경우 :
   슬래브 두께의 2배 이하, 300mm 이하
② 기타 단면의 경우 :
   슬래브 두께의 3배 이하, 450mm 이하

20. 다음에서 깊은보로 설계할 수 있는 것은?

① 한쪽 면이 하중을 받고 반대쪽 면이 지지되어 하중과 받침부 사이에 압축대가 형성되는 구조요소로서, 순경간(l_n)이 부재 깊이의 4배 이하인 부재
② 한쪽 면이 하중을 받고 반대쪽 면이 지지되어 하중과 받침부 사이에 압축대가 형성되는 구조요소로서, 순경간(l_n)이 부재 깊이의 5배 이하인 부재
③ 받침부 내면에서 부재 깊이의 2.5배 이하인 위치에 등분포하중이 작용하는 경우 경간 중앙부의 최대 휨모멘트가 작용하는 구간
④ 받침부 내면에서 부재 깊이의 2.5배 이하인 위치에 등분포하중이 작용하는 경우 등분포하중과 받침부 사이의 구간

■해설 깊은보(Deep Beam)
① 순경간 l_n이 부재깊이 h의 4배 이하인 부재
② 하중이 받침부로부터 부재 깊이의 2배 거리이내에 작용하고 하중의 작용점과 받침부가 서로 반대면에 있어서 하중 작용점과 받침부 사이에 압축대가 형성될 수 있는 부재

CBT 기출복원문제 2회

01. 그림과 같은 정사각형 독립 확대기초 저면에 작용하는 지압력이 $q=100\text{kPa}$일 때 휨에 대한 위험단면의 휨 모멘트는 얼마인가?

① 216kN·m
② 360kN·m
③ 260kN·m
④ 316kN·m

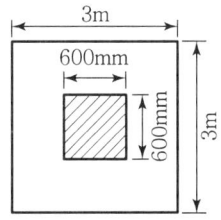

■해설
$$M = \frac{1}{8}qS(L-t)^2 = \frac{1}{8} \times (100 \times 10^3) \times 3 \times (3-0.6)^2$$
$$= 216{,}000\text{N·m} = 216\text{kN·m}$$

02. 그림과 같은 단순 PSC보에서 등분포하중(자중포함) $W=30\text{kN/m}$가 작용하고 있다. 프리스트레스에 의한 상향력과 이 등분포하중이 비기기 위해서는 프리스트레스 힘 P를 얼마로 도입해야 하는가?

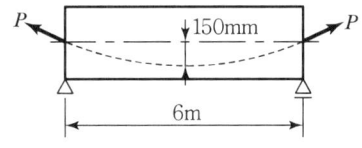

① 900kN
② 1,200kN
③ 1,500kN
④ 1,800kN

■해설
$$u = \frac{8Ps}{l^2} = W$$
$$P = \frac{Wl^2}{8s} = \frac{30 \times 6^2}{8 \times 0.15} = 900\text{kN}$$

03. 직사각형보에서 계수전단력 $V_u=70\text{kN}$을 전단철근 없이 지지하고자 할 경우 필요한 최소 유효깊이 d는 약 얼마인가?(단, $b_w=400\text{mm}$, $f_{ck}=21\text{MPa}$, $f_y=350\text{MPa}$)

① $d=426\text{mm}$
② $d=556\text{mm}$
③ $d=611\text{mm}$
④ $d=751\text{mm}$

■해설
$$\frac{1}{2}\phi V_c \geq V_u$$
$$\frac{1}{2}\phi\left(\frac{1}{6}\sqrt{f_{ck}}\,b_w d\right) \geq V_u$$
$$d \geq \frac{12V_u}{\phi\sqrt{f_{ck}}\,b_w} = \frac{12 \times (70 \times 10^3)}{0.75 \times \sqrt{21} \times 400} = 611\text{mm}$$

04. 아래 그림과 같은 보통 중량 콘크리트 직사각형 단면의 보에서 균열모멘트(M_{cr})는?(단, $f_{ck}=24\text{MPa}$이다.)

① 46.7kN·m
② 52.3kN·m
③ 56.4kN·m
④ 62.1kN·m

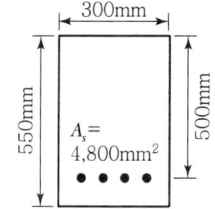

■해설 $\lambda = 1$(보통 중량의 콘크리트인 경우)
$$f_r = 0.63\lambda\sqrt{f_{ck}} = 0.63 \times 1 \times \sqrt{24} = 3.09\text{MPa}$$
$$Z = \frac{bh^2}{6} = \frac{300 \times 550^2}{6} = 15.125 \times 10^6 \text{mm}^3$$
$$M_{cr} = f_r \cdot Z = 3.09 \times (15.125 \times 10^6)$$
$$= 46.7 \times 10^6 \text{N·mm} = 46.7\text{kN·m}$$

05. 보의 길이 $l=20\text{m}$, 활동량 $\Delta l=4\text{mm}$, $E_p=200{,}000\text{MPa}$일 때 프리스트레스 감소량 Δf_p는?(단, 일단 정착임)

① 40MPa
② 30MPa
③ 20MPa
④ 15MPa

■해설
$$\Delta f_p = E_p \varepsilon_p = E_p \frac{\Delta l}{l}$$
$$= 200{,}000 \times \frac{4}{(200 \times 10^3)} = 40\text{MPa}$$

06. 강도설계법에 의할 때 단철근 직사각형보가 균형단면이 되기 위한 중립축의 위치 c는? (단, $f_y=300$MPa, $f_{ck}=30$MPa, $d=600$mm)

① $c=412.5$mm ② $c=312.5$mm
③ $c=507.5$mm ④ $c=403.5$mm

해설 $f_{ck}=30$MPa ≤ 40MPa인 경우
$$c_b = \frac{660}{660+f_y}d = \frac{660}{660+300}\times 600 = 412.5\text{mm}$$

07. $f_{ck}=28$MPa, $f_y=350$MPa로 만들어지는 보에서 압축이형철근으로 D29(공칭지름 28.6mm)를 사용한다면 기본정착길이는? (단, 보통 중량 콘크리트를 사용한 경우)

① 412mm ② 446mm
③ 473mm ④ 522mm

해설 $\lambda=1$(보통 중량 콘크리트인 경우)
$$l_{db} = \frac{0.25d_b f_y}{\lambda \sqrt{f_{ck}}} = \frac{0.25\times 28.6\times 350}{1\times \sqrt{28}} = 472.9\text{mm}$$
$0.043 d_b f_y = 0.043\times 28.6\times 350 = 430.43$mm
$l_{db} \geq 0.043 d_b f_y$ — O.K

08. 나선철근 압축부재 단면의 심부지름이 400mm, 기둥단면 지름이 500mm인 나선철근 기둥의 나선철근비는 최소 얼마 이상이어야 하는가? (단, $f_{ck}=21$MPa, $f_y=400$MPa)

① 0.0133 ② 0.0201
③ 0.0248 ④ 0.0304

해설
$$\rho_s \geq 0.45\left(\frac{A_g}{A_{ch}}-1\right)\frac{f_{ck}}{f_{yt}} = 0.45\left(\frac{\frac{\pi\times 500^2}{4}}{\frac{\pi\times 400^2}{4}}-1\right)\times \frac{21}{400}$$
$= 0.0133$

09. 옹벽의 구조해석에 대한 설명으로 틀린 것은?

① 뒷부벽은 직사각형보로 설계하여야 하며, 앞부벽은 T형 보로 설계하여야 한다.

② 저판의 뒷굽판은 정확한 방법이 사용되지 않는 한, 뒷굽판 상부에 재하되는 모든 하중을 지지하도록 설계하여야 한다.
③ 캔틸레버식 옹벽의 저판은 전면벽과의 접합부를 고정단으로 간주한 캔틸레버로 가정하여 단면을 설계할 수 있다.
④ 부벽식 옹벽의 저판은 정밀한 해석이 사용되지 않는 한, 부벽 간의 거리를 경간으로 가정한 고정보 또는 연속보로 설계할 수 있다.

해설 부벽식 옹벽에서 부벽의 설계
① 앞부벽: 직사각형보로 설계
② 뒷부벽: T형 보로 설계

10. 복철근 보에서 압축철근에 대한 효과를 설명한 것으로 적절하지 못한 것은?

① 단면 저항 모멘트를 크게 증대시킨다.
② 지속하중에 의한 처짐을 감소시킨다.
③ 파괴시 압축 응력의 깊이를 감소시켜 연성을 증대시킨다.
④ 철근의 조립을 쉽게 한다.

해설 압축철근의 사용효과
- 크리프, 건조수축 등으로 인하여 발생되는 장기처짐을 최소화하기 위한 경우
- 파괴 시 압축응력의 깊이를 감소시켜 연성을 증대시키기 위한 경우
- 철근의 조립을 쉽게 하기 위한 경우
- 정(+), 부(-) 모멘트를 번갈아 받는 경우
- 보의 단면 높이가 제한되어 단철근 단면보의 설계 휨강도가 계수 휨하중보다 작은 경우

11. 전단철근이 부담하는 전단력 $V_s=150$kN일 때, 수직스터럽으로 전단보강을 하는 경우 최대 배치 간격은 얼마 이하인가? (단, $f_{ck}=28$MPa, 전단철근 1개 단면적$=125$mm², 횡방향 철근의 설계기준 항복강도(f_{yt})$=400$MPa, $b_w=300$mm, $d=500$mm)

① 600mm ② 333mm
③ 250mm ④ 167mm

■해설 $V_s = 150\text{kN}$

$\frac{1}{3}\sqrt{f_{ck}}\,b_w\,d = \frac{1}{3} \times \sqrt{28} \times 300 \times 500$
$= 264.6 \times 10^3 \text{N} = 264.6\text{kN}$

$V_s \le \frac{1}{3}\sqrt{f_{ck}}\,b_w\,d$이므로 전단철근 간격 s는 다음 값이어야 한다.

① $s \le \frac{d}{2} = \frac{500}{2} = 250\text{mm}$

② $s \le 600\text{mm}$

③ $s \le \frac{A_v f_{yt} d}{V_s} = \frac{(2 \times 125) \times 400 \times 500}{(150 \times 10^3)} = 333.3\text{mm}$

따라서, 전단철근 간격 s는 최소값인 250mm 이하라야 한다.

12. 다음 그림의 지그재그로 구멍이 있는 판에서 순폭을 구하면?(단, 리벳구멍 직경=25mm)

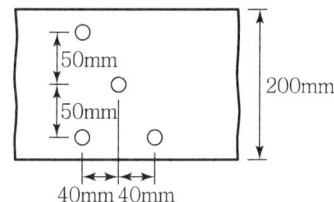

① $b_n = 187\text{mm}$ ② $b_n = 150\text{mm}$
③ $b_n = 141\text{mm}$ ④ $b_n = 125\text{mm}$

■해설 $d_h = \phi + 3 = 25\text{mm}$

$b_{n2} = b - 2d_h = 200 - 2 \times 25 = 150\text{mm}$

$b_{n3} = b - 3d_h + 2 \times \frac{s^2}{4g}$
$= 200 - (3 \times 52) + \left(2 \times \frac{40^2}{4 \times 50}\right) = 141\text{mm}$

$b_n = [b_{n2},\ b_{n3}]_{\min} = 141\text{mm}$

13. 정착구와 커플러의 위치에서 프리스트레싱 도입 직후 포스트텐션 긴장재의 응력은 얼마 이하로 하여야 하는가?(단, f_{pu}는 긴장재의 설계기준인장강도)

① $0.6f_{pu}$ ② $0.74f_{pu}$
③ $0.70f_{pu}$ ④ $0.85f_{pu}$

■해설 긴장재(PS강재)의 허용응력

적용범위	허용응력
긴장할 때 긴장재의 인장응력	$0.8f_{pu}$와 $0.94f_{py}$ 중 작은 값 이하
프리스트레스 도입 직후 긴장재의 인장응력	$0.74f_{pu}$와 $0.82f_{py}$ 중 작은 값 이하
정착구와 커플러(Coupler)의 위치에서 프리스트레스 도입 직후 포스트텐션 긴장재의 인장응력	$0.7f_{pu}$ 이하

14. 그림과 같은 필렛용접에서 일어나는 응력이 옳게 된 것은?

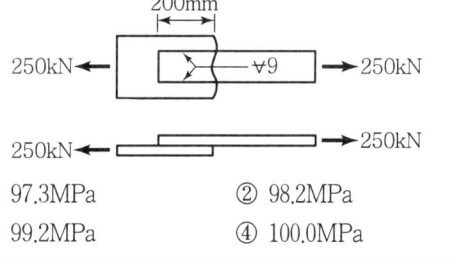

① 97.3MPa ② 98.2MPa
③ 99.2MPa ④ 100.0MPa

■해설 $v = \frac{P}{\sum al} = \frac{250 \times 10^3}{(0.707 \times 9) \times (2 \times 200)}$
$= 98.2\text{N/mm}^2 = 98.2\text{MPa}$

15. 강도설계법에서 구조의 안전을 확보하기 위해 사용되는 강도감소계수 ϕ에 대한 설명으로 틀린 것은?

① 인장지배단면 $\phi = 0.85$
② 압축지배단면에서 띠철근콘크리트 부재 $\phi = 0.65$
③ 전단과 비틀림모멘트 $\phi = 0.70$
④ 콘크리트의 지압력(포스트텐션 정착부나 스트럿-타이 모델은 제외) $\phi = 0.65$

■해설 전단과 비틀림모멘트에 대한 강도감소계수 $\phi = 0.75$이다.

16. 처짐을 계산하지 않는 경우 단순지지된 보의 최소 두께($h_{\min}$)로 옳은 것은?(단, 보통콘크리트(m_c=2,300kg/m³) 및 f_y=300MPa인 철근을 사용한 부재의 길이가 10m인 보)

① 429mm ② 500mm
③ 537mm ④ 625mm

■해설 단순지지 보의 처짐을 계산하지 않아도 되는 최소 두께($h_{\min}$)

① f_y=400MPa인 경우 : $h_{\min} = \dfrac{l}{16}$

② $f_y \ne$400MPa인 경우 : $h_{\min} = \dfrac{l}{16}\left(0.43 + \dfrac{f_y}{700}\right)$

f_y=300MPa이므로 최소 두께($h_{\min}$)는 다음과 같다.

$h_{\min} = \dfrac{l}{16}\left(0.43 + \dfrac{f_y}{700}\right)$
$= \dfrac{10 \times 10^3}{16}\left(0.43 + \dfrac{300}{700}\right) = 536.6\text{mm}$

17. 그림과 같은 철근콘크리트보 단면이 파괴시 인장철근의 변형률은?(단, f_{ck}=28MPa, f_y=350MPa, A_s=1,520mm²)

① 0.0043
② 0.0089
③ 0.0117
④ 0.0153

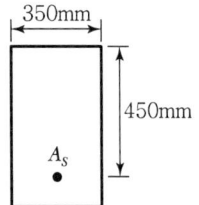

■해설 f_{ck} = 28MPa ≤ 40MPa인 경우
$\varepsilon_{cu} = 0.0033$, $\eta = 1$, $\beta_1 = 0.8$

$a = \dfrac{A_s f_y}{\eta 0.85 f_{ck} b} = \dfrac{1,520 \times 350}{1 \times 0.85 \times 28 \times 350} = 63.9\text{mm}$

$\varepsilon_t = \dfrac{d_t \beta_1 - a}{a}\varepsilon_{cu}$
$= \dfrac{450 \times 0.8 - 63.9}{63.9} \times 0.0033 = 0.0153$

18. 경간 6m인 단순 직사각형 단면(b=300mm, h=400mm) 보에 등분포하중 30kN/m가 작용할 때 PS강재가 단면도심에서 긴장되며 경간 중앙에서 콘크리트 단면의 하연 응력이 0이 되려면 PS강재에 얼마의 긴장력이 작용되어야 하는가?

① 1,805kN ② 2,025kN
③ 3,054kN ④ 3,557kN

■해설 $f_b = \dfrac{P}{A} - \dfrac{M}{Z} = \dfrac{P}{bh} - \dfrac{3wl^2}{4bh^2} = 0$

$P = \dfrac{3wl^2}{4h} = \dfrac{3 \times 30 \times 6^2}{4 \times 0.4} = 2,025\text{kN}$

19. b_w=250mm이고, h=500mm인 직사각형 철근콘크리트 보의 단면에 균열을 일으키는 비틀림모멘트 T_{cr}은 얼마인가?(단, f_{ck}=28MPa이다.)

① 9.8kN·m ② 11.3kN·m
③ 12.5kN·m ④ 18.4kN·m

■해설 A_{cp}(콘크리트 단면의 면적)
$= b_w h = 250 \times 500 = 125,000\text{mm}^2$

p_{cp}(콘크리트 단면의 둘레)
$= 2(b_w + h) = 2 \times (250 + 500) = 1,500\text{mm}$

$T_{cr} = \dfrac{1}{3}\sqrt{f_{ck}}\dfrac{A_{cp}^2}{p_{cp}} = \dfrac{1}{3} \times \sqrt{28} \times \dfrac{(125,000)^2}{1,500}$
$= 18.4 \times 10^6 \text{N} \cdot \text{mm} = 18.4 \text{kN} \cdot \text{mm}$

20. 1방향 철근콘크리트 슬래브에서 f_y=450MPa인 이형철근을 사용한 경우 수축·온도철근비는?

① 0.0016 ② 0.0018
③ 0.0020 ④ 0.0022

■해설 1방향 슬래브에서 수축 및 온도 철근비
① $f_y \le$ 400MPa인 경우
  $\rho \ge 0.002$
② $f_y >$ 400MPa인 경우
  $\rho \ge \left[0.0014,\ 0.002 \times \dfrac{400}{f_y}\right]_{\max}$

f_y=450MPa > 400MPa인 경우이므로 수축 및 온도 철근비는 다음과 같다.

$\rho \ge \left[0.0014,\ 0.002 \times \dfrac{400}{f_y}\right]_{\max}$
$= \left[0.0014,\ 0.002 \times \dfrac{400}{450}\right]_{\max}$
$= [0.0014,\ 0.0018]_{\max} = 0.0018$

01. 그림의 단순지지 보에서 긴장재는 C점에 150mm의 편차에 직선으로 배치되고, 1,000kN으로 긴장되었다. 보의 고정하중은 무시할 때 C점에서의 휨 모멘트는 얼마인가?(단, 긴장재의 경사가 수평압축력에 미치는 영향 및 자중은 무시한다.)

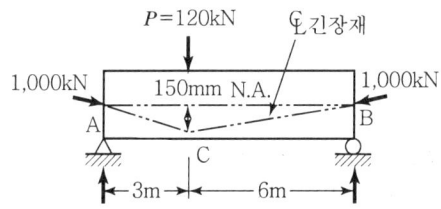

① $M_C = 90kN \cdot m$　② $M_C = -150kN \cdot m$
③ $M_C = 240kN \cdot m$　④ $M_C = 390kN \cdot m$

■해설　$\sum M_{Ⓑ} = 0$
$V_A \times 9 - 120 \times 6 = 0$
$V_A = 80kN(\uparrow)$

1) 외력($P = 120kN$)에 의한 C점의 단면력

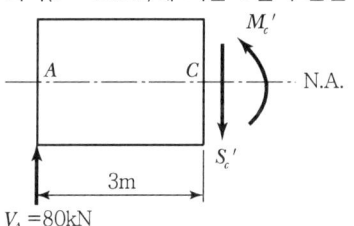

$\sum F_y = 0(\uparrow \oplus)$
$80 - S_C' = 0$
$S_C' = 80kN$

$\sum M_{Ⓒ} = 0(\curvearrowright \oplus)$
$80 \times 3 - M_C' = 0$
$M_C' = 240kN \cdot m$

2) 프리스트레싱력($P_i = 1,000kN$)에 의한 C점의 단면력

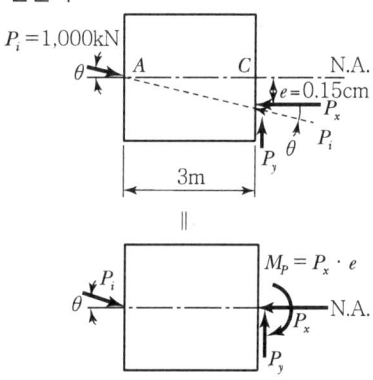

- $P_x = P \cdot \cos\theta ≒ P_i = 1,000kN$
- $P_y = P \cdot \sin\theta = 1,000 \times \dfrac{0.15}{\sqrt{3^2 + 0.15^2}} = 50kN$
- $M_P = P_x \cdot e = 1,000 \times 0.15 = 150kN \cdot m$

3) 외력과 프리스트레싱력에 의한 C점의 단면력

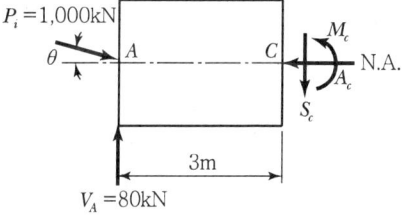

- $A_C = P_x = 1,000kN$
- $S_C = S_C' - P_y = 80 - 50 = 30kN$
- $M_C = M_C' - M_P = 240 - 150 = 90kN \cdot m$

02. 다음은 L형강에서 인장력 검토를 위한 순폭 계산에 대한 설명이다. 틀린 것은?

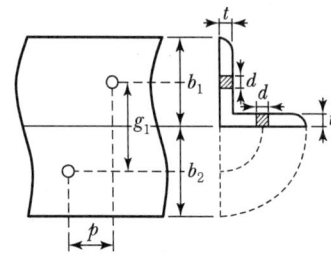

① 전개 총폭$(b) = b_1 + b_2 - t$ 이다.
② $\dfrac{p^2}{4g} \geqq d$인 경우 순폭$(b_n) = b - d$ 이다.
③ 리벳 선간거리$(g) = g_1 - t$ 이다.
④ $\dfrac{p^2}{4g} < d$인 경우 순폭$(b_n) = b - d - \dfrac{p^2}{4g}$ 이다.

■해설 L형강에서 순폭(b_n)의 계산
① $\dfrac{p^2}{4g} \geqq d$인 경우 : $b_n = b - d$
② $\dfrac{p^2}{4g} < d$인 경우 : $b_n = b - d - \left(d - \dfrac{p^2}{4g}\right)$

03. 콘크리트의 크리프에 대한 설명으로 틀린 것은?
① 일정한 응력이 장시간 계속하여 작용하고 있을 때 변형이 계속 진행되는 현상을 말한다.
② 물-시멘트 비가 큰 콘크리트는 물-시멘트비가 작은 콘크리트보다 크리프가 크게 일어난다.
③ 고강도 콘크리트는 저강도 콘크리트보다 크리프가 크게 일어난다.
④ 콘크리트가 놓이는 주위의 온도가 높을수록 크리프변형은 크게 일어난다.

■해설 콘크리트의 크리프에 영향을 주는 요인
① w/c가 작은 콘크리트일수록 크리프변형은 감소한다.
② 하중 재하시 콘크리트의 재령이 클수록 크리프변형은 감소한다.
③ 고강도 콘크리트일수록 크리프변형은 감소한다.
④ 콘크리트가 놓인 주위의 온도가 낮을수록, 습도가 높을수록 크리프변형은 감소한다.

04. $b_w = 300\text{mm}$, $d = 450\text{mm}$인 단철근 직사각형보의 균형철근량은 약 얼마인가?(단, $f_{ck} = 35\text{MPa}$, $f_y = 350\text{MPa}$이다.)
① 5,485mm²
② 6,120mm²
③ 5,994mm²
④ 5,810mm²

■해설 $f_{ck} = 35\text{MPa} \leq 40\text{MPa}$인 경우
$\rho_b = 0.68 \dfrac{f_{ck}}{f_y} \dfrac{660}{660 + f_y}$
$= 0.68 \times \dfrac{35}{350} \times \dfrac{660}{660 + 350} = 0.0444$
$A_{s,b} = \rho_b \cdot b \cdot d$
$= 0.0444 \times 300 \times 450 = 5,994\text{mm}^2$

05. 슬래브와 일체로 시공된 그림의 직사각형 단면 테두리보에서 비틀림에 대하여 설계에서 고려하지 않아도 되는 계수비틀림모멘트 T_u의 최대 크기는 약 얼마인가?(단, $f_{ck} = 24\text{MPa}$, $f_y = 400\text{MPa}$, 비틀림에 대한 ϕ는 0.75)

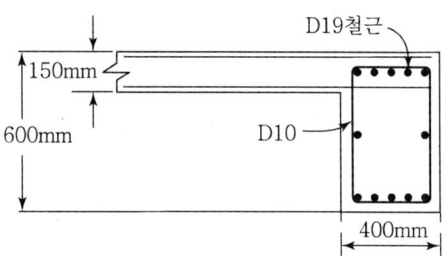

① 29.5kN·m
② 17.5kN·m
③ 9.9kN·m
④ 3kN·m

■해설 보가 슬래브와 일체로 되거나 완전한 합성구조로 되어 있을 때, 보의 단면은 보가 슬래브의 위 또는 아래로 내민 깊이 중 큰 깊이만큼을 보의 양측으로 연장한 슬래브 부분을 포함한 것으로서 보의 한 측으로 연장되는 거리는 슬래브 두께의 4배 이하로 하여야 한다.

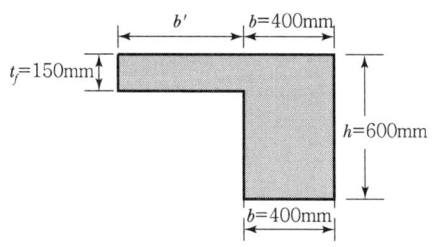

$$b' = [(h-t_f), 4t_f]_{min}$$
$$= [(600-150), 4\times 150]_{min}$$
$$= (450, 600)_{min} = 450mm$$

A_{cp}(콘크리트 단면의 바깥둘레로 둘러싸인 단면적)
$$= b't_f + bh$$
$$= (450\times 150) + (400\times 600) = 307,500mm$$

p_{cp}(콘크리트 단면의 바깥둘레)
$$= 2(b'+b+h)$$
$$= 2\times (450+400+600) = 2,900mm$$

$$T_u \leq \phi \frac{1}{12}\sqrt{f_{ck}}\frac{A_{cp}^2}{p_{cp}}$$
$$= 0.75 \times \frac{1}{12} \times \sqrt{24} \times \frac{307,500^2}{2,900}$$
$$= 9.98\times 10^6 N\cdot mm = 9.98 kN\cdot m$$

06. 지름 450mm인 원형 단면을 갖는 중심축하중을 받는 나선철근 기둥에 있어서 강도설계법에 의한 축방향설계강도(ϕP_n)는 얼마인가?(단, 이 기둥은 단주이고, f_{ck}=27MPa, f_y=350MPa, A_{st}=8-D22=3,096mm²이다.)

① 1,166kN ② 1,299kN
③ 2,425kN ④ 2,774kN

■해설 $P_d = \phi \cdot P_n$
$$= \phi \times \alpha \times \{0.85f_{ck}(A_g - A_{st}) + f_y A_{st}\}$$
$$= 0.70 \times 0.85 \times \left\{0.85\times 27\times\left(\frac{\pi\times 450^2}{4} - 3,096\right) + 350\times 3,096\right\}$$
$$= 2,774,239N \fallingdotseq 2,774kN$$

07. 옹벽의 안정조건 중 전도에 대한 저항모멘트는 횡토압에 의한 전도모멘트의 최소 몇 배 이상이어야 하는가?

① 1.5배 ② 2.0배
③ 2.5배 ④ 3.0배

■해설 옹벽의 안정조건
① 전도 : $\dfrac{\sum M_r(\text{저항모멘트})}{\sum M_a(\text{전도모멘트})} \geq 2.0$
② 활동 : $\dfrac{f(\sum W)(\text{활동에 대한 저항력})}{\sum H(\text{옹벽에 작용하는 수평력})} \geq 1.5$

③ 침하 : $\dfrac{q_a(\text{지반의 허용지지력})}{q_{max}(\text{지반에 작용하는 최대 압력})} \geq 1.0$

08. 아래 그림의 PSC 부재에서 A단에서 강재를 긴장할 경우 B단까지의 마찰에 의한 감소율(%)은 얼마인가?(단, θ_1=0.10, θ_2=0.08, θ_3=0.10 (Radian), μ_p(곡률마찰계수)=0.20, K(파상마찰계수)=0.001이며, 근사법으로 구할 것)

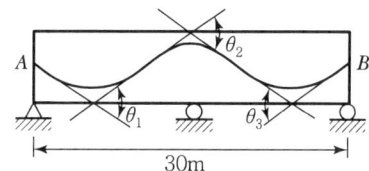

① 4.3% ② 6.4%
③ 7.9% ④ 9.2%

■해설 $l_{px} = 30m$
$$\alpha_{px} = \theta_1 + \theta_2 + \theta_3 = 0.1 + 0.08 + 0.1 = 0.28$$
$$(Kl_{px} + \mu_p \alpha_{px}) = 0.001\times 30 + 0.2\times 0.28$$
$$= 0.086 \leq 0.3 (\text{근사식 적용})$$
$$\Delta P_f = P_{pj}\left[\frac{(Kl_{px}+\mu_p \alpha_{px})}{1+(Kl_{px}+\mu_p \alpha_{px})}\right]$$
$$= P_{pj}\left[\frac{0.086}{1+0.086}\right] = 0.079 P_{pj}$$
감소율 = $\dfrac{\Delta P_f}{P_{pj}}\times 100 = \dfrac{0.079 P_{pj}}{P_{pj}}\times 100 = 7.9\%$

09. 다음 그림의 단철근 T형 보의 설계모멘트강도를 계산할 때 플랜지 돌출부에 작용하는 압축력과 균형되는 가상 압축철근 단면적 A_{sf}는 얼마인가?(여기서, f_{ck}=24MPa, f_y=300MPa)

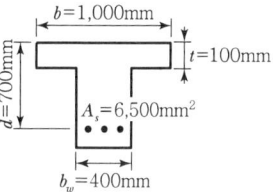

① 3,208mm² ② 4,080mm²
③ 5,126mm² ④ 6,050mm²

|해답| 6. ④ 7. ② 8. ③ 9. ②

■해설 $\eta = 1\,(f_{ck} \leq 40\text{MPa}$인 경우$)$

$$A_{sf} = \frac{\eta\,0.85 f_{ck}(b - b_w)t}{f_y}$$

$$= \frac{1 \times 0.85 \times 24 \times (1,000 - 400) \times 100}{300}$$

$$= 4,080\text{mm}^2$$

10. 다음 중 철근의 피복두께를 필요로 하는 이유로 옳지 않은 것은?

① 철근이 산화되지 않도록 한다.
② 화재에 의한 직접적인 피해를 받지 않도록 한다.
③ 부착응력을 확보한다.
④ 인장강도를 보강한다.

■해설 피복두께를 두는 이유
- 철근의 부식 방지
- 단열작용으로 철근 보호
- 철근과 콘크리트 사이의 부착력 확보

11. 철근콘크리트 휨부재의 최소 철근량에 대한 설명 중 틀린 것은?

① 보에서 철근량 A_s는 $\phi M_n \geq 1.3 M_{cr}$의 조건을 만족하도록 배치하여야 한다.
② 부재의 모든 단면에서 해석에 의해 필요한 철근량보다 1/3 이상 인장철근이 더 배치되어 $\phi M_n \geq \frac{4}{3} M_u$의 조건을 만족하는 최소 철근량 요건을 적용하지 않아도 된다.
③ 휨부재의 급작스러운 파괴를 방지하기 위해서 최소 철근량 규정이 제시되었다.
④ 두께가 균일한 구조용 슬래브의 경간방향으로 보강되는 인장철근의 최소 단면적은 수축·온도철근의 규정에 따라야 한다.

■해설 휨부재의 최소 철근량은 $\phi M_n \geq 1.2 M_{cr}$의 조건을 만족하도록 배치하여야 한다.

12. 철근의 겹침이음에서 A급 이음의 조건에 대한 설명으로 옳은 것은?

① 배근된 철근량이 이음부 전체 구간에서 해석 결과 요구되는 소요철근량의 2배 이상이고 소요 겹침이음길이 내 겹침이음된 철근량이 전체 철근량의 1/2 이하인 경우
② 배근된 철근량이 이음부 전체 구간에서 해석 결과 요구되는 소요철근량의 1.5배 이상이고 소요 겹침이음길이 내 겹침이음된 철근량이 전체 철근량의 1/2 이상인 경우
③ 배근된 철근량이 이음부 전체 구간에서 해석 결과 요구되는 소요철근량의 2배 이상이고 소요 겹침이음길이 내 겹침이음된 철근량이 전체 철근량의 1/3 이하인 경우
④ 배근된 철근량이 이음부 전체 구간에서 해석 결과 요구되는 소요철근량의 1.5배 이상이고 소요 겹침이음길이 내 겹침이음된 철근량이 전체 철근량의 1/3 이상인 경우

■해설 이형 인장철근의 최소 겹침이음 길이
① A급 이음 : $1.0 l_d$
$\left(\dfrac{배근 A_s}{소요 A_s} \geq 2\text{이고},\ \dfrac{겹침이음 A_s}{전체 A_s} \leq \dfrac{1}{2}\text{인 경우}\right)$
② B급 이음 : $1.3 l_d$ (A급 이음 이외의 경우)
③ 최소 겹침이음 길이는 300mm 이상이어야 하며, l_d는 정착길이로서 $\dfrac{소요 A_s}{배근 A_s}$의 보정계수는 적용되지 않는다.

13. 2방향 슬래브 직접설계법의 제한사항에 대한 설명으로 틀린 것은?

① 각 방향으로 3경간 이상 연속되어야 한다.
② 슬래브 판들은 단변 경간에 대한 장변 경간의 비가 2 이하인 직사각형이어야 한다.
③ 각 방향으로 연속한 받침부 중심 간 경간 차이는 긴 경간의 1/3 이하이어야 한다.
④ 연속한 기둥 중심선을 기준으로 기둥의 어긋남은 그 방향 경간의 20% 이하이어야 한다.

■해설 2방향 슬래브의 설계에서 직접설계법을 적용할 경우, 연속한 기둥 중심선으로부터 기둥의 이탈은 이탈방향 경간의 최대 10%까지 허용한다.

|해답| 10. ④ 11. ① 12. ① 13. ④

14. 그림과 같은 단면을 갖는 지간 20m의 PSC보에 PS강재가 200mm의 편심거리를 가지고 직선배치되어 있다. 자중을 포함한 계수등분포하중 16kN/m가 보에 작용할 때, 보 중앙단면 콘크리트 상연응력은 얼마인가?(단, 유효 프리스트레스 힘 $P_e = 2,400$kN)

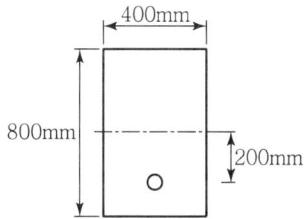

① 12MPa ② 13MPa
③ 14MPa ④ 15MPa

해설
$$f_t = \frac{P_e}{A} - \frac{P_e \cdot e}{I}y + \frac{M}{I}y = \frac{P_e}{bh}\left(1 - \frac{6e}{h}\right) + \frac{3wl^2}{4bh^2}$$
$$= \frac{2,400 \times 10^3}{400 \times 800}\left(1 - \frac{6 \times 200}{800}\right) + \frac{3 \times 16 \times (20 \times 10^3)^2}{4 \times 400 \times 800^2}$$
$$= 15\text{N/mm}^2 = 15\text{MPa}$$

15. 인장응력 검토를 위한 L-150×90×12인 형강(Angle)의 전개 총폭 b_g는 얼마인가?

① 228mm ② 232mm
③ 240mm ④ 252mm

해설 $b_g = b_1 + b_2 - t = 150 + 90 - 12 = 228$mm

16. 길이가 3m인 캔틸레버보의 자중을 포함한 계수등분포하중이 100kN/m일 때 위험단면에서 전단철근이 부담해야 할 전단력은 약 얼마인가?(단, $f_{ck} = 24$Mpa, $f_y = 300$MPa, $b = 300$mm, $d = 500$mm)

① 185kN ② 211kN
③ 227kN ④ 239kN

해설 $V_u = \omega_u(l-d) = 100 \times (3-0.5) = 250$kN
$$V_c = \frac{1}{6}\sqrt{f_{ck}}bd = \frac{1}{6} \times \sqrt{24} \times 300 \times 500$$
$$= 122,474\text{N} = 122.5\text{kN}$$
$$V_s = \frac{V_u - \phi V_c}{\phi} = \frac{250 - 0.75 \times 122.5}{0.75} = 210.8\text{kN}$$

17. 지간(L)이 6m인 단철근 직사각형 단순보에 고정하중(자중포함)이 15.5kN/m, 활하중이 35kN/m가 작용할 경우 최대 모멘트가 발생하는 단면의 계수 모멘트(M_u)는 얼마인가?(단, 하중조합을 고려할 것)

① 227.3kN·m ② 300.6kN·m
③ 335.7kN·m ④ 373.2kN·m

해설 $W_u = 1.2W_D + 1.6W_L$
$= 1.2 \times 15.5 + 1.6 \times 35 = 74.6$kN/m
$$M_u = \frac{W_u \cdot l^2}{8} = \frac{74.6 \times 6^2}{8} = 335.7\text{kN·m}$$

18. 아래 그림과 같은 단면을 가지는 직사각형 단철근 보의 설계휨강도를 구할 때 사용되는 강도감소계수 ϕ값은 약 얼마인가?(단, A_s는 3,176mm², $f_{ck} = 38$MPa, $f_y = 400$MPa)

① 0.76
② 0.82
③ 0.83
④ 0.85

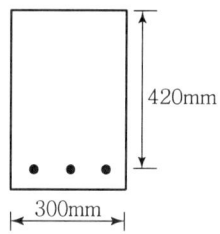

해설 1. 최외단 인장철근의 순인장 변형율(ε_t)
$f_{ck} = 38$MPa ≤ 40MPa인 경우
$\varepsilon_{cu} = 0.0033$, $\eta = 1$, $\beta_1 = 0.8$

• $a = \dfrac{f_y A_s}{\eta 0.85 f_{ck} b} = \dfrac{400 \times 3,176}{1 \times 0.85 \times 38 \times 300}$
$= 131.1$mm

• $\varepsilon_t = \dfrac{d_t \beta_1 - a}{a}\varepsilon_{cu}$
$= \dfrac{420 \times 0.8 - 131.1}{131.1} \times 0.0033 = 0.00516$

2. 단면구분
• $f_y = 400$MPa인 경우, ε_y와 $\varepsilon_{t,l}$값
$\varepsilon_y = \dfrac{f_y}{E_s} = \dfrac{400}{2 \times 10^5} = 0.002$
$\varepsilon_{t,l} = 0.005$

• $\varepsilon_t \geq \varepsilon_{t,l}$ — 인장 지배 단면

3. ϕ결정
• $\phi_c = 0.85$

|해답| 14. ④ 15. ① 16. ② 17. ③ 18. ④

19. 아래 그림과 같은 보의 단면에서 표피철근의 간격 S는 약 얼마인가?(단, 습윤환경에 노출되는 경우로서, 표피철근의 표면에서 부재 측면까지 최단거리(c_c)는 50mm, f_{ck}=28MPa, f_y=400MPa이다.)

① 170mm
② 190mm
③ 220mm
④ 240mm

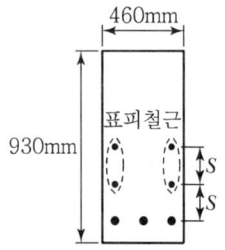

■해설 $k_{cr}=210$(건조환경 : 280, 그 외의 환경 : 210)

$$f_s = \frac{2}{3}f_y = \frac{2}{3} \times 400 = 266.7 \text{MPa}$$

$$S_1 = 375\left(\frac{k_{cr}}{f_s}\right) - 2.5C_c$$

$$= 375 \times \left(\frac{210}{266.7}\right) - 2.5 \times 50 = 170.3 \text{mm}$$

$$S_2 = 300\left(\frac{k_{cr}}{f_s}\right)$$

$$= 300 \times \left(\frac{210}{266.7}\right) = 236.2 \text{mm}$$

$$S = [S_1,\ S_2]_{\min} = 170.3 \text{mm}$$

20. 그림과 같은 2방향 확대기초에서 하중계수가 고려된 계수하중 P_u(자중 포함)가 그림과 같이 작용할 때 위험단면의 계수전단력(V_u)은 얼마인가?

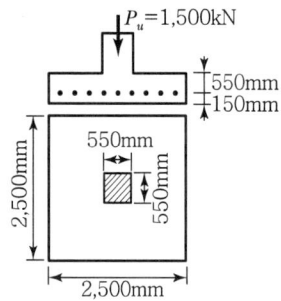

① $V_u = 1,009.3$ kN
② $V_u = 1,111.2$ kN
③ $V_u = 1,209.6$ kN
④ $V_u = 1,372.9$ kN

■해설
$$q = \frac{P}{A} = \frac{1,500 \times 10^3}{2,500 \times 2,500} = 0.24 \text{N/mm}^2$$

$$B = t + d = 550 + 550 = 1,100 \text{mm}$$

$$V_u = q(SL - B^2)$$
$$= 0.24 \times (2,500 \times 2,500 - 1,100^2)$$
$$= 1,209.6 \times 10^3 \text{N} = 1,209.6 \text{kN}$$

CBT 기출복원문제 1회

01. 철근콘크리트 휨부재의 최소 철근량에 대한 설명 중 틀린 것은?

① 보에서 철근량 A_s는 $\phi M_n \geq 1.3 M_{cr}$의 조건을 만족하도록 배치하여야 한다.
② 부재의 모든 단면에서 해석에 의해 필요한 철근량보다 1/3 이상 인장철근이 더 배치되어 $\phi M_n \geq \dfrac{4}{3} M_u$의 조건을 만족하는 최소 철근량 요건을 적용하지 않아도 된다.
③ 휨부재의 급작스러운 파괴를 방지하기 위해서 최소 철근량 규정이 제시되었다.
④ 두께가 균일한 구조용 슬래브의 경간방향으로 보강되는 인장철근의 최소 단면적은 수축·온도 철근의 규정에 따라야 한다.

■해설 휨부재의 최소 철근량은 $\phi M_n \geq 1.2 M_{cr}$의 조건을 만족하도록 배치하여야 한다.

02. 다음 그림의 지그재그로 구멍이 있는 판에서 순폭을 구하면?(단, 리벳구멍 직경=25mm)

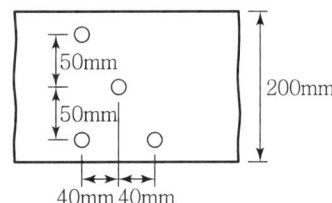

① $b_n = 187$mm
② $b_n = 150$mm
③ $b_n = 141$mm
④ $b_n = 125$mm

■해설 $d_h = \phi + 3 = 25$mm
$b_{n2} = b - 2d_h = 200 - 2 \times 25 = 150$mm
$b_{n3} = b - 3d_h + 2 \times \dfrac{s^2}{4g}$
$= 200 - (3 \times 52) + \left(2 \times \dfrac{40^2}{4 \times 50}\right) = 141$mm
$b_n = [b_{n2},\ b_{n3}]_{\min} = 141$mm

03. 1방향 철근콘크리트 슬래브에서 $f_y = 450$MPa인 이형철근을 사용한 경우 수축·온도 철근비는?

① 0.0016
② 0.0018
③ 0.0020
④ 0.0022

■해설 1방향 슬래브에서 수축 및 온도 철근비
① $f_y \leq 400$MPa인 경우
 $\rho \geq 0.002$
② $f_y > 400$MPa인 경우
 $\rho \geq \left[0.0014,\ 0.002 \times \dfrac{400}{f_y}\right]_{\max}$

$f_y = 450$MPa > 400MPa인 경우이므로 수축 및 온도 철근비는 다음과 같다.
$\rho \geq \left[0.0014,\ 0.002 \times \dfrac{400}{f_y}\right]_{\max}$
$= \left[0.0014,\ 0.002 \times \dfrac{400}{450}\right]_{\max}$
$= [0.0014,\ 0.0018]_{\max} = 0.0018$

04. $b_w = 250$mm, $d = 500$mm, $f_{ck} = 21$MPa, $f_y = 400$MPa인 직사각형보에서 콘크리트가 부담하는 설계전단강도(ϕV_c)는?

① 71.6kN
② 76.4kN
③ 82.2kN
④ 91.5kN

■해설 $\phi V_c = \phi\left(\dfrac{1}{6}\sqrt{f_{ck}}\,b_w d\right)$
$= 0.75 \times \left(\dfrac{1}{6} \times \sqrt{21} \times 250 \times 500\right)$
$= 71.6 \times 10^3 \text{N} = 71.6$kN

05. 아래 그림과 같은 보통 중량 콘크리트 직사각형 단면의 보에서 균열모멘트(M_{cr})는?(단, f_{ck} = 24MPa이다.)

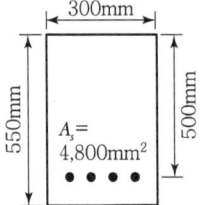

① 46.7kN · m　　② 52.3kN · m
③ 56.4kN · m　　④ 62.1kN · m

■해설　$\lambda = 1$(보통 중량의 콘크리트인 경우)
$f_r = 0.63\lambda\sqrt{f_{ck}} = 0.63 \times 1 \times \sqrt{24} = 3.09\text{MPa}$
$Z = \dfrac{bh^2}{6} = \dfrac{300 \times 550^2}{6} = 15.125 \times 10^6 \text{mm}^3$
$M_{cr} = f_r \cdot Z = 3.09 \times (15.125 \times 10^6)$
$= 46.7 \times 10^6 \text{N} \cdot \text{mm} = 46.7\text{kN} \cdot \text{m}$

06. 옹벽의 구조해석에 대한 설명으로 틀린 것은?

① 뒷부벽은 직사각형보로 설계하여야 하며, 앞부벽은 T형 보로 설계하여야 한다.
② 저판의 뒷굽판은 정확한 방법이 사용되지 않는 한, 뒷굽판 상부에 재하되는 모든 하중을 지지하도록 설계하여야 한다.
③ 캔틸레버식 옹벽의 저판은 전면벽과의 접합부를 고정단으로 간주한 캔틸레버로 가정하여 단면을 설계할 수 있다.
④ 부벽식 옹벽의 저판은 정밀한 해석이 사용되지 않는 한, 부벽 간의 거리를 경간으로 가정한 고정보 또는 연속보로 설계할 수 있다.

■해설　부벽식 옹벽에서 부벽의 설계
　① 앞부벽 : 직사각형보로 설계
　② 뒷부벽 : T형 보로 설계

07. 휨을 받는 인장철근으로 4-D25 철근이 배치되어 있을 경우 그림과 같은 직사각형 단면 보의 기본 정착길이 l_{db}는 얼마인가?(단, 철근의 직경 d_b=25.4mm, f_{ck}=24MPa, f_y=400MPa, D25 철근 1개의 단면적=507mm²)

① 905mm　　② 1,150mm
③ 1,245mm　　④ 1,400mm

■해설　$l_{db} = \dfrac{0.6d_b f_y}{\lambda\sqrt{f_{ck}}} = \dfrac{0.6 \times 25.4 \times 400}{1 \times \sqrt{24}} = 1,244.3\text{mm}$

08. 강도설계법에서 강도감소계수(ϕ)를 규정하는 목적이 아닌 것은?

① 재료 강도와 치수가 변동할 수 있으므로 부재의 강도 저하 확률에 대비한 여유를 반영하기 위해
② 부정확한 설계방정식에 대비한 여유를 반영하기 위해
③ 구조물에서 차지하는 부재의 중요도 등을 반영하기 위해
④ 하중의 변경, 구조해석할 때의 가정 및 계산의 단순화로 인해 야기될지 모르는 초과하중에 대비한 여유를 반영하기 위해

■해설　하중의 변경, 구조해석 시 초과하중에 대비하기 위하여 고려되는 것은 하중계수이다.

09. 단면이 400mm×500mm이고 150mm²의 PSC강선 4개를 단면 도심축에 배치한 프리텐션 PSC 부재가 있다. 초기 프리스트레스가 1,000MPa일 때 콘크리트의 탄성변형에 의한 프리스트레스 감소량의 값은?(단, $n=6$)

① 22MPa　　② 20MPa
③ 18MPa　　④ 16MPa

■해설　$\Delta f_{pe} = n f_{cs} = n\dfrac{P_i}{A_g} = n\dfrac{A_p f_{pi}}{bh}$
$= 6 \times \dfrac{(4 \times 150) \times 1,000}{400 \times 500} = 18\text{MPa}$

|해답| 05. ①　06. ①　07. ③　08. ④　09. ③

10. 다음은 철근콘크리트 구조물의 균열에 관한 설명이다. 옳지 않은 것은?

① 하중으로 인한 균열의 최대 폭은 철근응력에 비례한다.
② 콘크리트 표면의 균열폭은 철근에 대한 피복두께에 반비례한다.
③ 많은 수의 미세한 균열보다는 폭이 큰 몇 개의 균열이 내구성에 불리하다.
④ 인장측에 철근을 잘 분배하면 균열폭을 최소로 할 수 있다.

■해설 콘크리트 균열에 대한 특징
① 이형철근을 콘크리트 인장측에 잘 분배하면 균열폭을 최소화시킬 수 있다.
② 균열폭은 철근응력, 철근지름에 비례하고 철근비에 반비례한다.
③ 콘크리트 표면의 균열폭은 피복두께에 비례한다.

11. 다음 주어진 단철근 직사각형 단면이 연성파괴를 한다면 이 단면의 공칭휨강도는 얼마인가? (단, f_{ck} =21MPa, f_y =300MPa)

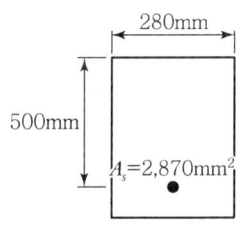

① 252.4kN·m   ② 296.9kN·m
③ 356.3kN·m   ④ 396.9kN·m

■해설 $\eta = 1$ ($f_{ck} \leq 40$MPa인 경우)

$a = \dfrac{A_s f_y}{\eta\, 0.85 f_{ck} b} = \dfrac{2{,}870 \times 300}{1 \times 0.85 \times 21 \times 280} = 172.3\text{mm}$

$M_n = A_s f_y\left(d - \dfrac{a}{2}\right) = 2{,}870 \times 300 \times \left(500 - \dfrac{172.3}{2}\right)$
$= 356.3 \times 10^6 \text{N}\cdot\text{mm} = 356.3\text{kN}\cdot\text{m}$

12. 강판형(Plate Girder) 복부(Web) 두께의 제한이 규정되어 있는 가장 큰 이유는?

① 시공상의 난이   ② 공비의 절약
③ 자중의 경감   ④ 좌굴의 방지

■해설 강판형(Plate Girder) 복부(Web) 두께의 제한이 규정되어 있는 가장 큰 이유는 복부의 좌굴을 방지하기 위함이다.

13. 그림과 같은 정사각형 독립 확대기초 저면에 작용하는 지압력이 q=100kPa일 때 휨에 대한 위험단면의 휨 모멘트는 얼마인가?

① 216kN·m
② 360kN·m
③ 260kN·m
④ 316kN·m

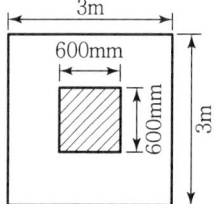

■해설 $M = \dfrac{1}{8}qS(L-t)^2 = \dfrac{1}{8} \times (100 \times 10^3) \times 3 \times (3-0.6)^2$
$= 216{,}000\text{N}\cdot\text{m} = 216\text{kN}\cdot\text{m}$

14. 슬래브와 일체로 시공된 그림의 직사각형 단면 테두리보에서 비틀림에 대하여 설계에서 고려하지 않아도 되는 계수비틀림모멘트 T_u의 최대 크기는 약 얼마인가?(단, f_{ck}=24MPa, f_y=400MPa, 비틀림에 대한 ϕ는 0.75)

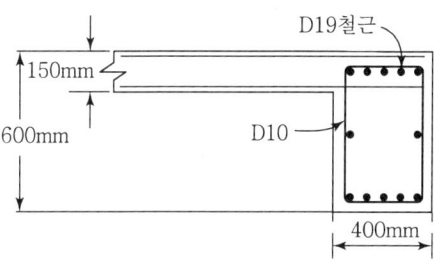

① 29.5kN·m   ② 17.5kN·m
③ 9.9kN·m   ④ 3kN·m

■해설 보가 슬래브와 일체로 되거나 완전한 합성구조로 되어 있을 때, 보의 단면은 보가 슬래브의 위 또는 아래로 내민 깊이 중 큰 깊이만큼을 보의 양측

으로 연장한 슬래브 부분을 포함한 것으로서 보의 한 측으로 연장되는 거리는 슬래브 두께의 4배 이하로 하여야 한다.

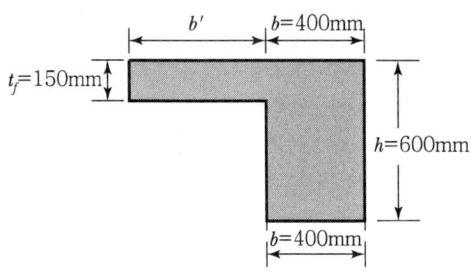

$b' = [(h-t_f), 4t_f]_{min}$
$\quad = [(600-150), 4 \times 150]_{min}$
$\quad = (450, 600)_{min} = 450mm$

A_{cp}(콘크리트 단면의 바깥둘레로 둘러싸인 단면적)
$\quad = b't_f + bh$
$\quad = (450 \times 150) + (400 \times 600) = 307,500mm$

p_{cp}(콘크리트 단면의 바깥둘레)
$\quad = 2(b' + b + h)$
$\quad = 2 \times (450 + 400 + 600) = 2,900mm$

$T_u \leq \phi \dfrac{1}{12} \sqrt{f_{ck}} \dfrac{A_{cp}^2}{p_{cp}}$
$\quad = 0.75 \times \dfrac{1}{12} \times \sqrt{24} \times \dfrac{307,500^2}{2,900}$
$\quad = 9.98 \times 10^6 N \cdot mm = 9.98 kN \cdot m$

15. 철근콘크리트 구조물 설계 시 철근 간격에 대한 설명 중 옳지 않은 것은?(단, 굵은 골재의 최대 치수에 관련된 규정은 만족하는 것으로 가정한다.)

① 동일 평면에서 평행한 철근 사이의 수평 순간격은 25mm 이상, 또한 철근의 공칭지름 이상으로 하여야 한다.
② 나선철근과 띠철근이 배근된 압축부재에서 축방향 철근의 순간격은 40mm 이상, 또한 철근 공칭지름의 1.5배 이상으로 하여야 한다.
③ 상단과 하단에 2단 이상으로 배치된 경우 상하철근은 동일 연직면 내에 배치되어야 하고, 이때 상하철근의 순간격은 40mm 이상으로 하여야 한다.
④ 벽체 또는 슬래브에서 휨 주철근의 간격은 벽체나 슬래브 두께의 3배 이하로 하여야 하고, 또한 450mm 이하로 하여야 한다.

■해설 상단과 하단에 2단 이상으로 배치된 경우 상하철근은 동일 연직면 내에 배치되어야 하고, 이때 상하철근의 순간격은 25mm 이상으로 하여야 한다.

16. PS콘크리트의 강도개념(Strength Concept)을 설명한 것으로 가장 적당한 것은?

① 콘크리트에 프리스트레스가 가해지면 PSC부재는 탄성재료로 전환되고 이의 해석은 탄성이론으로 가능하다는 개념
② PSC보를 RC보처럼 생각하여, 콘크리트는 압축력을 받고 긴장재는 인장력을 받게 하여 두 힘의 우력모멘트로 외력에 의한 휨모멘트에 저항시킨다는 개념
③ PS콘크리트는 결국 부재에 작용하는 하중의 일부 또는 전부를 미리 가해진 프리스트레스와 평형이 되도록 하는 개념
④ PS콘크리트는 강도가 크기 때문에 보의 단면을 강재의 단면으로 가정하여 압축 및 인장을 단면 전체가 부담할 수 있다는 개념

■해설 PSC 보를 RC 보와 같이 생각하여, 콘크리트는 압축력을 받고 긴장재는 인장력을 받게 하여 두 힘의 우력이 외력에 의한 휨모멘트에 저항시킨다는 개념을 내력모멘트 개념 또는 강도개념이라고 한다.

17. $A_s = 4,000mm^2$, $A_s' = 1,500mm^2$로 배근된 그림과 같은 복철근 보의 탄성처짐이 15mm이다. 5년 이상의 지속하중에 의해 유발되는 장기처짐은 얼마인가?

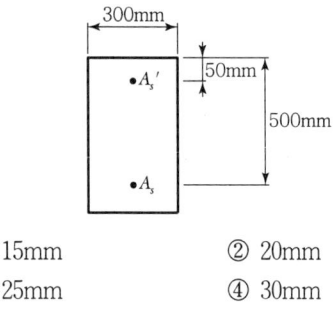

① 15mm
② 20mm
③ 25mm
④ 30mm

■해설 $\xi = 2.0$ (하중 재하기간이 5년 이상인 경우)

$$\rho' = \frac{A_s'}{bd} = \frac{1,500}{300 \times 500} = 0.01$$

$$\lambda_\Delta = \frac{\xi}{1+50\rho'} = \frac{2}{1+(50\times0.01)} = 1.33$$

$$\delta_L = \lambda_\Delta \cdot \delta_i = 1.33 \times 15 = 20\text{mm}$$

18. b_w=300mm, d=450mm인 단철근 직사각형보의 균형철근량은 약 얼마인가?(단, f_{ck}=35MPa, f_y=350MPa이다.)

① 5,485mm²
② 6,120mm²
③ 5,994mm²
④ 5,810mm²

■해설 $f_{ck} = 35\text{MPa} \leq 40\text{MPa}$인 경우

$$\rho_b = 0.68 \frac{f_{ck}}{f_y} \frac{660}{660+f_y}$$

$$= 0.68 \times \frac{35}{350} \times \frac{660}{660+350} = 0.0444$$

$$A_{s,b} = \rho_b \cdot b \cdot d$$

$$= 0.0444 \times 300 \times 450 = 5,994\text{mm}^2$$

19. 주어진 T형 단면에서 부착된 프리스트레스트 보강재의 인장응력 f_{ps}는 얼마인가?(단, 긴장재의 단면적은 A_{ps}=1,290mm²이고, 프리스트레싱 긴장재의 종류에 따른 계수(γ_p)=0.4, f_{pu}=1,900MPa, f_{ck}=35MPa이다.)

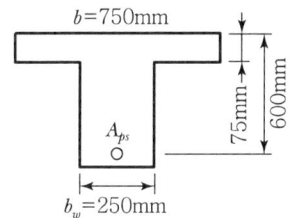

① f_{ps}=1,900MPa
② f_{ps}=1,761MPa
③ f_{ps}=1,752MPa
④ f_{ps}=1,651MPa

■해설 $\beta_1 = 0.8$ ($f_{ck} \leq 40\text{MPa}$인 경우)

$$\rho_p = \frac{A_{ps}}{bd_p} = \frac{1,290}{750 \times 600} = 0.00287$$

$$f_{ps} = f_{pu}\left(1 - \frac{\gamma_p}{\beta_1}\rho_p\frac{f_{pu}}{f_{ck}}\right)$$

$$= 1,900 \times \left(1 - \frac{0.4}{0.8} \times 0.00287 \times \frac{1,900}{35}\right)$$

$$= 1,752\text{MPa}$$

20. 횡구속골조구조물에서 세장비$\left(\frac{kl_u}{r}\right)$가 얼마를 초과할 때 장주로 취급하는가?(단, M_1 : 압축부재의 단부 계수 휨모멘트 중 작은 값, M_2 : 압축부재의 단부 계수 휨모멘트 중 큰 값)

① $22 - 12\frac{M_1}{M_2}$
② $34 - 12\frac{M_1}{M_2}$
③ $34 + 12\frac{M_1}{M_2}$
④ $22 + 12\frac{M_1}{M_2}$

■해설 장주와 단주의 구별

다음 각 경우에 대하여 세장비$\left(\lambda = \frac{kl_u}{r}\right)$가 주어진 조건을 만족하면 단주로서 고려하고, 조건을 만족하지 않으면 장주로서 고려한다.

• 횡방향 상대변위가 구속된 경우

$$\lambda < 34 - 12\left(\frac{M_1}{M_2}\right) \leq 40$$

(여기서, $-0.5 \leq \left(\frac{M_1}{M_2}\right) \leq 1.0$)

• 횡방향 상대변위가 구속되지 않은 경우

$\lambda < 22$

Item pool
CBT 기출복원문제 2회

01. 그림과 같은 띠철근 기둥에서 띠철근의 최대 간격으로 적당한 것은?(단, D10의 공칭직경은 9.5mm, D32의 공칭직경은 31.8mm)

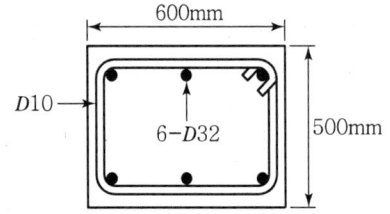

① 509mm ② 500mm
③ 472mm ④ 456mm

■해설 띠철근 기둥에서 띠철근의 간격
- 축방향 철근 지름의 16배 이하
 =31.8×16=508.8mm 이하
- 띠철근 지름의 48배 이하
 =9.5×48=456mm 이하
- 기둥단면의 최소 치수 이하=500mm 이하
따라서, 띠철근의 간격은 최소값인 456mm 이하라야 한다.

02. 그림과 같이 설계된 복철근 직사각형보의 경우 공칭 휨모멘트 강도 M_n은?(단, f_{ck}=28MPa, f_y = 350MPa, A_s =4,500mm², A_s' =1,800mm²이며, 압축·인장 철근 모두 항복한다고 가정)

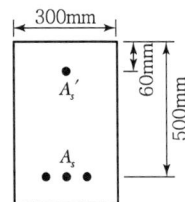

① 665.14kN·m ② 687.16kN·m
③ 690.27kN·m ④ 695.35kN·m

■해설 $\eta = 1\,(f_{ck} \leq 40\text{MPa}$인 경우$)$
$$a = \frac{(A_s - A_s')f_y}{\eta\,0.85f_{ck}b}$$
$$= \frac{(4,500-1,800)\times 350}{1\times 0.85\times 28\times 300} = 132.35\text{mm}$$
$$M_n = A_s'f_y(d-d') + (A_s - A_s')f_y\left(d-\frac{a}{2}\right)$$
$$= 1,800\times 350\times(500-60) + (4,500-1,800)$$
$$\times 350\times\left(500-\frac{132.35}{2}\right)$$
$$= 687.16\times 10^6\text{N}\cdot\text{mm} = 687.16\text{kN}\cdot\text{m}$$

03. 인장응력 검토를 위한 L-150×90×12인 형강(Angle)의 전개 총폭 b_g는 얼마인가?

① 228mm
② 232mm
③ 240mm
④ 252mm

■해설 $b_g = b_1 + b_2 - t = 150 + 90 - 12 = 228\text{mm}$

04. 슬래브의 단경간 S=4m, 장경간 L=5m에 집중하중 P=150kN이 슬래브의 중앙에 작용할 경우 장경간 L이 부담하는 하중은 얼마인가?

① 50.8kN
② 56.5kN
③ 91.5kN
④ 99.2kN

■해설 $P_L = \dfrac{S^3}{L^3+S^3}P = \left(\dfrac{4^3}{5^3+4^3}\right)\times 150 = 50.8\text{kN}$

|해답| 01. ④ 02. ② 03. ① 04. ①

05. 그림과 같이 활하중(w_L)은 30kN/m, 고정하중(w_D)은 콘크리트의 자중(단위무게 23kN/m³)만 작용하고 있는 캔틸레버보가 있다. 이 보의 위험단면에서 전단철근이 부담해야 할 전단력은?(단, 하중은 하중조합을 고려한 소요강도(U)를 적용하고, f_{ck}=24MPa, f_y=300MPa이다.)

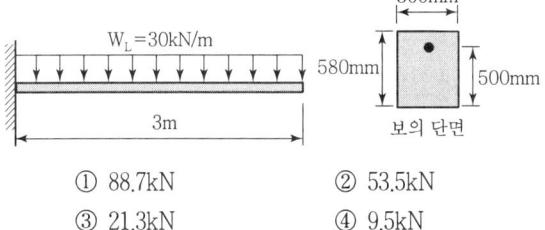

① 88.7kN ② 53.5kN
③ 21.3kN ④ 9.5kN

■해설
$W_D = \gamma_c \cdot A_c = 23 \times (0.3 \times 0.58) = 4$kN/m
$W_u = 1.2 W_D + 1.6 W_L = 1.2 \times 4 + 1.6 \times 30$
$= 52.8$kN/m
$V_u = W_u (l-d) = 52.8 \times (3-0.5) = 132$kN
$\phi V_c = \phi \frac{1}{6} \sqrt{f_{ck}} b_w d = 0.75 \times \frac{1}{6} \times \sqrt{24} \times 300 \times 500$
$= 91.9 \times 10^3$N $= 91.9$kN
$V_u (=132$kN$) > \phi V_c (=91.9$kN$)$이므로 전단보강이 필요하다.
$V_s \geq \frac{V_u - \phi V_c}{\phi} = \frac{132 - 91.9}{0.75} = 53.5$kN

06. 콘크리트의 크리프에 대한 설명으로 틀린 것은?

① 일정한 응력이 장시간 계속하여 작용하고 있을 때 변형이 계속 진행되는 현상을 말한다.
② 물-시멘트 비가 큰 콘크리트는 물-시멘트비가 작은 콘크리트보다 크리프가 크게 일어난다.
③ 고강도 콘크리트는 저강도 콘크리트보다 크리프가 크게 일어난다.
④ 콘크리트가 놓이는 주위의 온도가 높을수록 크리프변형은 크게 일어난다.

■해설 콘크리트의 크리프에 영향을 주는 요인
① w/c가 작은 콘크리트일수록 크리프변형은 감소한다.
② 하중 재하시 콘크리트의 재령이 클수록 크리프변형은 감소한다.
③ 고강도 콘크리트일수록 크리프변형은 감소한다.
④ 콘크리트가 놓인 주위의 온도가 낮을수록, 습도가 높을수록 크리프변형은 감소한다.

07. 다음은 옹벽의 안정에 대한 규정이다. 옳지 않은 것은?

① 옹벽의 활동에 대한 저항력은 옹벽에 작용하는 수평력의 1.5배 이상이어야 한다.
② 전도 및 지반지지력에 대한 안정조건을 만족하며, 활동에 대한 안정조건만을 만족하지 못할 경우 활동방지벽을 설치하여 활동저항력을 증대시킬 수 있다.
③ 전도에 대한 저항모멘트는 횡토압에 의한 전도모멘트의 1.5배 이상이어야 한다.
④ 지지 지반에 작용되는 최대 압력이 지반의 허용지지력을 초과하지 않아야 한다.

■해설 옹벽의 안정과 안전율
① 전도 : 2.0
② 활동 : 1.5
③ 지반침하 : 1.0

08. 철근의 이음방법에 대한 설명 중 옳지 않은 것은?(단, l_d는 정착길이)

① 인장을 받는 이형철근의 겹침이음길이는 A급 이음과 B급 이음으로 분류하며, A급 이음은 $1.0l_d$ 이상, B급 이음은 $1.3l_d$ 이상이며, 두 가지 경우 모두 300mm 이상이어야 한다.
② 인장 이형철근의 겹침이음에서 A급 이음은 배치된 철근량이 이음부 전체 구간에서 해석결과 요구되는 소요 철근량의 2배 이상이고, 소요 겹침이음길이 내 겹침이음된 철근량이 전체 철근량의 1/2 이하인 경우이다.
③ 서로 다른 크기의 철근을 압축부에서 겹침이음하는 경우, D41과 D51 철근은 D35 이하 철근과의 겹침이음은 허용할 수 있다.
④ 휨부재에서 서로 직접 접촉되지 않게 겹침이음된 철근은 횡방향으로 소요 겹침이음길이의 1/3 또는 200mm 중 작은 값 이상 떨어지지 않아야 한다.

|해답| 05. ② 06. ③ 07. ③ 08. ④

■해설 휨부재에서 서로 직접 접촉되지 않게 겹침이음된 철근은 횡방향으로 소요 겹침이음 길이의 $\frac{1}{5}$ 또는 150mm 중 작은 값 이상 떨어지지 않아야 한다.

09. 고정하중 50kN/m, 활하중 100kN/m를 지지해야 할 지간 8m의 단순보에서 계수모멘트 M_u는?

① 1,630kN·m ② 1,760kN·m
③ 1,870kN·m ④ 1,960kN·m

■해설 $W_u = 1.2W_D \times 1.6W_L$
$= 1.2 \times 50 + 1.6 \times 100 = 220\text{kN/m}$
$M_u = \dfrac{W_u \cdot l^2}{8} = \dfrac{220 \times 8^2}{8} = 1760\text{kN·m}$

10. T형 PSC보에 설계하중을 작용시킨 결과 보의 처짐은 0이었으며, 프리스트레스 도입단계부터 부착된 계측장치로부터 상부 탄성변형률 $\varepsilon = 3.5 \times 10^{-4}$을 얻었다. 콘크리트 탄성계수 $E_c = 26,000\text{MPa}$, T형 보의 단면적 $A_g = 150,000\text{mm}^2$, 유효율 $R = 0.85$일 때, 강재의 초기 긴장력 P_i를 구하면?

① 1,606kN ② 1,365kN
③ 1,160kN ④ 2,269kN

■해설 $P_e = E_c \varepsilon A = 26,000 \times (3.5 \times 10^{-4}) \times 150,000$
$= 1,365,000\text{N} = 1,365\text{kN}$
$P_i = \dfrac{P_e}{R} = \dfrac{1,365}{0.85} = 1,605.9\text{kN} \fallingdotseq 1,606\text{kN}$

11. 다음 띠철근 기둥이 최소 편심하에서 받을 수 있는 설계 축하중강도($\phi P_{n(\max)}$)는 얼마인가? (단, 축방향 철근의 단면적 $A_{st} = 1,865\text{mm}^2$, $f_{ck} = 28\text{MPa}$, $f_y = 300\text{MPa}$이고 기둥은 단주이다.)

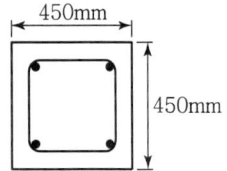

① 2,490kN/m ② 2,774kN
③ 3,075kN ④ 1,998kN

■해설 $\phi P_n = \phi\alpha\{0.85f_{ck}(A_g - A_{st}) + f_y A_{st}\}$
$= 0.65 \times 0.8 \times \{0.85 \times 28 \times (450^2 - 1,865)$
$+ 300 \times 1,865\}$
$= 2,774 \times 10^3\text{N} = 2,774\text{kN}$

12. 아래 그림과 같은 단철근 T형 보의 공칭휨모멘트 강도(M_n)는 얼마인가? (단, $f_{ck} = 24\text{MPa}$, $f_y = 400\text{MPa}$이고, $A_s = 4,500\text{mm}^2$)

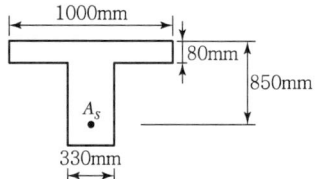

① 1,123.13kN·m ② 1,289.15kN·m
③ 1,449.18kN·m ④ 1,590.32kN·m

■해설 1. T형 보의 판별
폭이 $b = 1,000\text{mm}$인 직사각형 단면보에 대한 등가 사각형 깊이
$\eta = 1$ ($f_{ck} \leq 40\text{MPa}$인 경우)
$a = \dfrac{A_s f_y}{\eta 0.85 f_{ck} b} = \dfrac{4,500 \times 400}{1 \times 0.85 \times 24 \times 1,000} = 88.2\text{mm}$
$t_f = 80\text{mm}$
$a > t_f$이므로 T형 보로 해석

2. T형 보의 공칭 휨강도(M_n)
$A_{sf} = \dfrac{\eta 0.85 f_{ck}(b - b_w) t_f}{f_y}$
$= \dfrac{1 \times 0.85 \times 24 \times (1,000 - 330) \times 80}{400}$
$= 2,734\text{mm}^2$
$a = \dfrac{(A_s - A_{sf})f_y}{\eta 0.85 f_{ck} b_w}$
$= \dfrac{(4,500 - 2,734) \times 400}{1 \times 0.85 \times 24 \times 330} = 105\text{mm}$
$M_n = A_{sf} f_y \left(d - \dfrac{t_f}{2}\right) + (A_s - A_{sf})f_y\left(d - \dfrac{a}{2}\right)$
$= 2,734 \times 400 \times \left(850 - \dfrac{80}{2}\right) + (4,500 - 2,734)$
$\times 400 \times \left(850 - \dfrac{105}{2}\right)$
$= 1,449.17 \times 10^6\text{N·mm} = 1,449.17\text{kN·m}$

13. 다음 그림과 같은 맞대기 용접 이음에서 이음의 응력을 구하면?

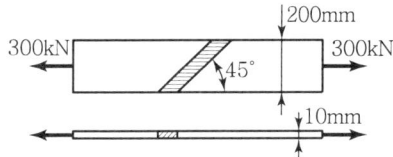

① 150.0MPa
② 106.1MPa
③ 200.0MPa
④ 212.1MPa

■해설 $f = \dfrac{P}{A} = \dfrac{300 \times 10^3}{10 \times 200} = 150 \text{N/mm}^2 = 150 \text{MPa}$

14. 그림과 같은 2방향 확대기초에서 하중계수가 고려된 계수하중 P_u(자중 포함)가 그림과 같이 작용할 때 위험단면의 계수전단력(V_u)은 얼마인가?

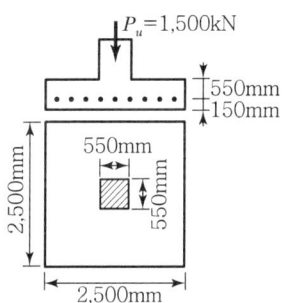

① $V_u = 1,009.3$ kN
② $V_u = 1,111.2$ kN
③ $V_u = 1,209.6$ kN
④ $V_u = 1,372.9$ kN

■해설 $q = \dfrac{P}{A} = \dfrac{1,500 \times 10^3}{2,500 \times 2,500} = 0.24 \text{N/mm}^2$

$B = t + d = 550 + 550 = 1,100 \text{mm}$

$V_u = q(SL - B^2)$
$= 0.24 \times (2,500 \times 2,500 - 1,100^2)$
$= 1,209.6 \times 10^3 \text{N} = 1,209.6 \text{kN}$

15. 철근콘크리트 부재의 비틀림철근 상세에 대한 설명으로 틀린 것은?(단, p_h : 가장 바깥의 횡방향 폐쇄스터럽 중심선의 둘레(mm))

① 종방향 비틀림철근은 양단에 정착하여야 한다.
② 횡방향 비틀림철근의 간격은 $p_h/4$보다 작아야 하고 또한 200mm보다 작아야 한다.
③ 비틀림에 요구되는 종방향 철근은 폐쇄스터럽의 둘레를 따라 300mm 이하의 간격으로 분포시켜야 한다.
④ 종방향 철근의 지름은 스터럽 간격의 1/24 이상이어야 하며, D10 이상의 철근이어야 한다.

■해설 횡방향 비틀림철근의 간격은 $p_h/8$보다 작아야 하고, 또한 300mm보다 작아야 한다.

16. 프리스트레스트 콘크리트의 경우 흙에 접하여 콘크리트를 친 후 영구히 흙에 묻혀 있는 콘크리트의 최소 피복두께는?

① 40mm
② 60mm
③ 75mm
④ 100mm

■해설 프리스트레스트 콘크리트의 경우 흙에 접하여 콘크리트를 친 후 영구히 흙에 묻혀 있는 콘크리트의 최소 피복두께는 75mm이다.

17. 경간 25m인 PS콘크리트 보에 계수하중 40kN/m이 작용하고, $P = 2,500$kN의 프리스트레스가 주어질 때 등분포 상향력 u를 하중평형(Balanced Load) 개념에 의해 계산하여 이 보에 작용하는 순수하향 분포하중을 구하면?

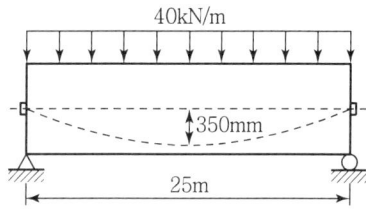

① 26.5kN/m
② 27.3kN/m
③ 28.8kN/m
④ 29.6kN/m

|해답| 13. ① 14. ③ 15. ② 16. ③ 17. ③

■해설 $u = \dfrac{8Ps}{l^2} = \dfrac{8 \times 2,500 \times 0.35}{25^2} = 11.2\text{kN/m}$

순하향력 $= \omega - u = 40 - 11.2 = 28.8\text{kN/m}$

18. 아래 그림과 같은 보의 단면에서 표피철근의 간격 S는 약 얼마인가?(단, 습윤환경에 노출되는 경우로서, 표피철근의 표면에서 부재 측면까지 최단거리(c_c)는 50mm, f_{ck}=28MPa, f_y=400MPa이다.)

① 170mm
② 190mm
③ 220mm
④ 240mm

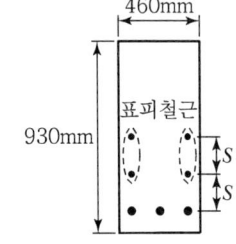

■해설 $k_{cr} = 210$ (건조환경 : 280, 그 외의 환경 : 210)

$f_s = \dfrac{2}{3}f_y = \dfrac{2}{3} \times 400 = 266.7\text{MPa}$

$S_1 = 375\left(\dfrac{k_{cr}}{f_s}\right) - 2.5C_c$

$\quad = 375 \times \left(\dfrac{210}{266.7}\right) - 2.5 \times 50 = 170.3\text{mm}$

$S_2 = 300\left(\dfrac{k_{cr}}{f_s}\right)$

$\quad = 300 \times \left(\dfrac{210}{266.7}\right) = 236.2\text{mm}$

$S = [S_1,\ S_2]_{\min} = 170.3\text{mm}$

19. 아래 그림과 같은 단면을 가지는 직사각형 단철근 보의 설계휨강도를 구할 때 사용되는 강도감소계수 ϕ값은 약 얼마인가?(단, A_s는 3,176mm², f_{ck}=38MPa, f_y=400MPa)

① 0.76
② 0.82
③ 0.83
④ 0.85

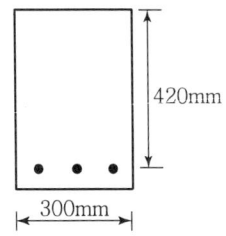

■해설 1. 최외단 인장철근의 순인장 변형율(ε_t)

$f_{ck} = 38\text{MPa} \leq 40\text{MPa}$인 경우

$\varepsilon_{cu} = 0.0033,\ \eta = 1,\ \beta_1 = 0.8$

• $a = \dfrac{f_y A_s}{\eta 0.85 f_{ck} b} = \dfrac{400 \times 3,176}{1 \times 0.85 \times 38 \times 300}$

$\quad = 131.1\text{mm}$

• $\varepsilon_t = \dfrac{d_t \beta_1 - a}{a} \varepsilon_{cu}$

$\quad = \dfrac{420 \times 0.8 - 131.1}{131.1} \times 0.0033 = 0.00516$

2. 단면구분

• $f_y = 400\text{MPa}$인 경우, ε_y와 $\varepsilon_{t,l}$값

$\varepsilon_y = \dfrac{f_y}{E_s} = \dfrac{400}{2 \times 10^5} = 0.002$

$\varepsilon_{t,l} = 0.005$

• $\varepsilon_t \geq \varepsilon_{t,l}$ → 인장 지배 단면

3. ϕ결정

$\phi_c = 0.85$

20. 정착구와 커플러의 위치에서 프리스트레싱 도입 직후 포스트텐션 긴장재의 응력은 얼마 이하로 하여야 하는가?(단, f_{pu}는 긴장재의 설계기준인장강도)

① $0.6f_{pu}$
② $0.74f_{pu}$
③ $0.70f_{pu}$
④ $0.85f_{pu}$

■해설 긴장재(PS강재)의 허용응력

적용범위	허용응력
긴장할 때 긴장재의 인장응력	$0.8f_{pu}$와 $0.94f_{py}$ 중 작은 값 이하
프리스트레스 도입 직후 긴장재의 인장응력	$0.74f_{pu}$와 $0.82f_{py}$ 중 작은 값 이하
정착구와 커플러(Coupler)의 위치에서 프리스트레스 도입 직후 포스트텐션 긴장재의 인장응력	$0.7f_{pu}$ 이하

2024년 CBT 기출복원문제 3회

Item pool
CBT 기출복원문제 3회

01. 아래 그림과 같은 두께 19mm 평판의 순단면적을 구하면?(단, 볼트구멍의 직경은 25mm이다.)

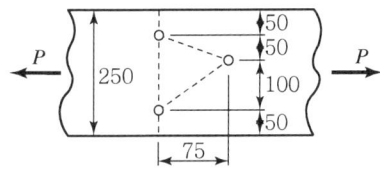

① 3,270mm² ② 3,800mm²
③ 3,920mm² ④ 4,530mm²

해설 $d_h = \phi + 3 = 25$mm

$b_{n2} = b_g - 2d_h = 250 - (2 \times 25) = 200$mm

$b_{n3} = b_g - 3d_h + \dfrac{s_1^2}{4g_1} + \dfrac{s_2^2}{4g_2}$

$= 250 - (3 \times 25) + \dfrac{75^2}{4 \times 50} + \dfrac{75^2}{4 \times 100} = 217$mm

$b_n = [b_{n2},\ b_{n3}]_{\min} = 200$mm

$A_n = b_n \cdot t = 200 \times 19 = 3,800$mm²

02. 2방향 슬래브 직접설계법의 제한사항에 대한 설명으로 틀린 것은?

① 각 방향으로 3경간 이상 연속되어야 한다.
② 슬래브 판들은 단변 경간에 대한 장변 경간의 비가 2 이하인 직사각형이어야 한다.
③ 각 방향으로 연속한 받침부 중심 간 경간 차이는 긴 경간의 1/3 이하이어야 한다.
④ 연속한 기둥 중심선을 기준으로 기둥의 어긋남은 그 방향 경간의 20% 이하이어야 한다.

해설 2방향 슬래브의 설계에서 직접설계법을 적용할 경우, 연속한 기둥 중심선으로부터 기둥의 이탈은 이탈방향 경간의 최대 10%까지 허용한다.

03. 그림과 같은 경간 15m의 콘크리트 T형 보의 대칭부의 플랜지 유효폭 b는 얼마인가?

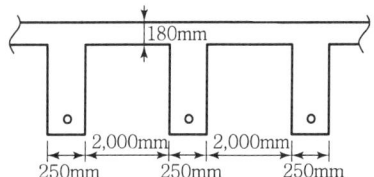

① 3,130mm ② 2,500mm
③ 2,250mm ④ 2,000mm

해설 T형 보(대칭 T형 보)에서 플랜지의 유효폭(b_e)
- $16t_f + b_w = (16 \times 180) + 250 = 3,130$mm
- 양쪽 슬래브의 중심간 거리
  $= 2,000 + 250 = 2,250$mm
- 보 경간의 $\dfrac{1}{4} = (15 \times 10^3) \times \dfrac{1}{4} = 3,750$mm

위 값 중 최소값 2,250mm를 취한다.

04. 콘크리트의 설계기준압축강도(f_{ck})가 50MPa인 경우 콘크리트 탄성계수 및 크리프 계산에 적용되는 콘크리트의 평균압축강도(f_{cm})는?

① 54MPa ② 55MPa
③ 56MPa ④ 57MPa

해설 1. Δf값
- $f_{ck} \leq 40$MPa, $\Delta f = 4$MPa
- $f_{ck} \geq 60$MPa, $\Delta f = 6$MPa
- 40MPa $< f_{ck} <$ 60MPa, $\Delta f = 0.1 f_{ck}$

2. f_{cm}값
$f_{cm} = f_{ck} + \Delta f$
따라서, $f_{ck} = 50$MPa인 경우 f_{cm}값은 다음과 같다.
$\Delta f = 0.1 f_{ck} = 0.1 \times 50 = 5$MPa
$f_{cm} = f_{ck} + \Delta f = 50 + 5 = 55$MPa

|해답| 01. ② 02. ④ 03. ③ 04. ②

05. 옹벽의 설계에 대한 설명으로 틀린 것은?

① 부벽식 옹벽의 저판은 정밀한 해석이 사용되지 않는 한, 부벽 사이의 거리를 경간으로 가정한 고정보 또는 연속보로 설계할 수 있다.
② 활동에 대한 저항력은 옹벽에 작용하는 수평력의 1.5배 이상이어야 한다.
③ 저판의 뒷굽판은 정확한 방법이 사용되지 않는 한, 뒷굽판 상부에 재하되는 모든 하중을 지지하도록 설계하여야 한다.
④ 무근콘크리트 옹벽은 부벽식 옹벽의 형태로 설계하여야 한다.

■해설 무근콘크리트 옹벽은 중력식 옹벽의 형태로 설계하여야 한다.

06. 자중을 포함한 계수하중 80kN/m를 지지하는 그림과 같은 단순보가 있다. 경간은 7m이고, $f_{ck}=21$MPa, $f_y=300$MPa일 때 다음 설명 중 옳지 않은 것은?

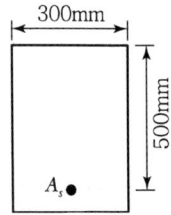

① 위험 단면에서의 계수전단력은 240kN이다.
② 콘크리트가 부담할 수 있는 전단강도는 114.6kN이다.
③ 전단철근(수직 스터럽)의 최대간격은 250mm이다.
④ 이론적으로 전단철근이 필요한 구간은 지점으로부터 1.73m까지 구간이다.

■해설 ㉮ $V_u = W_u\left(\dfrac{l}{2}-d\right) = 80 \times \left(\dfrac{7}{2}-0.5\right) = 240$kN

㉯ $V_c = \dfrac{1}{6}\sqrt{f_{ck}}\,b_w d = \dfrac{1}{6} \times \sqrt{21} \times 300 \times 500$
$= 114.56 \times 10^3$N $= 114.56$kN

㉰ $V_s = \dfrac{V_u}{\phi} - V_c = \dfrac{240}{0.75} - 114.56 = 205.44$kN

$\dfrac{1}{3}\sqrt{f_{ck}}\,b_w d = \dfrac{1}{3} \times \sqrt{21} \times 300 \times 500$
$= 229.1 \times 10^3$N $= 229.1$kN

$V_s < \dfrac{1}{3}\sqrt{f_{ck}}\,b_w d$이므로 전단철근 간격 s는 다음과 같다.

$s = \dfrac{d}{2} = \dfrac{500}{2} = 250$mm 이하

$s = 600$mm 이하

따라서, 전단철근 간격은 최소값인 250mm이하라야 한다.

㉱ 전단철근이 필요한 구간

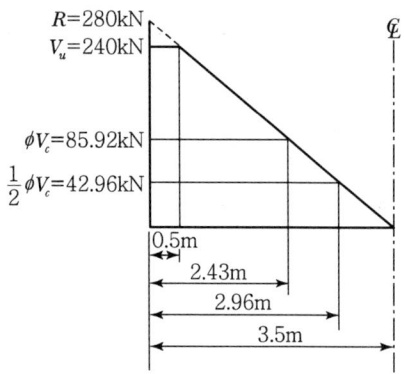

$\phi V_c = 0.75 \times 114.56 = 85.92$kN

$\phi V_c = W_u\left(\dfrac{l}{2}-x\right)$

$x = \dfrac{l}{2} - \dfrac{\phi V_u}{W_c} = \dfrac{7}{2} - \dfrac{85.92}{80} = 2.43$m

최소 전단철근이 필요한 구간

$\dfrac{1}{2}\phi V_c = \dfrac{1}{2} \times 85.92 = 42.96$kN

$\dfrac{1}{2}\phi V_c = W_u\left(\dfrac{l}{2}-x\right)$

$x = \dfrac{1}{2}\left(l - \dfrac{\phi V_c}{W_u}\right) = \dfrac{1}{2}\left(7 - \dfrac{85.92}{80}\right) = 2.96$m

따라서, 이론적으로 전단철근이 필요한 구간은 지점으로부터 2.43m까지의 구간이고, 설계규준에 따라 전단철근이 배근되어야 할 구간은 지점으로부터 2.96m까지의 구간이다.

07. 철근콘크리트 강도설계에 있어서 안전을 위한 강도감소계수 ϕ의 규정값으로 틀린 것은?

① 인장지배단면 : 0.85
② 전단력과 비틀림모멘트 : 0.75
③ 콘크리트의 지압력 : 0.65
④ 압축지배단면 중 나선철근으로 보강된 부재 : 0.80

■해설 압축지배단면의 강도감소계수
- 나선철근으로 보강된 부재 : $\phi = 0.70$
- 그 이외의 부재 : $\phi = 0.65$

O8. 그림의 단순지지 보에서 긴장재는 C점에 150mm의 편차에 직선으로 배치되고, 1,000kN으로 긴장되었다. 보의 고정하중은 무시할 때 C점에서의 휨 모멘트는 얼마인가?(단, 긴장재의 경사가 수평압축력에 미치는 영향 및 자중은 무시한다.)

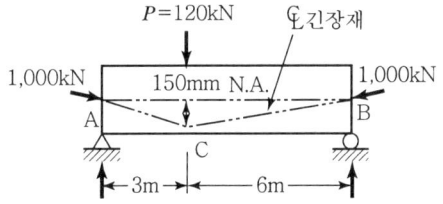

① $M_c = 90\text{kN} \cdot \text{m}$
② $M_c = -150\text{kN} \cdot \text{m}$
③ $M_c = 240\text{kN} \cdot \text{m}$
④ $M_c = 390\text{kN} \cdot \text{m}$

■해설 $\sum M_\text{Ⓑ} = 0$
$V_A \times 9 - 120 \times 6 = 0$
$V_A = 80\text{kN}(\uparrow)$

1) 외력($P=120\text{kN}$)에 의한 C점의 단면력

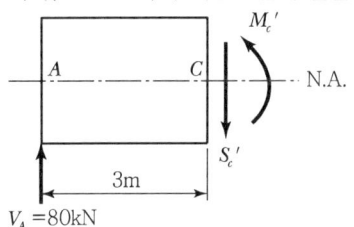

$\sum F_y = 0(\uparrow \oplus)$
$80 - S_C' = 0$
$S_C' = 80\text{kN}$

$\sum M_\text{Ⓒ} = 0(\curvearrowleft \oplus)$
$80 \times 3 - M_C' = 0$
$M_C' = 240\text{kN} \cdot \text{m}$

2) 프리스트레싱력($P_i = 1,000\text{kN}$)에 의한 C점의 단면력

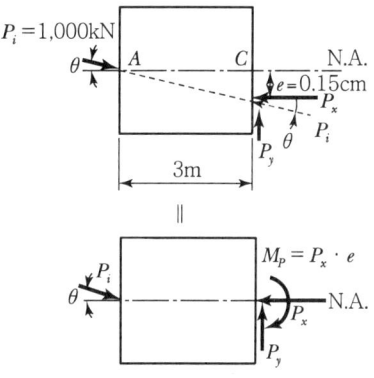

- $P_x = P \cdot \cos\theta \fallingdotseq P_i = 1,000\text{kN}$
- $P_y = P \cdot \sin\theta = 1,000 \times \dfrac{0.15}{\sqrt{3^2 + 0.15^2}} = 50\text{kN}$
- $M_P = P_x \cdot e = 1,000 \times 0.15 = 150\text{kN} \cdot \text{m}$

3) 외력과 프리스트레싱력에 의한 C점의 단면력

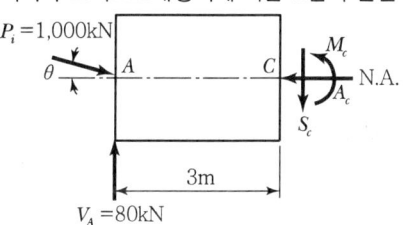

- $A_C = P_x = 1,000\text{kN}$
- $S_C = S_C' - P_y = 80 - 50 = 30\text{kN}$
- $M_C = M_C' - M_P = 240 - 150 = 90\text{kN} \cdot \text{m}$

O9. 처짐을 계산하지 않는 경우 단순지지된 보의 최소 두께($h_{\min}$)로 옳은 것은?(단, 보통콘크리트($m_c = 2,300\text{kg/m}^3$) 및 $f_y = 300\text{MPa}$인 철근을 사용한 부재의 길이가 10m인 보)

① 429mm ② 500mm
③ 537mm ④ 625mm

■해설 단순지지 보의 처짐을 계산하지 않아도 되는 최소 두께($h_{\min}$)

- $f_y = 400\text{MPa}$인 경우 : $h_{\min} = \dfrac{l}{16}$
- $f_y \neq 400\text{MPa}$인 경우 : $h_{\min} = \dfrac{l}{16}\left(0.43 + \dfrac{f_y}{700}\right)$

$f_y = 300\text{MPa}$이므로 최소 두께($h_{\min}$)는 다음과 같다.

$$h_{\min} = \frac{l}{16}\left(0.43 + \frac{f_y}{700}\right)$$
$$= \frac{10 \times 10^3}{16}\left(0.43 + \frac{300}{700}\right) = 536.6\text{mm}$$

10. 철근 콘크리트 보의 파괴거동 내용 중 잘못된 것은?

① 규정에 의한 최소 철근량($A_{s,\min}$)보다 매우 적은 철근량이 배근된 경우 인장부 콘크리트응력이 파괴계수에 도달하면 균열과 동시에 취성파괴를 일으킨다.

② 과소철근으로 배근된 단면에서는 최종 붕괴가 생길 때까지 큰 처짐이 생긴다.

③ 과다철근으로 배근된 단면에서는 압축측 콘크리트의 변형률이 극한변형률에 도달할 때 인장철근의 응력은 항복응력보다 작다.

④ 인장철근이 항복응력 f_y에 도달함과 동시에 콘크리트 압축변형률이 극한변형률에 도달하도록 설계하는 것이 경제적이고 바람직한 설계이다.

■해설 콘크리트 압축변형률이 극한변형률에 도달하기 전에 인장철근이 먼저 항복응력(f_y)에 도달하는 연성파괴가 이루어지도록 설계하는 것이 바람직하다.

11. 그림과 같은 필렛용접에서 일어나는 응력이 옳게 된 것은?

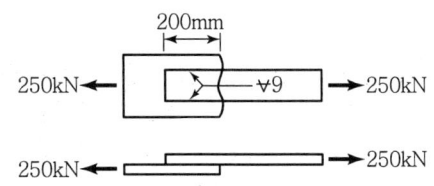

① 97.3MPa   ② 98.2MPa
③ 99.2MPa   ④ 100.0MPa

■해설 $v = \dfrac{P}{\sum al} = \dfrac{250 \times 10^3}{(0.707 \times 9) \times (2 \times 200)}$
$= 98.2\text{N/mm}^2 = 98.2\text{MPa}$

12. 아래 그림과 같은 독립확대기초에서 1방향 전단에 대해 고려할 경우 위험단면의 계수전단력(V_u)은?(단, 계수하중 P_u =1,500kN이다.)

① 255kN
② 387kN
③ 897kN
④ 1,210kN

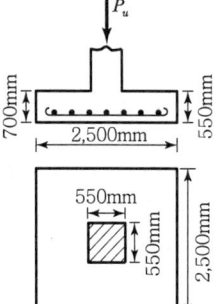

■해설 $q = \dfrac{P}{A} = \dfrac{1,500 \times 10^3}{2,500 \times 2,500} = 0.24\text{N/mm}^2$

$V_u = q\left(\dfrac{L-t}{2} - d\right)s = 0.24\left(\dfrac{2,500-550}{2} - 550\right)2,500$
$= 255 \times 10^3 \text{N} = 255\text{kN}$

13. 직사각형보에서 계수전단력 V_u =70kN을 전단철근 없이 지지하고자 할 경우 필요한 최소 유효깊이 d는 약 얼마인가?(단, b_w =400mm, f_{ck} =21MPa, f_y =350MPa)

① d =426mm   ② d =556mm
③ d =611mm   ④ d =751mm

■해설 $\dfrac{1}{2}\phi V_c \geq V_u$

$\dfrac{1}{2}\phi\left(\dfrac{1}{6}\sqrt{f_{ck}}\,b_w d\right) \geq V_u$

$d \geq \dfrac{12 V_u}{\phi\sqrt{f_{ck}}\,b_w} = \dfrac{12 \times (70 \times 10^3)}{0.75 \times \sqrt{21} \times 400} = 611\text{mm}$

14. 다음 중 철근의 피복두께를 필요로 하는 이유로 옳지 않은 것은?

① 철근이 산화되지 않도록 한다.
② 화재에 의한 직접적인 피해를 받지 않도록 한다.
③ 부착응력을 확보한다.
④ 인장강도를 보강한다.

■해설 피복두께를 두는 이유
- 철근의 부식 방지
- 단열작용으로 철근 보호
- 철근과 콘크리트 사이의 부착력 확보

15. 경간이 8m인 PSC보에 등분포하중 $w=20$kN/m가 작용할 때 중앙 단면 콘크리트 하연에서의 응력이 0이 되려면 강재에 줄 프리스트레스 힘 P는 얼마인가?(단, PS강재는 콘크리트 도심에 배치되어 있음)

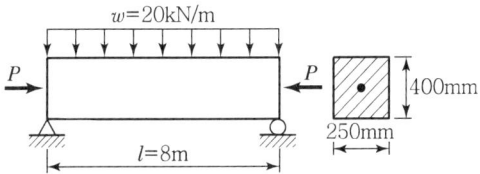

① $P=2,000$kN ② $P=2,200$kN
③ $P=2,400$kN ④ $P=2,600$kN

■해설
$$f_b = \frac{P}{A} - \frac{M}{Z} = \frac{P}{bh} - \frac{3wl^2}{4bh^2} = 0$$
$$P = \frac{3wl^2}{4h} = \frac{3 \times 20 \times 8^2}{4 \times 0.4} = 2,400\text{kN}$$

16. 보통 중량콘크리트의 설계기준강도(f_{ck})가 35MPa이며 철근의 설계항복강도가 400MPa이면 직경이 25mm인 압축이형철근의 기본정착길이(l_{db})는 얼마인가?

① 2,237mm ② 358mm
③ 423mm ④ 430mm

■해설 $\lambda = 1$(보통 중량의 콘크리트인 경우)
$$l_{db} = \frac{0.25 d_b f_y}{\lambda \sqrt{f_{ck}}} = \frac{0.25 \times 25 \times 400}{1 \times \sqrt{35}} = 422.6\text{mm}$$
$0.043 d_b f_y = 0.043 \times 25 \times 400 = 430\text{mm}$
$l_{db} < 0.043_{bd} f_y$ 이므로, $l_{db} = 0.043 d_b f_y = 430$mm

17. 철근콘크리트 보에서 강도설계법의 기본가정에 관한 설명 중 옳지 않은 것은?

① 콘크리트와 철근이 모두 후크(Hooke)의 법칙을 따른다고 가정한다.
② 콘크리트 압축연단의 극한 변형률은 콘크리트의 설계기준압축강도가 40MPa 이하인 경우에는 0.0033으로 가정한다.
③ 휨응력 계산에서 콘크리트의 인장강도는 무시한다.
④ 변형률은 중립축으로부터 떨어진 거리에 비례한다.

■해설 극한강도상태에서 콘크리트의 응력은 변형률에 비례하지 않는다.

18. 프리스트레스의 손실 원인 중 프리스트레스 도입 후 시간이 경과함에 따라서 생기는 것은 어느 것인가?

① 콘크리트의 탄성수축
② 콘크리트의 크리프
③ PS 강재와 쉬스의 마찰
④ 정착단의 활동

■해설 프리스트레스의 손실 원인

```
    Jacking Force
         ↓  (즉시손실)
   초기 프리스트레싱력
         ↓  (시간손실)
   유효 프리스트레싱력
```

1) 프리스트레스 도입 시 손실(즉시손실)
   ① 정착 장치의 활동에 의한 손실
   ② PS강재와 쉬스 사이의 마찰에 의한 손실
   ③ 콘크리트의 탄성변형에 의한 손실

2) 프리스트레스 도입 후 손실(시간손실)
   ① 콘크리트의 크리프에 의한 손실
   ② 콘크리트의 건조수축에 의한 손실
   ③ PS강재의 릴랙세이션에 의한 손실

|해답| 15. ③ 16. ④ 17. ① 18. ②

19. 나선철근 압축부재 단면의 심부지름이 400mm, 기둥단면 지름이 500mm인 나선철근 기둥의 나선철근비는 최소 얼마 이상이어야 하는가?(단, f_{ck}=21MPa, f_y=400MPa)

① 0.0133 ② 0.0201
③ 0.0248 ④ 0.0304

■해설
$$\rho_s \geq 0.45\left(\frac{A_g}{A_{ch}}-1\right)\frac{f_{ck}}{f_{yt}} = 0.45\left(\frac{\frac{\pi \times 500^2}{4}}{\frac{\pi \times 400^2}{4}}-1\right) \times \frac{21}{400}$$
$$= 0.0133$$

20. 복철근으로 설계해야 할 경우를 설명한 것으로 잘못된 것은?

① 단면이 넓어서 철근을 고루 분산시키기 위해
② 정, 부 모멘트를 교대로 받는 경우
③ 크리프에 의해 발생하는 장기처짐을 최소화하기 위해
④ 보의 높이가 제한되어 철근의 증가로 휨강도를 증가시키기 위해

■해설 압축철근의 사용효과
- 크리프, 건조수축 등으로 인하여 발생되는 장기처짐을 최소화하기 위한 경우
- 파괴 시 압축응력의 깊이를 감소시켜 연성을 증 대시키기 위한 경우
- 철근의 조립을 쉽게 하기 위한 경우
- 정(+), 부(-) 모멘트를 번갈아 받는 경우
- 보의 단면 높이가 제한되어 단철근 단면보의 설계 휨강도가 계수 휨하중보다 작은 경우

CBT 기출복원문제 1회

01. 강도설계법의 설계 기본가정 중에서 옳지 않은 것은?

① 철근 및 콘크리트의 변형률은 중립축으로부터의 거리에 비례한다.
② 인장측 연단에서 콘크리트의 극한변형률은 0.0033으로 가정한다.
③ 콘크리트의 인장강도는 철근콘크리트 휨 계산에서 무시한다.
④ 철근의 변형률이 f_y에 대응하는 변형률보다 큰 경우 철근의 응력은 변형률에 관계없이 f_y로 한다.

■해설 콘크리트 압축연단의 극한 변형률은 콘크리트의 설계기준압축강도가 40MPa 이하인 경우에는 0.0033으로 가정한다.

02. 다음과 같은 철근콘크리트 단면에서 전단철근의 보강 없이 저항할 수 있는 최대 계수전단력(V_u)은?(단, f_{ck}=21MPa, f_y=400MPa)

① 73.7kN
② 64.5kN
③ 46.1kN
④ 34.4kN

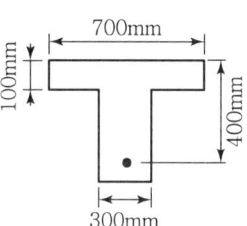

■해설 $V_u \leq \frac{1}{2}\phi V_c$를 만족시키면 최소 전단철근을 배치하지 않아도 된다.

$$V_u \leq \frac{1}{2}\phi\left(\frac{1}{6}\sqrt{f_{ck}}\,b_w d\right)$$
$$= \frac{1}{2} \times 0.75 \times \left(\frac{1}{6} \times \sqrt{21} \times 300 \times 400\right)$$
$$= 34.363 \times 10^3 \text{N} = 34.4 \text{kN}$$

03. b_w=400mm, d=600mm, A_s=4,800mm², A_s'=2,400mm²인 복철근 직사각형 단면의 보에서 하중이 작용할 경우 탄성처짐량이 2.5mm였다. 6개월 후 총처짐량은?(단, 시간경과계수(ξ)는 1.2)

① 4.0mm
② 4.5mm
③ 5.0mm
④ 6.0mm

■해설
$$\rho' = \frac{A_s'}{bd} = \frac{2,400}{400 \times 600} = 0.01$$
$$\lambda_\Delta = \frac{\xi}{1+50\rho'} = \frac{1.2}{1+(50 \times 0.01)} = 0.8$$
$$\delta_L = \lambda_\Delta \cdot \delta_i = 0.8 \times 2.5 = 2\text{mm}$$
$$\delta_T = \delta_i + \delta_L = 2.5 + 2 = 4.5\text{mm}$$

04. 옹벽의 구조해석에 대한 설명으로 잘못된 것은?

① 뒷부벽식 옹벽의 저판은 정확한 방법이 사용되지 않는 한, 뒷부벽 간의 거리를 경간으로 가정하여 고정보 또는 연속보로 설계할 수 있다.
② 저판의 뒷굽판은 정확한 방법이 사용되지 않는 한, 뒷굽판 상부에 재하되는 모든 하중을 지지하도록 설계되어야 한다.
③ 캔틸레버 옹벽의 전벽면은 저판에 지지된 캔틸레버로 설계할 수 있다.
④ 뒷부벽식 옹벽의 뒷부벽은 직사각형보로 설계하여야 한다.

■해설 뒷부벽식 옹벽의 뒷부벽은 T형 보로 설계하여야 하며, 앞부벽식 옹벽의 앞부벽은 직사각형보로 설계하여야 한다.

|해답| 01. ② 02. ④ 03. ② 04. ④

05. 프리스트레스트 콘크리트 중 비부착긴장재를 가진 부재에서 깊이에 대한 경간의 비가 35 이하인 경우 공칭강도를 발휘할 때 긴장재의 인장응력(f_{ps})을 구하는 식으로 옳은 것은?(단, f_{pe} : 긴장재의 유효프리스트레스, ρ_p : 긴장재의 비)

① $f_{ps} = f_{pe} + 70 + \dfrac{f_{ck}}{100\rho_p}$

② $f_{ps} = f_{pe} + 70 + \dfrac{f_{ck}}{200\rho_p}$

③ $f_{ps} = f_{pe} + 70 + \dfrac{f_{ck}}{300\rho_p}$

④ $f_{ps} = f_{pe} + 70 + \dfrac{f_{ck}}{400\rho_p}$

■해설 PS강재의 응력(f_{ps}) [$f_{pe} \geq 0.5f_{pu}$]
1) PS강재가 부착된 부재
  • 인장철근과 압축철근의 영향을 고려할 경우
  $$f_{ps} = f_{pu}\left[1 - \dfrac{\gamma_p}{\beta_1}\left(\rho_p \dfrac{f_{pu}}{f_{ck}} + \dfrac{d}{d_p}(W - W')\right)\right]$$
  • 인장철근과 압축철근의 영향을 무시할 경우
  $$f_{ps} = f_{pu}\left(1 - \dfrac{\gamma_p}{\beta_1}\rho_p \dfrac{f_{pu}}{f_{ck}}\right)$$

2) PS강재가 부착되지 않은 부재
  • $\dfrac{l}{h} \leq 35$인 경우
  $$f_{ps} = f_{pe} + 70 + \dfrac{f_{ck}}{100\rho_p}$$
  여기서, f_{ps}는 f_{py}와 ($f_{pe} + 420$)MPa 이하로 하여야 한다.
  • $\dfrac{l}{h} > 35$인 경우
  $$f_{ps} = f_{pe} + 70 + \dfrac{f_{ck}}{300\rho_p}$$
  여기서, f_{ps}는 f_{py}와 ($f_{pe} + 210$)MPa 이하로 하여야 한다.

06. 철근콘크리트가 성립되는 조건으로 옳지 않은 것은?

① 철근과 콘크리트와의 부착력이 크다.
② 철근과 콘크리트의 열팽창계수가 거의 같다.
③ 철근과 콘크리트의 탄성계수가 거의 같다.
④ 철근은 콘크리트 속에서 녹이 슬지 않는다.

■해설 철근콘크리트의 성립 요건
  • 콘크리트와 철근 사이의 부착강도가 크다.
  • 콘크리트와 철근의 열팽창계수가 거의 같다.
  $\begin{cases} \alpha_c = (1.0 \sim 1.3) \times 10^{-5}(/℃) \\ \alpha_s = 1.2 \times 10^{-5}(/℃) \end{cases}$
  • 콘크리트 속에 묻힌 철근은 부식되지 않는다.

07. 강도설계법에서 보의 휨파괴에 대한 설명으로 잘못된 것은?

① 보는 취성파괴보다는 연성파괴가 일어나도록 설계되어야 한다.
② 과소철근보는 인장철근이 항복하기 전에 압축측 콘크리트의 변형률이 극한변형률에 도달하는 보이다.
③ 균형철근보는 압축측 콘크리트의 변형률이 극한변형률에 도달함과 동시에 인장철근이 항복하는 보이다.
④ 과다철근보는 인장철근량이 많아서 갑작스런 압축파괴가 발생하는 보이다.

■해설 과소철근보는 압축측 콘크리트의 변형률이 극한변형률에 도달하기 전에 인장측 철근이 먼저 항복하는 보이다.

08. 철근콘크리트 부재에서 전단철근이 부담해야 할 전단력이 400kN일 때 부재축에 직각으로 배치된 전단철근의 최대 간격은?(단, $A_v = 700mm^2$, $f_{yt} = 350MPa$, $f_{ck} = 21MPa$, $b_w = 400mm$, $d = 560mm$)

① 140mm ② 200mm
③ 300mm ④ 343mm

■해설 $V_s = 400kN$
$\dfrac{1}{3}\sqrt{f_{ck}}b_w d = \dfrac{1}{3} \times \sqrt{21} \times 400 \times 560$
$= 342.2 \times 10^3 N = 342.2 kN$

$V_s > \dfrac{1}{3}\sqrt{f_{ck}}b_w d$이므로 전단철근 간격 s는 다음 값 이어야 한다.

|해답| 05. ① 06. ③ 07. ② 08. ①

- $s \leq \dfrac{d}{4} = \dfrac{560}{4} = 140\text{mm}$
- $s \leq 300\text{mm}$
- $s \leq \dfrac{A_v f_{yt} d}{V_s} = \dfrac{700 \times 350 \times 560}{(400 \times 10^3)} = 343\text{mm}$

위 값 중에서 최솟값을 취하면 $s \leq 140\text{mm}$이어야 한다.

09. 철근콘크리트의 기둥에 관한 구조세목으로 틀린 것은?

① 비합성 압축부재의 축방향 주철근 단면적은 전체 단면적의 0.01배 이상, 0.08배 이하로 하여야 한다.
② 압축부재의 축방향 주철근의 최소 개수는 나선철근으로 둘러싸인 경우 6개로 하여야 한다.
③ 압축부재의 축방향 주철근의 최소 개수는 삼각형 띠철근으로 둘러싸인 경우 3개로 하여야 한다.
④ 띠철근의 수직간격은 축방향철근 지름의 48배 이하, 띠철근이나 철선 지름의 16배 이하, 또한 기둥 단면의 최대 치수 이하로 하여야 한다.

■해설 띠철근의 수직간격은 축방향철근 지름의 16배 이하, 띠철근이나 철선 지름의 48배 이하, 또한 기둥 단면의 최소 치수 이하로 하여야 한다.

10. 프리스트레스트 콘크리트 구조물의 특징에 대한 설명으로 틀린 것은?

① 철근콘크리트의 구조물에 비해 진동에 대한 저항성이 우수하다.
② 설계하중하에서 균열이 생기지 않으므로 내구성이 크다.
③ 철근콘크리트 구조물에 비하여 복원성이 우수하다.
④ 공사가 복잡하여 고도의 기술을 요한다.

■해설 프리스트레스트 콘크리트 구조물은 철근콘크리트 구조물에 비하여 단면이 작기 때문에 변형이 크게 일어나고 진동하기 쉽다.

11. 다음 중 표피철근(Skin Reinforcement)에 대한 설명 중 맞는 것은?

① 전체 깊이가 900mm를 초과하는 휨부재 복부의 양 측면에 부재 축방향으로 배치하는 철근
② 기둥연결부에서 단면치수가 변하는 경우에 배치되는 구부린 주철근
③ 건조수축 또는 온도변화에 의하여 콘크리트에 발생되는 균열을 방지하기 위한 목적으로 배치되는 철근
④ 비틀림 응력이 크게 일어나는 부재에서 이에 저항하도록 배치되는 철근

■해설 보의 전체높이(h)가 900mm를 초과하는 경우에 보의 복부 양 측면에 부재 축방향으로 배치하는 철근을 표피철근이라 한다.

12. 복철근으로 설계해야 할 경우를 설명한 것으로 잘못된 것은?

① 단면이 넓어서 철근을 고루 분산시키기 위해
② 정, 부 모멘트를 교대로 받는 경우
③ 크리프에 의해 발생하는 장기처짐을 최소화하기 위해
④ 보의 높이가 제한되어 철근의 증가로 휨강도를 증가시키기 위해

■해설 압축철근의 사용효과
- 크리프, 건조수축 등으로 인하여 발생되는 장기처짐을 최소화하기 위한 경우
- 파괴 시 압축응력의 깊이를 감소시켜 연성을 증대시키기 위한 경우
- 철근의 조립을 쉽게 하기 위한 경우
- 정(+), 부(-) 모멘트를 번갈아 받는 경우
- 보의 단면 높이가 제한되어 단철근 단면보의 설계 휨강도가 계수 휨하중보다 작은 경우

13. 콘크리트구조물에서 비틀림에 대한 설계를 하려고 할 때 계수비틀림모멘트(T_u)를 계산하는 방법에 대한 다음 설명 중 틀린 것은?

① 균열에 의하여 내력의 재분배가 발생하여 비틀림모멘트가 감소할 수 있는 부정정구조물의 경우, 최대 계수비틀림모멘트를 감소시킬 수 있다.
② 철근콘크리트 부재에서, 받침으로부터 d 이내에 위치한 단면은 d에서 계산된 T_u보다 작지 않은 비틀림모멘트에 대하여 설계하여야 한다.
③ 프리스트레스트 부재에서, 받침부로부터 d 이내에 위치한 단면은 d에서 계산된 T_u보다 작지 않은 비틀림모멘트에 대하여 설계하여야 한다.
④ 정밀한 해석을 수행하지 않은 경우, 슬래브로부터 전달되는 비틀림하중은 전체 부재에 걸쳐 균등하게 분포하는 것으로 가정할 수 있다.

■해설 프리스트레스 부재에서 받침부로부터 $\frac{h}{2}$ 이내에 위치한 단면은 $\frac{h}{2}$에서 계산된 T_u보다 작지 않은 비틀림모멘트에 대하여 설계하여야 한다. 만약 $\frac{h}{2}$ 이내에서 집중된 비틀림모멘트가 작용하면 위험 단면은 받침부의 내부 면으로 하여야 한다.

14. $A_g=180,000\text{mm}^2$, $f_{ck}=24\text{MPa}$, $f_y=350\text{MPa}$이고, 종방향 철근의 전체 단면적(A_{st})=4,500mm^{2}인 나선철근기둥(단주)의 공칭축강도(P_n)는?

① 2,987.7kN
② 3,067.4kN
③ 3,873.2kN
④ 4,381.9kN

■해설 $P_n = \alpha\{0.85f_{ck}(A_g-A_{st})+f_y A_{st}\}$
$= 0.85\{0.85\times24\times(180,000-4,500)$
$\quad +350\times4,500\}$
$= 4,381,920\text{N} = 4,381.9\text{kN}$

15. 그림과 같은 단순 PSC보에 등분포하중(자중 포함) $w=40$kN/m가 작용하고 있다. 프리스트레스에 의한 상향력과 이 등분포하중이 비기기 위한 프리스트레스 힘 P는 얼마인가?

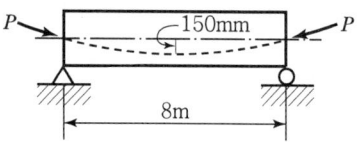

① 2,133.3kN
② 2,400.5kN
③ 2,842.6kN
④ 3,204.7kN

■해설 $u = \dfrac{8Ps}{l^2} = w$

$P = \dfrac{wl^2}{8s} = \dfrac{40\times8^2}{8\times0.15} = 2,133.3\text{kN}$

16. 강도설계법에서 강도감소계수를 사용하는 이유에 대한 설명으로 틀린 것은?

① 재료의 공칭강도와 실제강도와의 차이를 고려하기 위해
② 부재를 제작 또는 시공할 때 설계도와의 차이를 고려하기 위해
③ 하중의 공칭값과 실제하중 사이의 불가피한 차이를 고려하기 위해
④ 부재 강도의 추정과 해석에 관련된 불확실성을 고려하기 위해

■해설 하중의 공칭값과 실제하중 사이의 불가피한 차이를 고려하기 위하여 사용하는 것은 하중계수이다.

17. 아래 그림과 같은 T형 보에서 등가 직사각형 응력 블록의 깊이(a)는?(단, $f_{ck}=21\text{MPa}$, $f_y=350\text{MPa}$, $A_s=7,652\text{mm}^2$)

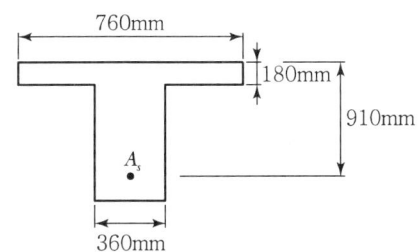

① 178mm ② 187mm
③ 194mm ④ 217mm

■해설 1. T형 보의 판별
폭이 $b=760\text{mm}$인 직사각형 단면보에 대한 등가사각형 깊이
$\eta=1(f_{ck}\le 40\text{MPa}$인 경우$)$
$$a=\frac{A_s f_y}{\eta 0.85 f_{ck} b}=\frac{7,652\times 350}{1\times 0.85\times 21\times 760}=197.4\text{mm}$$
$a(=197.4\text{mm})>t_f(=180\text{mm})$이므로 T형 보로 해석

2. T형 보의 등가사각형 깊이(a)
$$A_{sf}=\frac{\eta 0.85 f_{ck}(b-b_w)t_f}{f_y}$$
$$=\frac{1\times 0.85\times 21\times (760-360)\times 180}{350}$$
$$=3,672\text{mm}$$
$$a=\frac{(A_s-A_{sf})f_y}{\eta 0.85 f_{ck} b_w}$$
$$=\frac{(7,652-3,672)\times 350}{1\times 0.85\times 21\times 360}=216.8\text{mm}$$

18. 보통 중량콘크리트의 설계기준강도(f_{ck})가 35MPa이며 철근의 설계항복강도가 400MPa이면 직경이 25mm인 압축이형철근의 기본정착길이(l_{db})는 얼마인가?

① 2,237mm ② 358mm
③ 423mm ④ 430mm

■해설 $\lambda=1$(보통 중량의 콘크리트인 경우)
$$l_{db}=\frac{0.25 d_b f_y}{\lambda\sqrt{f_{ck}}}=\frac{0.25\times 25\times 400}{1\times\sqrt{35}}=422.6\text{mm}$$
$0.043 d_b f_y=0.043\times 25\times 400=430\text{mm}$
$l_{db}<0.043 d_b f_y$이므로, $l_{db}=0.043 d_b f_y=430\text{mm}$

19. 슬래브의 구조세목을 기술한 것 중 잘못된 것은?
① 1방향 슬래브의 두께는 최소 100mm 이상이라야 한다.
② 1방향 슬래브의 정철근 및 부철근의 중심간격은 최대 휨모멘트가 일어나는 단면에서는 슬래브 두께의 2배 이하이어야 하고, 또한 300mm 이하로 하여야 한다.
③ 1방향 슬래브의 수축·온도철근 간격은 슬래브 두께의 3배 이하, 또한 400mm 이하로 하여야 한다.
④ 2방향 슬래브의 위험단면에서 철근간격은 슬래브 두께의 2배 이하, 또한 300mm 이하로 하여야 한다.

■해설 1방향 슬래브의 수축·온도철근 간격은 슬래브 두께의 5배 이하, 또한 450mm 이하로 하여야 한다.

20. 순단면이 볼트의 구멍 하나를 제외한 단면(즉, $A-B-C$ 단면)과 같도록 피치(s)를 결정하면?(단, 구멍의 직경은 22mm이다.)

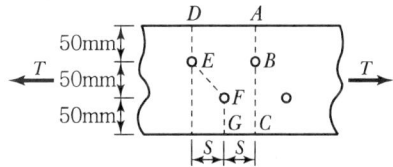

① $s=114.9\text{mm}$ ② $s=90.6\text{mm}$
③ $s=66.3\text{mm}$ ④ $s=50\text{mm}$

■해설 $d_h=\phi+3=19+3=22\text{mm}$
$b_{n1}=b-d_h$
$b_{n2}=b-2d_h+\dfrac{s^2}{4g}$
$b_{n1}=b_{n2}$
$(b-d_h)=\left(b-2d_h+\dfrac{s^2}{4g}\right)$
$s=\sqrt{4g d_h}=\sqrt{4\times 50\times 22}=66.3\text{mm}$

CBT 기출복원문제 2회

01. 그림과 같은 정사각형 독립 확대기초 저면에 작용하는 지압력이 $q=100\text{kPa}$일 때 휨에 대한 위험단면의 휨 모멘트는 얼마인가?

① 216kN·m
② 360kN·m
③ 260kN·m
④ 316kN·m

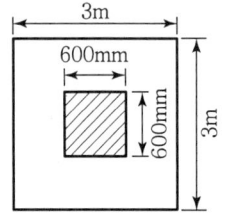

■해설 $M=\dfrac{1}{8}qS(L-t)^2=\dfrac{1}{8}\times(100\times 10^3)\times 3\times(3-0.6)^2$
$=216,000\text{N}\cdot\text{m}=216\text{kN}\cdot\text{m}$

02. 다음은 L형강에서 인장력 검토를 위한 순폭 계산에 대한 설명이다. 틀린 것은?

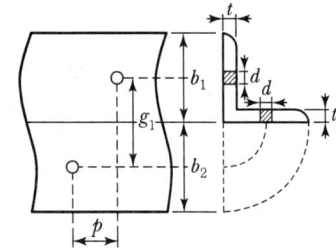

① 전개 총폭$(b)=b_1+b_2-t$ 이다.
② $\dfrac{p^2}{4g}\geq d$인 경우 순폭$(b_n)=b-d$ 이다.
③ 리벳 선간거리$(g)=g_1-t$ 이다.
④ $\dfrac{p^2}{4g}<d$인 경우 순폭$(b_n)=b-d-\dfrac{p^2}{4g}$ 이다.

■해설 L형강에서 순폭(b_n)의 계산
- $\dfrac{p^2}{4g}\geq d$인 경우 : $b_n=b-d$
- $\dfrac{p^2}{4g}<d$인 경우 : $b_n=b-d-\left(d-\dfrac{p^2}{4g}\right)$

03. 유효깊이(d)가 450mm인 직사각형 단면보에 $f_y=400\text{MPa}$인 인장철근이 1열로 배치되어 있다. 중립축(c)의 위치가 압축연단에서 180mm인 경우 강도감소계수(ϕ)는?(단, $f_{ck}=20\text{MPa}$이다.)

① 0.847
② 0.836
③ 0.825
④ 0.815

■해설 1. ε_t(최외단 인장철근의 순인장 변형율) 결정
$\varepsilon_{cu}=0.0033(f_{ck}\leq 40\text{MPa}$인 경우)
- $\varepsilon_t=\dfrac{d_t-c}{c}\varepsilon_{cu}$
$=\dfrac{450-180}{180}\times 0.0033=0.00495$

2. 단면 구분
- $f_y=400\text{MPa}$인 경우, ε_y(압축지배 한계 변형) 와 $\varepsilon_{t,l}$(인장지배 한계 변형율) 값
$\varepsilon_y=\dfrac{f_y}{E_s}=\dfrac{400}{(2\times 10^5)}=0.002$
$\varepsilon_{t,l}=0.005$
- $\varepsilon_y(=0.002)<\varepsilon_t(=0.00495)<\varepsilon_{t,l}(=0.005)$이므로 변화구간단면

3. ϕ 결정
- $\phi_c=0.65$(나선철근으로 보강되지 않은 경우)
- $\phi=0.85-\dfrac{\varepsilon_{t,l}-\varepsilon_t}{\varepsilon_{t,l}-\varepsilon_y}(0.85-\phi_c)$
$=0.85-\dfrac{0.005-0.00495}{0.005-0.002}(0.85-0.65)=0.847$

04. 부재의 최대모멘트 M_a와 균열모멘트 M_{cr}의 비(M_a/M_{cr})가 0.95인 단순보의 순간처짐을 구하려고 할 때 사용되는 유효 단면2차모멘트(I_e)의 값은?(단, 철근을 무시한 중립축에 대한 총단면의 단면2차모멘트는 $I_g=540,000\text{cm}^4$이고, 균열단면의 단면2차모멘트 $I_{cr}=345,080\text{cm}^4$이다.)

① 200,738cm⁴
② 345,080cm⁴
③ 540,000cm⁴
④ 570,724cm⁴

|해답| 01. ① 02. ④ 03. ① 04. ③

■해설 철근콘크리트 부재의 처짐 계산 시 I의 적용
- $\dfrac{M_{cr}}{M_a} \geq 1.0$이면 I_g 적용
- $\dfrac{M_{cr}}{M_a} < 1.0$이면 I_e 적용

따라서,
$$\dfrac{M_{cr}}{M_a} = \dfrac{1}{0.95} = 1.05$$
$\dfrac{M_{cr}}{M_a} \geq 1.0$이므로 $I_e = I_g = 540,000\text{cm}^4$이다.

05. PS콘크리트의 균등질보의 개념(Homogeneous Beam Concept)을 설명한 것으로 가장 적당한 것은?

① 콘크리트에 프리스트레스가 가해지면 PSC부재는 탄성재료로 전환되고 이의 해석은 탄성이론으로 가능하다는 개념
② PSC보를 RC보처럼 생각하여, 콘크리트는 압축력을 받고 긴장재는 인장력을 받게 하여 두 힘의 우력 모멘트로 외력에 의한 휨모멘트에 저항시킨다는 개념
③ PS콘크리트는 결국 부재에 작용하는 하중의 일부 또는 전부를 미리 가해진 프리스트레스와 평행이 되도록 하는 개념
④ PS콘크리트는 강도가 크기 때문에 보의 단면을 강재의 단면으로 가정하여 압축 및 인장을 단면 전체가 부담할 수 있다는 개념

■해설 콘크리트에 프리스트레스가 가해지면 PSC부재는 탄성재료로 전환되고 이의 해석은 탄성이론으로 가능하다는 개념을 균등질보의 개념 또는 응력개념이라고 한다.

06. 다음 필렛용접의 전단응력은 얼마인가?

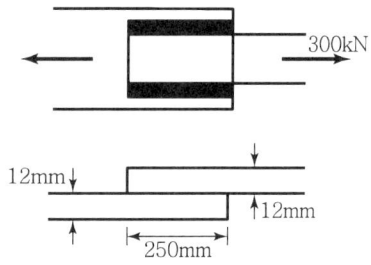

① 67.72MPa
② 70.72MPa
③ 72.72MPa
④ 75.72MPa

■해설
$$v = \dfrac{P}{\sum al} = \dfrac{300 \times 10^3}{(0.707 \times 12) \times (2 \times 250)}$$
$$= 70.72 \text{N/mm}^2 = 70.72 \text{MPa}$$

07. 단면이 300mm×300mm인 철근콘크리트보의 인장부에 균열이 발생할 때의 모멘트(M_{cr})가 13.9kN·m이다. 이 콘크리트의 설계기준강도 f_{ck}는 약 얼마인가?

① 18MPa
② 21MPa
③ 24MPa
④ 27MPa

■해설
$$f_r = \dfrac{M_{cr}}{Z}$$
$$0.63\lambda\sqrt{f_{ck}} = \dfrac{6M_{cr}}{bh^2}$$
$$f_{ck} = \left[\dfrac{6M_{cr}}{0.63\lambda bh^2}\right]^2 = \left[\dfrac{6 \times (13.9 \times 10^6)}{0.63 \times 1 \times 300 \times 300^2}\right]^2$$
$$= 24 \text{N/mm}^2 = 24 \text{MPa}$$

08. 그림은 복철근 직사각형 단면의 변형율이다. 다음 중 압축철근이 항복하기 위한 조건으로 옳은 것은?

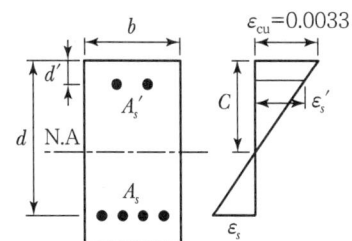

① $\dfrac{0.0033(c-d')}{c} \geq \dfrac{f_y}{E_s}$
② $\dfrac{660(c-d')}{c} \leq f_y$
③ $\dfrac{660d'}{660-f_y} > c$
④ $\dfrac{660d'}{660+f_y} > c$

■해설 $\varepsilon_s' \geq \varepsilon_y$
$\dfrac{\varepsilon_{cu}(c-d')}{c} \geq \dfrac{f_y}{E_s}$
$\dfrac{0.0033(c-d')}{c} \geq \dfrac{f_y}{E_s}$

09. 그림과 같은 원형철근기둥에서 콘크리트구조설계기준에서 요구하는 최대 나선철근의 간격은 약 얼마인가?(단, f_{ck}=28MPa, f_{yt}=400MPa, D10철근의 공칭단면적은 71.3mm²)

① 38mm
② 42mm
③ 45mm
④ 56mm

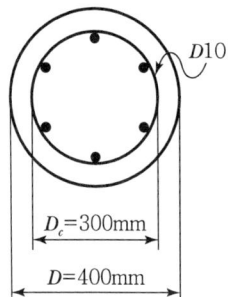

■해설
$\rho_s \geq 0.45\left(\dfrac{A_g}{A_{ch}}-1\right)\dfrac{f_{ck}}{f_{yt}} = 0.45\left(\dfrac{\frac{\pi \times 400^2}{4}}{\frac{\pi \times 300^2}{4}}-1\right)\dfrac{28}{400}$
$= 0.0245$
$\rho_s = \dfrac{71.3 \times \pi \times 300}{\left(\frac{\pi \times 300^2}{4}\right) \times s} \geq 0.0245$
$s \leq 38.8\text{mm}$

10. 그림의 단순지지보에서 긴장재는 C점에 100mm의 편차에 직선으로 배치되고, 1,100kN으로 긴장되었다. 보에는 120kN의 집중하중이 C점에 작용한다. 보의 고정하중을 무시할 때 $A-C$ 구간에서의 전단력은 약 얼마인가?

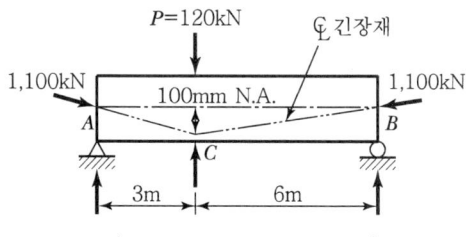

① 36.7kN(↓)
② 120kN(↓)
③ 80kN(↑)
④ 43.3kN(↑)

■해설 $\sum M_{\text{B}} = 0(\curvearrowright \oplus)$
$V_A \times 9 - 120 \times 6 = 0$
$V_A = 80\text{kN}(\uparrow)$

- AC 구간에서 프리스트레싱력에 의한 상향력(U)
$U = P \cdot \sin\theta = 1,100 \times \dfrac{0.1}{\sqrt{3^2+0.1^2}} = 36.64\text{kN}$

- AC 구간에서의 전단력(V)
$V = V_A - U = 80 - 36.64 = 43.36\text{kN}$

11. 철근콘크리트 부재의 최소 피복두께에 관한 설명 중 틀린 것은?

① 흙에 접하거나 옥외의 공기에 직접 노출되는 현장치기 콘크리트로 D19 이상의 철근을 사용하는 경우 최소 피복두께는 50mm이다.
② 옥외의 공기나 흙에 직접 접하지 않는 현장치기 콘크리트로 슬래브에 D35 이하의 철근을 사용하는 경우 최소 피복두께는 40mm이다.
③ 흙에 접하거나 옥외의 공기에 직접 노출되는 프리캐스트 콘크리트로 벽체에 D35 이하의 철근을 사용하는 경우 최소 피복두께는 20mm이다.
④ 흙에 접하거나 옥외의 공기에 직접 노출되는 프리스트레스트 콘크리트로 벽체인 경우 최소 피복두께는 30mm이다.

■해설 옥외의 공기나 흙에 직접 접하지 않는 현장치기 콘크리트로 슬래브에 D35 이하의 철근을 사용하는 경우 최소 피복두께는 20mm이다.

|해답| 08. ① 09. ① 10. ④ 11. ②

12. 계수전단력 V_u가 ϕV_c의 1/2을 초과하고 ϕV_c 이하인 경우에는 최소의 전단철근량을 배치하도록 규정하고 있다. 이 최소의 전단철근량이 옳게 된 것은?(단, s는 전단철근의 간격)

① $A_{v,\min} = 0.0625\sqrt{f_{ck}}\dfrac{b_w s}{f_y} \geq 0.35\dfrac{sf_y}{b_w}$

② $A_{v,\min} = 0.0625\sqrt{f_{ck}}\dfrac{b_w s}{f_y} \geq 0.35\dfrac{b_w s}{f_y}$

③ $A_{v,\min} = 0.0625\sqrt{f_{ck}}\dfrac{b_w s}{f_y} \geq 0.35\dfrac{b_w s}{f_y}$

④ $A_{v,\min} = 0.0625\sqrt{f_{ck}}\dfrac{b_w s}{f_y} \geq 0.35\dfrac{ds}{f_y}$

■해설 최소 전단철근량 규정

$\dfrac{1}{2}\phi V_c < V_u \leq \phi V_c$인 경우

$A_{v,\min} = 0.0625\sqrt{f_{ck}}\dfrac{b_w s}{f_y} \geq 0.35\dfrac{b_w s}{f_y}$

13. 다음 중 플랫 슬래브(Flat Slab)에 대한 설명으로 옳은 것은?

① 보 없이 지판에 의해 하중이 기둥으로 전달되며, 2방향으로 철근이 배치된 콘크리트 슬래브
② 보나 지판이 없이 기둥으로 하중을 전달하는 2방향으로 철근이 배치된 콘크리트 슬래브
③ 상부 수직하중을 하부 지반에 분산시키기 위해 저면을 확대시킨 철근콘크리트 판
④ 기초 위에 돌출된 압축부재로서 단면의 평균 최소치수에 대한 높이의 비율이 3 이하인 부재

■해설 1. 플랫 슬래브(Flat Slab)
- 보 없이 기둥만으로 지지된 슬래브를 플랫 슬래브라고 한다.
- 기둥 둘레의 전단력과 부모멘트를 감소시키기 위하여 지판(Drop Pannel)과 기둥머리(Column Capital)를 둔다.

2. 평판 슬래브(Flat Plate Slab)
- 지판과 기둥머리 없이 순수하게 기둥만으로 지지된 슬래브를 평판 슬래브라고 한다.
- 하중이 크지 않거나 지간이 짧은 경우에 사용한다.

14. 다음 그림과 같은 프리스트레스트 콘크리트에서 직선으로 배치된 긴장재는 유효 프리스트레스 힘 1,050kN으로 긴장되었다. $f_{ck}=30$MPa일 때 보의 균열모멘트(M_{cr})는 약 얼마인가?

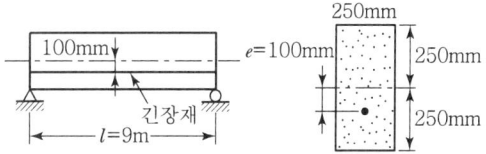

① 327kN·m
② 228kN·m
③ 147kN·m
④ 97kN·m

■해설 $A_c = 250 \times 500 = 125,000\text{mm}^2$

$I_c = \dfrac{250 \times 500^3}{12} \fallingdotseq 2.6 \times 10^9 \text{mm}^4$

$Z_b = \dfrac{I_c}{y_b} = \dfrac{2.6 \times 10^9}{250} \fallingdotseq 10,416,667\text{mm}^3$

$r_c^2 = \dfrac{I_c}{A_c} = \dfrac{2.6 \times 10^9}{125,000} = 20,800\text{mm}^3$

$f_r = 0.63\sqrt{f_{ck}} = 0.63\sqrt{30} \fallingdotseq 3.45\text{MPa}$

$M_{cr} = f_r Z_b + P_e\left(\dfrac{r_c^2}{y_b} + e_p\right)$

$= 3.45 \times 10,416,667 + (1,050 \times 10^3)$

$\quad \times \left(\dfrac{20,800}{250} + 100\right)$

$= 228,297,501\text{N·mm} \fallingdotseq 228\text{kN·m}$

15. 사용 고정하중(D)과 활하중(L)을 작용시켜서 단면에서 구한 휨모멘트는 각각 $M_D=30$kN·m, $M_L=3$kN·m이었다. 주어진 단면에 대해서 현행 콘크리트 구조설계기준에 따라 최대 소요강도를 구하면?

① 30kN·m
② 40.8kN·m
③ 42kN·m
④ 48.2kN·m

■해설 $M_{u1} = 1.2M_D + 1.6M_L$
$\quad = 1.2 \times 30 + 1.6 \times 3 = 40.8\text{kN·m}$
$M_{u2} = 1.4M_D = 1.4 \times 30 = 42\text{kN·m}$
$M_u = [M_{u1}, M_{u2}]_{\max}$
$\quad = [40.8\text{kN·m}, 42\text{kN·m}]_{\max} = 42\text{kN·m}$

|해답| 12. ② 13. ① 14. ② 15. ③

16. 그림의 단면에 계수비틀림모멘트 $T_u = 18\text{kN}\cdot\text{m}$가 작용하고 있다. 이 비틀림모멘트에 요구되는 스터럽의 요구단면적은?(단, $f_{ck} = 21\text{MPa}$이고, 횡방향 철근의 설계기준항복강도(f_{yt})=350MPa, s는 종방향 철근에 나란한 방향의 스터럽 간격, A_t는 간격 s 내의 비틀림에 저항하는 폐쇄스터럽 1가닥의 단면적이고, 비틀림에 대한 강도감소계수(ϕ)는 0.75를 사용한다.)

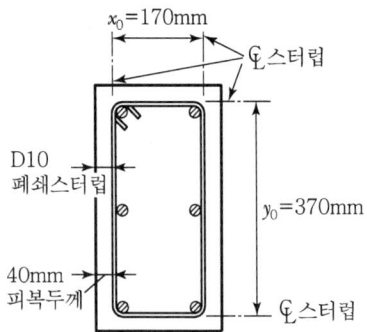

① $\dfrac{A_t}{s} = 0.0641\text{mm}^2/\text{mm}$

② $\dfrac{A_t}{s} = 0.641\text{mm}^2/\text{mm}$

③ $\dfrac{A_t}{s} = 0.0502\text{mm}^2/\text{mm}$

④ $\dfrac{A_t}{s} = 0.502\text{mm}^2/\text{mm}$

■해설 $\dfrac{A_t}{s} = \dfrac{T_u}{2\phi A_o f_{yt} \cot\theta}$

$= \dfrac{(18 \times 10^6)}{2 \times 0.75 \times (0.85 \times 170 \times 370) \times 350 \times \cot 45°}$

$= 0.641\text{mm}^2/\text{mm}$

여기서, $A_o : 0.85 A_{oh}$
A_{oh} : 폐쇄스터럽의 중심선으로 둘러싸인 면적
f_{yt} : 횡방향철근의 설계기준항복강도
θ : 압축 경사각(θ는 30° 이상 60° 이하의 값으로 철근콘크리트보에서는 일반적으로 $\theta = 45°$로 본다.)

17. 2방향 슬래브의 설계에서 직접설계법을 적용할 수 있는 제한 조건으로 틀린 것은?

① 슬래브판들은 단변 경간에 대한 장변 경간의 비가 2 이하인 직사각형이어야 한다.
② 각 방향으로 3경간 이상이 연속되어야 한다.
③ 각 방향으로 연속한 받침부 중심 간 경간 길이의 차이는 긴 경간의 1/3 이하이어야 한다.
④ 모든 하중은 연직하중으로 슬래브판 전체에 등분포이고, 활하중은 고정하중의 2배 이상이라야 한다.

■해설 2방향 슬래브의 설계에서 직접설계법을 적용할 경우, 모든 하중은 슬래브판 전체에 등분포되는 것으로 간주하고, 활하중의 크기는 고정하중의 2배 이하라야 한다.

18. 그림과 같은 리벳 연결에서 리벳의 허용력은? (단, 리벳 지름은 12mm이며, 리벳의 허용 전단응력은 200MPa, 허용 지압응력은 400MPa이다.)

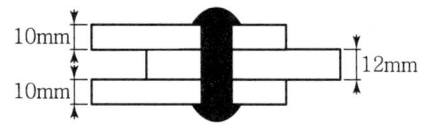

① 60.2kN ② 55.2kN
③ 45.2kN ④ 40.2kN

■해설 1. 허용 전단력
$P_{Rs} = v_a \cdot \left(2 \times \dfrac{\pi\phi^2}{4}\right) = 200\left(2 \times \dfrac{\pi \times 12^2}{4}\right)$
$= 45,239\text{N} = 45.2\text{kN}$

2. 허용 지압력
$P_{Rb} = f_{ba} \cdot (\phi t_{\min}) = 400(12 \times 12)$
$= 57,600\text{N} = 57.6\text{kN}$

3. 허용력
$P_R = [P_{Rs}, P_{Rb}]_{\min} = [45.2, 57.6]_{\min} = 45.2\text{kN}$

19. 강도설계법에 의할 때 단철근 직사각형보가 균형단면이 되기 위한 중립축의 위치 c는? (단, f_y=300MPa, f_{ck}=30MPa, d=600mm)

① c=412.5mm ② c=312.5mm
③ c=507.5mm ④ c=403.5mm

■해설 $f_{ck}=30\text{MPa} \leq 40\text{MPa}$인 경우
$$c_b = \frac{660}{660+f_y}d = \frac{660}{660+300}\times 600 = 412.5\text{mm}$$

20. 철근의 부착강도에 영향을 주는 요인이 아닌 것은?

① 철근의 표면상태
② 철근의 인장강도
③ 콘크리트의 압축강도
④ 철근의 피복두께

■해설 철근의 부착강도에 영향을 미치는 요인
- 철근의 표면상태
- 철근의 직경과 피복두께
- 철근의 묻힌 위치 및 방향
- 콘크리트의 압축강도
- 콘크리트의 다지기

|해답| 19. ① 20. ②

Item pool
CBT 기출복원문제 3회

01. 옹벽의 설계 일반에 대한 설명으로 틀린 것은?
① 전도 및 지반지지력에 대한 안정조건은 만족하지만, 활동에 대한 안정조건만을 만족하지 못할 경우 활동방지벽 혹은 횡방향 앵커 등을 설치하여 활동저항력을 증대시킬 수 있다.
② 활동에 의한 저항력은 옹벽에 작용하는 수평력의 1.5배 이상이어야 한다.
③ 전도에 대한 저항휨모멘트는 횡토압에 의한 전도모멘트의 2.0배 이상이어야 한다.
④ 지반에 유발되는 최대 지반반력은 지반의 허용지지력 이상이어야 한다.

■해설 지반에 유발되는 최대 지반반력은 지반의 허용지지력 이하라야 한다.

02. 아래 그림과 같은 두께 12mm 평판의 순단면적을 구하면?(단, 구멍의 직경은 23mm이다.)

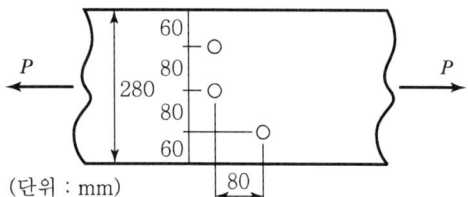

① 2,310mm²
② 2,340mm²
③ 2,772mm²
④ 2,928mm²

■해설 $d_h = \phi + 3 = 23\text{mm}$
$b_{n2} = b - 2d_h = 280 - (2 \times 23) = 234\text{mm}$
$b_{n3} = b - 3d_h + \dfrac{s^2}{4g}$
$= 280 - (3 \times 23) + \dfrac{80^2}{4 \times 80} = 231\text{mm}$
$b_n = [b_{n2},\ b_{n3}]_{\min} = 231\text{mm}$
$A_n = b_n t = 231 \times 12 = 2,772\text{mm}^2$

03. 그림과 같이 경간 $L=9\text{m}$인 연속 슬래브에서 반T형 단면의 유효폭(b)은 얼마인가?

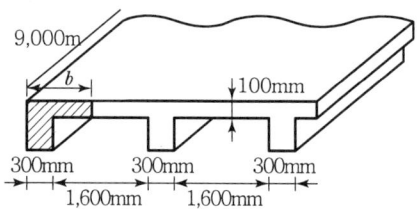

① 1,100mm
② 1,050mm
③ 900mm
④ 850mm

■해설 반T형 보(비대칭 T형 보)에서 플랜지의 유효 폭(b_e)
• $6t_f + b_w = (6 \times 100) + 300 = 900\text{mm}$
• 인접보와의 내측 간 거리의 $\dfrac{1}{2} + b_w$
$= \dfrac{1,600}{2} + 300 = 1,100\text{mm}$
• 보 경간의 $\dfrac{1}{12} + b_w = \dfrac{9,000}{12} + 300 = 1,050\text{mm}$
위 값 중에서 최소값을 취하면 $b_e = 900\text{mm}$이다.

04. 길이가 6m인 철근콘크리트 캔틸레버보의 처짐을 계산하지 않는 경우 보의 최소 두께는?(단, $f_{ck}=28\text{MPa}$, $f_y=350\text{MPa}$)
① 279mm
② 349mm
③ 558mm
④ 698mm

■해설 캔틸레버보에서 처짐을 계산하지 않아도 되는 최소 두께($h_{\min}$)
• $f_y=400\text{MPa}$인 경우 : $h_{\min} = \dfrac{l}{8}$
• $f_y \neq 400\text{MPa}$인 경우 : $h_{\min} = \dfrac{l}{8}\left(0.43 + \dfrac{f_y}{700}\right)$
따라서, $f_y=350\text{MPa}$인 경우 캔틸레버보의 최소 두께($h_{\min}$)는 다음과 같다.
$h_{\min} = \dfrac{l}{8}\left(0.43 + \dfrac{f_y}{700}\right)$
$= \dfrac{(6 \times 10^3)}{8}\left(0.43 + \dfrac{350}{700}\right) = 697.5\text{mm}$

|해답| 01. ④ 02. ③ 03. ③ 04. ④

05. 그림과 같은 단면의 중간 높이에 초기 프리스트레스 900kN을 작용시켰다. 20%의 손실을 가정하여 하단 또는 상단의 응력이 영(零)이 되도록 이 단면에 가할 수 있는 모멘트의 크기는?

① 90kN·m
② 84kN·m
③ 72kN·m
④ 65kN·m

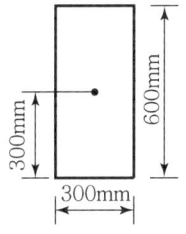

■해설 $f_b = \dfrac{P_e}{A} - \dfrac{M}{Z} = \dfrac{(0.8P_i)}{bh} - \dfrac{6M}{bh^2} = 0$

$M = \dfrac{(0.8P_i)h}{6} = \dfrac{(0.8 \times 900) \times 0.6}{6} = 72\text{kN}\cdot\text{m}$

06. 용접 시의 주의사항에 관한 설명 중 틀린 것은?

① 용접의 열을 될 수 있는 대로 균등하게 분포시킨다.
② 용접부의 구속을 될 수 있는 대로 적게 하여 수축변형을 일으키더라도 해로운 변형이 남지 않도록 한다.
③ 평행한 용접은 같은 방향으로 동시에 용접하는 것이 좋다.
④ 주변에서 중심으로 향하여 대칭으로 용접해 나간다.

■해설 용접은 중심에서 주변을 향해 대칭으로 해 나가는 것이 변형을 적게 한다.

07. 콘크리트의 설계기준압축강도(f_{ck})가 50MPa인 경우 콘크리트 탄성계수 및 크리프 계산에 적용되는 콘크리트의 평균압축강도(f_{cm})는?

① 54MPa
② 55MPa
③ 56MPa
④ 57MPa

■해설 1. Δf값
- $f_{ck} \leq 40\text{MPa}$, $\Delta f = 4\text{MPa}$
- $f_{ck} \geq 60\text{MPa}$, $\Delta f = 6\text{MPa}$
- $40\text{MPa} < f_{ck} < 60\text{MPa}$, $\Delta f = 0.1 f_{ck}$

2. f_{cm}값

$f_{cm} = f_{ck} + \Delta f$

따라서, $f_{ck} = 50\text{MPa}$인 경우 f_{cm}값은 다음과 같다.
$\Delta f = 0.1 f_{ck} = 0.1 \times 50 = 5\text{MPa}$
$f_{cm} = f_{ck} + \Delta f = 50 + 5 = 55\text{MPa}$

08. 전단철근이 받을 수 있는 최대 전단강도는?(단, f_{ck}는 콘크리트의 압축강도, b_w는 보의 복부폭, d는 보의 유효깊이이다.)

① $0.2\left(1 - \dfrac{f_{ck}}{250}\right)f_{ck}b_w d$
② $0.3\left(1 - \dfrac{f_{ck}}{250}\right)f_{ck}b_w d$
③ $0.2\left(1 - \dfrac{f_{ck}}{280}\right)f_{ck}b_w d$
④ $0.3\left(1 - \dfrac{f_{ck}}{280}\right)f_{ck}b_w d$

■해설 전단철근이 받을 수 있는 최대 전단강도(V_s)는 $0.2\left(1 - \dfrac{f_{ck}}{250}\right)f_{ck}b_w d$이다.

09. 단면 400mm×400mm인 중심축 하중을 받는 기둥(단주)에 4-D25($A_{st}=2{,}027\text{mm}^2$)의 축방향 철근이 배근되어 있다. 이 기둥의 변형률이 $\varepsilon = 0.001$에 도달하게 될 때, 축방향 하중의 크기는 약 얼마인가?(단, 콘크리트의 응력 $f_c = 15\text{MPa}$, $f_{ck} = 24\text{MPa}$, $f_y = 300\text{MPa}$이다.)

① 1,782kN
② 2,775kN
③ 3,787kN
④ 4,783kN

■해설 1. 축방향 철근의 압축력(P_s)

$\varepsilon_y = \dfrac{f_y}{E_s} = \dfrac{300}{2 \times 10^5} = 0.0015$

$\varepsilon = \varepsilon_c = \varepsilon_s' = 0.001 < \varepsilon_y$

$f_s' = E_s \varepsilon_s' = (2 \times 10^5) \times 0.001 = 200\text{MPa}$

$P_s = f_s' A_{st} = 200 \times 2{,}027$
$= 405.4 \times 10^3 \text{N} = 405.4\text{kN}$

2. 콘크리트의 압축력(P_c)

$P_c = f_c A_c = f_c(A_g - A_{st})$
$= 15 \times (400^2 - 2{,}027) = 2{,}369.6 \times 10^3 \text{N}$
$= 2{,}369.6\text{kN}$

3. 축방향 하중(P)

$P = P_s + P_c$
$= 405.4 + 2{,}369.6 = 2{,}775\text{kN}$

|해답| 05. ③ 06. ④ 07. ② 08. ① 09. ②

10. PS콘크리트의 강도개념(Strength Concept)을 설명한 것으로 가장 적당한 것은?

① 콘크리트에 프리스트레스가 가해지면 PSC부재는 탄성재료로 전환되고 이의 해석은 탄성이론으로 가능하다는 개념
② PSC보를 RC보처럼 생각하여, 콘크리트는 압축력을 받고 긴장재는 인장력을 받게 하여 두 힘의 우력모멘트로 외력에 의한 휨모멘트에 저항시킨다는 개념
③ PS콘크리트는 결국 부재에 작용하는 하중의 일부 또는 전부를 미리 가해진 프리스트레스와 평형이 되도록 하는 개념
④ PS콘크리트는 강도가 크기 때문에 보의 단면을 강재의 단면으로 가정하여 압축 및 인장을 단면 전체가 부담할 수 있다는 개념

■해설 PSC보를 RC보와 같이 생각하여, 콘크리트는 압축력을 받고 긴장재는 인장력을 받게 하여 두 힘의 우력이 외력에 의한 휨모멘트에 저항시킨다는 개념을 내력모멘트 개념 또는 강도개념이라고 한다.

11. 강도 설계에 있어서 안전율을 위한 강도 감소계수 ϕ의 값으로 틀린 것은?

① 인장지배 단면 : 0.85
② 전단 : 0.75
③ 비틀림모멘트 : 0.75
④ 나선철근으로 보강된 압축지배 단면 : 0.65

■해설 나선철근으로 보강된 압축지배 단면 부재의 강도 감소계수(ϕ)는 0.70이다.

12. 다음에서 깊은보로 설계할 수 있는 것은?

① 한쪽 면이 하중을 받고 반대쪽 면이 지지되어 하중과 받침부 사이에 압축대가 형성되는 구조 요소로서, 순경간(l_n)이 부재 깊이의 4배 이하인 부재
② 한쪽 면이 하중을 받고 반대쪽 면이 지지되어 하중과 받침부 사이에 압축대가 형성되는 구조 요소로서, 순경간(l_n)이 부재 깊이의 5배 이하인 부재
③ 받침부 내면에서 부재 깊이의 2.5배 이하인 위치에 등분포하중이 작용하는 경우 경간 중앙부의 최대 휨모멘트가 작용하는 구간
④ 받침부 내면에서 부재 깊이의 2.5배 이하인 위치에 등분포하중이 작용하는 경우 등분포하중과 받침부 사이의 구간

■해설 깊은보(Deep Beam)
- 순경간 l_n이 부재 깊이 h의 4배 이하인 부재
- 하중이 받침부로부터 부재 깊이의 2배 거리 이내에 작용하고 하중의 작용점과 받침부가 서로 반대면에 있어서 하중 작용점과 받침부 사이에 압축대가 형성될 수 있는 부재

13. 단순 지지된 2방향 슬래브의 중앙점에 집중하중 P가 작용할 때 경간비가 1 : 2라면 단변과 장변이 부담하는 하중비($P_S : P_L$)는?(단, P_S : 단변이 부담하는 하중, P_L : 장변이 부담하는 하중)

① 1 : 8
② 8 : 1
③ 1 : 16
④ 16 : 1

■해설 $S : L = 1 : 2$

$P_S = \dfrac{L^3}{S^3 + L^3}P = \dfrac{2^3}{1^3 + 2^3}P = \dfrac{8}{9}P$

$P_L = \dfrac{S^3}{S^3 + L^3}P = \dfrac{1^3}{1^3 + 2^3}P = \dfrac{1}{9}P$

$P_S : P_L = 8 : 1$

14. 포스트텐션 방법에는 발생하나 프리텐션 방법에서는 발생하지 않는 손실은?

① 긴장재의 마찰
② 정착장치의 활동
③ 콘크리트의 탄성수축
④ 긴장재 응력의 릴랙세이션

■해설 PS강재와 쉬스의 마찰에 의한 손실은 포스트텐션 방법에서는 발생하지만 프리텐션 방법에서는 발생하지 않는다.

15. 강도설계법에서 f_{ck}=30MPa, f_y=350MPa일 때 단철근 직사각형보의 균형철근비는?

① 0.0347
② 0.0365
③ 0.0381
④ 0.0386

■해설 $f_{ck} = 30\text{MPa} \leq 40\text{MPa}$인 경우

$$\rho_b = 0.68\frac{f_{ck}}{f_y}\frac{660}{660+f_y}$$
$$= 0.68 \times \frac{30}{350} \times \frac{660}{660+350} = 0.0381$$

16. b_w=250mm이고, h=500mm인 직사각형 철근 콘크리트보의 단면에 균열을 일으키는 비틀림 모멘트 T_{cr}은 얼마인가?(단, f_{ck}=28MPa이다.)

① 9.8kN·m
② 11.3kN·m
③ 12.5kN·m
④ 18.4kN·m

■해설 A_{cp}(콘크리트 단면의 면적)
$= b_w h = 250 \times 500 = 125,000\text{mm}^2$
p_{cp}(콘크리트 단면의 둘레)
$= 2(b_w + h) = 2 \times (250+500) = 1,500\text{mm}$
$T_{cr} = \frac{1}{3}\sqrt{f_{ck}}\frac{A_{cp}^2}{p_{cp}} = \frac{1}{3} \times \sqrt{28} \times \frac{(125,000)^2}{1,500}$
$= 18.4 \times 10^6 \text{N} \cdot \text{mm} = 18.4\text{kN} \cdot \text{m}$

17. 그림과 같은 2방향 확대기초에서 하중계수가 고려된 계수하중 P_u(자중 포함)가 그림과 같이 작용할 때 위험단면의 계수전단력(V_u)은 얼마인가?

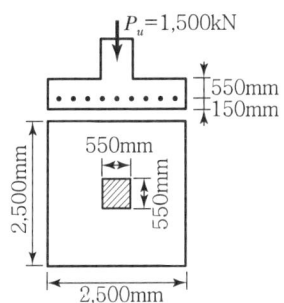

① V_u=1,009.3kN
② V_u=1,111.2kN
③ V_u=1,209.6kN
④ V_u=1,372.9kN

■해설
$q = \frac{P}{A} = \frac{1,500 \times 10^3}{2,500 \times 2,500} = 0.24\text{N/mm}^2$
$B = t + d = 550 + 550 = 1,100\text{mm}$
$V_u = q(SL - B^2)$
$= 0.24 \times (2,500 \times 2,500 - 1,100^2)$
$= 1,209.6 \times 10^3 \text{N} = 1,209.6\text{kN}$

18. 그림과 같은 직사각형 단면의 프리텐션 부재의 편심 배치한 직선 PS강재를 820kN으로 긴장했을 때 탄성변형으로 인한 프리스트레스의 감소량은?(단, $I = 3.125 \times 10^9 \text{mm}^4$, n=6이고, 자중에 의한 영향은 무시한다.)

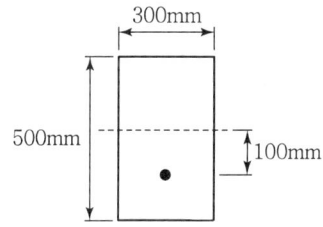

① 44.5MPa
② 46.5MPa
③ 48.5MPa
④ 50.5MPa

■해설 $\Delta f_{pe} = nf_{cs} = n\left(\frac{P_i}{A_c} + \frac{P_i e_p}{I_c}e_p\right)$
$= 6\left[\frac{(820 \times 10^3)}{(300 \times 500)} + \frac{(820 \times 10^3) \times 100}{(3.125 \times 10^9)} \times 100\right]$
$= 48.544\text{MPa}$

19. b_n=450mm, d=700mm인 직사각형 단면의 공칭 휨모멘트강도(M_n)는 얼마인가?(단, f_{ck}=21MPa, f_y=350MPa, A_s=5,000mm²이고, 과소철근보이다.)

① 904.3kN·m
② 1,034.3kN·m
③ 1,134.3kN·m
④ 1,234.3kN·m

■해설 $\eta = 1 (f_{ck} \leq 40\text{MPa}$인 경우)
$a = \frac{f_y A_s}{\eta 0.85 f_{ck} b} = \frac{350 \times 5,000}{1 \times 0.85 \times 21 \times 450} = 217.9\text{mm}$
$M_n = f_y A_s \left(d - \frac{a}{2}\right) = 350 \times 5,000 \times \left(700 - \frac{217.9}{2}\right)$
$= 1,034.3 \times 10^6 \text{N} \cdot \text{mm} = 1,034.3\text{kN} \cdot \text{m}$

20. 철근콘크리트 부재의 철근이음에 관한 설명 중 옳지 않은 것은?

① D35를 초과하는 철근은 겹침이음을 하지 않아야 한다.
② 인장이형철근의 겹침이음에서 A급 이음은 $1.3l_d$ 이상, B급 이음은 $1.0l_d$ 이상 겹쳐야 한다.(단, l_d는 규정에 의해 계산된 인장이형철근의 정착길이이다.)
③ 압축이형철근의 이음에서 콘크리트 설계기준 압축강도가 21MPa 미만인 경우에는 겹침이음 길이를 1/3 증가시켜야 한다.
④ 용접이음과 기계적 연결은 철근의 항복강도의 125% 이상을 발휘할 수 있어야 한다.

■해설 이형철근의 최소 겹침이음 길이
 • A급 이음 : $1.0l_d$ 이상(배근된 철근량이 소요 철근량의 2배 이상이고, 겹침이음된 철근량이 총 철근량의 $\frac{1}{2}$ 이하인 경우)
 • B급 이음 : $1.3l_d$ 이상(A급 이외의 이음)

| 토목기사
산업기사 | 필기 ❹ | **철근콘크리트 및
강구조** |

발행일	2010. 1. 5	초판 발행
	2011. 1. 15	개정 1판1쇄
	2012. 2. 20	개정 2판1쇄
	2013. 1. 20	개정 3판1쇄
	2014. 1. 15	개정 4판1쇄
	2015. 1. 15	개정 5판1쇄
	2016. 1. 15	개정 6판1쇄
	2016. 3. 30	개정 6판2쇄
	2017. 1. 20	개정 7판1쇄
	2018. 1. 20	개정 8판1쇄
	2019. 1. 20	개정 9판1쇄
	2020. 1. 20	개정 10판1쇄
	2021. 1. 20	개정 11판1쇄
	2022. 1. 20	개정 12판1쇄
	2022. 6. 20	개정 12판2쇄
	2023. 1. 10	개정 13판1쇄
	2024. 1. 10	개정 14판1쇄
	2025. 1. 10	개정 15판1쇄
	2026. 1. 20	개정 16판1쇄

저 자 | 채수하 · 신광열
발행인 | 정용수
발행처 | 예문사

주 소 | 경기도 파주시 직지길 460(출판도시) 도서출판 예문사
T E L | 031) 955-0550
F A X | 031) 955-0660
등록번호 | 11-76호

• 이 책의 어느 부분도 저작권자나 발행인의 승인 없이 무단 복제
  하여 이용할 수 없습니다.
• 파본 및 낙장은 구입하신 서점에서 교환하여 드립니다.
• 예문사 홈페이지 http://www.yeamoonsa.com

정가 : 24,000원

ISBN 978-89-274-6020-6 13530